普通高等教育"十三五"规划教材
获中国石油和化学工业优秀出版物奖（教材奖）

无机及分析化学

第二版

王元兰　邓　斌　主　编
段培高　王　枫　郭　鑫　王文磊　副主编

化学工业出版社
·北京·

《无机及分析化学》（第二版）在第一版基础上进行修订。本书是根据高等院校教学要求，本着理论知识“必需、够用”的原则，对无机化学和分析化学教学内容进行适当地删选和融合，组成了一个全新的教学体系。主要内容包括分散体系、化学反应基本理论、物质结构基础、分析化学概论、酸碱平衡和酸碱滴定法、沉淀溶解平衡和沉淀滴定法、配位平衡和配位滴定法、氧化还原平衡和氧化还原滴定法、电势分析法、分光光度法及元素选述等内容。教材各章前均附有学习要求，各章后均附有知识拓展和精选的思考题与习题。为方便教学，本书配套有电子课件，思考题与习题也配有电子版参考答案等。

本书适用于生命科学、化工、材料、生物工程、环境科学、农学、医学、药学、轻工、食品、动物科学等专业，也可供其他相关专业人员参考使用。

图书在版编目（CIP）数据

无机及分析化学/王元兰，邓斌主编．—2版．—北京：化学工业出版社，2017.3（2022.9重印）

普通高等教育“十三五”规划教材

获中国石油和化学工业优秀出版物奖（教材奖）

ISBN 978-7-122-28905-6

Ⅰ.①无…　Ⅱ.①王…②邓…　Ⅲ.①无机化学-高等学校-教材②分析化学-高等学校-教材　Ⅳ.①O61②O65

中国版本图书馆CIP数据核字（2017）第013994号

责任编辑：旷英姿　　　　装帧设计：张　辉

责任校对：宋　夏

出版发行：化学工业出版社（北京市东城区青年湖南街13号　邮政编码100011）

印　　刷：三河市航远印刷有限公司

装　　订：三河市宇新装订厂

787mm×1092mm　1/16　印张23　彩插1　字数549千字　2022年9月北京第2版第2次印刷

购书咨询：010-64518888　　　　售后服务：010-64518899

网　　址：http://www.cip.com.cn

凡购买本书，如有缺损质量问题，本社销售中心负责调换。

定　　价：46.00元

编写人员

主　编　王元兰　邓　斌

副主编　段培高　王　枫　郭　鑫　王文磊

编　委　（按姓氏笔画为序）

王　枫　（河南理工大学）

王元兰　（中南林业科技大学）

王文磊　（中南林业科技大学）

邓　斌　（湘南学院）

杨余芳　（韩山师范学院）

周崇松　（湘南学院）

段培高　（河南理工大学）

郭　鑫　（中南林业科技大学）

前言

FOREWORD

本书第一版自2015年出版以来，已在多所高等院校的非化工类专业的无机及分析化学教学中广泛使用，来自教学第一线的反馈信息表明：本教材的内容具有较好的系统性，编排科学、合理，便于教师系统实施教学，使学生易于学习和掌握课程要求的基本知识。但在使用过程中也发现一些问题需要改进，如有些章节顺序需要进行调整，物质平衡浓度的表示需更加规范和统一。为适应创新人才培养的需要和教材更新的原则，以及我们在教学实践中的经验和新的兄弟院校的加盟，决定在第一版的基础上，对本教材进行如下修改。

（1）教材基本保留第一版的编写系统和格局，但在内容上进行了适当调整和更新，更注重无机及分析化学的基础性和系统性，力图展现无机及分析化学发展的新趋势。

（2）考虑到学时和各专业对教学内容的要求，对部分内容进行了删减，并对相关章节顺序进行了调整。参照法定计量单位的国家标准和应用习惯，更改了一些符号及叙述方式，如物质的平衡浓度都统一采用相对浓度表示，如A物质的平衡浓度表示为$[c(A)/c^{\ominus}]$。

（3）对每章后面的思考题和习题进行了部分删减，并附有习题参考答案（电子版），可以方便教师批阅作业和学生自学、复习。

（4）对知识拓展部分进行了部分更新。知识拓展重点介绍了无机及分析化学与其他学科交叉领域的热点问题和最新动态，为学生将无机及分析化学知识应用于其他领域打开了一扇窗，为学生将来在学科交叉领域进行创新打下基础。

（5）为方便教学，本书配套有电子课件，思考题与习题也配套有电子版参考答案。

（6）在编写过程中，考虑到各学校各专业的授课学时不尽相同，书中某些章节加有“*”号，便于不同的专业选用。

本书由王元兰、邓斌任主编，并负责全书的策划、编排和审订及最后的统稿、复核工作；段培高、王枫、郭鑫、王文磊任副主编，负责本书部分内容的核对。具体编写分工如下：王元兰编写绪论、第1、第2章及附录，段培高编写第3、第4章，郭鑫编写第5章，王文磊编写第6章，王枫编写第7、第10章，邓斌编写第8章，杨余芳编写第9章，周崇松编写第11章。

本书在编写过程中得到了中南林业科技大学、湘南学院、河南理工大学和韩山师范学院化学教研室同仁的支持，特别是中南林业科技大学化学教研室的谢练武副教授及各位同仁提供了不少素材和修改建议，在此谨向他们致以诚挚的谢意。

鉴于水平有限，书中仍难免有不妥之处，敬请同行和读者批评指正。

编者

2017 年 1 月

随着时代的前进和科学技术的发展，对高等教育的人才培养规格和质量提出了更高的要求。为配合国家高等教育的改革，培养基础扎实、知识面广、能力强、思维开阔的21世纪高素质创新人才，对高等学校的课程体系和教学内容进行改革就显得十分重要。无机及分析化学是按照新的课程体系，将原来的无机化学和分析化学两门课程的理论部分合并而成的一门新的课程。它是高等院校植物生产类、动物生产类、草业科学类、森林资源类、环境生态类、动物医学类、水产类以及生命科学、环境科学、食品科学、资源与环境科学、制药工程、林产化工等专业的一门重要基础课。

对于非化工类各专业的本科学生来说，学好无机及分析化学这门课程是十分重要的。本书考虑到农林、生物、环境、中医药类院校对本课程的要求及大学一年级学生的实际水平，在内容选择和章节安排上不仅保持了无机化学与分析化学课程的基础性、科学性、先进性和新颖性，同时体现了宏观和微观的结合、理论与实际的结合。主要内容包括分散体系(稀溶液、胶体)的基本知识和有关物质结构的基础知识与相关理论，定量化学分析的基础知识以及各种类型的化学平衡及其在滴定分析中的应用，常用仪器分析方法的介绍等。

本书在内容选编方面，有以下几个特点：

1. 注重理论联系实际和专业需要。本书重点以化学热力学和动力学作为研究化学问题的基本方法，通过对原子、分子结构的研究揭示物质变化的内在联系与规律，以溶液中四大平衡理论为主线，通过计算阐述化学变化的基本规律，并在此基础上讨论了化学分析的相关问题。同时，如分光光度法等仪器分析的相关内容在本书中也得到了相应的体现。这样既能激发学生的学习兴趣，又能拓展学生的知识面。

2. 为拓宽学生的视野，在每章后编写了知识拓展部分。知识拓展重点介绍了无机及分析化学与其他学科交叉领域的热点问题和最新动态，为学生将无机及分析化学知识应用于其他领域打开了一扇窗口。我们试图用这种方式将最新和最前沿的知识引进教材和课堂，为学生将来在学科交叉领域进行创新打下基础。

3. 本书在每章前均附有学习要求，每章后面精选了思考题与习题，并附有习题参考答案(电子版)，可以方便教师批阅作业和学生自学、复习。

4. 为方便教师使用本教材进行教学，精心制作了与教材配套的多媒体教学课件(PPT)。

5．在编写过程中，考虑到各学校各专业的授课学时不尽相同，书中某些章节加有*号，便于不同学校和不同的专业选用。

6．为配合理论教学，本教材配套有《无机及分析化学实验》。

本书由王元兰、邓斌任主编，并负责全书的策划、编排和审订及最后的统稿、复核工作，王文磊、郭鑫任副主编。参加编写工作的有中南林业科技大学的王元兰(绪论，第1、2、3、8章及附录)、王文磊(第4、6章)、郭鑫(第5章)，湘南学院的邓斌(第7章)、周崇松(第11章)，韩山师范学院的杨余芳(第9章)和湖南中医药大学的肖美凤(第10章)。

本书在编写过程中得到了中南林业科技大学、湘南学院和湖南中医药大学化学教研室同仁的支持，特别是中南林业科技大学的陈学泽教授和湘南学院的邓斌教授提供了不少素材和修改建议。化学工业出版社为本书的编辑出版做了大量的工作。在此谨向他们致以诚挚的谢意。

编写时也参考了兄弟院校的教材和公开出版的书刊及互联网上的相关内容，在此对相关的作者和出版社表示衷心的感谢。

本书在编写时力求做到开拓创新、尽善尽美，但由于我们水平有限，书中仍难免有不妥之处，敬请同行和读者批评指正。

编者

2015年3月

CONTENTS 目录

第4章 分析化学概论 /109

第5章　酸碱平衡与酸碱滴定法　/136

第10章　分光光度法　/286

第11章　元素选述　/305

附录 /338

参考文献 /352

元素周期表

绪 论

1. 化学的发展简介和研究内容

化学与人类之间有着十分密切的关系。火的发现和使用，就是人类认识的第一个化学现象。原始人类正是在懂得了火的使用之后才由野蛮进入了文明，随后又逐渐掌握了铜、铁等金属的冶炼，烧制陶瓷，酿造，染色，造纸，火药等与化学过程相关的工艺，并在此过程中了解了一些物质的性质，积累了一些有价值的化学实践经验。17 世纪中叶以后波义耳（R. Boyle）科学元素说的提出，以及道尔顿（J. Dalton）的原子论，阿伏伽德罗（A. AVogadro）分子假说的确立，门捷列夫（Д. И. Менделеев）元素周期表的发现……使化学从一门经验性、零散性的技术发展成为一门有自己科学理论的、独立的科学，并形成了无机化学、有机化学、分析化学、物理化学四大分支学科。

19 世纪末 20 世纪初，由于 X 射线、放射性和电子、中子的发现，打开了探索原子和原子核结构的大门，以量子化学为基础的原子结构和分子结构理论揭示了微观世界的奥秘，使化学在研究内容、研究方法、实验技术和应用等方面取得了长足的进步和深刻的变化，化学的发展迈入了现代化学的新时期。化学的研究从宏观深入到微观，从定性走向定量，从描述过渡到推理，从静态推进到动态。化学形成了以说明物质的结构、性质、反应以及它们之间的相互关系及变化规律为主体的较为完整的理论体系。所以，化学是在分子、原子、离子层次上研究物质的组成、性质、结构及反应规律的一门科学。化学研究的范围也在不断地扩大，除原有的四大分支学科，又形成了高分子化学、环境化学、化学工程等学科，并通过这些二级学科的相互渗透、交叉，以及与其他学科的融合，不断分化产生新的分支学科和边缘学科，如配位化学、金属有机化学、生物无机化学、量子有机化学、化学计量学、生物电化学、等离子体化学、超分子化学、界面化学、仿生化学，以及星际化学、地球化学、海洋化学、材料化学和能源化学等，使化学从单一的学科向综合学科的方向发展。

2. 无机化学和分析化学的地位和作用

无机化学是化学学科中发展最早的一个分支学科。这一分支的形成是以 19 世纪 60 年代元素周期律的发现为标志，它奠定了现代无机化学的基础。随着原子能工业和半导体材料工业的兴起，宇航、能源、生化、催化等领域的出现和发展促使无机化学在实践和理论上均有新的突破。无机化学的主要任务是将一些天然的无机物加工成有用的化工原料和化工产品，满足生产和生活的需求，所以在国民经济中具有重要的作用。

分析化学是最早发展起来的化学分支学科。分析化学不断发展导致其学科内涵和定义的发展和变化。长期以来，分析化学涉及物质化学组成的测定方法，提供被测定物质，即试样元素或化合物组成，包括试样成分分离、鉴定和测定相对含量。通过测量与待测组分有关的某种化学和物理性质获得物质定性和定量结果。一般把分析化学方法分为两大类，即化学分析法和仪器分析法。本教材主要介绍化学分析法。化学分析法是指利用化学反应和它的计量关系来确定被测物质组成和含量的一类分析方法。19 世纪末、20 世纪初物理化学的发展，特别是溶液中四大平衡（沉淀-溶解平衡；酸碱平衡；氧化-还原平衡；配位反应平衡）理论的建立，为基于溶液化学反应的经典分析化学奠定了理论基础，化学分析法得到空前繁荣和发展，使分析化学从一门技术发展成一门学科，确立了作为化学一个分支学科的地位。

在当今许多科学领域（如生物学、地质学、天文学、医药学等）中都需要应用分析化学技术作为研究手段。在农业生产中，土壤肥力的测定、植物营养的诊断、农药残留量的测定、农产品品质检验、饲料分析等都需要分析化学知识。在工业生产方面，资源的开发利用、原料的选择、工艺流程的控制、“三废”的处理和合理利用、环境监测及环境质量的评价等都必须以分析结果为重要依据。在公安、国防、体育、安全等方面，如违禁药物的检测、法医鉴定等都离不开分析化学的各种知识和手段。总之，当今现代科学技术的发展和工农业生产、生活等各方面都要应用分析化学的知识和技术，而分析化学本身也在吸取其他科学技术新成就的基础上不断充实和完善。

3. 无机及分析化学的学习要求和方法

无机及分析化学的内容主要包括溶液浓度及其换算、分散系统、化学热力学和化学动力学基础、原子结构和分子结构理论、沉淀溶解平衡和重量分析法、酸碱平衡和酸碱滴定法、氧化还原和氧化还原滴定法、配位平衡和配位滴定法、元素和化合物基本知识等。通过无机及分析化学的教学，培养学生的科学思维能力，使学生具有对无机及分析化学问题进行分析和计算的能力，为学习后续课程和新理论、新技术打下必要的化学基础。

相对而言，无机及分析化学的教学内容多，教学要求高，而且对于非化学专业来说，无机及分析化学的教学学时相对不足，因而往往导致教学难度较大。采用适当的教学方法是克服学习困难、提高教学效果的关键。

找出知识的内在联系，弄清问题的来龙去脉，通过归纳、总结、对比，建立完整的知识体系。例如，在学习杂化轨道理论时，应该明白什么是“杂化”和“杂化轨道”，原子在形成分子时为什么要先进行杂化，分子的几何构型与杂化轨道类型之间有什么联系。在学习原子结构理论时，应该弄清微观粒子有什么基本特征，它们的运动状态必须用什么方法来描述，进一步掌握核外电子的能级顺序和排布规律。同离子效应对酸碱平衡和沉淀溶解平衡有极大的影响，溶液中有关离子平衡浓度的计算过程中，要特别注意是否有同离子存在。

课后及时复习、独立完成作业，是提高分析和解决问题能力的必要途径。通过回忆和复习，可以将知识间的联系归纳起来。解习题时要先分析后解答，做完习题后还要归纳出同类习题的解题步骤和方法，达到触类旁通的效果。例如，对于化学反应热，可以归纳出 5 种计算方法：①由标准摩尔生成焓计算；②根据盖斯定律计算；③由标准摩尔燃烧焓计算；④由吉布斯-赫姆霍兹公式计算；⑤根据化学反应平衡常数 K 计算。

听课是学习知识的一条重要途径，但不是唯一途径。大量知识的掌握是靠自学得来的。无机及分析化学的课程内容很多，课时有限，老师不可能面面俱到地全部讲解，只能有重点地给学生以启发和引导。学生要学会充分利用参考资料和 Internet 的化学资源，提高自学能力。通过自学能够做到去粗取精、明确重点、掌握关键，努力培养分析问题和解决问题的能力。同时还要养成勤于思考、勇于探索、善于发现的学习习惯。

分散系统

本章学习要求

了解分散系统的分类，掌握溶液浓度的定义及其相互换算，掌握稀溶液的依数性，胶团结构式的书写及溶胶的稳定性与聚沉。

自然界中所遇到的实际物系，严格讲均为一种或几种物质分散在另一种物质中的分散系统，例如地壳、海洋、大气、人体、生物体、工业原料及其产品等，无一不是分散系统，分散系统如此广泛地存在，因此研究它的性质及其有关规律是十分重要的。

1.1 分散系统及其分类

1.1.1 分散系统的概念

将一种或几种物质分散到另一种物质中所形成的系统称为分散系统。其中被分散的物质称为分散质（又称分散相），起分散作用的物质称为分散剂（又称分散介质）。

例如牛奶是一种分散系统，其中奶油、蛋白质和乳糖是分散质，水是分散剂；糖水也是一种分散系统，其中糖是分散质，水是分散剂。分散质和分散剂的聚集状态不同，分散质粒子大小不同，分散系统的性质也不相同。

1.1.2 分散系统的分类

物质有三种聚集状态：气态、液态、固态。如果按照分散相和分散介质的聚集状态分类，可以把分散系统分为九类，见表 1-1。

表 1-1 按分散相和分散介质的聚集状态分类

分散质	分散介质	名称	实例
气 液 固	液	泡沫 乳状液 悬浮体,液溶胶	肥皂泡沫 牛奶 泥浆,金溶胶
气 液 固	固	固溶胶	浮石,泡沫玻璃, 珍珠,某些矿石, 某些合金
气 液 固	气	气溶胶	— 雾 烟

按分散质粒子的大小，分散系统分为三类：小分子（离子）分散系统，胶体分散系统和高分子溶液，粗分散系统，如表 1-2 所示。

表 1-2 分散质的颗粒大小分类

类型	分散相粒子直径/nm	分散相	性质	举例
小分子(离子)分散系统	<1	原子、离子、小分子①	均相②,热力学稳定系统,扩散快,能透过半透膜,形成真溶液	氯化钠溶液,蔗糖的水溶液,混合气体等
高分子溶液	1～100	高(大)分子①	均相,热力学稳定系统,扩散慢,不能透过半透膜,形成真溶液	聚乙烯醇水溶液
胶体分散系统(溶胶)	1～100	胶粒(原子或分子的聚集体)	多相,热力学不稳定系统,扩散慢,不能透过半透膜,形成胶体	金溶胶,氢氧化铁溶胶
粗分散系统	>100	粗颗粒	多相,热力学不稳定系统,扩散慢或不扩散,不能透过半透膜及滤纸,形成悬浮液或乳状液	浑浊泥水,牛奶,豆浆

① 原子、分子、离子溶液和混合气体为均相系统，这里仅是为了便于比较也将原子、分子、离子等作为分散质看待，实际上单个分子、原子不能成为一相。

② 体系中物理性质和化学性质完全相同且均匀的部分称为相。只有一个相的体系称为均相系统或单相系统，含有两个或两个以上相的系统称为多相系统。

当然，按分散质颗粒大小来分类不是绝对的，如某些物质在粒子直径大到 500nm 的情况下，还可以表现出胶体的性质。

综上所述，分散系统既包括均匀的单相系统（如糖水），也包括非均匀的多相系统（如牛奶）。本章将重点讨论溶液和胶体分散系统的一些性质。

1.2 溶液

溶液在工农业生产、科学实验和日常生活中都有着十分重要的作用。许多化工产品的生产在溶液中进行，有的化肥（喷施肥）和农药都必须配成一定浓度的溶液才能使用。人体中许多物质也都是以溶液的形式存在，如组织液、血液等，食物和药物也必须先变成溶液才便于吸收。因此，学习和掌握有关溶液的基本知识，熟练掌握一定浓度溶液的配制方法有着非常重要的实践意义。

1.2.1 溶液的概念

物质以分子、原子或离子状态分散于另一物质中所组成的均匀分散系统称为溶液。溶液由溶剂和溶质组成。溶剂是溶解其他物质的液体，而溶质则是溶解于溶剂中的物质，这些物质可以是固、气、液态物质。因此，溶液可分为固态溶液（如某些合金）、气态溶液（如空气）和液态溶液。最常见最重要的是液态溶液，所以这里主要讨论液态溶液。对于液体溶于液体所组成的溶液来说，溶质和溶剂是相对的，一般将含量较多的组分称为溶剂，而将含量较少的组分称为溶质。

1.2.2 溶液的浓度

溶液的浓度是指在一定量溶剂或溶液中所含溶质的量，其表示方法可分为两大类：一类是用溶质和溶剂的相对量表示；另一类是用溶质和溶液的相对量表示。由于溶质、溶剂或溶液使用的单位不同，浓度的表示方法也不同，最常用的有以下几种。

(1) 物质的量浓度

单位体积溶液中所含溶质B的物质的量称为溶质B的物质的量浓度，用符号“c(B)”表示，即

$$c(\mathrm{B})=\frac{n(\mathrm{B})}{V} \tag{1-1}$$

式中，c(B) 表示物质的量浓度，$\mathrm{mol\cdot L^{-1}}$；n(B) 表示溶质B的物质的量，mol；V 表示溶液的体积，L。

若溶质B的质量为 m(B)，摩尔质量为 M(B)，则

$$c(\mathrm{B})=\frac{m(\mathrm{B})}{M(\mathrm{B})V}$$

式中，m(B) 为溶质B的质量，g；M(B) 为溶质B的摩尔质量，$\mathrm{g\cdot mol^{-1}}$。

【例 1-1】 已知80%的硫酸溶液的密度为 $1.74\mathrm{g\cdot mL^{-1}}$，求该硫酸溶液的物质的量浓度 $c(H_2SO_4)$。

解 1000mL该硫酸溶液中溶质的质量为

$$m=1000\mathrm{mL}\times1.74\mathrm{g\cdot mL^{-1}}\times80\%=1392\mathrm{g}$$

其物质的量浓度为

$$c(\mathrm{H_2SO_4})=\frac{1392\mathrm{g}}{98\mathrm{g\cdot mol^{-1}}\times1\mathrm{L}}=14.20\mathrm{mol\cdot L^{-1}}$$

(2) 质量摩尔浓度

溶液中溶质B的物质的量与溶剂A质量的比值称为溶质B的质量摩尔浓度，用“b(B)”表示，即

$$b(\mathrm{B})=\frac{n(\mathrm{B})}{m(\mathrm{A})}=\frac{m(\mathrm{B})}{M(\mathrm{B})m(\mathrm{A})} \tag{1-2}$$

式中，b(B) 为溶质B的质量摩尔浓度，$\mathrm{mol\cdot kg^{-1}}$；$m$(B)、$m$(A) 分别表示溶质、溶剂的质量，g或kg；$M$(B) 表示溶质的摩尔质量，$\mathrm{g\cdot mol^{-1}}$。

【例 1-2】 在50.0g水中溶有2.00g甲醇(CH_3OH)，求甲醇的质量摩尔浓度。

解 甲醇的摩尔质量 $M(\mathrm{CH_3OH})=32.0\mathrm{g\cdot mol^{-1}}$

$$b(\mathrm{CH_3OH})=\frac{n(\mathrm{CH_3OH})}{m(\mathrm{H_2O})}=\frac{2.00\mathrm{g}}{32.0\mathrm{g\cdot mol^{-1}}\times50.0\mathrm{g}}=0.00125\mathrm{mol\cdot g^{-1}}=1.25\mathrm{mol\cdot kg^{-1}}$$

质量摩尔浓度与体积无关，故不受温度变化的影响，常用于稀溶液依数性（见1.3节）的研究。对于较稀的水溶液来说，质量摩尔浓度近似等于其物质的量浓度。

(3) 物质的量分数

溶液中某组分B的物质的量 n(B) 与溶液总物质的量 n 之比，称为该组分的物质的量分数，用符号 x(B) 表示，表达式为

$$x(\mathrm{B})=\frac{n(\mathrm{B})}{n} \tag{1-3}$$

如果溶液是由溶质B和溶剂A两组分所组成，则物质的量分数可表示如下。

$$x(\mathrm{A})=\frac{n(\mathrm{A})}{n(\mathrm{A})+n(\mathrm{B})} \tag{1-4}$$

$$x(B)=\frac{n(B)}{n(A)+n(B)} \tag{1-5}$$

式中，$x(A)$、$x(B)$ 分别表示溶剂 A 和溶质 B 的物质的量分数；$n(A)$、$n(B)$ 分别表示溶剂 A 和溶质 B 的物质的量。

显然，溶液各组分物质的量分数之和等于 1，即

$$x(A)+x(B)=1$$

若溶液由多种组分组成，则

$$\sum x_i=1$$

【例 1-3】 在 100g 水溶液中溶有 10.0g NaCl，求水和 NaCl 的物质的量分数。

解 根据题意 100g 溶液中含有 10.0g NaCl 和 90.0g 水。

$$n(\mathrm{NaCl})=\frac{m(\mathrm{NaCl})}{M(\mathrm{NaCl})}=\frac{10.0\mathrm{g}}{58.5\mathrm{g}\cdot\mathrm{mol}^{-1}}=0.171\mathrm{mol}$$

$$n(\mathrm{H_2O})=\frac{m(\mathrm{H_2O})}{M(\mathrm{H_2O})}=\frac{90.0\mathrm{g}}{18.0\mathrm{g}\cdot\mathrm{mol}^{-1}}=5.0\mathrm{mol}$$

$$x(\mathrm{NaCl})=\frac{n(\mathrm{NaCl})}{n(\mathrm{NaCl})+n(\mathrm{H_2O})}=\frac{0.171\mathrm{mol}}{0.171\mathrm{mol}+5.0\mathrm{mol}}=0.033$$

$$x(\mathrm{H_2O})=\frac{n(\mathrm{H_2O})}{n(\mathrm{NaCl})+n(\mathrm{H_2O})}=\frac{5.0\mathrm{mol}}{0.171\mathrm{mol}+5.0\mathrm{mol}}=0.967$$

(4) 质量分数

溶液中，溶质 B 的质量 $m(B)$ 与溶液总质量 m 之比称为质量分数，用符号 $w(B)$ 表示，即

$$w(B)=\frac{m(B)}{m} \tag{1-6}$$

式中，$w(B)$ 的量纲为 1。质量分数以前常称质量百分浓度，用百分数表示。

(5) 几种溶液浓度之间的关系

① 物质的量浓度与质量分数　如果已知溶液的相对密度为 ρ 和溶质 B 的质量分数 $w(B)$，则该溶液物质的量浓度可表示为

$$c(B)=\frac{n(B)}{V}=\frac{m(B)}{M(B)V}=\frac{m(B)}{M(B)m/\rho}=\frac{\rho m(B)}{M(B)m}=\frac{w(B)\rho}{M(B)} \tag{1-7}$$

式中，$M(B)$ 为溶质 B 的摩尔质量；m 为溶液的质量。

② 物质的量浓度与质量摩尔浓度　如果已知溶液的相对密度 ρ 和溶液的质量 m，则有

$$c(B)=\frac{n(B)}{V}=\frac{n(B)}{\frac{m}{\rho}}=\frac{n(B)\rho}{m} \tag{1-8}$$

若该系统是一个二组分系统，且 B 组分的含量较少，则 m 近似等于溶剂的质量 $m(A)$，式(1-8) 可近似成为

$$c(B)=\frac{n(B)}{V}=\frac{n(B)}{\frac{m}{\rho}}=\frac{n(B)\rho}{m(A)}=b(B)\rho \tag{1-9}$$

若该溶液是稀的水溶液，则在数值上有 $c(B)\approx b(B)$。

【例 1-4】 已知浓硫酸的密度=1.84g·mL^{-1}，硫酸的质量分数为98.0%，如何配制500.0mL $c(H_2SO_4)$=0.1mol·L^{-1}的H_2SO_4溶液？

解 根据 $c(B)=\frac{n(B)}{V}=\frac{m(B)}{M(B)V}=\frac{m(B)}{M(B)m/\rho}=\frac{\rho m(B)}{M(B)m}=\frac{w(B)\rho}{M(B)}$，有

$$c(H_2SO_4)=\frac{w(H_2SO_4)\rho}{M(H_2SO_4)}=\frac{98\%\times 1.84g\cdot mL^{-1}\times 1000mL\cdot L^{-1}}{98.0g\cdot mol^{-1}}=18.4mol\cdot L^{-1}$$

根据 $c(A)V(A)=c(B)V(B)$ 得

$$V(H_2SO_4)=\frac{0.1mol\cdot L^{-1}\times 0.500L}{18.4mol\cdot L^{-1}}=0.0027L=2.7mL$$

所以需要量取2.7mL浓硫酸，将浓硫酸慢慢加入到400.0mL的蒸馏水中，然后稀释至500.0mL。

1.3 稀溶液的依数性

通常溶液的性质取决于溶质的性质，如溶液的密度、颜色、气味、导电性等都与溶质的性质有关。但是溶液的某些性质（如蒸气压、沸点、凝固点、渗透压）却与溶质的本性无关，只取决于溶质的粒子数目，这些只与溶液中溶质粒子数目相关，而与溶质本性无关的性质称为溶液的依数性。因为它只有当溶液很稀时才较准确，故而称为稀溶液的依数性。浓溶液的情况比较复杂，迄今尚未能建立起完整的浓溶液理论。我们着重讨论难挥发非电解质稀溶液的依数性。

1.3.1 溶液的蒸气压下降

在一定的温度下，将一杯纯液体置于一密闭容器中，液体表面的高能量分子克服了其他分子的吸引作用从表面逸出，成为蒸气分子，这种液体表面的汽化现象称为蒸发。液面上方的蒸气分子也可以被液面分子吸引或受到外界压力的作用而进入液相，这个过程称为凝聚。当液体的蒸发速率和凝聚速率相等时，液体和它的蒸气就处于两相平衡状态，此时的蒸气称为饱和蒸气，饱和蒸气所产生的压力称为饱和蒸气压，简称蒸气压。

蒸气压的大小表示液体分子向外逸出的趋势。它只与液体的本性和温度有关，而与液体的量无关。通常把蒸气压大的物质称为易挥发物质，蒸气压小的称为难挥发物质。液体的蒸发是吸热过程，所以温度升高，蒸气压增大。表1-3列出了不同温度下纯水的蒸气压数据。

表 1-3 水在不同温度下的蒸气压

温度/℃	0	10	20	30	40	50	60	70	80	90	100
蒸气压/kPa	0.611	1.23	2.34	4.24	7.38	12.33	19.92	31.16	47.37	70.10	101.32

在一定的温度下，纯水的蒸气压是一个定值。若在纯水中加入少量难挥发非电解质（如蔗糖、甘油等）后（见图1-1），则发现在同一温度下，稀溶液的蒸气压总是低于纯水的蒸气压。这种现象称为溶液的蒸气压下降。产生这种现象的原因是：由于难挥发溶质的加入降低了单位体积内溶剂分子的数目，在同一温度下，单位时间内从溶液逸出液面的溶剂分子数目减少，即蒸发速率减小，这样，蒸发与凝聚建立平衡后，溶液的蒸气压必然低于纯溶剂的蒸气压。显然溶液的浓度越大，溶液的蒸气压就越低。设某温度下纯溶剂的蒸

气压为 p°。溶液的蒸气压为 p，p° 与 p 的差值就称为溶液的蒸气压下降值，用 Δp 表示。

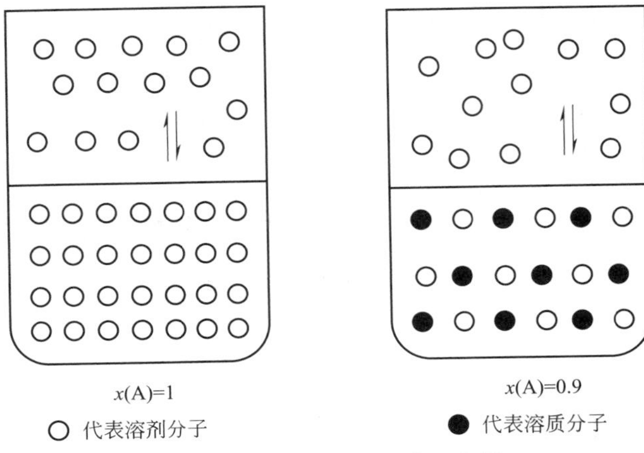

图 1-1 溶液蒸气压下降示意图

$$\Delta p = p^\circ - p \tag{1-10}$$

1887 年法国物理学家拉乌尔（F. M. Raoult）从难挥发的非电解质的稀溶液中总结出一条重要的经验定律，即拉乌尔定律，该定律指出：在一定温度下，难挥发非电解质稀溶液的蒸气压（p）等于纯溶剂的蒸气压（p°）乘以该溶剂在溶液中的物质的量分数 $x(\text{A})$，而与溶质的本性无关。即

$$p = p^\circ x(\text{A}) \tag{1-11}$$

对于一个双组分系统来说，有

$$x(\text{A}) + x(\text{B}) = 1$$

所以

$$p = p^\circ[1 - x(\text{B})] = p^\circ - p^\circ x(\text{B})$$

$$\Delta p = p^\circ x(\text{B}) \tag{1-12}$$

即在一定温度下，难挥发非电解质稀溶液的蒸气压下降值与溶质的物质的量分数即溶质的粒子数成正比，而与溶质的本性无关。

因为

$$x(\text{B}) = \frac{n(\text{B})}{n(\text{A}) + n(\text{B})}$$

当溶液很稀时，$n(\text{A}) + n(\text{B}) \approx n(\text{A})$，则

$$x(\text{B}) \approx \frac{n(\text{B})}{n(\text{A})}$$

所以

$$\Delta p = p^\circ x(\text{B}) \approx p^\circ \times \frac{n(\text{B})}{\frac{m(\text{A})}{M(\text{A})}} = p^\circ \times \frac{n(\text{B})}{m(\text{A})} \times M(\text{A}) = p^\circ b(\text{B}) M(\text{A})$$

当温度一定时，纯溶剂的蒸气压 p° 和溶剂的摩尔质量 $M(\text{A})$ 是定值，合并用 K 表示，则有

$$\Delta p = K b(\text{B}) \tag{1-13}$$

所以拉乌尔定律又可以表述为：在一定温度下，难挥发非电解质稀溶液的蒸气压下降值近似地与溶质 B 的质量摩尔浓度成正比，而与溶质的本性无关。

当溶质是挥发性的物质时（如在水中加入乙醇），式(1-13)仍适用，只是 Δp 代表的是溶剂的蒸气压下降，不能表示溶液蒸气压的变化（因为乙醇也易于蒸发，所以整个溶液的蒸气压等于水的蒸气压与乙醇蒸气压之和）。当溶质是电解质时，溶液的蒸气压也下降，但不遵循式(1-13)。

1.3.2 溶液的沸点升高

沸点是指液体的蒸气压等于外界大气压力时的温度。如当水的蒸气压等于外界大气压力（101.325kPa）时，水开始沸腾，此时对应的温度就是水的沸点（100℃，该沸点被称为正常沸点）。可见，液体的沸点与外界压力有关，外界压力降低，液体的沸点将下降。

如果在纯水中加入少量难挥发非电解质，由于溶液的蒸气压总是低于纯溶剂（纯水）的蒸气压，故 373.15K（100℃）时，溶液不能沸腾，必须升高温度，直到溶液的蒸气压恰好等于外界压力（101.325kPa）时，溶液才能沸腾，因此溶液的沸点总是高于纯溶剂的沸点（如图1-2）。若纯溶剂的沸点为 t_b°，溶液的沸点为 t_b，t_b 与 t_b° 的差值即为溶液的沸点升高值 Δt_b。溶液沸点升高的根本原因是溶液的蒸气压下降。溶液浓度越大，其蒸气压下降越显著，沸点升高也越显著，根据拉乌尔定律可以推导出

$$\Delta t_b = t_b - t_b^\circ = K_b b(\mathrm{B}) \tag{1-14}$$

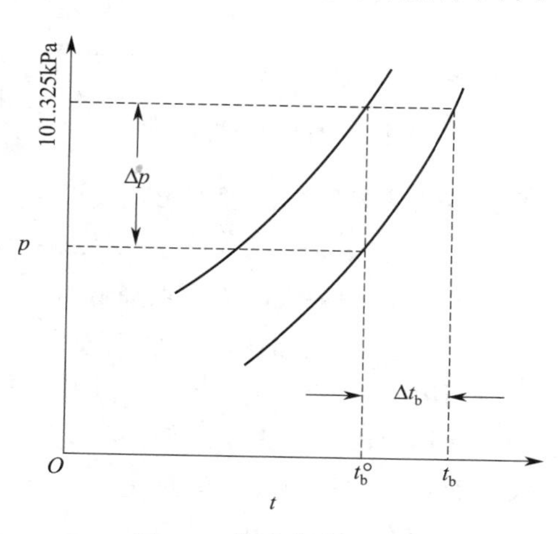

图 1-2 溶液的沸点升高

即难挥发非电解质稀溶液的沸点升高值 Δt_b 与溶质的质量摩尔浓度 $b(\mathrm{B})$ 成正比，而与溶质的本性无关。式中 K_b 是溶剂的沸点升高常数，它只与溶剂的性质有关，而与溶质无关。不同的溶剂有不同的 K_b 值。K_b 值可以理论推算，也可以实验测定，其单位是：℃·kg·mol^{-1}。几种常见溶剂的 K_b 值列于表1-4。

表 1-4 常见溶剂的 K_b 与 K_f

溶剂	沸点/℃	K_b/℃·kg·mol^{-1}	凝固点/℃	K_f/℃·kg·mol^{-1}
水	100	0.512	0	1.86
乙醇	78.5	1.22	−117.3	—
丙酮	56.2	1.71	−95.4	—
苯	80.1	2.53	5.53	5.12
乙酸	117.9	3.07	16.6	3.9
萘	218.0	5.80	80.3	6.94

1.3.3 溶液的凝固点下降

凝固点是指在一定的外压下（一般指常压），物质的固态蒸气压等于其液态蒸气压时系统对应的温度，此时液体的凝固和固体的熔化处于平衡状态。如图1-3所示，图中A、B、C分别为固相冰、液相水和溶液的蒸气压随温度变化的曲线。随着温度的降低，液相水的蒸气压下降，当温度降低至 t_f° 时，A、B两曲线相交于 a 点，此时两相的蒸气压相等，t_f° 为纯水的凝固点，水开始凝固。由于溶液的蒸气压低于同温度时水的蒸气压，曲线

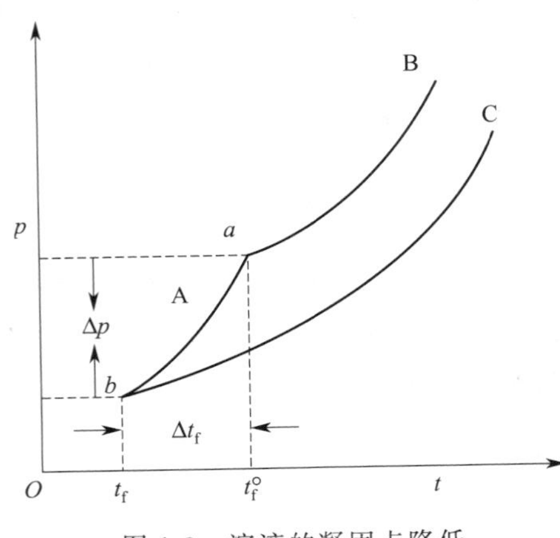

图 1-3　溶液的凝固点降低

C在B的下方，在t_f°时A、C曲线不会相交，此时溶液不能凝固，要使溶液凝固，就必须进一步降低溶液的温度，由于冰的蒸气压下降率比水溶液大，当温度降低到t_f时，A、C曲线才能相交于b点，溶液和冰两相的蒸气压才相等，此时的温度t_f为溶液的凝固点。显然，溶液的凝固点t_f总是低于纯溶剂的凝固点t_f°，这种现象称为溶液的凝固点下降。t_f°与t_f的差值即为溶液的凝固点下降值Δt_f。

溶液的凝固点下降的原因也是溶液的蒸气压下降。溶液越浓，溶液的蒸气压下降越多，凝固点下降越大。非电解质稀溶液的凝固点下降值Δt_f与溶质B的质量摩尔浓度b(B)成正比，而与溶质的本性无关。即

$$\Delta t_f = t_f^\circ - t_f = K_f b(\mathrm{B}) \tag{1-15}$$

式中，K_f叫溶剂的凝固点降低常数，K_f也只与溶剂的性质有关。其单位是℃·kg·$\mathrm{mol^{-1}}$。一些常见溶剂的K_f值列于表1-4。

应用溶液的蒸气压下降、沸点升高和凝固点降低可以测定溶质的摩尔质量，但在实际应用中常用溶液的凝固点降低进行测定，因为同一溶剂的凝固点下降常数比沸点上升常数要大，而且晶体析出现象较易观察，测定结果准确度高。

【例 1-5】 取0.749g某氨基酸溶于50.0g水中，测得其凝固点为−0.188℃。试求该氨基酸的摩尔质量。

解　设该氨基酸的摩尔质量为$M_质$。

$$\Delta t_f = t_f^\circ - t_f = 0℃ - (-0.188)℃ = 0.188℃$$

$m_质 = 0.749\mathrm{g}$　　　　$m_剂 = 50.0\mathrm{g}$

$$b = \frac{m_质}{M_质\ m_剂} = \frac{\Delta t_f}{K_f} \qquad M_质 = \frac{K_f m_质}{\Delta t_f m_剂}$$

代入已知数据，该氨基酸的摩尔质量为

$$M_质 = \frac{1.86℃\cdot\mathrm{kg}\cdot\mathrm{mol^{-1}}\times 0.749\mathrm{g}}{0.188℃\times 50.0\mathrm{g}} = 0.1482\mathrm{kg}\cdot\mathrm{mol^{-1}} = 148.2\mathrm{g}\cdot\mathrm{mol^{-1}}$$

1.3.4 溶液的渗透压

在如图1-4所示的容器中，左边盛纯水，右边盛蔗糖水，中间用一半透膜（一种只允许小分子通过而不允许大分子通过的物质，如动物肠衣、细胞膜、火棉胶等）隔开，并使两端液面高度相等。经过一段时间以后，可以观察到左端纯水液面下降，右端蔗糖水液面升高，说明纯水中一部分水分子通过半透膜进入了溶液，这种溶剂分子通过半透膜向溶液中扩散的过程称为渗透。渗透现象产生的原因可粗略地解释为：溶液的蒸气压小于纯溶剂的蒸气压，所以纯水分子通过半透膜进入溶液的速率大于溶液中水分子通过半透膜进入纯水的速率，故使蔗糖水体积增大，液面升高。随着渗透作用的进行，右端水柱逐渐增高，水柱产生的静水压使溶液中的水分子渗出速率增加，当水柱达到一定的高度时，静水压恰好使半透膜两边水分子的渗透速率相等，渗透达到平衡。在一定温度下，为了阻止渗透作

用的进行而必须向溶液施加的最小压力称为渗透压，用符号 π 表示。

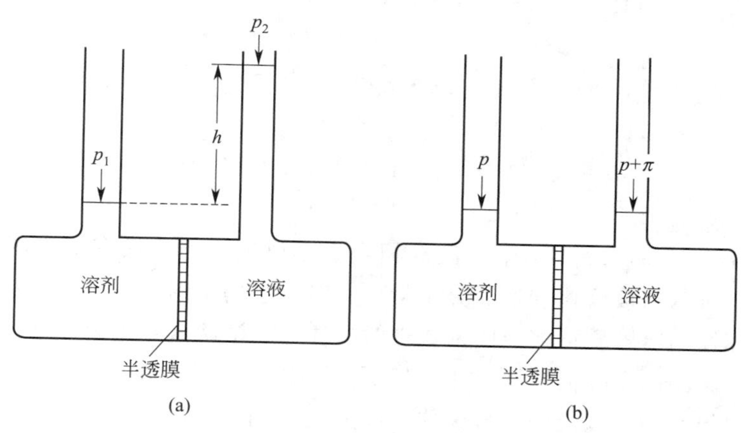

图 1-4　渗透压示意图

因此，产生渗透作用必须具备两个条件：一是有半透膜存在；二是半透膜两侧单位体积内溶剂的分子数目不同。

如果半透膜两侧溶液的浓度相等，则渗透压相等，这种溶液称为等渗溶液。如果半透膜两侧溶液的浓度不等，则渗透压不相等，渗透压高的溶液称为高渗溶液，渗透压低的溶液称为低渗溶液，渗透时水分子从低渗溶液向高渗溶液方向扩散。

1886 年，荷兰物理学家范特霍夫（Vant Hoff）在前人实验的基础上，得出了如下稀溶液的渗透压定律。

$$\pi V = n(\mathrm{B})RT$$

$$\pi = \frac{n(\mathrm{B})}{V}RT = c(\mathrm{B})RT \tag{1-16}$$

式中，π 是溶液的渗透压；T 是热力学温度；V 是溶液的体积；$n(\mathrm{B})$ 为溶质的物质的量；R 为摩尔气体常数（$R=8.314\mathrm{J}\cdot\mathrm{K}^{-1}\cdot\mathrm{mol}^{-1}$ 或 $R=8.314\mathrm{kPa}\cdot\mathrm{L}\cdot\mathrm{K}^{-1}\cdot\mathrm{mol}^{-1}$）；$c(\mathrm{B})$ 是溶质的物质的量浓度。如果水溶液浓度很稀，则 $c(\mathrm{B})\approx b(\mathrm{B})$，上式可写为。

$$\pi = b(\mathrm{B})RT \tag{1-17}$$

即在一定温度下，难挥发非电解质稀溶液的渗透压与溶质的质量摩尔浓度成正比，而与溶质的本性无关。溶液的渗透压也可用于测定溶质的摩尔质量，尤其适用于测定高分子化合物的摩尔质量。

【例 1-6】 20℃时，将 1.00g 血红素溶于水中，配制成 100mL 溶液，测得其渗透压为 0.366kPa。(1) 求血红素的摩尔质量；(2) 计算说明能否用其他依数性测定血红素的摩尔质量。

解　(1) 设血红素的摩尔质量为 M。

$$\pi = \frac{n}{V}RT = \frac{mRT}{MV}$$

$$M = \frac{mRT}{\pi V} = \frac{1.00\mathrm{g}\times 8.314\mathrm{kPa}\cdot\mathrm{L}\cdot\mathrm{K}^{-1}\cdot\mathrm{mol}^{-1}\times 293\mathrm{K}}{0.366\mathrm{kPa}\times 100\times 10^{-3}\mathrm{L}}$$
$$= 6.66\times 10^{4}\mathrm{g}\cdot\mathrm{mol}^{-1}$$

(2) 利用沸点升高和凝固点降低也可以测定血红素的摩尔质量。

$$c=\frac{\pi}{RT}=\frac{0.366\text{kPa}}{8.314\text{kPa}\cdot\text{L}\cdot\text{K}^{-1}\cdot\text{mol}^{-1}\times 293\text{K}}=1.50\times 10^{-4}\text{mol}\cdot\text{L}^{-1}$$

$$b\approx c=1.50\times 10^{-4}\text{mol}\cdot\text{kg}^{-1}$$

$$\Delta t_b=K_b b=0.512℃\cdot\text{kg}\cdot\text{mol}^{-1}\times 1.50\times 10^{-4}\text{mol}\cdot\text{kg}^{-1}$$
$$=7.68\times 10^{-5}℃$$

$$\Delta t_f=K_f b=1.86℃\cdot\text{kg}\cdot\text{mol}^{-1}\times 1.50\times 10^{-4}\text{mol}\cdot\text{kg}^{-1}$$
$$=2.79\times 10^{-4}℃$$

比较以上计算结果，Δt_b、Δt_f 的值都相当小，很难测准，只有渗透压的数据相对较大，容易测准。所以当被测化合物的分子量较大时，采用渗透压法准确度最高。

在讨论难挥发非电解质稀溶液的依数性时要注意，浓溶液和电解质溶液也存在蒸气压下降、沸点升高、凝固点降低和渗透压，但对浓溶液和电解质溶液而言，由于溶质分子或离子之间作用力很复杂，以上的定量公式不能完全适用，会出现较大的偏差，必须加以校正，不过仍可作一些定性的比较。

【例 1-7】 按沸点从高到低的顺序排列下列各溶液。

(1) 0.1mol·L^{-1} HAc　　(2) 0.1mol·L^{-1} NaCl　　(3) 1mol·L^{-1}蔗糖

(4) 0.1mol·L^{-1} $CaCl_2$　　(5) 0.1mol·L^{-1}葡萄糖

解 在一定体积的溶液中，粒子数目越多，即粒子浓度越大，沸点越高。电解质的粒子数目较相同浓度的非电解质多，强电解质的粒子数较相同浓度的弱电解多，因此，粒子浓度由大到小的顺序为：(3)>(4)>(2)>(1)>(5)，沸点顺序与此相同。

1.3.5 稀溶液依数性的应用

(1) 测定摩尔质量

由依数性的定量关系可知，依数性产生的效果大小均与所溶解的难挥发非电解质的质量摩尔浓度成正比，而与溶质的本性无关。而溶质的质量摩尔浓度又与物质的摩尔质量有关。所以四种依数性都可作为测量摩尔质量的手段，但最常用的是凝固点下降和沸点上升两种方法。但对于测定蛋白质、血红素等大分子物质的摩尔质量，渗透压法有其独到之处。

(2) 利用凝固点下降来制作防冻液和制冷剂

凝固点下降的现象在日常生活中经常遇到。例如海水的凝固点低于 0℃，撒盐可将道路上的积雪融化，冬天施工的混凝土中常添加氯化钙，为防止冬天汽车水箱冻裂常加入适量的甘油或乙二醇，实验室用食盐和冰混合配制制冷剂。

(3) 解释植物的抗寒抗旱功能

溶液的凝固点降低和蒸气压下降可以用于解释植物的抗旱功能。研究表明，细胞液浓度的增大，有利于其蒸气压的降低，从而使细胞内水分的蒸发量减少，蒸发过程变慢，因此在较高的气温下能保持一定的水分而不枯萎，表现了相当的抗旱功能。同时，细胞液浓度的增大，凝固点下降值大，所以植物表现出一定的抗寒性，如常青藤的树叶因富含糖分在严寒的冬天常青不冻。

(4) 检验化合物的纯度

有机化学实验中常常用测定化合物的熔点或沸点的办法来检验化合物的纯度。把含有杂质的化合物当作溶液，则其熔点比纯化合物的低，沸点比纯化合物的高，而且熔点的降低值和沸点的升高值与杂质含量有关。

（5）动植物生理及医学方面的应用

渗透现象和生命科学有着密切的联系，它广泛存在于动植物的生理活动中。如动植物体内的体液和细胞液都是水溶液，通过渗透作用，水分可以从植物的根部被输送到几十米高的顶部。医院给病人配制的静脉注射液必须和血液等渗，因为浓度过高，水分子则从红细胞中渗出，导致红细胞干瘪；浓度过低，水分子渗入红细胞，导致红细胞胀裂；同样的原因淡水鱼不能在海水中养殖；盐碱地不利于植物生长；给农作物施肥后必须立即浇水，否则会引起局部渗透压过高，导致植物枯萎。

1.4 电解质溶液

1.4.1 电解质溶液依数性的偏差

难挥发非电解质稀溶液的四个依数性都能很好地符合拉乌尔定律，其实验测定值和计算值基本相符。但电解质溶液的依数性却极大地偏离了拉乌尔定律，参见表 1-5。

表 1-5 几种电解质稀溶液的 Δt_f

电解质	b/mol·kg^{-1}	Δt_f(计算值)/℃	Δt_f(实验值)/℃	$i=\frac{实验值}{计算值}$
KCl	0.1	0.186	0.346	1.86
	0.01	0.0186	0.0361	1.94
K_2SO_4	0.1	0.186	0.454	2.44
	0.01	0.0186	0.0521	2.80
KNO_3	0.2	0.372	0.664	1.78
$MgCl_2$	0.1	0.186	0.519	2.79

根据表 1-5 所示，电解质溶液凝固点降低的实验值均比计算值大，而且校正系数 i 随着浓度的减小而增大。随溶液浓度的变小，i 值渐趋近于某一限值，像 HCl、KCl 这种由一价阳离子和阴离子组成的 AB 型电解质 i 值以 2 为极限；而由一价阳离子和二价阴离子组成的 A_2B 型电解质，i 的极限值为 3。

1884 年瑞典化学家阿伦尼乌斯（Arrhenius）依据以上实验事实，提出了电解质溶液的解离学说，用于解释电解质溶液对拉乌尔定律的偏离行为。他认为电解质溶于水后可以解离成阴、阳两种离子，而使溶液中溶质的粒子总数增加，导致了校正系数 i 总是大于 1。从理论上说，强电解质在水溶液中 100％的解离，校正系数 i 应该等于强电解质溶质粒子增加的倍数。比如在 c(KCl)＝0.1mol·kg^{-1} 溶液中，带电粒子总浓度应该等于 0.2mol·kg^{-1}，i 应该等于 2，其 Δt_f 应该等于 0.372℃，显然这些理论推算与表 1-5 所示的实验数据不符。如果将表中的实验值 Δt_f 代入有关公式计算，则溶质粒子总浓度为 0.186mol·kg^{-1}，说明电解质溶液的“表观浓度”与其真实浓度不同。似乎强电解质在水溶液中不是全部解离的，实际上这是由于存在离子间的相互作用。

1.4.2 强电解质溶液理论简介

1923 年，德拜（Debye）和休克尔（Hückel）针对强电解质溶液依数性发生偏差的事实，以离子间存在着相互牵制作用为基础，提出了强电解质溶液理论——离子互吸学说。其要点如下：

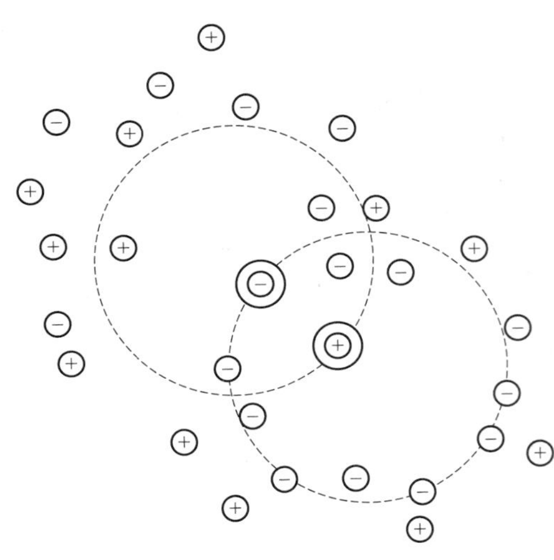

图 1-5 “离子氛”示意图

强电解质在水中是完全解离的，在溶液中的离子浓度较大。由于离子间存在较强的静电引力，对某一阳离子来说，必然吸引阴离子而排斥阳离子，使其周围聚集较多的阴离子和较少的阳离子，即在阳离子周围形成一个阴离子的包围圈，称为“离子氛”，同样，在阴离子周围有阳离子形成的“离子氛”，如图 1-5 所示。由于离子不断运动，“离子氛”并不牢固，时而形成，时而拆散。同时，因为“离子氛”的存在，溶液中的离子互相牵制，离子的运动不能完全自由，使离子在溶液中的迁移速度减慢。

此外，人们还发现在强电解质溶液中，不但有“离子氛”存在，而且带相反电荷的离子间还能相互缔合成“离子对”，如 K^+Cl^-，在溶液中作为一个整体运动，比较稳定，就像一个电中性分子。

由于“离子氛”和“离子对”的影响，强电解质溶液的依数性都比完全解离时的理论计算值小。溶液越浓，离子价数越高，这种偏差越大。

1.4.3 活度

为了定量描述电解质溶液中离子间的互相牵制作用而使其有效浓度降低的现象，路易斯提出了活度的概念。

我们将“表观浓度”称为活度（即有效浓度），用 a 表示，活度与浓度的关系可用下式表示。

$$a=\gamma c \tag{1-18}$$

式中，γ 称为活度系数，表示溶液中离子之间的互相牵制作用，离子浓度越大，离子电荷越高，离子间的牵制作用越强，γ 越小，活度与浓度的差异就越大；当离子浓度趋近于 0 时，离子间的牵制作用很弱，γ 趋于 1。

1.4.4 离子强度(I)

当多种离子同时存在于溶液中时，它们之间的相互作用非常复杂，与溶液中总体的离子浓度及其电荷数有关。路易斯于 1921 年提出离子强度的概念。离子强度 I 定义为

$$I=\frac{1}{2}\sum c_i Z_i^2 \tag{1-19}$$

式中，I 为离子强度；c_i 和 Z_i 分别为组分 i 的浓度和电荷数。离子强度是溶液中存在的离子所产生的电场强度的量度。它仅与溶液中各离子的浓度和电荷有关，而与离子本性无关。

德拜和休克尔从静电理论和分子运动论出发，得出 25℃ 的水溶液中，当 $I\ll 1$ 时，活度系数与离子强度的近似式如下。

$$\lg r=-0.509Z_+Z_-\sqrt{I} \tag{1-20}$$

式中，Z_+、Z_- 分别为阳、阴离子所带电荷数的绝对值。

从式(1-20)中可以看出离子强度 I 越小，活度系数 r 越大，离子的电荷数越少，r 值越大。

电解质溶液的浓度与活度之间是有差别的，严格说都应该用活度进行计算，但在实际应用中，如果离子浓度不是太大，或者对结果的准确度要求不是很高时，常用浓度代替活度进行有关计算。

1.5 胶体溶液

胶体溶液（又称溶胶）的分散质粒子是由大量的分子、原子或离子聚集而成，其直径大小为 1～100nm 范围，介于溶液和粗分散系统之间，属于高度分散的多相系统，具有聚结不稳定性。在本节中主要介绍胶体的结构和性质。

1.5.1 分散度和比表面

分散质被分散得越细，所得颗粒数目越多，颗粒的总表面积也就越大。物质的分散程度简称分散度，常用单位体积物质的表面积来表示，称为比表面。若用 S 表示总面积、V 表示物质的体积、S_0 表示比表面，则

$$S_0=\frac{S}{V}$$

对于一个立方体，若边长为 L，其体积为 L^3，表面积为 $6L^2$，则比表面 S_0 为

$$S_0=\frac{6L^2}{L^3}=\frac{6}{L}$$

显然，一个立方体的总体积一定时，L 越小，则 S_0 越大，即分割得越小，比表面越大，分散度越大。在胶体分散系统中，分散质颗粒小，其分散程度很高，具有很大的比表面，这使溶胶具有不同于其他分散系统的特征。

1.5.2 表面能

物体表面的粒子（分子、原子或离子）和内部粒子所处的环境不同，因而所具有的能量也不同。如图 1-6 所示，在液相内部的分子 A，它周围的其他分子对它的吸引力是对称的（如图中箭头所示）。因此分子在液相内部移动，无需做功。但是在表面上分子 B，它与周围分子间的吸引力是不对称的。因为表面层内分子的密度是从液相的密度转变为气相的密度，所以液相内部分子对它的吸引力较大，而气相内部分子对它的吸引力要小得多。结果产生了表面分子受到向液相内部的拉力，所以表面层分子比液相内部的分子相对地不稳定，它有向液相内部迁移的趋势，故液相表面积有自动缩小的倾向。从能量上来看，要将液相内部的分子移到表面，需要对它做功。这就说明，要使体系的表面积增加，必然要增加它的能量，所以体系就比较不稳定。为了使体系处于稳定状态，其表面积总是要取可能的最小值。所以对一定体积的液滴来说，在不受外力的影响下，它的形状总是以球形为最稳定。这就是水滴、汞滴会自动呈球形的原因。

由于表面层的分子受到指向内部的拉力，所以要把液体分子从液体内部转移到表面层，在增大表面时，就必须克服指向液体内部的引力而对物系做功。当这些被迁移出来的粒子形成新的表面时，所消耗的这部分功就转变为表面层粒子的势能，使体系的总能量增加。表面粒子比内部粒子多出的这部分能量称为表面能。

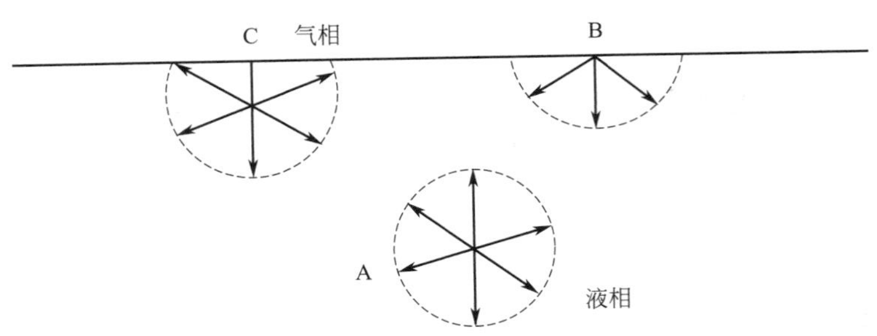

图 1-6 相界面与相内的分子受力情况

实践证明，在任何两相界面都存在表面能。在胶体分散系中，分散质颗粒具有很大的总表面积，因此具有很大的表面能。表面能越大，系统越不稳定。

1.5.3 吸附作用

一种物质自动聚集到另一种物质表面上的过程称为吸附。能够将其他物质聚集到自己表面上的物质称吸附剂，被聚集的物质称为吸附质。如在充满溴蒸气的玻璃瓶中，加入一些活性炭，红棕色的溴蒸气将逐渐消失，说明活性炭的表面有富集溴分子的能力。如活性炭吸附溴分子，活性炭是吸附剂，溴是吸附质。吸附既可在固体和液体的界面上进行，也可在固体和气体的界面上发生。因固体在溶液中的吸附比较复杂，它既可能吸附溶质分子或离子，也可能吸附溶剂分子，将在此被重点介绍。固体在溶液中的吸附分为分子吸附和离子吸附两类。

（1）分子吸附

固体吸附剂在非电解质或弱电解质溶液中将吸附质以分子的形式吸附到其表面，称为分子吸附。这类吸附与溶剂、溶质和固体吸附剂三者的性质有关。吸附的基本规律是：相似相吸，即极性吸附剂容易吸附极性溶质或溶剂；非极性的吸附剂容易吸附非极性的溶质或溶剂。吸附剂与溶剂的极性相差越大，而和溶质的极性相差越小，则吸附剂在溶液中对溶剂的吸附量越少，对溶质的吸附量就越大。例如，活性炭对色素水溶液的脱色比对色素苯溶液的脱色要好，就是因为活性炭是非极性吸附剂，水是强极性溶剂，色素的极性与活性炭比较接近，所以活性炭能使色素水溶液脱色；而对于色素苯溶液，因苯是非极性溶剂，故活性炭吸附苯而不吸附色素。因此，用活性炭不能脱去非极性溶剂中的色素。

（2）离子吸附

固体吸附剂在强电解质溶液中对溶质离子的吸附称为离子吸附。离子吸附又分为离子选择吸附和离子交换吸附。

① 离子选择吸附　固体吸附剂从电解质溶液中优先选择吸附与自身组成相关或性质相似的离子，称为离子选择吸附。由于电解质的解离，溶液中存在正、负离子，固体吸附剂对阴、阳离子的吸附能力是不相同的，吸附剂常优先吸附其中的一种离子。固体吸附剂在什么情况下吸附阳离子，什么情况下吸附阴离子，主要是由固体吸附剂与电解质的种类及性质来决定。一般可以认为：固体吸附剂常常优先吸附固体晶格上的同名离子或化学成分相近、结晶结构相似的物质的离子。例如：在 KI 溶液中加入过量 $AgNO_3$，生成 AgI 沉淀后，溶液中还有过剩的 Ag^+ 和 NO_3^-，由于 Ag^+ 是与 AgI 组成相关的离子，AgI 将优先吸附 Ag^+ 而带正电荷，而 NO_3^- 聚集在 AgI 附近的溶液中，使整个溶液保持电中性。

能使固体表面带电的离子称为电势离子，在溶液中与电势离子电荷相反的离子称为反离子。上例中 Ag^+ 是电势离子，NO_3^- 是反离子；反之，若在 $AgNO_3$ 溶液中加入过量 KI，则 AgI 选择吸附 I^- 而使固体表面带负电荷，带正电荷的 K^+ 留在溶液中，此时 I^- 是电势离子，K^+ 是反离子：又如固体 $Fe(OH)_3$ 在 $FeCl_3$ 水溶液中，就很容易吸附 $FeCl_3$ 水解产生的与其结构相似的 FeO^+ 而带正电荷。

② 离子交换吸附　当固体从溶液中吸附某种离子后，同时它本身又向溶液排放出等电量的同种电荷离子，这种过程称为离子交换吸附。离子交换吸附是可逆过程，遵循化学平衡原理，浓度大的离子可以交换浓度小的离子。除此之外，离子的交换能力还与离子所带的电荷数及离子半径有关。离子所带的电荷数越多，交换能力越强，例如

$$Ti^{4+} > Al^{3+} > Ca^{2+} > K^+$$

同价离子半径越大，离子交换能力越强，例如一价碱金属离子交换能力的顺序为

$$Cs^+ > Rb^+ > K^+ > Na^+ > Li^+$$

对于一价阴离子，实践证明 CNS^- 较卤素离子交换能力强，其交换能力顺序为

$$CNS^- > I^- > Br^- > Cl^-$$

离子交换吸附在工农业生产以及科学研究中应用极为广泛。在化工生产及化学实验室里，常常应用离子交换树脂做吸附剂来净化水和分离提纯某些电解质。离子交换树脂是人工合成的高分子有机化合物，一般分为阳离子交换树脂和阴离子交换树脂两大类，阳离子交换树脂分子结构中，一般都含有$—SO_3H$、$—COOH$ 等基团，基团上的 H^+ 可与水中的阳离子进行交换；阴离子交换树脂分子结构中一般都含有$—NH_2$、$—N^+(CH_3)_3$ 等基团，在水中能形成羟胺$—NH_3OH$、$—N(CH_3)_3OH$，基团上的$—OH$ 能与水中的阴离子进行交换，其过程可以表示如下。

$$R—SO_3H + M^+ \longrightarrow R—SO_3M + H^+$$

$$R—N(CH_3)_3OH + X^- \longrightarrow R—N(CH_3)_3X + OH^-$$

例如去离子水的制取，就是先将天然水通过装有阳离子交换树脂的交换柱，水中的阳离子被交换吸附在树脂上，交换出来的 H^+ 进入水中，而后再通过装有阴离子交换树脂的交换柱，水中的阴离子被交换吸附在后一树脂上，交换出来的 OH^- 进入水中并与水中交换下来的 H^+ 等量地结合成水分子，便可得到无杂质的去离子水。在实验室里，去离子水可以代替蒸馏水使用。离子交换树脂在使用过程中，会逐渐失去交换能力，但可通过化学处理，即阳离子交换树脂用强酸洗涤，阴离子交换树脂用氢氧化钠溶液洗涤，可以再生。

$$R—SO_3M + H^+ \longrightarrow R—SO_3H + M^+$$

$$R—N(CH_3)_3X + OH^- \longrightarrow R—N(CH_3)_3OH + X^-$$

1.5.4　溶胶的性质

溶胶的性质包括光学性质、动力学性质和电学性质三个方面。

（1）溶胶的光学性质

溶胶的光学性质是胶体高分散性和多相性特征的反映，通过对胶体光学性质的研究，可帮助我们理解胶体系统的性质，观察胶体粒子的运动和测定其大小及形状等问题。

在暗室中，如果让一束聚集的光线通过溶胶，在入射光的垂直方向可看到一个浑浊发亮的光锥，这种现象是英国物理学家丁达尔（Tyndall）于 1869 年发现的，故称为丁达尔效应（如图 1-7）。

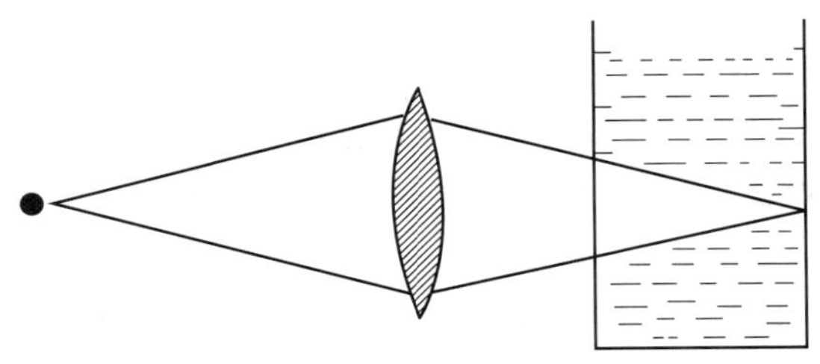

图 1-7　丁达尔效应

丁达尔效应与分散相粒子的大小及投射光线的波长有关。当分散相粒子的直径大于入射光的波长时，光投射在粒子上起反射作用。例如粗分散系统的粒子直径大于 100nm（一般 10^{-6}～10^{-5}m），比可见光的波长（4～7.6）×10^{-7}m 要大，因此只看到反射光。如果粒子直径小于入射光的波长，光波可以绕过粒子而向各方向传播，这就是光的散射作用，散射出来的光，称为散射光或乳光。胶体粒子的直径在 1～100nm（10^{-9}～10^{-7}m），比可见光的波长要小。因此，对于溶胶来说，光散射作用（即丁达尔效应）最明显。

（2）溶胶的动力学性质

① 布朗运动　1872 年植物学家布朗（Brown）在显微镜下看到悬浮在水中的花粉颗粒作永不停息的无规则的运动。以后还发现其他微粒（如矿石、金属和炭等）也有同样的现象，这种现象就称为布朗运动。

悬浮在液体中的质点之所以能不断地运动是因为周围介质分子处于热运动状态，而不断地撞击这些质点的缘故。在悬浮体中，比较大的质点每秒钟可以从各个方面受到几百万次的撞击，结果这些碰撞都互相抵消，这样就看不到布朗运动。如果质点小到胶体程度，那么它所受到的撞击次数比大质点所受到的要小得多，因此从各方面撞击而彼此完全抵消的可能性很小。由于这些原因，各个质点就发生了不断改变方向的无秩序的运动，如图 1-8(a)。图 1-8(b) 是每隔相等时间在显微镜或超显微镜中观察一个胶粒的运动情况，它是质点的空间运动在平面上的投影，近似地表示胶粒的不规则运动。

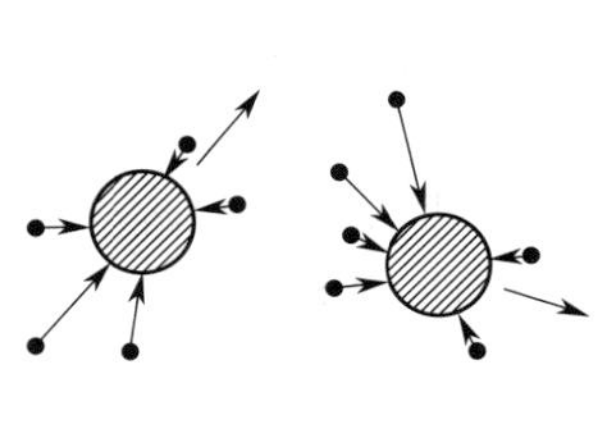

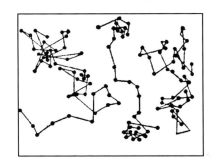

(a) 胶粒受介质分子冲击示意图　　(b) 超显微镜下胶粒的布朗运动

图 1-8　布朗运动

布朗运动是溶胶动力稳定性的一个原因，由于布朗运动的存在，胶粒从周围分子不断获得动能，从而抗衡重力作用而不发生聚沉，使溶胶具有一定的稳定性。但是事物是一分为二的，布朗运动同时有可能使胶粒因相互碰撞而聚集，颗粒由小变大而沉淀。如何克服布朗运动不利的一方面，将在胶体电学性质中讨论。

② 扩散　扩散现象是微粒的热运动（或布朗运动）在有浓度差时发生的物质迁移现象。胶体质点的半径和质量要比真溶液的分子的半径和质量大很多倍。因此，胶体质点的扩散速率比真溶液中的溶质分子要小得多。这就是说，质点越大，热运动速率越小，扩散速率也越小。

③ 沉降和沉降平衡　对于质量比较大的胶粒来说，重力作用是不可忽视的。悬浮在流体（气体或液体）中的固体颗粒下降而与流体分离的过程称为沉降。但是对于分散度较高的系统，因为布朗运动所引起的扩散作用与沉降的方向相反，所以扩散成了阻碍沉降的因素。质点越小，这种影响越显著，当沉降速率与扩散速率相等时，系统就达到了平衡状态，这种现象称为沉降平衡。

（3）溶胶的电学性质

溶胶具有较高的表面能，是热力学不稳定系统，粒子有自动聚结变大的趋势。但事实上很多溶胶可以在相当长的时间内稳定存在而不聚结。经研究表明，这与胶体粒子带电有直接关系，粒子带电是溶胶稳定的重要原因之一。

① 电泳　在外电场影响下，胶体粒子在分散介质中定向移动的现象称为电泳。中性粒子不可能在外加电场中定向移动，所以电泳现象的存在，说明胶体粒子是带电的。

图 1-9 是一种示意的电泳实验装置，若于 U 形管内装入棕红色的 $Fe(OH)_3$ 溶胶，其上放置无色的 NaCl 溶液，要求两液间有清楚的分界面，通电一段时间后，便能看到棕红色的 $Fe(OH)_3$ 溶胶的界面阳极端下降而阴极端上升，证明 $Fe(OH)_3$ 溶胶粒向阴极移动，带正电。

胶体粒子的电泳速率与粒子所带的电量及外加电势梯度成正比，而与介质黏度及粒子的大小成反比。溶胶的粒子要比离子大得多，而实验表明溶胶电泳的速率与离子的迁移速率数量级基本相同，由此可以证明溶胶粒子所带电荷的数量是相当大的。

② 电渗　电渗与电泳现象相反，将固相粒子固定不动，而使液体介质在电场中发生定向移动的现象称为电渗。把溶胶充满在具有多孔性物质如棉花或凝胶中，使胶体粒子被吸附而固定，用如图 1-10 所示的电渗仪，在多孔性物质两侧施加电压之后，可以观察到电渗现象。如果固体带正电而液体介质带负电，则液体向正极所在一侧移动。观察侧面的刻度毛细管中液面的升或降，就可清楚地分辨出液体移动的方向。工程上利用电渗使泥土脱水。

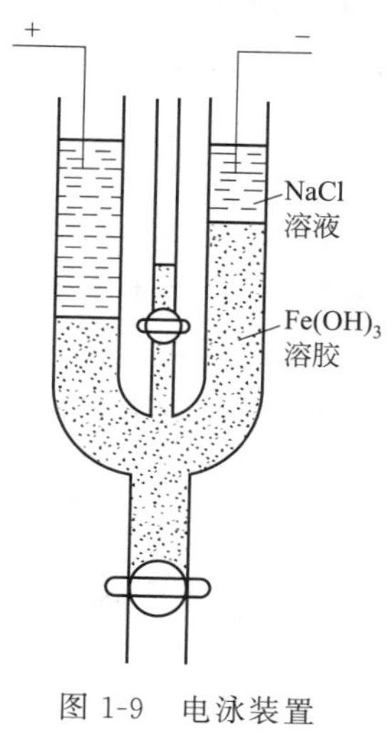

图 1-9　电泳装置

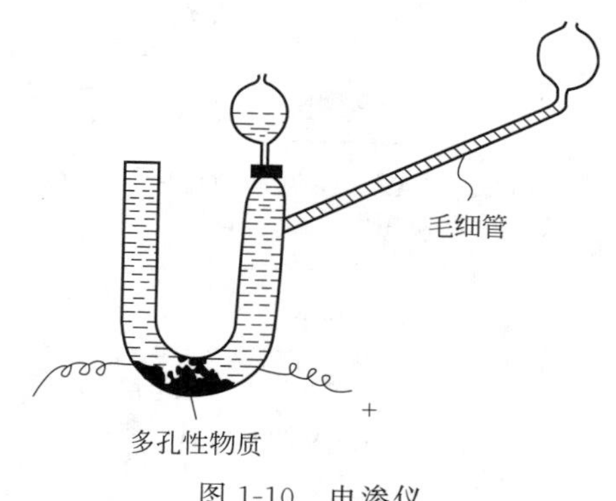

图 1-10　电渗仪

溶胶的电泳和电渗统称为电动现象。电泳和电渗现象是胶粒带电的最好证明。胶粒带电是溶胶能保持长期稳定的重要因素之一。

1.5.5 溶胶粒子带电的原因

（1）吸附作用带电

溶胶系统是高度分散的多相系统，具有巨大的表面积，表面自由能很高。系统除了有自动缩小表面的能力外，还能选择地吸附溶液中的某些物质，以降低表面张力，而使系统的表面自由能降到最低。因此，胶粒有选择吸附介质中某种离子，从而使胶粒周围带上一层电荷。如 AgI 选择吸附 Ag^+ 而带正电，若选择吸附 I^- 便带负电。

（2）解离作用带电

溶胶粒子通过表面分子的解离而带电的现象称为解离带电。如肥皂溶胶，在溶胶粒子表面上的硬脂酸钠分子能解离出 Na^+ 和硬脂酸根离子。Na^+ 离开胶体粒子表面进入溶液中，而硬脂酸根离子留在胶体粒子上。因此，肥皂溶胶是负电溶胶。

1.5.6 胶团结构

溶胶的性质与其结构有关，大量实验证明溶胶具有扩散双电层结构。可以认为胶团是由胶核和周围的扩散双电层所构成。扩散双电层又分内外两层，内层叫吸附层，外层叫扩散层。我们把构成胶粒的分子和原子的聚集体，称为胶核，一般情况具有晶体的结构。它是胶团的核心部分，固体微粒可以从周围的介质中选择性地吸附某种离子，或者通过表面分子的解离而使之成为带电体。带电的胶核与介质中的反离子存在着静电引力作用，使一部分反离子紧靠在表面，与电势离子牢固地结合在一起，形成吸附层。另一部分反离子则呈扩散状态分布在介质中，即为扩散层。吸附层与扩散层的分界面就称为滑动面，滑动面所包围的带电体，称为胶粒。溶胶在外加电场作用下，胶粒向某一电极移动；而扩散层的反离子与介质一起则向另一电极移动。胶粒和扩散层结合在一起就形成电中性的胶团。

以 AgI 溶胶为例，当 $AgNO_3$ 的稀溶液与 KI 的稀溶液作用时，假如其中有任何一种适当过量，就能制成稳定的 AgI 溶胶。实验表明：胶核由 m 个 AgI 分子所构成，当 $AgNO_3$ 过量时，它的表面就吸附 Ag^+，可制得带正电的 AgI 胶体粒子；而当 KI 过量时，它的表面就吸附 I^-，得到带负电的 AgI 胶体粒子。这两种情况的胶团结构可用图 1-11 表示。

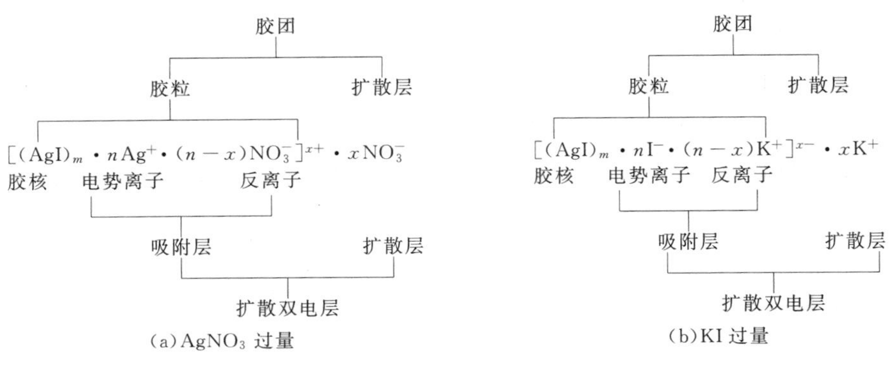

图 1-11 AgI 胶团结构

图中，m 表示胶核中物质的分子数，一般为很大的数目；n 表示胶核所吸附的离子数，n 的数字要小得多；$(n-x)$ 是包含在吸附层中的过剩反离子数。这种胶团的结构示意图可用图 1-12 来表示。

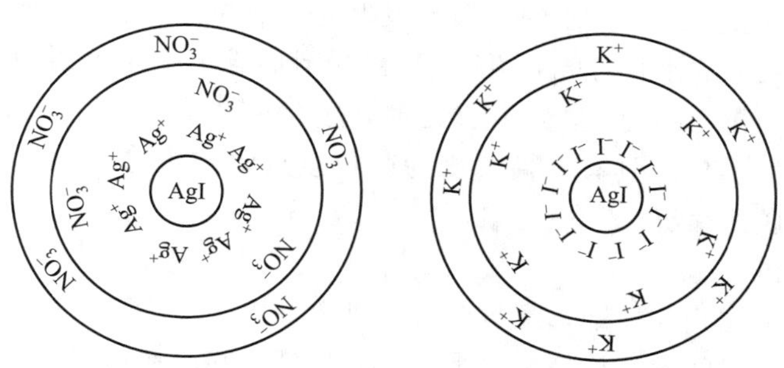

图 1-12　AgI 溶胶胶团的结构

图中的小圆表示胶核，第二个圆表示由核和吸附层所组成的粒子，最外面的圆表示扩散层的范围与整个胶团。m 是一个不等的数值，即同一种溶胶的胶核也有不同的大小。

再如硅酸的溶胶。这种溶胶粒子的电荷不是因吸附离子，而是由于胶核本身的表面层的解离而形成的。胶核表面的 SiO_2 分子与水分子作用先生成 H_2SiO_3，它是弱酸，能按下列方式解离。

$$H_2SiO_3 \rightleftharpoons SiO_3^{2-} + 2H^+$$

解离产物 SiO_3^{2-} 部分地固定在 SiO_2 微粒表面上形成带负电荷的胶粒，成为电势离子。形成的胶团可表示如下。

$$[(SiO_2)_m \cdot nSiO_3^{2-} \cdot 2(n-x)H^+]^{2x-} \cdot 2xH^+$$

实验证明，只有在适当过量的电解质存在下，胶核才能通过吸附电势离子，形成带有电荷的胶粒而具有一定程度的稳定性，所以这种适当过量的电解质（由吸附层中的电势离子和反离子构成）称为溶胶的稳定剂。

1.5.7　溶胶的稳定性和聚沉

在工业生产和科学实验中常常遇到胶体系统。有时需形成稳定的胶体，例如照相用的底片，需涂一层含有很细的 AgBr 胶粒的明胶；染色过程的有机染料，大多以胶体状态分散于水中；在许多催化剂的制备过程中，为了得到活性高的催化剂，亦常常要使物料成为稳定的胶体。但有时却不希望产生溶胶，如在定量分析中，用 $AgNO_3$ 滴定 Cl^- 时，为了防止生成 AgCl 溶胶，就需加入其他电解质（如 HNO_3）；在净化水时就要破坏泥沙形成的胶体；在蔗糖的生产中，蔗汁的澄清需要除去硅酸溶胶、果胶及蛋白质等。因此只有了解溶胶稳定的原因，才能选择适当条件，使胶体稳定或破坏。

（1）溶胶的稳定

根据胶体的各种性质，溶胶稳定的原因可归纳如下。

① 溶胶的动力稳定性　胶粒因颗粒很小，布朗运动较强，由它产生的扩散作用能够克服重力影响不下沉，而保持均匀分散。这种性质称为溶胶的动力稳定性。影响溶胶的动力稳定性的主要因素是分散度。分散度越大，胶粒越小，布朗运动越剧烈，扩散能力越强，动力稳定性就越大，胶粒越不易下沉。此外分散介质黏度越大，胶粒与分散介质的密度差越小，胶粒越难下沉，溶胶的动力稳定性也越大。

② 胶粒带电的稳定作用　胶粒表面都带有相同电荷，由于同种电荷之间的排斥作用，可阻止胶粒相互碰撞而聚结成大颗粒沉淀。胶粒所带的电荷越多，溶胶越稳定。

③ 溶剂化的稳定作用　物质与溶剂之间所起的化合作用称为溶剂化。溶剂如为水，则称为水化。溶胶的胶核都是憎水的，但它吸附的离子和反离子都是水化的，这样在胶粒周围形成了水化层（或称水化外壳），即在胶粒周围形成了一层牢固的水化薄膜。实验证明，水化层具有定向排列结构，当胶粒接近时，水化层被挤压变形，因此有力图恢复定向排列结构的能力，使水化层具有弹性，成为胶粒接近时的机械阻力，即阻止胶粒相互接触，从而防止了溶胶的聚沉。

（2）溶胶的聚沉

溶胶中分散相颗粒相互聚结，颗粒变大，以致最后发生沉降的现象称为聚沉。

溶胶能在相当长时间内保持稳定，是由于胶粒带电和溶剂化层的存在。但当粒子间的静电斥力不足以阻止粒子间的碰撞，变薄了的溶剂化层亦不能防止粒子相互聚结，此时胶粒就会由小变大。胶粒越大，扩散越困难，沉降速率也就越快。当颗粒聚结到足够大并达到粗分散状态时，在重力的作用下，就会从分散介质中沉降下来，即发生聚沉。

造成溶胶聚沉的因素很多，如浓度和温度的影响，光的作用，搅拌和外加电解质等，其中以外加电解质和溶胶的相互作用更为重要。

① 电解质的作用　在溶胶中加入适量的强电解质时，就会发生明显的聚沉现象。其主要原因是电解质的加入会使分散介质中的反离子浓度增大，由于浓度和电性的影响，使扩散层中一些反离子被挤入吸附层中，中和了胶粒的部分电荷，胶粒间的静电斥力变小，当胶粒相互碰撞时就易合并成大颗粒而下沉。

其次是加入电解质后，由于加入的电解质离子的水化作用，夺取了胶粒水化膜的水分子，使胶粒水化膜变薄，因而有利于胶体的聚沉。

所有电解质达到某一浓度时，都能使溶胶聚沉。不同电解质对溶胶的聚沉能力是不同的。对于一定量的溶胶，在一定的时间内明显聚沉所需要电解质的最低浓度，称为该电解质的聚沉值，单位常用 $mmol \cdot L^{-1}$。聚沉值是衡量电解质聚沉能力大小的尺度，电解质的聚沉值越小，聚沉能力越强；电解质的聚沉值越大，聚沉能力越小。电解质的聚沉能力一般有如下的规律：

a. 电解质中能使溶胶聚沉的离子是与胶粒电荷相反的反离子，随反离子价数的增高，聚沉能力迅速增加。一般地说，一价反离子的聚沉值在25～150，二价反离子的聚沉值在0.5～2，三价反离子的聚沉值在0.01～0.1。这就是叔采-哈迪（Schulze-Hardy）规则。

b. 相同价数离子的聚沉能力不同。例如取同一种阴离子（NO_3^-）的各种一价盐，其阳离子对带负电荷的溶胶的聚沉能力顺序为

$$H^+ > Cs^+ > Rb^+ > NH_4{}^+ > K^+ > Na^+ > Li^+$$

同一种阳离子的各种盐，其阴离子交换对正电荷的溶胶的聚沉能力顺序为

$$F^- > Cl^- > Br^- > I^- > CNS^- > OH^-$$

这种将价数相同的阳离子或阴离子按聚沉能力排成的顺序称为感胶离子序。它和离子水化半径从小到大的排列次序大致相同。因此聚沉能力的差别可能是水化离子半径大小的影响。

利用加入电解质使溶胶产生聚沉的例子很多。例如，豆浆是蛋白质的负电胶体，在豆

浆中加卤水，豆浆就变为豆腐，这是由于卤水中的 Na^+、Ca^{2+}、Mg^{2+} 等离子加入后，破坏了蛋白质负电胶体的稳定性，而使其聚沉的结果。

② 溶胶的相互聚沉　将带有相反电荷的溶胶互相混合，也会发生聚沉，溶胶的这种聚沉现象称为相互聚沉。发生相互聚沉的原因是由于带有相反电荷的两种溶胶混合后，不同电性的胶粒之间相互吸引，胶粒中的电荷互相中和所致，此外，两种胶体中的稳定剂也可能相互发生反应从而破坏了胶体的稳定性。然而与电解质的聚沉作用不同之处在于两种溶胶的用量应恰能使其所带的总电荷量相同时，才会完全聚沉，否则可能不完全聚沉，甚至不聚沉。

明矾净水的原理就是胶体的相互聚沉。明矾在水中水解产生带正电的 $Al(OH)_3$ 胶体及 $Al(OH)_3$ 沉淀，而水中的污物主要是带负电的黏土及 SiO_2 等胶体，二者发生相互聚沉，使胶体污物下沉；另外，由于 $Al(OH)_3$ 絮状沉淀有吸附作用，两种作用结合就能将污物清除，达到净化水的目的。

1.5.8　高分子化合物溶液

高分子化合物又称大分子化合物或高聚物，是指其分子量高达几千到几百万（如蛋白质、动物胶核纤维素等）的有机化合物（而一般有机化合物分子量约在 500 以下）。高分子化合物在适当的溶剂中能自发形成的溶液称为高分子溶液。高分子溶液由于其溶质的颗粒大小与溶胶粒子相近，所以它表现出某些性质与溶胶相似，例如，扩散很慢，不能透过半透膜等。然而由于高分子化合物溶液的分散质为单个大分子，是分子分散的单相均匀体系，故具有真溶液的某些性质，所以高分子溶液具有真溶液和胶体溶液的双重特性。与溶胶有所不同的是高分子化合物溶液是热力学稳定系统。它们的这种稳定性，不是由于粒子的电性质，而是由于高分子化合物的亲液性质，即由于它们和溶剂之间的溶剂化作用。高分子化合物的这种性质使它们与溶胶有根本区别，为了便于比较，将两者主要性质的异同归纳于表 1-6 中。

表 1-6　高分子化合物溶液和憎液溶胶性质的比较

项目	高分子化合物溶液	溶胶
相同的性质	(1)分子大小达到 1～100nm 范围 (2)扩散慢 (3)不能透过半透膜	(1)胶团大小达到 1～100nm 范围 (2)扩散慢 (3)不能透过半透膜
不相同的性质	(1)溶质和溶剂有强的亲和力(能自动分散成溶液)，有一定的溶解度 (2)稳定系统，不需要第三组分作稳定剂，稳定的原因是溶剂化 (3)对电解质稳定性较大。将溶剂蒸发除去后，成为干燥的高分子化合物。再加入溶剂，又能自动成为高分子化合物溶液，即具有可逆性 (4)平衡体系，可用热力学函数来描述 (5)均相系统，丁达尔效应微弱 (6)黏度大	(1)分散相和分散介质间没有或只有很弱的亲和力(不分散，需用分散法或凝聚法制备)，没有一定的溶解度 (2)不稳定系统，需要第三组分作稳定剂，稳定的原因主要是胶粒带电 (3)加入微量电解质就会聚沉，沉淀物经过加热或加入溶剂等处理，不会复原成胶体溶液，为不可逆性 (4)不平衡体系，只能进行动力学研究 (5)多相系统，丁达尔效应强 (6)黏度小(和溶剂相似)

前面曾讨论过电解质对于溶胶（主要指水溶胶）的聚沉作用。溶胶对电解质是很敏感的，而高分子溶液具有一定的抗电解质聚沉能力，加入少量电解质时，它的稳定性并不会

受到影响，到了等电点也不会聚沉。这是因为在高分子溶液中，本身带有较多的可解离或已解离的亲水基团，例如—COOH、—OH、$—NH_2$ 等。这些基团具有很强的水化能力，它们能使高分子化合物表面形成一个较厚的水化膜，能稳定地存在于溶液之中而不易聚沉。要使高分子化合物从溶液中聚沉出来，除中和高分子化合物所带的电荷外，更重要的是要破坏其水化膜，因此必须加入大量的电解质。电解质离子要实现其自身的水化，就大量夺取高分子化合物水化膜上的溶剂化水，从而破坏了水化膜使高分子溶液失去稳定性，使其聚沉。像这种通过加入大量的电解质使高分子化合物聚沉的作用称为盐析。可见发生盐析作用的主要原因是去水化作用。

在溶胶中加入适量的高分子化合物，能提高溶胶对电解质的稳定性，这就是高分子化合物对溶胶的保护作用。产生保护作用的原因是高分子是具有链状结构的线型分子，它们很容易吸附在胶粒表面上，这样卷曲后的高分子就包住了溶胶粒子而使胶粒不易聚结。所以高分子化合物经常被用作胶体的保护剂。高分子化合物对溶胶的保护作用在生理过程中具有非常重要的意义。例如，健康人的血液中所含的碳酸钙、碳酸镁、磷酸钙等难溶盐都是以溶胶状态存在，并被血清蛋白等保护。当人患上某些疾病时，这些高分子化合物在血液中的含量就会减少，于是溶胶发生聚沉而堆积在身体的某些部位形成结石，如常见的胆结石、肾结石等。

若在溶胶中加入少量高分子化合物，不仅不能对溶胶起保护作用，反而使溶胶更容易发生聚沉，这种现象称为敏化作用。产生敏化作用的原因是加入高分子化合物所带的电荷少，附着在带电的胶粒表面上可以中和胶粒表面的电荷，胶粒间的斥力降低而更易发生聚沉，另外，具有长链形的高分子化合物可同时吸附在许多胶粒上，把许多胶粒联在一起变成较大的聚集体而聚沉。其次，加入高分子化合物还可脱去胶粒周围的溶剂化膜，使溶胶更易聚沉。

*1.6 表面活性物质和乳浊液

1.6.1 表面活性物质

凡是加入少量就能显著降低溶液表面张力的物质，称为表面活性物质，或表面活性剂。

表面活性物质都是一些分子结构不对称的线型分子，整个分子是由极性基团和非极性基团两部分组成。极性基团（又称亲水基团）如—OH、—CHO、—COOH、$—NH_2$、$—SO_3H$ 等，它们对水的亲和力很强；非极性基团（又称憎水基团）如脂肪烃基（—R）、芳香烃基（—Ar）等，它们对油性物质亲和力较强，因而是憎水的。

表面活性物质种类繁多，有天然物质如磷脂、蛋白质、皂苷等，还有人工合成物质如硬脂酸盐（肥皂 $C_{17}H_{35}COONa$）、磺酸盐（$R—SO_3Na$）、胺盐（$R—NH_2HCl$）等。

当表面活性物质溶于水后，表面活性物质分子中的极性部分力图钻入水中，而非极性的憎水基团则力图逃出水面而钻入非极性的有机相（油）或空气中，结果表面活性物质便浓集于油水互相排斥的界面上，形成有规则的定向排列，即形成一层定向排列的单分子膜，这样一方面可以使表面活性物质的分子稳定；另一方面使界面上的不饱和力场得到某种程度的补偿，从而降低了水的表面张力。

表面活性物质具有广泛的用途，可以作为润湿剂、渗透剂、分散剂、起泡剂、消泡剂、洗涤剂等。

1.6.2 乳浊液

一种液体以细小液滴的形式分散在另一种与它不互溶的液体之中所形成的粗分散系统称为乳浊液。

人类生产及生活中常会遇到乳浊液，如含水石油、煤油厂废水、乳化农药、动植物的乳汁等。人们根据需要，有些乳浊液必须设法破坏，以实现分离的目的，如石油脱水、废水净化；有些乳浊液则应设法使之稳定，如乳化农药、牛奶、化妆品、乳液涂料等。因此，乳浊液研究也有两方面的任务，即乳浊液的稳定和破坏。

有这样的经验，将两种纯的不互溶的液体（如油和水）放在一起振荡，静置后很快就分为两层，即得不到稳定的乳浊液。这是因为当液体分散成许多小液滴后，系统内两液体之间的界面变大，界面自由能增高，是热力学不稳定系统，必然自发地趋于自由能的降低，即小液滴相碰发生聚结成为大液滴，最后分成两层。

要想得到稳定的乳浊液，必须有第三种物质存在，它能形成保护膜，并能显著地降低界面自由能，这种物质称为乳化剂。乳化剂使乳浊液稳定的作用称为乳化作用。乳化剂对形成稳定的乳浊液是极为重要的。常用的乳化剂有三类：①表面活性物质，如肥皂、洗涤剂等；②具有亲水性质的大分子化合物，如明胶、蛋白质、树胶等；③不溶性固体粉末，如铁、铜、黏土、炭黑等。

在乳浊液中，一种液相多半是水，用字母 W 表示，另一液相为有机物，如苯、苯胺、煤油等，习惯上统称为“油”，用字母 O 表示。任何一相均可能作为分散相或者分散介质。因此，乳浊液分为两种类型：一种是油分散在水中，称为水包油型，用符号 O/W 表示；另一种是水分散于油中，称为油包水型，用符号 W/O 表示。两种溶液究竟形成何种类型乳浊液，与乳化剂的性质有关。

例如，水溶性的一价金属皂，其亲水基一端比亲油基一端的横截面要大，因而亲水部分被拉入水相而将油滴包住形成 O/W 型乳浊液，如图 1-13(a) 所示。而高价金属皂，其亲水基一端比具有两三个碳链的亲油基一端横截面小，分子的大部分进入油相而将水滴包住，形成了 W/O 型乳浊液，如图 1-13(b) 所示。

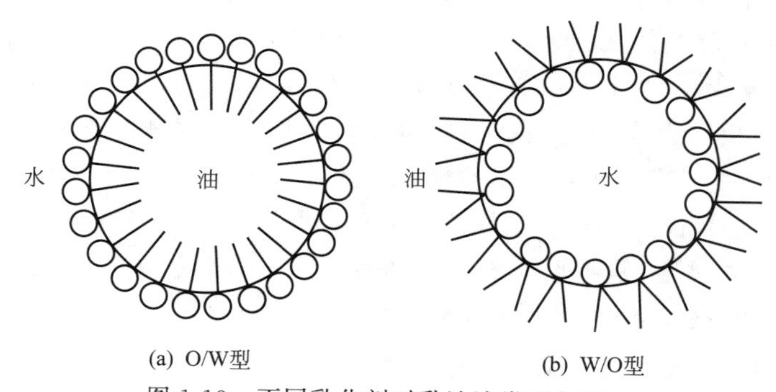

图 1-13　不同乳化剂对乳浊液类型的影响

乳浊液也有类似于溶胶的聚沉过程。由分散度较高的液珠很快地结合起来，成为一个较大的液滴，这种过程称为聚结。使乳浊液破坏称为破乳或去乳化。

去乳化是一个很重要而又比较复杂的问题，目前还没有一个普遍规律可遵循，乳浊液稳定的原因主要是由于乳化剂的作用，因此在去乳化中，必须消除或减退原乳化剂的保护能力。常用的方法有：①由不能生成牢固膜的表面活性物质来代替原乳化剂。例如用异戊醇，它的表面活性很强，但因碳氢链太短无法形成牢固的界面膜。②用试剂来破坏乳化膜。例如，用无机酸来消除肥皂膜的作用（无机酸使脂肪酸析出）。③加入类型相反的乳化剂来破坏乳化作用。此外，如升高温度以降低乳化剂的吸附性，减小系统的黏度，增加液珠相互碰撞的机会以达到去乳化作用；加入电解质以促进聚结；用机械搅拌来破坏稳定薄膜；用离心机法来浓缩乳浊液（如奶油分离器）以及电泳法加速液珠的聚结等均可使乳浊液发生去乳化作用。

知识拓展

什么是胶体金？

胶体金溶液是指分散相粒子直径在1～150nm的金溶胶，属于多相不均匀体系，颜色呈橘红色到紫红色。胶体金作为标记物用于免疫组织化学始于1971年，Faulk等应用电镜免疫胶体金染色法（IGS）观察沙门菌，此后他们把胶体金与多种蛋白质结合。1974年Romano等将胶体金标记在第二抗体（马抗人IgG）上，建立了间接免疫胶体金染色法。1978年Geoghega发现了胶体金标记物在光镜水平的应用。胶体金在免疫化学中的这种应用，又被称为免疫金。之后，许多学者进一步证实胶体金能稳定又迅速地吸附蛋白质，而蛋白质的生物活性无明显改变。它可以作为探针进行细胞表面和细胞内多糖、蛋白质、抗原、激素、核酸等生物大分子的精确定位，也可以用于日常的免疫诊断，进行免疫组织化学定位，因而在临床诊断及药物检测等方面的应用已受到广泛的重视。目前电镜水平的免疫金染色（IGS），光镜水平的免疫金银染色（IGSS），以及肉眼水平的斑点免疫金染色技术日益成为科学研究和临床诊断的有力工具。

胶体性质：胶体金颗粒大小多在1～100nm，微小金颗粒稳定地、均匀地、呈单一分散状态悬浮在液体中，成为胶体金溶液。胶体金因而具有胶体的多种特性，特别是对电解质的敏感性。电解质能破坏胶体金颗粒的外周永水化层，从而打破胶体的稳定状态，使分散的单一金颗粒凝聚成大颗粒，而从液体中沉淀下来。某些蛋白质等大分子物质有保护胶体金、加强其稳定性的作用。

呈色性：微小颗粒胶体呈红色，但不同大小的胶体呈色有一定的差别。最小的胶体金（2～5nm）是橙黄色的，中等大小的胶体金（10～20nm）是酒红色的，较大颗粒的胶体金（30～80nm）则是紫红色的。根据这一特点，用肉眼观察胶体金的颜色可粗略估计金颗粒的大小。近10多年来胶体金标记已经发展为一项重要的免疫标记技术。胶体金免疫分析在药物检测、生物医学等许多领域的研究已经得到发展，并越来越受到相关研究领域的重视。光吸收性胶体金在可见光范围内有一单一光吸收峰，这个光吸收峰的波长（λ_{max}）在510～550nm范围内，随胶体金颗粒大小而变化，大颗粒胶体金的λ_{max}偏向长波长，反之，小颗粒胶体金的λ_{max}则偏于短波长。

（摘自 http://zhidao.baidu.com/question/13248355.html）

思考题与习题

1. 有两种溶液在同一温度时结冰，已知其中一种溶液为1.5g尿素溶于200g水中，另一种溶液为 42.8g 某未知物溶于 1000.0g 水中，求该未知物的分子量（尿素的分子量为 60）。

2. 浓度均为 $0.01mol \cdot kg^{-1}$ 的蔗糖、葡萄糖、HAc、NaCl、$BaCl_2$ 其水溶液的凝固点哪一个最高，哪一个最低？

3. 为了防止水在仪器内结冰，可以加入甘油以降低其凝固点，如需冰点降至 271K，则在 100g 水中应加入甘油多少克？（甘油分子式为 $C_3H_8O_3$）

4. 相同质量的葡萄糖和甘油分别溶于 100g 水中，比较所得溶液的凝固点、沸点和渗透压。

5. 四氢呋喃（C_4H_8O）曾被建议用作防冻剂，应往水中加多少克四氢呋喃才能使它的凝固点下降值与加 1g 乙二醇（$C_2H_6O_2$）作用相当？

6. 临床上输液时要求输入的液体和血液渗透压相等（即等渗液）。临床上用的葡萄糖等渗液的凝固点降低为 0.543K。试求此葡萄糖溶液的质量分数和血液的渗透压（水的 $K_f=1.86$，葡萄糖的摩尔质量为 $180g \cdot mol^{-1}$，血液的温度为 310K）。

7. 孕酮是一种雌性激素，经分析得知其中含 9.5%H，10.2%O 和 80.3%C。今有 1.50g 孕酮试样溶于 10.0g 苯，所得溶液的凝固点为 276.06K，求孕酮的分子式。

8. 1.0L 溶液中含 5.0g 牛的血红素，在 298K 时测得溶液的渗透压为 0.182kPa，求牛的血红素的摩尔质量。

9. 试比较下列溶液的凝固点的高低。（苯的凝固点为 5.5℃，$K_f=5.12℃ \cdot kg \cdot mol^{-1}$，水的 $K_f=1.86℃ \cdot kg \cdot mol^{-1}$）

（1）$0.1mol \cdot L^{-1}$ 蔗糖的水溶液；（2）$0.1mol \cdot L^{-1}$ 甲醇的水溶液；

（3）$0.1mol \cdot L^{-1}$ 甲醇的苯溶液；（4）$0.1mol \cdot L^{-1}$ 氯化钠的水溶液。

10. 下列溶液是实验室常用试剂，它们的物质的量浓度为多少？质量摩尔浓度又是多少？

（1）盐酸，密度为 $1.19g \cdot mL^{-1}$，含 HCl 38%；

（2）氨水，密度为 $0.89g \cdot mL^{-1}$，含 NH_3 30%。

11. 计算下列溶液的离子强度，并说明哪个溶液最先结冰。

（1）$0.1mol \cdot L^{-1}$ NaCl；（2）$0.05mol \cdot L^{-1}$ $CaCl_2$；（3）$0.025mol \cdot L^{-1}$ K_2SO_4；

（4）$0.03mol \cdot L^{-1}$ $FeCl_3$；（5）$0.03mol \cdot L^{-1}$ $MgSO_4$。

12. 在 $Al(OH)_3$ 溶胶中加入 KCl，其最终浓度为 $80mmol \cdot L^{-1}$ 时恰能完全聚沉，加入 $K_2C_2O_4$，浓度为 $0.4mmol \cdot L^{-1}$ 时也恰能完全聚沉。问：（1）$Al(OH)_3$ 胶粒的电荷符号是正还是负？（2）为使该溶胶完全聚沉，大约需要 $CaCl_2$ 的浓度为多少？

13. 将 12mL $0.10mol \cdot L^{-1}$ KI 溶液和 100mL $0.005mol \cdot L^{-1}$ $AgNO_3$ 溶液混合以制备 AgI 溶胶，写出胶团结构式，问 $MgCl_2$ 与 $K_3[Fe(CN)_6]$ 这两种电解质对该溶胶的聚沉值哪个大？

14. 在两个充有 $0.001mol \cdot L^{-1}$ KCl 溶液的容器之间是一个 AgCl 多孔塞，塞中细孔道充满了 KCl 溶液，在多孔塞两侧放入两个电极，接以直流电源。问溶液将向什么方向移动？当以 $0.1mol \cdot L^{-1}$ KCl 溶液代替 $0.001mol \cdot L^{-1}$ KCl 溶液时，溶液在相同电压下流动速度变快还是变慢？如果用 $AgNO_3$ 溶液代替 KCl 溶液，液体流动方向又如何？

15. $Cu_2[Fe(CN)_6]$ 溶液的稳定剂是 $K_4[Fe(CN)_6]$，试写出胶团结构式及胶粒的电荷符号。

16. 写出下列条件下制备的溶胶的胶团结构：(1) 向 25mL 0.1mol·L^{-1} KI 溶液中加入 70mL 0.005mol·L^{-1} $AgNO_3$ 溶液；(2) 向 25mL 0.01mol·L^{-1} KI 溶液中加入 70mL 0.005mol·L^{-1} $AgNO_3$ 溶液。

第2章 化学反应基本理论

本章学习要求

了解化学热力学基本概念：内能、焓、熵、自由能等状态函数的物理意义；掌握热力学第一定律、第二定律的基本内容及化学反应热效应的各种计算方法；掌握化学反应 $\Delta_r S_m^{\ominus}$、$\Delta_r G_m^{\ominus}$ 的计算和过程自发性的判断方法；掌握化学反应 $\Delta_r G_m^{\ominus}$ 与温度的关系式——吉布斯-赫姆赫兹方程及温度对反应自发性的影响。

掌握化学反应速率和化学反应速率方程式的表示，掌握质量作用定律及反应速率常数、反应级数的物理意义；了解反应速率理论；掌握温度与反应速率常数的关系，了解活化能的意义；掌握标准平衡常数（$K^{\ominus}$）的意义及有关化学平衡的计算；了解化学反应等温方程式的意义，掌握 $\Delta_r G_m^{\ominus}$ 与 $K^{\ominus}$ 的关系式；掌握浓度、压力、温度对化学平衡移动的影响。

化学反应基本理论主要从化学热力学和化学动力学两个方面进行阐述。化学热力学是指利用热力学原理研究物质体系中的化学现象和规律，根据物质体系的宏观可测性质和热力学函数关系来判断体系的稳定性、变化方向和变化程度的学科。热力学的中心内容是热力学第一定律和第二定律。物质分子的组成或结构的变化是通过化学反应来实现的。化学热力学是从宏观的角度去考察化学反应的进行，并不涉及物质的微观结构及变化过程的细节。21 世纪的热点研究领域有生物热力学和热化学，如细胞生长过程的热化学、蛋白质的定点切割反应热力学、生物膜分子的热力学等；另外，非线性和非平衡态的化学热力学与化学统计学，分子体系的热化学（包括分子力场、分子与分子的相互作用）等也是重要方面。

系统的热力学平衡性质不能给出化学动力学的信息。所以，要全面认识一个化学反应过程并付诸实现，不能缺少化学动力学研究。化学动力学是研究化学反应过程的速率和反应机理的物理化学分支学科，它的研究对象是物质性质随时间变化的非平衡的动态系统。

2.1 化学热力学

应用热力学基本原理来研究物质的物理变化及化学变化的方向、限度等问题的学科就是化学热力学。为了便于应用热力学的基本原理研究化学反应的能量转化规律，首先需要了解热力学中的几个常用术语。

2.1.1 基本概念

(1) 系统和环境

化学上为了研究问题的方便，首先必须确定研究的范围。为此，常常把研究的对象从周围环境划分出来。当以一定种类和质量的物质所组成的整体作为研究对象时，这个整体就称为系统。环境即系统的环境，是系统以外与之相联系的那部分物质。例如，研究烧杯中溶液所进行的化学反应，烧杯中的反应物称为系统，烧杯和外界的空气等物质称为环境。

系统与环境之间的联系包括两者之间的物质交换和能量交换（热和功）。依照系统和环境之间物质和能量传递的不同情况，可将系统分为三种类型。

① 敞开系统　系统与环境间既有能量传递，也有物质交换。

② 封闭系统　系统与环境间有能量传递，但无物质交换。

③ 孤立系统　系统与环境间既无能量传递，也无物质交换。

(2) 状态和状态函数

系统都有一定的物理性质和化学性质，如体积、压力、温度、质量、黏度、表面张力等，这些性质的总和就是系统的状态。只要系统所有的性质都是一定的，系统的状态就是确定的，而其中任何一个性质发生了变化，系统的状态也随之发生变化。这些用来描述系统状态的物理量就称为状态函数。对于系统的某一状态来说，其状态函数之间是相互关联的。例如，处于某一状态下的纯水，若温度和压力一定，其密度、黏度等就有一定的数值。

状态函数的特征就是当系统从一种状态（始态）变化到另一种状态（终态）时，状态函数的变化值仅取决于系统的始态和终态，与系统状态变化的途径无关。

(3) 过程和途径

系统从某一个状态变化到另一个状态的经历，称为过程。过程前的状态称为始态，过程后的状态称为末态或终态。完成这个过程的具体步骤则称为途径。

实现同一始末态的过程可以有不同的途径，并且一个途径可以由一个或几个步骤所组成。如1mol理想气体，由始态（100kPa，298K）变化到终态（300kPa，398K），可采取两种不同途径：①先恒压升温，再等温升压到达终态。即从100kPa，298K变化到100kPa，398K；再由此变化到300kPa，398K。②先等温升压，再恒压升温到达终态。即从100kPa，298K变化到300kPa和298K，再变化到300kPa和398K。虽然经历了两条不同路线，但系统发生的却是同一过程。即在系统这一变化过程中，$\Delta T = T_{终} - T_{始} = 398\text{K} - 298\text{K} = 100\text{K}$，$\Delta p = p_{终} - p_{始} = 300\text{kPa} - 100\text{kPa} = 200\text{kPa}$。

根据过程进行的特定条件，热力学上经常遇到的过程有以下几种：

恒温过程（$\Delta T = 0$）——过程中系统的温度保持不变，且始终与环境的温度相等。

恒压过程（$\Delta p = 0$）——系统的始态与终态的压力相同，并且过程中的压力恒定等于环境的压力。

恒容过程（$\Delta V = 0$）——系统的始态与终态体积相同，并且过程中始终保持这个体积。

(4) 热和功

热和功是系统的状态发生变化时，系统和环境之间能量转换的两种不同的形式。如果当两个温度不同的物体相互接触时，热的要变冷，冷的要变热，在两者之间必定发生能量的交换。这种仅仅由于温差而引起的能量传递称为热，常用符号 Q 表示，单位为 J。本书按热力学的习惯，规定若系统从环境吸热，$Q>0$；若系统向环境放热，$Q<0$。

除热之外，系统与环境之间以其他形式交换或传递的能量称为功（辐射除外），常用符号 W 表示，单位为 J。同样按热力学的习惯，规定若系统对环境做功，$W<0$；若环境对系统做功，$W>0$。功有不同种类，如机械功、电功、表面功、体积功（膨胀功）等。化学上把体积功以外的其他功都称为非体积功。所谓体积功就是指系统对抗外压、体积膨胀时所做的功，用符号 W_v 来表示：

$$W_v=-p_{外}\Delta V$$

式中，$p_{外}$ 为外压；ΔV 为系统的体积变化。如果外压小于系统的压力（$p_{内}$），即 $p_{外}<p_{内}$，则系统发生体积膨胀，$\Delta V>0$，此时，体积功 $W_v<0$，系统对环境做功；如果 $p_{外}>p_{内}$，则系统的体积被压缩，$\Delta V<0$，此时，$W_v>0$，环境对系统做功。在一般情况下，化学反应中系统只做体积功。本章的讨论都局限于系统只做体积功。

热和功都不是状态函数，它们的数值不仅决定于系统状态变化的始态和终态，还决定于变化的途径，因此热和功是非状态函数。

（5）热力学能

热力学能，也称为内能，符号为 U，单位为 J。它是系统内部能量的总和，包括分子运动的平动能、转动能、电子及核的能量，以及分子与分子之间相互作用的势能等，但不包括系统整体运动的动能和系统整体处于外力场中所具有的势能。内能既然是系统内部能量的总和，所以是系统自身的一种性质，在一定的状态下应有一定的数值，因此内能是系统的状态函数。当系统的状态一定，内能也一定；系统的状态改变，内能也随之变化，且变化值只与系统的始态和终态有关，与变化的过程无关。

由于物质内部分子、原子、电子等的运动及相互作用很复杂，人们对物质内部各种运动形式的认识有待深入，所以内能的绝对值还无法确定。但是当系统从始态变化到终态时，可以通过环境的变化来衡量系统内能的变化值 ΔU。

2.1.2 化学反应热

（1）热力学第一定律

热力学第一定律就是能量守恒定律，即能量既不能自生，也不会消失，只能从一种形式转化为另一种形式，而在转化和传递的过程中能量的总值是不变的。

在封闭系统中，系统与环境之间只有热和功的交换，如果环境对其做功 W，系统从环境吸收热 Q，则系统的能量必有变化。根据能量守恒与转化定律，增加的这部分能量等于 W 与 Q 之和。

$$\Delta U=Q+W \qquad (2\text{-}1)$$

式中，ΔU 为系统的内能变化值，为状态函数。式(2-1) 就是热力学第一定律的数学表达式，它表明当系统经历变化时，系统从环境吸收的热除用于对环境做功外，其余全部用于系统内能的改变。例如，在某一变化中，系统放出热量 50J，环境对系统做功 30J，则系统内能变化为

$$\Delta U=-50\text{J}+30\text{J}=-20\text{J}$$

负值表示系统内能净减少 20J。

由热力学第一定律可知，系统经由不同途径发生同一过程时，不同途径中的热和功不一定相同，但热和功的代数和却只与过程有关，与途径无关。另外，式(2-1) 只适用于封闭系统，不适用于敞开系统，因为敞开系统和环境之间有物质交换，物质包括能量，此时系统本身发生变化，热和功传递的系统不太明确。

(2) 反应热和焓的概念

在化学反应方程式中，可将反应物看成系统的始态，生成物看成系统的终态。由于各种物质内能不同，当反应发生后，生成物的总内能与反应物的总内能不相等，这种内能变化在反应过程中就以热和功的形式表现出来，这就是反应热产生的原因。

反应热的定义：当系统发生化学变化后，使生成物的温度回到反应前的温度（即等温过程），系统放出或吸收的热量就称为该反应的反应热。

① 恒容反应热　恒容反应热是系统在恒容且只做体积功的情况下与环境交换的热，用符号 Q_v 表示。因为系统只做体积功，且系统的变化是在恒容下进行，故 $\Delta V=0$，体积功 $W=0$，根据热力学第一定律可得

$$\Delta U=Q_v \tag{2-2}$$

式(2-2) 表明恒容反应热在量值上等于系统的内能变化值，也就是说，在恒容过程中系统吸收的热量全部用来增加系统的内能。

② 恒压反应热　若系统在变化过程中保持作用于系统的外压力恒定，此时系统与环境交换的热称为恒压反应热，用符号 Q_p 表示。

如果系统的变化是在恒压下进行，即 $p_{始}=p_{终}=p$，$W=-p\Delta V$，由热力学第一定律可得

$$\begin{aligned}Q_p&=\Delta U-W=\Delta U+p\Delta V\\&=(U_2-U_1)+p(V_2-V_1)\\&=(U_2+pV_2)-(U_1+pV_1)\end{aligned} \tag{2-3}$$

将 $(U+pV)$ 合并起来，定义一个新的状态函数——焓，并用符号 H 表示，即：

$$H=U+pV \tag{2-4}$$

因为一定状态下不能得到系统 U 的绝对值，所以该状态下的焓的绝对值也无法确定。但可以从系统和环境之间热量的传递来衡量系统的焓的变化值，从式(2-3) 可知

$$Q_p=H_2-H_1=\Delta H \tag{2-5}$$

即在不做非体积功的条件下，系统在恒压过程中所吸收的热量全部用来增加系统的焓。所以，恒压反应热就是系统的焓变，常用 ΔH 表示。

由于 U、p、V 都是状态函数，所以焓也是状态函数，焓的变化只与系统变化的始态和终态有关，与变化的过程无关。焓具有能量的单位。

焓的变化值（焓变）对研究化学反应中能量的变化是十分重要的。由上可知，在恒压过程中，系统的焓变（ΔH）和内能的变化（ΔU）之间的关系式为

$$\Delta H=\Delta U+p\Delta V \tag{2-6}$$

当反应物和生成物都处于固态和液态时，反应的 ΔV 值很小，$p\Delta V$ 可忽略，故 $\Delta H\approx\Delta U$。对有气体参加的反应，ΔV 值较大。根据理想气体状态方程式，可得

$$p\Delta V=p(V_2-V_1)=(n_2-n_1)RT=\Delta nRT$$

式中，Δn 为气体生成物的物质的量减去气体反应物的物质的量。将此关系式代入式(2-6)，可得

$$\Delta H = \Delta U + \Delta nRT \tag{2-7}$$

【例 2-1】 在 373K 和 101.3kPa 下，2.0mol H_2 和 1mol O_2 反应，生成 2.0mol 的水蒸气，总共放出 484kJ 的热量。求该反应的 ΔH 和 ΔU。

解 因为 $2H_2(g)+O_2(g) = 2H_2O(g)$ 反应在恒压下进行

所以 $\Delta H = Q_p = -484\text{kJ}\cdot\text{mol}^{-1}$

$$\Delta U = \Delta H - \Delta nRT$$

$$= -484 - [2-(2+1)]\times 8.314\times 10^{-3}\times 373 = -481(\text{kJ}\cdot\text{mol}^{-1})$$

2.1.3 热化学

化学反应过程中，经常伴随有吸热或放热现象，对这些以热的形式放出或吸收的能量的研究，是化学热力学中的一个分支，称为热化学。

大量的化学反应是在敞开的容器、基本恒定的大气压力下进行的。当产物温度与反应物温度相同，反应过程中系统只做体积功，且反应在恒压条件下进行时，此时的反应热称为恒压反应热。热力学第一定律已证明，恒压过程中系统吸收或放出的热等于化学反应的焓变，即 $Q_p=\Delta H$。在恒压反应热的概念中，强调反应后的产物必须使之恢复到反应物起始状态的温度，是因为产物的温度升高或降低所引起的热量变化并不是真正化学反应过程中的热量，所以不能计入化学反应的反应热。

(1) 化学计量数

将任一化学反应方程式

$$aA + bB = cC + dD$$

写作

$$0 = -aA - bB + cC + dD$$

并表示成

$$0 = \sum_B \nu_B B$$

式中，B 表示化学反应中的分子、原子或离子，而 ν_B 则为保留下来 B 的化学计量数，其量纲为 1。因 $\nu_A=-a$，$\nu_B=-b$，$\nu_C=c$，$\nu_D=d$，可知反应物 A、B 的化学计量数为负，产物 C、D 的化学计量数为正。这和化学反应过程中反应物减少、产物增多相一致。

同一化学反应，方程式写法不同，则同一物质的化学计量数不同。例如，合成氨反应，方程式写作

$$N_2(g) + 3H_2(g) = 2NH_3(g)$$

即

$$0 = -N_2(g) - 3H_2(g) + 2NH_3(g)$$

$\nu(N_2)=-1$，$\nu(H_2)=-3$，$\nu(NH_3)=2$。若写作

$$\frac{1}{2}N_2(g) + \frac{3}{2}H_2(g) = NH_3(g)$$

则 $\nu(N_2)=-\frac{1}{2}$，$\nu(H_2)=-\frac{3}{2}$，$\nu(NH_3)=1$。

(2) 反应进度

化学反应是一个过程，在过程中放热或吸热多少及焓的变化值都与反应进行的程度有关。因此，需要有一个物理量来表示反应进行的程度，这个物理量就是反应进度，用符号 ξ 表示。对于反应 $0=\sum_B \nu_B B$，反应进度的定义式为

第2章 化学反应基本理论

$$d\xi = dn_B/\nu_B \tag{2-8}$$

式中，n_B 为反应方程式中任一物质 B 的物质的量；ν_B 为该物质在方程式中的化学计量数。任一确定化学反应的反应进度与选用哪种物质表示无关。反应进度的单位以 mol 表示。

若规定反应开始时进度 $\xi_0 = 0$ 时，则

$$\xi = \Delta n_B/\nu_B \tag{2-9}$$

对于同一反应，物质 B 的 Δn_B 一定时，因化学反应方程式写法不同，ν_B 不同，反应进度 ξ 也不同。

例如，当 $\Delta n(N_2) = -1$ 时，对反应

$$N_2(g) + 3H_2(g) = 2NH_3(g)$$

$\Delta\xi = \Delta n(N_2)/\nu(N_2) = -1mol/(-1) = 1mol$；而对

$$\frac{1}{2}N_2(g) + \frac{3}{2}H_2(g) = NH_3(g)$$

$\Delta\xi = \Delta n(N_2)/\nu(N_2) = -1mol/(-0.5) = 2mol$

所以在应用反应进度时，必须指明化学反应方程式。

(3) 反应的摩尔焓变

在恒压只做体积功时，系统吸收或放出的热等于化学反应的焓变。由于 ΔH 与参加反应的物质的量多少有关，热化学中引入反应的摩尔焓变概念。

反应焓变与反应进度的变化之比，即为反应的摩尔焓变。

$$\Delta_r H_m = \Delta_r H/\Delta\xi \tag{2-10}$$

“$\Delta_r H_m$”就是按照所给的反应式完全反应，即反应进度 $\xi = 1mol$ 时的焓变，简称为反应的摩尔焓变。符号 $\Delta_r H_m$ 中，下标小写的“r”代表化学反应之意，“m”指反应进度 $\xi = 1mol$。反应的摩尔焓变 SI 单位为“$J \cdot mol^{-1}$”，习惯常用“$kJ \cdot mol^{-1}$”。例如，氢气和氧气在常压及 298K 条件下完全反应如下。

$$H_2(g) + \frac{1}{2}O_2(g) = H_2O(g) \qquad \Delta_r H_m = -241.84kJ \cdot mol^{-1}$$

上式表示在指定温度和压力下，氢气和氧气按上面的反应方程式进行反应，当反应进度为 1mol 时，系统的焓减少了 241.84kJ。

根据反应进度的定义式可知，$\Delta_r H_m$ 的数值与反应方程式的写法有关。例如，在相同条件下，上述反应的摩尔焓变可表示为

$$2H_2(g) + O_2(g) = 2H_2O(g) \qquad \Delta_r H_m = -483.68kJ \cdot mol^{-1}$$

所以，在给出 $\Delta_r H_m$ 时，必须同时指明反应式，以明确反应系统的始态和终态各是什么物质，还要注明各物质所处的状态，即用热化学方程式表示反应热。

2.1.4 热化学方程式

热化学方程式是表示化学反应及其热效应关系的化学方程式。因为同一种物质，在不同的温度、压力下，性质是有差异的，或者说，物质的一些热性质与物质所处的状态有关，为了研究方便，对物质的状态做统一规定，即化学热力学中常用的标准状态，简称标准态。根据国际上的共识及我国的国家标准，标准状态是在温度 T 和标准压力 $p^{\ominus}$ (100kPa) 下物质的状态，简称标准态。对具体物质而言：

理想气体物质的标准态是指气体在指定温度 T，该气体处于标准压力 $p^{\ominus}$ 下的状态。混合理想气体中任一组分的标准态是指该气体组分的分压为 $p^{\ominus}$ 的状态。

纯液体和纯固体物质的标准态，分别是指定温度 T、标准压力 $p^{\ominus}$ 时纯液体和纯固体的状态。

溶液中溶质的标准态，是指在温度 T 和标准压力 $p^{\ominus}$ 下，质量摩尔浓度 $b=b^{\ominus}$ 时溶质的状态（标准质量摩尔浓度 $b^{\ominus}=1\text{mol}\cdot\text{kg}^{-1}$）。由于压力对液体、固体的体积影响很小，故通常可忽略不计。在很稀的水溶液中，质量摩尔浓度与物质的量浓度相差很小，可将溶质的标准质量摩尔浓度改用标准物质的量浓度 $c^{\ominus}=1\text{mol}\cdot\text{L}^{-1}$ 代替。

应当注意，在规定标准态时只规定压力为 $p^{\ominus}$ 而没有指定温度。对于在标准压力 $p^{\ominus}$ 下的各种物质，如果改变温度它就有很多标准状态。不同的国家和组织选取不同的参考温度，我国通常选取 298.15K。若在指定温度下，参加反应的各种物质（包括反应物和生成物）均处于标准态，则称反应在标准状态下进行。标准状态下反应的摩尔焓变称为标准摩尔焓变，用 $\Delta_r H^{\ominus}_{m(T)}$ 表示，单位为 $\text{kJ}\cdot\text{mol}^{-1}$。

书写热化学方程式时应注意以下几点。

① 注明参加反应的各物质的状态，以 aq 表示水合离子状态，气、液、固分别用 g、l、s 表示，对于固体还要注明其晶型。例如硫则有 S（单斜）、S（斜方）。例如

$$2H_2(g)+O_2(g)=\!=\!=2H_2O(g) \qquad \Delta_r H^{\ominus}_m=-483.68\text{kJ}\cdot\text{mol}^{-1}$$

$$2H_2(g)+O_2(g)=\!=\!=2H_2O(l) \qquad \Delta_r H^{\ominus}_m=-571.66\text{kJ}\cdot\text{mol}^{-1}$$

② 注明温度和压力。同一化学反应在不同的温度下进行时，其热效应是不同的。压力对热效应也有影响，但是不大，故在一般情况下不一定注明压力大小。如 $\Delta_r H^{\ominus}_{m(T)}$，如果温度为 298.15K，可以不注明。

③ 明确写出该反应的化学计量方程式。因反应进度 ξ 的表示方法与反应方程式的书写形式有关，同一反应，由于反应式的写法不同，$\Delta_r H^{\ominus}_m$ 值也不同。如

$$H_2(g)+\frac{1}{2}O_2(g)=\!=\!=H_2O(g) \qquad \Delta_r H^{\ominus}_m=-241.84\text{kJ}\cdot\text{mol}^{-1}$$

$$2H_2(g)+O_2(g)=\!=\!=2H_2O(g) \qquad \Delta_r H^{\ominus}_m=-483.68\text{kJ}\cdot\text{mol}^{-1}$$

虽然化学反应热效应可用实验方法直接测出，但要准确测定某些化学反应的热效应仍比较困难：在测量时不能完全避免热辐射及热传导作用；测量时搅拌对水温度变化亦有影响；反应是否完全以及可能的副反应等因素都会给测量带来误差；同时测量者对各种因素的控制也各不相同，所以测的数据很难一致。因此各种手册列出的某些热化学数据就有差异，有的还相差较大。故在查阅热化学数据时应尽可能选用公认的手册或数据表，并尽可能选用同一手册或数据表的数据。

2.1.5 标准摩尔生成焓

为了计算标准摩尔反应焓变，引入了化合物的标准摩尔生成焓，用符号 $\Delta_f H^{\ominus}_m$ 表示，“f”表示生成的意思。其定义为：在恒温和标准态下，由指定的稳定单质生成 1mol 纯物质的反应焓变称为该物质的标准摩尔生成焓。根据定义，指定的稳定单质的标准摩尔生成焓等于零。但碳的单质有石墨和金刚石两种，指定石墨的 $\Delta_f H^{\ominus}_m$（石墨）$=0$，而金刚石 $\Delta_f H^{\ominus}_m$ 的不等于零。又如

$$H_2(g)+\frac{1}{2}O_2(g)=\!=\!=H_2O(g) \qquad \Delta_f H^{\ominus}_m=-241.84\text{kJ}\cdot\text{mol}^{-1}$$

$$H_2(g)+\frac{1}{2}O_2(g)═══H_2O(l) \qquad \Delta_f H_m^{\ominus}=-285.83\text{kJ}\cdot\text{mol}^{-1}$$

在一定温度下，各种物质的 $\Delta_f H_m^{\ominus}$ 是个常数值，可以从手册中查出。本书在附录中列出了 298.15K 时常见化合物的 $\Delta_f H_m^{\ominus}$ 值。

在定义了物质的标准摩尔生成焓以后，很容易从一定温度下反应物及产物的标准摩尔生成焓计算在该温度下反应的标准摩尔反应焓变。

$$\Delta_r H_m^{\ominus}=\sum_B \nu_B \Delta_f H_m^{\ominus}(B) \tag{2-11}$$

式中，ν_B 为化学计量数，对反应物 ν_B 取“－”；对生成物 ν_B 取“＋”。

此式表明：在一定温度下化学反应的标准摩尔反应焓变，等于同样温度下反应前后各物质的标准摩尔生成焓与其化学计量数的乘积之和。

【例 2-2】 计算 298.15K 下反应 $CO(g)+H_2O(g)═══CO_2(g)+H_2(g)$ 的热效应。

解 查表得

	CO_2	H_2	CO	H_2O
$\Delta_f H_m^{\ominus}(B,298.15K)/\text{kJ}\cdot\text{mol}^{-1}$	−393.514	0	−110.525	−241.827

$$\Delta_r H_m^{\ominus}(298.15K)=-393.514+0+(-110.525)\times(-1)+(-241.827)\times(-1)$$
$$=-41.16(\text{kJ}\cdot\text{mol}^{-1})$$

2.1.6 盖斯定律及其应用

1880 年，盖斯（G. H. Hess）在研究了大量的实验事实后，总结出一条规律：化学反应不管是一步完成的，还是多步完成的，其热效应都是相同的。即化学反应的热效应只决定于反应物的始态和生成物的终态，与反应经历的过程无关，这就是盖斯定律。

C 和 O_2 化合成 CO 的反应，因为难以控制使 C 燃烧只变 CO 而不变成 CO_2，所以反应

$$C(石墨,s)+\frac{1}{2}O_2(g)═══CO(g) \tag{a}$$

的反应热无法直接测量，但是可以通过以下两个反应间接求得

$$CO(g)+\frac{1}{2}O_2(g)═══CO_2(g) \tag{b}$$

$$C(石墨,s)+O_2(g)═══CO_2(g) \tag{c}$$

从 $C(石墨,s)+O_2(g)$ 出发，在同样温度下通过两种不同途径达到 $CO_2(g)$，如图 2-1 所示。

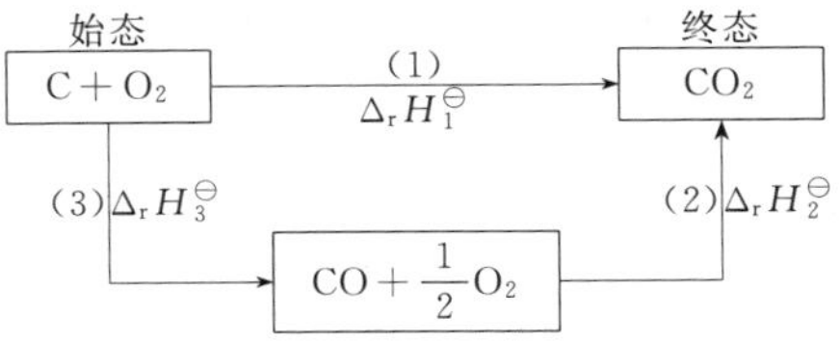

图 2-1 由 $C+O_2$ 转变成 CO_2 的两种途径

因为方程式(a)＝式(c)－式(b)，所以根据盖斯定律可得

$$\Delta_r H_1^{\ominus}=\Delta_r H_2^{\ominus}+\Delta_r H_3^{\ominus}$$
$$\Delta_r H_3^{\ominus}=\Delta_r H_1^{\ominus}-\Delta_r H_2^{\ominus}$$
$$=-393.5-(-283.0)=-110.5(\text{kJ}\cdot\text{mol}^{-1})$$

用盖斯定律计算反应热时，利用反应式之间的代数关系进行计算更为方便。必须指出，在计算过程中，把相同物质项消去时，不仅物质种类必须相同，而且状态（即物态、温度、压力）也要相同，否则不能消去。

【例 2-3】 已知

(1) $4NH_3(g)+3O_2(g) = 2N_2(g)+6H_2O(l)$ $\qquad \Delta_r H_1^\ominus=-1523kJ \cdot mol^{-1}$

(2) $H_2(g)+\frac{1}{2}O_2(g) = H_2O(l)$ $\qquad \Delta_r H_2^\ominus=-287kJ \cdot mol^{-1}$

试求反应 $N_2(g)+3H_2(g) = 2NH_3(g)$ 的 $\Delta_r H^\ominus$。

解 $3\times(2)-\frac{1}{2}\times(1)$ 得 $N_2(g)+3H_2(g) = 2NH_3(g)$

$$\Delta_r H^\ominus=3\Delta_r H_2^\ominus-\frac{1}{2}\Delta_r H_1^\ominus=3\times(-287)-\frac{1}{2}\times(-1523)=-99.5(kJ \cdot mol^{-1})$$

2.2 化学反应的方向

2.2.1 自发过程

热力学第一定律是能量守恒与转化定律，可以用来计算过程发生时伴随的能量变化。但在自然界里，一切变化都有一定的方向性。如水会自动地从高处流向低处；物体的温度会自动地从高温降至低温；铁在潮湿的空气里能自动被氧化成铁锈。这些过程都是自发进行的，无需借助外力。这种不需借助外力，能自动进行的过程称为自发过程。自发过程的逆过程称为非自发过程。非自发过程需要借助外力的帮助才能进行。

分析上述过程，可以看出自发反应和自发过程具有以下共同特点：

① 自发过程具有方向性　在一定条件下，自发过程只能自动地单向进行，其逆过程不能自发。若要使逆过程进行，必须消耗能量，对系统做功。例如，要用抽水机做功才可把水从低处引向高处；通过加热才能使物体的温度从低温升高到高温。

② 自发过程有一定限度　自发过程不会无休止地进行，总是进行到一定程度就自动停止。如高处的水向低处流，到两处水位相等时就停止流动；化学反应进行到一定程度就达到化学平衡，从宏观上看化学反应也停止。自发过程进行的限度就是系统达到平衡。

③ 进行自发过程的系统具有做有用功（非体积功）的能力　某些化学反应可以设计成电池做功；利用高处流下的水可以推动水轮机。但系统做有用功的能力随着自发过程的进行逐渐减少，但系统达到平衡后，就不再具有做有用功的能力。

2.2.2 混乱度和熵

水之所以能够自发地从高处流向低处，是因为存在着水位差，整个过程中势能是降低的。同样，物体的温度从高温降到低温的过程中，热能也在散失。通常的物理自发变化的方向，有使系统能量降低的倾向，而且能量越低，系统的状态就越稳定。因此有人曾提出，既然放热可使系统的能量降低，那么自发进行的反应应该是放热的。即以反应的焓变小于零（$\Delta_r H_m^\ominus<0$）作为化学反应自发性的判据。实验表明，许多 $\Delta_r H_m^\ominus<0$ 的反应确实可以自发进行，例如

$$2H_2(g)+O_2(g) = 2H_2O(g) \qquad \Delta_r H_m^\ominus=-483.68kJ \cdot mol^{-1}$$

$$2Fe(s)+\frac{3}{2}O_2(g) = Fe_2O_3(s) \qquad \Delta_r H_m^{\ominus}=-824.2kJ \cdot mol^{-1}$$

这些反应都是能够自发进行的放热反应。

但是有些吸热的反应过程也是可以自发进行的。比如，硝酸钾晶体溶解在水中的过程是吸热的；常温下，冰自动融化成水是吸热的；N_2O_5 在常温下进行自发分解的过程也是吸热的。这些说明，只用反应的热效应来判断化学反应的自发性是不全面的，一定还有其他的因素在起作用。

(1) 混乱度

把物质中一切微观粒子在相对位置和相对运动方面的不规则程度称为混乱度（也称无序度），它的大小与系统中可能存在的微观状态数目有关，系统的微观粒子状态数越多，系统混乱度越大。硝酸钾溶解在水中和 N_2O_5 分解反应的共同点就是变化之后系统的粒子数目增多，混乱程度增大。这是由于在 KNO_3 晶体中 K^+ 和 NO_3^- 是有规则地排列着的，然而溶于水后，K^+ 和 NO_3^- 形成水合离子分散在水中，并做无规则的热运动，使系统的混乱程度明显增大。同样，KNO_3 固体分解变成气体后，系统的粒子数增多，气体分子运动的混乱程度更大。据此，又有人以系统的混乱程度增加作为导致自发变化发生的判据。系统有趋向于最大混乱度的倾向，系统混乱度增大有利于反应自发进行。

(2) 熵

1865 年，德国物理学家克劳修斯（Clausius）引入了一个新的物理量——熵，用符号 S 来表示，SI 单位为 $J \cdot K^{-1}$。熵是系统内部质点混乱程度的量度。某系统处于一定状态时，其微观状态数一定，混乱度一定，熵值一定，系统内粒子的混乱程度越大，对应的熵值越大。因此，熵是系统的广度性质，是状态函数，具有加和性，其改变值只取决于系统的始态和终态，而与途径无关。

等温过程的熵变可以由下式计算。

$$\Delta S=\frac{Q_r}{T}$$

式中，Q_r（下标 r 代表“可逆”）是可逆过程的热效应；T 为热力学温度。关于该式的推导，已超出本课程的范围，但我们可以这样粗略地理解：对于一种处于 0K 温度下的晶体，因完全有序，系统熵值最小；当晶体受热时，由于晶格上质点的热运动（振动），使一些分子取向混乱，系统熵值增加了，传入的热量越多，晶体越混乱，可见系统的 ΔS 值正比于传入系统的热量。ΔS 值反比于系统的温度，因为一定的热量传入一个低温系统（如接近 0K 的系统），则系统从几乎完全有序变成一定程度的混乱，混乱度有一个较显著的变化。如果相同的热量传入一个高温系统，因系统原来已相当混乱，传入一定的热量后仅使混乱度变得稍高一些，相对来说，混乱度只有较小的变化，所以 ΔS 与系统的温度成反比。

在反应或过程中系统混乱度的增加就用系统熵值的增加来表达。与焓、内能不同的是，各物质熵的绝对值可以求出。热力学第三定律指出：任何纯净物质的完美晶体在 0K 时的熵值为零，即

$$S(\text{完美晶体},0K)=0 \qquad (2\text{-}12)$$

在绝对零度时，理想晶体内分子的热运动（平动、转动和振动等）可认为完全停止，物质微观粒子处于完全整齐有序的情况。

某物质在任意温度时的熵值称为规定熵 S_T，它等于物质由 0K 到温度 T 时系统的熵变 ΔS。

$$\Delta S = S_T - S_{0K} = S_T \tag{2-13}$$

单位物质的量的纯物质的规定熵称为该物质的摩尔熵，以 S_m 表示，单位为 $J \cdot mol^{-1} \cdot K^{-1}$。标准状态下物质 B 的摩尔熵称为该物质的标准摩尔熵，以 $S_m^\ominus(B)$ 表示。本书附录 3 中也列出了一些单质和化合物在 298.15K 时的标准摩尔熵 $S_m^\ominus$（298.15K）的数据。需要指出，水合离子的标准摩尔熵不是绝对值，而是规定标准状态下水和氢离子的熵值为零的基础上求得的相对值。

根据熵的定义，不难看出物质标准摩尔熵大小的一般规律：

① 同一物质，当聚集状态不同时，$S_m^\ominus(g) > S_m^\ominus(l) > S_m^\ominus(s)$。

② 同类物质，分子量越大，物质的熵值越大；若分子量相同，则分子结构越复杂，$S_m^\ominus$ 越大。

③ 气态多原子分子的标准摩尔熵大于单原子的标准摩尔熵，原子数越多，其熵值越大。如 $S_m^\ominus(O, g) < S_m^\ominus(O_2, g) < S_m^\ominus(O_3, g)$。

④ 同一物质，温度越高，$S_m^\ominus$ 越大。

2.2.3 化学反应的熵变

由于熵是一个状态函数，化学反应的熵变就只与反应的始态和终态有关。反应熵变的计算就与反应焓变的计算类似。在标准态下，按反应式进行反应，当反应进度 $\xi = 1mol$ 时的反应熵变就是标准摩尔反应熵变，用符号 $\Delta_r S_m^\ominus$ 来表示，单位是 $J \cdot mol^{-1} \cdot K^{-1}$。标准摩尔熵变等于生成物标准摩尔熵与反应物标准摩尔熵与相应化学计量数乘积之和。

对于反应

$$0 = \sum_B \nu_B B$$

$$\Delta_r S_m^\ominus = \sum_B \nu_B S_m^\ominus(B) \tag{2-14}$$

【例 2-4】 试计算石灰石（$CaCO_3$）热分解反应的 $\Delta_r H_m^\ominus$（298.15K）和 $\Delta_r S_m^\ominus$（298.15K），并初步分析该反应的自发性。

解 石灰石（$CaCO_3$）热分解反应为

	$CaCO_3(s)$ ══	$CaO(s)$ +	$CO_2(g)$
$\Delta_f H_m^\ominus(298.15K)/kJ \cdot mol^{-1}$	−1206.87	−635.5	−393.514
$S_m^\ominus(298.15K)/J \cdot mol^{-1} \cdot K^{-1}$	92.88	39.7	213.64

根据式(2-11)，得

$$\Delta_r H_m^\ominus = \sum_B \nu_B \Delta_f H_m^\ominus(B) = \Delta_f H_m^\ominus(CaO,s) + \Delta_f H_m^\ominus(CO_2,g) - \Delta_f H_m^\ominus(CaCO_3,s)$$

$$= (-635.5) + (-393.514) - (-1206.87)$$

$$= 177.86(kJ \cdot mol^{-1})$$

根据式(2-14)，得

$$\Delta_r S_m^\ominus = \sum_B \nu_B S_m^\ominus(B) = S_m^\ominus(CaO,s) + S_m^\ominus(CO_2,g) - S_m^\ominus(CaCO_3,s)$$

$$= 39.7 + 213.64 - 92.88$$

$$= 160.5(J \cdot mol^{-1} \cdot K^{-1})$$

反应的 $\Delta_r H_m^\ominus$ 为正值，表明此反应为吸热反应。从系统倾向于取得最低的能量这一因素来看，吸热不利于反应自发进行。但是反应的 $\Delta_r S_m^\ominus$ 为正值，表明反应过程中系统的熵值增大。从系统倾向与取得最大的混乱度这一因素来看，熵值增大，有利于反应自发进行。因此，该反应的自发性究竟如何？还需要进一步探讨。

从这个例子可以看出，要探讨反应的自发性，就需要对系统的 ΔH 与 ΔS 所起的作用进行相应的定量比较。在任何化学反应中，由于有新物质生成，系统的焓值一般都会发生改变，而在一定条件下，反应或过程的焓变是可以与系统的熵变联系起来。以下面的物质聚集状态的变化过程为例：在 101.325kPa 和 273.15K 时，冰与水的平衡系统中水可以变成冰而放热，冰也可以变成水而使系统无序度或混乱度增加，冰与水的共存表明这两种相反方向的倾向达到平衡。若适当加热使系统热量增加（系统温度仍维持在 273.15K），则平衡就向冰融化成水的方向移动，固态水分子由于吸热使无序度或混乱度突然增加而成为液态水分子。这就是说，冰吸热融化成水，使水分子熵增大。

既然化学反应的自发性的判断不仅与焓变有关，而且与熵变有关，如果仅用系统的混乱度增加来判断反应的自发性也是不全面的。1878 年，美国物理化学家吉布斯（J. W. Gibbs）在总结大量实验的基础上，把焓与熵综合在一起，同时考虑了温度的因素，提出了一个新的函数——吉布斯函数，并用吉布斯函数的变化值来判断反应的自发性。

2.2.4 吉布斯函数与化学反应的方向

吉布斯函数用符号 G 来表示，其定义为

$$G = H - TS \tag{2-15}$$

式中，H、T、S 都是状态函数，所以吉布斯函数 G 也是状态函数。吉布斯函数的单位是能量单位。在恒温、恒压的条件下，化学反应的吉布斯函数变化为

$$\Delta_r G = \Delta_r H - T\Delta_r S \tag{2-16}$$

吉布斯提出：在恒温、恒压的封闭系统内，系统不做非体积功的条件下，可以用 $\Delta_r G$ 来判断反应的自发性。即

$\Delta_r G < 0$，反应正向自发进行

$\Delta_r G = 0$，反应处于平衡状态

$\Delta_r G > 0$，反应正向非自发，其逆反应自发

表明在恒温、恒压的封闭系统内，系统不做非体积功的条件下，任何自发的反应总是朝着吉布斯函数减少的方向进行。当 $\Delta_r G = 0$ 时，反应达到平衡，系统的吉布斯函数降至最小值。

式(2-16) 不仅将反应的吉布斯函数变 $\Delta_r G$ 与焓变 $\Delta_r H$ 和熵变 $\Delta_r S$ 联系起来，而且还表明了温度对 $\Delta_r G$ 的影响。从式(2-16) 可见，$\Delta_r G$ 的符号决定于 $\Delta_r H$ 和 $\Delta_r S$ 这两项的大小。下面分别加以讨论。

① $\Delta_r S = 0$（此种情况极少）、$\Delta_r H < 0$（放热）时，有 $\Delta_r G < 0$，反应自发地向能量降低的方向进行。

② $\Delta_r H = 0$（此种情况极少）、$\Delta_r S > 0$（熵增）时，有 $\Delta_r G < 0$，反应自发地向增加混乱度的方向进行。

③ $\Delta_r H \neq 0$、$\Delta_r S \neq 0$ 时，$\Delta_r G$ 的正负号需要作具体分析，下面加以讨论。

a. 若 $\Delta_r H < 0$、$\Delta_r S > 0$，则 T 取任何值，均有 $\Delta_r G < 0$，说明该反应在任何温度条件

下均可自发进行。

b. 若 $\Delta_r H>0$、$\Delta_r S<0$，则 T 取任何值，均有 $\Delta_r G>0$，说明该反应在任何温度条件下均为非自发的。

c. 若 $\Delta_r H<0$、$\Delta_r S<0$，则只有当 $|\Delta_r H|>|T\Delta_r S|$ 时，$\Delta_r G<0$，反应才可自发进行，所以温度越低，对这种过程越有利。

d. 若 $\Delta_r H>0$、$\Delta_r S>0$，则只有当 $|\Delta_r H|<|T\Delta_r S|$ 时，$\Delta_r G<0$，反应才可自发进行，所以温度越高，对这种过程越有利。

如果化学反应在恒温、标准状态下进行，且反应进度 $\xi=1\text{mol}$ 时，则式(2-16) 可改写为

$$\Delta_r G_m^{\ominus}=\Delta_r H_m^{\ominus}-T\Delta_r S_m^{\ominus} \tag{2-17}$$

式中，$\Delta_r G_m^{\ominus}$ 是标准摩尔反应吉布斯函数变。由式(2-17) 可以看出，通过计算化学反应的 $\Delta_r H_m^{\ominus}$ 和 $\Delta_r S_m^{\ominus}$，可以得到 $\Delta_r G_m^{\ominus}$ 值。应该注意的是，在恒压下，$\Delta_r H_m^{\ominus}$ 和 $\Delta_r S_m^{\ominus}$ 随温度变化产生的变化量是很小的，可以忽略，而 $\Delta_r G_m^{\ominus}$ 却是一个随温度变化而变化的量，不同的温度条件下，$\Delta_r G_m^{\ominus}$ 的数值也不相同。

在恒温下，当反应物和生成物都处于标准态时，有

$$\Delta_r G_m=\Delta_r G_m^{\ominus}$$

因此，系统的反应方向可由 $\Delta_r G_m^{\ominus}$ 值的正、负来确定。若是非标准状态，则一定要用 $\Delta_r G_m$ 判断。

2.2.5 标准摩尔生成吉布斯函数

在恒温和标准状态下，由指定的稳定单质生成单位物质的量的某化合物时，反应的标准摩尔吉布斯函数变就称为该化合物的标准摩尔生成吉布斯函数，用符号 $\Delta_f G_m^{\ominus}$ 来表示。显然，热力学稳定单质的标准摩尔生成吉布斯函数等于零。例如，298.15K 时，下列反应

$$\text{C(石墨,s)}+2H_2(g)+\frac{1}{2}O_2(g) = CH_3OH(l)$$

$$\Delta_f G_m^{\ominus}(CH_3OH,l)=-66.23\text{kJ}\cdot\text{mol}^{-1}$$

使用标准摩尔生成吉布斯函数 $\Delta_f G_m^{\ominus}$ 计算标准摩尔反应吉布斯函数变 $\Delta_r G_m^{\ominus}$ 的方法，类似于由标准摩尔生成焓计算标准摩尔反应焓变。

$$\Delta_r G_m^{\ominus}=\sum_B \nu_B \Delta_f G_m^{\ominus}(B) \tag{2-18}$$

即化学反应的标准摩尔反应吉布斯函数变等于各反应物和生成物标准摩尔生成吉布斯函数与相应化学计量数乘积之和。

从附录 3 可以看出，绝大多数物质的标准摩尔生成吉布斯函数 $\Delta_f G_m^{\ominus}$ 为负值，这意味着由标准状态的单质生成某种物质通常情况下是自发的。但是也有少数物质的 $\Delta_f G_m^{\ominus}$ 为正值，其中引人感兴趣的是 NO 和 NO_2，它们的生成反应分别是

$$\frac{1}{2}N_2(g)+\frac{1}{2}O_2(g) = NO(g) \qquad \Delta_f G_m^{\ominus}(NO,g)=+86.688\text{kJ}\cdot\text{mol}^{-1}$$

$$\frac{1}{2}N_2(g)+O_2(g) = NO_2(g) \qquad \Delta_f G_m^{\ominus}(NO_2,g)=+51.840\text{kJ}\cdot\text{mol}^{-1}$$

这两个反应的 $\Delta_f G_m^{\ominus}$ 均为正值，说明在标准状态下由 $N_2(g)$ 和 $O_2(g)$ 化合成 NO(g)

和 $NO_2(g)$ 的反应均非自发。根据状态函数的性质可知，上述反应的逆反应在此条件下应该是自发的，即 NO 和 NO_2 可以分解成 $N_2(g)$ 和 $O_2(g)$。实际上一氧化氮和二氧化氮在空气中停留的时间很长，是污染空气的主要物质，事实说明它们的分解速率是极其缓慢的。同时也表明，虽然从吉布斯函数变判断该反应可以发生，但由于反应速率太慢，以至于在短期内观察不到反应的进行。

【例 2-5】 计算下列反应在 298.15K 时的 $\Delta_r G_m^\ominus$。

$$C_2H_5OH(l)+3O_2(g)=\!=\!=2CO_2(g)+3H_2O(l)$$

解 查附录 3 得各物质的 $\Delta_f G_m^\ominus$，代入式(2-18) 可得

$$\begin{aligned}\Delta_r G_m^\ominus &=[2\Delta_f G_m^\ominus(CO_2,g)+3\Delta_f G_m^\ominus(H_2O,l)]-[\Delta_f G_m^\ominus(C_2H_5OH,l)+3\Delta_f G_m^\ominus(O_2,g)]\\ &=[2\times(-394.384)+3\times(-237.191)]-[(-174.77)+3\times0]\\ &=-1325.571(kJ\cdot mol^{-1})\end{aligned}$$

$\Delta_r G_m^\ominus$ 为负值，表明上述反应在 298.15K 的标准状态下能自发进行。

当温度变化不太大时，可以近似地把 ΔH、ΔS 看作不随温度而变化的常量。这样，只要求得 298.15K 时的 $\Delta H_{298}^\ominus$ 和 $\Delta S_{298}^\ominus$，利用如下近似公式就可以求得 T 时的 $\Delta G_T^\ominus$。

$$\Delta G_T^\ominus \approx \Delta H_{298.15}^\ominus - T\Delta S_{298.15}^\ominus \tag{2-19}$$

【例 2-6】 已知

	C_2H_5OH (l)	C_2H_5OH (g)
$\Delta_f H_m^\ominus/kJ\cdot mol^{-1}$	-277.63	-235.31
$S_m^\ominus/J\cdot mol^{-1}\cdot K^{-1}$	160.7	282.0

求 (1) 在 298.15K 和标准状态下，$C_2H_5OH(l)$ 能否自发地变成 $C_2H_5OH(g)$? (2) 在373K 和标准状态下，$C_2H_5OH(l)$ 能否自发地变成 $C_2H_5OH(g)$? (3) 估算乙醇的沸点。

解 (1) 对于过程 $C_2H_5OH(l)\rightarrow C_2H_5OH(g)$

$$\Delta_r H_m^\ominus=[(-235.31)-(-277.63)]=42.32(kJ\cdot mol^{-1})$$

$$\Delta_r S_m^\ominus=282.0-160.7=121.3(J\cdot mol^{-1}\cdot K^{-1})$$

$$\Delta_r G_m^\ominus=\Delta_r H_m^\ominus-T\Delta_r S_m^\ominus=42.32-298.15\times121.3\times10^{-3}=6.13(kJ\cdot mol^{-1})>0$$

所以在 298.15K 和标准状态下，$C_2H_5OH(l)$ 不能自发地变成 $C_2H_5OH(g)$。

(2) 因为 ΔH、ΔS 随温度的变化很小，所以可用 298.15K 时的 $\Delta H_{298.15}^\ominus$ 和 $\Delta S_{298.15}^\ominus$ 来进行计算，即

$$\Delta G_{373}^\ominus\approx\Delta H_{298.15}^\ominus-T\Delta S_{298.15}^\ominus\approx42.32-373\times121.3\times10^{-3}=-2.92(kJ\cdot mol^{-1})<0$$

所以在 373K 和标准状态下，$C_2H_5OH(l)$ 能自发地变成 $C_2H_5OH(g)$。

(3) 设在标准压力下乙醇在温度 T 时沸腾，由于处于汽液平衡状态，故 $\Delta G_T^\ominus=0$。

$$\Delta G_T^\ominus\approx\Delta H_{298.15}^\ominus-T\Delta S_{298.15}^\ominus$$

$$T=\frac{\Delta H_{298.15}^\ominus}{\Delta S_{298.15}^\ominus}=\frac{42.32}{121.3\times10^{-3}}=348.9(K)$$

故乙醇的沸点约为 350K（实验值为 351K)。

一个反应无论从自发转变为非自发，或从非自发变为自发，都需经过一个平衡状态 ($\Delta G_T^\ominus=0$)，这个由自发反应转变为非自发反应或非自发反应转变为自发反应的转变温度，用符号 $T_转$ 表示。$T_转$ 的计算式可由下式导出。

$$T_{转}=\frac{\Delta_r H_m^{\ominus}}{\Delta_r S_m^{\ominus}} \tag{2-20}$$

2.3 化学动力学

系统的热力学平衡性质不能给出化学动力学的信息。例如，对下反应 $2H_2(g)+O_2(g) \longrightarrow 2H_2O(g)$，尽管 H_2、O_2 和 H_2O 的所有热力学性质都已准确知道，也只能预言 H_2 和 O_2 生成 H_2O 的可能性，而不能预言 H_2 和 O_2 在给定的条件下能以什么样的反应速率生成 H_2O，也不能提供 H_2 分子和 O_2 分子是通过哪些步骤结合为 H_2O 分子的信息。所以，要全面认识一个化学反应过程并付诸实现，不能缺少化学动力学研究。化学动力学是研究化学反应过程的速率和反应机理的物理化学分支学科，它的研究对象是物质性质随时间变化的非平衡的动态系统。化学反应有些进行得很快，几乎在一瞬间就能完成。而有些反应进行得很慢，即使是同一反应，在不同的条件下反应速率也不相同。因此，对化学反应速率的研究，无论对生产实践还是日常生活都是十分重要的。此外，在化学反应的过程中，反应物分子彼此接近，旧的化学键如何断裂，新的化学键如何形成，最终变成产物，这些都是研究化学动力学最关心的反应历程的问题。

在这一节里我们着重对化学反应速率的概念及其影响因素加以介绍，另外简单地介绍相关的反应速率理论。

2.3.1 化学反应的反应速率及表示方法

化学反应速率是衡量化学反应进行快慢的物理量，它反映了单位时间内反应物或生成物量的变化情况。对于在恒容条件下进行的均相反应，可采用在单位时间内，单位体积中反应物或生成物量的变化来表示反应速率，亦即采用反应物浓度或生成物浓度的变化速率来表示反应速率。反应速率用符号 v 来表示，单位是 $mol \cdot L^{-1} \cdot s^{-1}$。

在具体表示反应速率时，可选择参与反应的任一物质（反应物或生成物），但一定要注明。如反应

$$2N_2O_5 \longrightarrow 4NO_2+O_2$$

其反应速率可分别表示为

$$\bar{v}(N_2O_5)=-\frac{\Delta c(N_2O_5)}{\Delta t} \tag{2-21}$$

$$\bar{v}(NO_2)=\frac{\Delta c(NO_2)}{\Delta t} \tag{2-22}$$

$$\bar{v}(O_2)=\frac{\Delta c(O_2)}{\Delta t} \tag{2-23}$$

式中，Δt 为时间间隔；$\Delta c(N_2O_5)$、$\Delta c(NO_2)$ 和 $\Delta c(O_2)$ 分别表示在 Δt 期间内反应物 N_2O_5 以及生成物 NO_2 和 O_2 的浓度变化。当用反应物浓度变化表示反应速率时，由于其浓度的变化为负值，为保证速率是正值，在浓度变化值前加一负号。

上述反应速率表达式表示的反应速率都是在 Δt 时间间隔内的平均反应速率，而实验结果表明，在化学反应进行的过程中，每一时刻的反应速率都是不同的。因此，真实的反应速率是某一瞬间的反应速率，即瞬时反应速率。时间间隔越短，平均速率越接近真实速率。当 Δt 趋于无限小时，即 $\Delta t \to 0$，反应速率的表达式是

$$v(N_2O_5)=\lim_{\Delta t\to 0}\frac{-\Delta c(N_2O_5)}{\Delta t}=\frac{-dc(N_2O_5)}{dt} \tag{2-24}$$

$$v(NO_2)=\lim_{\Delta t\to 0}\frac{\Delta c(NO_2)}{\Delta t}=\frac{dc(NO_2)}{dt} \tag{2-25}$$

$$v(O_2)=\lim_{\Delta t\to 0}\frac{\Delta c(O_2)}{\Delta t}=\frac{dc(O_2)}{dt} \tag{2-26}$$

式(2-24)～式(2-26)都是表示同一个化学反应的反应速率，但由于化学计量数不同，选用不同物质的浓度变化来表示反应速率时，其数值不一定相同。为了统一起见，根据 IUPAC 的推荐和近年我国国家标准的表述，反应速率是反应进度（ξ）随时间的变化率，其符号为 J。对于反应

$$0=\sum_B \nu_B B$$

当反应系统发生一微小变化时，反应速率也相应地有一微小的变化。

$$d\xi=(1/\nu_B)dn_B$$

在无限小的时间间隔内，反应速率为

$$J=d\xi/dt=(1/\nu_B)(dn_B/dt) \tag{2-27}$$

即用单位时间内发生的反应进度来定义反应速率。反应速率 J 的单位为 $mol\cdot s^{-1}$。

在恒容、均相的反应条件下，以浓度变化表示的反应速率则为

$$v=J/V=(1/\nu_B V)(dn_B/dt)=(1/\nu_B)(dc_B/dt) \tag{2-28}$$

用单位时间单位体积内化学反应的反应进度来定义反应速率，单位为 $mol\cdot m^{-3}\cdot s^{-1}$。此定义与用来表示速率的物质 B 的选择无关，但是与化学计量式的写法有关。

应该注意的是，由于反应进度与反应式的写法有关，所以，在用反应速率 J 和 v 时，一定要同时给出或注明相应的反应方程式。

2.3.2 化学反应速率理论

反应速率理论对研究反应速率的快慢及其影响因素是十分重要的。碰撞理论和过渡态理论是其中两种重要的理论。

(1) 碰撞理论

1918 年，路易斯（Lewis W. C. M）在气体分子运动论基础上提出了双分子反应的有效碰撞理论，其主要内容是：反应物分子间发生碰撞是反应的必要条件。反应物分子间必须碰撞才有可能发生反应，反应物分子碰撞的频率越高，反应速率越快。即反应速率大小与反应物分子碰撞的频率成正比。在一定温度下，反应物分子碰撞的频率又与反应物浓度成正比。

但是事实上并不是每次碰撞都能发生反应，否则所有气相反应都能在瞬间完成。例如，碘化氢气体的分解反应

$$2HI(g) = H_2(g)+I_2(g)$$

根据理论计算，温度为 773K，浓度为 $10^{-3}mol\cdot L^{-1}$ 的 HI，如果每次碰撞都能引起反应，反应速率将达到 $3.8\times10^4 mol\cdot L^{-1}\cdot s^{-1}$，但该条件下实际的反应速率为 $6\times10^{-9}mol\cdot L^{-1}\cdot s^{-1}$。两者相差 10^{13} 倍！所以在千万次的碰撞中，只有极少数的碰撞才是有效的。为什么会出现这种现象呢？由于化学反应是旧的化学键的断裂和新的化学键形成的过程。要破坏原有的化学键就需要能量，因而发生有效碰撞的分子一定要有足够大的能量。在一定温度

下，气体分子具有一定的平均能量。有些分子的能量高一些，有些分子的能量低一些。那些具有较高能量能够发生有效碰撞的分子称为活化分子，其余的为非活化分子。非活化分子吸收足够的能量后可以转化为活化分子。通常温度恒定时，对某一特定的反应来说，活化分子的百分数（活化分子在所有分子中所占的百分数）是一定的。当温度改变时，活化分子的百分数将有明显的变化。例如，温度升高时，部分非活化分子吸收能量转化为活化分子后，活化分子的百分数将增大。

在一定的温度下，气体分子具有一定的平均动能$\left(E_m=\frac{1}{2}kT\right)$，$k$ 称为玻尔兹曼常数。但是各分子的动能并不相同。图 2-2 给出了在某一温度下，气体分子能量分布的情况。图中横坐标代表分子的动能，纵坐标表示具有一定能量的分子占总的分子数目的百分数。E_m表示分子的平均能量，E_0 表示活化分子具有的最低能量，E_m^* 是活化分子的平均能量。从能量分布曲线可以看出，大部分分子的能量在平均能量附近，能量很高或很低的分子都比较少。但是有少数分子的动能比平均能量高很多。曲线下阴影部分表示活化分子所占的百分数（整个曲线下的面积表示分子总数，即 100%）。活化能就是把反应物分子转变成活化分子所需要的能量。由于反应物分子的能量各不相同，活化分子的能量彼此也不一样，因此只能从统计学的角度来比较反应物分子和活化分子的能量。通常将活化能定义为活化分子的平均能量 E_m^* 与反应物分子的平均能量 E_m之差，用 E_a表示。

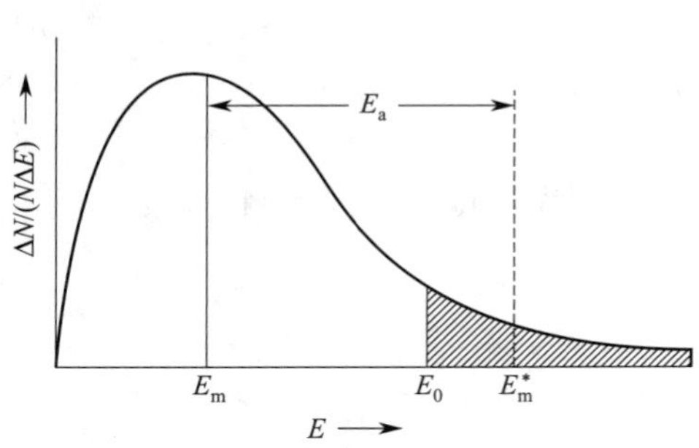

图 2-2　分子能量分布示意图

$$E_a=E_m^*-E_m$$

活化能可以看作是化学反应的“能障”，每一个化学反应都有一定的活化能。活化能的大小是影响化学反应速率快慢的重要因素。一定温度下，反应的活化能越大，活化分子所占的百分数就越小，反应速率常数就越小，反应就越慢；反之，活化能越小，活化分子所占的百分数就越大，反应速率常数就越大，反应就越快。

一般化学反应的活化能在 $40\sim400\text{kJ}\cdot\text{mol}^{-1}$，大部分在 $60\sim250\text{kJ}\cdot\text{mol}^{-1}$。活化能小于 $40\text{kJ}\cdot\text{mol}^{-1}$ 的反应，其反应速率很大，如中和反应的活化能只有 $13\sim25\text{kJ}\cdot\text{mol}^{-1}$，反应可很快完成。活化能大于 $400\text{kJ}\cdot\text{mol}^{-1}$ 的反应，其反应速率非常小，几乎觉察不到。这是因为活化分子百分数与活化能成指数关系：$f=e^{\frac{-E_a}{RT}}$（f 是活化分子百分数）。

有一些反应，特别是结构比较复杂的分子之间的反应，在考虑了能量因素后人们发现，反应速率计算值与实验值还是相差很大。这个事实说明，影响反应速率还有其他的因素。碰撞时分子间的取向就是一个非常重要的因素。例如反应

$$NO_2(g)+CO(g)=\!=\!=NO(g)+CO_2(g)$$

只有当 CO 中的 C 原子与 NO_2 中的 O 原子迎头相碰撞才有可能发生反应（图 2-3），而其他方位的碰撞都是无效碰撞。

因此，只有反应物中的活化分子进行有效的定向碰撞才能发生化学反应。

（2）过渡状态理论

过渡状态理论是在量子力学和统计力学的基础上提出来的，从分子的内部结构与运动去研究反应速率问题。过渡状态理论认为：反应物分子相互碰撞时，首先形成一个过渡状态——活化配合物。活化配合物的能量高，不稳定，寿命短（为 10～100fs），一经形成很快就转变成产物分子。

例如，反应

$$NO_2(g)+CO(g) = NO(g)+CO_2(g)$$

其反应过程为 $NO_2(g)+CO(g) \longrightarrow \underset{\text{过渡状态}}{O—[N\cdots O\cdots C—O]} \longrightarrow NO(g)+CO_2(g)$

该反应的反应历程如图 2-4 所示。

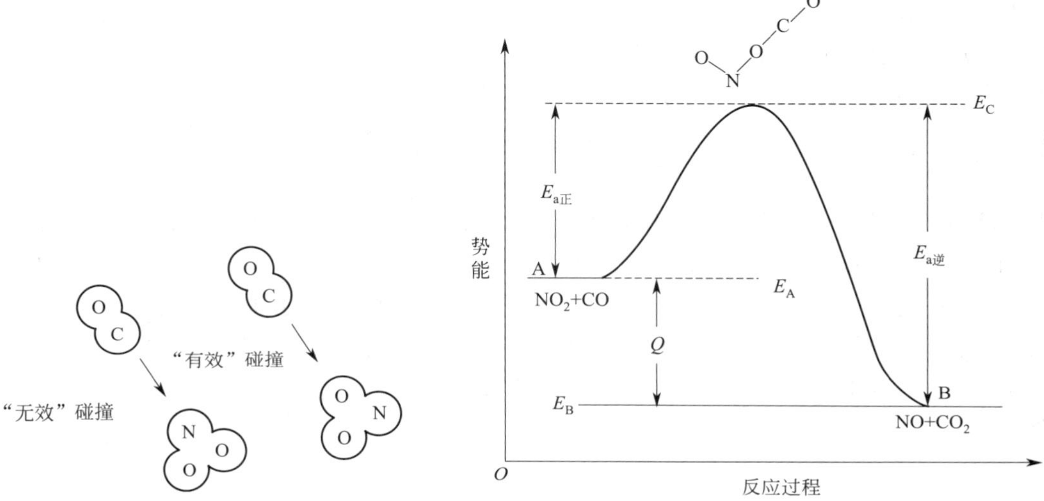

图 2-3　分子碰撞的不同取向

图 2-4　反应过程的势能图

比较碰撞理论和过渡态理论，前者是以有效碰撞的次数为基础，主要考虑分子的外部运动，以大量分子的统计行为来解释各种因素对化学反应速率的影响。而后者则是从分子的层次上来研究反应的动力学。

2.3.3　影响反应速率的因素

化学反应速率除了与反应物自身的性质有关外，还受外界条件如浓度、压力、温度及催化剂的影响。

（1）浓度或分压对反应速率的影响

实验证明，在一定温度下，反应物浓度越大，反应速率就越快；反之，浓度越低，反应速率就越慢。例如，物质在纯氧中的燃烧速率就比在空气中要快得多。通常随着反应时间的延长，反应物浓度不断减少，反应速率也相应减慢。

这是因为对某一化学反应来讲，活化分子的数目与反应物浓度和活化分子百分数有关。

$$活化分子数目=反应物浓度\times活化分子百分数$$

而在一定温度下，反应物的活化分子百分数是一定的，所以增加反应物浓度，活化分子数目增加，单位时间内有效碰撞的次数也随之增多，因而反应速率加快。相反，若反应物浓度降低，活化分子数目减少，反应速率减慢。由于气体的分压与浓度成正比，因而增加气态反应物的分压，反应速率加快；反之则减慢。

为了定量地描述反应速率与反应物浓度之间的关系，可用动力学方程式进行表述。

化学动力学根据反应历程把化学反应分为基元反应和非基元反应。所谓基元反应就是反应物分子经碰撞后直接一步转化为产物的反应。若反应不是一步碰撞就完成，而是经过两步或两步以上的过程才能完成，这样的反应就叫非基元反应。非基元反应是由若干个基元反应组成的。

① 基元反应及其动力学方程式——质量作用定律　大量的实验事实证明：基元反应的反应速率与反应物浓度幂（以反应方程式中反应物前的化学计量数为方次）的乘积成正比，即对任一个基元反应

$$aA+bB = \text{产物}$$

其反应速率

$$v=kc^{a}(A)c^{b}(B) \tag{2-29}$$

这就是质量作用定律，又称基元反应的速率方程式或动力学方程式。式中 k 为反应速率常数。由式(2-29) 可以看出，反应速率常数代表各有关浓度均为单位浓度时的反应速率。同一温度下，比较几个反应的 k，可以大概知道它们反应能力的大小，k 越大，则反应越快。k 是反应的本性，它与浓度或压力无关，但与温度有关。当温度一定时，k 为一定值；温度变化时，k 值也随之变化。不同的反应有不同的速率常数，k 值可通过实验测定。

例如，对于基元反应

$$NO_2+CO = NO+CO_2$$

其动力学方程式为

$$v=kc(NO_2)c(CO)$$

目前人们已确认的基元反应为数不多，大多数反应都是非基元反应。由于质量作用定律只适用于基元反应，对非基元反应，则不能根据总反应方程式写出其动力学方程式。

② 非基元反应及其动力学方程式　非基元反应的总反应方程式标出的只是反应物与最终产物。非基元反应的速率方程式要通过实验才能确定。由实验获得有关数据后，通过数学处理，求得反应级数，才能确定速率方程。

由实验确定反应级数的方法很多，在这里我们介绍一种比较简单的方法——改变物质数量比例法。例如，对于反应

$$aA+bB = cC+dD$$

可以先假设其速率方程为

$$v=kc^{x}(A)c^{y}(B)$$

然后通过实验确定 x 和 y 值。实验时在一组反应物中保持 A 的浓度不变，而将 B 的浓度加大一倍，若其反应速率比原来加大一倍，则可以确定 $y=1$。在另一组反应物中设法保持 B 的浓度不变，而将 A 的浓度加大一倍，若反应速率增加到原来的 4 倍，则可确定 $x=2$。这种方法特别适用于比较复杂的反应。

【例 2-7】 在碱性溶液中，次磷酸根离子（$H_2PO_2^-$）分解为亚磷酸根离子（HPO_3^{2-}）和氢气，反应式为

$$H_2PO_2^-(aq)+OH^-(aq)=\!=\!=HPO_3^{2-}(aq)+H_2(g)$$

在一定的温度下，实验测得下列数据：

实验编号	$c(H_2PO_2^-)/mol\cdot L^{-1}$	$c(OH^-)/mol\cdot L^{-1}$	$v/mol\cdot L^{-1}\cdot s^{-1}$
1	0.10	0.10	5.30×10^{-9}
2	0.50	0.10	2.67×10^{-8}
3	0.50	0.40	4.25×10^{-7}

试求：(1) 反应级数；(2) 速率常数 k。

解 (1) 设 x 和 y 分别为对于 $H_2PO_2^-$ 和 OH^- 的反应级数，则该反应的速率方程为

$$v=kc^x(H_2PO_2^-)c^y(OH^-)$$

把三组数据代入，得

$$5.30\times10^{-9}=k(0.10)^x(0.10)^y \quad (1)$$

$$2.67\times10^{-8}=k(0.50)^x(0.10)^y \quad (2)$$

$$4.25\times10^{-7}=k(0.50)^x(0.40)^y \quad (3)$$

式(2) 除式(1) 得

$$\frac{2.67\times10^{-8}}{5.30\times10^{-9}}=\left(\frac{0.50}{0.10}\right)^x$$

$$5=5^x \qquad x=1$$

式(3) 除式(2) 得

$$\frac{4.25\times10^{-7}}{2.67\times10^{-8}}=\left(\frac{0.40}{0.10}\right)^y$$

$$16=4^y \qquad y=2$$

所以，反应级数为 3，对 $H_2PO_2^-$ 来说是一级，对 OH^- 来说是二级，其速率方程为

$$v=kc(H_2PO_2^-)c^2(OH^-)$$

(2) 将表中任意一组数据代入速率方程式，可以求得 k 值。现取第一组数据代入

$$k=\frac{5.30\times10^{-9}}{0.10\times(0.10)^2}=5.3\times10^{-6}(L^2\cdot mol^{-2}\cdot s^{-1})$$

在表述反应速率方程时，应注意以下几点。

① 如果有固体和纯液体参加反应，因固体和纯液体本身为标准态，即单位浓度，因此不必列入反应速率方程式。如

$$C(s)+O_2(g)\longrightarrow CO_2(g)$$

$$v=kc(O_2)$$

② 如果反应物中有气体，在速率方程中可以用气体的分压代替浓度，故上述反应的速率方程也可以写成

$$v=k'p(O_2)$$

③ 对于非基元反应，从反应方程式中不能给出速率方程，它必须通过实验。

④ 反应级数。反应速率方程式中反应物浓度幂的方次之和称为该反应的反应级数，用 n 来表示。对于速率方程

$$v=kc^x(A)c^y(B)\cdots$$

反应级数 $n=x+y+\cdots$，此反应称为 n 级反应。而对于组分 A、B、…来讲，分别是 x、y、…级反应。

反应级数既适用于基元反应，也适用于非基元反应。只是基元反应的反应级数都是正整数，而非基元反应的级数则有可能不是正整数。

（2）温度对化学反应速率的影响——阿伦尼乌斯公式

温度对反应速率的影响要比浓度的影响大，绝大多数化学反应的速率都随着温度的升高而显著增大。在浓度一定时，温度升高，反应物分子具有的能量增加，活化分子百分数也随着增加，所以有效碰撞次数增大，因而加快了反应速率。温度的变化对反应速率的影响主要表现在对速率常数 k 的影响，下面主要讨论温度对反应速率常数 k 值的影响。

① 范特霍夫规则　范特霍夫（Vant Hoff J H）根据实验结果总结出了一个经验规则：一般情况下，在一定温度范围内，温度每升高 10℃，反应速率大约增加到原来的 2～4 倍，即

$$k_{T+10\mathrm{K}}/k_T \approx 2 \sim 4 \tag{2-30}$$

式中，k_T 为温度 T 时的速率常数，$k_{T+10\mathrm{K}}$ 为同一化学反应在温度 $T+10\mathrm{K}$ 时的速率常数。此比值也称为反应速率的温度系数。范特霍夫规则虽然并不准确，但是当缺少数据时，用它作粗略估算，仍是有益的。

② 阿伦尼乌斯方程　1889 年，阿伦尼乌斯（Arrhenius S A）在总结大量实验事实的基础上，提出了反应速率常数与温度的定量关系式。

$$k = A\mathrm{e}^{-\frac{E_a}{RT}} \quad 或$$

$$\ln k = -\frac{E_a}{RT} + \ln A \tag{2-31}$$

式中，E_a 为反应的活化能；R 为摩尔气体常数；A 称为“指前因子”，对指定反应来说为一常数，e 为自然对数的底（e=2.718）。由式(2-31) 可见，k 与温度 T 成指数关系，温度微小的变化将导致 k 值较大的变化。

若温度变化范围不大，E_a 可以作为常数，设温度 T_1 时的速率常数为 k_1，温度为 T_2 时的速率常数为 k_2，则得到阿伦尼乌斯方程的定积分式。

$$\ln \frac{k_2}{k_1} = -\frac{E_a}{R}\left(\frac{1}{T_2} - \frac{1}{T_1}\right) \tag{2-32}$$

根据此式可以由已知数据计算所需的 E_a、T 或 k。

（3）催化剂对化学反应速率的影响

催化剂是一种能改变化学反应速率，而本身质量和组成保持不变的物质。能加快反应速率的催化剂称为正催化剂；减慢反应速率的催化剂称为负催化剂。一般我们所说的催化剂是指正催化剂，负催化剂则被称为抑制剂。例如：H_2 和 O_2 作用生成 H_2O 的反应中使用的 Pt，SO_2 氧化为 SO_3 反应中使用的 V_2O_5，$KClO_3$ 分解制备 O_2 的反应中使用的 MnO_2 等。

催化剂加快反应速率的原因主要是改变了反应途径，降低了反应的活化能。如反应

$A+B \longrightarrow AB$ 在无催化剂时，反应按照图 2-5 中途径 Ⅰ 进行，活化能为 E_a；当加入催化剂 K 以后，反应按照如图 2-5 所示的途径 Ⅱ 分两步进行。

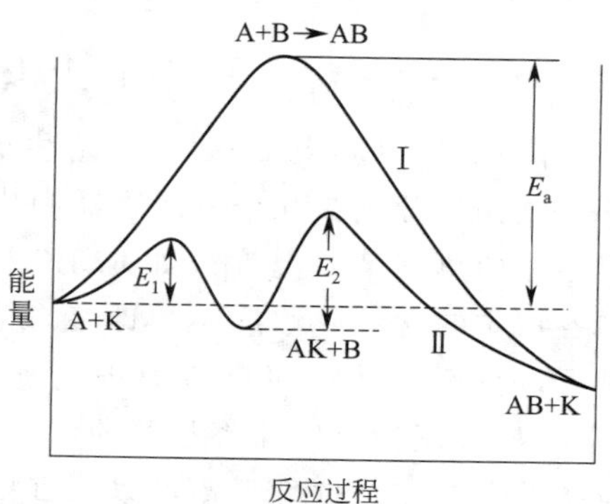

图 2-5　催化剂改变反应途径示意图

① A＋K ⟶ AK

② AK＋B ⟶ A＋B＋K

③ A＋B＋K ⟶ AB＋K

反应①的活化能为 E_1，反应②的活化能为 E_2，总反应为③。从图中可以看出，途径Ⅱ的两步活化能 E_1 和 E_2 远远小于途径Ⅰ的活化能 E_a，所以反应速率加快。从图中还可以看出，催化剂仅仅起了一个改变反应途径和降低活化能加快反应速率的作用，而不能改变反应的始态与终态，即不能改变反应的方向。热力学证明不能发生的反应，试图寻找催化剂去实现，那是徒劳的。催化剂在加快正反应速率的同时，也加快了逆反应的速率，因为在降低了正反应活化能的同时也降低了逆反应的活化能。

在催化反应中，催化剂一般用量很少，就可大幅度地提高反应速率，催化剂对反应速率的影响远远大于浓度和温度的影响，这称为催化剂的高效性。如反应

$$2N_2O(g) = 2N_2(g) + O_2(g)$$

使用金做催化剂时，反应的活化能由 $245kJ \cdot mol^{-1}$ 降至 $121kJ \cdot mol^{-1}$，利用阿伦尼乌斯方程式可计算出在25℃时使用催化剂后反应速率可提高 5.40×10^{21} 倍。

催化剂还有一个重要特性，就是它具有很高的选择性。不同的反应需要选用不同的催化剂，如 V_2O_5 只能催化 SO_2 的氧化反应。同一反应，如果选用不同的催化剂可以得到不同的产物。如在250℃时，乙烯在空气中的氧化，使用银做催化剂得到环氧乙烷，使用氯化铅和氯化铜作为催化剂则得到乙醛。

2.4 化学平衡

我们不仅要知道化学反应进行的快慢，还应了解在一定条件下化学反应可能进行到什么程度，以及预期产物的产率是多少？如何提高产率？这就涉及化学平衡问题。

2.4.1 可逆反应与化学平衡

化学反应可分为可逆反应和不可逆反应。不可逆反应是在一定条件下几乎完全进行到底的反应，如 MnO_2 作为催化剂的 $KClO_3$ 的分解，但这类反应很少。大多数化学反应都是可逆反应，即在一定条件下，既能向正方向进行又能向逆方向进行的反应。例如反应

$$CO(g) + H_2O(g) \rightleftharpoons H_2(g) + CO_2(g)$$

在高温下 CO 与 H_2O 能反应生成 H_2 和 CO_2，同时 H_2 和 CO_2 也能反应生成 CO 和 H_2O。如果分别在几个密闭容器中均加入 CO、$H_2O(g)$、CO_2 和 H_2，但是量不同，把容器都加热到某一温度（如673K），并且保持该温度，则反应进行到一定程度，容器中各物质的含量或浓度不再改变，表面上看就像反应停止了一样，其实，反应仍然在进行，只不过是正向反应速率与逆向反应速率相等，也就是说反应达到了平衡状态（化学反应正逆反应速率相等的状态称为化学平衡状态），化学平衡是动态平衡。若反应条件不改变，这种平衡可以一直持续下去，然而一旦条件发生变化，平衡便被破坏，直至建立新的平衡。

2.4.2 平衡常数

（1）实验平衡常数

对反应

$$CO(g)+H_2O(g) \rightleftharpoons H_2(g)+CO_2(g)$$

各物质平衡时的浓度可以用分析方法测定。实验数据表明：在一定温度下达到平衡时，生成物浓度幂的乘积与反应物浓度幂的乘积的比值可以用一个常数 K_c 来表示。对于上述反应

$$K_c=\frac{c(H_2)c(CO_2)}{c(CO)c(H_2O)}$$

对于一般的可逆反应 $$bB+dD \rightleftharpoons eE+fF$$

$$K_c=\frac{c^e(E)c^f(F)}{c^b(B)c^d(D)} \quad (2\text{-}33)$$

这个常数 K_c 称为浓度平衡常数。c(E)、c(F)、c(B)、c(D) 分别代表物质 E、F、B、D 的平衡浓度，单位为 $mol \cdot L^{-1}$。浓度平衡常数值越大，表明反应达到平衡时生成物浓度的幂的乘积越大，反应物浓度的幂的乘积越小，所以反应进行的程度越高。

对气体参加的反应，由于温度一定时，气体的分压与浓度成正比，因此可用平衡时气体的分压代替气态物质的浓度。这样表示的平衡常数称为压力平衡常数，用符号 K_p 来表示。例如上述生成 CO 和 H_2O 的反应，平衡常数表达式可以写成 K_p，即

$$K_p=\frac{p(H_2)p(CO_2)}{p(CO)p(H_2O)} \quad (2\text{-}34)$$

浓度平衡常数和压力平衡常数都是由实验测定得出的，因此又将它们合称实验平衡常数或经验平衡常数。实验平衡常数是有量纲的，其单位由平衡常数的表达式来决定，但在使用时，通常只给出数值，不标出单位。

（2）标准平衡常数

根据热力学函数计算得出的平衡常数称为标准平衡常数，又称热力学平衡常数，用符号 $K^\ominus$ 来表示。其表示方式与实验平衡常数相同，只是相关物质的浓度要用相对浓度 $(c/c^\ominus)$、分压要用相对分压 $[p/p^\ominus]$ 来代替，其中 $c^\ominus=1mol \cdot L^{-1}$，$p^\ominus=100kPa$。

对于任一可逆化学反应

$$bB+dD \rightleftharpoons eE+fF$$

① 溶液中的反应

$$K^\ominus=\frac{[c(E)/c^\ominus]^e[c(F)/c^\ominus]^f}{[c(B)/c^\ominus]^b[c(D)/c^\ominus]^d}=\frac{c^e(E)c^f(F)}{c^b(B)c^d(D)}\left(\frac{1}{c^\ominus}\right)^{\Sigma\nu}=K_c\left(\frac{1}{c^\ominus}\right)^{\Sigma\nu} \quad (2\text{-}35)$$

② 气体反应

$$K^\ominus=\frac{[p(E)/p^\ominus]^e[p(F)/p^\ominus]^f}{[p(B)/p^\ominus]^b[p(D)/p^\ominus]^d}=\frac{p(E)^e p(F)^f}{p(B)^b p(D)^d}\left(\frac{1}{p^\ominus}\right)^{\Sigma\nu}=K_p\left(\frac{1}{p^\ominus}\right)^{\Sigma\nu} \quad (2\text{-}36)$$

③ 对于多相反应　多相反应是指反应系统中存在两个以上相的反应。例如

$$CaCO_3(s)+2H^+(aq) \xlongequal{} Ca^{2+}(aq)+CO_2(g)+H_2O(l)$$

由于固相和纯液相的标准态就是它本身的纯物质，故固相和纯液相均为单位浓度，即 $c=1mol \cdot L^{-1}$，在平衡常数的表达式中不必列入。故上述反应的标准平衡常数表达式为

$$K^{\ominus}=\frac{[c(Ca^{2+})/c^{\ominus}][p(CO_2)/p^{\ominus}]}{[c(H^+)/c^{\ominus}]^2} \tag{2-37}$$

与经验平衡常数不同的是，标准平衡常数是无量纲的。

标准平衡常数是衡量化学反应进行程度的特征常数。对于同一类型的反应，在温度相同时，标准平衡常数越大，表示反应进行得越完全。在一定的温度下，不同的可逆反应有不同的标准平衡常数的数值。标准平衡常数的数值与温度有关，与浓度、压力无关。

在应用标准平衡常数表达式时，应注意以下几点。

a. $K^{\ominus}$ 表达式中各物质的相对浓度和相对压力必须是反应达到平衡时的数值。

b. 标准平衡常数表达式中，各物质的浓度（分压）均为平衡时的浓度（分压）。若固体、纯液体参加反应，或在很稀的水溶液中发生反应，则固体、液体以及溶剂水都不出现在反应平衡常数表达式中。

c. $K^{\ominus}$ 的表达式及数值与化学反应方程式的写法有关。同一反应，如果反应式的书写形式不同，测 $K^{\ominus}$ 值也不同。例如，298K 下的合成氨反应

$$N_2(g)+3H_2(g) \xlongequal{} 2NH_3(g)$$

$$K_1^{\ominus}=\frac{[p(NH_3)/p^{\ominus}]^2}{[p(N_2)/p^{\ominus}][p(NH_3)/p^{\ominus}]^3}$$

若反应式写作

$$2N_2(g)+6H_2(g) \xlongequal{} 4NH_3(g)$$

则

$$K_2^{\ominus}=\frac{[p(NH_3)/p^{\ominus}]^4}{[p(N_2)/p^{\ominus}]^2[p(H_2)/p^{\ominus}]^6}$$

一般来说，若化学反应式中各型体的化学计量数均变为原来写法的 n 倍，则对应的标准平衡常数等于原标准平衡常数的 n 次方。显然，$K_2^{\ominus}=(K_1^{\ominus})^2$。

（3）标准平衡常数与 Gibbs 函数的关系

用 $\Delta_r G_m^{\ominus}$ 来判断化学反应在标准状态下能否自发进行，但是通常我们遇到的反应系统都是为非标准状态下的反应系统，真正处于标准状态是非常罕见的。对于非标准态的反应，应该用 $\Delta_r G_m$ 来判断反应的方向。那么，$\Delta_r G_m$ 如何求得呢？范特霍夫化学反应等温方程式给出了 $\Delta_r G_m$ 的计算式。对于任一化学反应

$$bB+dD \xlongequal{} eE+fF$$

化学反应等温方程式为

$$\Delta_r G_m=\Delta_r G_m^{\ominus}+RT\ln Q \tag{2-38}$$

式(2-38)称为范特霍夫方程式。式中，$\Delta_r G_m$ 是非标准态时的摩尔反应吉布斯函数变，Q 为反应商，其数学式与标准平衡常数表达式相同，但其中气体分压或物质浓度值均为非平衡状态时气体的分压或物质的浓度（$Q=K^\ominus$ 时例外）。

当反应达到平衡时，$\Delta_r G_m=0$，$Q=K^\ominus$，式(2-38)为

$$0=\Delta_r G_m^\ominus+RT\ln K^\ominus$$

或

$$\Delta_r G_m^\ominus=-RT\ln K^\ominus \tag{2-39}$$

由此可见，通过式(2-39)可从热力学函数计算出反应的标准平衡常数。有一些反应的平衡常数难以直接通过实验测定，就可利用热力学函数计算得到。

将式(2-39)代入式(2-38)，可得到 $\Delta_r G_m$、$K^\ominus$、Q 之间的关系式。

$$\Delta_r G_m=RT\ln\frac{Q}{K^\ominus} \tag{2-40}$$

（4）有关平衡常数的计算

【例 2-8】 求 298K 时反应 $2SO_2(g)+O_2(g)=\!=\!=2SO_3(g)$ 的 $K^\ominus$。已知 $\Delta_f G_m^\ominus(SO_2)=300.37kJ\cdot mol^{-1}$，$\Delta_f G_m^\ominus(SO_3)=-370.37kJ\cdot mol^{-1}$。

解 该反应的 $\Delta_r G_m^\ominus$ 为

$$\Delta_r G_m^\ominus=2\Delta_f G_m^\ominus(SO_3)-2\Delta_f G_m^\ominus(SO_2)-\Delta_f G_m^\ominus(O_2)$$
$$=2\times(-370.37)-2\times(-300.37)-0=-140.0(kJ\cdot mol^{-1})$$

$$\ln K^\ominus=\frac{-\Delta_r G_m^\ominus}{RT}=\frac{140.0\times10^3}{8.314\times298}=56.51$$

$$K^\ominus=3.48\times10^{24}$$

【例 2-9】 将 1.0mol H_2 和 1.0mol I_2 放入 10L 容器中，使其在 793K 达到平衡。经分析，平衡系统中含 HI 0.12mol，求反应 $H_2(g)+I_2(g)=\!=\!=2HI(g)$ 在 793K 时的 $K^\ominus$。

解 从反应式可知，每生成 2mol HI 要消耗 1mol H_2 和 1mol I_2。根据这个关系，可求出平衡时各物质的物质的量。

	$H_2(g)$	+	$I_2(g)$	$=\!=\!=$	$2HI(g)$
起始时物质的量/mol	1.0		1.0		0
平衡时物质的量/mol	1.0－0.12/2		1.0－0.12/2		0.12

利用公式 $p=nRT/V$，求得平衡时各物质的分压，代入标准平衡常数表达式得

$$K^\ominus=\frac{[n(HI)RT/V]^2}{[n(H_2)RT/V][n(I_2)RT/V]}\left(\frac{1}{p^\ominus}\right)^{\Sigma\nu}=\frac{n^2(HI)}{n(H_2)n(I_2)}=\frac{0.12^2}{0.94^2}=0.016$$

【例 2-10】 已知反应 $CO(g)+H_2O(g)=\!=\!=CO_2(g)+H_2(g)$ 在 1123K 的 $K^\ominus=1.0$，现将 2.0mol CO 和 3.0mol $H_2O(g)$ 混合，并在该温度下达平衡，试计算 CO 的转化率。

解 设达平衡时 H_2 为 x（mol），则

	$CO(g)$	+ $H_2O(g)$	$=\!=\!=$ $CO_2(g)$	+ $H_2(g)$
起始时物质的量/mol	2.0	3.0	0	0
平衡时物质的量/mol	$2.0-x$	$3.0-x$	x	x

设反应系统的体积为 V，利用公式 $p=nRT/V$，将平衡时各物质的分压代入 $K^{\ominus}$ 表达式

$$K^{\ominus}=\frac{[n(CO_2)RT/V][n(H_2)RT/V]}{[n(CO)RT/V][n(H_2O)RT/V]}\left(\frac{1}{p^{\ominus}}\right)^{\Sigma\nu}$$

$$=\frac{n(CO_2)n(H_2)}{n(CO)n(H_2O)}=\frac{x^2}{(2.0-x)(3.0-x)}=1.0$$

解方程，得 $x=1.2$

物质的平衡转化率是指该物质到达平衡时已转化了的量与反应前该物质的总量之比

$$CO\text{ 的转化率}=\frac{1.2}{2.0}=60\%$$

2.4.3 多重平衡规则

化学反应的平衡常数也可以利用多重平衡规则计算获得。如果某反应可以由几个反应相加（或相减）得到，则该反应的平衡常数等于几个反应的平衡常数之积（或商），这种关系称为多重平衡规则。因为假设反应（1）、反应（2）和反应（3）在温度 T 时的标准平衡常数为 $K_1^{\ominus}$、$K_2^{\ominus}$、$K_3^{\ominus}$，它们的吉布斯自由能变分别为 $\Delta_r G_1^{\ominus}$、$\Delta_r G_2^{\ominus}$、$\Delta_r G_3^{\ominus}$。如果反应（3）=反应（1）+反应（2），则

$$\Delta_r G_3^{\ominus}=\Delta_r G_1^{\ominus}+\Delta_r G_2^{\ominus}$$

$$-RT\ln K_3^{\ominus}=-RT\ln K_1^{\ominus}+(-RT\ln K_2^{\ominus})$$

$$K_3^{\ominus}=K_1^{\ominus}K_2^{\ominus}$$

应用多重平衡规则时，所有平衡常数必须是相同温度时的值，否则不能使用此规则。利用多重平衡规则，可根据几个化学方程式的组合关系及已知平衡常数值，很方便地求出所需反应的平衡常数。

【例 2-11】 已知反应 $NO(g)+\frac{1}{2}Br_2(l)=\!=\!=NOBr(g)$（溴化亚硝酰）在 25℃时的平衡常数 $K_1^{\ominus}=3.6\times10^{-15}$，液态溴在 25℃时的饱和蒸气压为 28.4kPa。求在 25℃时反应 $NO(g)+\frac{1}{2}Br_2(g)\longrightarrow NOBr(g)$ 的平衡常数。

解 已知 25℃时 $\quad NO(g)+\frac{1}{2}Br_2(l)=\!=\!=NOBr(g) \qquad K_1^{\ominus}=3.6\times10^{-15} \qquad (1)$

又根据 25℃时液态溴的饱和蒸气压为 28.4kPa，那么液态溴转化为气态溴的平衡常数为

$$Br_2(l)\longrightarrow Br_2(g) \qquad K_2^{\ominus}=\frac{p(Br_2)}{p^{\ominus}}=\frac{28.4}{100}=0.284 \qquad (2)$$

$$\frac{1}{2}Br_2(l)\longrightarrow\frac{1}{2}Br_2(g) \qquad K_3^{\ominus}=\sqrt{K_2^{\ominus}}=0.533 \qquad (3)$$

由反应式(1) 减式(3) 得 $\qquad NO(g)+\frac{1}{2}Br_2(g)=\!=\!=NOBr(g)$

$$K^{\ominus}=\frac{K_1^{\ominus}}{K_3^{\ominus}}=\frac{3.6\times10^{-15}}{0.533}=6.75\times10^{-15}$$

2.4.4 化学平衡的移动

当一个可逆反应达到平衡时，若改变外界条件，如改变浓度、温度及压力时，由于对正逆反应速率影响程度不同，原有的平衡状态就会受到破坏，各组分的浓度就会发生变化，直至建立起新的平衡，我们把这个过程称为化学平衡的移动。影响化学平衡的因素是浓度、压力、温度。这些因素对化学平衡的影响，可以用 1887 年勒夏特列（Le Chatelier）提出的平衡移动原理判断：改变平衡系统的条件之一，平衡将向减弱这个改变的方向移动。

（1）浓度（或分压）对化学平衡的影响

化学平衡移动的方向也就是反应自发进行的方向，由体系的 $\Delta_r G_m$ 值决定。在一定温度和压力下，$\Delta_r G_m$ 又由反应商 Q 和平衡常数 $K^{\ominus}$ 决定。在一定温度下，$K^{\ominus}$ 为一常数，浓度的变化引起反应商 Q 变化，所以可根据 $Q/K^{\ominus}$ 的比值判断浓度对化学平衡移动的影响。

根据化学反应等温方程式(2-40)

$$\Delta_r G_m=-RT\ln K^{\ominus}+RT\ln Q=RT\ln\frac{Q}{K^{\ominus}}$$

若 $Q=K^{\ominus}$，则 $\Delta_r G_m=0$，反应处于平衡状态。如果增大生成物的浓度（或分压），或减少反应物的浓度（或分压），都会使反应商 Q 增大，即 $Q>K^{\ominus}$，结果 $\Delta_r G_m>0$，平衡只能朝逆反应方向移动，以降低生成物浓度或增加反应物浓度，达到新的平衡，使 Q 重新等于 $K^{\ominus}$；同理，如果减少生成物浓度（或分压），或增大反应物浓度（或分压），会使 Q 减小，使 $Q<K^{\ominus}$，$\Delta_r G_m<0$，平衡朝正反应方向移动。

以上讨论可归纳为：

$Q<K^{\ominus}$，则 $\Delta_r G_m<0$，平衡正向移动；

$Q=K^{\ominus}$，则 $\Delta_r G_m=0$，反应处于平衡状态；

$Q>K^{\ominus}$，则 $\Delta_r G_m>0$，平衡逆向移动。

根据浓度（或分压）对化学平衡的影响，在化工生产上，为了提高反应物（原料）的转化率，可按具体情况采用增加或降低某一物质的浓度（或分压）来实现。例如，合成氨反应

$$N_2(g)+3H_2(g)\rightleftharpoons 2NH_3(g)$$

为增大 NH_3 的产量，使平衡向右移动，就应该增加原料 N_2 或 H_2 的分压，使反应朝着生成的方向进行。

【例 2-12】 在 830℃时，反应 $CO(g)+H_2O(g)\rightleftharpoons CO_2(g)+H_2(g)$，$K^{\ominus}=1.00$。若起始浓度 $c(CO)=1.00mol\cdot L^{-1}$，$c(H_2O)=2.00mol\cdot L^{-1}$，试计算：（1）平衡时各物质的浓度；（2）CO 转变成 CO_2 的转化率；（3）若将平衡体系中 $CO_2(g)$ 的浓度减少 $0.417mol\cdot L^{-1}$，平衡向何方移动？

解 设平衡时生成的 CO_2 浓度为 x mol·L^{-1}

（1） $CO(g)+H_2O(g)\rightleftharpoons CO_2(g)+H_2(g)$

起始浓度/$mol \cdot L^{-1}$	1.00	2.00	0	0
变化浓度/$mol \cdot L^{-1}$	$-x$	$-x$	x	x
平衡浓度/$mol \cdot L^{-1}$	$1.00-x$	$2.00-x$	x	x

$$K^{\ominus}=\frac{[c(CO_2)/c^{\ominus}][c(H_2)/c^{\ominus}]}{[c(CO)/c^{\ominus}][c(H_2O)/c^{\ominus}]}$$

$$1.00=\frac{x^2}{(1.00-x)(2.00-x)}$$

$$x=0.667mol \cdot L^{-1}$$

平衡时，$c(CO_2)=c(H_2)=0.667mol \cdot L^{-1}$；$c(CO)=0.33mol \cdot L^{-1}$，$c(H_2O)=1.33mol \cdot L^{-1}$

(2) CO 的转化率 $a=\frac{0.667}{1.00}\times 100\%=66.7\%$

(3)	$CO(g)$	$+ H_2O(g) \rightleftharpoons$	$CO_2(g)$	$+ H_2(g)$
平衡浓度/$mol \cdot L^{-1}$	0.33	1.33	0.667	0.667
减少后浓度/$mol \cdot L^{-1}$	0.33	1.33	0.667−0.417	0.667

$$Q=\frac{[c(CO_2)/c^{\ominus}][c(H_2)/c^{\ominus}]}{[c(CO)/c^{\ominus}][c(H_2O)/c^{\ominus}]}=\frac{(0.667-0.417)\times 0.667}{0.33\times 1.33}=0.38$$

$Q<K^{\ominus}$，平衡向正方向移动。

(2) 系统总压力的改变对化学平衡的影响

压力的改变对液相、固相反应及溶液中的反应影响很小，可以忽略。这里讨论的主要是压力对有气体参加的反应的影响。对已达平衡的体系，若增加（或减少）总压力时，体系内各组分的分压将同时增大（或减少）相同倍数。总压力的改变对平衡移动的影响讨论如下。

对于一个气相反应 $dD(g)+bB(g) \rightleftharpoons fF(g)+eE(g)$

反应达到平衡时 $K^{\ominus}=\frac{[p(E)/p^{\ominus}]^e[p(F)/p^{\ominus}]^f}{[p(B)/p^{\ominus}]^b[p(D)/p^{\ominus}]^d}$

令 $(e+f)-(d+b)=\Delta n$，Δn 为生成物化学计量数之和与反应物化学计量数之和的差值。

① 对于气体化学计量数之和增加的反应，即 $\Delta n>0$。若将体系的总压力增大 x 倍，相应各组分的分压也将同时增大 x 倍，此时反应商为

$$Q=\frac{[xp(E)/p^{\ominus}]^e[xp(F)/p^{\ominus}]^f}{[xp(B)/p^{\ominus}]^b[xp(D)/p^{\ominus}]^d}=x^{\Delta n}K^{\ominus}$$

由于 $\Delta n>0$，那么 $x^{\Delta n}>1$，则 $Q>K^{\ominus}$，平衡向逆方向移动，即增大压力平衡向气体化学计量数之和减少的方向移动。

如果将体系的总压力减少到原来的 $1/y$，那么各组分的分压也变为原来的 $1/y$，同理可以推出：$Q=(1/y)^{\Delta n}K^{\ominus}$。由于 $\Delta n>0$，那么 $(1/y)^{\Delta n}<1$，则 $Q<K^{\ominus}$，平衡向正方向移动。

② 对于气体化学计量数之和减少的反应，即 $\Delta n<0$。若将体系的总压力增大 x 倍时，同样可以推出 $Q=x^{\Delta n}K^{\ominus}$。由于 $\Delta n<0$，那么 $x^{\Delta n}<1$，则 $Q<K^{\ominus}$，平衡向正方向移动，

即增大压力平衡向气体计量系数之和减少的方向移动。

例如，合成氨反应

$$N_2(g)+3H_2(g)\rightleftharpoons 2NH_3(g)$$

增大压力，平衡向有利于生成氨的方向移动，提高了反应的转化率，所以工业上合成氨工业采取增加压力的办法。

③ 对于反应前后气体计量系数之和相等的反应，当改变总压力时，平衡不发生移动。

总之，在等温下，增大平衡体系总压力时，平衡向气体化学计量数之和减少的方向移动；减小总压力时，平衡向气体化学计量数之和增加的方向移动；对于反应前后气体化学计量数之和相等的反应，压力的变化不引起平衡的移动。

【例 2-13】 在 308K、100kPa 下，某容器中反应 $N_2O_4(g)\rightleftharpoons 2NO_2(g)$ 达到平衡，$K^{\ominus}=0.315$。各物质的分压分别为 $p(N_2O_4)=58kPa$，$p(NO_2)=43kPa$。计算：(1) 上述反应体系的压力增大到 200kPa 时，平衡向何方向移动？(2) 若反应开始时 N_2O_4 为 1.0mol，NO_2 为 0.10mol，在 200kPa 时，反应达平衡时，有 0.155mol N_2O_4 发生了转化，计算平衡后物质的分压为多少？

解 (1) 总压力增加到原来的两倍时，各组分的分压也变为原来的两倍，即

$$p(N_2O_4)=58\times2=116(kPa),\quad p(NO_2)=43\times2=86(kPa)$$

$$Q=\frac{[p(NO_2)/p^{\ominus}]^2}{[p(N_2O_4)/p^{\ominus}]}=\frac{(86/100)^2}{116/100}=0.64$$

$Q>K^{\ominus}$，平衡向逆反应方向移动。

(2)

	$N_2O_4(g)$ $\rightleftharpoons$	$2NO_2(g)$
起始时物质的量/mol	1.0	0.10
平衡时物质的量/mol	1.0−0.155	0.10+2×0.155

平衡时总的物质的量 $n_{总}=(1.0-0.155)+(0.10+2\times0.155)=1.255$ (mol)

$$p(N_2O_4)=p_{总}\times\frac{n(N_2O_4)}{n_{总}}=200\times\frac{1.0-0.155}{1.255}=134.7(kPa)$$

$$p(NO_2)=p_{总}\times\frac{n(NO_2)}{n_{总}}=200\times\frac{0.10+2\times0.155}{1.255}=65.3(kPa)$$

若向反应体系中加入不参与反应的惰性气体时，总压力对平衡的影响有以下几种情况：

① 在等温恒容条件下，尽管通入惰性气体总压力增大，但各组分分压不变，Q 值恒等于 $K^{\ominus}$ 值。无论反应前后气体的化学计量数之和相等还是不相等，都不引起平衡移动。

② 在等温恒压条件下，反应达到平衡后通入惰性气体，为了维持恒压，必须增大体系的体积，这时各组分的分压下降，平衡要向气体化学计量数之和增加的方向移动。对于 $\Delta n>0$ 的反应，此时平衡向正反应方向移动；对于 $\Delta n<0$ 的反应，此时平衡向逆反应方向移动。

(3) 温度对于化学平衡的影响

温度的改变引起平衡常数 $K^{\ominus}$ 的变化，从而使化学平衡发生移动。

从化学反应等温方程式可得

$$\Delta_r G_m^{\ominus} = -RT\ln K^{\ominus}$$

又因为

$$\Delta_r G_m^{\ominus} = \Delta_r H_m^{\ominus} - T\Delta_r S_m^{\ominus}$$

由上面两式可得

$$-RT\ln K^{\ominus} = \Delta_r H_m^{\ominus} - T\Delta_r S_m^{\ominus}$$

$$\ln K^{\ominus} = -\frac{\Delta_r H_m^{\ominus}}{RT} + \frac{\Delta_r S_m^{\ominus}}{R} \tag{2-41}$$

设在温度 T_1 和 T_2 时的平衡常数分别为 $K_1^{\ominus}$ 和 $K_2^{\ominus}$，并假设 $\Delta_r H_m^{\ominus}$ 和 $\Delta_r S_m^{\ominus}$ 不随温度而改变，则

$$\ln K_1^{\ominus} = -\frac{\Delta_r H_m^{\ominus}}{RT_1} + \frac{\Delta_r S_m^{\ominus}}{R} \tag{1}$$

$$\ln K_2^{\ominus} = -\frac{\Delta_r H_m^{\ominus}}{RT_2} + \frac{\Delta_r S_m^{\ominus}}{R} \tag{2}$$

式(2) 减去式(1)，得

$$\ln \frac{K_2^{\ominus}}{K_1^{\ominus}} = \frac{\Delta_r H_m^{\ominus}}{R}\left(\frac{1}{T_1} - \frac{1}{T_2}\right) \tag{2-42}$$

若反应吸热，$\Delta_r H_m^{\ominus} > 0$，升高温度时，$T_2 > T_1$，有 $K_2^{\ominus} > K_1^{\ominus}$，此时平衡将向正反应方向（向右）移动。

若反应放热，$\Delta_r H_m^{\ominus} < 0$，升高温度时，$T_2 > T_1$，有 $K_2^{\ominus} < K_1^{\ominus}$，此时平衡将向逆反应方向（向左）移动。

由此可以得出结论：升高温度，平衡向吸热反应方向移动；降低温度，平衡向放热反应方向移动。

【例 2-14】 试计算反应 $CO_2(g) + 4H_2(g) \rightleftharpoons CH_4(g) + 2H_2O(g)$ 在 800K 的 $K^{\ominus}$。

解 要利用式(2-42) 计算 800K 时的 $K^{\ominus}$，必须知道另一温度时的 $K^{\ominus}$。为此，我们先利用 298.15K 时的数据计算 $K^{\ominus}$(298.15K)。

	$CO_2(g)$	$+4H_2(g) \rightleftharpoons$	$CH_4(g)$	$+2H_2O(g)$
$\Delta_f H_m^{\ominus}$/kJ·mol^{-1}	−393.5	0	−74.8	−241.8
$\Delta_f G_m^{\ominus}$/kJ·mol^{-1}	−394.4	0	−50.8	−228.6

$$\Delta_r H_m^{\ominus} = [(-74.8) + 2\times(-241.8)] - (-393.5) = -164.9(\text{kJ}\cdot\text{mol}^{-1})$$

$$\Delta_r G_m^{\ominus} = [(-50.8) + 2\times(-228.6)] - (-394.4) = -113.6(\text{kJ}\cdot\text{mol}^{-1})$$

$$\ln K_{298}^{\ominus} = -\frac{\Delta_r G_m^{\ominus}}{RT} = \frac{113.6\times10^3}{8.314\times298.15} = 45.82$$

将数据代入式(2-42) 得

$$\ln K_{800}^{\ominus} - 45.82 = \frac{-164.9\times10^3}{8.314} \times \frac{800-298}{800\times298} = -41.74$$

$$\ln K_{800}^{\ominus} = 45.82 - 41.74 = 4.08$$

$$K_{800}^{\ominus} = 59.1$$

(4) 催化剂对化学平衡的影响

对于可逆反应，催化剂既可使正反应速率大大提高，也可以相同的程度提高逆反应的速率。因此，在平衡系统中，加入催化剂后，正、逆反应的速率仍然相等，不会引起平衡常数的变化，也不会使化学平衡发生移动。但在未达到平衡的反应中，加入催化剂后，由于反应速率的提高，可以大大缩短达到平衡的时间，加速平衡的建立。例如，合成氨的反应中，在使用了铁催化剂后，反应的活化能大大降低，反应速率迅速提高，反应可以在较短的时间内达到平衡，使合成氨的工业化生产得以实现。

(5) 平衡移动总规律——勒夏特列原理

综合浓度、压力和温度等条件的改变对化学平衡的影响，1887 年法国科学家勒夏特列（H. L. Le Chatelier）归纳总结出了一条普遍规律：改变平衡条件时，平衡系统将向削弱这一改变的方向移动，这个规律又称为勒夏特列原理或平衡移动原理。

在平衡系统内，增加反应物浓度时，平衡就向使反应物浓度减少的方向移动。减少生成物浓度时，平衡就向使生成物浓度增加的方向移动。

增大平衡系统的总压力时，平衡朝着降低压力（气体分子数减少）的方向移动。降低压力时，平衡朝着增加压力（气体分子数增多）的方向移动。

给平衡系统升温时，平衡朝着降低温度（吸热）的方向移动。降低温度时，平衡朝着升高温度（放热）的方向移动。

勒夏特列平衡移动原理是一条普遍规律。它不仅适用于化学平衡，也适用于物理平衡。但必须强调的是，它只能应用于已达到平衡的系统，而不适用于非平衡体系。

化学动力学与治疗药物监测

药物是治疗疾病的主要手段之一，药物进入生物体内通过调整失调的内源性活性物质或生理生化过程，杀灭抑制病原体达到治疗疾病的目的。显然，治疗药物在作用部位的浓度或质量不足或过多便会起不到治疗作用或产生新的不良作用，甚至引起药源性疾病乃至危及生命。因此 20 世纪 60 年代治疗药物监测作为一门新兴的学科得以诞生和发展。TDM 的主要任务是通过灵敏可靠的检测方法，获得病人血液或其他生物材料中药物的浓度，获取有关药动学参数，利用动力学的相关理论，指导临床合理用药方案的制订和调整，并对药物中毒进行诊断和治疗，从而使药物治疗具有有效性和安全性。目前 TDM 在欧美发达国家已成为临床化学实验室的主要常规工作之一。

药物代谢动力学研究为 TDM 提供了基础，以药物代谢的消除动力学模型为例予以说明。

消除动力学研究体内药物浓度变化速率的规律，可用下列微分方程表示。

$$\mathrm{d}c/\mathrm{d}t = -kc^n$$

式中，c 为药物浓度；t 为时间；k 为消除速率常数；n 代表消除动力学级数。当 $n=1$ 时即为一级消除动力学，$n=0$ 时则为零级消除动力学。药物消除动力学模型即指这两种。

1. 一级消除动力学

一级消除动力学的表达式为

$$dc/dt=-kc$$

积分得 $c_t=c_0e^{-kt}$

由上指数方程可知，一级消除动力学的最主要特点是药物浓度按恒定的比值减少，即恒比消除。

2. 零级消除动力学

零级消除动力学时，由于 $n=0$，因此其微分表达式为

$$dc/dt=-k$$

积分得 $c_t=c_0-kt$

由此可知，零级消除动力学的最基本特点为药物浓度按恒量减少，即恒量消除。

必须指出，药物并不是固定按一级或零级动力学消除。任何药物当其在体内量较少，未达到机体最大消除能力时（主要是未超出催化生物转化的酶的饱和限时），都将按一级动力学方式消除；而当其量超过机体最大消除能力时，将只能按最大消除能力这一恒量进行消除，变为零级消除动力学方式，即出现消除动力学模型转换。苯妥英钠、阿司匹林、氨茶碱等常用药，在治疗血药浓度范围内就存在这种消除动力学模型转移，在 TDM 工作中尤应注意。

从药物代谢的消除动力学模型研究可以看到：化学动力学为 TDM 的开展提供了必备的基础理论，为临床合理用药提供了保障。

（摘自：http：//wenku. baidu. com/view/60af1b966bec0975f465e2f4. html）

思考题与习题

1. 已知 298K 时有下列热力学数据：

项目	C(s)	CO(g)	Fe(s)	Fe_2O_3(s)
$\Delta_f H_m^{\ominus}/kJ \cdot mol^{-1}$	0	−110.525	0	−822.2
$S_m^{\ominus}/J \cdot K^{-1} \cdot mol^{-1}$	5.694	197.907	27.15	90

假定上述热力学数据不随温度而变化，请估算标准态下 Fe_2O_3 能用 C 还原的温度。

2. 已知 298K 时的数据：

项目	NO(g)	NO_2(g)
$\Delta_f G_m^{\ominus}/kJ \cdot mol^{-1}$	86.688	51.840

现有反应 $2NO(g)+O_2(g) \longrightarrow 2NO_2(g)$

(1) 反应在标准状态下能否自发进行？

(2) 该反应 298K 时的标准平衡常数为多少？

3. CO_2 和 H_2 的混合气体加热至 850℃时可建立下列平衡。

$$CO_2(g)+H_2(g) \rightleftharpoons CO(g)+H_2O(g)$$

此温度下 $K_c=1$，假若平衡时有 99%氢气变成了水，问 CO_2 和氢气原来是按怎样的物质的量之比例混合的？

4. 已知下列反应 $N_2+3H_2 \rightleftharpoons 2NH_3$

$\Delta_f H_{m,298}^{\ominus}/kJ \cdot mol^{-1}$ 0 0 −46.19

$S^{\ominus}_{m,298}$/J·mol^{-1}·K^{-1}　　191.489　130.587　192.50

求（1）反应的 $\Delta_r H^{\ominus}_{298}$，$\Delta_r S^{\ominus}_{298}$ 和 $\Delta_r G^{\ominus}_{298}$；

（2）求 298K 时的 $K^{\ominus}$ 值。

5. 在 $p^{\ominus}$ 和 885 ℃下，分解 1.0mol $CaCO_3$ 需消耗热量 165kJ，试计算此过程的 W，ΔU 和 ΔH。$CaCO_3$ 的分解反应方程式为

$$CaCO_3(s) = CaO(s) + CO_2(g)$$

6. 已知（1）$C(s) + O_2(g) = CO_2(g)$，$\Delta_r H^{\ominus}_1 = -393.5kJ \cdot mol^{-1}$；（2）$H_2(g) + 1/2O_2(g) = H_2O(l)$，$\Delta_r H^{\ominus}_2 = -285.9kJ \cdot mol^{-1}$；（3）$CH_4(g) + 2O_2(g) = CO_2(g) + 2H_2O(l)$，$\Delta_r H^{\ominus}_3 = -890.0kJ \cdot mol^{-1}$；试求反应 $C(s) + 2H_2(g) = CH_4(g)$ 的 $\Delta_r H^{\ominus}_m$。

7. 人体消除 C_2H_5OH 是靠将它氧化成下列一系列含碳的产物

$$C_2H_5OH \longrightarrow CH_3CHO \longrightarrow CH_3COOH \longrightarrow CO_2$$

试将各步氧化的方程配平并求其 $\Delta_r H^{\ominus}_m$。C_2H_5OH 完全氧化成 CO_2 时总的 $\Delta_r H^{\ominus}_m$ 又是多少？

8. 不查表，预测下列反应的熵值是增加还是减少。

（1）$2CO(g) + O_2(g) = 2CO_2(g)$

（2）$2O_3(g) = 3O_2(g)$

（3）$2NH_3(g) = N_2(g) + 3H_2(g)$

（4）$2Na(s) + Cl_2(g) = 2NaCl(s)$

（5）$H_2(g) + I_2(s) = 2HI(g)$

9. 判断下列反应在标准态下能否自发进行。

（1）$Ca(OH)_2(s) + CO_2(g) = CaCO_3(s) + H_2O(l)$ [$\Delta_f G^{\ominus}_m(H_2O,l) = -237.2kJ \cdot mol^{-1}$]

（2）$CaSO_4 \cdot 2H_2O(s) = CaSO_4(s) + 2H_2O(l)$ [$\Delta_f G^{\ominus}_m(CaSO_4 \cdot 2H_2O,s) = -1796 kJ \cdot mol^{-1}$]

10. CO 是汽车尾气的主要污染源，有人设想以加热分解的方法来消除。

$$CO(g) = C(s) + \frac{1}{2}O_2(g)$$

试从热力学角度判断该想法能否实现。

11. 蔗糖在新陈代谢过程中所发生的总反应可写成

$$C_{12}H_{22}O_{11}(s) + 12O_2(g) = 12CO_2(g) + 11H_2O(l)$$

假定有 25% 的反应热转化为有用功，试计算体重为 65kg 的人登上 3000m 高的山，需消耗多少蔗糖 [已知 $\Delta_f H^{\ominus}_m(C_{12}H_{22}O_{11}) = -2222kJ \cdot mol^{-1}$]?

12. 如果设想在标准压力 $p^{\ominus}$ 下将 $CaCO_3$ 分解为 CaO 和 CO_2，试估计进行这个反应的最低温度（设反应的 ΔH 和 ΔS 不随温度而变）。

13. 反应 $4HBr(g) + O_2(g) = 2H_2O(g) + 2Br_2(g)$，在一定温度下，测得 HBr 起始浓度为 0.0100mol·L^{-1}，10s 后 HBr 的浓度为 0.0082mol·L^{-1}，试计算反应在 10 s 之内的平均速率为多少？如果上述数据是 O_2 的浓度，则该反应的平均速率又是多少？

14. 在 298K 时，用反应 $S_2O_8^{2-}(aq) + 2I^-(aq) = 2SO_4^{2-}(aq) + I_2(aq)$ 进行实验，得到数据列表如下。

实验序号	$c(S_2O_8^{2-})/mol\cdot L^{-1}$	$c(I^-)/mol\cdot L^{-1}$	$v/(mol\cdot L^{-1}\cdot min^{-1})$
(1)	1.0×10^{-4}	1.0×10^{-2}	0.65×10^{-6}
(2)	2.0×10^{-4}	1.0×10^{-2}	1.30×10^{-6}
(3)	2.0×10^{-4}	0.5×10^{-2}	0.65×10^{-6}

求(1)反应速率方程;(2)速率常数 k。

15. 在 301K 时鲜牛奶大约 4.0h 变酸,但在 278K 的冰箱中可保持 48h。求牛奶变酸反应的活化能。

16. 在 298K 1.00L 的密闭容器中,充入 1.0mol NO_2,0.10mol N_2O 和 0.10mol O_2,试判断下列反应进行的方向。[$\Delta_f G_m^\ominus(NO_2)=51.84kJ\cdot mol^{-1}$,$\Delta_f G_m^\ominus(N_2O)=103.60kJ\cdot mol^{-1}$]

$$2N_2O(g)+3O_2(g) \xlongequal{\quad} 4NO_2(g)$$

17. 在 1105K 时将 3.00mol 的 SO_3 放入 8.00L 的容器中,达到平衡时,产生 0.95mol 的 O_2。试计算在该温度时,反应 $2SO_2(g)+O_2(g) \rightleftharpoons 2SO_3(g)$ 的 $K^\ominus$。

18. 对化学平衡 $PCl_5(g) \rightleftharpoons PCl_3(g)+Cl_2(g)$,在 298K 时,$K^\ominus$ 是 1.8×10^{-7},问该反应的 $\Delta_r G^\ominus$ 是多少?

19. 尿素 $CO(NH_2)_2(s)$ 的 $\Delta_f G^\ominus=-197.15kJ\cdot mol^{-1}$,其他物质的 $\Delta_f G^\ominus$ 查表。求反应 $CO_2(g)+2NH_3(g) \rightleftharpoons H_2O(g)+CO(NH_2)_2(s)$ 在 298K 时的 $K^\ominus$。

20. 已知在 298K 时

$$N_2(g)+2O_2(g) \rightleftharpoons 2NO_2(g) \quad (1) \qquad K_1^\ominus=4.8\times10^{-37}$$

$$2N_2(g)+O_2(g) \rightleftharpoons 2N_2O(g) \quad (2) \qquad K_2^\ominus=4.8\times10^{-19}$$

求 $3N_2(g)+3O_2(g) \xlongequal{\quad} 2N_2O(g)+2NO_2(g)$ 的 $K^\ominus$。

21. 反应 $H_2(g)+I_2(g) \rightleftharpoons 2HI(g)$,在 628K 时 $K^\ominus=54.4$。现混合 H_2 和 I_2 的量各为 0.200mol,并在该温度和 5.10kPa 下达到平衡。求 I_2 的转化率。

22. 在合成氨工业中,CO 的变换反应 $CO(g)+H_2O(g) \rightleftharpoons CO_2(g)+H_2(g)$,已知在 700K 时 $\Delta_r H^\ominus=-37.9kJ\cdot mol^{-1}$,$K^\ominus=9.07$。求 800K 时的平衡常数 $K^\ominus$。

第3章 物质结构基础

本章学习要求

了解微观粒子的运动特征：能量量子化、波粒二象性、测不准原理；了解波函数、原子轨道、概率密度、电子云等基本概念；掌握四个量子数的物理意义、相互关系及合理组合；掌握单电子原子、多电子原子的轨道能级和核外电子排布规律，熟练书写第四周期以内元素原子的核外电子排布式；掌握价键理论的要点、共价键的特点及 σ 键和 π 键的形成和特点；掌握杂化轨道理论的要点，能解释简单分子的形成及分子的空间构型；掌握分子间作用力和氢键的形成、特点及对物质性质的影响。

物质在不同条件下表现出来的各种性质，不论是物理性质还是化学性质，都与物质的内部结构有关。原子结构和分子结构是物质内部结构的基础。因此，要了解物质的性质及其变化规律，必须研究组成各物质的原子或分子的内部结构。本章着重介绍原子、分子和晶体结构的基本知识，并运用这些知识来说明一些实际问题。

3.1 原子的结构

3.1.1 氢原子光谱和玻尔模型

（1）氢原子光谱

当一束白光通过棱镜时，不同频率的光由于折射率不同，经过棱镜投射到屏上，可得到红、橙、黄、绿、青、蓝、紫连续分布的带状光谱。这种光谱称为连续光谱。

各种气态原子在高温火焰、电火花或电弧作用下，气态原子也会发光，但产生不连续的线状光谱，这种光谱称为原子光谱。不同的原子具有自己特征的谱线位置。

最简单的原子光谱是氢原子光谱。它是由低压氢气放电管中发出的光通过棱镜后得到的光谱，如图 3-1 所示。在可见光区可观察到四条分立的谱线，分别是 H_α、H_β、H_γ、H_δ，并称为巴尔麦线系。以后发现氢原子在红外区和紫外区也存在若干线系。从谱线的位置可以确定发射光的波长和频率，从而确定发射光的能量。

对于氢原子光谱为线状光谱的实验事实，经典的电磁学理论无法合理解释。氢原子光谱的规律性引起了人们的关注，推动了原子结构理论的发展。

1900 年，德国物理学家普朗克（M. Plank）首先提出了能量量子化概念，他认为，物质吸收或辐射的能量是不连续的，这个最小的基本量被称为能量子或量子。量子的能量

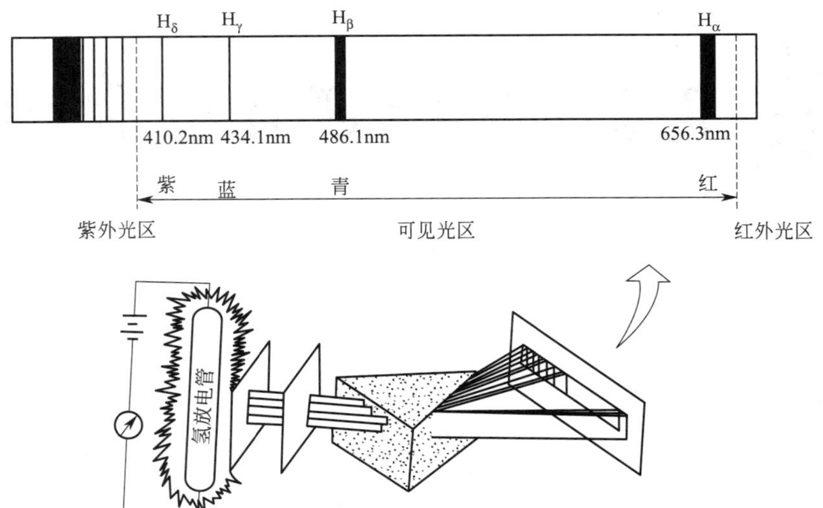

图 3-1　氢原子光谱

与辐射的频率成正比。

$$E = h\nu$$

式中，E 为量子的能量；ν 为频率；h 为普朗克常数，其数值为 6.626×10^{-34} J·s。

物质吸收或辐射的能量为

(2) 波尔模型

1913 年，丹麦物理学家玻尔（N. Bohr）在前人工作的基础上，运用普朗克能量量子化的概念，提出了关于原子结构的假设，即玻尔原子模型，对氢原子光谱的产生和现象给予了很好的说明。其基本内容如下。

① 定态轨道概念　氢原子中电子是在氢原子核的势能场中运动，其运动轨道不是任意的，电子只能在以原子核为中心的某些能量（E_n）确定的圆形轨道上运动。这些轨道的能量状态不随时间改变，称为定态轨道。

② 轨道能级的概念　电子在不同轨道运动时，电子的能量是不同的。离核越近的轨道上，电子被原子核束缚越牢，能量越低；离核越远的轨道上，能量越高。轨道的这些不同的能量状态称为能级。在正常状态下，电子尽可能处于离核较近、能量较低的轨道上，这时原子（或电子）所处的状态称为基态。在高温火焰、电火花或电弧作用下，原子中处在基态的电子因获得能量，能跃迁到离核较远、能量较高的空轨道上去运动，这时原子（或电子）所处的状态称为激发态。

③ 激发态原子发光的原因　激发态原子由于具有较高的能量，所以它是不稳定的。处在激发态的电子随时都有可能从能级较高（$E_{较高}$）的轨道跃入能级较低（$E_{较低}$）的轨道（甚至使原子恢复为基态）。这时释放出的能量为

$$\Delta E = E_{较高} - E_{较低} = h\nu$$

这份能量以光的形式释放出来（$\Delta E = h\nu$，ν 即为发射光的频率），故激发态原子能发光。由于各轨道的能量都有不同的确定值，各轨道间的能级差也就有不同的确定值，所以

电子从一定的高能量轨道跃入一定的低能量轨道时，只能放射出具有固定能量、波长、频率的光来。

不同元素的原子，由于原子的大小、核电荷数和核外电子数不同，电子运动轨道的能量就有差别，所以原子发光时都有各自特征的光谱。

④ 轨道能量量子化概念 原子光谱都是不连续的线状光谱，亦即激发态原子发射光的能量值是不连续的，轨道间能量差值是不连续的，轨道能量是不连续的。在物理学里，如果某一物理量的变化是不连续的，就说这一物理量是量子化的。所以，轨道能量或者说电子在各轨道上所具有的能量就是量子化的。

由此可见，玻尔模型成功地解释了氢原子光谱的不连续性，而且还提出了原子轨道能级的概念，明确了原子轨道能量量子化的特性。但人们进一步对原子结构进行研究发现，玻尔模型还存在着局限性，它不能解释多电子原子发射的原子光谱，也不能解释氢原子光谱的精细结构等。究其原因，在于玻尔模型虽然引入了量子化的概念，但未能摆脱经典力学的束缚。因为微观粒子的运动规律已不再遵循经典力学的运动规律，它除了能量量子化外，还具有波粒二象性的特征，在描述其运动状态时，应运用量子力学的运动规律。

3.1.2 微观粒子的波粒二象性

光在传播的过程中会产生干涉、衍射等现象，具有波的特性；而光在与实物作用时所表现的特性，如光的吸收、发射等又具有粒子的特性，这就是光的波粒二象性。

1924 年德布罗依（Louis de Broglie）在光的波粒二象性的启发下，大胆地预言了微观粒子的运动也具有波粒二象性。并导出了德布罗依关系式。

$$\lambda=\frac{h}{P}=\frac{h}{mv} \tag{3-1}$$

式中，波长 λ 代表物质的波动性；动量 P、质量 m、速率 v 代表物质的粒子性。德布罗依关系式通过普朗克常数将物质的波动性和粒子性定量地联系在一起。

1927 年戴维逊（C. J. Devisson）和盖末（L. H. Germer）用电子衍射实验证实了德布罗依的设想：当电子射线通过晶体粉末，投射到感光胶片时，如同光的衍射一样，也会出现明暗相间的衍射环纹（图 3-2），说明电子运动时确有波动性。后来还发现，质子、中子等射线都有衍射现象，从而证实了粒子运动的确具有波动性。一般将实物粒子产生的波称为物质波或德布罗依波。当然实物粒子的波动性不同于经典力学中波的概念。

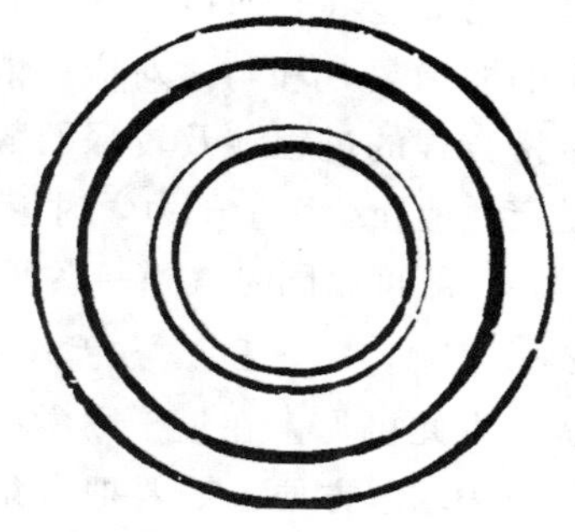

图 3-2 电子衍射图

那么物质波究竟是一种怎样的波呢？

电子衍射实验表明，用较强的电子流可在短时间内得到电子衍射环纹；若用很弱的电子流，只要时间足够长，也可以得到衍射环纹。假设用极弱电流进行衍射实验，电子是逐个通过晶体粉末的，在屏幕上只能观察到一些分立的点，这些点的位置是随机的。经过足够长时间，有大量的电子通过晶体粉末后，在屏幕上就可以观察到明暗相间的衍射环纹。

由此可见，实物粒子的波动性是大量粒子统计行为形成的结果，它服从统计规律。在屏幕衍射强度大的地方（明条纹处），波的强度大，电子在该处出现的机会多或概率高；

衍射强度小的地方（暗条纹处），波的强度小，电子在该处出现的机会少或概率低。因此实物粒子的波动性实际上是统计规律上呈现的波动性，又称为概率波。

3.1.3 海森堡测不准原理

经典力学中的宏观物体运动时，它们的位置（坐标）和动量（或速度）可以同时准确测定，所以可预测其运动轨道，如人造卫星的轨道。但由于电子运动具有波粒二象性，所以不能像经典力学中那样来描述其运动状态。1927 年德国物理学家海森堡（W. Heisenberg）指出，要同时准确地测定电子在空间的位置和速度（或动量）是不可能的。这就是著名的海森堡测不准原理，其数学表达式为

$$\Delta x \cdot \Delta p_x \geqslant \frac{h}{4\pi} \tag{3-2}$$

式中，Δp_x 为确定 x 轴方向动量分量时的误差；Δx 为确定位置时的误差；h 为普朗克常数；π 为圆周率。

式(3-2) 说明，如果测定实物粒子的位置越准（Δx 越小），则动量或速度测定的准确度就越差（Δp_x 越大），反之亦然。电子等微观粒子的运动状态只能用波动力学原理加以描述。

3.1.4 原子轨道和波函数

（1）薛定谔方程

1926 年，奥地利物理学家薛定谔（E. Schrodinger）根据波粒二象性的概念提出了一个描述微观粒子运动的基本方程——薛定谔方程。它是量子力学的基本方程，是一个二阶偏微分方程，它的形式如下

$$\frac{\partial^2 \psi}{\partial^2 x}+\frac{\partial^2 \psi}{\partial^2 y}+\frac{\partial^2 \psi}{\partial^2 z}+\frac{8\pi^2 m}{h^2}(E-V)\psi=0 \tag{3-3}$$

式中，ψ 为波函数；E 为系统的总能量；V 为系统的势能；h 为普朗克常数；m 为微粒的质量；x、y、z 为微粒的空间坐标。对氢原子体系来说，波函数 ψ 是描述氢核外电子运动状态的数学表示式，是空间坐标的函数 $\psi=f(x,y,z)$；E 为电子的总能量；V 为电子的势能（亦即核对电子的吸引能）；m 为电子的质量。所谓解薛定谔方程就是解出其中的波函数 ψ 和与之对应的能量 E，以了解电子运动的状态和能量的高低。由于具体求薛定谔方程的过程涉及较深的数理知识，超出了本课程的要求，在本书不做详细的介绍，只是定性地介绍用量子力学讨论原子结构的思路。解一个体系（例如氢原子体系）的薛定谔方程，一般可以同时得到一系列的波函数 ψ_{1s}，ψ_{2s}，ψ_{2p_x}，…，ψ_i 和相应的一系列能量值 E_{1s}，E_{2s}，E_{2p}，…，E_i。方程式的每一个合理的解 ψ_i 就代表体系中电子的一种可能的运动状态。由此可见，在量子力学中是用波函数和与其对应的能量来描述微观粒子运动状态的。

为求解方便，需要把直角坐标（x,y,z）变换为极坐标（r,θ,φ）。并令：$\psi(r,\theta,\varphi)=R(r)Y(\theta,\varphi)$，即把含有三个变量的偏微分方程分离成两个较易求解的方程的乘积。

（2）波函数和原子轨道

① 波函数与原子轨道的关系　既然波函数 ψ 是描述电子运动状态的数学表达式，而且又是空间坐标 r、θ、φ 的函数，那么，如果我们绘制出 ψ 的空间图像的话，这个空间图像就是所谓原子轨道。亦即波函数的空间图像就是原子轨道；原子轨道的数学表达式就是波函数。为此，波函数与原子轨道常作同义语混用。

② 波函数的径向分布和角度分布　波函数表示式为 $\psi(r,\theta,\varphi)=R(r)Y(\theta,\varphi)$，其中 $R(r)$ 称为波函数 ψ 的径向分布部分，与离核的远近有关系；$Y(\theta,\varphi)$ 称为波函数 ψ 的角度分布部分。从径向分布与角度分布这两方面去研究波函数的图像，比较容易且有实际意义。在此只介绍波函数 ψ 的角度分布——原子轨道的角度分布图。将波函数 ψ 的角度分布 Y 随 θ、φ 变化作图，所得的图像就称为原子轨道的角度分布图。薛定谔的贡献之一，就是将 100 多种元素的原子轨道的角度分布图归纳为四类，用光谱学的符号可表示为 s、p、d、f（图 3-3）。f 原子轨道角度分布图较复杂，在此不作介绍。

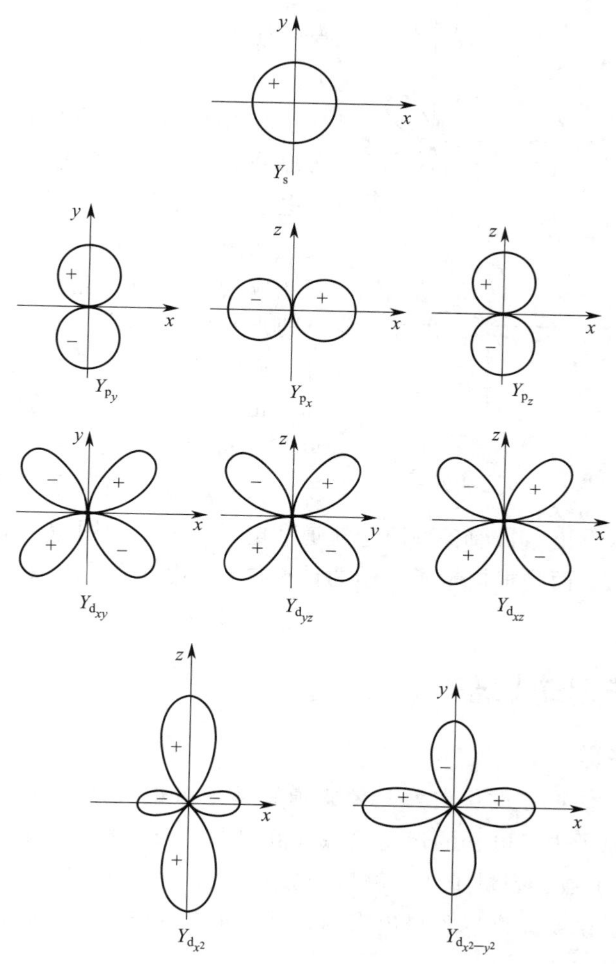

图 3-3　s、p、d 原子轨道角度分布图

图中的"+"、"−"号不表示正、负电荷，而是表示 Y 是正值还是负值（或者说表示原子轨道角度分布图的对称关系：符号相同，表示对称性相同；符号相反，表示对称性不同或反对称）。这类图形的正、负号在讨论到化学键的形成时有意义。

（3）概率密度和电子云

① $|\psi|^2$ 值表示电子出现的概率密度　在原子内核外某处空间电子出现的概率密度（ρ）是和电子波函数在该处的强度的绝对值平方成正比的：$\rho\propto|\psi|^2$，但在研究 ρ 时，有实际意义的只是它在空间各处的相对密度，而不是其绝对值本身，故作图时可不考虑 ρ 与

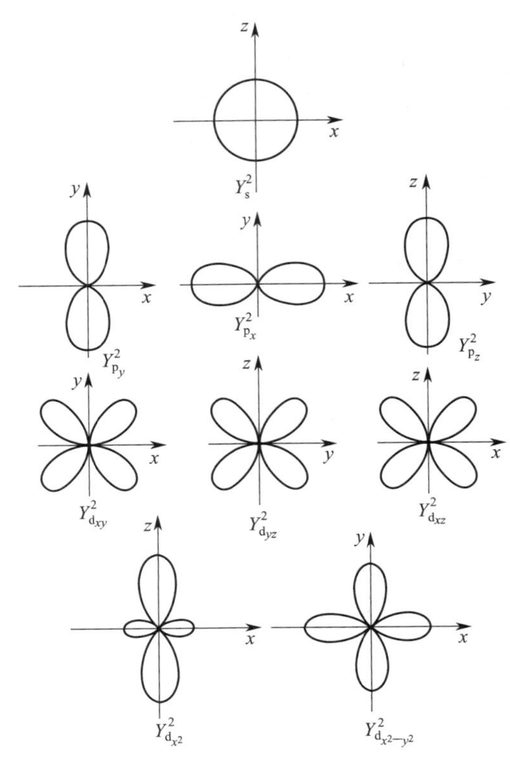

图 3-4　s、p、d 电子云角度分布图

$|\psi|^2$ 之间的比例常数，因而电子在原子内核外某处出现的概率密度可直接用 $|\psi|^2$ 来表示。

② $|\psi|^2$ 的空间图像即为电子云　前面提及，如果以小黑点疏密来表示概率密度大小的话，所得的图像就叫电子云。而现在知道概率密度 $\rho \propto |\psi|^2$，所以，若以 $|\psi|^2$ 作图，应得到电子云的近似图像。电子云的图像常常也是分别从角度分布和径向分布两方面去表达。

③ 电子云角度分布图　将 $|\psi|^2$ 的角度分布部分 Y^2 随 θ、φ 变化作图，所得的图像就称为电子云角度分布图（图 3-4）。

从图 3-4 可以看出，电子云的角度分布图与相应的原子轨道角度分布图基本相似，但有两点不同：a. 原子轨道分布图带有正、负号，而电子云角度分布图均为正值（习惯不标出正号）；b. 电子云角度分布图比原子轨道角度分布图要“瘦”些，这是因为 Y 值是小于 1 的，所以 Y^2 值就更小些。

从以上介绍可以看出，目前各种原子轨道和电子云的空间图像，既不是通过实验，也不是直接观察得到的，而是根据量子力学的计算得到的数据绘制出来的。

3.2　核外电子运动状态

3.2.1　四个量子数

要描述地球上一件物体的位置，只要知道物体所处的经度、纬度和海拔高度就可以了。但是，要描述原子中各电子的运动状态（例如电子云或原子轨道离核远近、形状、方位等），却需要主量子数、副量子数、磁量子数和自旋量子数这四个量子数才能确定。这些量子数原先是为了说明光谱现象提出来的，后来求解薛定谔方程时又自然得出。

（1）主量子数（n）

如前所述轨道能量是量子化的概念，可以推理出核外电子是按能级的高低分层分布的，这种不同能级的层次习惯上称为电子层。若用统计观点来说，电子层是按电子出现概率较大的区域离核的远近来划分的。主量子数正是描述电子层能量的高低次序和电子云离核远近的参数。

主量子数的取值范围为除零以外的正整数，例如 $n=1,2,3,4,\cdots$ 等正整数。$n=1$ 表示能量最低、离核最近的第一电子层，$n=2$ 表示能量次低、离核次近的第二电子层，其余类推。在光谱学上另用一套拉丁字母表示电子层，其对应关系为

主量子数（n）　　1　2　3　4　5　6　…

电子层　　　　　　K　L　M　N　O　P　…

一般来说，主量子数 n 值越大，电子云离核平均距离越远，电子层能级越高。

(2) 副（角）量子数（l）

在分辨力较高的分光镜下，可以观察到一些元素原子光谱的一条谱线往往是由两条、三条或更多的非常靠近的细谱线构成的。这种谱线的精细结构说明在某一个电子层内电子的运动状态和所具有的能量还稍有所不同，或者说在某一电子层内还存在着能量差别很小的若干个亚层。这种情况必须用一个量子数来描述，这个量子数就叫副（角）量子数。

n 值确定后，副量子数的取值范围为 $l=0,1,2,\cdots,(n-1)$ 的整数。例如 $n=1$，则 l 只有一个 1 个取值，$l=0$，所以只有一个 1s 亚层；$n=2$，则 l 有 2 个取值，$l=0$，1，即有 2s、2p 两个亚层。其余类推。l 的每一个数值表示一个亚层，也表示一种形状的原子轨道或电子云。例如 $l=0$ 表示圆球形的 s 电子云；$l=1$ 表示哑铃形的 p 电子云；$l=2$ 表示花瓣形的 d 电子云等。

副（角）量子数 l 与光谱学规定的亚层符号之间的对应关系为

副量子数（l）　　0　1　2　3　4　5　…

亚层符号　　　　s　p　d　f　g　h　…

对于单电子系统，其能量 E 只与 n 有关，不受 l 的影响，即 n 越大，能量越高。对多电子原子来说，由于原子中各电子间的相互作用，当 n 相同，l 不同时，各种状态的电子的能量不同。l 值越小，该电子亚层的能量越低。

(3) 磁量子数（m）

实验发现，激发态原子在外磁场作用下，原来的一条谱线会分裂成若干条，这说明在同一亚层中往往还包含着若干个空间伸展方向不同的原子轨道。磁量子数就是用来描述原子轨道或电子云在空间的伸展方向的。

磁量子数的取值受 l 的限制，其取值范围是 $m=0,\pm1,\pm2,\cdots,\pm l$ 的整数。例如 $l=0$，$m=0$；$l=1$，$m=0,\pm1$，其余类推。

m 的每一个数值表示一种原子轨道或电子云在空间的伸展方向。同一个电子亚层中，m 有多少可能的数值，该亚层就有多少个不同伸展方向的同类原子轨道或电子云。例如：

$l=0$ 时，$m=0$。表示 s 亚层只有一个轨道，即 s 轨道。

$l=1$ 时，$m=-1$，0，+1 3 个取值，表示 p 亚层有 3 个分别以 y、z、x 轴为对称轴的 p_y、p_z、p_x 原子轨道，这三个轨道的伸展方向相互垂直。

$l=2$ 时，$m=-2,-1,0,+1,+2$ 5 个取值，表示 d 亚层有 5 个不同伸展方向的 d_{xy}、d_{yz}、d_{z^2}、d_{xz}、$d_{x^2-y^2}$ 轨道。

l、m 取值与轨道名称对应关系见表 3-1。

表 3-1　l、m 取值与轨道名称对应关系

l	0	1	1	2	2	2
m	0	0	±1	0	±1	±2
原子轨道名称	s	p_z	p_x、p_y	d_{z^2}	d_{xz}、d_{yz}	$d_{x^2-y^2}$、d_{xy}

$l=0$ 的轨道都称为 s 轨道，其中按 $n=1,2,3,4,\cdots$ 依次称为 1s，2s，3s，4s，…轨道。s 轨道内的电子称为 s 电子。

$l=1$，2，3 的轨道依次分别称为 p、d、f 轨道，其中按 n 值分别称为 np、nd、nf 轨道。轨道内的电子依次称为 p、d、f 电子。

磁量子数与电子能量无关。l 相同，m 不同的原子轨道（即形状相同，空间取向不同的原子轨道）在没有外加磁场情况下，其能量是相同的。能量相等的各原子轨道（同一亚层的原子轨道）称为等价轨道或简并轨道，简并轨道的数目，称为简并度。例如

亚层	简并轨道	简并度
p	3 个 p 轨道	3
d	5 个 d 轨道	5
f	7 个 f 轨道	7

n、l、m 可以确定原子轨道的能量和形状，故常用这 3 个量子数作 ψ 的脚标以区别不同的波函数。例如，ψ_{100} 表示 $n=1$、$l=0$、$m=0$ 的波函数。

（4）自旋量子数（m_s）

实验证明，原子中的电子除绕核运动外，还有绕自身的轴旋转的运动，称自旋。为描述原子核外电子的自旋状态，引入第四个量子数——自旋量子数（m_s）。根据量子力学的计算规定，m_s 值只可能是两个数值，即 $m_s=+\frac{1}{2}$ 和 $m_s=-\frac{1}{2}$，其中每一个数值表示电子的一种自旋方向，通常用“↑”表示正自旋，用“↓”表示负自旋。

综上所述，要描述原子中每个电子的运动状态，量子力学认为需要用四个量子数才能完全表达清楚。例如，若已知核外某电子的四个量子数为：$n=2$，$l=1$，$m=-1$，$m_s=+\frac{1}{2}$。那么，就可以指在第二电子层 p 亚层 p_y 轨道上自旋方向以 $+\frac{1}{2}$ 为特征的那一个电子。

研究表明，在同一原子中不可能有运动状态完全相同的电子存在。也就是说，在同一原子中，各个电子的四个量子数不可能完全相同。按此推论，每一个轨道只能容纳两个自旋方向相反的电子。

3.2.2 原子核外电子排布规律

（1）核外电子排布规律

多电子原子的核外电子，是如何排布在由四个量子数所确定的各种可能的运动状态中的呢？根据原子光谱实验的结果和对元素周期律的分析、归纳、总结得出多电子原子处于基态时，其核外电子排布必须遵循三条基本规律。

① 泡利（Pauli）不相容原理　在同一原子中，不可能有 4 个量子数完全相同的电子存在。或者说，每一个轨道内最多只能容纳 2 个自旋方向相反的电子。

② 能量最低原理　多电子原子处在基态时，核外电子的排布在不违反泡利不相容原理的前提下，总是尽可能先占有能量最低的轨道。只有当能量最低的轨道占满后，电子才依次进入能量较高的轨道，以使原子处于能量最低状态。

③ 洪德（Hund）规则　电子在同一亚层的等价轨道上排布时，总尽可能分占不同的轨道，而且自旋方向相同（或称自旋平行）。例如 2p 亚层有 3 个轨道，若有 3 个电子进入 2p，则各占一个轨道且自旋平行，可写成 (↑)(↑)(↑)，而不是 (↑↓)(↑)( )。量子力学证明，这样排布可使原子的能量最低，体系最稳定。

洪德规则还包含另一个内容，在等价轨道中，当电子排布为全充满（p^6、d^{10}、f^{14}）、

半充满（p^3、d^5、f^7）和全空（p^0、d^0、f^0）时，原子的能量较低，体系较稳定。

那么，哪些轨道能量较高，哪些轨道能量较低呢？这就需要进一步了解原子轨道的能级。

（2）多电子原子轨道近似能级图

原子核外电子是分层排布的，电子离核越近，能量越低，离核越远，能量越高。对于单电子体系，原子轨道的能量只取决于主量子数（n），而对于多电子体系，原子轨道的能量除与主量子数（n）有关外，还与副量子数（l）有关。

原子中各原子轨道能级的高低主要根据光谱实验确定，但也有从理论上去推算的。原子轨道能级的相对高低情况，如果用图示法近似表示，这就是近似能级图。1939 年鲍林对周期系中各元素原子的原子轨道能级进行分析、归纳，总结出多电子原子中原子轨道能级图［无机化学中比较实用的是鲍林（Pauling）近似能级图］，以表示各原子轨道之间能量的相对高低顺序（图 3-5）。

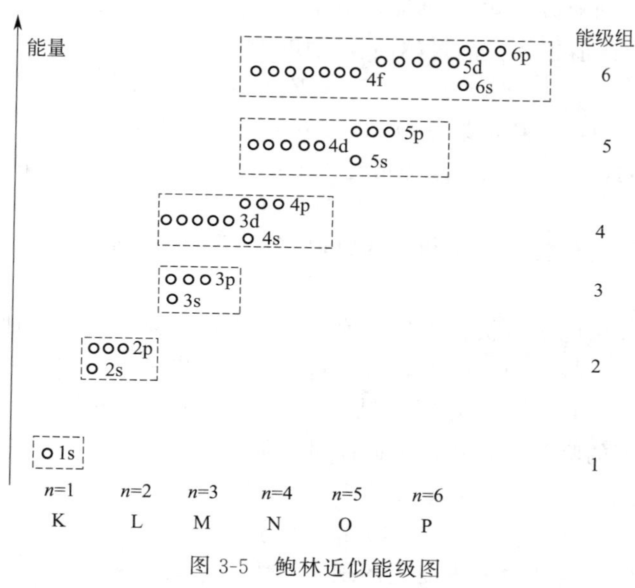

图 3-5　鲍林近似能级图

图中每一个小圆圈代表一个原子轨道。每个小圆圈所在的位置的高低就表示这个轨道能量的高低（但并未按真实比例绘出）。图中还根据各轨道能量大小的相互接近情况，把原子轨道划分为若干个能级组（图中虚线方框内各原子轨道的能量较接近，构成一个能级组）。以后会了解“能级组”与元素周期表的“周期”是相对应的。

从图 3-5 中可以看出，各电子层能级相对高低为

$$K<L<M<N<\cdots$$

同一原子同一电子层内，各亚层能级的相对大小为

$$E_{ns}<E_{np}<E_{nd}<E_{nf}$$

同一原子不同电子层的同类型亚层之间，能级相对大小为

$$E_{1s}<E_{2s}<E_{3s}<E_{4s}<E_{5s}<E_{6s}<\cdots$$

$$E_{2p}<E_{3p}<E_{4p}<E_{5p}<E_{6p}<\cdots$$

$$E_{3d}<E_{4d}<E_{5d}<\cdots$$

$$E_{4f}<E_{5f}<\cdots$$

同一原子内，不同类型的亚层之间，有能级交错现象。例如，$E_{4s}<E_{3d}<E_{4p}$，$E_{5s}<E_{4d}<E_{5p}$，$E_{6s}<E_{4f}<E_{5d}<E_{6p}$。能级交错现象可以用屏蔽效应和钻穿效应来解释。

（3）屏蔽效应和钻穿效应

对于多电子原子来说，核外某电子 i 不但受到原子核的引力，还受到其他电子的斥力。这种由于其他电子的斥力存在，使得原子核对某电子的吸引力减弱的现象称为屏蔽效应。例如，^{19}K 的原子核有 19 个质子，其 $4s^1$ 价电子受到的核电荷引力约为 2.2 个正电子所带电荷，其余 16.8 个电荷均为内层电子所屏蔽。屏蔽效应的大小，可以用屏蔽常数（σ）表示，其定义式是

$$Z^*=Z-\sigma \tag{3-4}$$

式中，Z^* 为有效核电荷数；Z 为核电荷数。由式(3-5) 可知，屏蔽常数可理解为被抵消了的那一部分核电荷数。

对于离核近的电子层内的电子，其他电子层对其屏蔽作用小（Z^* 大），受核场引力较大，故势能较低；而对外层电子而言，由于 σ 大，Z^* 小，故势能较高。因此，对于 l 值相同的电子来说，n 值越大，能量越高。例如

$$E_{1s}<E_{2s}<E_{3s}<E_{4s}<E_{5s}<E_{6s}$$

在同一电子亚层中，屏蔽常数（σ）的大小与原子轨道的几何形状有关，其大小次序为 s<p<d<f。因此，若 n 值相同，l 值越大的电子，其能量越高。例如

$$E_{3s}<E_{3p}<E_{3d}$$

屏蔽效应造成能级分裂，使 n 相同的轨道能量不一定相同，只有 n 与 l 的值都相同的轨道才是等价的。

所谓钻穿是指外层电子有机会出现在原子核附近的现象，能较好地回避其他电子的屏蔽作用，从而起到增加核引力、降低轨道能量的作用。同一电子层的电子，钻穿能力的大小次序是 s>p>d>f。例如，4s 电子的钻穿能力>4p 电子>4d 电子>4f 电子。钻穿能力强的电子受到原子核的吸引力较大，因此能量较低。例如

$$E_{3s}<E_{3p}<E_{3d}$$

$$E_{4s}<E_{4p}<E_{4d}<E_{4f}$$

由于钻穿而使电子的能量发生变化的现象称为钻穿效应。

（4）核外电子的排布

① 核外电子填入轨道的顺序　核外电子的分布是客观事实，本来不存在人为地向核外原子轨道填入电子以及填充电子的先后次序问题。核外电子排布作为研究原子核外电子运动状态的一种科学假想，对了解原子电子层的结构是非常有益的。

多电子原子的核外电子遵循泡利不相容原理、洪德规则和能量最低原理，按照鲍林近似能级图依次分布在各个原子轨道上。例如^{21}Sc 原子的电子排布式为

$$1s^2 2s^2 2p^6 3s^2 3p^6 3d^1 4s^2$$

在书写电子排布式时，注意按主量子数从左到右、依次增加的次序，把 n 相同的能级写在一起使电子排布式呈现按 n 分层的形式。基态原子的电子分布式除了用上述电子排布式表示以外，还可用该元素前一周期的稀有气体元素符号加方括号代替相应的电子分布部分，例如，^{3}Li 可写成 [He]$2s^1$，^{16}S 可写成 [Ne]$3s^2 3p^6$。加方括号的这部分称为原子实。

② 核外电子的排布　表 3-2 列出了原子序数 1～109 各元素基态原子内的电子分布。

从表 3-2 中我们可看出两点：

a. 原子的最外电子层最多只能容纳 8 个电子（第一电子层只能容纳 2 个电子）。

根据泡利原理，1 个 s 轨道和 3 个 p 轨道一共能容纳 8 个电子。若 $n \geqslant 4$，随着原子序数的增加，电子在填满 $(n-1)s^2(n-1)p^6$ 后，根据鲍林近似能级图，只能先填入 ns 轨道，然后才填入 $(n-1)d$ 轨道，这时已开辟了一个新的电子层。即使 $(n-1)d$ 轨道填入电子，第 $(n-1)$ 电子层内的电子总数大于 8，但这时第 $(n-1)$ 电子层已经不再是最外层电子层，而成了次外电子层了。由此说明原子的最外电子层上的电子数是不会超过 8 个的。

b. 次外电子层最多只能容纳 18 个电子。

若 $n \geqslant 6$，随着原子序数的增加，电子在填入 $(n-2)f$ 轨道之前，根据近似能级图，只能先填入 ns 轨道，这时又多开辟了一个新的电子层。即使 $(n-2)f$ 轨道填入电子，第 $(n-2)$ 电子层上的电子总数大于 18，但这时第 $(n-2)$ 电子层已经不再是最外层电子层，而变为外数第三电子层了。由此说明原子的次外电子层上的电子数不会超过 18 个。

以上电子层结构的两个特点，都是由于原子轨道能级交错的结果。

3.2.3 元素周期律与核外电子排布的关系

（1）原子序数

由原子的核电荷数或者核外电子总数而定。

（2）周期

各周期内所包含的元素数目与相应能级组内轨道所能容纳的电子数是相等的。另外，元素在周期表中的周期数等于该元素原子的电子层数（Pd 除外）。

（3）区

根据元素原子外围电子构型的不同，可以把周期表中的元素所在的位置分成 s、p、d、ds 和 f 5 个区（见表 3-3）。

表 3-2 基态原子的电子分布

周期	原子序数	元素符号	电子层																	
			K	L		M			N				O				P			Q
			1s	2s	2p	3s	3p	3d	4s	4p	4d	4f	5s	5p	5d	5f	6s	6p	6d	7s
1	1	H	1																	
	2	He	2																	
2	3	Li	2	1																
	4	Be	2	2																
	5	B	2	2	1															
	6	C	2	2	2															
	7	N	2	2	3															
	8	O	2	2	4															
	9	F	2	2	5															
	10	Ne	2	2	6															
3	11	Na	2	2	6	1														
	12	Mg	2	2	6	2														
	13	Al	2	2	6	2	1													
	14	Si	2	2	6	2	2													
	15	P	2	2	6	2	3													
	16	S	2	2	6	2	4													
	17	Cl	2	2	6	2	5													
	18	Ar	2	2	6	2	6													

续表

周期	原子序数	元素符号	电子层																	
			K	L		M			N				O				P			Q
			1s	2s	2p	3s	3p	3d	4s	4p	4d	4f	5s	5p	5d	5f	6s	6p	6d	7s
	19	K	2	2	6	2	6		1											
	20	Ca	2	2	6	2	6		2											
	21	Sc	2	2	6	2	6	1	2											
	22	Ti	2	2	6	2	6	2	2											
	23	V	2	2	6	2	6	3	2											
	24	Cr	2	2	6	2	6	5	1											
	25	Mn	2	2	6	2	6	5	2											
	26	Fe	2	2	6	2	6	6	2											
	27	Co	2	2	6	2	6	7	2											
4	28	Ni	2	2	6	2	6	8	2											
	29	Cu	2	2	6	2	6	10	1											
	30	Zn	2	2	6	2	6	10	2											
	31	Ga	2	2	6	2	6	10	2	1										
	32	Ge	2	2	6	2	6	10	2	2										
	33	As	2	2	6	2	6	10	2	3										
	34	Se	2	2	6	2	6	10	2	4										
	35	Br	2	2	6	2	6	10	2	5										
	36	Kr	2	2	6	2	6	10	2	6										
	37	Rb	2	2	6	2	6	10	2	6			1							
	38	Sr	2	2	6	2	6	10	2	6			2							
	39	Y	2	2	6	2	6	10	2	6	1		2							
	40	Zr	2	2	6	2	6	10	2	6	2		2							
	41	Nb	2	2	6	2	6	10	2	6	4		1							
	42	Mo	2	2	6	2	6	10	2	6	5		1							
	43	Tc	2	2	6	2	6	10	2	6	5		2							
	44	Ru	2	2	6	2	6	10	2	6	7		1							
	45	Rh	2	2	6	2	6	10	2	6	8		1							
5	46	Pd	2	2	6	2	6	10	2	6	10		0							
	47	Ag	2	2	6	2	6	10	2	6	10		1							
	48	Cd	2	2	6	2	6	10	2	6	10		2							
	49	In	2	2	6	2	6	10	2	6	10		2	1						
	50	Sn	2	2	6	2	6	10	2	6	10		2	2						
	51	Sb	2	2	6	2	6	10	2	6	10		2	3						
	52	Te	2	2	6	2	6	10	2	6	10		2	4						
	53	I	2	2	6	2	6	10	2	6	10		2	5						
	54	Xe	2	2	6	2	6	10	2	6	10		2	6						
	55	Cs	2	2	6	2	6	10	2	6	10		2	6			1			
	56	Ba	2	2	6	2	6	10	2	6	10		2	6			2			
	57	La	2	2	6	2	6	10	2	6	10		2	6	1		2			
	58	Ce	2	2	6	2	6	10	2	6	10	1	2	6	1		2			
	59	Pr	2	2	6	2	6	10	2	6	10	3	2	6			2			
	60	Nd	2	2	6	2	6	10	2	6	10	4	2	6			2			
	61	Pm	2	2	6	2	6	10	2	6	10	5	2	6			2			
	62	Sm	2	2	6	2	6	10	2	6	10	6	2	6			2			
	63	Eu	2	2	6	2	6	10	2	6	10	7	2	6			2			
6	64	Gd	2	2	6	2	6	10	2	6	10	7	2	6	1		2			
	65	Tb	2	2	6	2	6	10	2	6	10	9	2	6			2			
	66	Dy	2	2	6	2	6	10	2	6	10	10	2	6			2			
	67	Ho	2	2	6	2	6	10	2	6	10	11	2	6			2			
	68	Er	2	2	6	2	6	10	2	6	10	12	2	6			2			
	69	Tm	2	2	6	2	6	10	2	6	10	13	2	6			2			
	70	Yb	2	2	6	2	6	10	2	6	10	14	2	6			2			
	71	Lu	2	2	6	2	6	10	2	6	10	14	2	6	1		2			
	72	Hf	2	2	6	2	6	10	2	6	10	14	2	6	2		2			
	73	Ta	2	2	6	2	6	10	2	6	10	14	2	6	3		2			

续表

周期	原子序数	元素符号	电子层																	
			K	L		M			N				O				P			Q
			1s	2s	2p	3s	3p	3d	4s	4p	4d	4f	5s	5p	5d	5f	6s	6p	6d	7s
	74	W	2	2	6	2	6	10	2	6	10	14	2	6	4		2			
	75	Re	2	2	6	2	6	10	2	6	10	14	2	6	5		2			
	76	Os	2	2	6	2	6	10	2	6	10	14	2	6	6		2			
	77	Ir	2	2	6	2	6	10	2	6	10	14	2	6	7		2			
	78	Pt	2	2	6	2	6	10	2	6	10	14	2	6	9		1			
	79	Au	2	2	6	2	6	10	2	6	10	14	2	6	10		1			
6	80	Hg	2	2	6	2	6	10	2	6	10	14	2	6	10		2			
	81	Tl	2	2	6	2	6	10	2	6	10	14	2	6	10		2	1		
	82	Pb	2	2	6	2	6	10	2	6	10	14	2	6	10		2	2		
	83	Bi	2	2	6	2	6	10	2	6	10	14	2	6	10		2	3		
	84	Po	2	2	6	2	6	10	2	6	10	14	2	6	10		2	4		
	85	At	2	2	6	2	6	10	2	6	10	14	2	6	10		2	5		
	86	Rn	2	2	6	2	6	10	2	6	10	14	2	6	10		2	6		
	87	Fr	2	2	6	2	6	10	2	6	10	14	2	6	10		2	6		1
	88	Ra	2	2	6	2	6	10	2	6	10	14	2	6	10		2	6		2
	89	Ac	2	2	6	2	6	10	2	6	10	14	2	6	10		2	6	1	2
	90	Th	2	2	6	2	6	10	2	6	10	14	2	6	10		2	6	2	2
	91	Pa	2	2	6	2	6	10	2	6	10	14	2	6	10	2	2	6	1	2
	92	U	2	2	6	2	6	10	2	6	10	14	2	6	10	3	2	6	1	2
	93	Np	2	2	6	2	6	10	2	6	10	14	2	6	10	4	2	6	1	2
	94	Pu	2	2	6	2	6	10	2	6	10	14	2	6	10	6	2	6		2
	95	Am	2	2	6	2	6	10	2	6	10	14	2	6	10	7	2	6		2
	96	Cm	2	2	6	2	6	10	2	6	10	14	2	6	10	7	2	6	1	2
	97	Bk	2	2	6	2	6	10	2	6	10	14	2	6	10	9	2	6		2
7	98	Cf	2	2	6	2	6	10	2	6	10	14	2	6	10	10	2	6		2
	99	Es	2	2	6	2	6	10	2	6	10	14	2	6	10	11	2	6		2
	100	Fm	2	2	6	2	6	10	2	6	10	14	2	6	10	12	2	6		2
	101	Md	2	2	6	2	6	10	2	6	10	14	2	6	10	13	2	6		2
	102	No	2	2	6	2	6	10	2	6	10	14	2	6	10	14	2	6		2
	103	Lr	2	2	6	2	6	10	2	6	10	14	2	6	10	14	2	6	1	2
	104	Rf	2	2	6	2	6	10	2	6	10	14	2	6	10	14	2	6	2	2
	105	Db	2	2	6	2	6	10	2	6	10	14	2	6	10	14	2	6	3	2
	106	Sg	2	2	6	2	6	10	2	6	10	14	2	6	10	14	2	6	4	2
	107	Bh	2	2	6	2	6	10	2	6	10	14	2	6	10	14	2	6	5	2
	108	Hs	2	2	6	2	6	10	2	6	10	14	2	6	10	14	2	6	6	2
	109	Mt	2	2	6	2	6	10	2	6	10	14	2	6	10	14	2	6	7	2

表 3-3 周期表中元素的分区

周期	ⅠA	ⅡA	ⅢB～ⅧB	ⅠB ⅡB	ⅢA～ⅦA	ⅧA
1	s区 $ns^{1\sim2}$		d区 $(n-1)d^{1\sim9}ns^{0\sim2}$	ds区 $(n-1)d^{10}ns^{1\sim2}$	p区 $ns^2np^{1\sim6}$	
2						
3						
4						
5						
6						
7						

镧系元素	f区 $(n-2)f^{0\sim14}(n-1)d^{0\sim2}ns^2$
锕系元素	

各区元素原子核外电子层排布的特点，以及各区元素原子发生化学反应时有可能失去电子的亚层，如表 3-4 所示。

表 3-4 各区元素原子核外电子排布特点

区	原子外围电子构型	最后填入电子的亚层	化学反应时可能参与成键的电子层	包括哪些元素
s	$ns^{1\sim2}$	最外层的 s 亚层	同左	ⅠA、ⅡA
p	$ns^2np^{1\sim6}$	最外层的 p 亚层	最外层	ⅢA～ⅧA
d	$(n-1)d^{1\sim9}ns^{1\sim2}$	一般为次外层的 d 亚层	最外层的 s 亚层 次外层的 d 亚层	ⅢB～ⅧB （过渡元素）
ds	$(n-1)d^{10}ns^{1\sim2}$	一般为次外层的 d 亚层	最外层的 s 亚层 次外层的 d 亚层	ⅠB、ⅡB
f	$(n-2)f^{0\sim14}(n-1)d^{0\sim2}ns^2$	一般为外数第三层的 f 亚层 （有个别例外）	最外层的 s 亚层 次外层的 d 亚层 外数第三层的 f 亚层	镧系元素 锕系元素 （内过渡元素）

（4）族

如表 3-4 所示，如果元素原子最后填入电子的亚层为 s 或 p 亚层的，该元素便属主族元素；如果最后填入电子的亚层为 d 或 f 亚层的，该元素便属副族元素，又称过渡元素（其中填入 f 亚层的又称内过渡元素）。书写时，以 A 表示主族元素，以 B 表示副族元素。

由此可见，元素在周期表中的位置（周期、区、族），是由该元素原子核外电子的排布所决定的。

3.3 元素性质的周期性

原子电子层结构的周期性，决定了原子半径、电离能、电子亲和能和电负性等元素性质的周期性。

3.3.1 原子半径（r_A）

根据量子力学的原子模型可知核外电子的运动是按概率分布的，由于原子本身没有鲜明的界面，因此，原子核到最外电子层的距离，实际上是难以确定的。通常所说的原子半径，是根据该原子存在的不同形式来定义的。常用的有以下三种。

① 共价半径　两个相同原子形成共价键时，其核间距离的一半，称为该原子的共价半径。如把 Cl—Cl 分子的一半（99pm）定为 Cl 原子的共价半径。

② 金属半径　金属单质的晶体中，两个相邻金属原子核间距离的一半，称为金属原子的金属半径。如把金属铜中两个相邻 Cu 原子核间距的一半（128pm）定为 Cu 原子的半径。

③ 范德华半径　在分子晶体中，分子之间是以范德华力（即分子间力）结合的。例如稀有气体晶体，相邻分子核间距的一半，称为该原子的范德华半径。例如氖（Ne）的范德华半径为 160pm。

表 3-5 列出了元素的原子半径（金属原子取金属半径，非金属原子取共价半径，稀有气体原子取范德华半径）。

表 3-5　元素的原子半径

单位：pm

H																	He
28																	54
Li	Be											B	C	N	O	F	Ne
134	90											80	77	55	60	71	71
Na	Mg											Al	Si	P	S	Cl	Ar
154	136											118	113	95	94	99	98
K	Ca	Sc	Ti	V	Cr	Mn	Fe	Co	Ni	Cu	Zn	Ga	Ge	As	Se	Br	Kr
196	174	144	132	122	118	117	117	116	115	117	125	126	122	120	108	114	112
Rb	Sr	Y	Zr	Nb	Mo	Tc	Ru	Rh	Pd	Ag	Cd	In	Sn	Sb	Te	I	Xe
216	191	162	145	134	130	127	125	125	128	134	148	144	141	140	130	133	131
Cs	Ba	La	Hf	Ta	W	Re	Os	Ir	Pt	Au	Hg	Tl	Pb	Bi	Po	At	Rn
235	198	169	144	134	130	128	126	127	130	134	149	148	147	146	146	145	

Ce	Pr	Nd	Pm	Sm	Eu	Gd	Tb	Dy	Ho	Er	Tm	Yb	Lu
165	165	164	163	162	185	161	159	159	158	157	156		156
Th	Pa	U	Np	Pu	Am	Cm	Bk	Cf	Es	Fm	Md	No	Lw
165		142											

从中可看出各元素的原子半径在周期和族中变化的大致情况。

原子半径在周期中的变化：同一周期的主族元素，从左向右过渡时，核的最外电子层每增多一个电子，核中相应地增多一个单位正电荷。核电荷的增多，外层电子因受核的引力增强而有向核靠近的倾向；但外层电子的增多又加剧了电子之间的相互排斥而有离核的倾向。两者相比之下，由于核对外层电子引力增强的因素起主导作用，因此同一周期的主族元素，自左向右，随着核电荷数增多，原子半径变化的总趋势是逐渐减小的。

同一周期的 d 区过渡元素，从左向右过渡时，新增加的电子填入次外层的 $(n-1)$d 轨道上，部分地抵消了核电荷对外层电子 ns 的引力，因此，随着核电荷的增加，原子半径只是略有减小。而且，从ⅠB 族元素起，由于次外层的 $(n-1)$d 轨道已经全充满，较为显著地抵消核电荷对外层 ns 电子的引力，因此，原子半径反而有所增大。

同一周期的 f 区内过渡元素，从左向右过渡时，由于新增加的电子填入外数第三层的 $(n-2)$f 轨道上，其结果与 d 区元素基本相似，只是原子半径减小的平均幅度更小。例如，镧系元素从镧（La）到镥（Lu），中间经历了 13 种元素，原子半径只收缩了约 13pm，这个变化称为镧系收缩。镧系收缩的幅度虽然很小，但它收缩的影响却很大，使镧系后面的过渡元素铪（Hf）、钽（Ta）、钨（W）的原子半径与其同族相应的锆（Zr）、铌（Nb）、钼（Mo）的原子半径极为接近，造成 Zr 与 Hf、Nb 与 Ta、Mo 与 W 的性质十分相似，在自然界往往共生，分离时比较困难。

原子半径在族中的变化：主族元素从上往下过渡时，尽管核电荷数增多，但是电子层数增多的因素起主导作用，因此原子半径显著增大。但副族元素除钪（Sc）外，从上往下过渡时，一般增大幅度较小，尤其是第五周期和第六周期的同族元素之间，原子半径非常接近。

原子半径越大，核对外层电子的吸引越弱，原子就越易失去电子；相反，原子半径越小，核对外层电子的引力越强，原子就越易得到电子。但必须注意，原子难失去电子，不一定就容易得到电子。例如，稀有气体得失电子都不容易。

综上所述，除稀有气体外，一般来说，如果有效核电荷数越少，原子半径越大，最外层电子数越少，原子核对外层电子吸引力越弱，原子就越容易失去电子，元素的金属性也就越强；反之，如果核电荷数越多，原子半径越小，最外层电子数越多，原子核对外层电子吸引力越强，原子越容易得到电子，元素的非金属性就越强。

同一周期的元素，从左向右过渡时，随着有效核电荷数逐渐增多，原子半径逐渐减小，最外层电子数逐渐增多，元素的金属性逐渐减弱，非金属性逐渐增强。但其中副族元素原子最外层电子数只有1～2个，都是金属元素，从左向右过渡时，由于原子半径只是略为减小，因此金属性减弱的变化极为微小。

同一族的元素，最外层的电子数一般都是相同的，从上往下过渡时，尽管核电荷数是增多的，但原子半径增大的因素起主要作用，因此，元素金属性一般都是增强的。但其中副族元素从上往下过渡时，由于原子半径变化幅度较小，尤其是五、六周期元素的原子半径更为接近，因此元素的金属性强弱变化不明显。

3.3.2 电离能和电子亲和能

原子失去电子的难易可用电离能（I）来衡量，结合电子的难易可用电子亲和能（Y）来定性地比较。

（1）电离能（I）

气态原子要失去电子变为气态阳离子（即电离），必须克服核电荷对电子的引力而消耗能量，这种能量称为电离能（I）。其单位 $kJ\cdot mol^{-1}$。

从基态（能量最低的状态）的中性气态原子失去一个电子形成+1价气态阳离子所需要的能量，称为原子的第一电离能（I_1）；由+1价气态阳离子再失去一个电子形成+2价气态阳离子所需要的能量，称为原子的第二电离能（I_2）；其余依次类推。例如

$$Mg(g)-e \longrightarrow Mg^{+}(g)$$
$$I_1=\Delta H_1=737.7kJ\cdot mol^{-1}$$
$$Mg^{+}(g)-e \longrightarrow Mg^{2+}(g)$$
$$I_2=\Delta H_2=1450.7kJ\cdot mol^{-1}$$
$$\vdots$$

镁的电离能数据如表3-6所示。

表3-6 镁的电离能数据

第 n 电离能	I_1	I_2	I_3	I_4	I_5	I_6	I_7	I_8
$I_n/kJ\cdot mol^{-1}$	737.7	1450.7	7732.8	10540	13628	17995	21704	25656

从表3-6可以看出

① $I_1<I_2<I_3<I_4<I_5<\cdots$

这是由于随着离子的正电荷增多，对电子的吸引力增强，因而外层电子更难失去的缘故。

② $I_1<I_2<I_3<<I_4<\cdots$

这是因为电离头2个电子是镁原子最外层的3s电子，而从第三个电子起，都是内层电子，不易失去，这也是为什么镁形成 Mg^{2+} 的缘故。

显然，元素原子的电离能越小，原子就越易失去电子，该元素的金属性就越强；反之，元素原子的电离能越大，原子越难失去电子，该元素的金属性越弱。这样，就可以根据原子的电离能来判断原子失去电子的难易程度，进而比较元素金属性的相对强弱。一般情况下，只要应用第一电离能数据即可达到目的。因此，通常说的电离能，如果没有特别

说明，指的就是第一电离能。

元素原子的电离能，可以通过实验测出。表 3-7 为各元素原子第一电离能。

表 3-7 元素原子的第一电离能　　单位：kJ·mol^{-1}

H																	He
1312																	2372
Li	Be											B	C	N	O	F	Ne
520	900											801	1086	1402	1314	1681	2081
Na	Mg											Al	Si	P	S	Cl	Ar
496	738											578	786	1012	1000	1251	1520
K	Ca	Sc	Ti	V	Cr	Mn	Fe	Co	Ni	Cu	Zn	Ga	Ge	As	Se	Br	Kr
419	590	631	658	650	653	717	759	758	737	746	906	578	762	944	940	1140	1351
Rb	Sr	Y	Zr	Nb	Mo	Tc	Ru	Rh	Pd	Ag	Cd	In	Sn	Sb	Te	I	Xe
403	550	616	660	664	685	702	711	720	805	731	868	558	708	832	869	1008	1170
Cs	Ba	La	Hf	Ta	W	Re	Os	Ir	Pt	Au	Hg	Tl	Pb	Bi	Po	At	Rn
376	503	538	654	761	770	760	840	880	870	890	1007	589	716	703	812	917	1037
Fr	Ra	Ac															
386	509	490															

Ce	Pr	Nd	Pm	Sm	Eu	Gd	Tb	Dy	Ho	Er	Tm	Yb	Lu
528	523	530	536	543	547	592	564	572	581	589	597	603	524
Th	Pa	U	Np	Pu	Am	Cm	Bk	Cf	Es	Fm	Md	No	Lw
590	570	590	600	585	578	581	601	608	619	627	635	642	

从表 3-7 可看出，同一周期主族元素，从左向右过渡时，电离能逐渐增大。这是由于同一周期从左向右过渡时，元素的核电荷数逐渐增多，原子半径逐渐减小，核对外层电子的吸引力逐渐增强，失去电子从容易逐渐变得困难的缘故。这表明同一周期从左向右过渡，元素的金属性逐渐减弱。副族元素从左向右由于原子半径减小的幅度很小，核对外层电子的吸引力略为增强，因而电离能总的看只是稍微增大，而且个别处变化还不十分规律，造成副族元素金属性强弱的变化不明显。

同一主族元素从上往下过渡时，电离能逐渐减小。这是由于从上往下核电荷数虽然增多，但电子层数也相应增多，原子半径增大的因素起主要作用，使核对外层电子的吸引力减弱，因而逐渐容易失去电子的缘故。这表明同一主族元素从上往下元素的金属性逐渐增强。副族元素从上往下原子半径只是略为增大，而且第五、六周期元素的原子半径又非常接近，核电荷数增多的因素起了作用，第四周期与第六周期同族元素的电离能相比较，总的趋势是增大的，但其间的变化没有较好的规律。

值得注意，电离能的大小只能衡量气态原子失去电子变为气态离子的难易程度，至于金属在溶液中发生化学反应形成阳离子的倾向，还是应该根据金属的电极电势来进行估量。

(2) 电子亲和能 (Y)

与电离能恰好相反，电子亲和能是指一个基态的气态原子得到一个电子形成-1价阴离子所释放出来的能量。按结合电子数目，有第一、第二、第三电子亲和能之分。例如，氧原子的$Y_1=-141$kJ·mol^{-1}，$Y_2=780$ kJ·mol^{-1}，这是由于O^-对再结合的电子有排斥作用。第一电子亲和能 (Y_1) 的代数值越小，表示元素原子结合电子的能力越强，即元素的非金属性越强。由于电子亲和能的测定比较困难，所以目前测得的数据较少，有些数据还只是计算值，故应用受到限制。表 3-8 提供了一元素原子的电子亲和能数据。

表 3-8　一些元素原子的电子亲和能[1]　　单位：kJ・mol^{-1}

H						He
−72.9						(+20)
Li	B	C	N	O	F	Ne
−59.8	−23	−122	0±20	−141	−322	(+29)
Na	Al	Si	P	S	Cl	Ar
−52.9	−44	−120	−74	−200.4	−348.7	(+35)
K	Ga	Ge	As	Se	Br	Kr
−48.4	−36	−116	−77	−195	−324.5	(+39)
Rb	In	Sn	Sb	Te	I	Xe
−46.9	−34	−121	−101	−190.1	−295	(+40)
Cs	Tl	Pb	Bi	Po	At	Rn
−45.5	−50	−100	−100	(−180)	(−270)	(+20)

① 括号中的数字是计算值。

从表 3-8 可以看出，无论是在周期或族中，电子亲和能的代数值一般都是随着原子半径的增大而增加的。这是由于随着原子半径增加，核对电子的引力逐渐减小的缘故。故电子亲和能在周期中从左向右过渡时，总的变化趋势是增大的，表明元素的非金属性逐渐增强；主族元素从上往下过渡时，总的变化趋势是减小的，表明元素的非金属性逐渐减弱。

3.3.3　电负性

前面已经提及，某原子难失去电子，不一定就容易得到电子；反之，某原子难得到电子，也不一定就容易失去电子。因此，严格来说，电离能只能应用来衡量元素金属性的相对强弱，电子亲和能只能应用来定性地比较元素非金属性的相对强弱。为了能比较全面地描述不同元素原子在分子中吸引电子的能力，鲍林提出了元素电负性的概念。所谓元素的电负性是指分子中元素原子吸引电子的能力。他指定最活泼的非金属元素氟的电负性值 $\chi_F=4.0$，然后通过计算得到其他元素的电负性值（表 3-9）。

表 3-9　元素的电负性（L. Pauling）

H																
2.1																
Li	Be											B	C	N	O	F
1.0	1.5											2.6	2.5	3.0	3.5	4.0
Na	Mg											Al	Si	P	S	Cl
0.9	1.2											1.5	1.8	2.1	2.5	3.0
K	Ca	Sc	Ti	V	Cr	Mn	Fe	Co	Ni	Cu	Zn	Ga	Ge	As	Se	Br
0.8	1.0	1.3	1.5	1.6	1.6	1.5	1.8	1.9	1.9	1.9	1.6	1.6	1.8	2.0	2.4	2.8
Rb	Sr	Y	Zr	Nb	Mo	Tc	Ru	Rh	Pd	Ag	Cd	In	Sn	Sb	Te	I
0.8	1.0	1.2	1.4	1.6	1.8	1.9	2.2	2.2	2.2	1.9	1.7	1.7	1.8	1.9	2.1	2.5
Cs	Ba	La-Lu	Hf	Ta	W	Re	Os	Ir	Pt	Au	Hg	Tl	Pb	Bi	Po	At
0.7	0.9	1.0-1.2	1.3	1.5	1.7	1.9	2.2	2.2	2.2	2.4	1.9	1.8	1.9	1.9	2.0	2.2
Fr	Ra	Ac	Th	Pa	U	Np-No										
0.7	0.9	1.1	1.3	1.4	1.4	1.4-1.3										

根据元素的电负性，可以衡量元素金属性和非金属性的相对强弱。元素的电负性值越大，表示该元素的非金属性越强，金属性越弱；元素的电负性值越小，表示该元素的非金属性越弱，金属性越强。从表 3-9 中可见，元素的电负性呈周期性变化。同一周期从左向

右电负性逐渐增大，表示元素的金属性逐渐减弱，非金属性逐渐增强。在同一主族中，从上往下电负性逐渐减小，表示元素的非金属性逐渐减弱，金属性逐渐增强。至于副族元素，电负性变化不甚规律，以至金属性的变化也没有明显的规律。

需要说明两点：电负性是一个相对值，本身没有单位；自从 1932 年鲍林提出电负性概念以后，有不少人对这个问题进行探讨，由于计算方法不同，现在已经有几套元素电负性数据，因此，使用数据时要注意出处，并尽量采用同一套电负性数据。

3.3.4 价电子和价电子层结构

元素原子参加化学反应时，通常通过得失电子或共用电子等方式达到最外层为 2、8 或 18 个电子的较稳定结构。

在化学反应中参与形成化学键的电子称为价电子。价电子所在的亚层统称为价层。原子的价电子层结构是指价层的电子排布式，它能反映出该元素原子的电子层结构的特征。但价层上的电子并不一定都是价电子，例如，^{29}Cu 的价电子层结构为 $3d^{10}4s^1$，其中 10 个 3d 电子并不都是价电子。有时价电子层结构的表示形式会与外围电子构型不同，例如，^{35}Br 的价电子层结构为 $4s^2 4p^5$，而其外围电子构型为 $3d^{10}4s^2 4p^5$。

价电子的数目取决于原子的外围电子构型。对于 s 区、p 区元素来说，外围电子构型为 $ns^{1\sim2}$、$ns^2np^{1\sim6}$ [或 $(n-1)d^{10}ns^2np^{1\sim6}$]，它们次外电子层已经排满，所以，最外层电子是价电子。对于 d 区元素，外围电子构型为 $(n-1)d^{1\sim10}ns^{1\sim2}$，未充满的次外层 d 电子也可能是价电子。

3.4 化学键

自然界中的所有物质都能以分子或晶体形式存在。在研究物质结构的过程中，必然会涉及有关化学键方面的问题。分子或晶体中相邻原子（或离子）间强烈的吸引作用，被称作化学键。1916 年，美国化学家 Lewis 和德国化学家 Kossel 根据稀有气体具有稳定性质的事实，分别提出共价键和离子键理论。共价键理论认为像 H_2、CH_4 这样的分子是通过原子之间共用电子对而形成稳定结构的。而离子键理论认为像 NaCl 这样的分子是靠原子间价电子的转移形成具有稀有气体原子结构的正、负离子，并以两种离子间的静电作用而构成的。后来，科学家又提出了金属键理论。因此，到目前为止，化学键可大致分成离子键、共价键、金属键三种基本类型。另外，分子之间还会存在一种较弱的分子间力（范德华力）和氢键。

3.4.1 离子键

大多数盐类、碱及一些金属氧化物有一些共同的特点，一般它们以晶体的形式存在，熔沸点较高，在固态下几乎不导电，熔融状态或溶于水成溶液状态时能产生带电荷的粒子，即离子，从而可以导电，在这类化合物中，正、负离子通过静电作用结合在一起，即形成所谓的离子键，这类化合物称为离子化合物。

（1）离子键的形成

离子键理论是由德国化学家 Kossel 在 1916 年根据稀有气体原子具有稳定结构的事实提出的，离子键的本质是正负离子间的静电引力。

当活泼金属原子和活泼非金属原子在一定条件下相互作用时，都有达到稀有气体稳定结构的倾向，活泼金属原子失去电子成为阳离子，活泼非金属原子获得电子成为阴离子，两者分别具有稀有气体的稳定电子构型，之后阴离子和阳离子靠静电作用（离子键）而相互结合。

以 NaCl 为例，离子键的形成过程可表示如下。

$$nNa(3s^1)-ne^- \longrightarrow nNa^+(2s^2 2p^6)$$

$$nCl(3s^2 3p^5)+ne^- \longrightarrow Cl^-(3s^2 3p^6)$$

Na^+ 和 Cl^- 分别达到 Ne 和 Ar 的稀有气体原子的结构，形成稳定离子。这些稳定离子既可以是单离子，如 Na^+、Cl^-；也可以是原子团，如 SO_4^{2-}、NO_3^- 等。

由离子键形成的化合物称为离子化合物。通常碱金属和碱土金属（除 Be 外）的氧化物和氟化物及某些氯化物等是典型的离子化合物。

（2）离子键的本质与特点

离子键是由原子得失电子形成的正、负离子之间通过静电引力作用结合在一起形成的化学键，为了分析简便，可以将离子化合物中的正负离子的电荷分布看作是球形对称的，根据库仑定律，两个带相反电荷的离子键的静电引力 F 可用下式表示：$F=-\frac{q^+q^-}{r^2}$

式中，q^+、q^- 代表正负离子所带电荷；r 代表正负离子的核间距。

可以看出，离子电荷越高，离子键距离越短，所形成的离子键的强度越大。

离子键没有方向性和饱和性。由于离子键是由正负离子通过静电引力形成的，正负离子都可以看成是电荷均匀分布的球体，所以可以从任意方向吸引带相反电荷的离子，不存在特定的最有利的方向。这就形成了离子键没有方向性的特点；并且只要空间允许，每一个粒子可以吸引尽可能多的带相反电荷的离子，形成尽可能多的离子键，从而在三维空间上无限伸展，形成巨大的离子晶体。但事实上，一种离子周围所能结合的异号电荷离子的数目并不是任意的，而是有固定数目的。如 NaCl 晶体中每个 Na^+ 周围等距离地排列着 6 个相反电荷的 Cl^-，同样，每个 Cl^- 周围也等距离地排列着 6 个相反电荷的 Na^+，但并不是说每个 Na^+（Cl^-）吸引 6 个 Cl^-（Na^+）就饱和了，正负离子相互吸引的具体情况是由正负离子的半径的相对大小及所带电荷数量决定的，事实上，在 Na^+ 吸引了 6 个 Cl^- 后，还可以与更远的若干个 Na^+ 和 Cl^- 产生相互排斥作用或吸引作用，只是因为静电引力会随距离增大而相对较弱，这说明离子键没有饱和性。

由于离子键的这些特点，所以离子晶体中没有单个的分子，只能把整个晶体看成一个大分子。如氯化钠晶体，不存在单个的氯化钠分子，而平常我们用来表示氯化钠的化学式 NaCl 只是表示在整个晶体中两种离子的数目最简比为 1∶1，并不是氯化钠的分子式。

（3）离子的特征

离子的三个主要特征为：离子的半径、离子的电荷以及离子的电子构型。离子的这些性质是决定离子化合物性质的重要因素。

① 离子的半径　离子半径是离子的重要性质。离子没有严格意义上的半径，通常是将离子晶体中的正负离子近似地看成相互接触的球体，相邻两核间距 d 就是正负两离子的半径之和，核间距 d 的大小可以由晶体的 X 射线衍射分析测定，如果已知其中一个离子的半径，就可以算出另一个相邻离子的半径了。1926 年哥德尔施密特（Goldschmidt）以光学法测得 F^-、O^{2-} 的半径分别为 133pm 和 32pm，并在此基础上，利用晶体实验数据，推出了 80 多种离子的半径。目前，推算离子半径的方法很多，但使用最多的是 1927

年鲍林从核电荷数和屏蔽常数等因素推出的半经验公式得到的一整套比较齐全有效的离子半径（鲍林离子半径），如表 3-10 所示。

表 3-10 常见离子半径（鲍林离子半径）

离子	半径/pm	离子	半径/pm	离子	半径/pm
Li^+	60	Cr^{3+}	64	Hg^{2+}	110
Na^+	95	Mn^{2+}	80	Al^{3+}	50
K^+	133	Fe^{2+}	76	Sn^{2+}	102
Rb^+	148	Fe^{3+}	64	Sn^{4+}	71
Cs^+	169	Co^{2+}	74	Pb^{2+}	120
Be^{2+}	31	Ni^{2+}	72	O^{2-}	140
Mg^{2+}	65	Cu^+	96	S^{2-}	184
Ca^{2+}	99	Cu^{2+}	72	F^-	136
Sr^{2+}	113	Ag^+	126	Cl^-	181
Ba^{2+}	135	Zn^{2+}	74	Br^-	196
Ti^{4+}	68	Cd^{2+}	97	I^-	216

从表 3-10 中可以看出，离子半径也呈规律性变化，变化的规律主要有以下几点：

a. 负离子半径较大（130～250pm），且大于相应原子半径；正离子半径较小（10～170pm），且小于相应原子半径。

b. 同周期电子层结构相同的正离子的半径随核电荷数的增加而减小，负离子的半径随核电荷数的增加而增大。如 $Na^+>Mg^{2+}$，$O^{2-}>F^-$。

c. 由同一元素形成的几种不同电荷的正离子，离子所带电荷越高半径越小。如 $Sn^{2+}>Sn^{4+}$。

d. 同主族元素具有相同电荷的离子，半径一般随电子层数的增加依次增加。如 $Li^+<Na^+<K^+<Rb^+$，$F^-<Cl^-<Br^-<I^-$。

离子半径的大小是决定离子键强弱的重要因素之一，离子半径越小，离子间引力越大，离子键越牢固，相应的离子化合物的熔沸点就越高。离子半径的大小还对离子的氧化还原性能及溶解性有重要影响。

② 离子的电荷　离子的电荷数是指原子在形成离子化合物过程中，失去或获得的电子数。在离子化合物中，正离子的电荷通常为＋1、＋2、＋3，最高为＋4，负离子的电荷一般为－1、－2，含氧酸根或配离子的电荷可以达到－3 或－4。相同离子半径的离子，所带电荷越大，形成的静电引力就越大，即离子键越牢固。离子的电荷越大，则相应的离子化合物的熔沸点就越高。离子的电荷数除了影响相应离子化合物的物理性质外，还会影响其化学性质。如：Fe^{2+} 水合离子为还原性浅绿色离子，而 Fe^{3+} 的水合离子则为氧化性黄色离子。

③ 离子的电子构型　一般原子形成负离子时，会得到电子形成同周期稀有气体的 8 电子稳定结构。而原子形成正离子时就会有以下几种不同的构型。

2 电子构型，如：Li^+，Be^{2+}；

8 电子构型，如：Na^+，K^+，Ca^{2+}；

18 电子构型，如：Cu^+，Ag^+，$Zn^{2+}$$[(n-1)s^2(n-1)p^6(n-1)d^{10}]$；

(18+2) 电子构型，如：Sn^{2+}，$Pb^{2+}$$[(n-1)s^2(n-1)p^6(n-1)d^{10}ns^2]$；

(9～17) 电子构型，如：Fe^{2+}，Fe^{3+}，$Mn^{2+}$$[(n-1)s^2(n-1)p^6(n-1)d^{1\sim9}]$。

当其他条件相同时，不同电子构型的正离子与负离子的结合能力是不同的，一般具有

8 电子稳定结构的正离子与负离子的结合能力较弱，而具有 2，18 或 18+2 电子构型的正离子与负离子的结合能力较强。

离子的电子构型对化合物的键型及物理性质都有很大影响。如 NaCl 和 CuCl，Na^+ 属于 8 电子稳定构型，而 Cu^+ 为 18 电子构型，两种化合物在熔沸点、溶解性、反应性方面都有很大差异，这些都与电子构型有关。

（4）离子键的强度

离子键强度决定了离子化合物的性质，在离子晶体中，离子键的强度通常用晶格能（Lattice Energy，U）表示。晶格能 U 越大，离子键强度越大，离子化合物越稳定。晶格能是指单位物质的量的气态正、负离子结合生成 1 mol 离子晶体的过程所释放的能量的绝对值。常用单位是 $kJ \cdot mol^{-1}$。

晶体类型相同时，晶格能与正负离子电荷数呈正比，与核间距成反比。因此，离子电荷数大，离子半径小的离子晶体晶格能大，相应的表现为熔点高、硬度大等性能，如表 3-11 所示。

表 3-11　离子电荷、半径对晶格能与晶体熔点、硬度的影响

NaCl 型离子晶体	z_1	z_2	r_+/pm	r_-/pm	U/$kJ \cdot mol^{-1}$	熔点/℃	硬度
NaF	1	1	95	136	920	992	3.2
NaCl	1	1	95	181	770	801	2.5
NaBr	1	1	95	195	773	747	<2.5
NaI	1	1	95	216	683	662	<2.5
MgO	2	2	65	140	4147	2800	5.5
CaO	2	2	99	140	3557	2576	4.5
SrO	2	2	113	140	3360	2430	3.5
BaO	2	2	135	140	3091	1923	3.3

3.4.2 价键理论

1916 年美国化学家路易斯（Lewis G N）提出了经典的共价键理论，他认为共价键是成键原子各提供一些电子组成共用电子对而形成的，成键后每个提供电子的原子其最外电子层结构都达到稀有气体元素原子的最外电子层结构，因此稳定。但是，对于有些稳定的分子，如 BF_3 分子，B 原子与 F 原子形成稳定的 BF_3 分子后，B 原子的电子层结构并没有达到稀有气体元素原子的电子层组态形式。又如 PCl_5 分子，中心原子 P 的最外层电子数超过了 8 个。这些分子都能够稳定存在，但却不能用 Lewis G N 提出的理论进行解释。同时，Lewis G N 提出的理论也不能说明共价键的方向性，更不能说明分子的其他一些性质如空间构型、稳定性、磁性等。

1927 年德国化学家 Heitler 和 Lowdon 应用量子力学处理 H_2 分子的结构。在此研究的基础上，Pauling 和 Slater 等人提出了现代价键理论和杂化轨道理论。1932 年美国化学家 R. S. Muiliken 和德国化学家 F. Hund 又提出了分子轨道理论。现代价键理论和分子轨道理论的建立，形成了两种现代共价键理论。

（1）价键理论的基本要点

1930 年鲍林和斯莱脱等人将量子力学处理 H_2 分子的研究结果推广应用于其他双原子分子和多原子分子，建立了现代价键理论，其基本要点如下。

① 电子配对成键原理　A、B 两个原子各有一个自旋相反的未成对电子时，它们之间可以相互配对形成稳定的共价单键，这对电子为两个原子共有。若 A、B 两个原子各有两

个甚至三个自旋相反的未成对电子时，则自旋相反的单电子可以两两配对成键，在两原子间形成共价双键或三键。比如，氮原子有 3 个 2p 轨道的单电子，2 个氮原子中自旋相反的单电子之间就可以两两配对形成共价三键。如果 A 原子有 2 个或 3 个单电子，B 原子只有 1 个单电子，则 1 个 A 原子就可以和 2 个或 3 个 B 原子形成 AB_2 或 AB_3 型分子。如：氧原子有 2 个 2p 轨道的单电子，氢原子有 1 个 1s 轨道的单电子，因此，一个氧原子能和 2 个氢原子结合成 H_2O 分子，同理，有 3 个 2p 轨道单电子的氮原子可以和氢原子形成 NH_3 分子。

如果 2 个原子中没有单电子或虽有成单电子但自旋方向相同，则它们都不能形成共价键，如：氦原子有 1 对 1s 电子，就不能形成 He_2 分子。

键合原子双方各自提供自旋相反的单电子彼此配对。若 A、B 2 个原子各有 1 个未成对电子，且自旋方向相反，则可配对，形成一个共价单键；若 A、B 原子各有 2 个或 3 个未成对电子，则可形成共价双键或三键；若 A 有 2 个未成对电子，而 B 有 1 个未成对电子，则可形成 AB_2 分子。

② 已键合的电子不能再形成新的化学键。例如 H_2 不能再与 H 或 Cl 结合形成 H_3 或 H_2Cl。

③ 原子轨道最大重叠原理及对称性匹配。

两原子形成化学键时，未成对电子的原子轨道一定要发生相互重叠，从而使成键两原子之间形成电子云较密集的区域。原子轨道重叠的部分越大，两核间的电子概率密度越大，所形成的共价键越稳定，分子能量越低。因此成键时未成对电子的原子轨道尽可能按最大程度的重叠方式进行重叠，即遵循原子轨道最大重叠原理。并且成键的自旋相反的单电子的原子轨道波函数符号必须相同，原子轨道对称性匹配，相互靠近时核间电子云密集，此时系统的能量最低，可形成稳定化学键。

价键理论最重要的成就是它运用量子力学的观点和方法，为共价键的成因提供了理论基础，阐明了共价键形成的主要原因是价电子占用的原子轨道因相互重叠而产生的加强性相干效应。形成的共价键通过自旋相反的电子配对和原子轨道的最大重叠来使体系达到能量最低状态。

(2) 共价键的形成与本质

1927 年海特勒和伦敦首次求解薛定谔方程，用量子力学的方法处理 H_2 分子的成键，并假设当两个氢原子相距较远时，彼此间的作用力可以忽略不计，体系能量定为相对零点。用这种方法计算氢分子体系的波函数和能量，得到了 H_2 的电子云分布的能量（E）与核间距离（R）的关系曲线。如图 3-6 所示，如果两个氢原子的电子自旋方向相反，当这两个原子相互靠近时，随着核间距 R 的减小，两个氢原子中的电子会分别受到自身核的引力及对方核的引力，两个 1s 原子轨道发生重叠（波函数相加），即核间形成一个电子概率密度较大区域。系统能量比两个氢原子单独存在时低，当核间距离 R_0 为 74pm 时，吸引力和排斥力达到平衡，体系能量达到最低点，这就是氢分子形成的过程。两个氢原子在平衡距离 R_0 形成稳定的氢分子的这种状态为 H_2 的基态。如图 3-6 所示，如果两个氢原子中的电子自旋方向相同，当它们靠

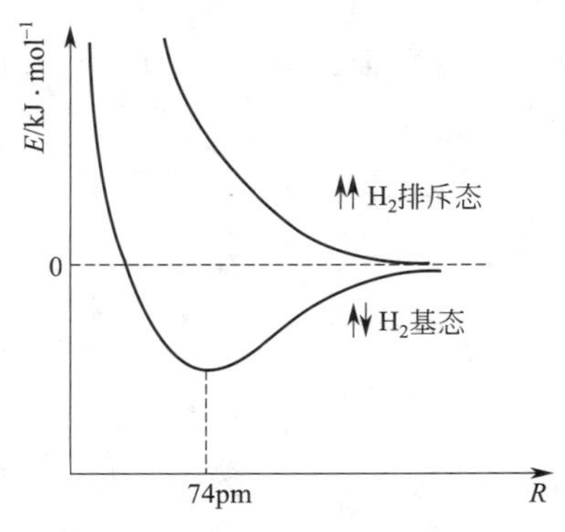

图 3-6　氢分子的能量曲线

近时，两个原子轨道异号叠加（波函数相减），核间电子概率密度减小，增大了两核之间的排斥力，使体系能量高于两个单独存在的氢原子的能量之和，且它们越靠近体系能量越升高，此时 H_2 的能量曲线没有最低点，说明它们不能形成稳定的氢分子，这种不能成键的不稳定状态称为 H_2 的排斥态。

量子力学方法处理氢分子结构的结果揭示了共价键的本质、结构等问题，即共价键的本质是不同于正负离子之间的静电引力的电性作用力，形成共价键时，成键原子的电子云发生最大重叠，使两核间电子云密度最大。但这并不意味着共用电子对只存在于两核间，只是表明共用电子对在两核间出现概率较大。

综上所述，共价键的本质是原子轨道重叠，核间局部电子概率密度大，吸引原子核而成键。

（3）共价键的特点

根据价键理论，原子在形成共价键时，没有发生电子的转移，而是通过共用电子对结合在一起，所以它具有与离子键不同的特征，因此共价键有饱和性和方向性的特点。

所谓共价键的饱和性是指每个原子成键的总数或以单键连接的原子数目是一定的。共价键形成的一个重要条件是成键原子必须具有未成对电子，由于一个原子的一个单电子只能与另一个原子的一个单电子配对形成共价单键，而每个原子的未成对的单电子数是一定的，因此所形成的共用电子对即共价键数目就是一定的。如两个氢原子 1s 轨道的一个电子相互配对形成共价键后，每个氢原子就不再具有单电子，不能再和第三个氢原子的 1s 单电子继续结合形成 H_3 分子。即已键合的电子不能再形成新的化学键。

共价键的方向性是指一个原子与周围原子形成的共价键之间有一定的角度。根据原子轨道最大重叠原理，原子间成键总是尽可能沿着使原子轨道发生最大重叠的方向成键。轨道重叠越多，电子在两核间出现的概率密度越大，形成的共价键也就越稳定。除 s 轨道呈球形对称外，p 轨道、d 轨道、f 轨道在空间都有特定的伸展方向。因此在形成共价键时，s 轨道与 s 轨道在任何方向上都能形成最大重叠，其他原子轨道之间一定要沿着特定的方向重叠，才能形成稳定化学键，这样所形成的化学键就有方向性。如氯化氢分子的形成，氢原子的 1s 电子的原子轨道与氯原子的 $3p_x$ 轨道沿键轴（x 轴）进行重叠时，可能的重叠方式有三种。如图 3-7 所示。但 HCl 分子只有采用图 3-7(a) 重叠方式形成共价键才是最有效的。

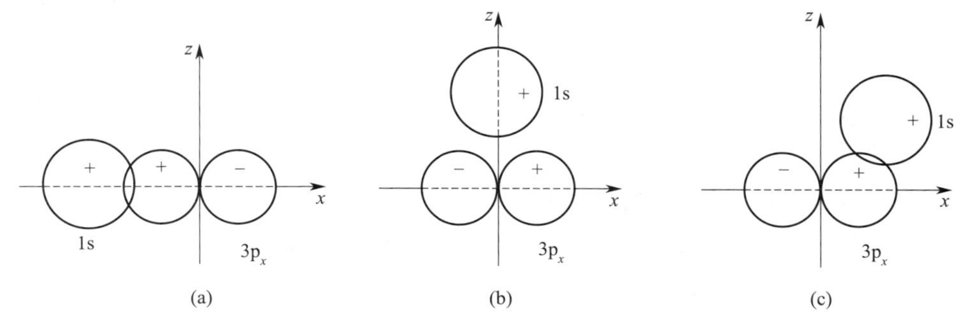

图 3-7　H 原子的 1s 轨道与 Cl 原子的 $3p_x$ 轨道的重叠方式

（4）共价键的类型

① σ 键和 π 键　由于原子轨道的形状不同，它们可以不同方式重叠。根据重叠方式的

不同，共价键可以分为 σ 和 π 键。

两原子原子核的连线称为键轴。原子轨道沿两核间连线方向（键轴方向）进行同号重叠（头碰头）形成的键，称为 σ 键，如图 3-8(a) 所示。σ 键的特点是原子轨道重叠部分沿键轴成圆柱形对称。由于原子轨道在轴方向上能发生最大程度的重叠，所以 σ 键的键能大且稳定性高，如 Cl_2 中的 p-p 重叠，HCl 中的 s-p 重叠。

两原子轨道垂直核间连线并相互平行进行同号重叠（肩并肩）形成的键，称为 π 键，如图 3-8(b) 所示。π 键的特点是轨道重叠部分对通过键轴的一个平面成镜面反对称。由于 π 键中的电子云不能像 σ 键那样集中在两核连线上，距核较远，原子核对 π 电子的束缚力较小，电子的流动性较大，且 π 键中原子轨道的重叠程度要比 σ 键中的小，所以一般 π 键没有 σ 键牢固，易发生断裂而进行各种化学反应。

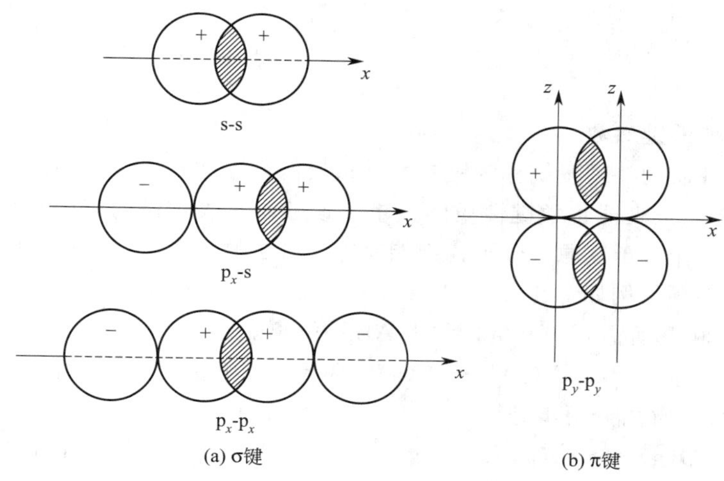

图 3-8　σ 键（a）和 π 键（b）示意图

N_2 分子以 3 对共用电子把 2 个 N 原子结合在一起。N 原子的外层电子构型为 $2s^2 2p^3$；成键时用的是 2p 轨道上的 3 个未成对电子，若 2 个 N 原子沿着 x 方向接近时，p_x 和 p_x 轨道形成 σ 键，而 2 个 N 原子垂直于 p_x 轨道的 p_y-p_y，p_z-p_z 轨道，只能在核间连线两侧重叠形成两个垂直的 π 键，如图 3-9 所示。

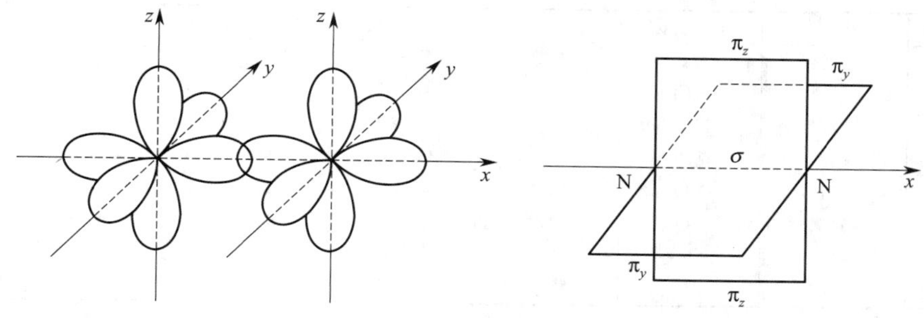

图 3-9　N_2 分子中的 σ 键和 π 键

三键中有一个共价键是 σ 键，另两个都是 π 键；对单键来说，成键的时候轨道通常都是沿核间连线方向达成最大重叠，所以都是 σ 键。

② 正常共价键和配位共价键　按成键原子提供共用电子对方式的不同，可以将共价

键分为正常共价键和配位共价键。正常的共价键是成键两原子各提供一个电子形成共用电子对，但如果成键原子一方有孤对电子，另一方有空轨道，则形成的共价键的共用电子对由有孤对电子的一方提供，这样形成的共价键称为配位共价键，简称配位键（见第7章）。其中，提供电子对的原子称为电子对给予体，接受电子对的原子称为电子对接受体。如CO分子中氧原子的两个2p单电子与碳原子的两个2p单电子形成一个σ键和一个π键后，氧原子的一对2p孤对电子还可以和碳原子的一个2p空轨道形成一个配位键。配位键可用箭头"→"表示，而正常共价键用"—"表示，以做到区分的效果。箭头的方向是从电子对给予体指向电子对接受体。比如：

$[NH_4]^+$　　　$[BF_4]^-$　　　CO

$$\left[\begin{array}{c} \mathrm{H} \\ \uparrow \\ \mathrm{H—N—H} \\ | \\ \mathrm{H} \end{array}\right]^+ \qquad \left[\begin{array}{c} \mathrm{F} \\ \downarrow \\ \mathrm{F—B—F} \\ | \\ \mathrm{F} \end{array}\right]^- \qquad \mathrm{C} \overset{\pi}{\underset{\pi}{\overset{\leftarrow}{=}}} \mathrm{O}$$

C：$2s^2 2p^2$ O：$2s^2 2p^4$

（5）几种重要的键参数

表征化学键性质的物理量统称为键参数。重要的键参数有以下几种。

① 键能　键能是表征化学键性质的最重要参数，它表示键的牢固程度。用E表示，单位为$kJ \cdot mol^{-1}$。对于双原子分子，键能就等于分子的解离能（D）。对于多原子分子，键能与解离能不相等。例如，在100kPa、298K下，将1mol气态双原子分子AB解离成理想气态原子A和B所需要的能量，称为AB的解离能。

$$AB(g) \longrightarrow A(g) + B(g) \qquad E = D$$

又如H_2O分子解离分两步进行：

$$H_2O(g) \longrightarrow H(g) + OH(g) \qquad D_1 = 501.87 kJ \cdot mol^{-1}$$

$$OH(g) \longrightarrow H(g) + O(g) \qquad D_2 = 423.38 kJ \cdot mol^{-1}$$

O—H键的键能是两个O—H键的解离能的平均值：$E(O—H) = 462.62 kJ \cdot mol^{-1}$

平均键能是一种近似值，需注意的是双键或三键的键能不等于相应单键键能的简单倍数。通常键能越大，共价键强度越大。一些双原子分子的键能和某些键的平均键能见表3-12。

表3-12　一些双原子分子的键能和某些键的平均键能E　　单位：$kJ \cdot mol^{-1}$

分子名称	键能	分子名称	键能	共价键	平均键能	共价键	平均键能
H_2	436	HF	565	C—H	413	N—H	391
F_2	165	HCl	431	C—F	460	N—N	159
Cl_2	247	HBr	366	C—Cl	335	N═N	418
Br_2	193	HI	299	C—Br	289	N≡N	946
I_2	151	NO	286	C—I	230	O—O	143
N_2	946	CO	1071	C—C	346	O═O	495
O_2	943			C═C	610	O—H	463
				C≡C	835		

② 键长　键长是指形成共价键的两个原子的核间距。在不同化合物中，同样两种原子间的键长也有差别。键长的大小与键的稳定性有很大的关系，共价键的键长越短，键能也越高，键越牢固。通常而言，相同两个原子形成的共价键，单键键长＞双键键长＞三键键长。例如C—O键长为143pm，C═O键长为121pm，C≡O键长为113pm。

③ 键角　键角是分子中键与键之间的夹角。键角是反映分子空间构型的重要因素之一，它表明了分子在形成时原子在空间的相对位置。所以根据键角和键长的数据可以确定分子的空间构型。例如，CO_2 分子中 O—C—O 键角是 180°，表明 CO_2 为直线形构型，CH_4分子中 C—H 键之间的夹角都是 109°28′，每个 C—H 键的键长都是 109.1pm，因此可以确定 CH_4是正四面体构型。

④ 键的极性　键的极性是由形成化学键的元素的电负性所决定的。当形成化学键的元素电负性相同时，核间电子云密度最大区域正好位于两核的中间位置，成键两原子核的正电荷重心和成键电子的负电荷重心相重合，这样的共价键称为非极性共价键。一般来说，同种元素两原子间的共价键都是非极性共价键，如 H_2、O_2、S_8、P_5等。当成键元素的电负性不同时，两个原子核之间电子云密度的最大区域就偏向电负性较大的元素原子一端，两核之间的正电荷重心与成键电子的负电荷重心不重合，键的一端就表现出正电性，另一端为负电性，这样的共价键称为极性共价键。一般来说，键的极性大小决定于成键元素电负性的相对大小。电负性差值愈大，键的极性就愈强。当电负性相差很大时，成键电子就完全偏离到电负性较大的原子上，原子变成了离子，形成离子键。

3.5　杂化轨道理论与分子轨道理论

价键理论通过电子配对的概念阐明了共价键的形成和本质，成功解释了共价键的方向性和饱和性等特点，但无法解释某些分子的空间构型。如水分子，根据价键理论，氧原子应该用两个相互垂直的 2p 轨道分别和两个氢原子的 1s 轨道形成两个相互垂直的共价键，但近代实验测定结构表明：水分子中的两个 H—O 键的夹角为 104°45′。为了解释这类分子的成键情况，1931 年鲍林（Pauling）在价键理论的基础上提出了杂化轨道理论，杂化轨道理论成功地解释了共价分子的空间构型。

3.5.1　杂化轨道理论要点

① 成键时能级相近的价电子轨道改变原来的状态，混合杂化重新组合成一组新轨道，这一过程称为杂化，形成新的价电子轨道即杂化轨道。

② 杂化前后轨道数目不变。即杂化轨道的数目等于参加杂化的原子轨道的数目。杂化轨道的类型由形成它的原子轨道的种类和数目决定，且杂化轨道伸展方向、形状发生改变。

③ 杂化轨道的成键能力比原来的原子轨道成键能力强。因为杂化轨道的电子云分布更集中，更有利于和其他原子发生最大程度的重叠，从而能形成更稳定的共价键，不同类型的杂化轨道成键能力不同，由大到小的顺序为：$sp^3 > sp^2 > sp$。

④ 杂化轨道成键是要满足化学键间最小排斥原则。键间的排斥力大小取决于键的方向，即取决于杂化轨道间的夹角。当键与键夹角越大时，化学键间的排斥力最小。因此，杂化轨道会随着不同的杂化类型形成不同的键间夹角，同时使所形成的分子具有不同的空间构型。

⑤ 杂化轨道分为等性和不等性杂化轨道两种。

3.5.2　杂化轨道类型与分子空间构型

根据杂化时原子轨道的种类和数目不同，杂化轨道主要有以下类型：

(1) sp 杂化

原子在形成分子时，由同一原子的 1 个 ns 轨道与 1 个 np 轨道进行杂化的过程称为 sp 杂化，可形成 2 个 sp 杂化轨道，每个杂化轨道中含 1/2s 和 1/2p 成分。其形状仍然是一头大，一头小，而以较大的一头成键。如实验测得气态 $BeCl_2$ 分子的结构为直线形分子，键角∠ClBeCl=180°，如图 3-10 所示。Be 原子的基态价层电子构型为 $2s^2$，成键时，Be 原子的 1 个 2s 电子激发到 2p 轨道上，成为激发态 $2s^1 2p^1$。与此同时，Be 原子的 2s 轨道与 1 个 2p 轨道（有一个电子占据）进行 sp 杂化，形成 2 个能量相等的 sp 杂化轨道，这 2 个 sp 杂化轨道的夹角为 180°，其轨道杂化过程可表示如图 3-10。

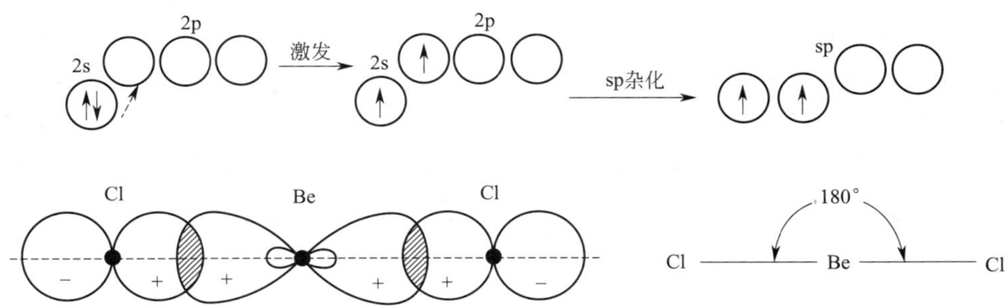

图 3-10　$BeCl_2$ 分子的形成及空间构型示意图

成键时，2 个 sp 杂化轨道都以比较大的一头与 Cl 原子的 3p 轨道（有一个电子占据）重叠，形成 2 个 σ 键。因而 $BeCl_2$ 分子为直线形。

(2) sp^2 杂化

原子在形成分子时，由同一原子的 1 个 ns 轨道与 2 个 np 轨道进行杂化的过程称为 sp^2 杂化，可形成 3 个 sp^2 杂化轨道，每个杂化轨道中含 1/3s 和 2/3p 成分。杂化轨道的夹角为 120°，呈平面三角形。

如实验测得 BF_3 分子的结构为平面三角形，键角∠FBF=120°。中心原子 B 的基态价层电子构型为 $2s^2 2p^1$，仅有 1 个未成对电子，按价键理论无法形成 3 个等同的键，杂化轨道理论认为，当硼与氟反应时，硼原子的 1 个 2s 电子被激发到一个空的 2p 轨道中，成为激发态 $2s^1 2p^2$。同时，硼原子的 1 个 2s 轨道和 2 个 2p 轨道进行杂化，形成了 3 个新的能量成分相等的 sp^2 杂化轨道，如图 3-11(a) 所示。这 3 条杂化轨道在同一平面，夹角为 120°。B 原子的这 3 个 sp^2 杂化轨道分别与 3 个 F 原子的 3p 轨道重叠，形成具有平面三角结构的 BF_3 分子。如图 3-11(b) 所示。

B 原子形成杂化轨道过程可表示如图 3-11。

(3) sp^3 杂化

原子在形成分子时，由同一原子的 1 个 ns 轨道与 3 个 np 轨道进行杂化的过程称为 sp^3 杂化，可形成 4 个 sp^3 杂化轨道，每个杂化轨道中含 1/4s 及 3/4p 成分，4 个杂化轨道的能量都是一样。这类杂化类型的空间构型为正四面体，轨道夹角为 109°28′。

以 CH_4 分子为例，实验测得其分子构型为正四面体，键角∠HCH=109°28′。

C 原子的基态价层电子构型为 $2s^2 2p^2$，2p 轨道有 2 个未成对电子，按照价键理论似乎应形成 2 个键，可事实上形成的是 4 个等同的键，按照杂化轨道理论，在形成甲烷分子时，碳原子的 2s 轨道中的 1 个电子被激发到空的 2p 轨道，激发后成为 $2s^1 2p^3$。其中 2s

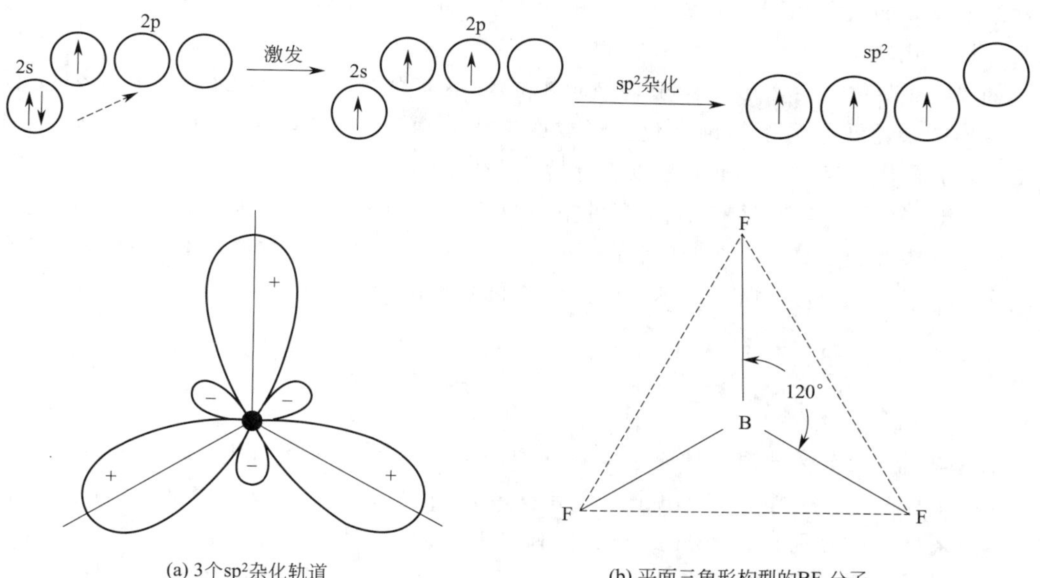

图 3-11　sp^2 杂化轨道及 BF_3 分子的空间构型示意图

轨道和 3 个 2p 轨道杂化，从而形成 4 个新的能量相等、成分相同的 sp^3 杂化轨道，如图 3-12(a) 所示。杂化轨道在空间成正四面体分布，碳原子位于正四面体的中心，杂化轨道之间的夹角为 109°28′，如图 3-12(b) 所示，这 4 个杂化轨道分别与 4 个氢原子的 1s 轨道沿键轴方向重叠，形成 4 个等同的 sp^3-s 的 σ 键。这一解释与实验测定结果完全一致。

C 原子杂化轨道形成过程可表示如下。

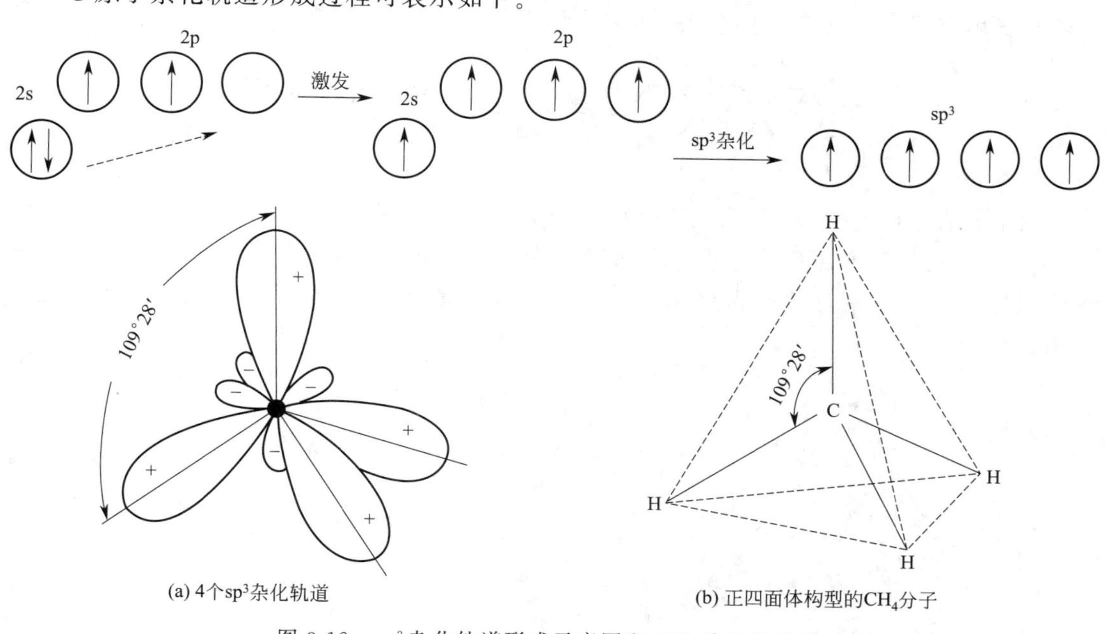

图 3-12　sp^3 杂化轨道形成示意图和 CH_4 分子的构型

(4) 不等性 sp^3 杂化

以上讨论的 3 种类型的 s-p 杂化，每种杂化类型形成的杂化轨道都具有相同的能量，所含的 s 及 p 的成分相同，成键能力也相同，这样的杂化称为等性杂化，形成的杂化轨道称为等性杂化轨道。

如果 s-p 杂化之后，形成的杂化轨道的能量不完全相等，所含的 s 及 p 成分也不相同，这样的杂化就称为不等性杂化，形成的杂化轨道称为不等性杂化轨道。例如，NH_3 和 H_2O 分子中的 N、O 原子就是以不等性 sp^3 杂化轨道成键的。

① NH_3分子　实验测得 NH_3分子的空间构型为三角锥型，键角为 107°18′。N 原子的基态价层电子构型为 $2s^2 2p^3$，在形成 NH_3分子时，N 原子的 1 个具有孤对电子的 2s 轨道和 3 个具有单电子的 2p 轨道进行 sp^3 不等性杂化，形成 4 个 sp^3 杂化轨道，杂化过程可表示如下。

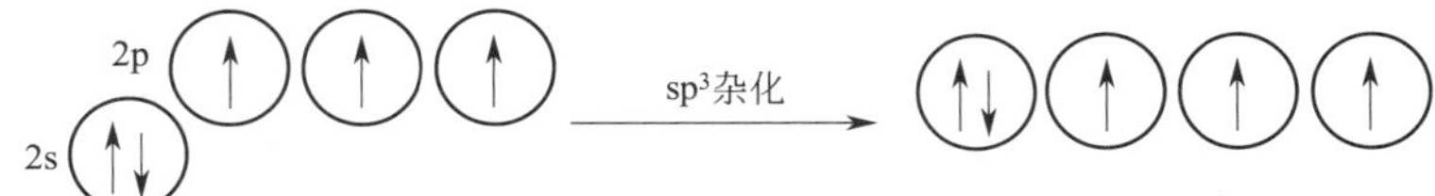

其中 1 个 sp^3 杂化轨道上填充了 1 对电子，含有较多的 2s 轨道成分，能量稍低。另外 3 个 sp^3 杂化轨道上各填充 1 个电子，含有较多的 2p 轨道成分，能量稍高。3 个具有单电子的 sp^3 杂化轨道分别与 3 个 H 原子的具有单电子的 1s 轨道重叠，形成 3 个 N—Hσ 键。具有孤对电子的未成键的 sp^3 杂化轨道电子云则密集于 N 原子周围。由于 sp^3 杂化轨道上未参与成键的孤对电子对 N—H 键成键电子的较强的排斥作用，使 3 个 N—H 键键角缩小为 107°18′，小于 109°28′。所以，NH_3 分子的空间构型为三角锥型，如图 3-13 所示。NF_3分子和 NH_3分子具有相同的杂化过程和空间构型。

② H_2O 分子　实验测得 H_2O 分子的空间构型为 V 型，键角为 104°45′。O 原子的基态价层电子构型为 $2s^2 2p^4$，有两对孤对电子。在形成 H_2O 分子时，O 原子也采取了 sp^3 不等性杂化，形成 4 个 sp^3 杂化轨道，有 2 个 sp^3 轨道上各填充了 1 对电子，另 2 个 sp^3 杂化轨道各填充了 1 个电子，杂化过程可表示如下。

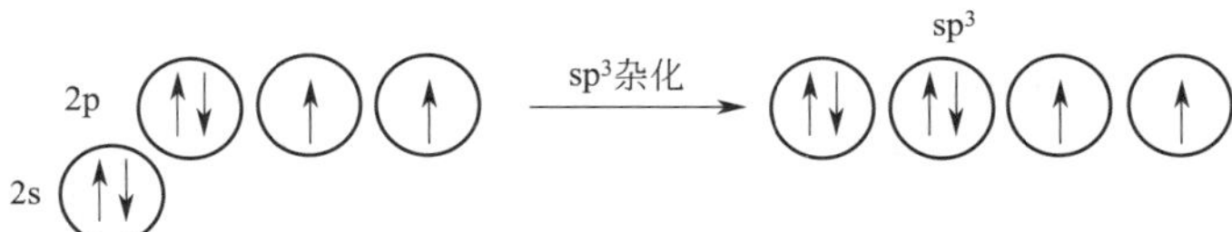

两个具有单电子的 sp^3 杂化轨道分别与 H 原子的具有单电子的 1s 轨道重叠形成 2 个 O—Hσ 键，另外 2 个含有孤对电子的 sp^3 杂化轨道没有成键，它们对 O—H 键有更强的排斥作用，使 O—H 键键角变得更小，为 105°45′，所以，H_2O 分子的空间构型为 V 型，如图 3-14 所示。

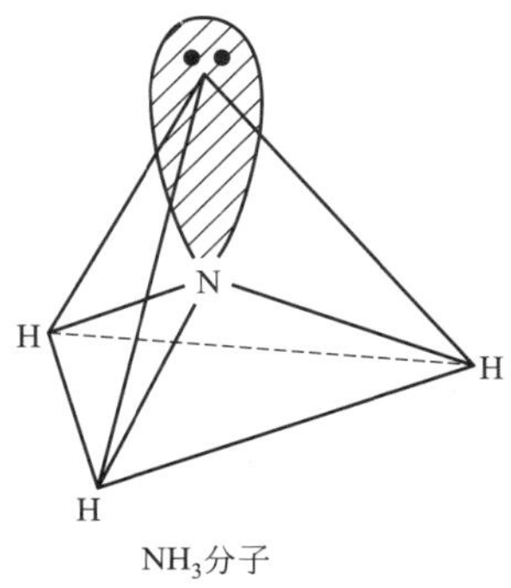

图 3-13　NH_3 分子的空间构型示意图

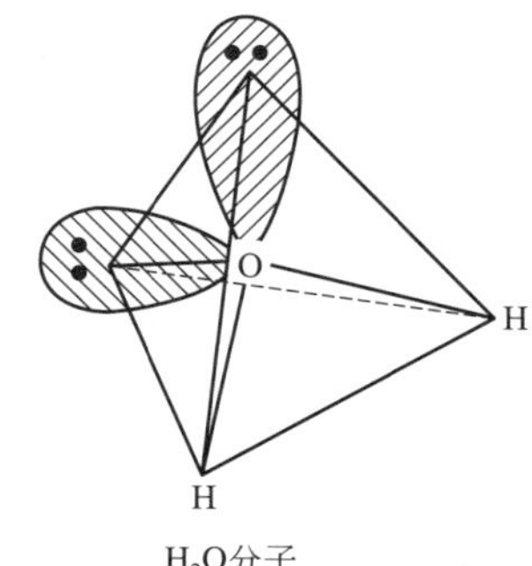

图 3-14　H_2O 分子的空间构型示意图

由于键合的原子不同，也可以引起中心原子的不等性杂化。例如，$CHCl_3$分子中，C原子进行sp^3杂化，与Cl原子键合的3个sp^3杂化轨道，每个含s成分为0.258，而与H原子键合的1个sp^3杂化轨道的s成分为0.226，所以分子中C原子是不等性sp^3杂化。

（5）sp^3d杂化和sp^3d^2杂化

杂化轨道是原子在成键时为适应成键需要而形成的，除了上述ns、np可以进行杂化外，d轨道也可参与杂化，形成sp^3d杂化（三角双锥），如图3-15所示；sp^3d^2或d^2sp^3杂化（正八面体）如图3-16所示。

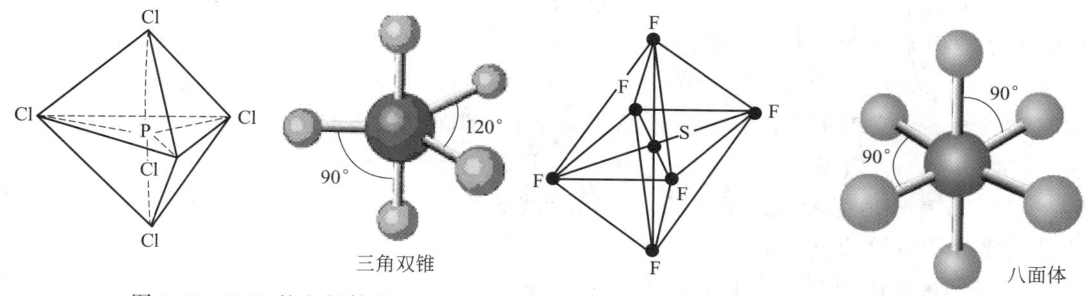

图3-15　PCl_5的空间构型

图3-16　SF_6的空间构型

PCl_5形成过程中中心原子P采用了sp^3d杂化轨道，由1个ns和3个np及1个nd轨道组合而形成5个杂化轨道，其中3个杂化轨道互成120°位于同一个平面上，另外2个杂化轨道垂直于这个平面，夹角90°，空间构型为三角双锥（如图3-15）。

SF_6形成过程中，中心原子S采用了sp^3d^2杂化轨道，由1个ns和3个np及2个nd轨道组合而形成6个杂化轨道。6个sp^3d^2轨道指向正八面体的6个顶点，杂化轨道间的夹角为90°或180°，空间构型为正八面体（如图3-16所示）。

3.5.3　分子轨道理论

前面所讨论的价键理论可以直接利用原子的电子层结构简要地说明共价键的形成和特性，以及共价键的本质，方法直观，易于接受。但由于价键理论在讨论共价键时，只考虑了未成对电子，而且只是自旋方向相反的电子两两配对才能形成稳定的共价键，将成键电子定域在2个成键原子之间，这些不足使价键理论对许多分子的结构和性质难以解释。例如用价键理论来处理O_2分子，由于O原子有2个未成对的2p电子，分子中应配对形成1个σ键和1个π键，不应有未成对电子存在，将O_2分子置于磁场中，应呈反磁性，但事实上，O_2分子却是顺磁性物质，这说明O_2分子一定存在未成对电子。1932年，美国化学家Mulliken RS和德国化学家Hund F提出了一种新的共价键理论——分子轨道理论(molecular orbital theory)，即MO法。该理论注意了分子的整体性，引入了分子轨道的概念，在所有原子核及其他电子所组成的统一势场中考虑分子中的每个电子的运动，分子中的所有相对应的原子轨道重新进行组合（重叠），产生一系列新的轨道（称为分子轨道），所有的电子都在这些分子轨道上排布，成键电子在整个分子内运动。因此能较好地说明分子中电子对键、单电子键、三电子键的形成及多原子分子的结构。目前，该理论在现代共价键理论中占有很重要的地位。

（1）分子轨道理论的基本要点

① 原子在形成分子时，所有电子都有贡献，分子中的电子不再从属于某个原子，而

是在整个分子空间范围内运动。在分子中电子的空间运动状态可用相应的波函数 ψ 表示，ψ 称为分子轨道函数，也是 Schrödinger 方程的解，简称分子轨道。原子轨道通常用光谱符号 s、p、d、f 等表示，分子轨道则常用对称符号 σ、π、δ…表示，在分子轨道的符号的右下角表示形成分子轨道的原子轨道名称。分子轨道和原子轨道的主要区别在于：在原子中，电子的运动只受 1 个原子核的作用，原子轨道是单核系统；而在分子中，电子则在所有原子核势场作用下运动，分子轨道是多核系统。

② 分子轨道可以由分子中原子轨道波函数的线性组合而得到。几个原子轨道可组合成几个分子轨道，其中有一半分子轨道分别由正负符号相同的两个原子轨道叠加而成，两核间电子的概率密度增大，其能量较原来的原子轨道能量低，有利于成键，称为成键分子轨道，如 σ、π 轨道；另一半分子轨道分别由正负符号不同的两个原子轨道叠加而成，两核间电子的概率密度很小，其能量较原来的原子轨道能量高，不利于成键，称为反键分子轨道，如 σ^*、π^* 轨道。

③ 为了有效地组合成分子轨道，要求成键的各原子轨道必须符合下述三条原则，也就是组成分子轨道的三原则。

a. 对称性匹配原则　只有对称性相同的原子轨道才能有效组合成分子轨道，这称为对称性匹配原则。从原子轨道的角度分布函数的几何图形可以看出，它们对于某些点、线、面等有着不同的空间对称性。根据两个原子轨道的角度分布图中波瓣的正、负号相对于键轴（设为 x 轴）或相对于键轴所在的某一平面的对称性可决定其对称性是否匹配。对称性匹配的两原子轨道组合成分子轨道时，波瓣符号相同（即＋＋重叠或－－重叠）的两原子轨道组合成成键分子轨道；波瓣符号相反（即＋－重叠）的两原子轨道组合成反键分子轨道。

b. 能量相近原则　在对称性匹配的原子轨道中，只有能量相近的原子轨道才能组合成有效的分子轨道，而且能量越相近越有利于组合，若两个原子轨道的能量相差很大，则不能组合成有效的分子轨道。

c. 轨道最大重叠原则　对称性匹配的两个原子轨道进行线性组合时，其重叠程度越大，则组合成的分子轨道的能量越低，所形成的化学键越牢固，这称为轨道最大重叠原则。

在上述三条原则中，对称性匹配原则是首要的，它决定原子轨道有无组合成分子轨道的可能性。能量相似原则和轨道最大重叠原则是在符合对称性匹配原则的前提下，决定分子轨道组合效率的问题。

④ 电子在分子轨道上排布时，遵循能量最低原理、泡利不相容原理和洪德规则。分子的总能量等于各电子能量之和。

⑤ 在分子轨道理论中，用键级来表示键的牢固程度。键级的定义为

$$键级=1/2(成键轨道上的电子数-反键轨道上的电子数)$$

一般说来，键级越大，键能越高，键越牢固，分子也越稳定，键级为零，表明分子不能存在。因此可以用键级值的大小，近似定量地比较分子的稳定性。

（2）分子轨道的形成

量子力学认为，分子轨道由组成分子的各原子轨道组合而成。分子轨道总数等于组成分子的各原子轨道数目的总和。分子轨道的形状可以通过原子轨道的重叠，分别近似地描述。

① s-s 原子轨道的组合　一个原子的 ns 原子轨道与另一个原子的 ns 原子轨道组合成两个分子轨道的情况，如图 3-17 所示。

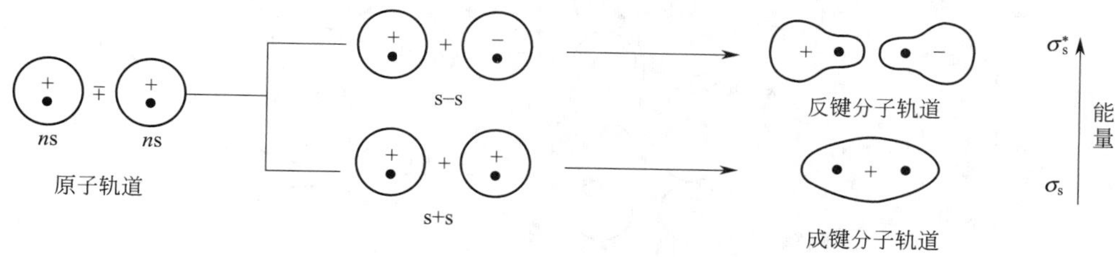

图 3-17　s-s 原子轨道组合成分子轨道示意图

由图 3-17 所得到的两个分子轨道的形状可以看出：若电子进入上面那种分子轨道，其电子云的分布偏于两核外侧，在核间的分布稀疏，不能抵消两核之间的斥力，对分子的稳定不利，对分子中原子的键合会起反作用，因此上一种分子轨道称为反键分子轨道（简称反键轨道）；若电子进入下面那种分子轨道，其电子云在核间的分布密集，对两核的吸引能有效地抵消两核之间的斥力，对分子的稳定有利，使分子中原子间发生键合作用，因此下面那种分子轨道称为成键分子轨道（简称成键轨道）。

由 s-s 原子轨道组合而成的这两种分子轨道，其电子云沿键轴（两原子核间的连线）对称分布，这类分子轨道称为 σ 分子轨道。为了进一步把这两种分子轨道区别开来，图 3-17 中上面那种称 σ_{ns}^* 反键分子轨道，图 3-17 中下面那种称为 σ_{ns} 成键分子轨道。通过理论计算和实验测定可知，σ_{ns}^* 分子轨道的能量比组合该分子轨道的 ns 原子轨道的能量要高。σ_{ns} 分子轨道的能量则比 ns 原子轨道的能量要低。电子进入 σ_{ns}^* 反键轨道会使体系能量升高，电子进入 σ_{ns} 成键轨道则会使体系能量降低，在 σ 轨道上的电子称为 σ 电子。

② p-p 原子轨道的组合　一个原子的 p 原子轨道和另一个原子的 p 原子轨道组合成分子轨道，可以有“头碰头”和“肩并肩”两种组合方式。

a. σ 分子轨道　当一个原子的 np 原子轨道与另一个原子的 np 原子轨道沿键轴方向相互接近（头碰头），如图 3-18 所示，所形成的两个分子轨道，其电子云沿键轴对称分布，其中一个称 σ_{np_x} 成键分子轨道，另一个称 $\sigma_{np_x}^*$ 反键分子轨道。$\sigma_{np_x}^*$ 分子轨道的能量比组合该分子轨道的 np 原子轨道的能量要高，而 $\sigma_{np_x}^*$ 分子轨道的能量比组合该分子轨道的 np 原子轨道的能量要低。

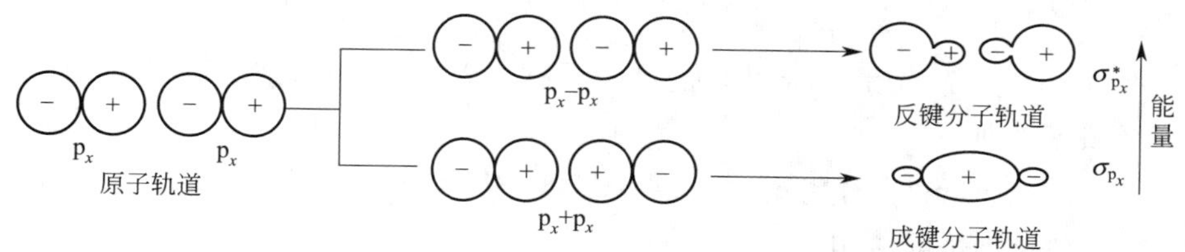

图 3-18　p_x-p_x 原子轨道组合成分子轨道示意图

b. π 分子轨道　当两个原子的 np_z 原子轨道沿着 x 轴的方向相互接近（肩并肩），如图 3-19 所示，也可以组合成两个分子轨道，其电子云的分布有一对称面，此平面通过 x 轴，电子云则对称地分布在此平面的两侧，这类分子轨道称为 π 分子轨道。在这两个 π 分子轨道中，能量比组合该分子轨道的 np 原子轨道高的称 $\pi_{np_z}^*$ 反键分子轨道；而能量比组

合该分子轨道的 np 原子轨道低的，称 $\pi^*_{np_z}$ 成键分子轨道。

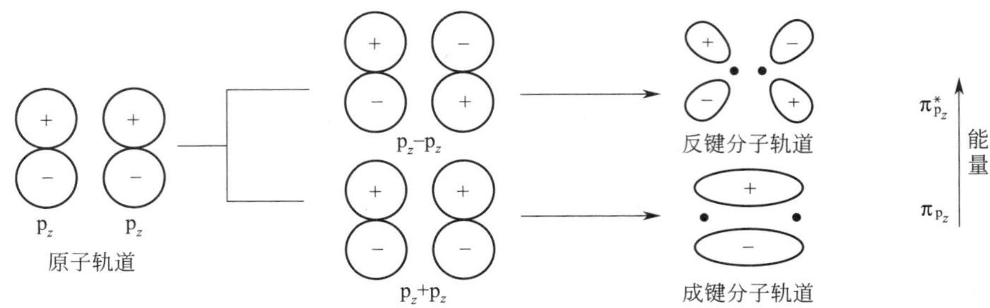

图 3-19 p_z-p_z 原子轨道组合成分子轨道示意图

(3) 分子轨道的能级

分子轨道的能量可以通过光谱实验来确定。图 3-20 列出了第一、第二周期元素形成的同核双原子分子的分子轨道能级次序。其中图 3-20(a) 是 O_2、F_2 分子的分子轨道能级顺序。即

$$\sigma_{1s}<\sigma^*_{1s}<\sigma_{2s}<\sigma^*_{2s}<\sigma_{2p_x}<\pi_{2p_y}=\pi_{2p_z}<\pi^*_{2p_y}=\pi^*_{2p_z}<\sigma^*_{2p_x}$$

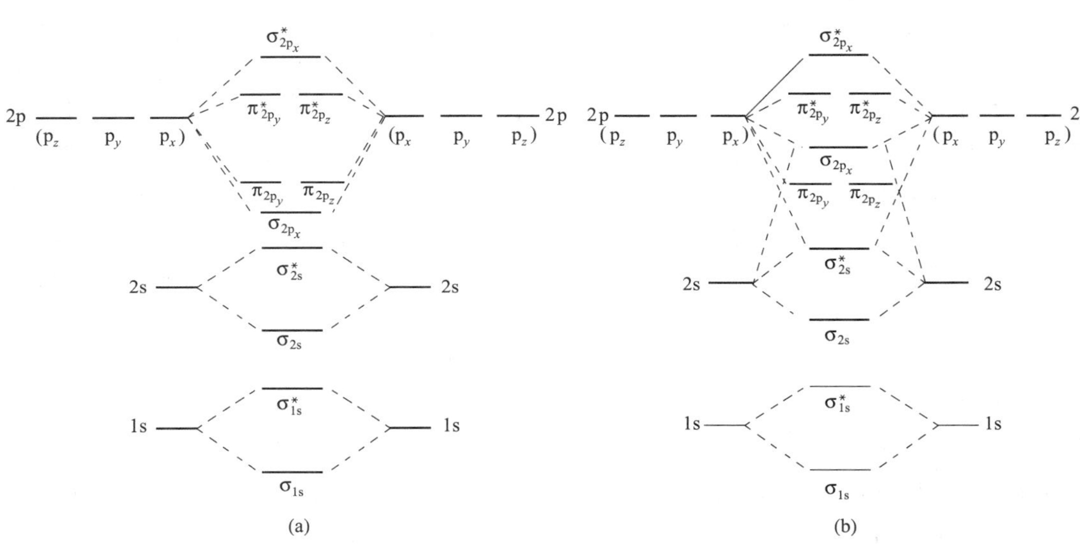

图 3-20 同核双原子的分子轨道的两种能级顺序图

而图 3-20(b) 是 N 元素及 N 之前的第一、第二周期元素形成的同核双原子分子的分子轨道能级顺序。即

$$\sigma_{1s}<\sigma^*_{1s}<\sigma_{2s}<\sigma^*_{2s}<\pi_{2p_y}=\pi_{2p_z}<\sigma_{2p_x}<\pi^*_{2p_y}=\pi^*_{2p_z}<\sigma^*_{2p_x}$$

(4) 分子轨道理论的应用

分子轨道理论可以较好地解释一些分子的形成，比较不同分子稳定性的相对大小，判断分子是否具有磁性，推测一些双原子分子或离子能否存在。

例如，用分子轨道理论分析 N_2 分子和 O_2 分子的结构，比较两种分子稳定性的大小，解释 O_2 分子具有顺磁性的原因。

N 原子的电子构型为 $1s^2 2s^2 2p^3$，两个 N 原子共 14 个电子，根据电子排布三原则，

按照图 3-20(b) 的能级填充电子，N_2分子的分子轨道式为

$$N_2[(\sigma_{1s})^2(\sigma_{1s}^*)^2(\sigma_{2s})^2(\sigma_{2s}^*)^2(\pi_{2p_y})^2(\pi_{2p_z})^2(\sigma_{2p_x})^2]$$

由于 N_2分子的 σ_{1s}轨道和 σ_{1s}^*轨道是由 N 原子的内层原子轨道组合而成的，且电子都已填满，σ_{1s}轨道的能量降低和 σ_{1s}^*轨道能量升高相同，相互抵消，可以认为内层电子对 N_2分子的形成没有贡献，所以 $(\sigma_{1s})^2$和 $(\sigma_{1s}^*)^2$可用 KK 表示，则

$$N_2[KK(\sigma_{2s})^2(\sigma_{2s}^*)^2(\pi_{2p_y})^2(\pi_{2p_z})^2(\sigma_{2p_x})^2]$$

其中，$(\sigma_{2s})^2$和 $(\sigma_{2s}^*)^2$能量降低和升高相同，相互抵消，不能成键；$(\sigma_{2p_x})^2$形成 1 个 σ 键，$(\pi_{2p_y})^2$和 $(\pi_{2p_z})^2$分别形成 2 个 π 键。所以，N_2分子中含有共价三键，键级为 (8−2)/2=3。由于形成三键的电子都排布在成键分子轨道上，且 π 轨道的能量较低，使体系能量大为降低，所以 N_2分子很稳定。由于 N_2分子中没有成单电子，所以 N_2分子是抗磁性物质。

O 原子的电子构型为 $1s^22s^22p^4$，两个 O 原子共 16 个电子。O_2分子的分子轨道式为

$$O_2[KK(\sigma_{2s})^2(\sigma_{2s}^*)^2(\sigma_{2p_x})^2(\pi_{2p_y})^2(\pi_{2p_z})^2(\pi_{2p_y}^*)^1(\pi_{2p_z}^*)^1]$$

其中 $(\sigma_{2p_x})^2$形成 1 个 σ 键，$(\pi_{2p_y})^2$和 $(\pi_{2p_y}^*)^1$、$(\pi_{2p_z})^2$和 $(\pi_{2p_z}^*)^1$分别形成 3 电子 π 键。所以，在 O_2分子中有 1 个 σ 键和 2 个三电子 π 键，键级为 (8−4)/2=2，由于 O_2的分子轨道中有两个单电子，所以 O_2分子是顺磁性物质。

比较 O_2分子和 N_2分子的键级可知，N_2比 O_2稳定。

例如，推测氢分子离子 H_2^+和 Be_2分子能否存在。

H_2^+中只有 1 个电子，按照分子轨道理论，其分子轨道式为：$[(\sigma_{1s})^1]$，键级为 1/2。由于 $(\sigma_{1s})^1$可形成 1 个单电子键，使体系能量降低，所以 H_2^+可以存在，但不稳定。

Be_2 分子中有 8 个电子，其分子轨道式为：$Be_2[KK(\sigma_{2s})^2(\sigma_{2s}^*)^2]$，键级为 (2−2)/2=0。由于进入成键轨道和反键轨道的电子数相等，净成键作用为零，所以，可以推测 Be_2分子不能存在。

3.6 分子间力和氢键

分子内原子之间有相互作用力，分子之间也存在相互作用力，只有大约几十千焦每摩尔，由于范德华对这种作用力进行了卓有成效的研究，所以分子间作用力又称范德华力，分子间作用力决定了物质的诸多物理性质，比如物质表现出不同物态（气态、液态和固态）形式，对分子的极化和变形起到重要作用。为了说明分子间力，首先介绍分子的极性和偶极矩。

3.6.1 分子的极性

(1) 极性分子与非极性分子

每个分子中正、负电荷总量相等，整个分子是电中性的。但对每一种电荷量来说，都可设想一个集中点，称“电荷中心”。在任何一个分子中都可以找到一个正电荷中心和一个负电荷中心。按分子的电荷中心重合与否，可以把分子分为极性分子和非极性分子。正电荷中心和负电荷中心不相互重合的分子叫极性分子，正电荷中心和负电荷中心相互重合的分子叫非极性分子。在简单双原子分子中，如果是两个相同的原子，由于电负性相同，两原子所形成的化学键为非极性键，这种分子是非极性分子，如 H_2、O_2等。如果两个原

子不相同，其电负性不等，所形成的化学键为极性键，分子中正负电荷中心不重合，这种分子就为极性分子，如 HCl、HBr、HF 等，由极性键组成的双原子分子，键的极性越大，分子的极性也越大。对复杂的多原子分子来说，若组成的原子相同（如 S_8、P_4 等），原子间的化学键一定是非极性键，这种分子是非极性分子（O_3 除外，它有微弱的极性）。如果组成的原子不相同（如 CH_4、SO_2、CO_2 等），其分子的极性不仅取决于元素的电负性（或键的极性），而且还决定于分子的空间构型。如 CO_2 是非极性分子，SO_2 是极性分子。

（2）分子偶极矩（μ）

分子的极性大小和方向可以用偶极矩 μ 来度量，偶极矩是各键矩的矢量和，$\mu=qd$，d 为偶极长（正负电荷重心之间的距离），q 为正负电荷中心上的电荷量，单位是库・米（C・m），它的方向是由正到负，μ 可用实验测定。偶极矩越大，分子的极性越大。若某分子 $\mu=0$ 则为非极性分子，$\mu\neq0$ 为极性分子。μ 越大，极性越强，因此可用 μ 比较分子极性的强弱。如 $\mu(HCl)=3.50\times10^{-30}$ C・m，$\mu(H_2O)=6.14\times10^{-30}$ C・m。

偶极矩是表示物质性质和推测分子构型的重要物理量。常被用来验证和判断一个分子的空间结构。如 NH_3 和 $BeCl_3$ 都是四原子分子，$\mu(NH_3)=4.94\times10^{-30}$ C・m，$\mu(BeCl_3)=0$C・m，说明 NH_3 是极性分子，为三角锥形，$BeCl_3$ 为非极性分子，为平面三角形的构型。

表 3-13 列出了一些物质分子偶极矩的实验数据。

表 3-13　一些物质分子的偶极矩 μ　　单位：$\times10^{-30}$ C・m

分子式	偶极矩	分子式	偶极矩
H_2	0	SO_2	5.33
N_2	0	H_2O	6.17
CO_2	0	NH_3	4.90
CS_2	0	HCN	9.85
CH_4	0	HF	6.37
CO	0.40	HCl	3.57
$CHCl_3$	3.50	HBr	2.67
H_2S	3.67	HI	1.40

（3）分子的极化

当分子在外界电场的作用下结构及电荷分布发生的变化称为极化。由于极性分子的正负电荷中心不重合，分子中会始终存在一个正极和一个负极，极性分子的这种固有的偶极叫固有偶极或永久偶极。当极性分子受到外电场作用时，分子本身的偶极会按电场的方向定向排列，即正极一端转向电场的负极，负极一端转向电场的正极，如图 3-23 所示。这一过程称为分子的定向极化；同时，在电场的影响下，极性分子也会变形而产生诱导偶极。所以，极性分子的极化是分子的取向和变形的总结果。

非极性分子在外电场的作用下，分子中带正电荷的核被吸引向负极，而电子云被吸引向电场的正极，结果导致分子中正负电荷的中心发生了相对位移，分子的外形发生了改变，分子出现偶极，如图 3-21 所示，这种在外电场影响下产生的偶极叫诱导偶极，其对应的偶极矩叫诱导偶极矩。诱导偶极的大小与外电场的强度和分子的变形性成正比，当外界电场消失时，诱导偶极也会消失。

总之，在外电场的影响下，非极性分子可以产生偶极，极性分子的偶极会增大。

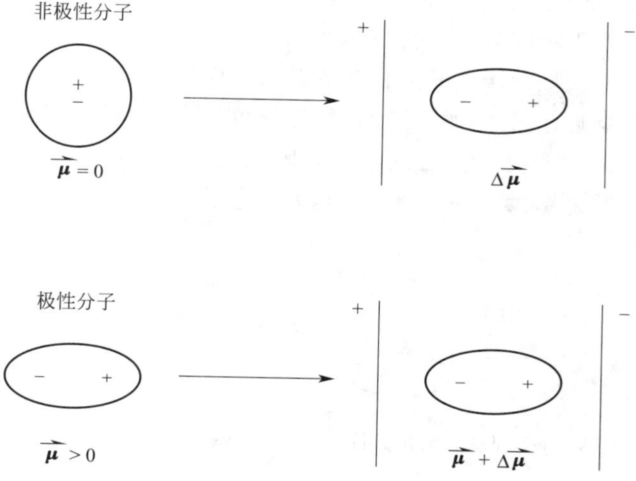

图 3-21　分子在电场中的极化

3.6.2 分子间作用力

化学键的结合能一般在 $1.0\times10^2\text{kJ}\cdot\text{mol}^{-1}$ 数量级，是原子间较强的相互作用力，除此之外，分子之间还存在着一种较弱的相互作用，即分子间作用力，又称范德华力，分子间力的能量只有几千焦每摩尔。分子间作用力是决定物质物理化学性质如沸点、熔点、表面吸附、溶解度等的一个重要因素。

分子间作用力（范德华力）一般包括取向力、诱导力和色散力三种。

① 取向力　又叫定向力，只有极性分子与极性分子之间才存在，是极性分子之间的永久偶极而产生的相互作用力。当两个极性分子相互靠近时，由于极性分子有偶极，所以同极相斥，异极相吸，从而使极性分子按一定方向排列，这就称为取向，如图 3-22 所示。取向力即为在已取向的极性分子间的相互作用力，取向力的本质是静电作用。分子的偶极矩越大，取向力越大，如 HCl、HBr、HI 的偶极矩依次减小，因而其取向力也依次减小。对于大多数极性分子，取向力仅占范德华力构成中的很小份额，只有少数强极性分子例外（表 3-14）。

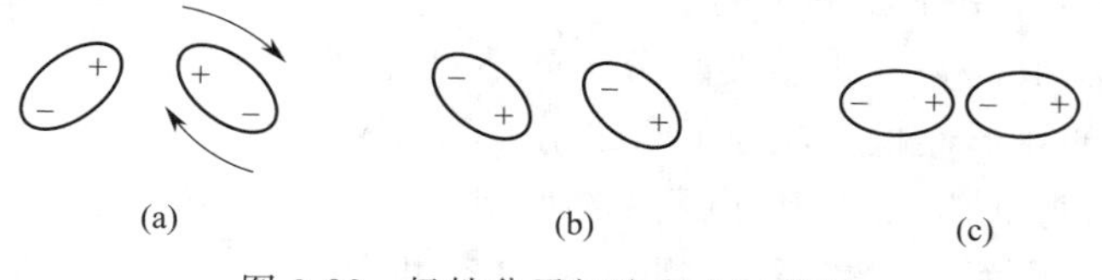

图 3-22　极性分子间取向力示意图

② 诱导力　在极性分子和非极性分子之间以及极性分子之间都存在诱导力。当极性分子与非极性分子靠近时，非极性分子在极性分子的偶极电场影响下，原来重合的正负电荷中心发生位移，从而产生了诱导偶极，如图 3-23 所示。这种诱导偶极与极性分子的固有偶极之间的作用力为诱导力。极性分子之间相互靠近时，除了会有取向力，也会由于相互的影响，使分子发生变形从而产生诱导偶极，其结果是产生了诱导力。诱导力的本质是静电作用。极性分子的偶极矩越大，被诱导的分子的变形性越大，诱导力越大，分子间距离越大，诱导力越小，诱导力的大小与温度无关。

③ 色散力　任何分子由于电子的不断运动和原子核的不断振动，正负电荷中心会有瞬间的不重合，从而产生瞬间偶极，如图 3-24 所示。分子间这种由瞬间偶极相互作用而产生的力叫色散力。非极性分子之间只存在色散力，极性分子之间除取向力和诱导力外也存在色散力。必须根据近代量子力学原理才能理解色散力的来源与本质，由于从量子力学导出的色散力的理论公式与光色散公式相似，因此得名。色散力的大小与分子变形性有关，变形性越大，色散力越大。分子间距离越大，色散力越小。色散力还与分子的解离势有关。

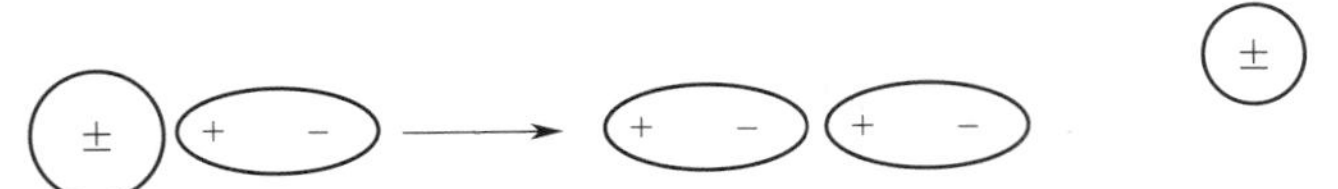

图 3-23　非极性分子和极性分子间诱导力示意图

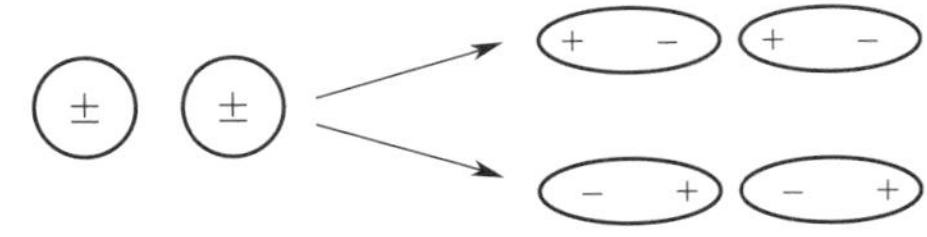

图 3-24　非极性分子间色散力示意图

瞬时偶极的产生虽然时间极短，相互间的作用也比较微弱，但其却不断地重复发生，并不断地相互诱导和相互作用，所以，色散力在所有分子之间都始终存在。

综上所述，在极性分子之间同时存在取向力、诱导力和色散力；在极性分子和非极性分子之间，既有诱导力也有色散力；而在非极性分子之间只存在色散力。一些分子间三种作用力大小的比较见表 3-14。

表 3-14　分子间作用力的分配

分子	取向力 /kJ·mol⁻¹	诱导力 /kJ·mol⁻¹	色散力 /kJ·mol⁻¹	总和 /kJ·mol⁻¹
Ar	0.000	0.000	8.49	8.49
CO	0.0029	0.0084	8.74	8.75
HI	0.025	0.1130	25.86	25.98
HBr	0.686	0.502	21.92	23.09
HCl	3.305	1.004	16.82	21.13
NH_3	13.31	1.548	14.94	29.58
H_2O	36.38	1.929	8.996	47.28

分子间作用力有如下特点。

① 它是永远存在于分子或离子间的作用力。在一般分子中色散力往往是主要的，只有对极性很大的分子取向力才占主要部分。除 NH_3、H_2O、HF 外，一般分子的体积或分子量越大，分子的变形性越大，分子间作用力就越大。

② 分子间作用力通常表现为近距离的吸引力，作用范围很小（为 300～500pm），且随分子间距离的增大而迅速减小。因此，在液态和固态时，分子间作用力比较明显，气态时，分子间作用力往往可以忽略。

③ 分子间作用力没有饱和性和方向性，作用力的大小比化学键能小 1～2 个数量级，一般为几到几十千焦每摩尔。分子间作用力主要影响物质的熔沸点等物理性质，而化学键主要影响物质的化学性质。如分子间作用力小的物质熔沸点都低，一般为气体。

物质的一些物理性质如沸点、熔点、密度、溶解度、表面张力等都与分子间作用力有关。一般说来，分子间作用力越强，物质的熔点、沸点越高。例如，CF_4、CCl_4、CBr_4、CI_4 都是非极性分子，分子间只存在色散力。由于色散力随它们的分子量依次增大而递增，所以，它们的沸点依次递增。溶解度的大小也受分子间作用力大小的影响，所谓“相似相溶”，就是指溶剂分子和溶质分子的极性相似时，溶质更容易溶解，溶解度就会更大。

在生产上利用分子间力的地方很多。例如，有的工厂用空气氧化甲苯制取苯甲酸，未起反应的甲苯随尾气逸出，可以用活性炭吸附回收甲苯蒸气，空气则不被吸附而放空。这可以联系甲苯、氧和氮分子的变形性来理解。甲苯（C_7H_8）分子比 O_2 或 N_2 分子大得多，变形性显著。在同样的条件下，变形性愈大的分子愈容易被吸附，利用活性炭分离出甲苯就是根据这一原理。防毒面具滤去氯气等有毒气体而让空气通过，其原理是相同的。近年来生产和科学实验中广泛使用的气相色谱，就是利用了各种气体分子的极性和变形性不同，而被吸附的情况不同，从而分离、鉴定气体混合物中的各种成分。

3.6.3 氢键

对于由分子构成的物质而言，若结构相似，则分子量越大，熔沸点越高。比如 H_2O、H_2S、H_2Se 和 HF、HCl、HBr、HI 及 NH_3、PH_3、AsH_3，以上每一组物质，结构相似，分子量逐渐增大，熔沸点应逐渐增大，但 H_2O、HF、NH_3 的分子量在组内都是最小，熔沸点在每一组中都是最高。这是因为 H_2O、HF、NH_3 分子间除分子间作用力外，还存在着一种特殊作用，这种作用比化学键弱，但比分子间作用力强，是一种特殊的分子间作用力——氢键。水的物理性质十分特殊，除熔沸点高外，水的比热容较大，而且水结成冰后密度变小，这可以用氢键予以解释。

（1）氢键的形成

氢键是指分子中与电负性很大的原子 X 以共价键相连的氢原子，和另一分子中（或分子内）一个电负性原子很大的 Y 之间所形成的一种静电作用，可表示为：X—H┄Y。X、Y 均是电负性大、半径小的原子，可以相同或不同，最常见的有 F、O、N 原子。例如，当 H 和 F、O、N 以共价键结合时，成键的共用电子对强烈地偏向于 F、O、N 原子一边，使得 H 几乎成为“赤裸”的质子，又由于它体积很小，所以正电荷密度很大，它不被其他原子的电子云所排斥，能与另一 F、O 或 N 原子上的孤对电子相互吸引形成氢键。

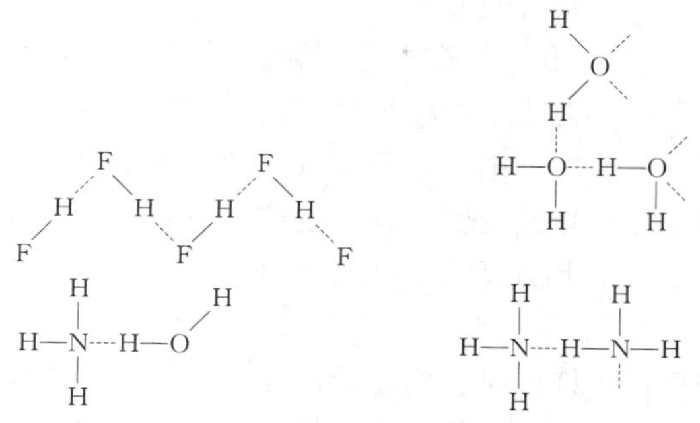

图 3-25　几种化合物中存在的分子间氢键

（2）氢键的特点和种类

氢键键能在 10～40kJ · mol^{-1}，比化学键弱得多，但比分子间作用力稍强，属于一种

第3章 物质结构基础

较强的分子间作用力。判断氢键的强弱，应从氢键的本质着手分析。如果与氢键直接相连原子的吸电子能力越强，氢核裸露程度越大，氢原子上的正电荷就越高；与氢邻近原子孤电子对电子云密度越高，与裸露氢核之间的静电作用力就越大；这样的氢键就越强。分子中容易形成氢键的元素有：F、O、N、S、Cl，氢键的强弱一般顺序是：F—H┄F＞O—H┄O＞O—H┄N＞N—H┄N＞O—H┄Cl＞O—H┄S。

氢键具有方向性和饱和性。氢键中 X、H、Y 三原子一般在一条直线上，因为 H 原子体积很小，为了减少 X 和 Y 两个带负电原子之间的斥力，要使它们尽量远离，键角接近 180°，排斥力最小。这就是氢键的方向性，而范德华力是没有方向性的。又由于氢原子的体积很小，它与体积较大的 X、Y 靠近后，另一个体积较大的 Y′就会受到 X—H┄Y 中的 X、Y 的排斥，这种排斥力要比它和氢原子的结合力强，所以中X—H┄Y中的氢原子只能与一个 Y 形成氢键，这就是氢键的饱和性。

氢键可分为两种类型，一种是分子间氢键，即一个分子的 X—H 键和另一个分子的原子 Y 相结合而成的氢键。同种分子间和异种分子间都可以形成分子间氢键。如水与水、氨与氨之间的氢键为同种分子间氢键，氨与水、甲醇与水之间形成的氢键为异种分子间氢键，如图 3-25 所示。

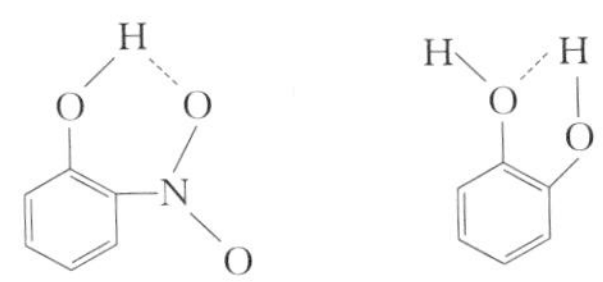

图 3-26　分子内氢键

一个分子内部也可以形成氢键，如一个分子的 X—H 键与它内部的原子 Y 相结合而成的氢键，则称为分子内氢键，如图 3-26 所示。苯酚的邻位上有—CHO、—COOH、—OH 和—NO_2等基团时，即可形成分子内氢键。分子内氢键常常不在一条直线上。某些无机分子也存在分子内氢键，如 HNO_3。

(3) 氢键对物质性质的影响

分子间生成了氢键，就会使物质的熔点沸点升高。这是因为当固体熔化和液体汽化时，需要克服分子间力外，还要破坏氢键，消耗的能量增多。HF、H_2O、NH_3分子就是因为分子间存在着氢键，它们的熔点、沸点才异常高。碳族元素的氢化物中，如 CH_4，其中 C 原子电负性小，半径大，不能形成氢键。

若溶质分子与溶剂分子之间能形成氢键，则溶质在溶剂中的溶解度就会增加。例如 NH_3，易溶于水中，就是 NH_3与 H_2O 形成氢键的缘故。

液体分子间若有氢键存在，其黏度一般较大。例如，甘油、磷酸、浓硫酸，都是因为分子间有氢键存在，通常为黏稠状的液体。

若形成分子内氢键，因减弱了分子之间的氢键作用，一般会使化合物沸点、熔点降低，汽化热、升华热减小，也会使物质在极性溶剂中的溶解度下降，如邻位硝基苯酚由于存在分子内氢键，它比间位、对位硝基苯酚在水中的溶解度要小，而更易溶于非极性溶剂中。酸分子内氢键的存在常使其酸度增加。生物体内的蛋白质和 DNA 分子内或分子间存在大量的氢键，它们是由羰基上的氧和氨基上的氢形成的，这极大地增强了螺旋结构的稳定性。

总之，氢键普遍地存在于许多化合物与溶液之中，虽然氢键键能不大，但它对物质的酸碱性、密度、介电常数、熔沸点等物理化学性质有各种不同的影响，在各种生化过程中也起着十分重要的作用。

生物体内也广泛存在氢键，如蛋白质分子、核酸分子中均有分子内氢键。在蛋白质的 α 螺旋结构中，螺旋之间羰基上的氧和亚氨基上的氢形成分子内氢键，如图 3-27(a)

所示。又如脱氧核糖核酸（DNA），它是由磷酸、脱氧核糖和碱基组成的具有双螺旋结构的生物大分子，两条链通过碱基间氢键配对而保持双螺旋结构，维系并增强其稳定性，如图 3-27(b) 所示，一旦氢键遭到破坏，分子双螺旋结构也将发生变化，生物活性也将丧失或改变。因此，氢键在生物化学、分子生物学和医学生理学的研究方面有着重要意义。

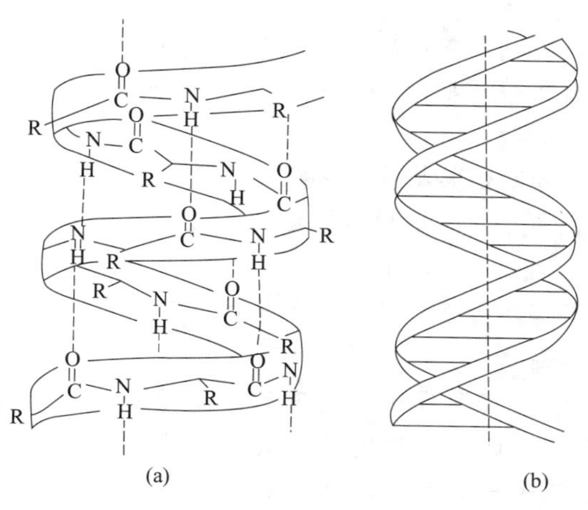

图 3-27　蛋白质螺旋结构式(a) 和 DNA 双螺旋结构（b）中的氢键

知识拓展

晶体结构

物质通常以气、液、固三态存在，自然界绝大多数物质是以固态形式存在，而固态物质可分为晶体和非晶体两类。物质微粒（原子、分子、离子等）有规则周期性地排列形成具有整齐外形的固体称为晶体。微粒无规则地排列则形成非晶体。

1. 晶体的特征

与非晶体相比，晶体具有以下特征。

(1) 晶体具有规则的外形

从外观上看，晶体都具有一定的几何外形，其内部质点（原子、分子、离子等）在空间有规律地重复排列，如氯化钠（NaCl）晶体为正方体，石英（SiO_2）晶体为六角柱体，方解石（$CaCO_3$）晶体为棱面体。非晶体（无定形物质）则没有一定的结晶外形，质点的排列没有规律，如玻璃、石蜡。无定形物质往往是在温度突然下降到液体的凝固点以下成为过冷液体时，物质的质点来不及进行有规则的排列而形成的。

(2) 晶体具有固定的熔点

在一定压力下，将晶体加热到一定温度时，晶体会开始熔化。在晶体完全熔化之前，即使继续加热，其温度保持不变，待晶体完全熔化后，温度才会继续上升。这个特定的温度就是晶体的熔点。如常压下，冰的熔点为 0℃。而非晶体（如石蜡、玻璃等）没有固定的熔点，加热时先软化再变成黏度很大的物质，最后变成具有流动性的液体。从软化到完全熔化的过程中，温度是不断上升的，没有固定的熔点，故只能说非晶体有一段软化的温度范围。如松香的软化点是60～85℃。

(3) 晶体具有各向异性

晶体在不同方向上具有不同的性质（力、光、电、热等），例如云母容易沿着层状结构的方向剥离，石墨的层内电导率比层间电导率高出一万倍，各向异性是晶体的重要特征。非晶体的无规则排列决定了它们是各向同性的。

2. 晶体的类型

(1) 晶体的内部结构

晶格：把晶体中的粒子（原子、离子或分子）抽象地看成一个点（称为结点），沿着一定方向，按照某种规则把结点联结起来，则可以得到描述各种晶体内部结构的空间图像，称为晶格。

晶胞：在晶格中，能表现出其结构一切特征的最小部分称为晶胞。换言之，整个晶体就是由晶胞堆砌而成的。晶胞的大小和形状由其参数来决定。

(2) 晶体的类型

根据晶胞结构单元间作用力性质的不同，晶体又可分为四个基本类型：离子晶体、原子晶体、分子晶体和金属晶体。

① 离子晶体　由正、负离子或正、负离子基团按一定比例通过离子键结合形成的晶体称作离子晶体。离子晶体一般硬而脆，具有较高的熔沸点，熔融或溶解时可以导电。在固体状态时，离子被局限在晶格的某些位置上振动，因而绝大多数离子晶体几乎不导电。

下面介绍AB型离子化合物的几种最简单的结构形式：NaCl型、CsCl型和ZnS型（图3-28）。

a. NaCl型结构（AB型离子化合物中常见的一种晶体构型）

点阵型式：Na^+的面心立方点阵与Cl^-的面心立方点阵平行交错，交错的方式是一个面心立方格子的结点位于另一个面心立方格子的结点，如图3-28所示。

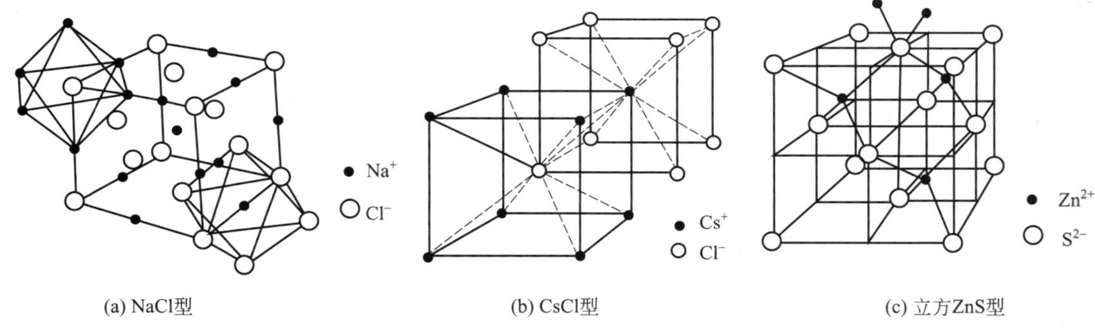

图3-28　三种简单的离子晶体

晶系：立方晶系。

配位数（离子晶体中离子的配位数是指一个离子周围最邻近的异电性离子的数目）：6∶6，即Na^+与Cl^-相间排列，每个Na^+同时吸引6个Cl^-，每个Cl^-同时吸引6个Na^+。

NaCl的晶胞是面心立方，每个离子被6个相反电荷的离子所包围。

b. CsCl 型结构

点阵型式：Cs^+ 形成简单立方点阵，Cl^- 形成另一个立方点阵，两个简单立方点阵平行交错，交错的方式是一个简单立方格子的结点位于另外一个简单立方格子的体心。

晶系：立方晶系。

配位数：8∶8，每个 Cs^+ 被 8 个 Cl^- 包围，同时每个 Cl^- 也被 8 个 Na^+ 所包围。

c. 立方 ZnS 型结构

点阵型式：Zn 原子形成面心立方点阵，S 原子也形成面心立方点阵。平行交错的方式比较复杂，是一个面心立方格子的结点位于另一个面心立方格子的体对角线的 1/4 处。

晶系：立方晶系。

配位数：4∶4。

BeO、ZnSe 等晶体均属于立方 ZnS 型。

离子晶体整体上具有电中性，这决定了晶体中各类正离子带电量总和与负离子带电量总和的绝对值相当，并导致晶体中正、负离子的组成比和电价比等结构因素间有重要的制约关系。

如果离子晶体中发生位错即发生错位，正正离子相切，负负离子相切，彼此排斥，离子键失去作用，故无延展性。如 $CaCO_3$ 可用于雕刻，而不可用于锻造。因为离子键的强度大，所以离子晶体的硬度高。又因为要使晶体熔化就要破坏离子键，所以要加热到较高温度，故离子晶体具有较高的熔沸点。离子晶体在固态时有离子，但不能自由移动，不能导电，溶于水或熔化时离子能自由移动而能导电。因此水溶液或熔融态导电，是通过离子的定向迁移导电，而不是通过电子流动而导电。

离子晶体的结构类型还取决于晶体中正负离子的半径比、正负离子的电荷比和离子键的纯粹程度。

常见的离子晶体化合物如表 3-15 所示。

表 3-15 常见的离子晶体化合物

晶体结构型式	实 例
氯化钠型	锂、钠、钾、铷的卤化物，氟化银，镁、钙、锶、钡的氧化物，硫化物，硒化物
氯化铯型	CsCl，CsBr，CsI，TlCl，TlBr，NH_4Cl
闪锌矿型	铍的氧化物、硫化物、硒化物、碲化物
萤石型	钙、铅、汞的氟化物，钍、铀、钸的二氧化物，锶和钡的氯化物，硫化钾
金红石型	钛、锡、铅、锰的二氧化物，铁、镁、锌的二氟化物

② 原子晶体　原子晶体是以具有方向性、饱和性的共价键为骨架形成的晶体。由于它们的键合非常牢固，键的强度也较大，所以原子晶体的硬度很大，熔点和沸点很高。金刚石和石英是最典型的原子晶体，其中的共价键形成三维骨架网络结构。这类晶体通常不导电（熔融时也不导电），是热的不良导体，延展性差。

③ 分子晶体　分子晶体是在晶格结点上排列着极性或非极性分子。如固态的卤素单质、固态 CO_2 和 SO_2 等，以及绝大多数的固态有机化合物都属于分子晶体。在分子晶体中，分子内原子间的共价键是相当牢固的，但分子间的作用力却相当弱。因此，分子晶体的熔点和沸点较低，硬度较小，挥发性较大，甚至有的不经熔化就可直接升华，如碘和萘等。多数分子晶体难溶于水，不导电，即使熔融下也不导电。只有那些极性很强的分子晶体（如氯化氢）溶于极性溶剂（水）后可以导电。

④ 金属晶体　在晶体中组成晶格的质点排列的是金属原子或金属离子，质点间的作用力是金属键力，该晶体称为金属晶体。主要的结构类型为体心立方密堆积、六方密堆积和面心立方密堆积三种（见图 3-29）。金属晶体的物理性质和结构特点都与金属原子之间主要靠金属键键合相关。金属可以形成合金，是其主要性质之一。

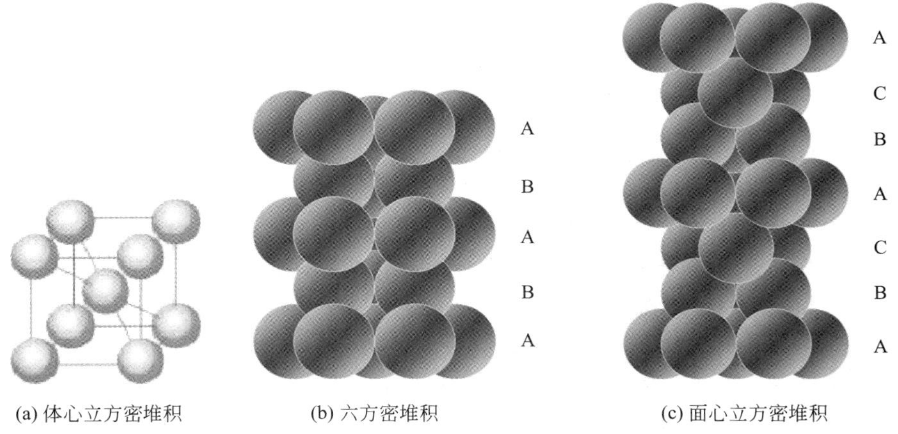

(a) 体心立方密堆积　(b) 六方密堆积　(c) 面心立方密堆积

图 3-29　金属晶体的堆积方式

金属单质及一些金属合金都属于金属晶体，例如镁、铝、铁和铜等。金属晶体中存在金属离子（或金属原子）和自由电子，金属离子（或金属原子）总是紧密地堆积在一起，金属离子和自由电子之间存在较强烈的金属键，自由电子在整个晶体中自由运动，金属具有共同的特性，如金属有光泽、不透明，是热和电的良导体，有良好的延展性和机械强度。大多数金属具有较高的熔点和硬度，金属晶体中，金属离子排列越紧密，金属离子的半径越小、离子电荷越高，金属键越强，金属的熔、沸点越高。例如，ⅠA 族金属由上而下，随着金属离子半径的增大，熔、沸点递减。第三周期金属按 Na、Mg、Al 顺序，熔沸点递增。

金属阳离子所带电荷越高，半径越小，金属键越强，熔沸点越高，硬度也越大。例如第 3 周期金属单质：Al＞Mg＞Na，再如元素周期表中第ⅠA 族元素单质：Li＞Na＞K＞Rb＞Cs。硬度最大的金属是铬，熔点最高的金属是钨。

当金属受到外力，如锻压或捶打，晶体的各层就会发生相对滑动，但不会改变原来的排列方式，在金属原子间的电子可以起到类似轴承中滚珠的润滑剂作用。所以在各原子之间发生相对滑动以后，仍可保持这种相互作用而不易断裂。因此金属都有良好的延展性。

思考题与习题

1. 解释下列各名词和概念。

(1) 基态原子和激发态原子；(2) 能级和电子层；(3) 波粒二象性和不确定关系；
(4) 概率和概率密度；(5) 波函数 ψ 和原子轨道；(6) 概率密度和电子；
(7) 量子数和量子化；(8) 简并轨道和简并度；(9) 屏蔽效应和钻穿效应；
(10) s 区和 p 区；(11) d 区和 ds 区。

2. 量子数 $n=4$ 的电子层，有几个分层？各分层有几个轨道？第四个电子层最多能容纳多少电子？

3. 解释下列概念：

共价半径　金属半径　范德华半径　电离能　电子亲和能　电负性

4. 下列各组量子数哪些不合理？为什么？

量子数	n	l	m
(1)	2	2	0
(2)	2	2	−1
(3)	3	0	+1
(4)	2	0	−1

5. 填入适当的量子数。

(1) $n=?$　$l=2$　$m=0$　$m_s=+\frac{1}{2}$

(2) $n=2$　$l=?$　$m=-1$　$m_s=-\frac{1}{2}$

(3) $n=3$　$l=0$　$m=?$　$m_s=+\frac{1}{2}$

(4) $n=4$　$l=2$　$m=+1$　$m_s=?$

6. 用波函数符号 ψ_{nlm} 标记 $n=4$ 电子层上的所有原子轨道。

7. 写出原子轨道 2s、$3p_z$、5s 的量子数 n、l、m。

8. 用量子数表示下列电子运动状态，并给出电子的名称。

(1) 第四电子层，原子轨道球形分布，顺时针自旋；

(2) 第三电子层，原子轨道呈哑铃形，沿 z 轴方向伸展，逆时针自旋。

9. 写出原子和离子的核外电子排布（电子组态）：

(1) ^{29}Cu 和 Cu^{2+}；　(2) ^{26}Fe 和 Fe^{3+}；　(3) ^{47}Ag 和 Ag^{+}；　(4) ^{53}I 和 I^{-}。

10. 不查表，选出各组中第一电离能最大的元素：

(1) Na　Mg　Al；　(2) Na　K　Rb；　(3) Si　P　S；　(4) O　F　Ne。

11. 某一元素，其原子序数为24，问：(1) 该元素原子的电子总数为多少？(2) 该原子有几个电子层，每层电子数为多少？(3) 写出该原子的价电子结构。(4) 写出该元素所在的周期、族和区。

12. 常见的 s 轨道和 p 轨道能组成几种类型的杂化轨道？等性杂化时，轨道间的夹角各为多少？

13. 下列说法正确吗？为什么？

(1) sp^3 杂化是指 1 个 s 电子和 3 个 p 电子的杂化；

(2) sp^3 杂化是 1s 轨道和 3p 轨道的杂化；

(3) 只有 s 和 s 轨道才能形成 σ 键。

14. BF_3 和 NF_3 组成相似，它们的空间构型是否相同？试用杂化轨道理论说明它们的空间结构。

15. 现有四组物质 (1) 苯和四氯化碳；(2) 甲醇和水；(3) 氦和水；(4) 溴化氢和氯化氢。试判断各组不同化合物分子间范德华力的类型。

16. 试用分子轨道理论解释为什么 N_2 的解离能力比 N_2^{+} 的大；而 O_2 的解离能比 O_2^{+} 的小。

17. 写出 O_2、O_2^{+}、O_2^{-}、O_2^{2-} 的分子轨道式，计算它们的键级，并判断磁性及稳定性。

18. 写出下列离子的外层电子构型，并指出各离子的电子构型分别属于什么类型。

Ba^{2+}　Al^{3+}　Li^{+}　I^{-}　Cu^{+}　Ag^{+}　Fe^{3+}

第4章 分析化学概论

本章学习要求

了解分析化学的目的、任务、作用，分析方法的分类，定量分析的一般程序；掌握误差的分类、来源、减免方法，准确度、精密度的概念及其表示方法；了解提高分析结果准确度的方法，可疑值的处理方法；掌握滴定分析中的基本概念、基本计算。

4.1 分析化学概述

分析化学是测定物质的化学组成、研究测定方法及其有关理论的一门学科。根据分析方法的原理，一般可分为化学分析和仪器分析两大类。

4.1.1 分析化学的任务和作用

分析化学是关于研究物质的组成、含量、结构和形态等化学信息的分析方法及理论的一门学科，是化学学科的一个重要分支，是化学家最基础的训练之一。分析化学的主要任务是鉴定物质的化学组成（元素、离子、官能团或化合物等）、测定物质的有关组分的含量、确定物质的结构（化学结构、晶体结构、空间分布）和存在形态（价态、配位态、结晶态）及其与物质性质之间的关系等。

分析化学在国民经济建设、国防建设和科学研究的发展中，都起到很重要的作用。在工业方面，从资源的勘探，矿山的开发，原料的选择，生产流程的控制和产品的检验等方面都必须依赖分析结果作依据；在环境方面，大气和水质的监测，“三废”的处理和综合利用，生态平衡研究、提高环境质量等，所有这些都离不开“分析”。因此，人们常将“分析化学”比做工农业生产的“眼睛”。

分析化学在现代农业生产和农业科学研究中也具有极其重要的作用。例如，测定土壤肥力状况，分析各种商品肥料中的有效成分含量，判断农作物对营养成分利用的状况等都需要用到分析化学的手段。对农作物及其产品中的某些生化指标进行分析、检测，从而筛选出更优的品种。

在生命科学研究中，我们可以借助分析化学分析元素与疾病之间的关系。如正常人头发中锰的含量为0.7μg/g，而心脏病者为0.42μg/g，肿瘤或者早衰者头发锰含量也较低；又如人体一天究竟需要多少糖，人体中糖是怎样循环变化的，就需要测定体内的糖含量等，那么我们就可以借助分析化学手段分析头发中锰的含量或者人体内的糖含量来判断人的健康状况。

在科学研究方面，许多理论、定理的提出都是建立在正确的分析方法基础上的。几乎所有涉及化学的研究均用到分析化学。如在药物合成、中药成分分离等过程中，需要知道产品是什么？中间产物是什么？产品的含量是多少？等；无机化学研究配合物时，需测定配合比，新型材料的合成需测定电化学性质、光化学特性等；考古学需测定古物的年代、组成等，这些过程中无一不需要分析化学。

目前，分析化学正处于发展变革的新时期，现代分析化学不仅要解决定性分析和定量分析的问题，而且要提供更多的信息，尤其是物质结构与性能关系的信息，成为参与处理和解决问题的决策者。

分析化学是一门以实验为基础的科学，在学习过程中一定要理论联系实际，加强实验训练。通过学习，掌握分析化学的基本原理和测定方法，树立准确的“量”的概念；培养严谨的科学态度；提高分析问题和解决问题的能力。

4.1.2 分析方法的分类

根据分析的目的和任务、分析对象、测定原理、操作方法等不同，分析方法可分为如下几种。

（1）无机分析和有机分析

根据分析对象不同，分析化学可分为无机分析和有机分析。无机分析的对象是无机物。无机物所含元素种类繁多，要求分析结果以某些元素、离子或化合物是否存在以及相对含量多少来表示。有机分析的对象是有机物，它们的组成元素较为单一，主要为碳、氢、氧、氮、硫等，但由于结构复杂，化合物的种类非常繁多，所以分析对象除元素外还有官能团分析和结构分析。

（2）结构分析、定性分析和定量分析

根据分析目的不同，可分为结构分析、定性分析和定量分析。结构分析是研究物质的分子结构和晶体结构；定性分析是鉴定试样中由哪些元素、原子团、官能团或化合物组成；定量分析是测试试样中有关组分的含量。

（3）常量、半微量和微量分析

根据分析时所需试样的量和操作方法不同，分析方法可分为常量分析、半微量分析、微量分析。

① 常量分析　试样量 0.1～1.0g，用锥形瓶、试管及漏斗等一般仪器进行操作。

② 半微量分析　试样量 0.01～0.1g，所用仪器略小于常量仪器。

③ 微量分析　试样量 0.001～0.01g，所用仪器主要有点滴板、显微镜等。

④ 超微量分析　试样量 0.0001～0.001g，因而需要使用特殊的仪器和设备。

在无机定性分析中，多采用半微量分析方法，而在定量分析中，一般采用常量分析方法。若进行微量分析或超微量分析时，多采用的是仪器分析方法。

需要指出，根据试样中被测组分的含量，分析方法又可分为常量组分分析（>1%）、微量组分分析（0.01%～1%）及痕量组分分析（<0.01%）。常量分析一般采用化学分析法，微量组分一般采用仪器分析法。

（4）化学分析和仪器分析

根据测定原理和具体操作方式的不同，分析方法又可分为化学分析法和仪器分析法。

① 化学分析法　化学分析法是以化学反应为基础的分析方法，主要包括重量分析法和滴定分析法。重量分析法和滴定分析法通常用于高含量或中含量组分的测定，即待测组分的含量一般在1%以上。重量分析法的准确度比较高，但分析速度慢。滴定分析法操作简便、快速，测定结果的准确度也比较高（一般情况下相对误差为0.2%左右），所用仪器设备又很简单，是重要的例行测试手段之一，因此滴定分析在生产实践和科学试验上都有很大的实用价值。

② 仪器分析法　仪器分析法是以物质的物理和物理化学性质为基础并借用较精密的仪器测定被测物质含量的分析方法，由于这类分析方法需要专用的、较特殊的仪器，故称为仪器分析法。它包括光学分析法、电化学分析法、色谱分析法和质谱分析法等。

a. 光学分析法　它是根据物质的光学性质建立起来的一种分析方法。主要有分子光谱法（如比色法、紫外-可见分光光度法、红外光谱法、分子荧光及磷光分析法等）、原子光谱法（如原子发射光谱法、原子吸收光谱法等）、激光拉曼光谱法、光声光谱法和化学发光分析法等。

b. 电化学分析法　它是根据被分析物质溶液的电化学性质建立起来的一种分析方法。主要有电势分析法、电导分析法、电解分析法、极谱分析法和库仑分析法等。

c. 色谱分析法　它是一种分离和分析相结合的方法。主要有气相色谱法、液相色谱法、薄层色谱法和纸色谱法等。

随着科学技术的发展，近年来，质谱法、核磁共振波谱法、X射线、电子显微镜分析以及毛细管电泳等大型仪器分析法已成为强大的分析手段。仪器分析由于具有快速、灵敏、自动化程度高和分析结果信息量大等特点，备受人们的青睐。

（5）例行分析、快速分析和仲裁分析

例行分析是指一般化验室日常生产中的分析，又叫常规分析。例如炼钢厂的炉前快速分析，药厂及化工厂化验室的日常分析，要求在尽量短的时间内报出结果以作为判断生产过程运行过程正常与否的指标和判据，分析误差一般允许较大。

仲裁分析是不同单位对分析结果有争议时，要求有关单位（如一定级别的药检所或法定检验单位）用指定的方法进行准确的分析，以判断分析结果的准确性。

4.1.3　定量分析的一般步骤

定量分析大致包括以下几个步骤：试样的采取和制备、称量和试样的分解、干扰组分的掩蔽和分离、定量测定和分析结果的计算和评价等。

（1）试样的采取和制备

在分析实践中，常需测定大量物料中某些组分的平均含量。但在实际分析时，只能称取几克、十分之几克或更少的试样进行分析。取这样少的试样所得的分析结果，要求能反映整批物料的真实情况，则分析试样的组成必须能代表全部物料的平均组成，即试样应具有高度的代表性。否则分析结果再准确也是毫无意义的。

因此，在进行分析之前，必须了解试样来源，明确分析目的，做好试样的采取和制备工作是非常重要的，所谓试样的采取和制备，系指先从大批物料中采取最初试样（原始试样），然后再制备成供分析用的最终试样（分析试样）。当然，对于一些比较均匀的物料，如气体、液体和固体试剂等，可直接取少量分析试样，不需再进行制备。

通常遇到的分析对象，从其形态来分，不外气体、液体和固体三类，对于不同的形态和不同的物料，应采取不同的取样方法。

① 气体试样的采取　对于气体试样的采取，亦需按具体情况，采用相应的方法。例如大气样品的采取，通常选择距地面 50～180cm 的高度采样，使与人的呼吸空气相同。对于烟道气、废气中某些有毒污染物的分析，可将气体样品采入空瓶或大型注射器中。大气污染物的测定是使空气通过适当吸收剂，由吸收剂吸收浓缩之后再进行分析。在采取液体或气体试样时，必须先把容器及通路洗涤，再用要采取的液体或气体冲洗数次或使之干燥，然后取样以免混入杂质。

② 液体试样的采取　装在大容器里的物料，只要在贮槽的不同深度取样后混合均匀即可作为分析试样。对于分装在小容器里的液体物料，应从每个容器里取样，然后混匀作为分析试样。

如采取水样时，应根据具体情况，采用不同的方法。当采取水管中或有泵水井中的水样时取样前需将水龙头或泵打开，先放水 10～15min，然后再用干净瓶子收集水样至满瓶即可。采取池、江、河中的水样时，可将干净的空瓶盖上塞子，塞上系一根绳，瓶底系一铁铊或石头，沉入离水面一定深处，然后拉绳拔塞，让水流满瓶后取出，如此方法在不同深度取几份水样混合后，作为分析试样。

③ 固体试样的采取和制备　固体试样种类繁多，经常遇到的有矿石、合金和盐类等，它们的取样大致可分为三步：a. 收集粗样（原始试样）；b. 将每份粗样混合或粉碎、缩分，减少至合适分析所需的数量；c. 制成符合分析用的样品。

原始试样在采集时部位必须广，取的次数必须多，每次所取的量要少。如果被测物质块粒大小不一，则各种不同粒度的块粒都要采取一些。采取粗样的量决定于颗粒的大小和颗粒的均匀性等。原始粗样一般是不均匀的，但必须能代表整体的平均组成。

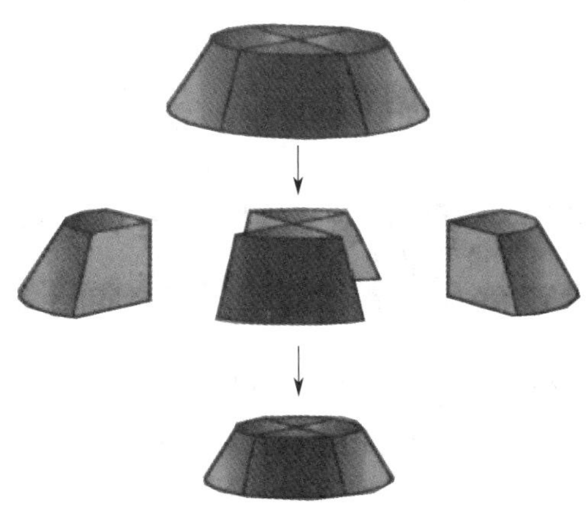

图 4-1　四分法示意图

粗样经破碎、过筛、混合和缩分后，制成分析试样。常用的缩分法为四分法（如图 4-1）。即将试样粉碎之后混合均匀，堆成锥形，然后略为压平，通过中心分为四等分把任意相对的两份弃去，其余相对的两份收集在一起混匀，这样试样便缩减了一半，称为缩分一次。这样每经过处理一次，试样就缩减了一半。然后再粉碎、过筛、混合和缩分，直到留下所需要量为止。一般送化验室的试样为 100～300g。试样应贮存在具有磨口玻璃塞的广口瓶中，贴好标签，注明试样的名称、来源和采样日期等。在试样粉碎过程中，应注意避免混入杂质，过筛时不能弃去未通过筛孔的颗粒试样，而应再磨细后使其通过筛孔，即过筛时全部试样都要通过筛孔，以保证所得试样能代表整个物料的平均组成。筛孔网目与筛孔大小对照见表 4-1。

表 4-1　筛孔网目与筛孔大小对照表

筛孔(网目)	20	40	60	80	100	120	200
筛孔大小/mm	0.83	0.42	0.25	0.177	0.149	0.125	0.074

（2）试样的分解

在一般分析工作中，通常先要将试样分解，制成溶液。试样的分解工作是分析工作的重要步骤之一。在分解试样时必须注意以下几点：①试样分解必须完全，处理后的溶液中不得残留原试样的细屑或粉末；②试样分解过程中待测组分不应挥发；③不应引入被测组分和干扰物质。

由于试样的性质不同，分解的方法也有所不同。常用的方法有溶解法和熔融法两种。

① 无机试样的分解

a. 溶解法　采用适当的溶剂将试样溶解制成溶液，这种方法比较简单、快速。常用的溶剂有水、酸和碱等。溶于水的试样一般称为可溶性盐类，如硝酸盐、醋酸盐、铵盐、绝大部分的碱金属化合物和大部分的氯化物、硫酸盐等。对于不溶于水的试样，则采用酸或碱作溶剂的酸溶法或碱溶法进行溶解，以制备分析试液。

水溶法是针对可溶性的试样，直接用水制成试液。

酸溶法是利用酸的酸性、氧化还原性和形成配合物的作用，使试样溶解。钢铁、合金、部分氧化物、硫化物、碳酸盐矿物和磷酸盐矿物等常采用此法溶解。常用的酸溶剂如下：盐酸、硝酸、硫酸、磷酸、高氯酸、氢氟酸以及混合酸。

碱溶法的溶剂主要为 NaOH 和 KOH，碱溶法常用来溶解两性金属铝、锌及其合金，以及它们的氧化物、氢氧化物等。在测定铝合金中的硅时，用碱溶解使 Si 以 SiO_3^{2-} 形式转到溶液中。如果用酸溶解则 Si 可能以 SiH_4 的形式挥发损失，影响测定结果。

b. 熔融法　熔融法又可分为酸熔法和碱熔法。

（a）酸熔法　碱性试样宜采用酸性熔剂。常用的酸性熔剂有 $K_2S_2O_7$（熔点 419℃）和 $KHSO_4$（熔点 219℃），后者经灼烧后亦生成 $K_2S_2O_7$，所以两者的作用是一样的。这类熔剂在 300℃以上可与碱或中性氧化物作用，生成可溶性的硫酸盐。如分解金红石的反应是

$$TiO_2 + 2K_2S_2O_7 = Ti(SO_4)_2 + 2K_2SO_4$$

这种方法常用于分解 Al_2O_3、Cr_2O_3、Fe_3O_4、ZrO_2、钛铁矿、铬矿、中性耐火材料（如铝砂、高铝砖）及磁性耐火材料（如镁砂、镁砖）等。

（b）碱熔法　酸性试样宜采用碱熔法，如酸性矿渣、酸性炉渣和酸不溶试样均可采用碱熔法，使它们转化为易溶于酸的氧化物或碳酸盐。

常用的碱性熔剂有 Na_2CO_3（熔点 853℃）、K_2CO_3（熔点 891℃）、NaOH（熔点 318℃）、Na_2O_2（熔点 460℃）和它们的混合熔剂等。这些溶剂除具碱性外，在高温下均可起氧化作用（本身的氧化性或空气氧化），可以把一些元素氧化成高价（Cr^{3+}、Mn^{2+} 可以氧化成 Cr^{VI}、Mn^{VII}），从而增强了试样的分解作用。有时为了增强氧化作用还加入 KNO_3 或 $KClO_3$，使氧化作用更为完全。具体地，Na_2CO_3 或 K_2CO_3 常用来分解硅酸盐和硫酸盐等。Na_2O_2 常用来分解含 Se、Sb、Cr、Mo、V 和 Sn 的矿石及其合金，由于 Na_2O_2 是强氧化剂，能把其中大部分元素氧化成高价状态。NaOH(KOH) 常用来分解硅酸盐、磷酸盐矿物、钼矿和耐火材料等。

（c）烧结法　此法是将试样与熔剂混合，小心加热至熔块（半熔物收缩成整块），而不是全熔，故称为半熔融法又称烧结法。常用的半熔混合熔剂为：2 份 MgO＋3 份 Na_2CO_3；1 份 MgO＋1 份 Na_2CO_3；1 份 ZnO＋1 份 Na_2CO_3。此法广泛地用来分解铁矿及煤中的硫。其中 MgO、ZnO 的作用在于其熔点高，可以预防 Na_2CO_3 在灼烧时熔合，

保持松散状态，使矿石氧化得更快更完全，反应产生的气体容易逸出。此法不易损坏坩埚，因此可以在瓷坩埚中进行熔融，不需要贵重器皿。

② 有机试样的分解

a. 干式灰化法　将试样置于马弗炉中加热（400～1200℃），以大气中的氧作为氧化剂使之分解，然后加入少量浓盐酸或浓硝酸浸取燃烧后的无机残余物。

b. 湿式消化法　用硝酸和硫酸的混合物与试样一起置于烧瓶内，在一定温度下进行煮解，其中硝酸能破坏大部分有机物。在煮解的过程中，硝酸逐渐挥发，最后剩余硫酸。继续加热使产生浓厚的 SO_3 白烟，并在烧瓶内回流，直到溶液变得透明为止。

（3）测定方法的选择

① 实验室条件　选择测定方法时，首先要考虑实验室是否具备所需条件。

② 测定的具体要求　当遇到分析任务时，首先要明确分析目的和要求，确定测定组分、准确度以及要求完成的时间。如原子量的测定、标样分析和成品分析，准确度是主要的。高纯物质的有机微量组分的分析灵敏度是主要的。而生产过程中的控制分析，速度便成了主要的问题。所以应根据分析的目的要求选择适宜的分析方法。例如测定标准钢样中硫的含量时，一般采用准确度较高的重量分析法。而炼钢炉前控制硫含量的分析，采用1～2min 即可完成的燃烧容量法。

③ 被测组分的性质　一般来说，分析方法都基于被测组分的某种性质。如 Mn^{2+} 在 pH＞6.0 时，可与 EDTA 定量配位，可用配位滴定法测定其含量；MnO_4^- 具有氧化性，可用氧化还原法测定；MnO_4^- 呈现紫红色，也可用比色法测定。对被测组分性质的了解，有助我们选择合适的分析方法。

④ 被测组分的含量　测定常量组分时，多采用滴定分析法和重量分析法。滴定分析法简单迅速，在重量分析法和滴定分析法均可采用的情况下，一般选用滴定分析法。测定微量组分多采用灵敏度比较高的仪器分析法。例如，测定磷矿粉中磷的含量时，则采用重量分析法或滴定分析法；测定钢铁中磷的含量时则采用比色法。

⑤ 共存组分的影响　在选择分析方法时，必须考虑其他组分对测定的影响，尽量选择特效性较好的分析方法。如果没有适宜的方法，则应改变测定条件，加入掩蔽剂以消除干扰，或通过分离除去干扰组分之后，再进行测定。

综上所述，分析方法很多，各种方法均有其特点和不足之处，一个完整无缺适宜于任何试样、任何组分的方法是不存在的。因此，我们必须根据试样的组成及其组分的性质和含量、测定的要求、存在的干扰组分和本单位实际情况出发，选用合适的测定方法。

4.1.4 定量分析结果的表示

（1）待测组分的化学表示形式

分析结果常以被测组分实际存在形式的含量表示。如测得试样中氮的含量，根据实际情况，以 NH_3、NO_3^-、NO_2^- 等形式的含量表示分析结果。如测得矿石中钠、钾的含量，常以对应的氧化物 Na_2O、K_2O 形式的含量表示分析结果。在金属材料分析和有机分析中常以元素形式的含量表示结果。水环境和电解质溶液分析时，常以存在的离子形式含量表示结果，如 Na^+、K^+、CO_3^{2-} 等形式。

(2) 待测组分含量的表示方法

固体试样，常用质量分数表示待测组分的含量。当待测组分含量很低时，用 $\mu g \cdot g^{-1}$、$ng \cdot g^{-1}$、或 $pg \cdot g^{-1}$等表示。

液体试样中待测组分的含量可用物质的量浓度、质量摩尔浓度、质量分数、体积分数或质量浓度等表示。

气体试样中的常量或微量待测组分的含量，通常以体积分数表示。

4.2 定量分析中的误差

分析结果必须达到一定的准确度，满足对分析结果准确度的要求。因为不准确的分析结果会导致产品的报废和资源的浪费，甚至在科学上得出错误的结论，给生产或科研造成很大的损失，给人民生活造成巨大困难或灾难。但是分析结果是由分析者对所取样品（供试品或样品）利用某种分析方法、分析仪器、分析试剂得到的，必然受到这些分析的限制，分析结果不可能和样品的真实组成或真实含量完全一致，在一定条件下分析结果只能接近于真实值而不能达到真实值。测定值与客观存在的真实值的差异就是所谓的误差。因此分析误差是客观存在、不可避免的，我们只能得到一定误差范围内的真实含量的近似值，达到一定的准确度。采用哪些措施可能减小误差，依赖于误差本身的性质。所以，我们应当了解误差的有关理论，明确误差的性质和来源，根据分析目的对误差的要求，选择准确度合适的分析方法，合理安排分析实验，设法减小分析误差，使分析结果的准确度达到要求，避免追求过高的准确度。同时，也应当了解对分析结果的评价方法，以判断分析结果的可靠程度，对分析结果做出正确的取舍和表示。

4.2.1 真值

真值是指某物理量本身具有的客观存在的真实数值，表示物质存在的数量特征，用 T 来表示。

由于分析误差是不可避免的，因此真值是不可能测得的，实际工作中往往将理论值、约定值和标准值当作真值来检验分析结果的准确度，分别称为理论真值、约定真值和标准真值。

理论真值是指由公认理论推导或证明的某物理量的数值。如水的组成常数或组成分数即为理论真值：1mol H_2O 含 2mol H 和 1mol O，再如 H^+ 与 OH^- 的反应的化学计量关系即 H^+ 与 OH^- 的反应量之比为 1mol H^+ ∶ 1mol OH^-，该比值也是理论真值。

约定真值是指计量组织、学会或管理部门等规定并得到公认的计量单位的数值。如国际计量大会定义的长度、时间、质量和物质的量等物理量的基本单位：光在真空中传播（1/299 792 458）s 所经过的路径长度为 1m，国际千克原器的质量为 1kg、铯-133原子基态的两个超精细能级之间跃迁所对应的辐射的 9 192 631 770 个周期的持续时间为 1s 等。

标准真值又称相对真值，是指由公认的权威组织发售的标准样品的证书或标签上所给出的保证值，严格按照标准方法平行分析多次后用数理统计方法确定的相对准确的测定值，或者由公认的权威专家反复分析确定的相对准确的测定值。如基准试剂标签所给保证值、标准方法对照分析结果、国际原子量和分子量等都是标准真值。

4.2.2 误差的来源及分类

我们进行样品分析的目的是为获取准确的分析结果，然而即使我们用最可靠的分析方法，最精密的仪器，熟练细致的操作，所测得的数据也不可能和真实值完全一致，这就说明误差是客观存在的。分析结果与真实值之差称为误差。分析结果大于真实值为正误差；分析结果小于真实值为负误差。为将误差减小到允许的范围内，必须掌握产生误差的基本规律，了解误差的性质和产生的原因以及消除的方法。

根据误差产生的原因，可将误差分为偶然误差和系统误差。

(1) 偶然误差

偶然误差是由某些难以控制的、无法避免的、不确定的偶然因素或在目前技术水平下尚未掌握的原因造成的误差。如滴定管内溶液体积读数的不确定性、称量时温度及湿度的波动和仪器性能的微小变化等造成的误差都是偶然误差。

偶然误差具有必然性、随机性和正态性。偶然误差的必然性是指偶然误差是必然产生的、无法避免的。偶然误差的随机性是指从单次测定来说，偶然误差的大小是随机可变的，有大有小、有正有负，似乎没有什么规律性。偶然误差的正态性是指从多次重复测定结果来看，随着测定次数的增多，偶然误差的出现趋于服从正态分布，如图 4-2 所示，重复测定时小的偶然误差出现的概率大，大的偶然误差出现的概率小，特大的偶然误差出现的概率极小，绝对值相等的正偶然误差和负偶然误差出现的概率趋于相等。

根据偶然误差的分布规律，求平均值时来自于个别测定值的正负偶然误差大多被抵消(正负偶然误差具有抵偿性)，因此平均值的偶然误差比个别测定值的偶然误差小得多，所以说平均值是最佳测定值。

根据偶然误差的分布规律，增加测定次数，个别测定结果的偶然误差之和趋近于零，平均值的偶然误差也趋近于零，因此无穷多次测定结果的平均值即总体平均值不存在偶然误差。

偶然误差的分布规律表明，增加平行测定次数可以减小平均值的偶然误差，因此虽然偶然误差是不可避免的，但增加平行测定次数可以提高分析结果的精密度。然而过多增加测定次数所付出的人力物力代价不一定能从减少误差中得到补偿。一般认为. 当测定次数 $n>6$ 时，偶然误差已减小到可忽略的程度。所以一般平行测定3～4 次，即使是准确度要求很高的分析也很少超过 5～6 次。总体平均值是样本平均值的极限值，是不可能测得的，但样本平均值是总体平均值的最佳估计值。

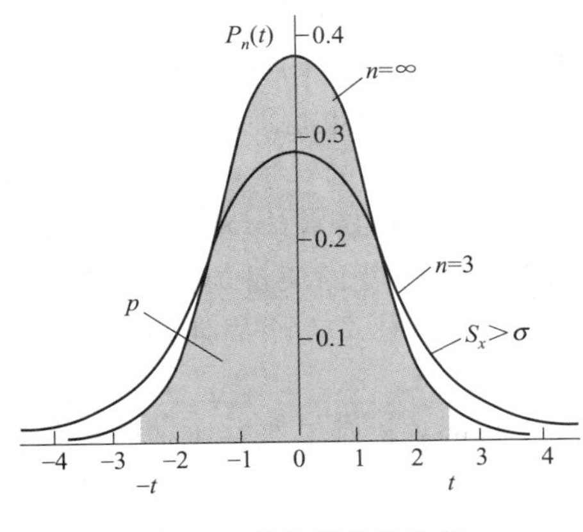

图 4-2 偶然误差的分布

(2) 系统误差

系统误差是由分析方法不理想、分析试剂不纯净、分析仪器不准确或分析操作不准确等确定的原因所造成的误差。

系统误差具有单向性、恒定性、可测性和可免性。单向性是指重复测定时系统误差总是偏高或者总是偏低。恒定性是指在一定条件下系统误差是恒定不变的，重复测定时系统误差的大小、正负会重复出现，增加测定次数采用统计方法并不能减免系统误差。可测性是指可以测定系统误差的正负大小，可以校正系统误差。可免性是指可以找到产生系统误差的原因，可设法减免系统误差。

分析工作中应能预见到各种系统误差的来源和大小，并尽量设法减免或校正，否则将会严重影响分析结果的准确度。系统误差来源于方法误差、仪器误差、试剂误差、标样误差和主观误差。

① 方法误差　是由分析方法本身的缺陷或不够完善引起的，如处理样品中组分挥发遗失或分解转化，沉淀分析中沉淀溶解损失和杂质共沉淀污染，滴定分析中滴定终点与计量点不一致和副反应使计量关系发生偏离，光度分析中吸光物质的分解与缔合或异构及反应等都将造成分析结果偏低或偏高，其减免方法是选择方法误差符合要求的分析方法，设法测定方法误差进行校正。

② 仪器误差　是由仪器本身不够准确引起的，如分析天平砝码质量不准确、容量仪器（移液管等）刻度不准确、杂散光使吸光度降低等都将造成分析结果偏低或偏高，其减免方法是选择仪器误差符合要求的分析仪器，设法测定仪器误差校正仪器。

③ 试剂误差　是由试剂不够纯净引起的，如所用试剂、纯水或器皿含有被测物质或干扰物质和分析实验室环境污染等都将造成分析结果偏低或偏高，其减免方法是做空白试验进行校正或纯化试剂、提高水质、清洁器皿及净化环境。

④ 标样误差　是由标准值不准确引起的，如标样本身保证值测定不准确、基准试剂风化脱水或分解变质使其组成与化学式不一致等，其减免方法是更换标样或用标准方法来校正。

⑤ 主观误差　是由分析操作者主观判断引起的，如沉淀洗涤过度或不充分、溶液酸度控制偏高或偏低、温度控制偏高或偏低、辨别终点颜色偏深或偏浅、分别估计计数偏高或偏低和先入为主读数依旧或偏向于接近先前测定的数据等。其减免方法是加强训练，提高操作水平。

系统误差和偶然误差的来源不同，其性质或分布规律和减免方法也不同，偶然误差只能减小而不可避免，系统误差在理论上虽可避免但在实际上往往与偶然误差同时存在，有时也难以分清，而且还可以相互转化。

系统误差和偶然误差都是指在正常操作情况下产生的误差，这些误差的产生都具有必然性。但是，分析工作中的“过失误差”不同于这两类误差，或者说它不是误差，它是由于分析操作者粗心大意或违反操作规程造成的错误，如错用样品、误用标样、选错仪器、加错试剂、器皿不清洁、样品损失或玷污、操作不规范、忽视仪器故障、读数错误、计算错误及有效数字错误等，都是过失错误。正常情况下不会出现过失错误，但遗憾的是，过失错误时有发生，我们必须设法避免。

要避免发生过失错误，关键在于分析操作者必须不断提高理论水平、操作技术水平并养成专心细致的良好实验习惯。含有过失错误的测量数据经常表现为离群数据，可以用离群数据统计检验法将其剔除。确知操作错误的数据必须舍弃。分析过程中一旦出现过失，应立即停止操作过程，及时纠正错误，重新开始实验。

4.2.3 误差的表示方法

（1）准确度与误差

分析结果的准确度是指测定值（X）与真实值（T）之间相符合的程度，因此用误差 E(error）来衡量准确度。两者差值越小，则分析结果准确度越高，准确度的高低用误差来衡量。误差又可分为绝对误差和相对误差两种，其表示方法如下。

绝对误差 $$E=X-T \tag{4-1}$$

相对误差 $$E_r=\frac{E}{T}\times 100\%=\frac{X-T}{T}\times 100\% \tag{4-2}$$

相对误差表示误差在真实值中所占的百分率。分析结果的准确度常用相对误差表示。

例如，用分析天平称量两物体的质量各为 0.1992g 和 1.1992g，假设真实值分别为 0.1993g 和 1.1993g，则绝对误差分别为

$$E_1=0.1992-0.1993=-0.0001(\mathrm{g})$$

$$E_2=1.1992-1.1993=-0.0001(\mathrm{g})$$

两者的相对误差分别为

$$E_{r1}=\frac{E_1}{T}\times 100\%=\frac{-0.0001}{0.1993}\times 100\%=-0.05\%$$

$$E_{r2}=\frac{E_2}{T}\times 100\%=\frac{-0.0001}{1.1993}\times 100\%=-0.0083\%$$

由此可见，这两个试样称量的绝对误差相等，但两者的相对误差却不同，后者的相对误差小得多，即后者的称量准确度高得多。也就是说，同样的绝对误差，当被测定的量较大时，相对误差就比较小，测定的准确度也就比较高。因此，用相对误差来表示各种情况下测定结果的准确度更为确切。

绝对误差和相对误差都有正值和负值。正值表示分析结果偏高，负值表示分析结果偏低。

【例 4-1】 滴定管读数误差为±0.01mL，如滴定时用去标准溶液 2.50mL，相对误差是多少？如果用去 25.00mL，相对误差又是多少？这个数值说明了什么问题？

解 $$E_{r1}=\pm 0.02/2.50=\pm 0.8\%$$

$$E_{r2}=\pm 0.02/25.00=\pm 0.08\%$$

说明同样的绝对误差，当被测量的量较大时，相对误差较小，测量的准确量也就越高，因此，用相对误差来表示各种情况下测量结果的准确度比绝对误差更为确切。

【例 4-2】 测定 $BaCl_2\cdot 2H_2O$ 试剂中结晶水的含量时，三次测定结果分别为 14.73%，14.68%和 14.75%，求测定结果的绝对误差和相对误差。

解 $BaCl_2\cdot 2H_2O$ 中结晶水含量的理论真值为

$$T=\frac{2M(\mathrm{H_2O})}{M(\mathrm{BaCl_2\cdot 2H_2O})}\times 100\%=\frac{2\times 18.02\mathrm{g\cdot mol^{-1}}}{244.3\mathrm{g\cdot mol^{-1}}}\times 100\%=14.75\%$$

应该指出，必须用摩尔质量标准值（国际原子量标准值或分子量标准值）来计算理论真值，用摩尔质量近似值进行计算所得结果并非理论真值（分析化学中一般要求摩尔质量至少应有四位有效数字以保证其相对误差不超过 0.1%）。

三次测定结果的平均值为

$$\overline{X}=\frac{1}{n}\sum X_i=\frac{14.3\%+14.68\%+14.75\%}{3}=14.72\%$$

绝对误差为

$$E=\overline{X}-T=14.72\%-14.75\%=-0.03\%$$

相对误差为

$$E_r=\frac{E}{T}\times100\%=\frac{-0.03\%}{14.75\%}\times100\%=-0.2\%$$

这里需要指出如下几点：

① 绝对误差和相对误差都表示了分析结果偏离真值的程度，反映了分析结果的准确度。平均值的误差越小，分析结果越接近真值，其准确度越高，反之平均值的误差越大，分析结果的准确度越差。

② 测定值大于真值时误差为正值，称为分析结果偏高，测定值小于真值时误差为负值，称为分析结果偏低。

③ 相对误差反映了绝对误差在真值中所占的分数，可用来比较不同情况下测定结果的准确度，更具有实用意义。

（2）精密度和偏差

在实际工作中，真实值往往是不知道的，因此无法求得分析结果的准确度。这种情况下分析结果的好坏可用精密度来判断。精密度是指在相同条件下对同一试样作多次重复测定，求出所得结果之间的符合程度。它表现了测定结果的再现性。

通常用偏差来衡量分析结果的精密度。偏差是指个别测定结果与几次测定结果的平均值之间的差别。偏差也有绝对偏差与相对偏差之分；测定结果与平均值之差为绝对偏差，绝对偏差在平均值中所占的百分率为相对偏差。

若 n 次测定所得的值分别为 X_1，X_2，X_3，…，X_n，则其算术平均值为

$$\overline{X}=\frac{X_1+X_2+X_3+\cdots+X_n}{n}=\frac{1}{n}\sum_{i=1}^{n}X_i$$

绝对偏差

$$d_i=X_i-\overline{X} \tag{4-3}$$

相对偏差

$$d_r=\frac{d_i}{\overline{X}} \tag{4-4}$$

平均值实质上是代表测定值的集中趋势，而各种偏差实质上是代表测定值的分散程度。分散程度越小，精密度就高。

因单次测定值的绝对偏差之和为零，不能表示精密度，常用平均偏差和标准偏差来表示。

① 平均偏差和相对平均偏差　平均偏差是指单次测定值偏差的绝对值之和的算术平均值，用 $\overline{d}$ 表示，即

$$\overline{d}=\frac{1}{n}\sum_{i=1}^{n}|d_i| \tag{4-5}$$

相对平均偏差

$$\overline{d}_r=\frac{\overline{d}}{\overline{X}} \tag{4-6}$$

② 标准偏差和相对标准偏差　现在一般要求用统计方法处理分析结果，用标准偏差

来衡量一组平行测定值的精密度。个别测定结果与平均值的差方和均根称为一组测定结果的标准偏差或样本标准差，用 S 表示。

$$S=\sqrt{\frac{\sum(X_i-\overline{X})^2}{n-1}} \tag{4-7}$$

式中，$n-1$ 为能够独立取值的偏差数，称为自由度，用 f 表示，即

$$f=n-1$$

差方和均根的目的，一是避免各次分析结果的偏差相互抵消；二是突出大偏差更好地反映各次分析结果的分散程度；三是描述各次测定值的平均分散情况。标准偏差较好地反映了一组平行测定结果的偶然误差、分散程度和精密度。标准偏差越小，表示平行测定结果的偶然误差越小、分散度越小和精密度越高。

总体标准差为无穷多次测定结果的标准偏差，用 σ 表示，即

$$\sigma=\sqrt{\frac{\sum(X_i-\overline{X})^2}{n}} \tag{4-8}$$

样本标准差的平方即 S^2 称为样本方差，为总体方差 σ^2 的估计值。

标准偏差在平均值中所占的分数称为相对标准偏差或变异系数，用 CV 表示。

$$CV=\frac{S}{\overline{X}}\times100\% \tag{4-9}$$

显然，相对标准偏差可用来比较不同情况下测定结果的精密度。

【例 4-3】 某土壤样品中钙的含量，5 次测定结果为 10.48%，10.37%，10.47%，10.43%，10.40%，计算分析结果的平均值、标准偏差、相对标准偏差。

解 $\overline{X}=\frac{1}{n}\sum X_i=\frac{10.48\%+10.37\%+10.47\%+10.43\%+10.40\%}{5}=10.43\%$

$$\begin{aligned}S&=\sqrt{\frac{\sum(X_i-\overline{X})^2}{n-1}}\\&=\sqrt{\frac{(10.48\%-10.43\%)^2+(10.37\%-10.43\%)^2+\cdots+(10.40\%-10.43\%)^2}{5-1}}\\&=0.05\%\end{aligned}$$

$$CV=\frac{S}{\overline{X}}\times100\%=\frac{0.05\%}{10.43\%}\times100\%=0.5\%$$

应该指出，分析化学中，除用平行性来表示在完全相同的条件下多份样品平行测定结果的精密度外，有时还用重复性和再现性来表示不同情况下分析结果的精密度。重复性是指同一分析操作者在同一条件下但不同时间所得分析结果的精密度，再现性是指不同分析操作者或不同实验室之间在各自条件下所得分析结果的精密度。

(3) 准确度和精密度的关系

准确度是指测定值接近真值的程度，决定于平均值的误差（包括偶然误差和系统误差）的大小。精密度是指一组平行测定结果间相互接近的程度，只决定于偶然误差的大小。可见，分析结果不但存在偶然误差，而且还可能存在显著的系统误差，精密度高只是

偶然误差小，只有消除系统误差后才具有高的准确度。但是高精密度是保证高准确度的前提，如果精密度较差，偶然误差就较大，即使不存在系统误差也不能保证得到高的准确度。这说明，要获得准确的分析结果，既要减小偶然误差，还要设法减免或校正系统误差。

图 4-3 所示甲、乙、丙、丁的四种可能分析结果直观地反映了准确度与精密度的关系。甲的准确度与精密度均较高，乙的精密度虽高但准确度太低，丙的准确度与精密度都很差，丁的精密度太差而其准确度碰巧较高是不可靠的（这是由于大的正负偶然误差相互抵消所至，如果只取 2 次或 3 次测量值来平均，结果会与真实值相差很大）。

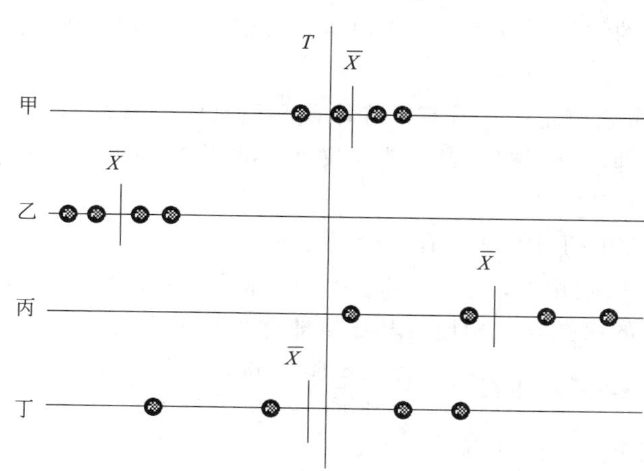

图 4-3　同一样品的四种测定结果

（● 表示个别测定值，| 表示平均值）

4.2.4　提高分析结果准确度的方法

要提高分析结果的准确度，必须考虑在分析工作中可能产生的各种误差，采取有效的措施将这些误差减小到最小。

（1）选择合适的分析方法

各种分析方法的准确度是不相同的。化学分析法对高含量组分的测定，能获得准确度较满意的结果，相对误差一般在千分之几，而对低含量组分的测定，化学分析法就达不到这个要求。仪器分析法虽然误差较大，但是由于灵敏度高，可以测出低含量组分。在选择分析方法时，主要根据组分含量及对准确度的要求，在可能的条件下选择最佳的分析方法。

（2）增加平行测定的次数

如前所述增加测定次数可以减少偶然误差。在一般的分析测定中，测定次数为 3～5 次，如果没有意外误差发生，基本上可以得到比较准确的分析结果。

（3）减小测量误差

尽管天平和滴定管校正过，但在使用中仍会引入一定的误差。如使用分析天平称取 1 份试样，就会引入±0.0002g 的绝对误差，使用滴定管完成一次滴定，会引入±0.02mL 的绝对误差。为了使测量的相对误差小于 0.1%，则

试样的最低称样量应为

$$试样质量=\frac{绝对误差}{相对误差}=\frac{0.0002}{0.001}=0.2(g)$$

滴定剂的最少消耗体积为

$$V=\frac{绝对误差}{相对误差}=\frac{0.02}{0.001}=20(mL)$$

(4) 消除测定中的系统误差

系统误差要按误差的来源进行检验和确定克服的方法，常用的方法有以下几种：

① 空白试验　由试剂盒器皿引入的杂质所造成的系统误差，一般可作空白试验来加以校正。空白试验是指在不加试样的情况下，按试样分析规程在同样的操作条件下进行的测定。空白试验所得的结果的数值称为空白值。从试验的测定值中扣除空白值，就得到比较准确的分析结果。

② 校正仪器　分析测定中，具有准确体积和质量的仪器，如滴定管、移液管、容量瓶和分析天平砝码，都应进行校正，以消除仪器不准所引起的系统误差。因为这些测量数据都是参加分析结果计算的。

③ 对照试验　常用的对照试验有 3 种。

a. 用组成与待测试验相近，已知准确含量的标准样品，按所选方法测定，将对照试验的测定结果与标样的已知含量相比，其比值即称为校正系数。

$$校正系数=\frac{标准试验组分的标准含量}{标准试验测得的含量}$$

则试样中被测组分含量的计算为

$$被测试样组分含量=测得含量\times校正系数$$

b. 用标准方法与所选用的方法测定同一试样，若测定结果符合公差要求，说明所选方法可靠。

c. 用加标回收率的方法检验，即取 2 等份试样，在 1 份中加入一定量待测组分的纯物质，用相同的方法进行测定，计算测定结果和加入纯物质的回收率，以检验分析方法的可靠性。

4.2.5 分析结果的数据处理

在定量分析工作中，我们经常做多次重复的测定，然后求出平均值。但是多次分析的数据是否都能参加平均值的计算，这是需要判断的。如果在消除了系统误差后，所测得的数据出现显著的特大值或特小值，这样的数据是值得怀疑的。对于一些精密度似乎不高的可疑数据，则应按一定规则决定取舍（如 Q 检验法），然后计算测定的平均值、各次测定的偏差、平均值与标准偏差，最后按照要求的置信度报告平均值的置信区间。

在进行一系列平行测定时，往往会出现个别偏差比较大的数值，称离群值（可疑值）。离群值的取舍会影响结果的平均值，尤其当数据较少时影响更大。因此在计算前必须对离群值进行合理的取舍，不可为了单纯追求实验结果的“一致性”，而把这些数据随便舍弃。若离群值不是由于明显的过失造成的，就要根据偶然误差分布规律决定取舍。取舍方法很多，现介绍其中的 Q 检验法和 $4\bar{d}$ 法。

(1) Q 检验法

① 将测定结果按从小到大的顺序排列：$X_1,X_2,X_3,\cdots,X_n$；

② 求出最大值与最小值之差，即极差；

③ 求出可疑值数据 X_1 或 X_n 与邻近数据之差；

④ 按下式计算 Q 值

$$Q=\frac{X_n-X_{n-1}}{X_n-X_1} \quad \text{或} \quad Q=\frac{X_2-X_1}{X_n-X_1}$$

⑤ 根据测定次数 n 和要求的置信度（如 95%），查表 4-2，得到 $Q_{0.95}$；

⑥ 将计算值 Q 与临界值 $Q_{表}$（查表）比较。若 $Q \leqslant Q_{表}$，则可疑值为正常值应保留，否则应舍去。

表 4-2 在不同置信水平下，舍弃离群值的 Q 值表

测量次数	3	4	5	6	7	8	9	10	∞
$Q_{0.90}$	0.94	0.76	0.64	0.56	0.51	0.47	0.44	0.41	0.00
$Q_{0.95}$	0.98	0.85	0.73	0.64	0.59	0.54	0.51	0.48	0.00
$Q_{0.99}$	0.99	0.93	0.82	0.74	0.68	0.63	0.60	0.57	0.00

【例 4-4】 某分析人员对试样平行测定 5 次，测量值分别为 2.62g，2.60g，2.61g，2.63g，2.52g，试用 Q 检验法确定测定值 2.52g 是否应该保留？（置信度为 90%。）

解 从表 4-2 中可知，当 $n=5$ 时，$Q=0.64$，则

$$Q=\frac{X_2-X_1}{X_n-X_1}=\frac{2.60\text{g}-2.52\text{g}}{2.63\text{g}-2.52\text{g}}=0.72$$

$Q>Q_{表}$，故 2.52g 应予舍去。该测定结果的平均值为 2.62g。Q 值越大，说明该值离群越远，远至一定程度则应舍去。

Q 检验法的缺点：没有充分利用测定数据，仅将可疑值与相邻数据比较，可靠性差。在测定次数少时（如 3～5 次测定），误将可疑值判为正常值的可能性较大。Q 检验法适用于 3～10 个数据的检验。

（2）$4\bar{d}$ 法（亦称“4 乘平均偏差法”）

$4\bar{d}$ 法判断离群值取舍步骤如下：

① 求出离群值除外的其余数据的平均值 $\overline{X}$ 和绝对平均偏差 $4\bar{d}$；

② 将离群值和平均值进行比较，如果其差值的绝对值大于或等于绝对平均偏差的 4 倍（$4\bar{d}$），则离群值舍弃，否则应予保留。即

$$|\text{离群值}-\text{不含离群值的平均值}|\geqslant 4\bar{d}$$

【例 4-5】 某一标准溶液的 4 次标定值分别为：0.1014mol·L^{-1}，0.1012mol·L^{-1}，0.1025mol·L^{-1}和 0.1016mol·L^{-1}，离群值 0.1025mol·L^{-1}是否应舍弃？

解 （1）先求不含离群值的其他数据的平均值和绝对平均偏差。

$$\overline{X}=\frac{0.1012+0.1014+0.1016}{3}=0.1014$$

$$\bar{d}=\frac{|d_1|+|d_2|+|d_3|}{n}=\frac{0.0002+0.0000+0.0002}{3}=0.00013$$

（2）求可疑值和平均值之差的绝对值。

$$0.1025-0.1014=0.0011$$

（3）将此差值的绝对值与 $4\bar{d}$ 比较，若差值的绝对值$\geqslant 4\bar{d}$ 则弃去，若小于 $4\bar{d}$ 则保留。本例中 $4\bar{d}=4\times0.00013=0.00052$

$$0.0011 > 0.00052$$

所以 0.1025mol·L^{-1}应弃去。

$4\overline{d}$ 法仅适用于测定 4～8 个数据的检验。

4.2.6 置信度与平均值的置信区间

在完成一项分析测定工作后，一般是将测定数据的平均值作为结果报出。但在对准确度要求高的分析中，只给出测定结果的平均值是不够的，还应给出测定结果的可靠性或可信度，用以说明真实结果（总体平均值 u）所在范围（置信区间）及落在此范围内的概率（置信度）。

总体平均值 u 是指在系统误差已经消除的情况下，假如对一试样作无限次测定，得的平均值（可看作真值）。

置信区间是指在一定置信度下，以测定结果平均值 $\overline{X}$ 为中心，包括总体平均值 u 在内的可靠性范围，也就是在平均值附近判断出真实值可能存在的范围。在消除了系统误差的前提下，对于有限次数的测定，平均值的置信区间表示为

$$\mu = \overline{X} \pm t\frac{S}{\sqrt{n}} \tag{4-10}$$

式中，S 为标准偏差；n 为测定次数；t 为在选定的某一置信度下的概率系数，可根据测定次数从表 4-3 中查得。

置信度又称置信概率，通常用 P 表示。它表示在某一置信系数 t 时，测定值落在置信区间内的概率，或者说分析结果在某一范围内出现的概率。落在此范围外的概率 $a=1-P$称为显著性水平。置信度的高低说明估计的把握程度的大小。如置信度为 95%，说明以平均值为中心，包括总体平均值落在该区间有 95%的把握。

例如，$\mu = 49.20 \pm 0.10$（置信度为 95%），应当理解为真实值在 49.20 ± 0.10 的区间范围内出现的概率为 95%，也就是这个判断的可靠性为 95%。

【例 4-6】 测定某试样中硼砂含量（质量分数），得到下列数据：28.62%，28.59%，28.51%，28.48%，28.52%，28.63%。计算置信度分别为 90%，95%和 99%时总体平均值的置信区间。

解 $\overline{X}=28.56\%$，$S=0.06\%$，$n=6$，查表 4-3 得

置信度 90%时，$t=2.02$，则

$$\mu = 28.56\% \pm \frac{2.02 \times 0.06\%}{\sqrt{6}} = 28.56 \pm 0.05\%$$

置信度 95%时，$t=2.57$，则

$$\mu = 28.56\% \pm \frac{2.57 \times 0.06\%}{\sqrt{6}} = 28.56 \pm 0.07\%$$

置信度 99%时，$t=4.03$，则

$$\mu = 28.56\% \pm \frac{4.03 \times 0.06\%}{\sqrt{6}} = 28.56 \pm 0.10\%$$

n 值越大，置信区间越小。置信区间越小，测定的准确性越高。

表 4-3　不同测定次数及不同置信度的 t 值

实验次数 n	自由度(f) $n-1$	置信水平				
		50%	90%	95%	99%	99.5%
2	1	1.00	6.31	12.71	63.66	127.3
3	2	0.82	2.92	4.30	9.93	14.09
4	3	0.76	2.35	3.18	5.84	7.45
5	4	0.74	2.13	2.78	4.60	5.60
6	5	0.73	2.02	2.57	4.03	4.77
7	6	0.72	1.94	2.45	3.71	4.32
8	7	0.71	1.90	2.37	3.50	4.03
9	8	0.71	1.86	2.31	3.36	3.83
10	9	0.70	1.83	2.26	3.25	3.69
11	10	0.70	1.81	2.23	3.17	3.58
16	15	0.69	1.75	2.13	2.95	3.25
21	20	0.69	1.73	2.09	2.85	3.15
26	25	0.68	1.71	2.06	2.79	3.08
∞	∞	0.65	1.65	1.96	2.58	2.81

从表 4-3 可以看出，置信区间的大小受置信概率高低的影响。测定次数相同时，置信概率越高，置信系数 t 越大，置信区间就越宽；反之，置信概率越低，置信系数 t 越小，置信区间就越窄。如果判断的结果为置信区间比较小，而置信概率又比较高，是较理想的结果。对于日常分析工作，多选择 95%的置信概率。

【例 4-7】 某溶液浓度经 6 次平行测定，得到以下结果（单位 $mol \cdot L^{-1}$）：0.5042，0.5050，0.5051，0.5063，0.5064，0.5086，问：(1) 是否有需要舍弃的可疑值？(2) 求保留值的平均值。(3) 求标准偏差及其变异系数。(4) 求置信度为 95%时的置信区间。

$$(n=6: Q_{0.95}=0.64, t_{0.95}=2.57$$

$$n=5: Q_{0.95}=0.73, t_{0.95}=2.78)$$

解　(1)

$$Q=\frac{X_n-X_{n-1}}{X_n-X_1}=\frac{0.5086-0.5064}{0.5086-0.5042}=0.50<Q_{0.95}$$

所以 0.5086 应保留。

$$Q=\frac{X_n-X_{n-1}}{X_n-X_1}=\frac{0.5042-0.5050}{0.5042-0.5086}=0.18<Q_{0.95}$$

0.5042 也应保留。

(2) $\overline{X}=0.5059$

(3) $S=\sqrt{\dfrac{\sum d_i^2}{n-1}}=0.00155$

$$CV=\frac{S}{\overline{X}}\times100\%=\frac{0.00155}{0.5059}\times100\%=0.3\%$$

(4)

$$\mu_{0.95}=\overline{X}\pm\frac{tS}{\sqrt{n}}$$

$$=0.5059\pm\frac{2.57\times0.00155}{\sqrt{6}}=0.5059\pm0.0016$$

4.3 有效数字及运算规则

4.3.1 有效数字

为了取得准确的分析结果，不仅要准确进行测量，而且还要正确记录与计算。所谓正确记录是正确记录数字的位数。因为数据的位数不仅表示数字的大小，也反映测量的准确程度。

（1）定义

有效数字就是实际能测到的数字。有效数字的位数和分析过程所用的分析方法、测量方法、测量仪器的准确度有关。我们可以把有效数字这样表示。

有效数字＝所有的可靠的数字＋一位可疑数字

表示含义：如果有一个结果表示有效数字的位数不同，说明用的称量仪器的准确度不同。

有效数字保留的位数，应根据分析方法与仪器的准确度来决定，一般使测得的数值中只有最后一位是可疑的。例如在分析天平上称取试样 0.5000g，这不仅表明试样的质量是 0.5000g，还表示称量的误差在±0.0002g 以内，如将其质量记录成 0.50g，则表示该试样是在台秤上称量的，其称量误差为±0.02g。因此记录数据的位数不能任意增加或减少。如在上例中，在分析天平上，测得称量瓶的质量为 10.4320g，这个记录说明有 6 位有效数字，最后一位是可疑的。因为分析天平只能称准到 0.0002g，即称量瓶的实际质量应为(10.4320±0.0002)g。无论计量仪器如何精密，其最后一位数总是估计出来的。因此所谓有效数字就是保留末一位不准确数字，其余数字均为准确数字。同时从上面例子也可以看出有效数字是和仪器的准确程度有关，即有效数字不仅表明数量的大小，而且也反映测量的准确度。

（2）“0”的双重意义

作为普通数字使用或作为定位的标志。

例如，滴定管读数为 20.30mL。两个 0 都是测量出的值，算作普通数字，都是有效数字，这个数据有效数字位数是四位。

改用“升”为单位，数据表示为 0.02030L，前两个 0 是起定位作用的，不是有效数字，此数据有四位有效数字。

（3）特殊数字的有效数字位数规定

① 遇到倍数、分数关系以及计算百分率而乘 100%时，这些数字不是测量所得，可看作无误差的数字，有效数字的位数不受限制。

② pH、pM、lg$c$、lg$K$ 等对数值，有效数字取决于小数部分（尾数）数字的位数。因整数部分（首数）说明相应真数 10 的方次。例 pM＝5.00，即 $c(M)=1.0\times10^{-5}$，其有效数字的位数为二位，不是四位。又如 pH＝10.34 和 pH＝0.03，其有效数字位数均为二位。

注意：首位数字是 8、9 时，有效数字可多计一位，例如 9.83 可看作四位有效数字。

4.3.2 有效数字的修约

在运算数据中，保留不必要的非有效数字，只会增加运算的麻烦，既浪费时间又容易出错，不能正确地反映实验的准确程度。

在数据中，保留的有效数字中只有一位是未定数字。多余的数字（尾数）一律应舍弃。舍弃方法按我国已经正式颁布的GB 8170—87《数字修约规则》，通常称为“四舍六入五成双”原则进行。若被修约数字后面的数字等于或小于4时，应舍弃；若大于或等于6时，则应进位；若等于5时，5的后面无数字或为“0”时，5的前一位是奇数则进位，而5的前一位是偶数则舍去，若5的后面不为“0”，则一律进位。例如，将下列测量值修约为二位有效数字。

4.3468　修约为4.3	0.305　修约为0.30	7.3967　修约为7.4
0.245　修约为0.24	0.7451　修约为0.75	0.2553　修约为0.26

应当注意，在修约有效数字时，若被舍弃的数字包括几位数字时，只能一次修约到所需位数，不得对该数字进行连续修约。例如将2.154546修约到3位有效数字，应一次修约到2.15，而不可按下法连续修约为2.16。

$$2.154546 \rightarrow 2.15455 \rightarrow 2.1546 \rightarrow 2.155 \rightarrow 2.16$$

4.3.3 有效数字的运算规则

前面曾根据仪器的准确度介绍了有效数字的意义和记录原则。对分析数据进行处理时，每个测定值的误差都传递到分析结果中去，因此必须按有效数字运算规则合理取舍，既不保留过多位数使计算复杂化，也不舍弃过多位数使准确度受到损失。运算过程中应该先按上述规则将各个数据进行修约，再计算结果。下面就加减和乘除法的运算规则来加以讨论。

① 加减法　几个数据相加或相减时，它的和或差的有效数字的保留，应依小数点后位数最少的数据为根据，即取决于绝对误差最大的那个数据。例如

$$0.0121+25.64+1.05782=?$$

正确计算	不正确计算
0.01	0.0121
25.64	25.64
+）　1.06	+）　1.05782
26.71	26.70992

上例中相加的3个数据中，25.64中的“4”已是可疑数字。因此，最后结果有效数字的保留应以此数为准，即保留有效数字的位数到小数点后第二位。所以左面的写法是准确的，而右面的写法是不正确的。

② 乘除法　乘除法运算中，所得结果的有效数字位数的保留应以位数最少的数为准，即以相对误差最大的数为准。例如

$$0.0121\times 25.64\times 1.05782=?$$

以上3个数的乘积应为

$$0.0121\times 25.6\times 1.06=0.328$$

在这个算题中，3个数字的相对误差分别为

$$相对误差=\frac{\pm 0.0001}{0.0121}\times 100\%=\pm 0.8\%$$

$$相对误差=\frac{\pm 0.01}{25.64}\times 100\%=\pm 0.04\%$$

$$相对误差=\frac{\pm 0.00001}{1.05782}\times 100\%=\pm 0.0009\%$$

在上述计算中，以第一个数的相对误差最大（有效数字为 3 位），应以它为准，将其他数字根据有效数字修约原则，保留 3 位有效数字，然后相乘即得 0.328 结果。

再计算一下结果 0.328 的相对误差。

$$相对误差=\frac{\pm 0.001}{0.328}\times 100\%=\pm 0.3\%$$

此数的相对误差与第一数的相对误差相适应，故应保留 3 位有效数字。

有效数字的运算法，目前还没有统一的规定，可以先修约，然后运算，也可以直接用计算器计算，然后修约到应保留的位数，其计算结果可能稍有差别，不过也是最后可疑数字上稍有差别，影响不大。

③ 乘方和开方　对数据进行乘方或开方时，所得结果的有效数字位数保留应与原数据相同。例如

$$6.72^2=45.1584 \text{ 保留三位有效数字则为 } 45.2$$

$$\sqrt{9.65}=3.10644 \text{ 保留三位有效数字则为 } 3.11$$

④ 对数计算　所取对数的小数点后的位数（不包括整数部分）应与原数据的有效数字的位数相等。例如

$$\lg 102=2.00860017 \quad \text{保留三位有效数字则为 } 2.009$$

⑤ 在分析化学运算中，有时会遇到一些倍数或分数等，可视为多位有效数字。例如

$$\frac{H_3PO_4\text{ 的分子量}}{3}=\frac{98.00}{3}=32.67$$

$$\text{水的分子量}(M_r)=2\times 1.008+16.00=18.02$$

在这里分母“3”和“2 × 1.008”中的“2”，都不能看作是 1 位有效数字。因为它们是非测量所得到的数，是自然数，其有效数字位数，可视为无限的。

⑥ 在运算中，各数值计算有效数字位数时，当第一位有效数字≥8 时，有效数字位数可以多计 1 位。如 8.34 是 3 位有效数字，在运算中可以作 4 位有效数字看待。

⑦ 分析结果报出的位数　在报出分析结果时，对于高含量组分（≥10%），一般要求分析结果数据保留 4 位有效数字；对于中含量组分（1%～10%）一般只要求保留 3 位有效数字；对于低含量组分（≤1%），一般只保留 2 位有效数字。对于各种误差的计算，一般取 1 位有效数字即已足够，最多取 2 位。

4.4 滴定分析

4.4.1 滴定分析概述

滴定分析法是化学分析法中最主要的分析方法。进行分析时，先用一个已知准确浓度的溶液作为滴定剂，用滴定管将滴定剂滴加到被测物质的溶液中，直至滴定剂被被测物质按化学计量关系定量反应完全为止。然后根据滴定剂的浓度和滴定操作所耗用的体积计算被测物的含量。

滴定分析中的名词术语有以下。

① 标准溶液　已知准确浓度的溶液。

② 滴定　将标准溶液通过滴定管滴加到被测物质溶液中操作。

③ 化学计量点　在滴定过程中，当所加入的标准溶液与被测物质按化学计量关系完

全反应时，反应就达到了理论终点，理论终点也叫化学计量点。

④ 指示剂　指示化学计量点到达而能改变颜色的一种辅助试剂。

⑤ 滴定终点　因指示剂颜色发生明显改变而停止滴定的这一点。

⑥ 终点误差　在实际分析中指示剂并不一定恰好在化学计量点时变色，滴定终点与化学计量点不能完全吻合，由此造成的分析误差称为终点误差。

4.4.2 滴定分析法的分类

滴定分析是化学分析法中重要的一类分析方法。按照所利用的化学反应不同，滴定分析法一般可分成下列 4 种。

① 酸碱滴定法　这是以质子传递反应为基础的一种滴定分析方法，可以用来滴定酸、碱、植物粗蛋白等的含量，应用很广。

② 沉淀滴定法　以沉淀反应为基础的一种滴定分析法，主要的沉淀法之一是银量法。

③ 配位滴定法　以配位反应为基础的滴定分析法，可用于金属离子的测定，如用 EDTA 作配位剂的 EDTA 滴定法。

④ 氧化还原滴定法　以氧化还原反应为基础的一种滴定分析法，常用于测定具有氧化还原性的物质，也可以间接测定某些不具有氧化还原性的物质。

4.4.3 滴定反应的条件

化学反应很多，但是适用于滴定分析法的化学反应必须具备下列条件：

① 反应定量地完成，即反应按一定的反应式进行，无副反应发生，且进行完全。

② 滴定反应完全的程度必须大于 99.9%。

③ 反应速率快，如果速率较慢，要有适当的措施提高其反应速率。

④ 有适当的方法确定滴定终点。

4.4.4 滴定方式

（1）直接滴定

用标准溶液直接滴定被测物质的溶液的方法，称为直接滴定法。例如，用氢氧化钠标准溶液直接滴定乙酸溶液。

（2）返滴定法

当反应速率较慢，或反应物是固体时，被测物质中加入等计量的标准溶液后，反应常不能立即完成。在此情况下，可于被测物质中先加入一定量过量的标准溶液，待反应完成后，再用另一种标准溶液滴定过量的标准溶液，这种方法称为返滴定法，或称回滴定法。例如，Al^{3+} 与 EDTA 配位反应的速率很慢，Al^{3+} 不能用 EDTA 溶液直接滴定，可于 Al^{3+} 溶液中先加入过量的 EDTA 溶液并将溶液加热煮沸，待 Al^{3+} 与 EDTA 完全反应后，再用 Zn^{2+} 标准溶液返滴定剩余的 EDTA。

（3）置换滴定法

若被测物质与滴定剂不能定量反应，则可以用置换反应来完成测定。向被测定物质中加入一种试剂溶液，被测物质可以定量地置换出该试剂的有关物质，再用标准溶液滴定这一物质，从而求出被测物质的含量，这种方法称为置换滴定法。Ag^+ 与 EDTA 形成的配合物不稳定，不宜用 EDTA 直接滴定，可将过量的 $[Ni(CN)_4]^{2-}$ 加入到被测 Ag^+ 溶液中，Ag^+ 很快与 $[Ni(CN)_4]^{2-}$ 中的 CN^- 反应，置换出的 Ni^{2+} 再用 EDTA 滴定，从而求

出 Ag^+ 的含量。

（4）间接滴定法

有些物质不能直接与滴定剂起反应，可以利用间接反应使其转化为可被滴定的物质，再用滴定剂滴定所生成的物质，此过程称为间接滴定法。例如，$KMnO_4$ 溶液不能直接滴定 Ca^{2+}，可用 $(NH_4)_2C_2O_4$ 先将 Ca^{2+} 沉淀为草酸钙，将得到的沉淀过滤洗涤后用稀 H_2SO_4 溶解，以 $KMnO_4$ 滴定 $C_2O_4^{2-}$，从而求出 Ca^{2+} 的含量。

4.4.5 标准溶液和基准物质

滴定分析中必须使用标准溶液，根据标准溶液的浓度和用量来计算被测物质的含量。

（1）标准溶液的浓度

用于滴定分析的标准溶液，其浓度通常有两种表示方法。

① 物质的量浓度　可表示为

$$c(\mathrm{B})=\frac{n(\mathrm{B})}{V} \tag{4-11}$$

② 滴定度　在实际应用中常用滴定度表示标准溶液的浓度，滴定度（T）是指每毫升标准溶液可滴定的或相当于可滴定的被测物质的质量，单位为 $g \cdot mL^{-1}$ 或 $mg \cdot mL^{-1}$。例如，高锰酸钾标准溶液对铁的滴定度用 $T(Fe/KMnO_4)$ 来表示，当 $T=0.005682g \cdot mL^{-1}$ 时，表示 1mL $KMnO_4$ 溶液可把 0.005682g 的 Fe^{2+} 滴定为 Fe^{3+}。

$T(Fe_2O_3/KMnO_4)=0.008124g$，则表示 1mL $KMnO_4$ 溶液可把 0.008124g 的 Fe_2O_3 所产生的 Fe^{2+} 滴定为 Fe^{3+}，也就是说 1mL $KMnO_4$ 溶液相当于滴定 0.008124g 的 Fe_2O_3。标准溶液的物质的量的浓度与滴定度不同之处在于前者只表示单位体积中含有多少物质的量；后者则是针对被测物质而言的，将被测物质的质量与滴定剂的体积用量联系起来。滴定度的优点是，只要将滴定时所消耗的标准溶液的体积乘以滴定度，就可以直接得到被测物质的质量。这在批量分析中很方便。

③ 物质的量的浓度与滴定度的关系　设被测物 A 与滴定剂 B 间的反应为

$$a\mathrm{A}+b\mathrm{B}=\!=\!=d\mathrm{D}+e\mathrm{E}$$

则

$$T_{\mathrm{A/B}}=(a/b)c_{\mathrm{B}}M_{\mathrm{A}}\times10^{-3} \tag{4-12}$$

（2）基准物质

能准确称量用于直接配制具有准确浓度的标准溶液的物质，或用于确定标准溶液准确浓度的物质称为基准物质或基准试剂。

基准物质必须符合下列条件：

① 纯度足够高，一般要求试剂纯度为 99.9%以上。

② 实际组成与化学式完全相符，若含结晶水，其含量也应与化学式相符。

③ 在空气中要稳定，干燥时不分解，称量时不吸潮，不吸收空气中的二氧化碳，不被空气中的氧气氧化。

④ 在符合上述条件的基础上，要求试剂最好具有较大的摩尔质量，称量相应较多，从而减小称量误差。例如，邻苯二甲酸氢钾和草酸作为确定碱溶液浓度的基准物质，都符合上述前三条要求，但前者摩尔质量大于后者，因此邻苯二甲酸氢钾更适合作为标定碱的浓度的基准物质。

（3）标准溶液的配制与浓度标定

在定量分析中，标准溶液的浓度常为 0.05 ～0.2mol・L^{-1}。标准溶液的配制可分为直接配制法和间接配制法。

① 直接配制法　准确称取一定量的基准物质，溶于水后定量转入容量瓶中定容，然后根据所称物质的质量和定容的体积计算出该标准溶液的准确浓度。如欲配制 1L $c(Na_2CO_3)$=0.1000mol・L^{-1}标准溶液，根据物质的质量和物质的量浓度的关系，通过计算得知需称取 10.60g 的纯 Na_2CO_3。若在分析天平上称取 Na_2CO_3质量为 10.68g，将其溶解并定容至 1L，其准确浓度为

$$c(Na_2CO_3)=\frac{10.68}{105.99\times1}=0.1008\ (mol \cdot L^{-1})$$

限于称量条件，配制的 Na_2CO_3浓度虽不是 0.1000mol・L^{-1}，但它是采用直接配制法获得的，故其浓度 0.1008mol・L^{-1}是准确而且符合要求的。应该注意，只有符合基准物质前三个条件的化学试剂，才能直接配制成标准溶液，在化学分析中，常见用于直接配制标准溶液的基准物质有邻苯二甲酸氢钾、草酸、硼砂、碳酸钠、重铬酸钾、As_2O_3、KIO_3、$KBrO_3$以及纯金属物质等。

② 间接配制法

第一步：配制近似所需浓度的溶液。许多化学试剂，如 HCl、H_2SO_4、NaOH、KOH、$KMnO_4$、$Na_2S_2O_3$等由于它们纯度或稳定性不够等原因，不能直接配制成标准溶液。可先将它们配制成大致所需浓度的溶液，然后用基准物质或已知准确浓度的标准溶液来确定该标准溶液的准确浓度，这种配制标准溶液的方法称为间接配制法。如欲配制准确浓度的 NaOH 标准溶液 1L，其浓度为 0.1mol・L^{-1}左右，可先在普通天平上称取 4.0g 的 NaOH，将其溶解后，稀释至 1L 左右，得 $c(NaOH)\approx0.1mol \cdot L^{-1}$溶液，然后用邻苯二甲酸氢钾或已知浓度的 HCl 溶液进行标定。

第二步：标准溶液的标定。用基准物质或已知浓度的溶液来确定标准溶液准确浓度的过程称为标定。一般将标准溶液的用量控制为 20 ～ 30mL，先估算出用于标定的基准物质的用量，再在分析天平上准确称取基准物质的质量，溶解后用待标定的标准溶液滴定，记下消耗的体积，最后算出该标准溶液的浓度。

标准溶液应妥善保存。有些标准溶液保存得当可长期保持浓度不变或极少变化。溶液保存在试剂瓶中，因部分水分蒸发而凝结在瓶的内壁而使浓度改变，在每次使用前应将溶液充分摇匀。对于一些性质不够稳定的溶液，应根据它们的性质妥善保存，如见光易分解的硝酸银、高锰酸钾等标准溶液要贮存于棕色瓶中，并放置暗处；对玻璃有腐蚀作用的强碱溶液最好贮存于塑料瓶中。对不够稳定的溶液，在隔一段时间后还要重新标定。

4.4.6 滴定分析的计算

标定和测定结果的计算可按“化学计量数比规则”进行，即按照化学计量方程式进行计算。

【例 4-8】 欲配制 0.1mol・L^{-1} HCl 标准溶液 1.0L，应取浓盐酸（密度为 1.18g・mL^{-1}，含量 37%）多少毫升？

解　浓盐酸的浓度

$$c(HCl)=\frac{1.18\times10^3\times0.37}{36.46}=12.0(mol \cdot L^{-1})$$

根据 $c_1V_1=c_2V_2$

$$V(HCl)=\frac{0.1\times1.0}{12.0}=0.0083(L)=8.3(mL)$$

配制方法：用量筒取浓盐酸 8.3mL，将浓盐酸倒入烧杯中，用蒸馏水稀释至 1.0L，因为浓盐酸不是基准物质，HCl 标准溶液只能用间接法配制，故浓 HCl 的量取和稀释时的体积都不必十分准确。配好后的溶液转移至试剂瓶中保存，其准确浓度必须经过标定求得。

【例 4-9】 要求在滴定时消耗 0.2mol·L^{-1} NaOH 溶液 20～30mL，问应称取基准试剂邻苯二甲酸氢钾（$C_6H_4COOHCOOK$）多少克？如果改用草酸（$H_2C_2O_4\cdot2H_2O$）作基准物质，应称取多少克？

解

$$C_6H_4COOHCOOK+NaOH=\!=\!=C_6H_4COONaCOOK+H_2O$$

$$m_1=c(NaOH)V(NaOH)M(C_6H_4COOHCOOK)$$

$$=0.2\times(20\sim30)\times10^{-3}\times204.2\approx0.8\sim1.2(g)$$

$$m_2=(1/2)\times0.2\times(20\sim30)\times10^{-3}\times126.07$$

$$\approx0.25\sim0.38(g)$$

【例 4-10】 准确称取基准物 Na_2CO_3 0.1535g 溶于 25mL 蒸馏水中，以甲基橙作指示剂，用 HCl 溶液滴定用去 28.64mL，求 HCl 溶液的浓度。

解 标定反应式

$$2HCl+Na_2CO_3=\!=\!=2NaCl+H_2O+CO_2$$

$$n(HCl)=2n(Na_2CO_3)$$

$$c(HCl)V(HCl)=2\frac{m(Na_2CO_3)}{M(Na_2CO_3)}$$

$$c(HCl)=(2\times0.1535)/(105.99\times28.64\times10^{-3})$$

$$=0.1011\ (mol\cdot L^{-1})$$

【例 4-11】 称取 0.5000g 石灰石试样，准确加入 50.00mL 0.2084mol·L^{-1} 的 HCl 标准溶液，并缓慢加热使 $CaCO_3$ 与 HCl 作用完全后，再以 0.2108mol·L^{-1} NaOH 标准溶液回滴剩余的 HCl 溶液，结果消耗 NaOH 溶液 8.52mL，求试样中 $CaCO_3$ 的含量。

解 测定反应为

$$CaCO_3+2HCl=\!=\!=CaCl_2+CO_2+H_2O$$

$$NaOH+HCl=\!=\!=NaCl+H_2O$$

$$n(CaCO_3)=(1/2)n(HCl)$$

$$m(CaCO_3)/M(CaCO_3)=(1/2)[c(HCl)V(HCl)-c(NaOH)V(NaOH)]$$

$$w(CaCO_3)=\frac{m(CaCO_3)}{m_s}\times100\%$$

$$=\frac{1}{2}\times\frac{(0.2084\times50.00-0.2108\times8.52)\times10^{-3}\times100.09}{0.5000}\times100\%$$

$$=86.32\%$$

【例 4-12】 以 KIO_3 为基准物标定 $Na_2S_2O_3$ 溶液。称取 0.1500g KIO_3 与过量的 KI 作用，析出的碘用 $Na_2S_2O_3$ 溶液滴定，用去 24.00mL。求此 $Na_2S_2O_3$ 溶液的浓度。

解 KIO_3 与过量的 KI 反应析出 I_2，则

$$IO_3^- + 5I^- + 6H^+ \rightleftharpoons 3I_2 + 3H_2O$$

$$n(IO_3^-) = \frac{1}{3}n(I_2)$$

用 $Na_2S_2O_3$ 溶液滴定析出的 I_2，则

$$2S_2O_3^{2-} + I_2 = 2I^- + S_4O_6^{2-}$$

$$n(I_2) = \frac{1}{2}n(S_2O_3^{2-})$$

KIO_3 与 $Na_2S_2O_3$ 物质的量的关系为

$$n(IO_3^-) = \frac{1}{3}n(I_2) = \frac{1}{6}n(S_2O_3^{2-})$$

$$c(S_2O_3^{2-})V(S_2O_3^{2-}) = \frac{6m(IO_3^-)}{M(IO_3^-)}$$

$$c(Na_2S_2O_3) = \frac{6 \times 0.1500}{24.00 \times 10^{-3} \times 214.0} = 0.1752(\text{mol} \cdot \text{L}^{-1})$$

【例 4-13】 称取 0.1802g 石灰石试样溶于 HCl 溶液后，将钙沉淀为 CaC_2O_4。将沉淀过滤、洗涤后溶于稀 H_2SO_4 溶液中，用 0.02016mol·L^{-1} $KMnO_4$ 标准溶液滴定至终点，用去 28.80mL，求试样中的钙含量。

解

$$2MnO_4^- + 5C_2O_4^{2-} + 16H^+ \rightleftharpoons 2Mn^{2+} + 10CO_2\uparrow + 8H_2O$$

$$n(Ca^{2+}) = n(C_2O_4^{2-}) = \frac{5}{2}n(MnO_4^-)$$

$$w(Ca) = \frac{\frac{5}{2}c(MnO_4^-)V(MnO_4^-)M(Ca) \times 10^{-3}}{m_s} \times 100\%$$

$$= \frac{\frac{5}{2} \times 0.02016 \times 28.80 \times 40.08 \times 10^{-3}}{0.1802} \times 100\% = 32.28\%$$

微型全分析系统

微型全分析系统是 20 世纪 90 年代初发展起来的一个跨学科的新领域，通过分析化学、微机电加工、电子学、材料科学、生物学和医学等领域的交叉，实现化学分析系统从试样处理到检测的整体微型化、自动化、集成化与便携化。由于微型全分析系统可大幅度提高分析效率、节省试剂与试样、降低分析成本，预计在未来十年内将对分析科学乃至整个科学技术的发展发挥重要的推动作用。微型全分析系统的一个重要方面——微流控芯片分析系统正处于当前发展的前沿，也最具广阔的发展前景。

微流控分析芯片是指采用微细加工技术，在一块几平方厘米的芯片上将微管道、微泵、微阀、微贮液器、微电极、微检测元件、窗口、连接器等功能单元加工集成在一起的微型全分析系统。它把生物和化学等领域所涉及的样品制备、生物与化学反应、分离和检测等基本操作单元集成或基本集成在尽可能小的操作平台上，用以完成不同的生物或化学反应过程，并对其产物进行分析的技术。它不仅使生物样品与试剂的消耗降低至纳升(nL) 甚至皮升 (pL) 级，而且使分析速度大大提高，分析费用大大降低，从而为分析测

试技术普及到户外、家庭开辟了一条新路。它充分体现了当今分析设备微型化、集成化和便携化的发展趋势。现已成为国内外生物化学、分析化学、分子毒理学、环境医学和预防医学等领域的研究热点。

微流控分析系统的优点如下：

(1) 分析速度极快。许多微流控芯片可在数秒或数十秒时间内自动完成测定、分离或其他更复杂的操作，分析和分离速度比常规宏观分析法快一两个数量级。

(2) 试样与试剂消耗量极少。微流控芯片分析的试样与试剂消耗量已降低到纳升(nL)甚至皮升(pL)级。这既降低了分析费用和贵重生物试样的消耗，也减少了环境污染，是绿色分析技术。

(3) 易制成便携式仪器。由于将微通道网络结构和其他功能单元集成在一个几平方厘米的芯片上，因此易制成功能齐全的便携式仪器，用于各类现场分析。

摘自：刘灿明，李辉勇主编．无机及分析化学．第2版．北京：科学出版社，2009.

思考题与习题

1. 测定某样品的含氮量，6次平行测定的结果是

20.48%，20.55%，20.58%，20.60%，20.53%和20.50%。

(1) 计算这组数据的平均值、绝对偏差、相对偏差、标准偏差和变异系数；

(2) 若此样品是标准样品，含N量为20.45%，计算6次测定结果 $\overline{X}_6$ 的绝对误差和相对误差。

2. 下列数据中各包含几位有效数字。

(1) 0.0376；(2) 1.2067；(3) 0.2180；(4) 1.8×10^{-5}。

3. 依有效数字计算规则计算下列各式。

(1) $7.9933-0.9967-5.02=$

(2) $1.060+0.05974-0.0013=$

(3) $0.414+(31.31\times0.0530)=$

(4) $(1.276\times4.17)+(1.7\times10^{-4})-(0.0021764\times0.0121)=$

4. 滴定管读数误差为±0.01mL，如滴定时用去标准溶液2.50mL，相对误差是多少？如果用去25.00mL，相对误差又是多少？这个数值说明什么问题？

5. 某同学测定样品含氯量为30.44%，30.52%，30.60%，30.12%，按 $Q_{0.90}$ 检验法和 $4\overline{d}$ 法的规则判断30.12%是否舍弃？样品中氯的含量为多少？

6. 某矿石中钨的含量的测定结果为20.39，20.41，20.43。计算标准偏差 S 及置信度为95%时的置信区间。

7. 水中 Cl^- 含量，经6次测定，求得其平均值为 $35.2mg\cdot L^{-1}$，$S=0.7$，计算置信度为90%时平均值的置信区间。

8. 下列物质中哪些可以用直接法配制标准溶液？哪些只能用间接法配制？

H_2SO_4，KOH，$KMnO_4$，$K_2Cr_2O_7$，KIO_3，$Na_2S_2O_3\cdot5H_2O$

9. 先确定基本单元，再计算溶液的浓度。

(1) 6.00g NaOH 配制成0.200L溶液；

(2) 0.315g $H_2C_2O_4\cdot2H_2O$ 配制成50.00mL溶液；

(3) 34.5g $BaCl_2 \cdot 2H_2O$ 配制成 1.00L 溶液；

(4) 2.49g $CuSO_4 \cdot 5H_2O$ 配制成 500mL 溶液。

10. 如果要求分析结果达到 99.8%的准确度，问称取试样量至少要多少克？滴定所用标准溶液至少要多少毫升？

11. 把 0.880g 有机物质里的氮转变为 NH_3，然后将 NH_3 通入 20.00mL 0.2133mol・L^{-1} HCl 溶液里，过量的酸用 0.1962mol・L^{-1} NaOH 溶液滴定，需要用 5.50mL，计算有机物中氮的质量分数。

12. 用邻苯二甲酸氢钾（$KHC_8H_4O_4$）标定浓度约为 0.1mol・L^{-1} NaOH 时，控制 NaOH 溶液用量约 30mL，问应称取 $KHC_8H_4O_4$ 多少克？

13. 0.2845g 碳酸钠（含 Na_2CO_3 90.35%，不含其他碱性物质）恰好与 28.45mL HCl 中和生成 CO_2，计算 HCl 的物质的量浓度和滴定度 $T_{Na_2CO_3/HCl}$。

14. 滴定 0.1560g 草酸的试样，用去 0.1011mol・L^{-1} NaOH 22.60mL，求草酸试样中 $H_2C_2O_4 \cdot 2H_2O$ 的质量分数。

酸碱平衡与酸碱滴定法

本章学习要求

掌握质子酸碱定义、共轭酸碱对、酸碱反应的实质、共轭酸碱 $K_a^\ominus$ 和 $K_b^\ominus$ 的关系；掌握弱酸、弱碱的解离平衡，影响解离平衡常数和解离度的因素，稀释定律；理解同离子效应、盐效应；掌握最简式计算弱酸、弱碱水溶液的 pH 及有关离子平衡浓度；掌握缓冲溶液的缓冲原理、pH 计算，了解缓冲容量和缓冲范围，熟悉缓冲溶液的选择、配制和应用；掌握酸碱指示剂的变色原理、变色点、变色范围；掌握强碱（酸）滴定一元酸（碱）的原理、滴定曲线的概念、影响滴定突跃的因素、化学计量点 pH 及突跃范围的计算、指示剂的选择；掌握直接准确滴定一元酸（碱）的判据及其应用；掌握多元酸（碱）分步滴定的判据及滴定终点的 pH 计算、指示剂的选择；了解混合酸（碱）准确滴定的判据；掌握酸碱滴定法的应用；掌握酸碱标准溶液的配制及标定；掌握混合碱的分析方法及铵盐中含氮量的测定方法。

5.1 酸碱质子理论

在化学变化中，大量的反应都属于酸碱反应，研究酸碱反应，首先应了解酸碱的概念。人们对于酸碱的认识，经历了一个由浅入深、由低级到高级的认识过程。1884 年，瑞典化学家阿伦尼乌斯（S. Arrhenins）在解离学说的基础上提出了酸碱的解离理论。该理论认为：凡在水溶液中能解离出氢离子的化合物称为酸；凡在水溶液中能解离出氢氧根离子的化合物称为碱。酸碱解离理论从物质的化学组成上揭示了酸碱的本质，以解离理论为基础去定义酸碱，是人们对酸碱的认识从现象到本质的飞跃，对化学科学的发展起了积极的推动作用，至今仍在化学各领域中被广泛使用。然而，酸碱解离理论也有较大的局限性：它把酸和碱限制在水溶液中，又把碱限制为氢氧化物，按照酸碱解离理论，离开了水溶液，就没有酸、碱，也没有了酸碱反应。事实上，很多化学反应是在非水溶液或在无溶剂系统中进行的，如在无溶剂情况下，NH_3(g) 与 HCl(g) 直接反应也可生成盐（NH_4Cl）。一些不含 H^+ 或 OH^- 的物质亦可显示出酸或碱的性质，如 NaAc 的水溶液显碱性，这些事实都是阿伦尼乌斯理论无法解释的。为了弥补阿伦尼乌斯理论的不足，丹麦化学家布仑斯惕（J. N. Bronsted）和英国化学家劳里（T. M. Lowry）于 1923 年分别提出酸碱质子理论，也叫布仑斯惕-劳里酸碱理论。

5.1.1 酸碱定义

质子理论认为：凡能给出质子（H^+）的物质都是酸；凡是能接受质子的物质都是碱。即酸是质子的给予体，碱是质子的接受体。这样，一个酸给出质子后余下的部分自然就是碱，因为它本身就是与质子结合的。它们的关系如下。

$$酸(HB) \rightleftharpoons 碱(B^-)+质子(H^+)$$

例如：

$$HAc \rightleftharpoons Ac^- + H^+$$

$$NH_4^+ \rightleftharpoons NH_3 + H^+$$

$$H_2PO_4^- \rightleftharpoons HPO_4^{2-} + H^+$$

$$HPO_4^- \rightleftharpoons PO_4^{2-} + H^+$$

$$HCO_3^- \rightleftharpoons CO_3^{2-} + H^+$$

$$H_2O \rightleftharpoons OH^- + H^+$$

$$H_3O^+ \rightleftharpoons H_2O + H^+$$

$$[Al(H_2O)_6]^{3+} \rightleftharpoons [Al(H_2O)_5OH]^{2+} + H^+$$

从以上例子可以看出，质子理论中的酸碱不局限于分子，也可以是离子。所以酸可以是分子酸，如 HCl、H_3PO_4；阳离子酸，如 NH_4^+、$[Al(H_2O)_6]^{3+}$；阴离子酸，如 $H_2PO_4^-$、HCO_3^-。至于碱，也有分子碱，如 NH_3；阳离子碱，如 $[Al(H_2O)_5(OH)]^{2+}$；阴离子碱，如 CO_3^{2-}、$H_2PO_4^-$。既能给出质子又能接受质子的物质称为两性物质，如 H_2O、$H_2PO_4^-$。另外，质子理论中没有盐的概念，因为组成盐的离子在质子理论中被看作是离子酸和离子碱。由此可见，质子理论的酸碱范围要比解离理论广泛。

5.1.2 酸碱的共轭关系和共轭酸碱对

质子理论强调酸与碱之间的相互关系，酸给出质子后余下的那部分就是碱，碱接受质子后就变成为酸。某酸失去一个质子而形成的碱，称为该酸的共轭碱；而后者获得一个质子后，就成为该碱的共轭酸。酸和碱不是孤立存在的，而是相互联系，酸碱之间的这种依赖关系称为共轭关系，相应的一对酸碱称为共轭酸碱对，可表示为

$$\underset{(共轭酸)}{酸} \rightleftharpoons 质子 + \underset{(共轭碱)}{碱}$$

酸给出质子后，生成它的共轭碱；碱接受质子后，生成它的共轭酸。常见的共轭酸碱对见表 5-1。

表 5-1 常见的共轭酸碱对

	酸 $\rightleftharpoons$ H^+ + 碱			酸 $\rightleftharpoons$ H^+ + 碱	
酸性增强 ↑	$HCl \rightleftharpoons H^+ + Cl^-$ $H_3O^+ \rightleftharpoons H^+ + H_2O$ $H_3PO_4 \rightleftharpoons H^+ + H_2PO_4^-$ $HAc \rightleftharpoons H^+ + Ac^-$ $H_2CO_3 \rightleftharpoons H^+ + HCO_3^-$ $H_2S \rightleftharpoons H^+ + HS^-$	碱性增强 ↓	酸性增强 ↑	$NH_4^+ \rightleftharpoons H^+ + NH_3$ $HCN \longrightarrow H^+ + CN^-$ $HCO_3^- \rightleftharpoons H^+ + CO_3^{2-}$ $H_2O \rightleftharpoons H^+ + OH^-$ $NH_3 \rightleftharpoons H^+ + NH_2^-$	碱性增强 ↓

从表 5-1 中可见，处于共轭关系的酸、碱组成一个共轭酸碱对。在共轭酸碱对 HAc-Ac^- 中，HAc 是 Ac^- 的共轭酸，Ac^- 是 HAc 的共轭碱。在一对共轭酸碱对中，酸越强表明其给出

质子的能力越强，因此它的共轭碱接受质子的能力越弱，其碱性就越弱，所以在一个共轭酸碱对中，酸的酸性与碱的碱性的强弱关系为：酸越强（即给出质子的能力越强），它的共轭碱就越弱（即接受质子能力越弱）；酸越弱，它的共轭碱就越强。例如以 HAc 和 NH_4^+ 来进行比较，HAc 的酸性比 NH_4^+ 的酸性强，而 Ac^- 的碱性则比 NH_3 的碱性弱。

5.1.3 酸碱反应的实质

质子理论认为，酸碱反应的实质是两个共轭酸碱对之间质子的传递过程。通式为

$$\overset{H^+}{\text{酸}_1 + \text{碱}_2 \rightleftharpoons \text{酸}_2 + \text{碱}_1}$$

式中，酸$_1$、碱$_1$表示一对共轭酸碱；酸$_2$、碱$_2$表示另一对共轭酸碱。例如，氯化氢和氨反应

$$\underset{\text{酸}_1}{HCl} + \underset{\text{碱}_2}{NH_3} \rightleftharpoons \underset{\text{酸}_2}{NH_4^+} + \underset{\text{碱}_1}{Cl^-} \quad (H^+)$$

这个反应无论在水溶液中、苯或气相中，它的实质都是一样的。HCl 是酸，给出质子给 NH_3，然后转变成共轭碱 Cl^-；NH_3是碱，接受质子后转变成共轭酸 NH_4^+。强碱夺取了强酸放出的质子，转化为较弱的共轭酸和共轭碱。

酸碱质子理论不仅扩大了酸碱的范围，还可以把酸碱解离作用、中和反应、水解反应等，都看作是质子传递的酸碱反应。

中和反应 $$HAc + OH^- \rightleftharpoons Ac^- + H_2O$$

$$H_3O^+ + NH_3 \rightleftharpoons H_2O + NH_4^+$$

酸碱解离 $$HAc + H_2O \rightleftharpoons Ac^- + H_3O^+$$

$$NH_3 + H_2O \rightleftharpoons NH_4^+ + OH^-$$

盐的水解 $$Ac^- + H_2O \rightleftharpoons HAc + OH^-$$

$$NH_4^+ + H_2O \rightleftharpoons NH_3 + H_3O^+$$

水合阳离子水解 $$[Cu(H_2O)_4]^{2+} + H_2O \rightleftharpoons [Cu(OH)(H_2O)_3]^+ + H_3O^+$$

水的质子自递 $$H_2O + H_2O \rightleftharpoons H_3O^+ + OH^-$$

由此可见，酸碱质子理论更好地解释了酸碱反应，摆脱了酸碱必须在水中才能发生反应的局限性，解决了一些非水溶剂或气体间的酸碱反应，并把水溶液中进行的某些离子反

应系统地归纳为质子传递的酸碱反应，加深了人们对酸碱和酸碱反应的认识。但是酸碱质子理论不能解释那些不交换质子而又具有酸碱性的物质，故它还存在着一定的局限性。

5.1.4 水的离子积和 pH

按照酸碱质子理论，H_2O 既是酸（共轭碱为 OH^-）又是碱（共轭酸为 H_3O^+），因而作为酸的 H_2O 可以跟另一作为碱的 H_2O 通过传递质子而发生酸碱反应。

$$H_2O(l)+H_2O(l) \rightleftharpoons H_3O^+(aq)+OH^-(aq)$$

该反应称为水的质子自递反应（或称为水的自解离）。这一反应经常被简化为 $H_2O(l) \rightleftharpoons H^+(aq)+OH^-(aq)$，对于其平衡常数，称为水的质子自递常数。水的质子自递常数又称为水的离子积，用 $K_w^{\ominus}$ 表示。

$$K_w^{\ominus}=[c(H^+)/c^{\ominus}][c(OH^-)/c^{\ominus}] \tag{5-1}$$

$K_w^{\ominus}$ 称为水的离子积常数。$K_w^{\ominus}$ 的意义为：一定温度时，水溶液中 $c(H^+)$ 和 $c(OH^-)$ 之积为一常数，或者说不论水溶液是酸性或碱性，H^+ 与 OH^- 同时存在，且二者的浓度互成反比。25℃时，$K_w^{\ominus}=1.0\times10^{-14}$。在稀溶液中，水的离子积常数不受溶质浓度的影响，但随温度的升高而增大。水的解离是比较强烈的吸热反应，根据平衡移动原理，不难理解水的离子积 $K_w^{\ominus}$ 随温度升高会明显地增大。

氢离子或氢氧根离子浓度的改变能引起水的解离平衡的移动。在纯水中，$c(H^+)=c(OH^-)$。如果在纯水中加入少量的 HCl 或 NaOH 形成稀溶液，$c(H^+)$ 和 $c(OH^-)$ 将发生改变，达到新的平衡时，$c(H^+)\neq c(OH^-)$。但是，只要温度保持不变，$\frac{c(H^+)}{c^{\ominus}}$ 与 $\frac{c(OH^-)}{c^{\ominus}}$ 的乘积仍然保持不变。$c(H^+)$ 和 $c(OH^-)$ 是相互联系的，水的离子积常数正表明了二者间的数量关系。根据它们的相互联系可以用一个统一的标准来表示溶液的酸碱性。在化学科学中，通常习惯于以 $c(H^+)$ 的负对数来表示。即

$$pH=-\lg c(H^+)/c^{\ominus} \tag{5-2}$$

与 pH 对应的还有 pOH，即

$$pOH=-\lg c(OH^-)/c^{\ominus} \tag{5-3}$$

25℃时，在水溶液中，$pH+pOH=pK_w^{\ominus}=14.00$

pH 是用来表示水溶液酸碱性的一种标度。pH 越小，$c(H^+)$ 越大，溶液的酸性越强，碱性越弱。

pH 和 pOH 的使用范围一般在 0～14.00。在这个范围之外，用浓度表示酸度反而方便。

5.1.5 酸碱水溶液中的质子转移平衡和酸碱的解离常数

一定温度下，一元弱酸（HA）和一元弱碱（B）水溶液中分别存在如下质子转移平衡：

$$HA+H_2O \rightleftharpoons H_3O^+ + A^-$$

通常为了书写方便，水合质子 H_3O^+ 简写为 H^+，上式可写为

$$HA \rightleftharpoons H^+ + A^-$$

标准解离常数 $K_a^{\ominus}$ 表达式为：

$$K_a^{\ominus}=\frac{[c(H^+)/c^{\ominus}][c(A^-)/c^{\ominus}]}{c(HA)/c^{\ominus}} \tag{5-4}$$

$K_a^{\ominus}$ 为酸在水溶液中的质子转移平衡常数，也称之为酸的解离常数。$K_a^{\ominus}$ 值的大小反映了

酸给出质子的能力大小，是酸强度的量度。$K_a^\ominus$ 值越大，则酸性越强，$K_a^\ominus$ 值越小，则酸性越弱。

为方便起见，可将式(5-4) 简写为

$$K_a^\ominus=\frac{c'(H^+)c'(A^-)}{c'(HA)} \tag{5-5}$$

式(5-5) 中，c'为系统中物质浓度 c 与标准浓度 $c^\ominus$ 的比值。如 $c'(A)=c(A)/c^\ominus$，$c'(A)$ 也称为相对浓度，本书相对浓度均用 c'表示。

对于碱性溶液，有

$$B+H_2O \rightleftharpoons HB^+ +OH^-$$

$$K_b^\ominus(B)=\frac{[c(HB^+)/c^\ominus][c(OH^-)/c^\ominus]}{c(B)/c^\ominus} \tag{5-6}$$

$K_b^\ominus$ 为碱在水溶液中的质子转移平衡常数，也称之为碱的解离常数。它表示碱接受质子的能力。$K_b^\ominus$ 值越大，碱性越强；值越小，$K_b^\ominus$ 碱性越弱。

5.1.6 共轭酸碱对中 $K_a^\ominus$ 和 $K_b^\ominus$ 的关系

对于共轭酸碱对，$K_a^\ominus$ 和 $K_b^\ominus$ 之间存在着确定的关系，例如，在 HAc-Ac^- 共轭酸碱对中，有

$$K_a^\ominus K_b^\ominus=\frac{[c(H^+)/c^\ominus][c(Ac^-)/c^\ominus]}{c(HAc)/c^\ominus}\times\frac{[c(HAc)/c^\ominus][c(OH^-)/c^\ominus]}{c(Ac^-)/c^\ominus}$$

$$=c(H^+)/c^\ominus c(OH^-)/c^\ominus=K_w^\ominus \tag{5-7}$$

式(5-7) 表明，如果知道某酸的解离常数 $K_a^\ominus$，就可以算得其共轭碱的解离常数 $K_b^\ominus$；如果知道某碱的解离常数 $K_b^\ominus$ 就可以算得其共轭酸的解离常数 $K_a^\ominus$。共轭酸碱对 $K_a^\ominus$ 和 $K_b^\ominus$ 呈反比的关系也说明了前面所述：酸越强，其共轭碱越弱；碱越强，其共轭酸越弱的关系。

【例 5-1】 已知 NH_3 的 $K_b^\ominus=1.79\times10^{-5}$，求共轭酸 NH_4^+ 的 $K_a^\ominus$ 值。

解

$$K_a^\ominus=\frac{K_w^\ominus}{K_b^\ominus}=\frac{1.0\times10^{-14}}{1.79\times10^{-5}}=5.59\times10^{-10}$$

对于多元酸（碱）来说，由于它们在水溶液中是分步解离的，因此存在着多个共轭酸碱对，这些共轭酸碱对的 $K_a^\ominus$ 和 $K_b^\ominus$ 之间也存在着一定的依存关系。如二元酸 H_2CO_3 在水溶液中存在二级解离。

$$H_2CO_3+H_2O \rightleftharpoons H_3O^+ +HCO_3^- \qquad K_{a1}^\ominus$$

$$HCO_3^- +H_2O \rightleftharpoons H_3O^+ +CO_3^{2-} \qquad K_{a2}^\ominus$$

因此在 H_2CO_3 在水溶液中有两组共轭酸碱对：H_2CO_3-HCO_3^-、HCO_3^--CO_3^{2-}、二元碱 CO_3^{2-} 在水溶液中也是分步解离的。

$$CO_3^{2-}+H_2O \rightleftharpoons OH^- +HCO_3^- \qquad K_{b1}^\ominus$$

$$HCO_3^- +H_2O \rightleftharpoons OH^- +H_2CO_3 \qquad K_{b2}^\ominus$$

两组共轭酸碱对 $K_a^\ominus$ 和 $K_b^\ominus$ 的对应关系为

$$K_{a1}^\ominus K_{b2}^\ominus=K_w^\ominus$$

$$K_{a2}^\ominus K_{b1}^\ominus=K_w^\ominus$$

酸常数和碱常数具有平衡常数的一般性质，它与平衡体系中各组分的浓度无关，而与温度有关。书末附录列出了一些常见酸碱的解离常数。

5.2 酸碱平衡

5.2.1 溶液中酸碱平衡的处理方法

弱酸或弱碱在水溶液中仅部分解离，绝大部分仍然以未解离的分子状态存在，因此弱酸或弱碱的水溶液中存在各种相关的型体。酸碱溶液中平衡型体之间存在三大平衡关系：物料（质量）平衡、电荷平衡和质子平衡。

（1）物料平衡

物料平衡方程简称物料平衡，用 MBE 表示。它是指在一个化学平衡体系中，某一给定物质的总浓度等于该组分各种型体的平衡浓度之和。如浓度 c 为 $0.10mol \cdot L^{-1}$ HAc 溶液，其物料平衡式为

$$c_{HAc}=c(HAc)+c(Ac^-)=0.10mol \cdot L^{-1}$$

浓度为 $0.20mol \cdot L^{-1}$ $NaHCO_3$溶液，其物料平衡式为

$$c(Na^+)=c(H_2CO_3)+c(HCO_3^-)+c(CO_3^{2-})=0.20mol \cdot L^{-1}$$

浓度为 $0.50mol \cdot L^{-1}$ Na_2SO_3溶液，其物料平衡式为

$$c(Na^+)=2\times 0.5mol \cdot L^{-1}=1.0mol \cdot L^{-1}$$

$$c(SO_3^{2-})+c(HSO_3^-)+c(H_2SO_3)=0.5mol \cdot L^{-1}$$

（2）电荷平衡

电荷平衡方程简称电荷平衡，用 CBE 表示。处于平衡状态的水溶液是电中性的，即溶液中荷正电质点所带正电荷的总数与荷负电质点所带负电荷的总数相等，根据这一原则，由各离子的电荷和浓度，可列出电荷平衡方程。例如，HAc 溶液，其电荷平衡式为

$$c(H^+)=c(Ac^-)+c(OH^-)$$

对多价阳（阴）离子，平衡浓度各项中还有相应的系数，其值为相应离子的所带电荷价数。例如 $NaHCO_3$溶液，其电荷平衡式为

$$c(Na^+)+c(H^+)=c(OH^-)+c(HCO_3^-)+2c(CO_3^{2-})$$

（3）质子平衡

酸碱反应的实质是质子的转移。酸碱反应达到平衡时，酸失去的质子数与碱得到的质子数相等，其数学表达式为质子条件式。常用零水准法列出质子条件式，其步骤为：

① 选择适当的基准态物质（零水准），基准态物质通常是溶液中大量存在并参与质子转移的物质。

② 根据质子转移数相等的数量关系写出质子条件式。

【例 5-2】 写出 HCOOH、NaH_2PO_4 水溶液的质子条件。

解

零水准	得 1 个质子	失 1 个质子
HCOOH	—	$HCOO^-$
H_2O	$H_3O^+(H^+)$	OH^-

质子条件： $c(H^+)=c(HCOO^-)+c(OH^-)$

零水准	得 1 个质子	失 1 个质子	失 2 个质子
NaH_2PO_4	H_3PO_4	HPO_4^{2-}	PO_4^{3-}
H_2O	$H_3O^+(H^+)$	OH^-	—

质子条件：$c(H_3PO_4)+c(H^+)=c(HPO_4^{2-})+c(OH^-)+2c(PO_4^{3-})$

除了零水准法的质子平衡外，也可以根据物料平衡和电荷平衡得出质子条件。

5.2.2 溶液中弱酸、弱碱的解离平衡

（1）解离平衡和解离常数

一元弱酸或弱碱在水溶液中只发生部分解离成离子，绝大部分仍然以未解离的分子状态存在。在一定条件下，一元弱酸或弱碱的水溶液中存在着已解离的弱电解质的组分离子和未解离的弱电解质分子之间的动态平衡，这种平衡称为解离平衡。例如，HA 型一元弱酸在水溶液中存在着如下的解离平衡。

$$HA \rightleftharpoons H^+ + A^-$$

根据化学平衡的原理，解离平衡的平衡常数表达式为

$$\frac{c'(H^+)c'(A^-)}{c'(HA)}=K^\ominus \tag{5-8}$$

一般以 $K_a^\ominus$ 表示弱酸的解离常数，$K_b^\ominus$ 表示弱碱的解离常数。有时为表明不同弱电解质的解离常数，在 $K^\ominus$ 后面加圆括号注明具体弱电解质的化学式。例如，一元弱酸 HAc 在水溶液中存在着如下平衡。

$$HAc \rightleftharpoons H^+ + Ac^-$$

其平衡常数表达式为

$$K_a^\ominus(HAc)=\frac{c'(H^+)c'(Ac^-)}{c'(HAc)} \tag{5-9}$$

同理，对于一元弱碱 $NH_3 \cdot H_2O$ 在水溶液中存在如下的解离平衡。

$$NH_3 \cdot H_2O \rightleftharpoons NH_4^+ + OH^-$$

其平衡常数表达式为

$$K_b^\ominus(NH_3 \cdot H_2O)=\frac{c'(NH_4^+)c'(OH^-)}{c'(NH_3 \cdot H_2O)} \tag{5-10}$$

弱电解质的解离常数（$K_a^\ominus$ 和 $K_b^\ominus$）具有一般平衡常数的特征，对于给定的电解质来说，解离平衡常数与浓度无关，与温度有关。但是，由于弱电解质解离过程的热效应不大，当温度变化不大时，可忽略温度对解离常数的影响。在一定温度下，每种弱电解质有一个确定的解离平衡常数。弱电解质的解离常数可以通过实验测得，也可以从热力学数据计算求得。一些常见的弱酸、弱碱的解离常数见表 5-2。

其中 $pK^\ominus$ 表示解离常数 $K^\ominus$ 的负对数。解离常数 $K_a^\ominus$（或 $K_b^\ominus$）的大小反映了弱电解质解离程度的大小。在同温度、同浓度下，同类型的弱酸（或弱碱）的 $K_a^\ominus$（或 $K_b^\ominus$）越大，则其解离度就越大，其溶液的酸性（或碱性）就越强。

（2）解离度和稀释定律

弱电解质的解离程度也可用解离度来表示。弱电解质在水溶液中达到解离平衡时的解离百分率，称为解离度。实际使用时通常以已解离的弱电解质的浓度百分数来表示。

表 5-2　常见弱酸弱碱的解离常数

弱酸或弱碱	分子式	温度/℃	$K_a^\ominus$ 或 $K_b^\ominus$	$pK_a^\ominus$ 或 $pK_b^\ominus$
醋酸	HAc	25	$K_a^\ominus=1.76\times10^{-5}$	4.75
硼酸	H_3BO_3	20	$K_a^\ominus=5.75\times10^{-10}$	9.24
碳酸	H_2CO_3	25	$K_{a1}^\ominus=4.3\times10^{-7}$	6.37
			$K_{a2}^\ominus=4.8\times10^{-11}$	10.32
氢氰酸	HCN	25	$K_a^\ominus=4.93\times10^{-10}$	9.31
氢硫酸	H_2S	18	$K_{a1}^\ominus=9.1\times10^{-8}$	7.04
			$K_{a2}^\ominus=1.1\times10^{-12}$	11.96
过氧化氢	H_2O_2	25	$K_a^\ominus=1.8\times10^{-12}$	11.75
甲酸	HCOOH	20	$K_a^\ominus=1.77\times10^{-4}$	3.75
氯乙酸	$ClCH_2COOH$	25	$K_a^\ominus=1.38\times10^{-3}$	2.86
二氯乙酸	$Cl_2CHCOOH$	25	$K_a^\ominus=5.5\times10^{-2}$	1.26
亚硝酸	HNO_2	12.5	$K_a^\ominus=5.1\times10^{-4}$	3.29
磷酸	H_3PO_4	25	$K_{a1}^\ominus=7.5\times10^{-3}$	2.12
			$K_{a2}^\ominus=6.2\times10^{-8}$	7.21
			$K_{a3}^\ominus=4.8\times10^{-13}$	13.32
硅酸	H_2SiO_3	30	$K_{a1}^\ominus=2.2\times10^{-10}$	9.77
			$K_{a2}^\ominus=1.58\times10^{-12}$	11.80
亚硫酸	H_2SO_3	18	$K_{a1}^\ominus=1.29\times10^{-2}$	1.89
			$K_{a2}^\ominus=6.3\times10^{-8}$	7.20
草酸	$H_2C_2O_4$	25	$K_{a1}^\ominus=5.9\times10^{-2}$	1.23
			$K_{a2}^\ominus=6.4\times10^{-5}$	4.19
次氯酸	HClO	18	$K_a^\ominus=2.95\times10^{-5}$	4.53
氢氟酸	HF	25	$K_a^\ominus=3.53\times10^{-4}$	3.45
氨水	$NH_3\cdot H_2O$	25	$K_b^\ominus=1.79\times10^{-5}$	4.75

$$\text{解离度}(\alpha)=\frac{\text{平衡时已解离的弱电解质的浓度}}{\text{弱电解质的起始浓度}}\times100\%$$

解离度和解离常数是两个不同的概念，它们从不同的角度表示弱电解质的相对强弱。在同温度、同浓度的条件下，解离度越小，电解质就越弱。解离度和解离常数都能衡量弱电解质解离程度的大小，它们之间存在一定的关系。现以 HAc 为例说明，设 HAc 的初始浓度为 $c\,\text{mol}\cdot\text{L}^{-1}$，其解离度为 α。

$$HAc \rightleftharpoons H^+ + Ac^-$$

初始浓度/$\text{mol}\cdot\text{L}^{-1}$	c	0	0
平衡浓度/$\text{mol}\cdot\text{L}^{-1}$	$c-c\alpha$	$c\alpha$	$c\alpha$

$$\frac{c'(H^+)c'(Ac^-)}{c'(HAc)}=\frac{(c'\alpha)^2}{c'(1-\alpha)}=K_a^\ominus(HAc)$$

当 α 很小时，则 $1-\alpha\approx1$，上式可写为

$$K_a^\ominus(HAc)=c'\alpha^2$$

$$\alpha=\sqrt{\frac{K_a^\ominus(HAc)}{c'}}=\sqrt{\frac{K_a^\ominus(HAc)c^\ominus}{c}} \tag{5-11}$$

同理，对一元弱碱来说，则有

$$\alpha=\sqrt{\frac{K_b^{\ominus}}{c'}}=\sqrt{\frac{K_b^{\ominus}c^{\ominus}}{c}} \tag{5-12}$$

式(5-11）和式(5-12）表示弱电解质解离度、解离常数和溶液浓度之间的定量关系，这种关系称为稀释定律。它表明对某一弱电解质而言，在一定温度下，溶液浓度越稀，解离度越大。如在 298K 时，0.10mol・L^{-1} HAc 溶液的解离度为 1.3%，而 0.010mol・L^{-1} HAc 溶液的解离度则为 4.2%。由此可见，只有在浓度相同的条件下，才能用解离度来比较弱电解质的相对强弱，而解离常数则与浓度无关，故解离常数能更深刻地反映弱电解质的本性，在实际应用中显得更为重要。

5.2.3 同离子效应和盐效应

弱电解质的解离平衡和其他化学平衡一样，是一种动态平衡，当外界条件发生改变时，会引起解离平衡的移动，其移动的规律同样服从勒夏特列原理。

(1）同离子效应

在弱酸 HAc 溶液中，存在如下解离平衡。

$$HAc \rightleftharpoons H^+ + Ac^-$$

若在平衡系统中加入与 HAc 含有相同离子（Ac^-）的易溶强电解质 NaAc，由于 NaAc 在溶液中完全解离。

$$NaAc = Na^+ + Ac^-$$

这样会使溶液中的 $c(Ac^-)$ 增大。根据平衡移动的原理，HAc 的解离平衡会向左（生成 HAc 的方向）移动。达到新平衡时，溶液中 $c(H^+)$ 要比原平衡的 $c(H^+)$ 小，而 $c(HAc)$ 要比原平衡中的 $c(HAc)$ 大，表明 HAc 的解离度减小了。同理，若在 $NH_3 \cdot H_2O$ 溶液中加入铵盐（如 NH_4Cl），也会使 $NH_3 \cdot H_2O$ 的解离度减小。这种在弱电解质溶液中加入一种含有相同离子（阴离子或阳离子）的易溶强电解质，使弱电解质解离度减小的现象，称为同离子效应。

同离子效应的实质是浓度对化学平衡移动的影响。在科学实验和生产实际中，可以利用同离子效应调节溶液的酸碱性；选择性地控制溶液中某种离子的浓度，从而达到分离、提纯的目的。

(2）盐效应

若在 HAc 溶液中加入不含相同离子的易溶强电解质（如 NaCl)，则溶液中离子的数目增多，不同电荷的离子之间相互牵制作用增强，从而使 H^+ 和 Ac^- 结合成 HAc 分子的机会和速率均减小，结果表现为弱电解质 HAc 的解离度增大了。这种在弱电解质溶液中加入易溶解强电解质使弱电解质解离度增大的现象，称为盐效应。

同离子效应和盐效应是两种完全相反的作用。其实发生同离子效应的同时，必然伴随着盐效应的发生。只是由于同离子效应的影响比盐效应大得多，因此，在一般情况下忽略盐效应的影响。

【例 5-3】 在 0.100mol・L^{-1} HAc 溶液中，加入固体 NaAc 使其浓度为 0.100mol・L^{-1}（忽略加入后体积的变化），求此溶液中 $c(H^+)$ 和 HAc 的解离度。

解 NaAc 为强电解质，完全解离后，所提供的 $c(Ac^-)=0.100$mol・L^{-1}，设 HAc 解离的 $c(H^+)=x$mol・L^{-1}。

$$HAc \rightleftharpoons H^+ + Ac^-$$

初始浓度/mol·L^{-1}	0.100	0.100
平衡浓度/mol·L^{-1}	$0.100-x$	$0.100+x$

一般 $c/(c^{\ominus}K_a^{\ominus})=c'/K_a^{\ominus}=0.100/1.76\times10^{-5}>500$，且加上同离子效应的作用，HAc 解离出的$c(H^+)$ 就更小。故 $0.100\pm x\approx0.100$

代入平衡常数表达式，解之得

$$x=1.76\times10^{-5} \qquad 即\ c(H^+)=1.76\times10^{-5}\,mol\cdot L^{-1}$$

$$\alpha=\frac{1.76\times10^{-5}}{0.100}\times100\%=1.76\times10^{-2}\%$$

将以上计算与例 5-4 题计算的结果相比较，α 约为其 1/75，可见，同离子效应的影响非常显著。

5.3 酸碱平衡中有关浓度计算

5.3.1 酸碱溶液中 pH 的计算

(1) 一元弱酸、弱碱溶液

在弱电解质的水溶液中，同时存在着两个解离平衡。以弱酸 HB 为例，一个是弱酸 HB 的解离平衡。

$$HB \rightleftharpoons H^+ + B^- \qquad K_a^{\ominus}$$

另一个是溶剂 H_2O 的解离平衡，即

$$H_2O \rightleftharpoons H^+ + OH^- \qquad K_w^{\ominus}$$

它们都能解离生成 H^+，当弱酸 HB 的 $K_a^{\ominus}\gg K_w^{\ominus}$，且其起始浓度 c 不是很小时，可以忽略 H_2O 的解离所产生的 H^+，而只考虑弱酸 HB 的解离。

	HB	$\rightleftharpoons$ H^+	$+$ B^-
初始浓度	c	0	0
平衡浓度	$c-c(H^+)$	$c(H^+)$	$c(B^-)$

而 $c(H^+)\approx c(B^-)$，代入解离平衡常数表达式得

$$\frac{[c'(H^+)]^2}{c'-c'(H^+)}=K_a^{\ominus}$$

$$c'^2(H^+)+K_a^{\ominus}c'(H^+)-K_a^{\ominus}c'=0$$

解上式，$c'(H^+)$ 的合理解应为

$$c'(H^+)=\frac{-K_a^{\ominus}+\sqrt{(K_a^{\ominus})^2+4K_a^{\ominus}c'}}{2} \tag{5-13}$$

式(5-13) 是计算一元弱酸溶液中 H^+ 浓度的较为精确的近似公式。

如果 $c'/K_a^{\ominus}\geqslant500$ 时，溶液中 $c(H^+)\ll c$，$c-c(H^+)\approx c$，则

$$K_a^{\ominus}=\frac{[c'(H^+)]^2}{c'-c'(H^+)}=\frac{[c'(H^+)]^2}{c'}$$

$$c'(H^+)=\sqrt{K_a^{\ominus}c'} \tag{5-14}$$

$$pH=\frac{1}{2}(pK_a^{\ominus}+pc') \tag{5-15}$$

式(5-14)和式(5-15)是计算一元弱酸溶液中 $c(H^+)$ 和 pH 值的最常用的近似公式。

对于浓度为 c 的 BOH 型一元弱碱溶液，同理可推导其溶液中 $c(OH^-)$ 和 pH 值的近似公式为

$$c'(OH^-)=\sqrt{K_b^{\ominus}c'} \tag{5-16}$$

$$pOH=\frac{1}{2}(pK_b^{\ominus}+pc') \tag{5-17}$$

$$pH=14-\frac{1}{2}(pK_b^{\ominus}+pc') \tag{5-18}$$

在计算一元弱酸、弱碱溶液中的 H^+ 或 OH^- 浓度时，一般来说，当 $c'(酸)/K_a^{\ominus}\geqslant 500$ 或 $c'(碱)/K_b^{\ominus}\geqslant 500$ 或 $\alpha\leqslant 4.4\%$ 时，可采用近似公式来进行计算，计算结果的相对误差不会大于 2%。当 $c'(酸)/K_a^{\ominus}<500$ 或 $c'(碱)/K_b^{\ominus}<500$，或 $\alpha>4.4\%$ 的弱酸或弱碱溶液，其 H^+ 或 OH^- 浓度就应采用精确的近似公式来计算，否则误差就较大。当 $c'K_a^{\ominus}\leqslant 20K_w^{\ominus}$ 或 $c'K_b^{\ominus}\leqslant 20K_w^{\ominus}$ 的弱酸或弱碱溶液，其 H^+ 或 OH^- 浓度就应采用联立方程组的方法来计算。

【例 5-4】 计算 $0.100mol\cdot L^{-1}$ HAc 溶液中的 $c(H^+)$、pH 和 HAc 的解离度。

解 (1) $c'(HAc)/K_a^{\ominus}=0.100/(1.76\times10^{-5})=5.68\times10^3>500$

应用近似公式计算，则有

$$c'(H^+)=\sqrt{K_a^{\ominus}c'}=\sqrt{1.76\times10^{-5}\times0.100}=1.33\times10^{-3}$$

(2) $pH=-\lg c'(H^+)=-\lg(1.33\times10^{-3})=2.88$

(3) $\alpha=\dfrac{c(H^+)}{c}=\dfrac{1.33\times10^{-3}}{0.100}=1.33\%$

(2) 多元弱酸（碱）溶液

多元弱酸（碱）在水溶液中的解离是分步进行的，每一步解离都有相应的解离平衡及解离常数。前面讨论的一元弱酸、弱碱的解离平衡的原理，同样适用于多元弱酸（碱）的解离。

现以 H_2S 为例来讨论多元弱酸的解离平衡，H_2S 是二元弱酸，它在水溶液中的解离分两步进行。

第一步解离　　$H_2S \rightleftharpoons H^+ + HS^-$

$$K_{a1}^{\ominus}=\frac{c'(H^+)c'(HS^-)}{c'(H_2S)}=9.1\times10^{-8} \tag{5-19}$$

第二步解离　　$HS^- \rightleftharpoons H^+ + S^{2-}$

$$K_{a2}^{\ominus}=\frac{c'(H^+)c'(S^{2-})}{c'(HS^-)}=1.1\times10^{-12} \tag{5-20}$$

$K_{a1}^{\ominus}$、$K_{a2}^{\ominus}$ 的数值表明第二步解离比第一步解离困难得多，其原因有两个：一是带两个负电荷的 S^{2-} 对 H^+ 的吸引力比带一个负电荷的 HS^- 对 H^+ 的吸引力强得多；二是第一步解离出来的 H^+ 对第二步解离产生同离子效应，从而抑制了第二步解离的进行。因此，对于多元弱酸，一般均存在 $K_{a1}^{\ominus}\gg K_{a2}^{\ominus}\gg K_{a3}^{\ominus}\cdots$ 的关系。溶液中的 $c(H^+)$ 主要来源于第一步解离。在忽略水的解离的条件下，溶液中的 $c(H^+)$ 的计算就类似于一元弱酸，并当 $c'/K_{a1}^{\ominus}\geqslant 500$ 时，可作近似计算。

$$c'(H^+) = \sqrt{K_{a1}^{\ominus} c'}$$

而溶液中的 S^{2-} 是第二步解离的产物，故计算时要用第二步解离平衡。

$$HS^- \rightleftharpoons H^+ + S^{2-}$$

$$K_{a2}^{\ominus} = \frac{c'(H^+)c'(S^{2-})}{c'(HS^-)}$$

由于第二步解离非常小，可以认为溶液中 $c(H^+) \approx c(HS^-)$，则

$$c'(S^{2-}) = K_{a2}^{\ominus} \tag{5-21}$$

多元弱酸在溶液中不仅存在分步解离平衡，也存在着总的解离平衡，将式(5-19) 和式(5-20) 对应的解离方程式相加得到

$$H_2S \rightleftharpoons 2H^+ + S^{2-}$$

根据多重平衡规则，有

$$K_a^{\ominus} = K_{a1}^{\ominus} K_{a2}^{\ominus} = \frac{[c'(H^+)]^2 c'(S^{2-})}{c'(H_2S)} \tag{5-22}$$

式(5-22) 是总平衡式。它并不表示 H_2S 是按此方程式解离的，更不能就此认为溶液中 $c'(H^+)$ 为 $c'(S^{2-})$ 的两倍。其实溶液中 $c'(H^+) \gg c(S^{2-})$，这是因为解离是分步进行的，且 $K_{a1}^{\ominus} \gg K_{a2}^{\ominus}$。它只说明平衡时，在 H_2S 溶液中，$c'(H^+)$、$c'(S^{2-})$、$c'(H_2S)$三者之间的关系：在一定浓度的 H_2S 溶液中，S^{2-} 浓度与 H^+ 浓度的平方成反比。即

$$c'(S^{2-}) = \frac{K_a^{\ominus} c'(H_2S)}{[c'(H^+)]^2} \tag{5-23}$$

因此，调节溶液中 H^+ 的浓度，可以控制溶液中 S^{2-} 的浓度。

【例 5-5】 室温下，H_2S 饱和溶液的浓度为 $0.10 mol \cdot L^{-1}$，计算该溶液中的 H^+ 和 S^{2-} 的浓度。

解 查表 5-2 可知：$K_{a1}^{\ominus} = 9.1 \times 10^{-8}$，$K_{a2}^{\ominus} = 1.1 \times 10^{-12}$，$K_{a1}^{\ominus} \gg K_{a2}^{\ominus}$，故计算 H^+ 浓度时，可只考虑第一步解离而忽略第二步解离。

设平衡溶液中的 H^+ 浓度为 $x mol \cdot L^{-1}$。

$$H_2S \rightleftharpoons H^+ + HS^-$$

平衡浓度/$mol \cdot L^{-1}$ $\quad 0.10 - x \quad x \quad x$

$$\frac{c'(H^+)c'(HS^-)}{c'(H_2S)} = K_{a1}^{\ominus}$$

$$\frac{x^2}{0.10 - x} = 9.1 \times 10^{-8}$$

因为 $c'(H_2S)/K_{a1}^{\ominus} > 500$，解离的 H^+ 浓度很小，可忽略。故

$$\frac{x^2}{0.10} \approx 9.1 \times 10^{-8}$$

$$x = 9.5 \times 10^{-5}，即\ c(H^+) = 9.5 \times 10^{-5} mol \cdot L^{-1}$$

溶液中 S^{2-} 是第二步解离的产物，根据第二步解离平衡，有

$$HS^- \rightleftharpoons H^+ + S^{2-}$$

$$\frac{c'(H^+)c'(S^{2-})}{c'(HS^-)} = K_{a2}^{\ominus}$$

又因为 $K_{a1}^{\ominus} \gg K_{a2}^{\ominus}$，$c'(HS^-) \approx c'(H^+)$。故

$$c'(S^{2-}) \approx K_{a2}^{\ominus} = 1.1 \times 10^{-12}\,mol \cdot L^{-1}$$

通过以上的计算可以看出：

① 多元弱酸溶液，若其 $K_{a1}^{\ominus} \gg K_{a2}^{\ominus} \gg K_{a3}^{\ominus}$，则计算 H^+ 的浓度时，可将多元弱酸当作一元弱酸近似处理。当 $c'/K_{a1}^{\ominus} \geqslant 500$ 时，可用公式 $c'(H^+) = \sqrt{K_{a1}^{\ominus} c'}$ 来计算 H^+ 的浓度。

② 对于二元弱酸溶液，酸根离子的浓度近似等于 $K_{a2}^{\ominus}$，而与酸的浓度关系不大。

③ 在多元弱酸溶液中，由于酸根离子的浓度极小，当需要溶液中有大量的酸根离子时应考虑使用其可溶性盐。如当需要溶液中有大量的 S^{2-} 时，应使用 Na_2S。

【例 5-6】 计算 0.10mol・L^{-1} Na_2CO_3 溶液的 pH，已知 H_2CO_3 的 $K_{a1}^{\ominus} = 4.3 \times 10^{-7}$，$K_{a2}^{\ominus} = 4.8 \times 10^{-11}$。

解 在 Na_2CO_3 溶液中，CO_3^{2-} 为二元碱，其碱性决定溶液酸碱度。CO_3^{2-} 的解离分两步进行。

第一步解离

$$CO_3^{2-} + H_2O \rightleftharpoons HCO_3^- + OH^- \qquad K_{b1}^{\ominus}$$

第二步解离

$$HCO_3^- + H_2O \rightleftharpoons H_2CO_3 + OH^- \qquad K_{b2}^{\ominus}$$

根据多重平衡规则同样可推导出

$$K_{b1}^{\ominus} = \frac{K_w^{\ominus}}{K_{a2}^{\ominus}(H_2CO_3)} = \frac{1.0 \times 10^{-14}}{4.8 \times 10^{-11}} = 2.1 \times 10^{-4}$$

$$K_{b2}^{\ominus} = \frac{K_w^{\ominus}}{K_{a1}^{\ominus}(H_2CO_3)} = \frac{1.0 \times 10^{-14}}{4.3 \times 10^{-7}} = 2.3 \times 10^{-8}$$

由上式可见，$K_{b1}^{\ominus} \gg K_{b2}^{\ominus}$，说明 CO_3^{2-} 第一步解离程度比第二步解离程度大得多，溶液中的 OH^- 主要来源于 CO_3^{2-} 的第一步解离，第二步解离产生的 OH^- 可以忽略，可以近似将 CO_3^{2-} 作为一元弱碱处理。

因为 $c'/K_{b1}^{\ominus} = 0.1/(2.1 \times 10^{-4}) > 500$

$$c'(OH^-) = \sqrt{K_{b1}^{\ominus} c'} = \sqrt{2.1 \times 10^{-4} \times 0.10} = 4.6 \times 10^{-3}$$

即

$$c(OH^-) = 4.6 \times 10^{-3}\,mol \cdot L^{-1}$$

$$pOH = -\lg c'(OH) = -\lg(4.6 \times 10^{-3}) = 2.34$$

$$pH = 14 - pOH = 11.66$$

（3）两性物质

既能给出质子又能接受质子的物质称为两性物质，较重要的两性物质有 $NaHCO_3$、NaH_2PO_4、Na_2HPO_4 等。在这些物质的水溶液中，决定溶液的 pH 的是 HCO_3^-、$H_2PO_4^-$、HPO_4^{2-} 等物质的解离，在考虑两性物质水溶液的 pH 时，应该根据具体情况进行分析。

例如 $NaHCO_3$ 水溶液，作为碱，有

$$HCO_3^- + H_2O \rightleftharpoons H_2CO_3 + OH^- \qquad K_{b2}^{\ominus} = \frac{K_w^{\ominus}}{K_{a1}^{\ominus}} = 2.3 \times 10^{-8}$$

作为酸，有

$$HCO_3^- \rightleftharpoons H^+ + CO_3^{2-} \qquad K_{a2}^{\ominus}=4.8\times10^{-11}$$

在两个平衡中，因为$K_{b2}^{\ominus} \gg K_{a2}^{\ominus}$，说明$HCO_3^-$的获取质子的能力大于失去质子的能力，所以溶液呈碱性。达到平衡时，有

$$c'(H^+)=c'(CO_3^{2-})$$

$$c'(H_2CO_3)=c'(OH^-)$$

两式相加，得

$$c'(H^+)=c'(CO_3^{2-})+c'(OH^-)-c'(H_2CO_3) \tag{5-24}$$

由于溶液中存在下列平衡，即

$$H_2CO_3 \rightleftharpoons H^+ + HCO_3^- \qquad c'(H_2CO_3)=\frac{c'(H^+)c'(HCO_3^-)}{K_{a1}^{\ominus}}$$

$$HCO_3^- \rightleftharpoons H^+ + CO_3^{2-} \qquad c'(CO_3^{2-})=K_{a2}^{\ominus}\frac{c'(HCO_3^-)}{c'(H^+)}$$

$$H_2O \rightleftharpoons H^+ + OH^- \qquad c'(OH^-)=\frac{K_w^{\ominus}}{c'(H^+)}$$

将上面$c'(H_2CO_3)$、$c'(CO_3^{2-})$和$c'(OH^-)$各值代入式(5-24)，得

$$c'(H^+)=\frac{K_{a2}^{\ominus}c'(HCO_3^-)}{c'(H^+)}+\frac{K_w^{\ominus}}{c'(H^+)}-\frac{c'(H^+)c'(HCO_3^-)}{K_{a1}^{\ominus}} \tag{5-25}$$

将式(5-25)两边同乘以$K_{a1}^{\ominus}c(H^+)$，整理得

$$c'^2(H^+)=\frac{K_{a1}^{\ominus}[K_{a2}^{\ominus}c'(HCO_3^-)+K_w^{\ominus}]}{K_{a1}^{\ominus}+c'(HCO_3^-)} \tag{5-26}$$

由于通常情况下，$K_{a2}^{\ominus}c'(HCO_3^-) \gg K_w^{\ominus}$,$c'(HCO_3^-) \gg K_{a1}^{\ominus}$,则

$$K_{a2}^{\ominus}c'(HCO_3^-)+K_w^{\ominus} \approx K_{a2}^{\ominus}c'(HCO_3^-)$$

$$K_{a1}^{\ominus}+c'(HCO_3^-) \approx c'(HCO_3^-)$$

所以式(5-26)可简化为

$$c'(H^+)=\sqrt{K_{a1}^{\ominus}K_{a2}^{\ominus}} \tag{5-27}$$

式(5-27)是最常用的近似计算公式。但必须注意，只有当酸式盐溶液的浓度不很稀($c>10^{-3}\text{mol}\cdot L^{-1}$)，$c' \gg K_{a1}^{\ominus} \gg K_{a2}^{\ominus}$，$c'K_{a2}^{\ominus} \gg K_w^{\ominus}$，$c'/K_{a1}^{\ominus}>10$，且水的解离可以忽略的情况下才能采用。否则，不可用式(5-27)直接计算$c(H^+)$。

对于其他的酸式盐，可以依此类推，例如

NaH_2PO_4溶液 $\qquad c'(H^+)=\sqrt{K_{a1}^{\ominus}K_{a2}^{\ominus}}$

Na_2HPO_4溶液 $\qquad c'(H^+)=\sqrt{K_{a2}^{\ominus}K_{a3}^{\ominus}}$

(4) 弱酸弱碱盐

以NH_4Ac为例，NH_4^+为酸，Ac^-为碱。

作为酸，有

$$NH_4^+ + H_2O \rightleftharpoons NH_3 + H_3O^+$$

$$K_a^{\ominus}(NH_4^+)=\frac{K_w^{\ominus}}{K_b^{\ominus}(NH_3)}=5.59\times10^{-10}$$

作为碱，有

$$Ac^- + H_2O \rightleftharpoons HAc + OH^-$$

$$K_b^{\ominus}(Ac^-) = \frac{K_w^{\ominus}}{K_a^{\ominus}(HAc)} = 5.68 \times 10^{-10}$$

因为 $K_a^{\ominus}(NH_4^+) = K_b^{\ominus}(Ac^-)$，故溶液呈中性。

当溶液不是很稀时，可以推导出 NH_4Ac 溶液中 $c'(H^+)$ 的近似计算式：

$$c'(H^+) = \sqrt{K_a^{\ominus}(HAc)K_a^{\ominus}(NH_4^+)} \tag{5-28}$$

$$c'(H^+) = \sqrt{1.76 \times 10^{-5} \times 5.59 \times 10^{-10}} = 9.9 \times 10^{-7}$$

即 $$c(H^+) = 9.9 \times 10^{-7}\,mol \cdot L^{-1}$$

【例 5-7】 通过计算说明 $0.1mol \cdot L^{-1}\ NH_4CN$ 溶液的酸碱性。

解 因为 $$c'(H^+) = \sqrt{K_a^{\ominus}(HCN)K_a^{\ominus}(NH_4^+)}$$

$$= \sqrt{4.93 \times 10^{-10} \times 5.59 \times 10^{-10}} = 5.2 \times 10^{-10}$$

即 $$c(H^+) = 5.2 \times 10^{-10}\,mol \cdot L^{-1}$$

5.3.2 水溶液中酸碱组分不同型体的分布

在弱酸（碱）的平衡体系中，一种物质可能以多种型体存在。各存在型体的浓度称为平衡浓度，各平衡浓度之和称为总浓度或分析浓度。某一型体浓度占分析浓度的分数，称该型体的分布分数，用 δ 表示。

如磷酸溶液中的 HPO_4^{2-} 型体的分布分数用 $\delta_{HPO_4^{2-}}$ 表示，定义为

$$\delta_{HPO_4^{2-}} = \frac{c(HPO_4^{2-})}{c_{H_3PO_4}} \tag{5-29}$$

式中，$c_{H_3PO_4}$ 为分析浓度。

如碳酸溶液中的 H_2CO_3 型体的分布分数用 $\delta_{H_2CO_3}$ 表示，定义为

$$\delta_{H_2CO_3} = \frac{c(H_2CO_3)}{c_{H_2CO_3}} \tag{5-30}$$

式中，$c_{H_2CO_3}$ 为分析浓度。

各存在型体的平衡浓度随溶液中 H^+ 浓度的改变而改变。分布分数 δ 的大小，能定量说明溶液中各种存在型体的分布情况。知道了分布分数，可以求出酸碱溶液各型体的平衡浓度，这是十分有用的。

n 元弱酸（碱）共有（$n+1$）种型体。现以 H_2CO_3、H_3PO_4 为例，在表 5-3 中列出多元弱酸各型体与分析浓度之间的关系。

表 5-3 多元弱酸各型体与分析浓度之间的关系

酸名称	元数	型体数	型体	分析浓度(c_a)组成
H_2CO_3	2	3	H_2CO_3	$c_{H_2CO_3} = c(H_2CO_3) + c(HCO_3^-) + c(CO_3^{2-})$
			HCO_3^-	
			CO_3^{2-}	
H_3PO_4	3	4	H_3PO_4	$c_{H_3PO_4} = c(H_3PO_4) + c(H_2PO_4^-) + c(HPO_4^{2-}) + c(PO_4^{3-})$
			$H_2PO_4^-$	
			HPO_4^{2-}	
			PO_4^{3-}	

(1) 一元弱酸的分布

设一元弱酸为 HA，并用 c_{HA} 表示 HA 的分析浓度，$c(HA)$、$c(A^-)$ 表示 HA、A^- 的平衡浓度。

① 分布分数的计算 根据分布分数和解离平衡常数的定义，得

$$\delta_{HA}=\frac{c(HA)}{c_{HA}}=\frac{c(HA)}{c(HA)+c(A^-)}=\frac{1}{1+c(A^-)/c(HA)}=\frac{1}{1+K_a^\ominus/c(H^+)}$$

故
$$\delta_{HA}=\frac{c(H^+)}{c(H^+)+K_a^\ominus} \tag{5-31}$$

同理可得：
$$\delta_{A^-}=\frac{K_a^\ominus}{c(H^+)+K_a^\ominus} \tag{5-32}$$

显然，各存在型体分布分数之和等于 1，即：$\delta_{HA}+\delta_{A^-}=1$

② 分布曲线 分布分数 δ 与溶液 pH 间的关系曲线称为分布曲线。例如，以 pH 为横坐标，以 δ_{HAc}、δ_{Ac^-} 为纵坐标作图，得到的曲线称为 HAc 的分布曲线（见图 5-1）。

从图 5-1 中可以看出：当 $pH<pK_a^\ominus$ 时，HAc 为主要存在型体；当 $pH>pK_a^\ominus$ 时，Ac^- 为主要存在型体；当 $pH=pK_a^\ominus$ 时，HAc 与 Ac^- 各占一半，两种型体的分布分数均为 0.5。

(2) 二元弱酸的分布

设二元弱酸为 H_2A，并用 c_{H_2A} 表示 H_2A 的分析浓度，$c(H_2A)$、$c(HA^-)$、$c(A^{2-})$ 表示 H_2A 三种存在型体的平衡浓度。

① 分布分数的计算 根据分布分数和解离平衡常数的定义，有

$$\delta_{H_2A}=\frac{c(H_2A)}{c_{H_2A}}=\frac{c(H_2A)}{c(H_2A)+c(HA^-)+c(A^{2-})}=\frac{1}{1+\dfrac{c(HA^-)}{c(H_2A)}+\dfrac{c(A^{2-})}{c(H_2A)}}$$

$$=\frac{1}{1+K_{a1}^\ominus/c(H^+)+K_{a1}^\ominus K_{a2}^\ominus/c^2(H^+)}=\frac{c^2(H^+)}{c^2(H^+)+K_{a1}^\ominus c(H^+)+K_{a1}^\ominus K_{a2}^\ominus}$$

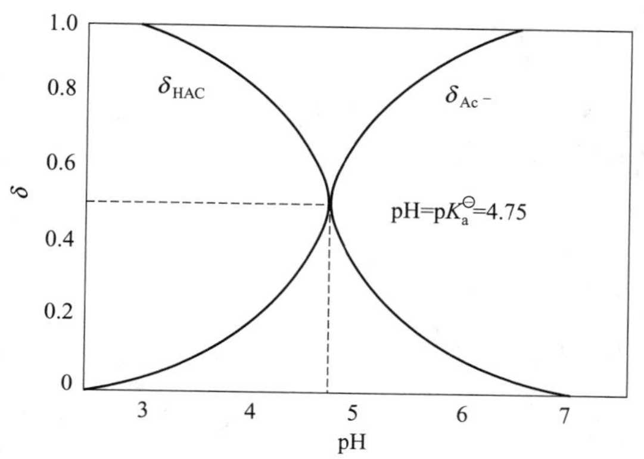

图 5-1 醋酸溶液中各种存在形式的分布分数与溶液 pH 的关系曲线

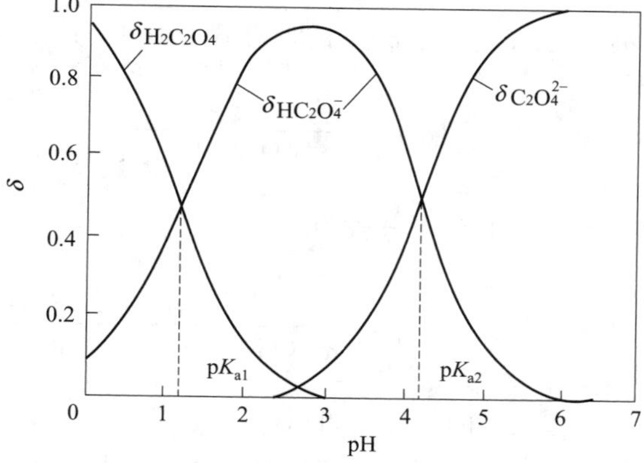

图 5-2 草酸溶液中各种存在形式的分布分数与溶液 pH 的关系曲线

第5章 酸碱平衡与酸碱滴定法

同理可得

$$\delta_{HA^-}=\frac{K_{a1}^{\ominus}c(H^+)}{c^2(H^+)+K_{a1}^{\ominus}c(H^+)+K_{a1}^{\ominus}K_{a2}^{\ominus}}$$

$$\delta_{A^{2-}}=\frac{K_{a1}^{\ominus}K_{a2}^{\ominus}}{c^2(H^+)+K_{a1}^{\ominus}c(H^+)+K_{a1}^{\ominus}K_{a2}^{\ominus}}$$

② 分布曲线 例如以 pH 为横坐标，以 $\delta_{H_2C_2O_4}$、$\delta_{HC_2O_4^-}$、$\delta_{C_2O_4^{2-}}$ 为纵坐标作图，得到的曲线称为 $H_2C_2O_4$ 的分布曲线（见图 5-2）。

由图 5-2 中可以看出：当 $pH<pK_{a1}^{\ominus}$ 时，$H_2C_2O_4$ 为主要存在型体；当 $pH>pK_{a2}^{\ominus}$ 时，$C_2O_4^{2-}$ 为主要存在型体；当 $pK_{a1}^{\ominus}<pH<pK_{a2}^{\ominus}$ 时，$HC_2O_4^-$ 为主要存在型体。

分布曲线很直观地反映存在型体与溶液 pH 的关系，在选择反应条件时，可以按所需组分查图，即可得到相应的 pH 值。例如，欲测定 Ca^{2+}，采用 $C_2O_4^{2-}$ 为沉淀剂，反应时，溶液的 pH 应维持在多少？从图 5-2 可知，在 $pH\geqslant 5.0$ 时，$C_2O_4^{2-}$ 为主要存在型体，有利于沉淀形成，所以应使溶液的 $pH\geqslant 5.0$。

【例 5-8】 计算 pH=4.0 时，$5\times10^{-2}mol\cdot L^{-1}$ 酒石酸（以 H_2A 表示）溶液中酒石酸根离子的浓度。已知酒石酸的 $pK_{a1}^{\ominus}=3.04$、$pK_{a2}^{\ominus}=4.37$。

解

$$\delta_{A^{2-}}=\frac{K_{a1}^{\ominus}K_{a2}^{\ominus}}{c^2(H^+)+K_{a1}^{\ominus}c(H^+)+K_{a1}^{\ominus}K_{a2}^{\ominus}}$$

$$=\frac{10^{-3.04}\times10^{-4.37}}{(10^{-4.0})^2+10^{-3.04}\times10^{-4.0}+10^{-3.04}\times10^{-4.37}}=0.28$$

所以 $c(A^{2-})=c_{H_2A}\delta_{A^{2-}}=0.05\times0.28=0.014(mol\cdot L^{-1})$

(3) 三元弱酸的分布

设三元弱酸为 H_3A，并用 c_{H_3A} 表示 H_3A 的分析浓度，$c(H_3A)$、$c(H_2A^-)$、$c(HA^{2-})$、$c(A^{3-})$ 表示 H_3A 四种存在型体的平衡浓度。

① 分布分数的计算 根据分布分数和解离平衡常数的定义，同理可推出：δ_{H_3A}、$\delta_{H_2A^-}$、$\delta_{HA^{2-}}$、$\delta_{A^{3-}}$ 的计算式，其中 H_3A 的分布分数为

$$\delta_{H_3A}=\frac{c^3(H^+)}{c^3(H^+)+K_{a1}^{\ominus}c^2(H^+)+K_{a1}^{\ominus}K_{a2}^{\ominus}c(H^+)+K_{a1}^{\ominus}K_{a2}^{\ominus}K_{a3}^{\ominus}}$$

A^{3-} 的分布分数为

$$\delta_{A^{3-}}=\frac{K_{a1}^{\ominus}K_{a2}^{\ominus}K_{a3}^{\ominus}}{c^3(H^+)+K_{a1}^{\ominus}c^2(H^+)+K_{a1}^{\ominus}K_{a2}^{\ominus}c(H^+)+K_{a1}^{\ominus}K_{a2}^{\ominus}K_{a3}^{\ominus}}$$

② 分布曲线 如以 pH 为横坐标，以 $\delta_{H_3PO_4}$、$\delta_{H_2PO_4^-}$、$\delta_{HPO_4^{2-}}$、$\delta_{PO_4^{3-}}$ 为纵坐标作图，得到的曲线称为 H_3PO_4 的分布曲线（见图 5-3）。

需要指出：在 pH=4.7 时，$H_2PO_4^-$ 型体占 99.4%；同样，当 pH=9.8 时，HPO_4^{2-} 型体占绝对优势，为 99.5%。

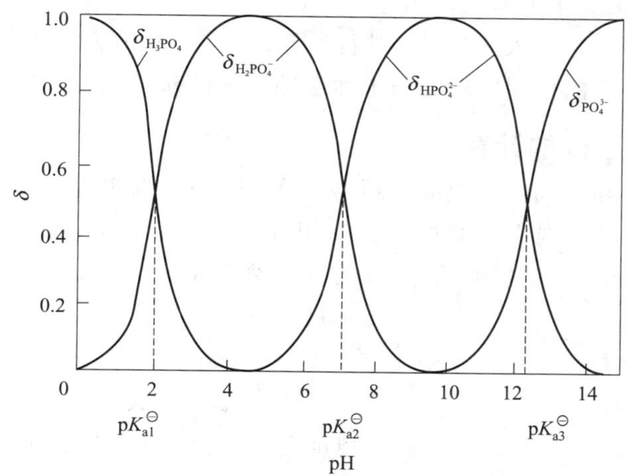

图 5-3　磷酸溶液中各种存在形式的分布分数与溶液 pH 的关系曲线

5.4　缓冲溶液

许多化学反应和生产过程都要在一定的 pH 范围内才能进行或进行得比较完全，溶液的 pH 如何控制？怎样才能使溶液 pH 保持稳定？要解决这些问题，就需要了解缓冲溶液和缓冲作用原理。

5.4.1　缓冲作用原理

缓冲溶液一般是由弱酸和弱酸盐，弱碱和弱碱盐和多元弱酸的酸式盐与其次级盐等组成的混合溶液，它们的 pH 能在一定范围内不因适当稀释或外加少量酸或碱而发生显著变化，这种溶液称为缓冲溶液。缓冲溶液具有抵抗外来少量酸、碱或适当稀释的影响，使溶液 pH 基本不变的作用，称为缓冲作用。

缓冲溶液一般由两种物质组成，其中一种是抗酸成分，另一种则是抗碱成分。组成缓冲溶液中的抗酸成分和抗碱成分称为缓冲对。如 HAc-NaAc、$NH_3 \cdot H_2O$-NH_4Cl、$NaHCO_3$-Na_2CO_3 等，构成缓冲对。

现以 HAc 和 NaAc 组成的缓冲溶液为例，来说明缓冲作用的原理。

HAc 为弱电解质，只能部分解离，NaAc 为强电解质，几乎完全解离。

$$HAc \rightleftharpoons H^+ + Ac^-$$

$$NaAc \longrightarrow Na^+ + Ac^-$$

NaAc 在溶液中完全解离，$c(Ac^-)$ 较大。因 Ac^- 的同离子效应而抑制了 HAc 的解离，使 $c(HAc)$ 也较大，即溶液中存在着大量的抗碱成分（HAc 分子）和抗酸成分（Ac^-），但 H^+ 浓度却很小。

当在此缓冲液中加入少量强酸（H^+）时，H^+ 与 Ac^- 结合成 HAc，使 HAc 解离平衡向左移动。达到新的平衡时，$c(HAc)$ 略有增加，$c(Ac^-)$ 也略有减少，而 $c(H^+)$ 或 pH 几乎没有变化。

当在此缓冲溶液中加入少量强碱（OH^-）时，OH^- 与 H^+ 结合成 H_2O，使 HAc 解离平衡向右移动，它立即解离出 H^+ 以补充溶液中所减少的 H^+。达到新的平衡时，溶液中的 $c(H^+)$ 或 pH 也几乎没有变化。

当此缓冲溶液作适当稀释时，由于 $c(HAc)$、$c(Ac^-)$ 以同等倍数降低，其比值 $c(HAc)/c(Ac^-)$ 不变，代入式(5-7) 进行计算，$c(H^+)$ 仍然几乎没有变化。

其他类型缓冲溶液的作用原理，与上述缓冲溶液的作用原理相同。

5.4.2 缓冲溶液 pH 的计算

缓冲溶液中都存在着同离子效应。缓冲溶液 pH 的计算实质上就是弱酸或弱碱在同离子效应下的 pH 的计算。现仍以 HAc-NaAc 组成的缓冲溶液为例。设 HAc 和 NaAc 的初始浓度分别为 $c_{酸}$ 和 $c_{碱}$，在这缓冲溶液中存在下列平衡。

$$HAc \rightleftharpoons H^+ + Ac^-$$

初始浓度/$mol \cdot L^{-1}$　　$c_{酸}$　　　　$c_{碱}$

平衡浓度/$mol \cdot L^{-1}$　　$c_{酸}-c(H^+)$　$c(H^+)$　$c_{碱}+c(H^+)$

由于 Ac^- 的同离子效应使弱酸 HAc 的解离度更小，则 $c(H^+)$ 很小，$c_{酸}-c(H^+)\approx c_{酸}$，$c_{碱}+c(H^+)\approx c_{碱}$。

将各物质的平衡浓度代入式(5-7)，可得

$$c(H^+)=K_a^{\ominus}\frac{c_{酸}}{c_{碱}} \tag{5-33}$$

将上式取负对数，得

$$-\lg c(H^+)=-\lg K_a^{\ominus}-\lg\frac{c_{酸}}{c_{碱}} \qquad 或$$

$$pH=pK_a^{\ominus}-\lg\frac{c_{酸}}{c_{碱}} \tag{5-34}$$

式(5-33) 和式(5-34) 是用来计算弱酸及其相应的盐所组成缓冲溶液的 $c(H^+)$ 或 pH 的近似公式。

对于弱碱及其盐所组成的缓冲溶液，同理可推导出 $c(OH^-)$ 和 pOH 的近似计算公式。

$$c(OH^-)=K_b^{\ominus}\frac{c_{碱}}{c_{酸}} \tag{5-35}$$

$$pOH=pK_b^{\ominus}-\lg\frac{c_{碱}}{c_{酸}} \tag{5-36}$$

$$pH=14-pOH=14-pK_b^{\ominus}+\lg\frac{c_{碱}}{c_{酸}} \tag{5-37}$$

由式(5-34) 和式(5-37) 可见，缓冲溶液的 pH 决定于 $pK_a^{\ominus}$ 或 $pK_b^{\ominus}$ 及缓冲对的比值，这个比值叫缓冲比。当选定组成缓冲溶液的缓冲对之后，因 $pK_a^{\ominus}$ 或 $pK_b^{\ominus}$ 是常数，溶液的 pH 变化主要由缓冲比决定。

【例 5-9】 20mL $0.40mol \cdot L^{-1}$ HA（$K_a^{\ominus}=1\times10^{-6}$）与 20mL $0.20mol \cdot L^{-1}$ NaOH 混合，计算该混合液的 pH。

解 溶液等体积混合后，其浓度减半，即 HA 的浓度为 $0.2mol \cdot L^{-1}$，NaOH 浓度为 $0.1mol \cdot L^{-1}$，在混合溶液中会发生化学反应，$0.1mol \cdot L^{-1}$的 NaOH 可与 $0.1mol \cdot L^{-1}$的 HA 反应生成 $0.1mol \cdot L^{-1}$的 NaA，还剩 $0.1mol \cdot L^{-1}$的 HA。所以混合溶液是由过

量的 HA 与反应生成的 NaA 构成的缓冲溶液。

$$pH = pK_a^{\ominus} - \lg\frac{c_{酸}}{c_{碱}} = -\lg(1\times10^{-6}) - \lg(0.1/0.1) = 6.0$$

5.4.3 缓冲容量和缓冲范围

缓冲溶液的缓冲能力是有一定限度的，当缓冲溶液中的抗酸成分或抗碱成分消耗完了，它就失去了缓冲作用。缓冲溶液缓冲能力的大小，可用缓冲容量来量度。所谓缓冲容量就是 1L 缓冲溶液的 pH 改变一个单位所需加入强酸或强碱的物质的量，常用 β 表示。

当缓冲溶液的缓冲比一定时，对于酸（碱）和盐的总浓度不同的缓冲溶液，总浓度越大，缓冲溶液的缓冲能力越强。在实际工作中，一般将缓冲溶液缓冲对两组分的浓度控制在 $0.05\sim0.5mol\cdot L^{-1}$。

当一缓冲溶液的总浓度一定时，其缓冲比（$c_{酸}/c_{碱}$ 或 $c_{碱}/c_{酸}$）等于 1 时，$pH=pK_a^{\ominus}$ 或 $pOH=pK_b^{\ominus}$，此时的缓冲容量最大，即缓冲能力最强。因此，缓冲比不能偏离 1 太多，一般将缓冲比控制在 0.1～10，即缓冲溶液的 pH 在 $pK_a^{\ominus}+1\sim pK_a^{\ominus}-1$（pOH 在 $pK_b^{\ominus}+1\sim pK_b^{\ominus}-1$）。超过此范围，缓冲溶液的缓冲作用就太弱。所以把 $pH=pK_a^{\ominus}\pm1$（或 $pOH=pK_b^{\ominus}\pm1$）的范围称为缓冲范围。不同缓冲对物质组成的缓冲溶液，由于 $K_a^{\ominus}$ 或 $K_b^{\ominus}$ 不同，它们的缓冲范围也不同。如 HAc-NaAc 溶液的 pH 缓冲范围为 3.75～5.75，$NH_3\cdot H_2O$-NH_4Cl 为 8.25～10.25，NaH_2PO_4-Na_2HPO_4 为 6.21～8.21。

5.4.4 缓冲溶液的配制和应用

（1）缓冲溶液的配制

在科研和生产实践中，经常要配制一定 pH 的缓冲溶液。选择缓冲溶液的原则是：缓冲溶液对化学反应没有干扰，使用中所需控制的 pH 应在缓冲溶液的缓冲范围之内，缓冲溶液应有足够的缓冲容量，缓冲溶液应价廉易得，污染较小。

配制缓冲溶液的基本过程如下。

① 选择合适的缓冲对　缓冲对由共轭酸碱对组成，缓冲对中共轭酸的 $pK_a^{\ominus}$ 应在缓冲溶液 pH±1 范围内。宜选择共轭酸的 $pK_a^{\ominus}$ 最接近缓冲溶液 pH 的缓冲对，以使缓冲对的比值接近于 1，这样能使缓冲溶液有较大的缓冲容量。例如配制 pH＝5.0 的缓冲溶液，选择 HAc-NaAc 缓冲对［$pK_a^{\ominus}(HAc)=4.75$］比较合适；如果需要一种 pH＝9.0 的缓冲溶液，考虑 $NH_3\cdot H_2O$ 的 $pK_b^{\ominus}=4.75$，$pH=14-pK_b^{\ominus}=9.25$，故可选用 $NH_3\cdot H_2O$-NH_4Cl 缓冲溶液。

② 计算缓冲比　选择合适的缓冲对后，利用缓冲溶液所需的 pH 和 $pK_a^{\ominus}$ 代入缓冲溶液 pH 公式中，求出缓冲比。

③ 确定溶质质量或溶液体积　根据缓冲比和缓冲溶液的有关具体要求，确定溶质的质量和酸（碱）溶液的体积。

④ 配制操作　根据计算量，称取溶质、量取溶液，再根据溶液配制方法配制缓冲溶液。溶液配好之后要用精密 pH 试纸或酸度计测量所配溶液的 pH，若与要求值相差大，则应作适当调整。

【例 5-10】 欲配制 pH＝9.0 的缓冲溶液 1.0L，应在 500mL $0.20mol\cdot L^{-1}$ $NH_3\cdot H_2O$ 的溶液中加入固体 NH_4Cl（$M=53.5g\cdot mol^{-1}$）多少克？

解 pOH＝14－9.0＝5.0，根据

$$pOH = pK_b^{\ominus} - \lg \frac{c_{碱}}{c_{酸}}$$

$$5.0 = 4.75 - \lg \frac{\frac{500}{1000} \times 0.20}{c(NH_4Cl)}$$

解得 $c(NH_4Cl) = 0.178(mol \cdot L^{-1})$

应加入固体 NH_4Cl 质量为 $m = 0.178 \times 1.0 \times 53.5 = 9.52(g)$

配制方法：在 500mL 0.2mol·L^{-1} $NH_3 \cdot H_2O$ 中加入固体 NH_4Cl 9.52g 溶解后，用蒸馏水稀释至 1.0L，混匀。

【例 5-11】 欲配制 pH＝5.00 的缓冲溶液，需在 50mL 0.10mol·L^{-1}的 HAc 溶液中加入 0.10mol·L^{-1}的 NaOH 多少毫升？

解 设需 NaOH xmL。则 $n(NaOH) = n(Ac^-)$。

$$pH = pK_a^{\ominus}(HAc) - \lg \frac{c_{酸}}{c_{碱}}$$

$$5.00 = 4.75 - \lg \frac{0.10 \times 50 - 0.10x}{0.10x}$$

$$x = 32mL$$

（2）缓冲溶液的应用

缓冲溶液在工业、农业、生物科学、化学等各领域都有很重要的用途。例如土壤中，由于含有 H_2CO_3、$NaHCO_3$ 和 Na_2HPO_4 以及其他有机酸及其盐类组成的复杂的缓冲体系，所以能使土壤维持在一定的 pH（5.0～8.0）范围内，从而保证了微生物的正常活动和植物的发育生长。

又如甲酸 HCOOH 分解生成 CO 和 H_2O 的反应，是一个酸催化反应，H^+ 可作为催化剂加快反应。为了控制反应速率，就必须用缓冲溶液控制反应的 pH。

人体的血液也是缓冲溶液，其主要的缓冲体系有：H_2CO_3、$NaHCO_3$、NaH_2PO_4-Na_2HPO_4、血浆蛋白-血浆蛋白盐、血红蛋白-血红蛋白盐等。这些缓冲体系的相互作用、相互制约使人体血液的 pH 保持在 7.35～7.45 范围内，从而保证了人体的正常生理活动。

5.5 酸碱指示剂

由于一般酸碱反应本身无外观的变化，因此通常需要加入能在化学计量点附近发生颜色变化的物质来指示滴定终点的到达。这些随溶液 pH 改变而发生颜色变化的物质，称为酸碱指示剂。

5.5.1 酸碱指示剂的变色原理

酸碱指示剂一般是有机弱酸或弱碱，当溶液中的 pH 改变时，指示剂由于结构的改变而发生颜色的改变（其共轭酸碱对具有不同的颜色）。

以 HIn 表示弱酸型指示剂，HIn 在水溶液中存在着以下解离平衡。

$$HIn(酸式色) \rightleftharpoons H^+ + In^-(碱式色)$$

解离出的两种型体 HIn 和 In^-，它们呈现出的颜色不同。从 HIn 的解离平衡式中可以看出，当溶液的 pH 增大（即 H^+ 的浓度下降）时，HIn 的解离平衡向右移动，In^- 型体的浓度随之增大，此时溶液的颜色向碱色转化；当溶液的 pH 降低（即 H^+ 的浓度增大）时，HIn 的解离平衡向左移动，HIn 型体的浓度随之增大，此时溶液的颜色向酸色转化。

例如，酚酞是有机弱酸型指示剂，它是一种单色指示剂，当溶液酸度增加时，平衡向左移动，酚酞主要以无色的羟式存在；当溶液碱度增加时，平衡向右移动，酚酞转变为醌式显红色（图 5-4）。

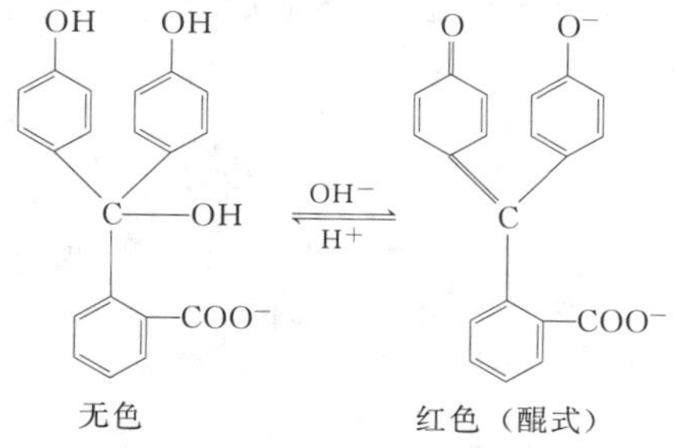

图 5-4　酚酞的解离平衡

又如甲基橙是有机弱碱型的双色指示剂，在溶液中有以下平衡。

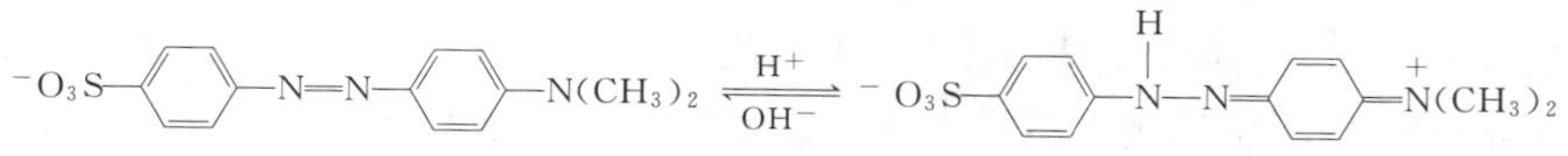

由平衡关系可以看出，当溶液中 H^+ 浓度增大时，甲基橙主要以醌式结构存在，溶液显红色。当溶液中 H^+ 浓度降低时，甲基橙主要以偶氮式结构存在，溶液显黄色。

5.5.2　酸碱指示剂的变色范围

为进一步说明指示剂颜色变化与酸度的关系，用 HIn 表示复杂的有机弱酸指示剂的分子式，则其解离平衡可表示为

$$\mathrm{HIn(酸式色)} \rightleftharpoons \mathrm{H^+ + In^-(碱式色)}$$

设弱酸型指示剂 HIn 的解离平衡常数为 $K_a^\ominus(\mathrm{HIn})$，则

$$K_a^\ominus(\mathrm{HIn})=\frac{c'(\mathrm{H^+})c'(\mathrm{In^-})}{c'(\mathrm{HIn})}$$

即

$$\frac{c'(\mathrm{HIn})}{c'(\mathrm{In^-})}=\frac{c'(\mathrm{H^+})}{K_a^\ominus(\mathrm{HIn})} \tag{5-38}$$

从式(5-38) 可以看出指示剂颜色的转变依赖于 $c'(\mathrm{HIn})/c'(\mathrm{In^-})$ 这个比值。一定温度下 $K_a^\ominus(\mathrm{HIn})$ 为常数，则 $c'(\mathrm{HIn})/c'(\mathrm{In^-})$ 的变化取决于 $c'(\mathrm{H^+})$。当 $c'(\mathrm{H^+})$ 发生改变时，$c'(\mathrm{HIn})/c'(\mathrm{In^-})$ 也发生改变，溶液的颜色也逐渐改变。当 $c'(\mathrm{H^+})=K_a^\ominus(\mathrm{HIn})$ 时，即 $\mathrm{pH}=\mathrm{p}K_a^\ominus(\mathrm{HIn})$ 时，$c'(\mathrm{HIn})=c'(\mathrm{In^-})$，这时溶液的颜色是 HIn 和 In^- 两者颜色各占一半的混合色，称为中间色。此时溶液的 pH 称为该指示剂的理论变色点，数值上等于 $\mathrm{p}K_a^\ominus(\mathrm{HIn})$，其意义是指示剂变色的转折点。当 $c'(\mathrm{H^+})>K_a^\ominus(\mathrm{HIn})$ 时，$c'(\mathrm{HIn})>c(\mathrm{In^-})$，溶液中酸式色超过碱式色；当 $c'(\mathrm{HIn})/c'(\mathrm{In^-})=10$ 时，人的眼睛勉强辨认出 HIn 的存在，溶液略带酸式色；当 $c'(\mathrm{HIn})/c'(\mathrm{In^-})>10$ 时，HIn 的颜色较为明显，溶液呈明显的酸式色，此时溶液的 $\mathrm{pH}\leqslant \mathrm{p}K_a^\ominus(\mathrm{HIn})-1$。当 $c'(\mathrm{H^+})<K_a^\ominus(\mathrm{HIn})$ 时，溶液的碱式色超过酸式色。一般当 $c'(\mathrm{HIn})/c(\mathrm{In^-})=1/10$ 时，人的眼睛勉强辨认出 In^- 的颜色，溶液略带碱式色；当 $c'(\mathrm{HIn})/c'(\mathrm{In^-})<1/10$ 时，可看到明显的 In^- 色，溶液显碱式色，此时 $\mathrm{pH}\geqslant \mathrm{p}K_a^\ominus(\mathrm{HIn})+1$。显然指示剂从酸式色变成碱式色，或从碱式色转

变成酸式色时，pH 值的改变是从 $pK_a^{\ominus}(HIn)-1$ 到 $pK_a^{\ominus}(HIn)+1$ 或从 $pK_a^{\ominus}(HIn)+1$ 到 $pK_a^{\ominus}(HIn)-1$，一般把 $pH=pK_a^{\ominus}(HIn)-1\sim pK_a^{\ominus}(HIn)+1$ 这个范围称为指示剂的变色范围，这个范围内溶液的颜色称为过渡色。酸碱指示剂的变色情况与溶液 pH 的关系如图 5-5 所示。

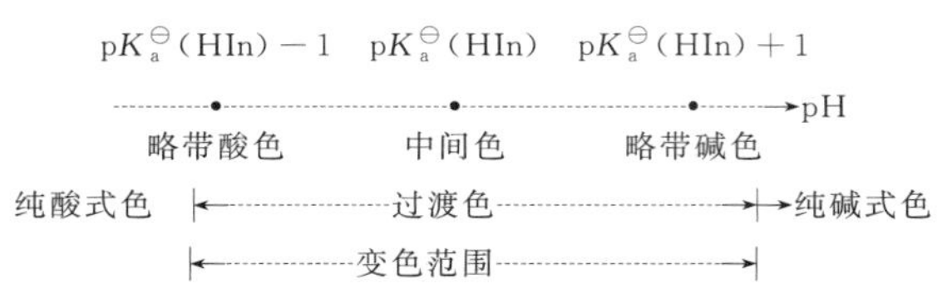

图 5-5　酸碱指示剂的变色情况与溶液 pH 的关系

由此可见，不同的指示剂 $pK_a^{\ominus}(HIn)$ 不同，它们的理论变色范围也各不相同。同时，由于人的眼睛对不同颜色变化的敏感程度不同，指示剂的实际变色范围不一定正好在 $pH=pK_a^{\ominus}(HIn)\pm1$。例如，酚酞的理论变色范围应是 8.1 ～10.1 ，但由于人的眼睛对无色变红色容易察觉，红色褪去不易察觉，故酚酞的实际变色范围是在 8.0 ～10.0。又如甲基橙，实际变色范围是 3.1～ 4.4 ，而不是 2.4 ～ 4.4，这是由于人类对红色较之对黄色更为敏感的原因。常用酸碱指示剂及其变色范围列于表 5-4。

表 5-4　几种常用的酸碱指示剂及其变色范围

指示剂	变色范围	颜色		变色点	浓　度	用量
	pH	酸色	碱色	pH		滴/10mL
百里酚蓝	1.2～2.8	红色	黄色	1.65	0.1%的 20%乙醇溶液	1～2
甲基黄	2.9～4.0	红色	黄色	3.25	0.1%的 90%乙醇溶液	1
甲基橙	3.1～4.4	红色	黄色	3.4	0.05%的水溶液	1
溴酚蓝	3.0～4.6	黄色	紫色	4.1	0.1%的 20%乙醇或其钠盐水溶液	1
溴甲酚绿	3.8～5.4	黄色	蓝色	4.9	0.1%的乙醇溶液	1
甲基红	4.4～6.2	红色	黄色	5.1	0.1%的 60%乙醇或其钠盐水溶液	1
溴百里酚蓝	6.2～7.6	黄色	蓝色	7.3	0.1%的 20%乙醇或其钠盐水溶液	1
中性红	6.8～8.0	红色	黄橙色	7.4	0.1%的 60%乙醇溶液	1
酚红	6.7～8.4	黄色	红色	8.0	0.1%的 60%乙醇或其钠盐水溶液	1
酚酞	8.0～10.0	无色	红色	9.1	0.5%的 90%乙醇溶液	1～2
百里酚酞	9.4～10.6	无色	蓝色	10.0	0.1%的 90%乙醇溶液	1～2

5.5.3　影响酸碱指示剂变色范围的主要因素

（1）温度

指示剂的解离常数属于平衡常数，主要受温度的影响。温度改变时，指示剂的解离常数和水的质子自递常数都有改变，因而指示剂的变色范围也随之发生变化。例如，甲基橙在室温下的变色范围是 3.1～4.4，在 100℃时为 2.5～3.7，对 $c(H^+)$ 的灵敏度降低好几倍，故滴定都应在室温下进行，有必要加热煮沸时，最好将溶液冷却后再滴定。

（2）指示剂的用量

指示剂用量过多，会导致指示剂终点变色不敏锐，而且指示剂本身也要消耗一些滴定剂，带来误差。对于单色指示剂，指示剂用量的改变会引起变色范围的移动。例如，酚酞是单色指示剂，将其 0.1%的溶液 2～ 3 滴加入 50 ～ 100mL 酸碱中，pH≈9.0 时出现红色。若在相同条件下加入 10～15 滴时，则在 pH≈ 8.0 溶液出现红色。这说明指示剂用量过多时，变色范围向 pH 低的方向移动。因此，在使用指示剂时，在不影响指示剂变色灵敏度的情况下，一般用量少为宜。

（3）变色方向

对于人眼的辨别能力而言，颜色由浅色变为深色较明显，故在滴定时，应使指示剂的颜色变化由浅色变为深色，将更易辨认。如酚酞，从无色到变为红色时颜色变化明显，易辨别。若从红色变为无色时则不易辨别，滴定剂易过量。又如甲基橙，由黄色变红色比由红色变黄色容易辨别。因此，强酸滴定强碱时一般选用甲基橙，而强碱滴定强酸时则选用酚酞就是这个道理。

5.5.4 混合指示剂

以上介绍的酸碱指示剂都是单一的指示剂，都有约 2 个 pH 单位的变色范围，而在一些酸碱滴定中，需要把滴定终点限制在很窄的 pH 范围内，以达到一定的准确度，这就需要变色范围比一般单一指示剂要窄，颜色变化更容易觉察的指示剂，这时可采用混合指示剂。混合指示剂是利用颜色互补作用使终点变色敏锐。混合指示剂有两类，一类是由两种或两种以上的指示剂混合而成。例如，溴甲酚绿和甲基红按一定比例混合后，酸色为酒红色，碱色为绿色，中间色为浅灰色，变化十分明显。另一类混合指示剂是由某种指示剂和一种惰性染料（如亚甲基蓝、靛蓝二磺酸钠等）组成，也是利用颜色互补来提高颜色变化的敏锐性。常用的混合指示剂见表 5-5。

表 5-5　常用混合指示剂

指示剂溶液的组成	变色点 pH	颜色		备注
		酸色	碱色	
1 份 0.1%甲基黄乙醇溶液 1 份 0.1%亚甲基蓝乙醇溶液	3.25	蓝紫色	绿色	pH=3.2，蓝紫色； 3.4，绿色
1 份 0.1%甲基橙水溶液 1 份 0.25%靛蓝二磺酸钠水溶液	4.1	紫色	黄绿色	pH=4.1，灰色
3 份 0.1%溴甲酚绿乙醇溶液 1 份 0.2%甲基红乙醇溶液	5.1	酒红色	绿色	pH=5.1，灰色 颜色变化很明显
1 份 0.1%溴甲酚绿钠盐水溶液 1 份 0.1%氯酚红钠盐水溶液	6.1	黄绿色	蓝紫色	pH=5.4，蓝绿色；5.8，蓝色； 6.0，蓝带紫色；6.2，蓝紫色
1 份 0.1%酚红乙醇溶液 1 份 0.1%溴百里酚蓝乙醇溶液	7.5	黄色	紫色	
1 份 0.1%甲酚红钠盐水溶液 3 份 0.1%百里酚蓝钠盐水溶液	8.3	黄色	紫色	pH=8.2，粉色； 8.4，清晰的紫色
1 份 0.1%酚酞乙醇溶液 2 份 0.1%甲基绿乙醇溶液	8.9	绿色	紫色	pH=8.8，浅蓝色
1 份 0.1%酚酞乙醇溶液 1 份 0.1%百里酚酞乙醇溶液	9.9	无色	紫色	pH=9.6，玫瑰色； 10，紫色

5.6 酸碱滴定法的基本原理

酸碱滴定法是以酸碱反应为基础的，利用酸碱平衡原理，通过滴定操作来定量地测定物质含量的方法。它是滴定分析中的重要方法之一。所依据的反应是

$$H_3O^+ + OH^- \rightleftharpoons 2H_2O$$

$$H_3O^+ + A^- \rightleftharpoons HA + H_2O$$

$$H_3O^+ + B \rightleftharpoons HB^+ + H_2O$$

酸碱反应的特点是反应速率快，副反应少，反应进行的程度可用平衡常数估计，确定反应滴定终点的方法简便，有多种酸碱指示剂可供选择。一般酸碱反应以及能与酸碱直接或间接发生酸碱反应的物质，很多都可以用酸碱滴定法测定。

酸碱滴定过程中，溶液外观上没有任何变化，需要采取其他措施确定滴定终点。常用的方法有两种：一是利用 pH 计测定溶液的 pH 的突跃，二是借助于指示剂的变色作为化学滴定终点到达的信号。本章只讨论后一种。这种方法最重要的两个问题是：①被测组分能否被准确滴定，即所谓滴定的可行性；②若能滴定，怎样选择合适的指示剂。要解决这两个问题，就需要了解在滴定过程中溶液的 pH 变化规律，特别是滴定终点时的 pH 和化学计量点附近相对误差在+0.1%～−0.1%pH 的变化情况，以及选择酸碱指示剂的原则等。

为了表征滴定反应过程的变化规律性，通过实验或计算方法记录滴定过程中 pH 随标准溶液（滴定剂）体积变化的图形，即可得到滴定曲线。滴定曲线在滴定分析中不但可从理论上解释滴定过程 pH 的变化规律，而且对指示剂的选择更具有重要的实际意义。在滴定过程中，计量点前后±0.1%相对误差范围内溶液 pH 的变化情况是非常重要的，只有在该 pH 范围内产生颜色变化的指示剂，才能用来确定滴定终点。因此，滴定曲线可以用来：①确定滴定终点时，消耗的滴定剂体积；②判断滴定突跃大小；③确定滴定终点与化学计量点之差；④选择指示剂。下面分别讨论不同类型酸碱滴定的滴定曲线和如何选择合适的指示剂来确定滴定终点。

5.6.1 强酸与强碱的相互滴定

如 HCl、HNO_3、H_2SO_4、$HClO_4$与 NaOH、KOH、$Ba(OH)_2$之间的相互滴定都是强酸与强碱的滴定。这类滴定的基本反应和滴定反应常数分别为

$$H^+ + OH^- = H_2O$$

$$K_t^{\ominus} = \frac{1}{c'(H^+)c'(OH^-)} = \frac{1}{K_w^{\ominus}} = 10^{14}$$

它是酸碱滴定中反应程度最完全的，容易准确滴定。

现在以 0.1000mol·L^{-1}的 NaOH 溶液滴定 20.00mL 0.1000mol·L^{-1} HCl 溶液为例，讨论强碱滴定强酸溶液过程中 pH 的变化、滴定曲线的形状以及指示剂的选择。整个滴定过程可分为四个阶段。

（1）滴定开始前

滴定开始前，NaOH 溶液的加入量为 0.00mL，溶液的酸度等于 HCl 溶液的原始

浓度。

$$c(H^+)=0.1000\text{mol}\cdot L^{-1}$$

$$pH=-\lg c(H^+)=1.00$$

（2）滴定开始至化学计量点前

溶液的酸度取决于剩余 HCl 溶液的浓度。设 c_1 为 HCl 溶液的浓度，V_1 为 HCl 溶液的体积，c_2 为 NaOH 溶液的浓度，V_2 为加入的 NaOH 溶液的体积，则溶液中

$$c(H^+)=\frac{c_1V_1-c_2V_2}{V_1+V_2}$$

例如，当加入 NaOH 溶液 18.00mL 时，则未中和的 HCl 为 20.00－18.00＝2.00mL，此时溶液中 $c(H^+)$ 应为

$$c(H^+)=\frac{0.1000\times(20.00-18.00)}{20.00+18.00}=5.3\times10^{-3}(\text{mol}\cdot L^{-1})$$

$$pH=-\lg c(H^+)=2.28$$

当加入 NaOH 溶液 19.98mL 时，则未中和的 HCl 为 20.00－19.98＝0.02mL，此时溶液中 $c(H^+)$ 应为

$$c(H^+)=\frac{0.1000\times(20.00-19.98)}{20.00+19.98}=5.0\times10^{-5}(\text{mol}\cdot L^{-1})$$

$$pH=-\lg c(H^+)=4.30$$

其余各点 pH 值的计算依此类推。

（3）化学计量点时

当加入 NaOH 溶液 20.00mL 时，HCl 完全被中和，即达到化学计量点时，生成的 NaCl 是强酸强碱盐，不发生水解，则此时溶液中 $c(H^+)$ 应为

$$c(H^+)=c(OH^-)=10^{-7}\text{mol}\cdot L^{-1}$$

$$pH=7.00$$

（4）化学计量点后

化学计量点后溶液的 pH 取决于过量的 NaOH 溶液，此时

$$c(OH^-)=\frac{c_2V_2-c_1V_1}{V_1+V_2}$$

例如，当加入 NaOH 溶液 20.02mL 时，HCl 完全被中和，NaOH 过量 0.02/20.00×100%＝0.1%，此时溶液中 $c(OH^-)$ 应为

$$c(OH^-)=\frac{0.1000\times(20.02-20.00)}{20.02+20.00}=5.0\times10^{-5}(\text{mol}\cdot L^{-1})$$

$$pH=14-[-\lg c(OH^-)]=9.70$$

用类似的方法可以计算滴定过程中溶液的 pH（如表 5-6）。

表 5-6　0.1000mol·L^{-1} NaOH 溶液滴定 20.00mL 的 0.1000mol·L^{-1} HCl 溶液的 pH 变化

加入 NaOH 溶液/mL	剩余盐酸溶液/mL	过量 NaOH 溶液/mL	pH	
0.00	20.00		1.00	
18.00	2.00		2.28	
19.80	0.20		3.30	
19.98	0.02		4.30	突跃范围
20.00	0.00		7.00	突跃范围
20.02		0.02	9.70	突跃范围
20.20		0.20	10.70	
22.00		2.00	11.70	
40.00		20.00	12.50	

以滴定剂 NaOH 的加入体积 V（或中和百分数）为横坐标，溶液对应的 pH 为纵坐标所绘制的 pH-V 关系曲线，称为酸碱滴定曲线，见图 5-6。

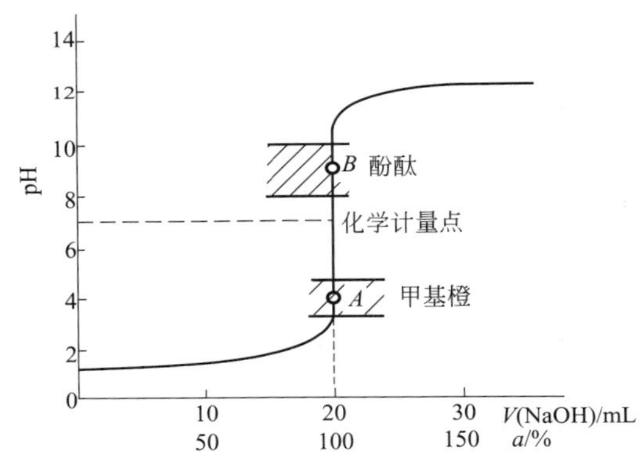

图 5-6　0.1000mol·L^{-1} NaOH 滴定 20.00mL 0.1000mol·L^{-1} HCl 的滴定曲线

从表 5-6 和图 5-6 可知，从滴定开始到加入 19.80mL NaOH 溶液，即中和了 90% 的 HCl 溶液，溶液的 pH 只改变了 2.3 个单位，曲线比较平坦，这是因为溶液中还存在着较多的 HCl，酸度较大。随着 NaOH 不断滴入，HCl 的量逐渐减少，pH 逐渐增大。当滴定至只剩下 0.1% HCl，即剩余 0.02mL HCl 时，pH 为 4.30，再继续滴入 0.02mL NaOH 溶液，溶液的 pH 迅速增加至 7.0，再滴入 0.02mL NaOH 溶液，即 NaOH 过量 0.1% 时，溶液的 pH 升高到 9.70，以后过量的 NaOH 溶液所引起的溶液的 pH 的变化又越来越小。

由此可见，在化学计量点前后由剩余的 0.1% HCl 未中和到 NaOH 过量 0.1%，相对误差在 −0.1%～+0.1%，溶液的 pH 有一个突变，从 4.30 增加到 9.70，变化了 5.4 个单位，曲线呈现近似垂直的一段。这一段被称为滴定突跃，突跃所在的 pH 范围称为滴定突跃范围。

滴定突跃有重要的实际意义，它是选择指示剂的依据。凡是变色范围全部或部分落在突跃范围之内的指示剂，都可以被选为该滴定的指示剂。如甲基橙、甲基红、酚酞、溴百里酚蓝、苯酚红等，均能作为此类滴定的指示剂。例如，若采用甲基橙为指示剂，当滴定至甲基橙由红色变为橙色时，溶液的 pH 约为 4.4，这时加入 NaOH 的量与化学计量点时应加入量的差值不足 0.02mL，终点误差小于 −0.1%，符合滴定分析的要求。若改用酚酞为指示剂，溶液呈微红色时 pH 略大于 8.0，此时 NaOH 的加入量超过化学计量点时应加入的量也不到 0.02mL，终点误差也小于 −0.1%，仍然符合滴定分析的要求。因此，指示剂的选择原则是：变色范围全部或部分处于滴定突跃范围内的指示剂，都能够准确地指示终点。可见，指示剂的变色范围越窄，越容易落在滴定突跃范围内，有利于提高指示剂变色的灵敏度。

如果用 HCl 滴定 NaOH（条件同前），则滴定曲线与图 5-6 的曲线对称，对称轴是突跃部分。这时酚酞、甲基红都可以作为指示剂。

滴定突跃范围的大小决定指示剂的正确选择，而滴定突跃范围的大小还与酸碱的浓度有关。酸碱浓度越大，则突跃范围越大。图5-7中表示了三种不同浓度酸碱的滴定曲线。

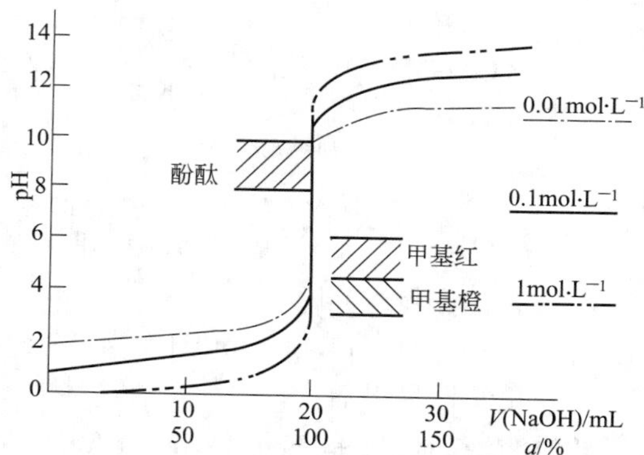

图5-7　不同浓度NaOH溶液滴定不同浓度HCl溶液的滴定曲线

其中酸碱浓度为 $1.000mol \cdot L^{-1}$ 时突跃范围最大（pH＝3.30～10.70），很多指示剂都适用。而酸碱浓度为 $0.01000mol \cdot L^{-1}$ 时滴定突跃范围最小（pH＝5.30～8.70），此时甲基橙就不能选为指示剂。酸碱浓度每增大或降低10倍，其突跃范围就增加或减少2个pH单位，选择指示剂时务必要注意这种变化。

5.6.2　强碱(酸)滴定一元弱酸(碱)

用NaOH溶液滴定甲酸、乙酸、乳酸等有机酸，都属于强碱滴定一元弱酸。用HCl溶液滴定 NH_3、乙胺、乙醇胺等则属于强酸滴定一元弱碱。这一类型的基本反应是

$$OH^- + HA \rightleftharpoons H_2O + A^-$$

$$H^+ + B \rightleftharpoons HB^+$$

现在以 $0.1000mol \cdot L^{-1}$ 的NaOH溶液滴定20.00mL $0.1000mol \cdot L^{-1}$ HAc溶液为例，计算滴定过程中溶液的pH。与前例一样，整个滴定过程可分为四个阶段。

（1）滴定开始前

滴定开始前，溶液中是 $0.1000mol \cdot L^{-1}$ 的HAc，$c(H^+)$ 计算如下。

$$c'(H^+) = \sqrt{K_a^{\ominus}(HAc)c'(HAc)} = \sqrt{1.76 \times 10^{-5} \times 0.1000} = 1.33 \times 10^{-3}$$

$$c(H^+) = 1.33 \times 10^{-3} mol \cdot L^{-1}$$

$$pH = 2.89$$

（2）滴定开始至化学计量点前

这个阶段溶液中的溶质NaAc和剩余的HAc，与其共轭碱 Ac^- 组成缓冲溶液，溶液pH的计算为

$$pH = pK_a^{\ominus} - \lg \frac{c(HAc)}{c(Ac^-)}$$

当加入NaOH溶液19.98mL时，即有99.9%的HAc被中和，则

$$c(HAc) = 0.02 \times 0.1000/(20.00 + 19.98) = 5.00 \times 10^{-5} (mol \cdot L^{-1})$$

$$c(Ac^-) = 19.98 \times 0.1000/(20.00 + 19.98) = 5.00 \times 10^{-2} (mol \cdot L^{-1})$$

$$pH = 4.75 - \lg(5.0 \times 10^{-5}/5.0 \times 10^{-2}) = 7.75$$

（3）化学计量点

化学计量点时HAc全部被中和，生成NaAc，溶液呈碱性，此时

$$c(Ac^-) = 20.00 \times 0.1000/(20.00 + 20.00) = 5.00 \times 10^{-2} (mol \cdot L^{-1})$$

$$c'(OH^-)=\sqrt{c'K_b^\ominus}=\sqrt{\frac{K_w^\ominus}{K_a^\ominus}\cdot c'(Ac^-)}$$

$$=\sqrt{\frac{1.0\times10^{-14}}{1.76\times10^{-5}}\times0.05}=5.3\times10^{-6}$$

$$c(OH^-)=5.3\times10^{-6}\text{mol}\cdot L^{-1}$$

$$pOH=-\lg(5.3\times10^{-6})=5.28$$

$$pH=14.00-pOH=14.00-5.28=8.72$$

(4) 化学计量点后

此时溶液的组成是 NaOH 和 NaAc。Ac^- 的碱性较弱，溶液的 $c(OH^-)$ 由过量的 NaOH 浓度决定，其计算方法与强碱滴定强酸相同。例如，加入 NaOH 20.02mL（过量 0.1% NaOH，相对误差+0.1%）时，有

$$c(OH^-)=\frac{0.1000\times(20.02-20.00)}{20.02+20.00}=5.0\times10^{-5}(\text{mol}\cdot L^{-1})$$

$$pH=14.00-pOH=14.00+\lg(5.0\times10^{-5})=9.70$$

按上述方法，可以计算滴定过程中溶液的 pH，结果列于表 5-7 中并根据各点的 pH 绘出滴定曲线，如图 5-8。

表 5-7　0.1000mol·L^{-1} NaOH 溶液滴定 20.00mL 0.1000mol·L^{-1} HAc 溶液的 pH 变化

加入 NaOH 溶液		剩余 HAc 溶液的体积 V/mL	过量 NaOH 溶液的体积 V/mL	pH	
中和百分数度(a)/%	V/mL				
0	0.00	20.00		2.87	
50.0	10.00	10.00		4.74	
90.0	18.00	2.00		5.70	
99.0	19.80	0.20		6.74	
99.9	19.98	0.02		7.74	滴定突跃
100.0	20.00	0.00		8.72	
100.1	20.02		0.02	9.70	
101.0	20.20		0.20	10.70	
110.0	22.00		2.00	11.70	
200.0	40.00		20.00	12.50	

从图 5-8 可以看出，滴定前，由于 HAc 是弱酸，溶液的 pH 比同浓度 HCl 的 pH 大。滴定开始后，反应产生的 Ac^- 抑制了 HAc 的解离，溶液中的 $c(H^+)$ 降低较快，pH 升高较快，这段曲线斜率较大。随着 NaOH 不断加入，溶液中 HAc 不断减少，Ac^- 不断增加，溶液中形成的 HAc-Ac^- 的缓冲溶液的缓冲能力也逐渐加强，溶液的 pH 变化缓慢，滴定曲线较为平坦。当 HAc 被滴定 50% 时，$c(HAc)/c(Ac^-)=1$，此时溶液的缓冲作用最大，这一段曲线的斜率最小。接近

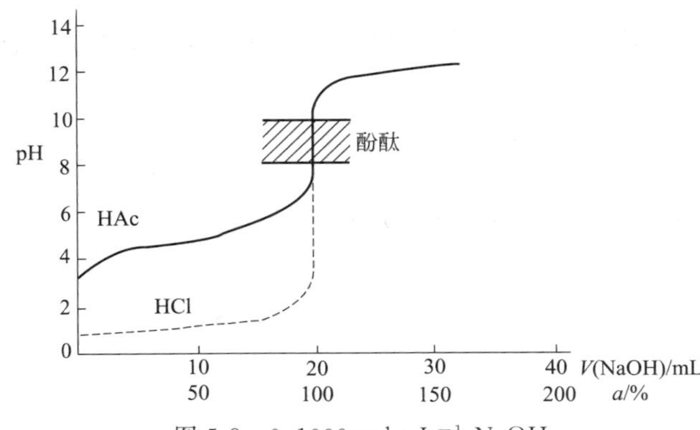

图 5-8　0.1000mol·L^{-1} NaOH 滴定 0.1000mol·L^{-1} HAc 的滴定曲线

计量点时，HAc 浓度已很低，溶液的缓冲作用显著减弱，继续加入 NaOH，溶液的 pH 则较快地增大。由于滴定产物 NaAc 为弱碱，计量点时溶液 pH 不是 7.00 而是 8.72。计量点后为 NaAc、NaOH 混合溶液，Ac^- 碱性较弱，它的解离几乎完全受到过量 NaOH 的 OH^- 抑制，曲线与 NaOH 滴定 HCl 的曲线重合。

由表 5-7 和图 5-8 可知，强碱滴定弱酸的突跃范围比滴定同浓度的强酸的突跃小得多，而且是在弱碱性区域。0.1000mol·L^{-1} NaOH 滴定 0.1000mol·L^{-1} HAc 的滴定突跃范围为 pH＝7.74～9.70，在酸性范围内变化的指示剂如甲基橙、甲基红等已不能使用，而只能选择在碱性范围内变色的指示剂，如酚酞、百里酚蓝等。

强碱滴定弱酸的滴定突跃范围的大小，受酸碱的浓度和酸的强度的影响。当浓度一定时，$K_a^{\ominus}$ 值越大，滴定突跃范围就越大；$K_a^{\ominus}$ 越小，滴定突跃范围越小。强酸的强度最大，所以强碱滴定强酸时其突跃最大（见图 5-9）。当 $K_a^{\ominus}$ 值一定时，浓度越大，突跃范围越大；反之，突跃范围越小。在强碱浓度和弱酸浓度都不同时，强碱滴定弱酸的滴定突跃范围大小取决于弱酸的浓度（c）与强度（$K_a^{\ominus}$）的乘积，c 与 $K_a^{\ominus}$ 的乘积越大，则滴定突跃范围就越大。实践证明，突跃范围必须在 0.3 个 pH 单位以上，人们才能准确地通过观察指示剂的变色来判断滴定终点。要有 0.3 个 pH 单位的突跃必须满足下列条件。

$$c'K_a^{\ominus} \geqslant 10^{-8} \tag{5-39}$$

这是弱酸能否用强碱直接准确滴定的判断依据。

对于 $c'K_a^{\ominus} < 10^{-8}$ 的弱酸，可采取其他方法进行测定。例如，用仪器来检测滴定终点，利用适当的化学反应使弱酸强化，或在酸性比水更弱的非水介质中进行滴定等。

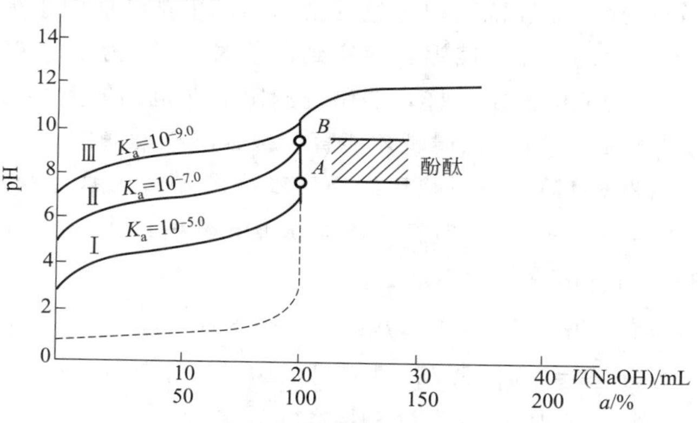

图 5-9　NaOH 溶液滴定不同弱酸溶液的滴定曲线

关于强酸滴定一元弱碱，溶液中各阶段的 pH 计算与强碱滴定一元弱酸基本相似，现将 HCl 滴定 NH_3 过程中 pH 计算结果列于表 5-8 中，并绘成滴定曲线如图 5-10 所示。

表 5-8　0.1000mol·L^{-1} HCl 滴定 0.1000mol·L^{-1} NH_3 的 pH

加入 HCl/mL	中和百分数/%	pH
0.00	0.00	11.13
18.00	90.00	8.30
19.96	99.80	6.55
19.98	99.90	6.25 } 突跃范围
20.00	100.0	5.28 } 突跃范围
20.02	100.1	4.30 } 突跃范围
20.20	101.0	3.30
22.00	110.0	2.30
40.00	200.00	1.30

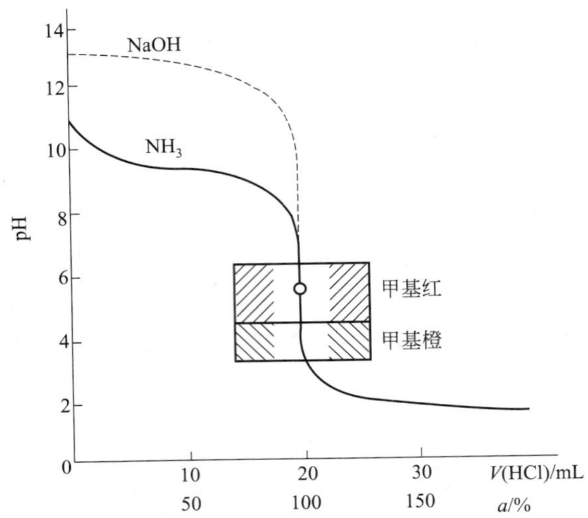

图 5-10　0.1000mol·L^{-1} HCl 滴定 0.1000mol·L^{-1} NH_3 的滴定曲线

滴定曲线与 NaOH 滴定 HAc 相似，但 pH 变化方向相反，由于反应的产物是 NH_4^+，化学计量点的 pH 为 5.28，小于 7.00，滴定的突跃发生在酸性范围（6.25～4.30）内，必须选择在酸性范围内变色的指示剂，甲基红或溴甲酚绿是合适的指示剂，若用甲基橙作指示剂则终点出现略迟，滴定到橙色时（pH 为 4），误差为+0.2%。

与弱酸的滴定一样，弱碱的滴定突跃范围的大小与弱碱的强度及其浓度有关，只有在 $c'K_b^\ominus \geqslant 10^{-8}$时，该弱碱才能直接被强酸准确滴定。

【例 5-12】 下列物质能否用酸碱滴定法直接准确滴定？若能，计算计量点时的 pH，并选择合适的指示剂。（1）0.10mol·L^{-1} H_3BO_3；（2）0.10mol·L^{-1} NH_4Cl；（3）0.10mol·L^{-1} NaCN。

解　（1）H_3BO_3　$K_a^\ominus = 5.75\times10^{-10}$

$c'K_a^\ominus = 0.1\times5.75\times10^{-10} < 10^{-8}$

所以 H_3BO_3 不能被直接准确滴定。

（2）NH_4^+　$K_a^\ominus = 5.59\times10^{-10}$

$c'K_a^\ominus = 0.1\times5.59\times10^{-10} < 10^{-8}$

所以 0.10mol·L^{-1} NH_4Cl 不能直接被准确滴定。

（3）CN^- 为 HCN 的共轭碱

$$K_b^\ominus = \frac{K_w^\ominus}{K_a^\ominus} = \frac{1.0\times10^{-14}}{4.93\times10^{-10}} = 2.03\times10^{-5}$$

$c'K_b^\ominus = 0.1\times2.03\times10^{-5} > 10^{-8}$

所以 0.10mol·L^{-1} NaCN 能被直接准确滴定。

若用 0.10mol·L^{-1} HCl 滴定 NaCN 溶液，化学计量点时溶液组成主要为 HCN，则

$$c'(H^+) = \sqrt{c'K_a^\ominus} = \sqrt{\frac{0.10}{2}\times4.93\times10^{-10}} = 5.0\times10^{-6}$$

$$c(H^+)=5.0\times10^{-6}\text{mol}\cdot\text{L}^{-1}$$
$$pH=5.30$$

在实际工作中，选择指示剂，通常只需知道计量点时的 pH，然后选择在计量点或其附近变色的指示剂。此滴定可选甲基红作指示剂。

5.6.3 多元酸和多元碱的滴定

相对一元酸碱而言，多元酸碱是分步解离的，滴定多元酸碱应考虑的问题要多一些。

例如，除了要计算化学计量点时的 pH 和怎样选择指示剂外，还要考虑滴定反应也能分步进行吗？能准确滴定至哪一级？下面分别讨论。

（1）多元酸的滴定

常见的多元酸多数是弱酸，多元酸在水中是分步解离的。以二元酸 H_2A 为例，在水溶液中存在下列解离平衡。

$$H_2A \rightleftharpoons H^+ + HA^- \qquad K_{a1}^{\ominus}$$
$$HA^- \rightleftharpoons H^+ + A^{2-} \qquad K_{a2}^{\ominus}$$

但是在滴定过程中，它们是否能分步滴定，即每一级化学计量点处是否有明显的突跃形成，这些都与多元酸的各级解离常数和浓度大小有关。

如果多元酸分析浓度用 c，第 1 级解离常数用 $K_{a1}^{\ominus}$ 表示，则 $c'K_{a1}^{\ominus}\geqslant10^{-8}$时，第 1 级解离出的 H^+ 可被准确滴定；若 $K_{a1}^{\ominus}/K_{a2}^{\ominus}\geqslant10^4$ 时则有滴定突跃，第 1 级解离与第 2 级解离的 H^+ 可分开滴定。若同时 $c'K_{a2}^{\ominus}\geqslant10^{-8}$时，第 2 级解离的 H^+ 也可被滴定，第二化学计量点处也有突跃，共有两个突跃形成。当 $c'K_{a1}^{\ominus}\geqslant10^{-8}$，$c'K_{a2}^{\ominus}\geqslant10^{-8}$，而$\dfrac{K_{a1}^{\ominus}}{K_{a2}^{\ominus}}<10^4$时，两级解离出的 H^+ 都能被滴定，但不能被分开滴定，即在第一计量点处不能形成突跃或突跃不明显，只有在两级解离产生的 H^+ 全部被滴定后才能出现突跃，故只有一个突跃。

【例 5-13】 用 $0.1000\text{mol}\cdot\text{L}^{-1}$ NaOH 溶液滴定 $0.1000\text{mol}\cdot\text{L}^{-1}$ H_3PO_4，有几个滴定突跃？各选用什么指示剂？（$K_{a1}^{\ominus}=7.5\times10^{-3}$，$K_{a2}^{\ominus}=6.2\times10^{-8}$，$K_{a3}^{\ominus}=4.8\times10^{-13}$）

解 $c'K_{a1}^{\ominus}=0.1000\times7.5\times10^{-3}=7.5\times10^{-4}>10^{-8}$

$c'K_{a2}^{\ominus}=0.1000\times6.2\times10^{-8}=0.62\times10^{-8}\approx10^{-8}$

$c'K_{a3}^{\ominus}=0.1000\times4.8\times10^{-13}=4.8\times10^{-14}<10^{-8}$

第一、第二级解离出的 H^+ 可被滴定，但第三级解离出的 H^+ 不能被滴定。又因 $K_{a2}^{\ominus}/K_{a3}^{\ominus}=6.2\times10^{-8}/(4.8\times10^{-13})=1.3\times10^5>10^4$，$K_{a1}^{\ominus}/K_{a2}^{\ominus}=7.5\times10^{-3}/(6.2\times10^{-8})=1.2\times10^5>10^4$，故第一化学计量点和第二化学计量点都有突跃，第一、第二级解离出来 H^+ 可分开滴定。

第一化学计量点时的产物为 NaH_2PO_4溶液，$H_2PO_4^-$ 是两性物质。经判断可选用近似公式计算

$$c'(H^+)=\sqrt{K_{a1}^{\ominus}K_{a2}^{\ominus}}=2.16\times10^{-5}$$
$$c(H^+)=2.16\times10^{-5}\text{mol}\cdot\text{L}^{-1}$$
$$pH=4.67$$

第5章 酸碱平衡与酸碱滴定法

应选甲基红 [$pK_a^\ominus$(HIn) = 5.0，红色～黄色] 或溴甲酚绿 [$pK_a^\ominus$(HIn) = 4.9，黄色～蓝色] 作指示剂。

第二化学计量点时产物为 Na_2HPO_4，经判断可选用近似公式计算

$$c'(H^+)=\sqrt{K_{a2}^\ominus K_{a3}^\ominus}=1.72\times10^{-10}$$
$$c(H^+)=1.72\times10^{-10}\,mol\cdot L^{-1}$$
$$pH=9.76$$

可选酚酞 [$pK_a^\ominus$(HIn) = 9.1，无色～红色] 或百里酚酞 [$pK_a^\ominus$(HIn) = 10.0，无色～蓝色] 作指示剂。

H_3PO_4 的第三级解离出的 H^+ 因 $K_{a_3}^\ominus$ 太小，不能被直接准确滴定。

绘制多元酸的滴定曲线的计算比一元酸复杂得多，数据处理较麻烦。通常可用测定滴定过程中 pH 的变化，来绘制滴定曲线。在实际工作中通常只计算化学计量点时的 pH，并以此选择指示剂。只要指示剂在化学计量点附近变色，该指示剂就可选用。如 NaOH 溶液滴定 H_3PO_4 第一化学计量点的 pH 为 4.66，第二化学计量点的 pH 为 9.76。根据变色点尽可能接近化学计量点原则选择指示剂，即对于第一化学计量点最好选用溴甲酚绿；对于第二化学计量点最好选用百里酚酞。NaOH 溶液滴定 H_3PO_4 的滴定曲线如图 5-11 所示。

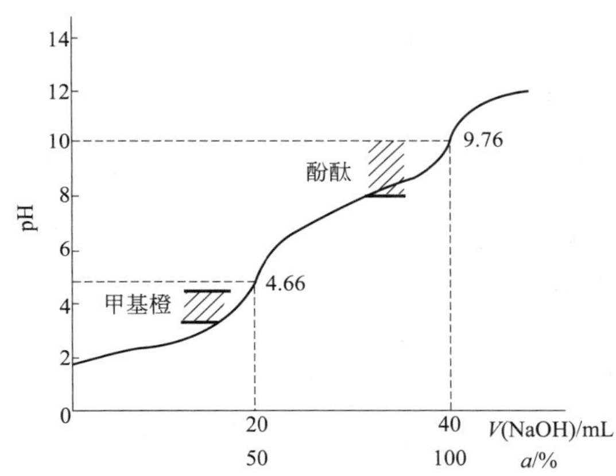

图 5-11 NaOH 溶液滴定 H_3PO_4 溶液的滴定曲线

【例 5-14】 试判断用 $0.1000mol\cdot L^{-1}$ NaOH 溶液滴定 $0.1000mol\cdot L^{-1}$ $H_2C_2O_4$ 时的直接滴定和滴定分步情况。

解 查表 5-2 得二元酸 $H_2C_2O_4$ 的两个解离平衡常数分别为：$K_{a1}^\ominus=5.9\times10^{-2}$，$K_{a2}^\ominus=6.4\times10^{-5}$

对直接滴定的判断结论是

$c'K_{a1}^\ominus=0.1000\times5.9\times10^{-2}=5.9\times10^{-3}>10^{-8}$，第一化学计量点能直接滴定；

$c'K_{a2}^\ominus=0.1000\times6.4\times10^{-5}=6.4\times10^{-6}>10^{-8}$，第二化学计量点能直接滴定。

对滴定分步的判断结论是

$K_{a1}^\ominus/K_{a2}^\ominus=5.9\times10^{-2}/(6.4\times10^{-5})=9.2\times10^{2}<10^{4}$，第一个与第二个滴定反应不能分步。

即只有当两步解离的 H^+ 全被中和后，才出现一个滴定突跃。

(2) 多元碱的滴定

直接滴定判断依据：如果 $c'K^{\ominus}_{bi} \geqslant 10^{-8}$，则第 i 级解离出的 OH^- 能被直接滴定，且同时满足 $K^{\ominus}_{bi}/K^{\ominus}_{b(i+1)} \geqslant 10^4$，则第 i 级与第 $i+1$ 级解离出的 OH^- 能被分开滴定。

【例 5-15】 用 0.1000mol·L^{-1} HCl 滴定 0.1000mol·L^{-1} Na_2CO_3，能否分级滴定？选择何种指示剂？(H_2CO_3 的 $K^{\ominus}_{a1}=4.3\times10^{-7}$，$K^{\ominus}_{a2}=4.8\times10^{-11}$)

解 先计算 CO_3^{2-} 的 $K^{\ominus}_{b}$。

$$CO_3^{2-}+H_2O \rightleftharpoons HCO_3^- + OH^- \qquad K^{\ominus}_{b1}=K^{\ominus}_{w}/K^{\ominus}_{a2}=2.1\times10^{-4}$$

$$HCO_3^- +H_2O \rightleftharpoons H_2CO_3+OH^- \qquad K^{\ominus}_{b2}=K^{\ominus}_{w}/K^{\ominus}_{a1}=2.3\times10^{-8}$$

因为 $c'K^{\ominus}_{b1}>10^{-8}$，$c'K^{\ominus}_{b2}\approx10^{-8}$，由 Na_2CO_3 两级解离出的 OH^- 都可被滴定。滴定反应如下。

$$CO_3^{2-}+H^+ \rightleftharpoons HCO_3^-$$

$$HCO_3^- +H^+ \rightleftharpoons H_2CO_3 \longrightarrow CO_2+H_2O$$

由于$\dfrac{K^{\ominus}_{b1}}{K^{\ominus}_{b2}}\approx10^4$，两级解离出的 OH^- 可被分步滴定，形成两个 pH 突跃。滴定曲线如图 5-12 所示。

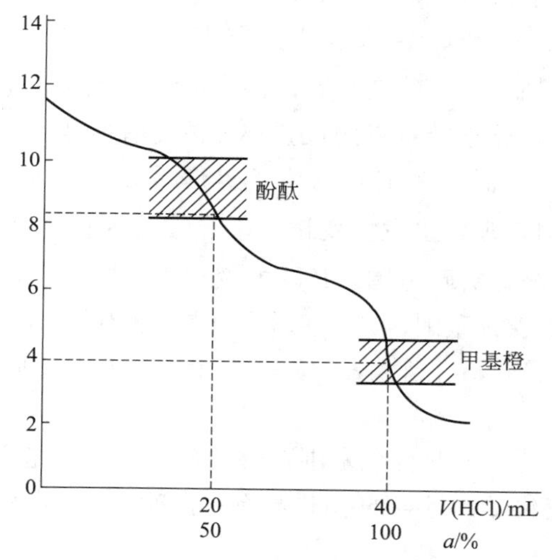

图 5-12 HCl 溶液滴定 Na_2CO_3 溶液的滴定曲线

第一化学计量点产物为 HCO_3^-，是两性物质，经判断可选用最简式计算 pH。

$$c'(H^+)=\sqrt{K^{\ominus}_{a1}K^{\ominus}_{a2}}=\sqrt{4.3\times10^{-7}\times4.8\times10^{-11}}=4.5\times10^{-9}$$

$$c(H^+)=4.5\times10^{-9}\,mol\cdot L^{-1}$$

$$pH=8.30$$

可选用选酚酞 [$pK^{\ominus}_{a}(HIn)=9.1$，红色～无色] 或百里酚蓝 [$pK^{\ominus}_{a}(HIn)=8$，蓝色～黄色] 作指示剂。

第二化学计量点的滴定产物为 $H_2CO_3(CO_2+H_2O)$，在常温常压下其饱和溶液的浓度为 0.04moL·L^{-1}，pH 可用最简式计算。

$$c'(H^+)=\sqrt{c'K^{\ominus}_{a1}}=\sqrt{0.04\times4.3\times10^{-7}}=1.3\times10^{-4}$$

$$c(H^+)=1.3\times10^{-4}\,mol\cdot L^{-1}$$

$$pH=3.89$$

可选甲基橙（$pK^{\ominus}_{a1}=3.4$，黄色～红色）作指示剂。由于$K^{\ominus}_{b2}$不够大，第二化学计量点时pH突跃较小，用甲基橙作指示剂，终点变色不太明显。另外，CO_2易形成过饱和溶液，酸度增大，使终点过早出现。所以在滴定接近终点时，应剧烈地摇动或加热，以除去过量的CO_2，待冷却后再滴定。

（3）混合酸（碱）的滴定

混合酸（碱）的滴定与多元酸（碱）的滴定条件相类似。在考虑能否分步滴定时，除要看两种酸（碱）的强度，还要看两种酸（碱）的浓度比。

综上所述，酸碱滴定在化学计量点附近都要形成突跃，但突跃的大小和化学计量点的位置都不尽相同。主要因素有以下几点。

① 酸和碱的强度（酸碱解离常数$K^{\ominus}_a$和$K^{\ominus}_b$的大小）。酸和碱的$K^{\ominus}_a$和$K^{\ominus}_b$越大，滴定的突跃越大。强酸强碱的互滴突跃最大。在同等条件下，酸的$K^{\ominus}_a$越小，突跃起始点的pH越大，突跃范围越小，且越偏向于碱性；而碱的$K^{\ominus}_b$越小，突跃起始点的pH越小，突跃范围越小，越偏向于酸性。弱酸弱碱互滴的突跃最小甚至于没有突跃，所以不能直接滴定。这也是通常用强酸或强碱作为滴定剂的原因。

② 酸碱溶液的浓度。酸和碱的浓度小，突跃范围也越小，如果$c'K^{\ominus}_a<10^{-8}$或$c'K^{\ominus}_b<10^{-8}$时，无明显突跃，一般不适合于用指示剂指示滴定终点。除强酸和强碱的滴定外，其余酸和碱的滴定，化学计量点的位置都随浓度有所变化。

③ 酸碱溶液的温度。常温下溶剂水的质子自递常数（即水的离子积）$K^{\ominus}_w=1.0\times10^{-14}$，当温度发生变化时，$K^{\ominus}_w$也发生变化，影响酸碱溶液中的$c(H^+)$，使得突跃起点或终点的pH发生改变，缩短突跃范围。$K^{\ominus}_w$的变化也影响化学计量点的位置。

多元弱酸（碱）滴定的突跃范围，除上述影响因素外还有相邻两级解离常数比值大小的影响。当$K^{\ominus}_{ai}/K^{\ominus}_{a(i+1)}$或$K^{\ominus}_{bi}/K^{\ominus}_{b(i+1)}$越大，$i$级化学计量点处的突跃越大。通常要求比值大于$10^4$。

选择指示剂的原则：选择那些变色范围全部或部分落在滴定突跃范围内的指示剂。实际工作中是依据酸碱反应化学计量点的pH选择指示剂的，选择那些变色点在化学计量点附近的指示剂。

5.7 酸碱滴定法的应用

酸碱滴定法广泛用于工业、农业、医药、食品等方面。例如，水果、蔬菜、食醋中的总酸度，天然水的总碱度，土壤、肥料中的氨、磷含量的测定及混合碱的分析等都可用酸碱滴定法进行滴定。滴定方式常采用直接滴定法、返滴定法和间接滴定法。

5.7.1 酸碱标准溶液的配制和标定

酸碱滴定中最常用的标准溶液是HCl和NaOH溶液，标准溶液的浓度一般配成$0.1mol\cdot L^{-1}$，太浓消耗试剂太多造成浪费，太稀滴定突跃小，得到不准确的结果。

（1）酸标准溶液

盐酸易挥发，因此HCl标准溶液一般用浓HCl间接配制，即先配制成近似所需浓度后再用基准物质标定。标定 HCl 常用的基准物质有无水碳酸钠和硼砂。

无水碳酸钠（Na_2CO_3）易制得纯品，价格便宜，但吸湿性强，因此在用前必须在 270～300℃干燥至恒重，置干燥器中保存备用。用时称量要快，以免吸收水分而引入误差。

标定反应 $Na_2CO_3 + 2HCl = 2NaCl + CO_2\uparrow + H_2O$

选用甲基橙或甲基红作指示剂。

根据反应式，按等量物质的量规则可计算 HCl 溶液的准确浓度。

$$c(HCl)=\frac{1000\times m(Na_2CO_3)}{\frac{1}{2}M(Na_2CO_3)\times V(HCl)}$$

硼砂（$Na_2B_4O_7\cdot10H_2O$）也易制得纯品，且有较大摩尔质量，称量误差小，不吸湿，但在空气中易风化失去部分结晶水，因此应保存在相对湿度为 60%的密闭容器中备用。滴定时，选用甲基红为指示剂。

硼砂（$Na_2B_4O_7\cdot10H_2O$）标定 HCl 的反应如下。

$$Na_2B_4O_7\cdot10H_2O + 2HCl = 4H_3BO_3 + 2NaCl + 5H_2O$$

根据标定反应式可准确计算 HCl 溶液的浓度。

$$c(HCl)=\frac{1000\times m(\text{硼砂})}{\frac{1}{2}M(\text{硼砂})\times V(HCl)}$$

（2）碱标准溶液

除最常用的 NaOH 外还可用 KOH 等其他强碱。

NaOH 易吸潮，也易吸收空气中的 CO_2 生成 Na_2CO_3，因此只能用间接法配制。为了配制不含 CO_3^{2-} 的 NaOH 标准溶液，常采用"浓碱法"，即先用 NaOH 配成饱和溶液，在此溶液中 Na_2CO_3 溶解度很小，待 Na_2CO_3 沉淀后，取上清液稀释成近似所需浓度后再加以标定。标定 NaOH 常用的基准物质有邻苯二甲酸氢钾、草酸等。

邻苯二甲酸氢钾（$KHC_8H_4O_4$，简写为 KHP）是两性物质，它易制得纯品，不吸潮，易保存，摩尔质量大，是标定碱较理想的基准物质，其标定反应如下。

$$C_6H_4(COOH)(COO^-) + OH^- \rightleftharpoons C_6H_4(COO^-)(COO^-) + H_2O$$

邻苯二甲酸的 $pK_{a2}^{\ominus}=5.41$，化学计量点的产物为二元弱碱，pH 约为 9.1，因此可选用酚酞作指示剂。

5.7.2 应用实例

（1）食用醋中总酸度的测定

HAc 是一种重要的农产加工品，又是合成有机农药的一种重要原料。而食醋中的主要成分是 HAc，也有少量其他弱酸，如乳酸等。测定时，将食醋用不含 CO_2 的蒸馏水适当稀释后，用标准 NaOH 溶液滴定。中和后产物为 NaAc，化学计量点时 pH=8.7 左右，应选用酚酞为指示剂，滴定至呈现红色即为终点，由所消耗的标准溶液的体积及浓度计算总酸度。

（2）混合碱的分析

工业品烧碱（NaOH）中常含有 Na_2CO_3，纯碱 Na_2CO_3 中也常含有 $NaHCO_3$，这两种工业品都称为混合碱。对于混合碱的分析叙述如下。

① 烧碱中 NaOH 和 Na_2CO_3 含量的测定　烧碱（NaOH）在生产和贮存过程中因吸收空气中的 CO_2 而产生部分 Na_2CO_3。因此在测定烧碱中 NaOH 含量的同时，常需要测定 Na_2CO_3 的含量，故称为混合碱的分析，常采用双指示剂法测定。

所谓双指示剂法，就是利用两种指示剂进行连续滴定，根据不同化学计量点颜色变化得到两个终点，分别根据各终点处所消耗的酸标准溶液的体积，计算各组分的含量。

测定烧碱中 NaOH 和 Na_2CO_3 含量，可选用酚酞和甲基橙两种指示剂，以酸标准溶液连续滴定。称取试样质量为 m(g)，溶解于水，用 HCl 标准溶液滴定，先用酚酞为指示剂，滴定至溶液由红色变为无色则到达第一化学计量点。此时 NaOH 全部被中和，而 Na_2CO_3 被中和一半，所消耗 HCl 的体积记为 V_1。然后加入甲基橙，继续用 HCl 标准溶液滴定，使溶液由黄色恰变为橙色，到达第二化学计量点。溶液中 $NaHCO_3$ 被完全中和，所消耗的 HCl 量记为 V_2。因 Na_2CO_3 被中和先生成 $NaHCO_3$，继续用 HCl 滴定使 $NaHCO_3$ 又转化为 H_2CO_3，二者所需 HCl 量相等，故 V_1-V_2 为中和 NaOH 所消耗 HCl 的体积，$2V_2$ 为滴定 Na_2CO_3 所需 HCl 的体积。整个滴定过程如图 5-13 所示。

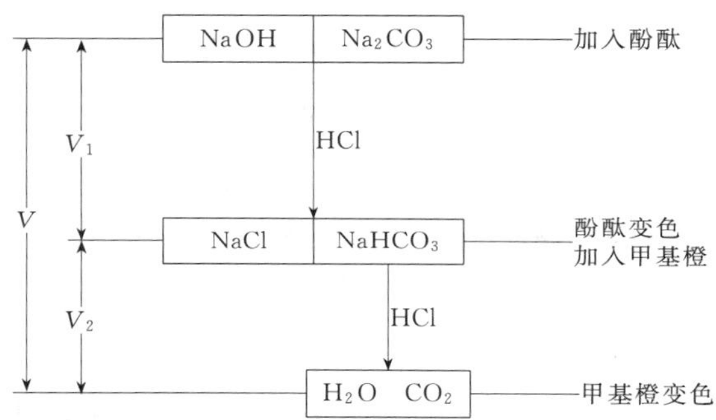

图 5-13　NaOH 与 Na_2CO_3 混合物的测定

根据滴定的体积关系，则有下列计算关系。

$$w(Na_2CO_3)=\frac{\frac{1}{2}c(HCl)\times 2V_2(HCl)\times 10^{-3}\times M(Na_2CO_3)}{m_s}\times 100\%$$

$$w(NaOH)=\frac{c(HCl)\times[V_1(HCl)-V_2(HCl)]\times 10^{-3}\times M(NaOH)}{m_s}\times 100\%$$

② $Na_2CO_3+NaHCO_3$ 混合物的测定　工业纯碱中常含有 $NaHCO_3$，此二组分的测定可参照上述 $NaOH+Na_2CO_3$ 的测定方法。但应注意，此时滴定 Na_2CO_3 所消耗的 HCl 体积为 $2V_1$，而滴定 $NaHCO_3$ 所消耗的 HCl 体积为 V_2-V_1。滴定过程如图 5-14 所示。

分析结果计算式为

$$w(Na_2CO_3)=\frac{\frac{1}{2}c(HCl)\times 2V_1(HCl)\times 10^{-3}\times M(Na_2CO_3)}{m_s}\times 100\%$$

$$w(NaHCO_3)=\frac{c(HCl)\times[V_2(HCl)-V_1(HCl)]\times 10^{-3}\times M(NaHCO_3)}{m_s}\times 100\%$$

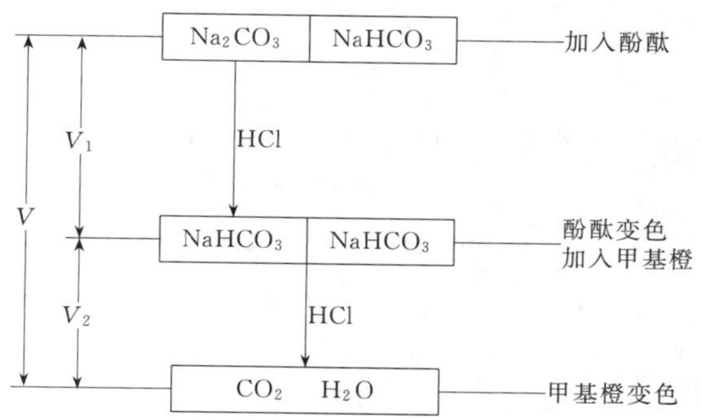

图 5-14 Na_2CO_3 和 $NaHCO_3$ 混合物的测定

双指示剂法不仅用于混合碱的定量分析，还可用于未知碱样的定性分析。如某碱样可能含有 NaOH、Na_2CO_3、$NaHCO_3$ 或它们的混合物，设酚酞终点时用去 HCl 溶液 V_1(mL)，继续滴至甲基橙终点时又用去 HCl 溶液 V_2(mL)，则未知碱样的组成与 V_1、V_2 的关系如下。

V_1 与 V_2 的关系	碱的组成
$V_1>V_2$，$V_2\neq0$	$OH^-+CO_3^{2-}$
$V_1<V_2$，$V_1\neq0$	$CO_3^{2-}+HCO_3^-$
$V_1=V_2\neq0$	CO_3^{2-}
$V_1\neq0$，$V_2=0$	OH^-
$V_1=0$，$V_2\neq0$	HCO_3^-

【例 5-16】 称取混合碱试样 0.6422g，以酚酞为指示剂，用 0.1994mol·L^{-1} HCl 溶液滴定至终点，用去酸溶液 32.12mL；再加甲基橙指示剂，滴定至终点又用去酸溶液 22.28mL。求试样中各组分的含量。

解 因 $V_1>V_2$，故此混合碱的组成为 NaOH 和 Na_2CO_3。

$$w(\mathrm{NaOH})=\frac{c(\mathrm{HCl})\times[V_1(\mathrm{HCl})-V_2(\mathrm{HCl})]\times10^{-3}\times M(\mathrm{NaOH})}{m_s}\times100\%$$

$$=\frac{0.1994\times(32.12-22.28)\times40.01\times10^{-3}}{0.6422}\times100\%=12.22\%$$

$$w(\mathrm{Na_2CO_3})=\frac{c(\mathrm{HCl})\times V_2(\mathrm{HCl})\times10^{-3}\times M(\mathrm{Na_2CO_3})}{m_s}\times100\%$$

$$=\frac{0.1994\times22.28\times105.99\times10^{-3}}{0.6422}\times100\%=73.32\%$$

(3) 磷酸盐的分析

对于磷酸盐的测定，同样可用双指示剂法进行定性和定量分析。

【例 5-17】 已知试样可能含有 Na_3PO_4、Na_2HPO_4、NaH_2PO_4 或它们的混合物，以及其他不与酸作用的物质。今称取该试样 1.0000g，溶解后用甲基红作指示剂，以 0.5000mol·L^{-1} HCl 标准溶液滴定时，需用 16.00mL，同样质量的试样用酚酞为指示剂滴定时，需用上述 HCl 标准溶液 6.00mL，求试样中各组分的含量。

解 甲基红变色时 酚酞变色时

Na_3PO_4 Na_2HPO_4 Na_3PO_4

HCl↓V_1 HCl↓V_2

第5章 酸碱平衡与酸碱滴定法

NaH_2PO_4 Na_2HPO_4

因为 $V_1 > V_2 \neq 2V_2$

所以可以确定混合物的组成是 Na_3PO_4 和 Na_2HPO_4

酚酞变色时

$$Na_3PO_4 + HCl \rightleftharpoons Na_2HPO_4 + NaCl$$

$$1 \qquad 1$$

$$\frac{m_s w(Na_3PO_4)}{M(Na_3PO_4)} \qquad cV_2$$

$$cV_2 = \frac{m_s w(Na_3PO_4)}{M(Na_3PO_4)}$$

$$w(Na_3PO_4) = \frac{cV_2 M(Na_3PO_4)}{m_s}$$

$$= \frac{0.5000 \times 6.00 \times 10^{-3} \times 163.94}{1.0000} \times 100\% = 49.18\%$$

甲基红变色时

$$Na_3PO_4 + 2HCl \rightleftharpoons NaH_2PO_4 + 2NaCl$$

$$1 \qquad 2$$

$$\frac{m_s w(Na_3PO_4)}{M(Na_3PO_4)}$$

$$Na_2HPO_4 + HCl \rightleftharpoons NaH_2PO_4 + NaCl$$

$$1 \qquad 1$$

$$\frac{m_s w(Na_2HPO_4)}{M(Na_2HPO_4)}$$

$$cV_1 = 2\frac{m_s w(Na_3PO_4)}{M(Na_3PO_4)} + \frac{m_s w(Na_2HPO_4)}{M(Na_2HPO_4)}$$

$$= 2cV_2 + \frac{m_s w(Na_2HPO_4)}{M(Na_2HPO_4)}$$

$$w(Na_2HPO_4) = \frac{cV_1 - 2cV_2}{m_s} \times M(Na_2HPO_4)$$

$$= \frac{(0.5000 \times 16.00 - 2 \times 0.5000 \times 6.00) \times 10^{-3} \times 141.96}{1.0000} = 28.39\%$$

(4) 氮含量的测定

生物细胞中主要化学成分是糖类化合物、蛋白质、核酸和脂类，其中蛋白质、核酸和部分脂类都是含氮化合物。因此，氮是生物生命活动过程中不可缺少的元素之一。在生产和科研中常常需要测定水、食品、土壤及动植物等样品中的含氮量。对于这些物质中氮含量的测定，通常是将试样进行适当处理，使各种含氮化合物中的氮都转化为氨态氮，再进行测定。常用的方法有两种。

① 蒸馏法　试样如果是无机盐，如 $(NH_4)_2SO_4$、NH_4Cl 等，则在试样中加入过量的浓碱，然后加热将 NH_3 蒸馏出来，用过量饱和的 H_3BO_3 溶液吸收，再用标准 HCl 溶液滴定。

$$NH_4^+ + OH^- \xlongequal{\triangle} NH_3\uparrow + H_2O$$

$$NH_3+H_3BO_3 \longrightarrow NH_4H_2BO_3$$

$$HCl+NH_4H_2BO_3 \rightleftharpoons NH_4Cl+H_3BO_3$$

H_3BO_3 是极弱的酸，不影响滴定。化学计量点时溶液中含 NH_4Cl 和 H_3BO_3，此时溶液的 pH=5.0～6.0，故选甲基红和溴甲酚绿混合指示剂，颜色由绿变粉红色。根据滴定反应及到达终点时 HCl 溶液的用量，氮的含量可按下式计算。

$$w(N)=\frac{c(HCl)V(HCl)\times 10^{-3}\times M(N)}{m_s}\times 100\%$$

蒸馏出的 NH_3，除用硼酸吸收外，也可用过量的酸标准溶液吸收，然后以甲基红或甲基橙作指示剂，再用碱标准溶液返滴定剩余的酸。

试样如果是含氮的有机物质，测其含氮量时，首先用浓 H_2SO_4 消煮使有机物分解并转化成 NH_3，并与 H_2SO_4 作用生成 NH_4HSO_4。这一反应的速率较慢，因此常加 K_2SO_4 以提高溶液的沸点，并加催化剂如 $CuSO_4$、HgO 等，经这样处理后就可用上述方法测量物质的含氮量了。此法只限于物质中以−3 价状态存在的氮。对于含氮的氧化型的化合物，如有机的硝基或偶氮化合物，在消煮前必须用还原剂［如 Fe(Ⅱ) 或硫代硫酸钠］处理后，再如上法测定。这种测定有机物质含氮量的方法常称为凯氏定氮法。

② 甲醛法　甲醛与铵盐反应，生成酸（质子化的六亚甲基四胺和 H^+）。

$$4NH_4^+ +6HCHO \longrightarrow (CH_2)_6N_4H^+ +3H^+ +6H_2O$$

生成的酸，以酚酞作指示剂，用 NaOH 标准溶液滴定至溶液成微红色。可按下式计算氮的含量。

$$w(N)=\frac{c(NaOH)V(NaOH)\times 10^{-3}\times M(N)}{m_s}\times 100\%$$

酸碱平衡与身体健康

在正常状态下，人类的血液和体液都稍偏碱性，pH 保持在 7.35～7.45，此时人体健康状态最佳。下面将给大家介绍酸碱失衡对身体的危害以及认识清楚食物的酸碱性之后，有针对性地补充相应的食物。

1. 酸中毒或者碱中毒的危害

酸中毒主要是过多地摄取了酸性食品，使得人体抵抗力降低，易患胃溃疡、便秘、骨质疏松、高血压、动脉硬化等心脑血管疾病。碱中毒则是由于过多的“吃素”，缺少人体必需脂肪酸、蛋白质和糖类，引起了体液 pH 的改变，容易发生头昏、神经衰弱、低血压、心律不齐、肾脏功能衰弱等病症。当酸碱平衡严重失调时，人体的诸器官都会受到影响，酸中毒能危及人的生命。对于大多数健康者而言，当体内酸性物质增多时，肾脏能排酸保碱；反之则能排碱保酸。所以偶尔摄入过多的酸性食品或碱性食品，一般都在肾脏调节范围之内，不会引起疾病。然而对于老、小、体弱，尤其肺、肾疾病患者，如果偏嗜酸性食品或碱性食品，由于体内缓冲体系的缓冲作用及肺和肾功能的失调，不能维持体内酸碱度的动态平衡而会导致酸中毒或碱中毒，最容易出现各种病症。

2. 食物的酸碱性

(1)“成酸食物”　一般来说含氟、氯、硫、磷等非金属元素较多的食物，称为“成酸食物”。例如，肉禽类、蛋类、鱼类、粮食、油脂、花生、白糖、啤酒等。这些食品中的硫、磷含量高，在人体内代谢后形成硫酸、磷酸，使体液的酸度升高。

(2)“成碱食物” 含钾、钠、钙、镁等金属元素较多的食物，称为“成碱食物”。例如：蔬菜类（冬瓜、番茄、南瓜、黄瓜、萝卜、菠菜、白菜、卷心菜、油菜、芹菜、莲藕、洋葱、茄子、马铃薯）、水果类（苹果、梨、香蕉、桃子、梅子、李子、柿子、葡萄、柚子、柠檬）、豆及豆制品（豆腐、豌豆、大豆、绿豆）、蘑菇、竹笋、栗子、茶叶、咖啡、葡萄酒等，特别是海藻类如海带、紫菜等，所含矿物质远远高于蔬菜水果。这些食物中的有机酸参与体内代谢，在人体内氧化后，三羧酸循环会产生氧气、二氧化碳和水排出体外，剩下的金属离子能使体液的碱度升高。

(3)“中性食物” 食物所含的金属元素与非金属元素基本均衡，进入人体后代谢产物酸碱性基本平衡，称为“中性食物”。例如：牛奶、芦笋等。

经过上面的介绍，大家对于酸碱平衡有了更深刻的认识，也更利于大家有选择性地进行酸碱平衡。

摘自：张凤芹．食物的酸碱平衡与人体健康的关系．农业与技术，2008，06：166.

索煜墉．饮用水与人体健康．健康向导，2012.03：58.

思考题与习题

1. 已知 291K 时 HClO $K_a^\ominus=2.95\times10^{-5}$，计算 $0.050mol\cdot L^{-1}$ 溶液中的 $c(H^+)$ 和 HClO 的解离度。

2. 在室温下 $0.10mol\cdot L^{-1}$ $NH_3\cdot H_2O$ 的解离度为 1.34%，计算 $NH_3\cdot H_2O$ 的 $K_b^\ominus$ 和溶液的 pH。

3. 计算 $0.10mol\cdot L^{-1}$ H_3PO_4 溶液中的 $c(H^+)$ 和 $c(HPO_4^{2-})$。

4. 将 $0.20mol\cdot L^{-1}$ HAc 溶液和 $0.10mol\cdot L^{-1}$ KOH 溶液以等体积混合，计算该溶液的 pH。

5. 计算下列盐溶液的 pH。

(1) $0.20mol\cdot L^{-1}$ NaAc；　(2) $0.20mol\cdot L^{-1}$ NH_4Cl；

(3) $0.20mol\cdot L^{-1}$ Na_2CO_3；　(4) $0.20mol\cdot L^{-1}$ Na_2HPO_4。

6. 在 250mL $0.10mol\cdot L^{-1}$氨水中加入 2.68g NH_4Cl 固体（忽略体积的变化）该溶液的 pH 是多少？若在此溶液中加入等体积的 H_2O，pH 有何变化？

7. 欲配制 pH＝5.00 的缓冲溶液，需向 300mL $0.50mol\cdot L^{-1}$ HAc 溶液中加入 $NaAc\cdot 3H_2O$ 多少克（忽略体积的变化）。

8. 用 125mL $1.0mol\cdot L^{-1}$ NaAc 和 $6.0mol\cdot L^{-1}$ HAc 溶液来配制 250mL 的 pH＝5.00 的缓冲溶液，如何配制？

9. (1) 计算 pH＝5.0 时，H_2S 的分布系数 δ_2、δ_1、δ_0。

(2) 假定 H_2S 各种型体总浓度是 $0.050mol\cdot L^{-1}$，求系统中 H_2S、HS^-、S^{2-} 的浓度。

10. NaOH 标准溶液如吸收了空气中的 CO_2，当用于滴定(1) 强酸；(2) 弱酸时，对滴定的准确度各有何影响？

11. 标定 NaOH 溶液的浓度时，若采用 (1) 部分风化的 $H_2C_2O_4\cdot 2H_2O$；(2) 含有少量中性杂质的 $H_2C_2O_4\cdot 2H_2O$，则标定所得的浓度偏高或偏低，还是准确？为什么？

12. 用下列物质标定 HCl 溶液浓度：(1) 在 110℃烘过的 Na_2CO_3；(2) 在相对湿度

为30%的容器中保存的硼砂，则标定所得的浓度偏高或偏低，还是准确？为什么？

13. 有四种未知物，它们可能是NaOH、Na_2CO_3、$NaHCO_3$或它们的混合物，如何把它们区别开来并分别测定它们的含量？说明理由。

14. 下列各物质能否在水溶液中直接滴定？如果可以，选用哪一种指示剂？（浓度均为0.1000mol·L^{-1}，缺少的解离常数查表5-2）

（1）甲酸(HCOOH)；（2）氯化铵(NH_4Cl)；（3）硼酸(H_3BO_3)；（4）氰化钠（NaCN)；（5）苯甲酸（$pK_a^{\ominus}$为4.21）；（6）苯酚钠（苯酚的$pK_a^{\ominus}$为8.96）。

15. 下列多元酸能否用碱直接滴定？如果能滴定，有几个滴定突跃？选择何种指示剂（浓度均为0.1000mol·L^{-1})？

（1）酒石酸（$H_2C_4H_4O_6$)（$pK_{ai}^{\ominus}$分别为3.04，4.37）　（2）柠檬酸（$H_3C_6H_5O_7$)（$pK_{ai}^{\ominus}$分别为3.13，4.76，6.40）；（3）琥珀酸（$H_2C_4H_4O_4$)($pK_{ai}^{\ominus}$分别为4.21，5.64）；（4）砷酸（H_3AsO_4）（$pK_{ai}^{\ominus}$分别为2.20，7.00，11.50）。

16. 测定肥料中的铵态氮时，称取试样0.2471g，加浓NaOH溶液蒸馏，产生的NH_3用过量的50.00mL、0.1015mol·L^{-1} HCl吸收，然后再用0.1022mol·L^{-1} NaOH返滴过量的HCl，用去11.69mL，计算样品中的含氮量。

17. 有工业硼砂1.000g，用0.2000mol·L^{-1} HCl 25.00mL中和至化学计量点，试计算样品中$Na_2B_4O_7\cdot10H_2O$、$Na_2B_4O_7$和B的质量分数。

18. 一个P_2O_5样品含有一些H_3PO_4杂质，今有0.2025g样品同水反应，得到的溶液用0.1250mol·L^{-1} NaOH滴定至酚酞变色，需用NaOH 42.50mL，计算杂质H_3PO_4的质量分数。

19. 称取混合碱0.5895g，用0.3000mol·L^{-1}的HCl滴定至酚酞变色时，用去24.08mL HCl，加入甲基橙后继续滴定，又消耗12.02mL HCl，计算该试样中各组分的质量分数。

20. 称取钢样1.000g，溶解后，将其中的磷沉淀为磷钼酸铵。用0.1000mol·L^{-1} NaOH 20.00mL溶解沉淀，过量的NaOH用0.2000mol·L^{-1} HNO_3 7.50mL滴定至酚酞刚好褪色。计算钢中P及P_2O_5的质量分数。

21. 现有浓磷酸试样2.000g溶于水，用1.000mol·L^{-1} NaOH溶液滴定至甲基红变色，消耗NaOH标准溶液20.04mL，计算试样中H_3PO_4的质量分数。

22. 用凯氏法测定蛋白质中的含氮量时，称取样品0.2420g，用浓H_2SO_4和催化剂消解，蛋白质全部转化为铵盐，然后加碱蒸馏，用4%的H_3BO_3溶液吸收NH_3，最后用0.09680mol·L^{-1} HCl滴定至甲基红变色，用去25.00mL，计算样品中N的质量分数。

23. 已知试样可能含有Na_3PO_4、NaH_2PO_4和Na_2HPO_4的混合物，同时含有惰性物质。称取试样2.000g配成溶液，当用甲基红做指示剂，用0.5000mol·L^{-1} HCl标准溶液滴定时，用去32.00mL。同样质量的试液，当用酚酞作指示剂时，需用0.5000mol·L^{-1} HCl 12.00mL，求试样中Na_3PO_4、Na_2HPO_4和杂质的质量分数。

24. 含有Na_2CO_3、$NaHCO_3$和惰性杂质的混合物样品重0.3010g，用0.1060mol·L^{-1} HCl溶液滴定，需20.10mL到达酚酞终点。当达到甲基橙终点时，所用滴定剂总体积为47.70mL。问混合物中Na_2CO_3和$NaHCO_3$的质量分数各是多少？

第6章 沉淀溶解平衡和沉淀滴定法

本章学习要求

了解沉淀滴定法、重量分析法的基本原理和沉淀溶解平衡的特点；理解同离子效应和盐效应对难溶电解质溶解度的影响；熟悉难溶电解质分步沉淀和沉淀转化的原理；掌握难溶电解质的溶度积、溶解度与溶度积的关系和有关计算；掌握沉淀生成和溶解的条件。

沉淀的生成和溶解现象在日常生活中经常发生，如天然溶洞中的石笋和钟乳石的形成与 $CaCO_3$ 沉淀的生成和溶解有关。在科学实验和工业生产中，常利用沉淀的生成或溶解进行物质的提纯、制备、分离以及组成的测定等。掌握影响沉淀生成与溶解平衡的有关因素，才能有效地控制沉淀反应的进行；只有理解沉淀形成的机理，才有可能控制沉淀形成条件，获得良好而且纯净的沉淀，或实现有效的分离，或得到准确的测定结果。本章主要讨论难溶电解质在溶液中的沉淀-溶解平衡以及沉淀的溶解、生成、转化和分步沉淀等现象。

6.1 难溶电解质的溶度积常数及溶度积规则

6.1.1 溶度积常数

绝对不溶于水的物质是不存在的，习惯上把在水中溶解度极小的物质称为难溶物，而在水中溶解度很小，溶于水后解离生成水合离子的物质称为难溶电解质，如 $BaSO_4$、$CaCO_3$、AgCl 等。

难溶电解质的溶解是一个可逆过程。如在一定温度下，把难溶电解质 AgCl 放入水中，一部分 Ag^+ 和 Cl^- 脱离 AgCl 的表面，成为水合离子进入溶液（这一过程称为沉淀的溶解）；水合 Ag^+ 和 Cl^- 不断运动，其中部分碰到 AgCl 固体的表面后，又重新形成难溶固体 AgCl（这一过程称为沉淀的生成）。经过一段时间，溶解的速率和生成的速率达到相等，溶液中离子的浓度不再变化，建立了固体和溶液中离子间的沉淀-溶解平衡。

$$AgCl(s) \rightleftharpoons Ag^+ + Cl^-$$

这是一种多相离子平衡，其标准平衡常数表达式为

$$K^{\ominus} = [c(Ag^+)/c^{\ominus}][c(Cl^-)/c^{\ominus}]$$

难溶电解质沉淀溶解平衡的平衡常数称为溶度积常数，简称溶度积，记为 $K_{sp}^{\ominus}$。

组成为 A_mB_n 的任一难溶强电解质，在一定温度下的水溶液中达到沉淀溶解平衡时，平衡方程式为

$$A_mB_n(s) \rightleftharpoons mA^{n+}(aq)+nB^{m-}(aq)$$

溶度积常数为

$$K_{sp}^{\ominus}=[c(A^{n+})/c^{\ominus}]^m[c(B^{m-})/c^{\ominus}]^n$$

可表示为

$$K_{sp}^{\ominus}=[c'(A^{n+})]^m[c'(B^{m-})]^n \qquad (6\text{-}1)$$

$K_{sp}^{\ominus}$和其他平衡常数一样，只是温度的函数而与溶液中离子浓度无关。$K_{sp}^{\ominus}$反映了难溶电解质的溶解能力，其数值可以通过实验测定。本书附录 5 中列出了常见难溶电解质的溶度积常数。

难溶电解质的溶解度是指在一定温度下该电解质在纯水中饱和溶液的浓度，溶解度的大小都能表示难溶电解质的溶解能力。$K_{sp}^{\ominus}$值的大小反映了难溶电解质在溶液中的溶解度，一般来说，同类型难溶电解质的 $K_{sp}^{\ominus}$越大，其溶解度也越大；$K_{sp}^{\ominus}$越小，其溶解度也越小。不同类型的难溶电解质，由于溶度积表达式中离子浓度的幂指数不同，不能从溶度积的大小来直接比较溶解度的大小。

6.1.2 溶度积与溶解度的关系

溶解度（S）和溶度积（$K_{sp}^{\ominus}$）都可以表示难溶电解质的溶解能力，两者既有联系又有区别。从相互关系考虑，它们之间可以相互换算。它们的区别在于，溶度积是难溶电解质的饱和溶液中各种离子浓度以其计量数为指数的乘积，反映的是难溶电解质溶解的热力学本质——溶解作用进行的倾向，与难溶电解质的离子浓度无关，若温度一定，是一个定值。溶解度不仅与难溶电解质的本性和温度有关，还与溶液中难溶电解质离子浓度有关。换算时应注意，浓度的单位必须采用 $mol\cdot L^{-1}$来表示。另外，由于难溶电解质的溶解度很小，溶液的浓度很小，难溶电解质饱和溶液的密度可近似认为等于水的密度。

对于 AB 型难溶强电解质，如 AgCl、$BaSO_4$ 等，设溶解度为 $S(mol\cdot L^{-1})$，则

$$AB(s) \rightleftharpoons A^{n+}(aq)+B^{n-}(aq)$$

离子平衡浓度为 $\qquad S \qquad S$

$$K_{sp}^{\ominus}(AB)=\left[\frac{c(A^{n+})}{c^{\ominus}}\right]\left[\frac{c(B^{n-})}{c^{\ominus}}\right]=\left(\frac{S}{c^{\ominus}}\right)^2$$

$$S=\sqrt{K_{sp}^{\ominus}(AB)(c^{\ominus})^2}$$

$$S=\sqrt{K_{sp}^{\ominus}(AB)}\,c^{\ominus} \qquad (6\text{-}2)$$

【例 6-1】 已知 AgCl 的 $K_{sp}^{\ominus}$（AgCl）$=1.8\times10^{-10}$，求其溶解度。

解 $\qquad S=\sqrt{1.8\times10^{-10}}\times1mol\cdot L^{-1}=1.34\times10^{-5}mol\cdot L^{-1}$

对于 A_mB_n，设溶解度为 $S(mol\cdot L^{-1})$，则

$$A_mB_n\ (s) \rightleftharpoons mA^{n+}\ (aq)\ +nB^{m-}\ (aq)$$

离子平衡浓度 $\qquad mS \qquad nS$

$$K_{sp}^{\ominus}(A_mB_n)=\left[\frac{c(A^{n+})}{c^{\ominus}}\right]^m\left[\frac{c(B^{m-})}{c^{\ominus}}\right]^n=\left[\frac{mS}{c^{\ominus}}\right]^m\left[\frac{nS}{c^{\ominus}}\right]^n$$

$$S=\sqrt[m+n]{\frac{K_{sp}^{\ominus}(A_mB_n)}{m^m n^n}}c^{\ominus} \tag{6-3}$$

【例 6-2】 Ag_2CrO_4 和 AgCl 在 25℃时的 $K_{sp}^{\ominus}$ 为 1.1×10^{-12} 和 1.8×10^{-10}，在此温度下，Ag_2CrO_4 和 AgCl 在纯水中的溶解度哪个大？

解 这两种难溶电解质不是同一种类型，不能直接从溶度积的大小判断其溶解度的大小，须先计算出溶解度，然后进行比较。

首先计算 Ag_2CrO_4 在纯水中的溶解度。

$$Ag_2CrO_4(s) \rightleftharpoons 2Ag^+ + CrO_4^{2-}$$

$$K_{sp}^{\ominus}(Ag_2CrO_4)=[c(Ag^+)/c^{\ominus}]^2[c(CrO_4^{2-})/c^{\ominus}]$$

设饱和溶液中溶解的 Ag_2CrO_4 的浓度为 S_1 ($mol \cdot L^{-1}$)，则溶液中 $c(Ag^+)$ 为 $2S_1$ ($mol \cdot L^{-1}$)，$c(CrO_4^{2-})$ 为 S_1 ($mol \cdot L^{-1}$)。

$$K_{sp}^{\ominus}(Ag_2CrO_4)=(2S_1/c^{\ominus})^2(S_1/c^{\ominus})=\frac{4S_1^3}{(c^{\ominus})^2}$$

$$S_1=\sqrt[3]{\frac{K_{sp}^{\ominus}(Ag_2CrO_4)}{4}}c^{\ominus}=6.5\times10^{-5}mol \cdot L^{-1}$$

同理设 AgCl 的饱和溶液中，AgCl 的溶解度为 S_2 ($mol \cdot L^{-1}$)。

$$AgCl(s) \rightleftharpoons Ag^+ + Cl^-$$

$$K_{sp}^{\ominus}(AgCl)=(S_2/c^{\ominus})^2=\frac{S_2^2}{(c^{\ominus})^2}$$

$$S_2=\sqrt{K_{sp}^{\ominus}(AgCl)}c^{\ominus}=1.34\times10^{-5}mol \cdot L^{-1}$$

从计算的结果可看出，Ag_2CrO_4 的溶度积常数比 AgCl 小，但在纯水中的溶解度比 AgCl 在纯水中的溶解度大。

需要注意的是，上面关于溶度积与溶解度关系是有前提的，要求所讨论的难溶电解质溶于水的部分全部以简单的水合离子存在，而且离子在水中不会发生如水解、聚合、配位等反应。

6.1.3 同离子效应和盐效应

(1) 同离子效应

同离子效应和盐效应可影响沉淀的溶解度，即向难溶电解质的溶液中加入与其具有相同离子的可溶性强电解质时，会使难溶电解质的溶解度降低，这种效应称为同离子效应。如在 AgCl 饱和溶液中加入 KCl，由于同离子效应，可使 AgCl 的沉淀溶解平衡向生成沉淀的方向移动，使 AgCl 的溶解度降低。如加入 Ag^+ 的溶液也会出现同样的结果。

【例 6-3】 试计算 298K 时 $BaSO_4$ 在纯水中和在 $0.1mol \cdot L^{-1}$ Na_2SO_4 溶液中的溶解度，并进行比较。已知 298K 时 $BaSO_4$ 的 $K_{sp}^{\ominus}$ ($BaSO_4$) $=1.1\times10^{-10}$。

解 设在纯水中 $BaSO_4$ 的溶解度为 $S_1(mol \cdot L^{-1})$。

则 $c(Ba^{2+})=S_1(mol \cdot L^{-1})$

$c(SO_4^{2-})=S_1(mol \cdot L^{-1})$

$K_{sp}^{\ominus}(BaSO_4)=c'(Ba^{2+})c'(SO_4^{2-})=(S_1/c^{\ominus})^2=1.1\times10^{-10}$

$S_1=1.05\times10^{-5}\text{mol}\cdot\text{L}^{-1}$

设在 0.1mol·L^{-1} Na_2SO_4溶液中 $BaSO_4$ 的溶解度为 S_2(mol·L^{-1})

则　$c(Ba^{2+})=S_2(\text{mol}\cdot\text{L}^{-1})$

$c(SO_4^{2-})=(0.1\text{mol}\cdot\text{L}^{-1}+S_2)$

由于 $BaSO_4$的溶解度非常小，$S_2\ll0.1\text{mol}\cdot\text{L}^{-1}$，所以 $c(SO_4^{2-})=(0.1\text{mol}\cdot\text{L}^{-1}+S_2)\approx0.1\text{mol}\cdot\text{L}^{-1}$

$K_{sp}^{\ominus}(BaSO_4)=c'(Ba^{2+})c'(SO_4^{2-})=S_2/c^{\ominus}\times0.1=1.1\times10^{-10}$

$S_2=1.1\times10^{-9}\text{mol}\cdot\text{L}^{-1}$

比较 $BaSO_4$ 在纯水中和在 0.1mol·L^{-1} Na_2SO_4 溶液中的溶解度可以看出，同离子效应使难溶电解质的溶解度大为降低。

同离子效应可以应用在沉淀的洗涤过程中。从溶液中分离出的沉淀物，常吸附有各种杂质，必须对沉淀进行洗涤。沉淀在水中总有一定程度的溶解，为了减少沉淀的溶解损失，常用含有与沉淀具有相同离子的电解质稀溶液作洗涤剂对沉淀进行洗涤。例如，在洗涤硫酸钡沉淀时，可以用很稀的 H_2SO_4 溶液或很稀的 $(NH_4)_2SO_4$ 溶液洗涤。

当用沉淀反应来分离溶液中离子时，加入适当过量的沉淀剂可以使难溶电解质沉淀得更加完全。但如果沉淀剂过量太多，沉淀反而会出现溶解现象。

(2) 盐效应

在难溶电解质的饱和溶液中，加入其他易溶的强电解质，使难溶电解质的溶解度比同温度时在纯水中的溶解度增大，这种现象称为盐效应。例如，向 $BaSO_4$ 饱和溶液中加入 KNO_3 固体，会使 $BaSO_4$ 的溶解度增大。盐效应引起的溶解度变化不大，一般情况下不予考虑。

6.1.4 溶度积规则

某一难溶电解质在一定条件下沉淀能否生成或溶解，可以根据溶度积规则来判断。在某一难溶电解质溶液中，其离子浓度的乘积称为离子积，用符号 Q_i 表示。

前面提到，对任一难溶电解质，在水溶液中都存在下列解离过程。

$$A_mB_n(s)\rightleftharpoons mA^{n+}(aq)+nB^{m-}(aq)$$

在此过程中的任一状态，离子浓度的乘积用 Q_i 表示为

$$Q_i=[c'(A^{n+})]^m[c'(B^{m-})]^n$$

离子积与 $K_{sp}^{\ominus}$的表达式相同，区别是离子积 Q_i表示在任意情况下难溶电解质的离子浓度乘积，其数值视条件改变而改变，$K_{sp}^{\ominus}$仅是 Q_i 的一个特殊值，表示难溶电解质达到沉淀溶解平衡时，饱和溶液中离子浓度的乘积。

在任意给定的难溶电解质溶液中，Q_i 与 $K_{sp}^{\ominus}$之间的关系可能有三种情况：

① 当 $Q_i=K_{sp}^{\ominus}$时，此时的溶液为饱和溶液，溶液中既无沉淀生成，又无固体溶解，处于沉淀溶解平衡状态。

② 当 $Q_i>K_{sp}^{\ominus}$时，此时为过饱和溶液，将有沉淀生成，随着沉淀的生成，溶液中离子浓度下降，直至 $Q_i=K_{sp}^{\ominus}$时达到平衡。

③ 当 $Q_i<K_{sp}^{\ominus}$时，此时为未饱和溶液，溶液中无沉淀生成，若溶液中有足量的固体存在（或加入固体），固体会发生溶解，直至 $Q_i=K_{sp}^{\ominus}$时达到平衡。

上述判断沉淀生成和溶解的关系称为溶度积规则，它是难溶电解质多相离子平衡移动规律的总结。利用溶度积规则，我们可以通过控制溶液中离子的浓度，使沉淀产生或溶解。

【例 6-4】 在浓度为 $0.10mol \cdot L^{-1}$ $CaCl_2$溶液中，加入少量 Na_2CO_3，使 Na_2CO_3 浓度为 $0.0010mol \cdot L^{-1}$，是否会有沉淀生成？若向混合后的溶液中滴入盐酸，会有什么现象？

解 在 $CaCl_2$溶液中，加入少量 Na_2CO_3，可能会生成 $CaCO_3$ 沉淀，需要通过溶度积规则来判断。

$$Ca^{2+} + CO_3^{2-} \rightleftharpoons CaCO_3(s)$$

$$Q_i = c'(Ca^{2+})c'(CO_3^{2-}) = 0.10 \times 0.0010 = 1.0 \times 10^{-4}$$

查附录 5 得 $K_{sp}^{\ominus}$ $(CaCO_3)$ $= 2.8 \times 10^{-9}$

$Q_i > K_{sp}^{\ominus}$，按溶度积规则，有 $CaCO_3$ 生成。

反应完成后，$Q_i = K_{sp}^{\ominus}$，溶液中的离子与生成的沉淀建立起平衡。如果此时再向溶液中滴入几滴稀盐酸，溶液中的 CO_3^{2-} 因为与 H^+ 发生反应而浓度减小，使得 $Q_i < K_{sp}^{\ominus}$，按溶度积规则，原先生成的沉淀溶解，直至 $Q_i = K_{sp}^{\ominus}$ 时为止。若加入的盐酸量足够多，生成的 $CaCO_3$ 沉淀有可能全部溶解。

6.2 沉淀的生成与溶解

6.2.1 沉淀的生成

由溶度积规则可知，生成沉淀的条件为 $Q_i > K_{sp}^{\ominus}$。通常设法增大溶液中某一离子的浓度，就会使多相离子平衡向生成沉淀的方向移动。常用的方法有加入沉淀剂、控制溶液的酸度和利用同离子效应。

【例 6-5】 向 0.50L 的 $0.10mol \cdot L^{-1}$的氨水中加入等体积 $0.50mol \cdot L^{-1}$的 $MgCl_2$，问：(1) 是否有 $Mg(OH)_2$ 沉淀生成？(2) 欲控制 $Mg(OH)_2$ 沉淀不产生，问需加入多少克固体 NH_4Cl（设加入固体 NH_4Cl 后溶液体积不变）？

解 (1) 0.50L 的 $0.10mol \cdot L^{-1}$的氨水与等体积 $0.50mol \cdot L^{-1}$的 $MgCl_2$混合后，Mg^{2+}和 $NH_3 \cdot H_2O$ 的浓度都减至原来的一半。即

$$c(Mg^{2+}) = 0.25mol \cdot L^{-1}, c(NH_3) = 0.05mol \cdot L^{-1}$$

溶液中 OH^- 由 $NH_3 \cdot H_2O$ 解离产生。

$$c'(OH^-) = \sqrt{K_b^{\ominus}(NH_3)c'(NH_3)} = \sqrt{1.79 \times 10^{-5} \times 0.05} = 9.5 \times 10^{-4}$$

$Mg(OH)_2$的沉淀溶解平衡为 $Mg(OH)_2(s) \rightleftharpoons Mg^{2+} + 2OH^-$

$$Q_i = c'(Mg^{2+})[c'(OH^-)]^2 = 0.25 \times (9.5 \times 10^{-4})^2 = 2.3 \times 10^{-7}$$

查附录 5 得 $K_{sp}^{\ominus} = 5.61 \times 10^{-12}$

则，$Q_i > K_{sp}^{\ominus}$，故有 $Mg(OH)_2$ 沉淀析出。

(2) 若在上述系统中加入 NH_4Cl，由于同离子效应使氨水解离度降低，从而降低 OH^-的浓度，有可能不产生沉淀。

系统中有两个平衡同时存在：

$$Mg(OH)_2(s) \rightleftharpoons Mg^{2+} + 2OH^-$$

$$NH_3 \cdot H_2O \rightleftharpoons NH_4^+ + OH^-$$

欲使 $Mg(OH)_2$ 不沉淀，所允许的最大 OH^- 浓度为

$$c'(OH^-) = \sqrt{\frac{K_{sp}^{\ominus}[Mg(OH)_2]}{c'(Mg^{2+})}} = \sqrt{\frac{5.61\times10^{-12}}{0.25}} = 4.74\times10^{-6}$$

须加入 NH_4^+ 的最低浓度为

$$c'(NH_4^+) = \frac{K_b^{\ominus} c'(NH_3)}{c'(OH^-)} = \frac{1.79\times10^{-5}\times0.050}{4.74\times10^{-6}} = 0.19$$

所以须加入的 NH_4Cl 的质量为

$$m(NH_4Cl) = 1.0L\times0.19mol\cdot L^{-1}\times53.5g\cdot mol^{-1} = 10.2g$$

【例 6-6】 向 $0.010mol\cdot L^{-1}$ 的硝酸银溶液中滴入盐酸溶液（不考虑体积的变化），(1) 当氯离子浓度为多少时开始生成氯化银沉淀？(2) 加入过量的盐酸溶液，反应完成后，溶液中氯离子浓度为 $0.010mol\cdot L^{-1}$，此时溶液中银离子是否沉淀完全？

解 向 $0.010mol\cdot L^{-1}$ 的硝酸银溶液中滴入盐酸溶液，根据溶度积规则，当 Cl^- 浓度增大到使 AgCl 的 $Q_i \geqslant K_{sp}^{\ominus}$ 时开始有沉淀生成。

$$Q_i = c'(Ag^+)c'(Cl^-) = 0.010\times c'(Cl^-) \geqslant K_{sp}^{\ominus}$$

$$c'(Cl^-) \geqslant 1.8\times10^{-8}$$

即当 Cl^- 浓度等于 $1.8\times10^{-8}mol\cdot L^{-1}$ 时开始有沉淀生成。沉淀生成后，在 Ag^+ 浓度比原来低的情况达到沉淀溶解平衡状态，若要银离子继续析出，必须增大沉淀剂的浓度，使两种离子的离子积再次超过溶度积常数。在滴加沉淀剂过程中，银离子浓度随着氯离子浓度增加而沿着曲线减小。若加入过量的盐酸溶液，使反应完成后，溶液中氯离子浓度为 $0.010mol\cdot L^{-1}$，此时溶液中的 Ag^+ 浓度可根据溶度积规则计算而得。

$$c'(Ag^+) = \frac{K_{sp}^{\ominus}}{c'(Cl^-)} = 1.8\times10^{-8}$$

此时银离子的浓度（$1.8\times10^{-8}mol\cdot L^{-1}$）已经非常小，只有原来离子浓度的十万分之一残留在溶液中，我们认为银离子已经沉淀完全。

由于离子之间存在一定的平衡关系，所以离子浓度不会随着沉淀剂的加入而降至零，但当被沉淀离子的浓度小于 $10^{-5}mol\cdot L^{-1}$ 时，带来的影响已经非常小，我们就认为此时离子已经完全沉淀。

6.2.2 分步沉淀

如果在溶液中含有几种离子能与同一种沉淀剂反应生成沉淀，但由于形成的沉淀在溶液中的溶解度不同，会出现这些离子按一定先后顺序析出沉淀的现象。这种溶液中多种离子分先后顺序析出沉淀的现象称为分步沉淀。根据溶度积规则，生成沉淀时所需沉淀剂浓度小的离子先生成沉淀，需要沉淀剂浓度大的离子后生成沉淀。

应用分步沉淀方法分离离子，首先两种离子应该先后沉淀，并且还必须保证先开始沉淀的离子沉淀完全（离子浓度小于 $10^{-5}mol\cdot L^{-1}$）以后，第二种离子才开始生成沉淀。

【例 6-7】 溶液中 Ba^{2+} 浓度为 $0.10mol\cdot L^{-1}$，Pb^{2+} 浓度为 $0.0010mol\cdot L^{-1}$，向溶液中慢慢加入 Na_2SO_4。哪一种沉淀先生成？当第二种沉淀开始生成时，先生成沉淀的那种离子的剩余浓度是多少？（不考虑 Na_2SO_4 溶液加入所引起的体积变化）

解 开始生成 $BaSO_4$ 沉淀所需 SO_4^{2-} 的最低浓度。

$$c'(SO_4^{2-})=\frac{K_{sp}^{\ominus}(BaSO_4)}{c'(Ba^{2+})}=\frac{1.1\times10^{-10}}{0.10}$$
$$=1.1\times10^{-9}$$

即 $$c(SO_4^{2-})=1.1\times10^{-9}\,mol\cdot L^{-1}$$

开始生成 $PbSO_4$ 沉淀所需 SO_4^{2-} 的最低浓度。

$$c'(SO_4^{2-})=\frac{K_{sp}^{\ominus}(PbSO_4)}{c'(Pb^{2+})}=\frac{1.6\times10^{-8}}{0.0010}$$
$$=1.6\times10^{-5}$$

即 $$c(SO_4^{2-})=1.6\times10^{-5}\,mol\cdot L^{-1}$$

由于生成 $BaSO_4$ 沉淀所需 SO_4^{2-} 的最低浓度较小，所以先生成 $BaSO_4$ 沉淀。在继续加入 Na_2SO_4 溶液的过程中，随着 $BaSO_4$ 不断沉淀出来，溶液中 Ba^{2+} 浓度不断下降，SO_4^{2-} 的浓度必须不断上升，当 SO_4^{2-} 的浓度达到 $1.6\times10^{-5}\,mol\cdot L^{-1}$ 时，同时满足 $PbSO_4$ 和 $BaSO_4$ 两种沉淀生成的条件，两种沉淀同时生成。但在 $PbSO_4$ 沉淀开始生成时，溶液中剩余 Ba^{2+} 浓度为

$$c'(Ba^{2+})=\frac{K_{sp}^{\ominus}(BaSO_4)}{c'(SO_4^{2-})}=\frac{1.1\times10^{-10}}{1.6\times10^{-5}}$$
$$=6.9\times10^{-6}$$

即 $$c(Ba^{2+})=6.9\times10^{-6}\,mol\cdot L^{-1}$$

实际上在 $PbSO_4$ 开始沉淀时，Ba^{2+} 已经沉淀得相当完全了，后生成的 $PbSO_4$ 沉淀中基本不含有 $BaSO_4$ 沉淀。

分步沉淀时一般有两种情况。

① 当生成的沉淀类型相同时，且被沉淀离子的起始浓度相同或相近时，逐滴加入沉淀剂，$K_{sp}^{\ominus}$ 小的先沉淀，$K_{sp}^{\ominus}$ 大的后沉淀。例如向同时存在浓度均为 $0.01mol\cdot L^{-1}$ 的 Cl^-、Br^- 和 I^- 的溶液中，缓慢加入 $0.1mol\cdot L^{-1}$ $AgNO_3$ 溶液时，因为 $K_{sp}^{\ominus}(AgI)<K_{sp}^{\ominus}(AgBr)<K_{sp}^{\ominus}(AgCl)$，所以 AgI 最先沉淀，AgBr 次之，AgCl 最后沉淀。

② 当生成的沉淀类型不相同或虽类型相同但被沉淀离子浓度不同时，生成沉淀的先后顺序就不能只根据 $K_{sp}^{\ominus}$ 的大小做出判断，必须根据溶度积规则先求出各种离子沉淀时所需要沉淀剂的最小浓度，然后按照所需沉淀剂浓度由小到大的顺序依次生成各种沉淀。

【例 6-8】 含有 $0.1mol\cdot L^{-1}$ 的 Fe^{3+} 和 Mg^{2+} 的溶液，用 NaOH 使其分离，即 Fe^{3+} 发生沉淀，而 Mg^{2+} 留在溶液中，NaOH 用量必须控制在什么范围内较为合适。已知 $K_{sp}^{\ominus}[Fe(OH)_3]=2.64\times10^{-39}$，$K_{sp}^{\ominus}[Mg(OH)_2]=5.61\times10^{-12}$。

解 $$Fe(OH)_3 \rightleftharpoons Fe^{3+}(aq)+3OH^-(aq)$$

欲使 Fe^{3+} 沉淀所需的 OH^- 的最低浓度为

$$c'(OH^-)=\sqrt[3]{\frac{K_{sp}^{\ominus}[Fe(OH)_3]}{c'(Fe^{3+})}}=\sqrt[3]{\frac{2.64\times10^{-39}}{0.1}}$$
$$=2.98\times10^{-13}$$

$$Mg(OH)_2 \rightleftharpoons Mg^{2+}(aq)+2OH^-(aq)$$

欲使 Mg^{2+} 沉淀所需 OH^- 的最低浓度为

$$c'(OH^-)=\sqrt{\frac{K_{sp}^{\ominus}[Mg(OH)_2]}{c'(Mg^{2+})}}=\sqrt{\frac{5.61\times10^{-12}}{0.1}}$$
$$=7.49\times10^{-6}$$

所以 NaOH 用量应控制在 $2.98\times10^{-13}\sim7.49\times10^{-6}mol\cdot L^{-1}$。

6.2.3 沉淀的溶解

根据溶度积规则，要使溶液中难溶电解质的沉淀溶解，就必须使 $Q_i<K_{sp}^{\ominus}$。因此，只要设法使溶液中难溶电解质的某一离子的浓度降低，就能达到沉淀溶解的目的，常用的方法有以下几种方法。

(1) 生成弱电解质使沉淀溶解

利用酸、碱或某些盐类与难溶电解质的组分离子结合成弱电解质（如弱酸，弱碱或 H_2O），使该难溶电解质的沉淀溶解。

以固体 ZnS 溶于盐酸为例，其反应过程如下。

$$ZnS(s)\rightleftharpoons Zn^{2+}+S^{2-} \qquad (1)$$
$$K_1^{\ominus}=K_{sp}^{\ominus}(ZnS)$$
$$S^{2-}+H^+\rightleftharpoons HS^- \qquad (2)$$
$$K_2^{\ominus}=\frac{1}{K_{a2}^{\ominus}(H_2S)}$$
$$HS^-+H^+\rightleftharpoons H_2S \qquad (3)$$
$$K_3^{\ominus}=\frac{1}{K_{a1}^{\ominus}(H_2S)}$$

由上述反应可见，因 H^+ 与 S^{2-} 结合生成弱电解质，而使 $c(S^{2-})$ 降低，使 ZnS 沉淀溶解平衡向溶解的方向移动，若加入足够量的盐酸，则 ZnS 会全部溶解。

将上式(1)＋式(2)＋式(3)，得到 ZnS 溶于 HCl 的溶解反应式。

$$ZnS(s)+2H^+=Zn^{2+}+H_2S$$

根据多重平衡规则，ZnS 溶于盐酸反应的平衡常数为

$$K^{\ominus}=\frac{c'(Zn^{2+})c'(H_2S)}{c'^2(H^+)}=K_1^{\ominus}K_2^{\ominus}K_3^{\ominus}=\frac{K_{sp}^{\ominus}(ZnS)}{K_{a1}^{\ominus}(H_2S)K_{a2}^{\ominus}(H_2S)}$$

可见，这类难溶弱酸盐溶于酸的难易程度与难溶盐的溶度积和反应所生成的弱酸的解离常数有关。$K_{sp}^{\ominus}$越大，$K_a^{\ominus}$ 值越小，其反应越容易进行。

【例 6-9】 欲使 $0.10mol\cdot L^{-1}$ ZnS 或 $0.10mol\cdot L^{-1}$ CuS 溶解于 1L 盐酸中，所需盐酸的最低浓度是多少？

解 (1) 对 ZnS

根据 $ZnS(s)+2H^+=Zn^{2+}+H_2S$

$$K^{\ominus}=\frac{c'(Zn^{2+})c'(H_2S)}{c'^2(H^+)}=\frac{K_{sp}^{\ominus}(ZnS)}{K_{a1}^{\ominus}(H_2S)K_{a2}^{\ominus}(H_2S)}$$

式中，$K_{a1}^{\ominus}(H_2S)=9.1\times10^{-8}$　$K_{a2}^{\ominus}(H_2S)=1.1\times10^{-12}$

$c(H_2S)=0.10mol\cdot L^{-1}$（饱和 H_2S 溶液的浓度）

$$所以\ c'(H^+)=\sqrt{\frac{K_{a1}^{\ominus}(H_2S)K_{a2}^{\ominus}(H_2S)c'(Zn^{2+})c'(H_2S)}{K_{sp}^{\ominus}(ZnS)}}$$

$$=\sqrt{\frac{9.1\times10^{-8}\times1.1\times10^{-12}\times0.10\times0.10}{2.5\times10^{-22}}}$$

$$=2.0$$

即 $c(H^+)=2.0mol\cdot L^{-1}$

(2) 对 CuS，同理 $c'(H^+)=\sqrt{\frac{9.1\times10^{-8}\times1.1\times10^{-12}\times0.10\times0.10}{K^{\ominus}_{sp}(CuS)}}$

$$=\sqrt{\frac{1.0\times10^{-21}}{6.3\times10^{-36}}}=1.3\times10^{7}$$

即 $c(H^+)=1.3\times10^{7}mol\cdot L^{-1}$

计算表明，溶度积较大的 ZnS 可溶于稀盐酸中，而溶度积较小的 CuS 则不能溶于盐酸（市售浓盐酸的浓度仅为 $12mol\cdot L^{-1}$）中。

难溶于水的氢氧化物都能溶于酸，这是因为酸碱反应生成了弱电解质（H_2O）。例如固体 $Mg(OH)_2$可溶于盐酸中，其反应为

$$Mg(OH)_2+2H^+ \longrightarrow Mg^{2+}+2H_2O$$

一些溶解度较大的难溶氢氧化物，如 $Mg(OH)_2$、$Pb(OH)_2$、$Mn(OH)_2$等既能溶于酸，还能溶于铵盐中。如

$$Mg(OH)_2(s)+2NH_4^+ \longrightarrow Mg^{2+}+2H_2O+2NH_3$$

但一些溶解度很小的难溶氢氧化物，如 $Fe(OH)_3$、$Al(OH)_3$等则不能溶于铵盐，因为铵盐不能有效地降低系统中的 OH^- 的浓度，故它们只能溶于酸中。

(2) 氧化-还原溶解法

利用氧化-还原反应来降低溶液中难溶电解质组分离子的浓度，从而使难溶沉淀溶解的方法，称为氧化-还原溶解法。如 CuS 不溶于盐酸，但能溶于具有氧化性的硝酸中。

$$3CuS(s)+8HNO_3 \longrightarrow 3Cu(NO_3)_2+3S\downarrow+2NO\uparrow+4H_2O$$

由于 S^{2-} 被氧化成单质硫析出，使溶液中 $c(S^{2-})$ 显著降低，致使 $Q_i<K^{\ominus}_{sp}$，所以 CuS 沉淀被溶解。

(3) 配位溶解法

利用加入配位剂使难溶电解质的组分离子形成稳定的配离子来降低难溶电解质组分离子的浓度，从而使难溶沉淀溶解的方法，称为配位溶解法。例如，AgCl 溶于氨水有如下反应。

$$AgCl(s)+2NH_3 \longrightarrow [Ag(NH_3)_2]^++Cl^-$$

由于 Ag^+ 和 NH_3 结合成了稳定的 $[Ag(NH_3)_2]^+$ 配离子，使溶液中 $c(Ag^+)$ 降低，致使 $Q_i<K^{\ominus}_{sp}$(AgCl)，所以 AgCl 沉淀被溶解。

6.2.4 沉淀的转化

有些沉淀既不溶于酸，也不能用氧化-还原反应和配位反应的方法溶解。这种情况下，可以借助合适的试剂，把一种难溶沉淀转化为另一种难溶沉淀，然后再使其溶解。这种把一种沉淀转化为另一种沉淀的过程，称为沉淀的转化。例如，附在锅炉内壁的锅垢（主要成分为既难溶于水，又难溶于酸的 $CaSO_4$），可以用 Na_2CO_3 溶液将 $CaSO_4$ 转化为可溶于酸的沉淀，这样就容易把锅垢清除了。其反应过程如下。

$$CaSO_4(s) \rightleftharpoons Ca^{2+}+SO_4^{2-} \qquad K^{\ominus}_{sp}(CaSO_4)$$

$$CaCO_3(s) \rightleftharpoons Ca^{2+}+CO_3^{2-} \qquad K^{\ominus}_{sp}(CaCO_3)$$

两式相减得

$$CaSO_4(s)+CO_3^{2-} \rightleftharpoons CaCO_3(s)+SO_4^{2-}$$

$$K^{\ominus}=\frac{c'(SO_4^{2-})}{c'(CO_3^{2-})}=\frac{K_{sp}^{\ominus}(CaSO_4)}{K_{sp}^{\ominus}(CaCO_3)}=\frac{9.1\times10^{-6}}{2.8\times10^{-9}}=3.25\times10^{3}$$

转化反应的平衡常数 $K^{\ominus}$ 较大，上述沉淀的转化反应较易进行。

可见，对于类型相同的难溶电解质，沉淀转化程度的大小，取决于两种难溶电解质溶度积的相对大小。一般来说，溶度积较大的难溶沉淀容易转化为溶度积较小的难溶沉淀。反之，则比较困难，甚至不可能转化。

*6.3 沉淀滴定法

6.3.1 沉淀滴定法概述

沉淀滴定法是以沉淀反应为基础的一种滴定分析方法。沉淀反应很多，但能用于准确滴定的沉淀反应并不多，主要是很多沉淀的组成不恒定，溶解度较大，易形成过饱和溶液，或者达到平衡的速率慢，或共沉淀严重等缘故。能用于沉淀滴定法的反应必须具备以下条件：

① 生成的沉淀具有恒定的组成，且其溶解度必须很小。

② 沉淀反应必须迅速、定量进行，反应的完全程度高，不易形成过饱和溶液。

③ 能够用适当的指示剂确定滴定终点。

④ 沉淀吸附现象不影响滴定终点的确定。

由于上述条件的限制，目前生产上应用较广泛的是生成难溶性银盐的反应。例如

$$Ag^{+}+X^{-} \rightleftharpoons AgX\downarrow \ (X^{-}=Cl^{-}、Br^{-}、I^{-}、SCN^{-}、CN^{-})$$

这种利用生成难溶银盐反应的测定方法称为银量法，主要用于测定 Cl^{-}、Br^{-}、I^{-}、SCN^{-}、CN^{-} 及 Ag^{+} 等离子。

在沉淀滴定中，除了银量法，还有用其他沉淀反应的方法。例如，Zn^{2+} 与 $K_4[Fe(CN)_6]$ 反应生成 $K_2Zn_3[Fe(CN)_6]_2$ 沉淀，反应式如下。

$$2K_4[Fe(CN)_6]+3Zn^{2+} \longrightarrow K_2Zn_3[Fe(CN)_6]_2$$

K^{+} 与四苯硼酸钠 $Na[B(C_6H_5)_4]$ 反应生成 $K[B(C_6H_5)_4]$ 沉淀，反应式如下。

$$Na[B(C_6H_5)_4]+K^{+} \longrightarrow K[B(C_6H_5)_4]\downarrow+Na^{+}$$

本章仅讨论银量法。

根据滴定终点所用指示剂不同，银量法可分为三种：莫尔法——铬酸钾作指示剂，佛尔哈德法——铁铵矾作指示剂，法扬司法——用吸附指示剂。

6.3.2 莫尔法——用铬酸钾作指示剂确定滴定终点的银量法

(1) 基本原理

在含有 Cl^{-} 中性或弱碱性溶液中，加入适量的 K_2CrO_4 作指示剂，以 $AgNO_3$ 标准溶液滴定 Cl^{-}。由于 AgCl 的溶解度比 Ag_2CrO_4 小，根据分步沉淀原理，溶液中首先析出 AgCl 沉淀。当氯化银定量沉淀完全后，过量的 $AgNO_3$ 与指示剂反应，生成砖红色的铬酸银沉淀，从而指示滴定终点到达。滴定反应和指示反应分别为

$$Ag^{+}+Cl^{-} \longrightarrow AgCl\downarrow(白色)$$

$$2Ag^{+}+CrO_4^{2-} \xlongequal{} Ag_2CrO_4\downarrow(\text{砖红色})$$

（2）滴定条件

① 指示剂用量　指示剂 CrO_4^{2-} 的浓度必须合适，若 CrO_4^{2-} 浓度太大将会引起终点提前，且 CrO_4^{2-} 本身的黄色会影响对终点的观察；若浓度太小又会使终点滞后，会影响滴定的准确度。实际滴定时，通常在反应液总体积为 50～100mL 的溶液中，加入 5％铬酸钾指示剂约 1～2mL。

② 溶液的酸度　该方法的滴定反应需要在中性或微碱性（pH＝6.5～10.5）介质中进行。若溶液酸度过高，则生成的 Ag_2CrO_4 会发生溶解。

$$Ag_2CrO_4+H^{+} \xlongequal{} 2Ag^{+}+HCrO_4^{-}$$

若在强碱性或氨性溶液中，滴定剂 $AgNO_3$ 会被碱分解或形成氨合物，使生成的 AgCl 沉淀溶解。

$$2Ag^{+}+OH^{-} \xlongequal{} Ag_2O+H_2O$$

$$AgCl+2NH_3 \xlongequal{} [Ag(NH_3)_2]Cl$$

故适宜的酸度范围为 pH＝6.5～10.5。如果试液为酸性或碱性，可用酚酞作为指示剂，用稀 NaOH 或稀 H_2SO_4 溶液调节至酚酞的红色褪色，也可以用 $NaHCO_3$、$CaCO_3$ 或 $Na_2B_4O_7$ 等预先中和，然后再滴定。

③ 滴定时应剧烈振摇　因为生成的 AgCl 沉淀容易吸附溶液中过量的 Cl^-，溶液中的 Cl^- 降低，与之平衡的 Ag^+ 浓度增加，导致 Ag_2CrO_4 沉淀过早出现，引起误差。为了消除这种误差，滴定时必须剧烈摇动，使被沉淀吸附的 Cl^- 释放出来。

（3）应用范围

莫尔法主要用于 Cl^-、Br^- 和 CN^- 的测定，不适用于滴定 I^- 和 SCN^-。这是因为 AgI、AgSCN 沉淀对 I^- 和 SCN^- 有强烈的吸附作用，致使终点过早出现。

莫尔法也不适用于以 NaCl 直接滴定 Ag^+。因为 Ag^+ 溶液中加入指示剂，立刻形成 Ag_2CrO_4 沉淀，用 NaCl 溶液滴定时，Ag_2CrO_4 转化成 AgCl 的速率非常慢，致使终点推迟。如用铬酸钾指示剂法测定 Ag^+，必须采用返滴定法。

莫尔法的选择性比较差，凡能与银离子生成沉淀的阴离子（如 S^{2-}、CO_3^{2-}、PO_4^{3-}、SO_3^{2-}、$C_2O_4^{2-}$ 等），能与铬酸根离子生成沉淀的阳离子（如 Ba^{2+}、Pb^{2+} 等），能与银或氯配位的离子（如 $S_2O_3^{2-}$、NH_3、EDTA、CN^- 等），能发生水解的高价金属离子（如 Fe^{3+}、Al^{3+}、Bi^{3+}、Sn^{4+} 等），均对测定有干扰。此外，大量的 Cu^{2+}、Co^{2+}、Ni^{2+} 等有色离子的存在，对终点的颜色的观察也有影响。以上干扰应预先除去。如 S^{2-} 可在酸性溶液中使生成 H_2S 加热除去，SO_3^{2-} 氧化为 SO_4^{2-} 后不再产生干扰，Ba^{2+} 可通过加入过量的 Na_2SO_4 使生成 $BaSO_4$ 沉淀。

莫尔法的优点是操作简便，方法的准确度也较好，不足之处是干扰较多，且只能直接测定氯、溴、硫氰酸根离子，欲要直接测定 Ag^+，除了上述用返滴定法外，也可采用其他方法。

6.3.3 佛尔哈德法——用铁铵矾 [$NH_4Fe(SO_4)_2\cdot12H_2O$] 作指示剂确定滴定终点的银量法

（1）原理

佛尔哈德法有直接滴定法和返滴定法两种。

① 直接滴定法　在含有 Ag^+ 的酸性溶液中（一般用硝酸，浓度控制在 0.2～0.5mol·L^{-1}，酸度太低，Fe^{3+} 会发生水解析出沉淀），以铁铵矾作指示剂，用 NH_4SCN 或 KSCN 的标准溶液滴定，溶液中首先析出白色 AgSCN 沉淀完全后，过量的 SCN^- 与 Fe^{3+} 反应生成红色配合物 $[Fe(SCN)_n]^{3-n}$（$n=1,2,3,4,5,6$），指示滴定终点到达。满足反应和指示反应分别为

$$Ag^+ + SCN^- \longrightarrow AgSCN\downarrow(白色) \qquad K_{sp}^{\ominus}=1.0\times10^{-12}$$

$$Fe^{3+} + nSCN^- \longrightarrow [Fe(SCN)_n]^{3-n}(红色) \qquad K_{sp}^{\ominus}=138$$

② 返滴定法　在含有卤化物的酸性溶液中，先加入已知过量的 $AgNO_3$ 标准溶液，再以铁铵矾作指示剂，用 NH_4SCN 标准溶液返滴定剩余的 Ag^+，因此返滴定法可以测定 Cl^-、Br^-、I^- 和 SCN^- 等离子的测定。滴定反应和指示反应如下。

$$Ag^+(过量) + X^- \longrightarrow AgX\downarrow$$

$$Ag^+(剩余) + SCN^- \longrightarrow AgSCN\downarrow$$

$$Fe^{3+} + nSCN^- \longrightarrow [Fe(SCN)_n]^{3-n}(血红色)$$

（2）滴定条件

需要注意指示剂的浓度和溶液的酸度。实验表明，$[Fe(SCN)_n]^{3-n}$ 最低浓度为 6×10^{-5}mol·L^{-1}时，能观察到明显的红色，通常保持 Fe^{3+} 的浓度为 0.015mol·L^{-1}。滴定反应要在 HNO_3 介质中进行，浓度控制在 0.1～0.5mol·L^{-1}，在中性或碱性介质中，Fe^{3+} 会发生水解，Ag^+ 在碱性环境生成 Ag_2O 沉淀，在氨水中会生成 $[Ag(NH_3)_2]^+$。NH_4SCN 直接滴定 Ag^+ 时要充分振荡，避免 AgSCN 沉淀对 Ag^+ 的吸附，防止滴定终点过早出现。用返滴定法测定 I^- 时，应首先加入过量 $AgNO_3$，再加铁铵矾指示剂，否则 Fe^{3+} 将氧化 I^- 为 I_2，影响分析结果的准确度。滴定不宜在高温条件下进行，否则会使红色的 $[Fe(SCN)_n]^{3-n}$ 颜色褪去。

（3）应用范围

佛尔哈德法的最大优点是在 HNO_3 介质中进行，许多弱酸根离子如 PO_4^{3-}、AsO_4^{3-}、CrO_4^{2-} 等与 Ag^+ 生成沉淀，故选择性高。但强氧化剂、氮的低价氧化物、铜盐和汞盐与 SCN^- 反应，干扰滴定，必须预先除去。

6.3.4 法扬司法——用吸附指示剂确定滴定终点的银量法

（1）原理

用吸附指示剂指示滴定终点的银量法，称为法扬司法。吸附指示剂一般是有机染料，当它被沉淀表面吸附后，会因为结构的改变而引起颜色的变化，从而指示滴定的终点。吸附指示剂可以分为两类：一类是酸性染料，如荧光黄及其衍生物，它们是有机弱酸，解离出指示剂阴离子；另一类是碱性染料，如甲基紫、罗丹明 6G 等，解离出指示剂阳离子。

例如，用 $AgNO_3$滴定 Cl^-时，用荧光黄作指示剂。荧光黄是一种有机弱酸（用 HFI 表示），在溶液中解离为荧光黄阴离子 FI^-，呈黄绿色。在化学计量点前，溶液中存在剩余 Cl^-，生成的 AgCl 沉淀表面优先吸附 Cl^- 而带负电荷，荧光黄阴离子受排斥而不被吸附，溶液呈黄绿色；在化学计量点之后，稍过量的 $AgNO_3$ 可使 AgCl 沉淀表面吸附过量构晶离子 Ag^+ 而带正电荷，它将强烈吸附荧光黄阴离子 FI^-。荧光黄阴离子被吸附后，因结构变化而呈粉红色，从而指示滴定终点。其反应过程可表示为

$$AgCl \cdot Ag^+ + FI^- \longrightarrow AgCl \cdot Ag^+ \cdot FI^-$$

黄绿色　　　　　　　　粉红色

如果用 NaCl 滴定 Ag^+，则颜色变化正好相反。

（2）滴定条件

由于颜色的变化是沉淀的表面吸附引起的，沉淀的颗粒越小，沉淀的比表面越大，吸附能力越强。为了防止胶状沉淀微粒的凝聚，通常加入糊精或淀粉来保护胶体，使沉淀微粒处于高度分散状态，使更多的沉淀表面暴露在外面，以利于对指示剂的吸附，变色敏锐。

如果溶液浓度过低，则由于生成的沉淀量太少，使终点不明显。测氯离子时，其浓度要求在 $0.005mol \cdot L^{-1}$ 以上，测溴、碘、硫氢根离子时灵敏度稍高，$0.001mol \cdot L^{-1}$ 仍可准确滴定。

溶液的酸度要适当，常用的吸附指示剂大多是有机弱酸，若溶液 pH 太大则形成 Ag_2O 沉淀，且吸附指示剂解离过强，可能在理论终点前被吸附；若溶液 pH 太小，H^+ 与指示剂阴离子结合成不被吸附的分子，不易被带正电沉淀胶体所吸附。pH 范围随吸附指示剂的不同而不同，具体见表 6-1。

表 6-1　常用的吸附指示剂及应用

指示剂	被滴定的离子	滴定剂	滴定条件
荧光黄	Cl^-	Ag^+	pH 7～10
二氯荧光黄	Cl^-	Ag^+	pH 4～10
曙红	Br^-、I^-、SCN^-	Ag^+	pH 2～10
溴甲酚绿	SCN^-	Ag^+	pH 4～5
甲基紫	Ag^+	Cl^-	酸性溶液

由于卤化银沉淀对光敏感，遇光分解析出金属银，溶液很快变成灰色或黑色，因此滴定时应避免在强光下进行。

沉淀对指示剂的吸附能力应略小于对被测离子的吸附能力，否则指示剂将在化学计量点前变色。但也不能太小，否则终点变色不敏感。卤化银对几种离子和吸附指示剂的吸附能力次序如下。

$$I^- > SCN^- > Br^- > \text{曙红} > Cl^- > \text{荧光黄}$$

因此，滴定 Cl^- 时只能选用荧光黄作为指示剂，滴定 Br^- 选曙红作为指示剂。

（3）应用范围

法扬司法可测定氯、溴、碘、硫氢根、银离子，一般在弱酸性到弱碱性下进行，方法简便，终点亦明显，较为准确，但反应条件较为严格，要注意溶液的酸度、浓度及胶体的保护等。

实际工作需要根据测定对象选合适的测定方法，如银合金中银测定，由于用硝酸溶解试样，用佛尔哈德法；测氯化钡中氯离子的含量，用佛尔哈德法或用法扬司法，不能用莫尔法，因会生成铬酸钡沉淀，天然水中氯含量的测定，用莫尔法。

6.3.5　银量法应用示例

（1）天然水中氯离子含量的测定

天然水中一般含氯离子，其含量范围变化很大，河流和湖泊的水中 Cl^- 含量一般较低，海水盐湖及某些地下水中则含量较高，水中氯化物主要以钠、镁、钙盐的形式存在，测定水中氯的含量多用莫尔法，若水中还含有亚硫酸根、硫离子及磷酸根等，可采用佛尔哈德法。

（2）有机化合物中卤素离子的测定

有机卤化物必须经过处理，使其转化成卤离子后，方能用银量法测定。

如粮食中溴甲烷残留量的测定。溴甲烷是粮食的熏蒸剂之一，在室温下是一种易挥发的气体，测定时是利用吹气法将粮食中残留的溴甲烷吹出，用乙醇胺吸收，此时溴甲烷与乙醇胺作用分解出溴离子。

$$HOCH_2CH_2NH_2 + CH_3Br \longrightarrow HOCH_2CH_2NHCH_3 + HBr$$

用水稀释后，加硝酸使呈酸性，再加入一定量的过量的硝酸银，以铁铵矾为指示剂，用 NH_4SCN 标准溶液滴定至终点。

又如有机氯农药六六六（分子组成：$C_6H_6Cl_6$，学名六氯环己烷）的测定，测定前将试样与 KOH 乙醇溶液一起加热回流，使有机氯以 Cl^- 形式转入溶液中。

$$C_6H_6Cl_6 + 3OH^- \longrightarrow C_6H_3Cl_3 + 3Cl^- + 3H_2O$$

冷却后，加 HNO_3 调至酸性，用佛尔哈德法测定释出的 Cl^-。

（3）味精中 NaCl 的测定

味精主要成分是谷氨酸钠，另外还含有一定量的 NaCl，味精的等级与谷氨酸钠和氯化钠的含量有关，一般要求氯化钠含量不超过 20%。测定味精中 NaCl 含量时，取一定量味精用水溶解，铬酸钾作指示剂，用硝酸银标准溶液滴定至终点。

6.3.6 沉淀滴定结果计算

沉淀滴定结果的计算较简单，直接以滴定反应的物质的量的关系进行计算，有时沉淀滴定法还与别的分析方法配合，进行双组分或多组分测定，则分析结果由联立方程求得。

【例 6-10】 今有一 KCl 与 KBr 的混合物。现称取 0.3028g 试样，溶于水后用 $AgNO_3$ 标准溶液滴定，用去 $0.1014mol \cdot L^{-1}$ $AgNO_3$ 30.20mL。试计算混合物中 KCl 和 KBr 的质量分数。

解 $M(KCl) = 74.55g \cdot mol^{-1}$　　$M(KBr) = 119.0g \cdot mol^{-1}$

$$\begin{cases} m(KCl) + m(KBr) = 0.3028g \\ \dfrac{m(KCl)}{74.55} + \dfrac{m(KBr)}{119.0} = 0.1014 \times 30.20 \times 10^{-3} mol \end{cases}$$

解得

$$\begin{cases} m(KCl) = 0.1034g \\ m(KBr) = 0.1994g \end{cases}$$

$$w(KCl) = \frac{0.1034}{0.3028} \times 100\% = 34.15\%$$

$$w(KBr) = \frac{0.1994}{0.3028} \times 100\% = 65.85\%$$

【例 6-11】 称取某含砷农药 0.2000g，溶于 HNO_3 后转化为 H_3AsO_4，调至中性，加 $AgNO_3$ 使其沉淀为 Ag_3AsO_4。沉淀经过滤、洗涤后，再溶解于稀 HNO_3 中，以铁铵矾为指示剂，滴定时消耗了 $0.1180mol \cdot L^{-1}$ NH_4SCN 标准溶液 33.85mL。计算该农药中的 As_2O_3 的质量分数。

解 $As_2O_3 \sim 2H_3AsO_4 \sim 2Ag_3AsO_4 \sim 6AgSCN$

$$w(As_2O_3)=\frac{c(NH_4SCN)V(NH_4SCN)M(1/6As_2O_3)}{m_s\times10^3}\times100\%$$
$$=\frac{0.1180\times33.85\times197.8}{0.2000\times10^3\times6}\times100\%=65.84\%$$

*6.4 重量分析法

重量分析法通常是通过物理方法或化学反应将待测组分经过一定的步骤从试样分离出来，称其质量，进而计算出待测组分的含量。用不同的分离方法分类，可以分为沉淀重量分析法、气体重量分析法（挥发法）和电解重量分析法。最常用的重量分析法是沉淀重量分析法，就是将待测组分以难溶化合物从溶液中沉淀出来，经过陈化、过滤、洗涤、干燥或灼烧后，转化为称量形式称量，然后通过化学计量关系计算得出分析结果。重量分析法直接用分析天平称量沉淀的质量，是常量分析中准确度最好、精密度较高的方法之一，使用范围广，但操作繁琐，费时。本节主要介绍沉淀重量分析法。

6.4.1 沉淀重量分析法概述

（1）沉淀重量分析法的一般程序

沉淀重量分析法的一般过程是：称量试样→试样溶解→控制反应条件，加入沉淀剂，使待测组分沉淀为难溶化合物→陈化→过滤→洗涤→烘干或灼烧→称量→计算待测成分含量。

（2）沉淀重量分析法的特点

① 沉淀重量分析法是一种经典的化学分析法，通过直接称量得到分析结果。由于分析过程一般不需要标准试剂或标准物质，也没有容器器皿引入的数据误差，对高含量组分的精准测定，重量分析法比较准确，测定的相对误差小于0.1%，因此很多重量分析法至今仍作为标准分析法。

② 沉淀重量分析法一般操作繁琐，耗时较多，不适合工业生产中的控制分析，也不适合微量或痕量分析。

（3）重量分析法对沉淀形式的要求

① 沉淀溶解度要小，才能保证被测组分沉淀完全，通常要求沉淀溶解损失不超过0.0002g。

② 沉淀必须纯净，尽量避免混进沉淀剂和其他杂质。

③ 沉淀要易于过滤和洗涤。因此，在进行沉淀操作时，要控制沉淀条件，得到颗粒大的晶型沉淀。对无定形沉淀，尽可能获得结构紧密的沉淀。

④ 沉淀干燥或灼烧后，易于得到组成恒定、性质稳定的称量形式。

（4）沉淀重量分析法对称量形式的要求

① 称量形式必须有确定的化学组成，否则无法计算出精确的结果。

② 称量形式要稳定，在称量过程不吸收空气中的水分、二氧化碳和氧气或不与空气中的水分、二氧化碳和氧气发生反应，在干燥或灼烧时不易分解。

③ 称量形式的摩尔质量要尽可能大，沉淀的摩尔质量较大时，少量的待测组分可以得到较多的称量形式，减小称量误差，提高测定的准确度。

6.4.2 影响沉淀的因素

（1）影响沉淀溶解度的因素

重量分析中常常要求被测组分留在溶液中的量小于分析天平的允许称量误差（<0.0001g），通常需要控制条件来实现这个目的。

影响沉淀溶解度的因素很多，比如同离子效应、盐效应、酸效应和配位效应等，这些我们在前面已经讨论过了。此外温度、介质、晶体结构和颗粒大小也对溶解度有影响。

① 温度的影响　一般情况下溶解度随着温度升高而增大。对一些在热溶液中溶解度较大的晶形沉淀而言，为了降低溶解度造成的损失，过滤、洗涤等操作应在室温下进行；无机制备中有时还在低温条件下过滤。对溶解度通常很小的无定形沉淀而言，温度对沉淀的溶解度影响不大，但由于其他因素的影响，通常要趁热过滤并用热溶液洗涤。

② 沉淀粒度的影响　对同一沉淀而言，大晶粒的溶解度小于小晶粒。同一溶液中，构晶离子的浓度如果对大晶粒饱和，对小晶粒则为不饱和，这种情况意味着小晶粒将继续溶解，直至对小晶粒饱和，此时溶液对大晶粒则为过饱和，大晶粒将会继续长大。

③ 溶剂的影响　无机物沉淀大多属于离子晶体，在有机溶剂中的溶解度较小。水溶液中加入能与水混溶的有机溶剂（如乙醇、丙酮等）可以降低沉淀的溶解度。变换溶剂是无机和有机制备中获得产物的一条重要途径。

（2）影响沉淀粒度的因素

根据沉淀的物理性质将沉淀分为三种类型：晶形沉淀、凝乳状沉淀和无定形沉淀。

① 晶形沉淀　颗粒最大，某直径大约在0.1～1μm。在晶形沉淀底部，离子按晶体结构有规则地排列，因而结构紧密，整个沉淀所占体积较小。极易沉降于容器的底部。比如 $BaSO_4$、$MgNH_4PO_4$ 等属于晶形沉淀。

② 无定形沉淀　颗粒最小，其直径大约在0.02μm以下。无定形沉淀的内部离子排列杂乱无章，并且包含有大量水分子，因而结构疏松，整个沉淀所占体积较大，是疏松的絮状沉淀。比如 $Fe(OH)_3$、$Al(OH)_3$ 等就属于无定形沉淀，因此也常写成 $Fe_2O_3 \cdot nH_2O$ 和 $Al_2O_3 \cdot nH_2O$。

③ 凝乳状沉淀　沉淀颗粒大小介于晶形沉淀与无定形沉淀之间，其直径大约在0.02～1μm，因此它的性质也介于二者之间，属于二者之间的过渡形。例如，AgCl 就属于凝乳状沉淀。

沉淀的粒度与沉淀的本性和溶液的过饱和度有关。

在过饱和的溶液中，组成沉淀物质的离子（也称构晶离子），由于静电作用而缔合起来，自发地形成晶核，这种过程称均相成核。溶液的相对过饱和度越大，形成的晶核数目就越多，得到的是小晶型沉淀。一般情况下，溶液中不可避免地混有大量肉眼看不到的固体微粒，在沉淀过程中，这些微粒起着晶核的作用，离子或离子群扩散到这些微粒上，诱导沉淀形成，这个过程称为异相成核。异相成核形成的晶核数目则与溶液中存在的固体微粒数目有关。在过饱和度相对较小的溶液中，形成的晶核数目少，可得到大沉淀晶体。

溶液中有了晶核以后，构晶离子向晶核表面扩散，并沉积在晶核上，使晶核逐渐长大，到一定程度时，成为沉淀微粒。这种沉淀微粒有聚集为更大的聚集体的倾向，同时，构晶离子有按一定的晶格排列而形成大晶粒的倾向。前者是聚集过程，聚集速度主要是与溶液的相对过饱和度有关，相对过饱和度越大，聚集速度也越大。后者是定向过程，定向速度主要与物质的性质有关。如果聚集速度小于定向速度，得到晶型沉淀，反之则得到无定形沉淀。

（3）影响沉淀纯度的因素

① 共沉淀　当沉淀从溶液中析出时，溶液中的某些其他组分在该条件下本来是可溶的，但它们却被沉淀带下来而混杂于沉淀之中，这种现象称为共沉淀现象。产生共沉淀的原因大体有三种。

a. 表面吸附　表面吸附是由沉淀表面的构晶力场不平衡引起的。以 Ag^+ 溶液中加入过量沉淀剂 NaCl 溶液为例，反应生成 AgCl 沉淀，晶体内部的每个 Ag^+ 周围排布着 6 个 Cl^-，每个 Cl^- 周围也排布着 6 个 Ag^+，力场处于平衡状态。晶体表面的每个 Ag^+（或 Cl^-）仅与 5 个相反电荷的构晶离子为邻，从而导致力场不平衡。晶棱和晶角上构晶离子的力场不平衡状态更甚。力场不平衡的构晶离子具有吸附异电荷微粒的能力，强烈吸附溶液中过量的构晶离子 Cl^- 形成吸附层，吸附层的 Cl^- 还可以通过静电引力吸附溶液中的 Na^+ 形成扩散层，扩散层中的部分离子还会因 Cl^- 的强烈吸引力而进入吸附层。

吸附杂质的多少与沉淀的总表面积和溶液的温度有关。对等量沉淀而言，颗粒越小比表面越大，与沉淀的接触面积也越大，吸附的杂质也越多。无定形沉淀的比表面特别大，表面吸附现象也尤其严重。由于吸附是放热过程，因而提高溶液温度有利于减少对杂质的吸附。

b. 吸留（又称包藏）　因沉淀生成速率太快导致表面吸附的杂质离子来不及离开沉淀表面，而被后来沉淀上去的粒子覆盖在沉淀内部的现象称为吸留。有时母液也可能被包夹在沉淀中，引起共沉淀。被包藏在沉淀内部的杂质很难用洗涤方法除去，但可以通过陈化或重结晶的方法以除去。

c. 混晶的生成　每一种晶形沉淀都有一定的晶体结构。如果溶液中存在与构晶离子电荷相同、半径相近的杂质离子，晶格中的构晶离子就可能部分地被杂质离子取代而形成混晶。生成混晶的条件十分严格，但只要具备了条件，避免生成混晶也很困难。例如，Pb^{2+} 和 Ba^{2+} 的电荷和半径就满足生成混晶的条件，只要有 Pb^{2+} 存在，不论浓度多么低，$BaSO_4$ 沉淀过程中就难以避免生成 $BaSO_4$-$PbSO_4$ 混晶。混晶一旦形成，很难用洗涤、陈化、重结晶等方法除去，因此对可能形成混晶的杂质应该在沉淀反应除去。

② 后沉淀　当沉淀结束后，将沉淀与母液放置过程中，溶液中某些原本难以沉淀出来的杂质会逐渐析出在沉淀的表面，这种现象称为后沉淀。例如，含有 Cu^{2+} 和 Zn^{2+} 的溶液中通入 H_2S 后析出 CuS 沉淀，放置一段时间后发现 CuS 的黑色沉淀上沉积了一层白色 ZnS 沉淀。产生后沉淀的原因可能是主沉淀表面吸附过量沉淀剂，导致主沉淀表面杂质离子浓度与沉淀剂离子浓度的乘积大于其溶度积常数而析出沉淀。沉淀放置时间越长，后沉淀越严重，因此为了防止后沉淀现象的发生，沉淀陈化的时间不宜太长。

6.4.3 沉淀条件的选择

（1）沉淀的形状

沉淀按形状不同，大致分为晶形沉淀和无定形沉淀两大类，具体生成哪一类型的沉淀，主要取决于沉淀本身的性质和沉淀的条件。例如，$BaSO_4$、CaC_2O_4 是典型的晶形沉淀，而 $Fe(OH)_3$、$Al(OH)_3$ 是典型的无定形沉淀。但也跟沉淀条件有关，在浓溶液中快速沉淀 $BaSO_4$，也会得到无定形凝胶状沉淀，说明沉淀的形状还跟生成沉淀时的速度有关。

在沉淀形成过程中，溶液中的离子以较大的速度相互结合成小晶核，这种作用速度称聚集速度。与此同时又以静电引力使离子按一定顺序排列于晶格内，这种作用速率称定向速率。当聚集速率大于定向速率时，离子很快聚集起来形成晶核，但却有来不及按一定的顺序排列于晶格内，因此得到的是无定形沉淀。反之当聚集速率小于定向速率时，离子聚集成晶核的速度慢，因此晶核的数量就少，相应的溶液中的离子的数量就多，此时就有足够的离子按一定的顺序排列于晶格内，使晶体长大，这种得到的是晶形沉淀。由此可见，沉淀条件的不同，所获得的沉淀的形状也不同。

（2）晶形沉淀的条件

① 在适当稀的溶液中进行沉淀　这样溶液的相对过饱和度不大，减弱均相成核趋势，有利于减少成核数量。溶液的相对过饱和度不大使构晶离子聚集速率相对较小，若聚集速率小于定向排列速率，就可以得到大颗粒晶型沉淀，易于过滤洗涤。同时，沉淀的晶粒越大，比表面越小，表面吸附作用引起的共沉淀现象也越小，有利于得到纯净沉淀。但对溶解度较大的沉淀，必须考虑溶解损失，即溶液不能太稀。

② 慢慢加入沉淀剂并在充分搅拌下进行沉淀　当沉淀剂加入到试液中时，由于来不及扩散，所以在两种溶液混合的地方，沉淀剂的浓度比溶液中其他地方的浓度高。这种现象称为“局部过浓”现象。局部过浓会使该部分溶液的相对过饱和度变大，导致产生严重的均相成核作用，形成颗粒小、纯度差的沉淀。在不断搅拌下，缓慢地加入沉淀剂，可以减小局部过浓现象。

③ 在热溶液中沉淀　在热溶液中进行沉淀，一方面可以增大沉淀的溶解度，降低溶液的相对过饱和度，以获得大的晶粒；另一方面，又能减少杂质的吸附量，有利于得到纯净的沉淀。此外，升高溶液的温度，可以增加构晶离子的扩散速度，从而加快晶体的成长，有利于获得大的晶粒。但应指出，对于溶解度较大的沉淀，在热溶液中析出沉淀，宜冷却至室温后再过滤，以减小沉淀溶解的损失。

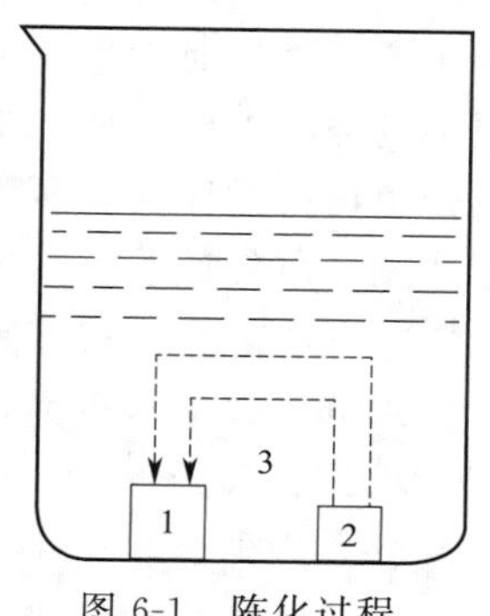

图 6-1　陈化过程

1—大晶粒；2—小晶粒；3—溶液

④ 必须陈化　沉淀完全后，让初生的沉淀与母液一起放置一段时间，这个过程称为“陈化”。因为在同样条件下，小晶粒的溶解度比大晶粒大。在同一溶液中，对大晶粒为饱和溶液时，对小晶粒则为未饱和，因此小晶粒就要溶解，同时溶液中的构晶离子沉积在大晶粒上，陈化一段时间后，小晶粒逐渐消失，大晶粒逐渐长大，如图 6-1 和图 6-2 所示。

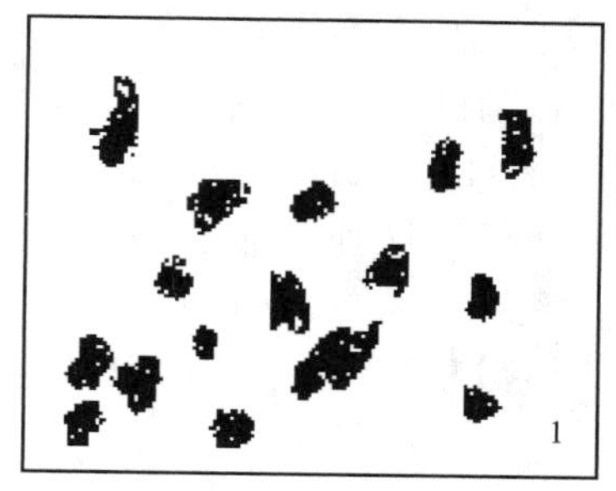

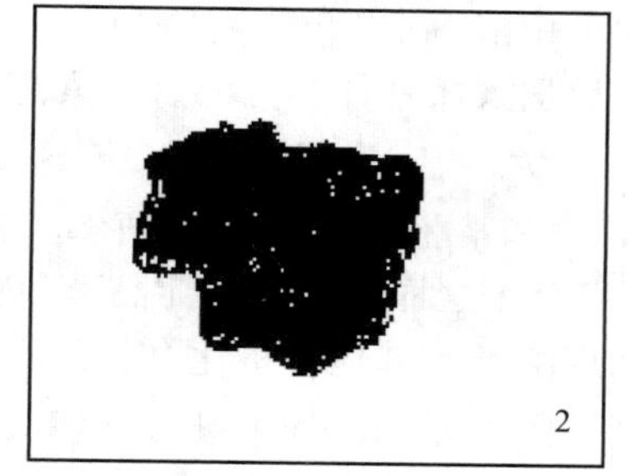

图 6-2　$BaSO_4$ 沉淀的陈化效果

1—未陈化；2—室温下陈化四天

在陈化过程中，还可以使不完整的晶粒转化为较完整的晶粒，亚稳态的沉淀转化为稳定态的沉淀。陈化作用也能使沉淀变得更加纯净。这是因为晶粒变大后，比表面减小，吸附杂质量少；同时，由于小晶粒溶解，原来吸附、吸留或包夹的杂质，也将重新进入溶液中，因而提高了沉淀的纯度。

（3）无定形沉淀的条件

无定形沉淀（如 $Fe_2O_3 \cdot nH_2O$、$Al_2O_3 \cdot nH_2O$ 等）溶解度一般都很小，所以很难通过减小溶液的相对过饱和度来改变沉淀的物理性质。无定形沉淀是由许多沉淀微粒聚集而成的，沉淀的结构疏松，比表面大，吸附杂质多，含水量大，而且容易胶溶，不易过滤和洗涤。对于无定形沉淀，主要是设法破坏胶体、防止胶溶、加速沉淀微粒的凝聚和减少杂质吸附。因此，无定形沉淀的沉淀条件是：

① 在较浓的溶液中沉淀　在较浓的溶液中，离子的水化程度小，得到的沉淀含水量少，体积较小，结构较紧密。同时，沉淀微粒也容易凝聚。但是，在浓溶液中，杂质的浓度也相应提高，增大了杂质被吸附的可能性，故在沉淀反应进行完毕后，需要加热水稀释，充分搅拌，使大部分吸附在沉淀表面上的杂质离开沉淀表面而转移到溶液中去。

② 在热溶液中进行沉淀　在热溶液中，离子的水化程度大为减少，有利于得到含水量少，结构紧密的沉淀。同时，在热溶液中进行沉淀，可以促进沉淀微粒的凝聚，防止形成胶体溶液，而且还减少沉淀表面对杂质的吸附，有利于提高沉淀纯度。

③ 加入大量电解质或某些能引起沉淀微粒凝聚的胶体　电解质可防止胶体溶液的形成，这是因为电解质能中和胶体微粒的电荷，降低其水化程度，有利于胶体微粒的凝聚。为了防止洗涤时发生胶溶现象，洗涤液中也应加入适量的电解质，通常采用易挥发的铵盐或稀的强酸溶液。如制备 SiO_2 时，通常是在强酸性介质中析出硅胶沉淀，由于硅胶能形成带负电荷的胶体，所以沉淀不完全。如果向溶液中加入带正电荷的动物胶，由于相互凝聚作用，可使硅胶沉淀较完全。

④不必陈化　沉淀完毕后，趁热过滤，不要陈化。否则无定形沉淀因放置后，将逐渐失去水分而聚集得更为紧密，使已吸附的杂质难以洗去。此外，沉淀时不断搅拌对无定形沉淀也是有利的。

（4）均匀沉淀法

为了改进沉淀结构，也常采用均匀沉淀法。均匀沉淀法是化学反应时溶液中缓慢地逐渐产生所需的沉淀剂，待沉淀剂达到一定浓度时即开始产生沉淀。这样溶液中过饱和度很小，但又较长时间维持溶液过饱和，而且沉淀剂的产生是均匀地分步于溶液的各处，无局部过浓现象，因此可以得到颗粒大、结构紧密、纯净而易于过滤洗涤的沉淀。

例如，为了使溶液中 Ca^{2+} 与 $C_2O_4^{2-}$ 能生成较大的晶形沉淀，Ca^{2+} 的酸性溶液中加入草酸铵，然后加入尿素加热煮沸，尿素逐渐水解，有如下反应。

$$(NH_2)_2CO + H_2O \xlongequal{} 2NH_3 + CO_2$$

生成的 NH_3，中和溶液中的 H^+，使 $C_2O_4^{2-}$ 浓度缓慢增加，最后 pH 达到 4.0～4.5，CaC_2O_4 沉淀完全，这样得到的沉淀晶形颗粒大、纯净。

此外，利用酯类和其他有机化合物的水解、配合物的分解、氧化还原反应或能缓慢地产生所需的沉淀剂等方式，均可进行均匀沉淀。

6.4.4 沉淀的过滤与洗涤

（1）沉淀的过滤

沉淀的过滤方法主要有常压过滤和减压过滤。常压过滤通常采用长颈漏斗和无灰滤纸。对于非晶形沉淀，如 $Fe(OH)_3$、$Al(OH)_3$ 等，选用快速滤纸。对于较粗颗粒的晶形沉淀，如 $MgNH_4PO_4 \cdot 6H_2O$ 等，选用中速滤纸。对于较细颗粒的晶形沉淀，如 $BaSO_4$ 等，选用慢速滤纸。减压过滤法采用玻璃砂漏斗，它的砂芯滤板是用玻璃粉末在高温下烧结而成的，按微孔的大小分为 G1～G6 6 个等级，对于较粗颗粒的晶形沉淀，选用 G3，对于较细颗粒的晶形沉淀，选用 G4 或 G5。

（2）沉淀的洗涤

为了除去沉淀表面吸附的杂质和残留的母液，需对在滤纸上的沉淀进行洗涤。用洗瓶吹出的洗涤液，从滤纸边沿稍下部位置开始，按螺旋形向下移动，将沉淀集中到滤纸锥体的下部。为了提高洗涤效率，应本着少量多次的原则，即每次使用少量的洗涤液，多洗几次。洗涤时切忌将洗涤液直接冲在沉淀上，这样容易造成沉淀溅失。洗涤液的选择一般遵循如下原则：

① 溶解度小且不易形成胶体的沉淀，可用蒸馏水洗涤；

② 溶解度较大的晶形沉淀，先用沉淀剂的稀溶液洗涤后［如用 $(NH_4)_2C_2O_4$ 洗涤 CaC_2O_4］，再用蒸馏水洗；

③ 溶解度小且有可能形成胶体的沉淀，可用易挥发的电解质溶液洗涤，如 NH_4NO_3 稀溶液洗涤 $Al(OH)_3$。

6.4.5 沉淀的烘干或灼烧

沉淀烘干是为了除去沉淀中的水分和可挥发性的物质，使沉淀形式转化为固定的称量形式。灼烧除了除去沉淀中的水分、挥发性物质外，有时可能是为了沉淀在较高的温度分解为组成固定的称量形式。烘干与灼烧的温度与时间随沉淀不同而不同。如丁二酮肟镍在 110～120℃烘 40～60min，磷钼酸喹啉在 130℃烘 45min，$BaSO_4$ 沉淀则在 800～850℃烘干后灼烧至恒重。若灼烧 $BaSO_4$ 的温度过高，超过 950℃则 $BaSO_4$ 分解。即

$$BaSO_4 \xlongequal{950℃} BaO + SO_2\uparrow$$

6.4.6 重量分析结果的计算

沉淀重量法分析结果是根据试样和称量形式的计算而得，分析结果常以质量分数表示被测组分的含量，并且表示为百分数的形式。一般计算公式为

$$w(\text{被测组分含量})=\frac{m(\text{称量形式})}{m(\text{试样})}\times 100\%$$

【例 6-12】 测定黄铁矿中硫的含量（用 $BaSO_4$ 重量分析法）。称取试样 0.1819g，最后得 $BaSO_4$ 沉淀 0.4821g，计算试样中硫的质量分数。

解 $BaSO_4 \longrightarrow S$

233.39　　32.07

0.4821　　x

$$x=0.4821\times\frac{32.07}{233.39}=0.06624\ (\text{g})$$

已知 $BaSO_4$ 沉淀中硫的质量，所以试样中硫的质量分数为

$$w(S)=\frac{0.06624}{0.1819}\times 100\%=36.42\%$$

上例说明被测物硫的质量是由沉淀称量形式的质量乘以被测组分的原子量与称量形式的分子量之比。

$$\frac{\text{S 原子量}}{\text{BaSO}_4\text{ 分子量}}=\frac{32.07}{233.39}=0.1374$$

这个比值称为换算因数或化学因数。上式的比值是 $BaSO_4$ 对 S 的换算因数。

因此根据 $BaSO_4$ 沉淀的质量及 $BaSO_4$ 对 S 的换算因数，就可以计算出试样中硫的质量分数（%）。

$$w(\text{S})=\frac{\text{BaSO}_4\text{ 质量}\times\dfrac{\text{S 原子量}}{\text{BaSO}_4\text{ 分子量}}}{\text{试样质量}}\times100\%$$

知识拓展

痕量组分的富集——混晶共沉淀

混晶共沉淀是富集痕量组分的有效方法之一，它是利用溶液中主沉淀物（称为载体）析出时将共存的某些痕量组分载带下来而达到富集的目的。一般来说，被富集的离子应与主沉淀载体中构晶离子的半径相近，同时具有相同的电荷，所形成的晶体结构相同，这样在形成主沉淀物时晶形沉淀中的构晶离子就被富集离子所取代形成混晶。混晶共沉淀的优点是选择性高，分离效果好。例如，海水中亿万分之一的 Cd^{2+} 就可以利用 $SrCO_3$ 作载体生成 $SrCO_3$ 和 $CdCO_3$ 的混晶沉淀而富集；水中痕量 Pb^{2+} 可采用 $SrSO_4$ 或者 $BaSO_4$ 作载体生成混晶沉淀而富集，但利用 $SrSO_4$ 作载体比用 $BaSO_4$ 作载体要好一些，这是因为 Sr^{2+} 的半径与 Pb^{2+} 的半径更为接近；痕量 Ra^{2+} 的富集就是利用 $RaSO_4$ 与 $BaSO_4$ 形成混晶同时析出，在痕量 Ra^{2+} 存在下将硫酸钡沉淀时，几乎可载带下来所有的 Ra^{2+}。

摘自：刘灿明，李辉勇．无机及分析化学．第 2 版．北京：科学出版社，2012.

思考题与习题

1. 写出下列难溶电解质的溶度积常数表达式。

$CaCO_3$，Ag_2SO_4，$Ni(OH)_2$，$Mg_3(PO_4)_2$。

2. 已知室温时下列各盐的溶解度，试求其溶度积。

(1) CuI　1.05×10^{-6} mol·L^{-1}；　　(2) BaF_2　　6.30×10^{-3} mol·L^{-1}。

3. 已知室温时下列各盐的溶度积，试求其溶解度（mol·L^{-1}）。

(1) $BaCrO_4$　　$K_{sp}^{\ominus}=1.2\times10^{-10}$；(2) $Mg(OH)_2$　$K_{sp}^{\ominus}=5.61\times10^{-12}$。

4. 计算 $Mg(OH)_2$ 分别在下列情况的溶解度（mol·L^{-1}）。

(1) 在 0.010mol·L^{-1} $MgCl_2$ 的溶液中；(2) 在 0.010mol·L^{-1} NaOH 的溶液中。

5. 将 10.0mL 的 0.25mol·L^{-1} $Ca(NO_3)_2$ 与 25.0mL 的 0.30mol·L^{-1} NaF 溶液混合后，求反应完全后溶液中 Ca^{2+} 和 F^- 的浓度。

6. 现有一瓶含有 Fe^{3+} 杂质的 0.10mol·L^{-1} $MgCl_2$ 溶液，欲将 Fe^{3+} 以 $Fe(OH)_3$ 的形式除去，溶液的 pH 应控制在什么范围？

7. 在 100mL 0.20mol·L^{-1} $MnCl_2$ 溶液中，加入等体积的含有 NH_4Cl 0.010mol·L^{-1} 的 $NH_3\cdot H_2O$，问在此氨水溶液中需要加入多少克的 NH_4Cl，才不致生成 $Mn(OH)_2$ 沉淀？

8. 某溶液含有 0.010mol·L^{-1} Ba^{2+} 和 0.010mol·L^{-1} Sr^{2+}，若向其中逐滴加入浓

Na_2SO_4 时（忽略体积变化）哪种离子先沉淀出来？当第二种离子开始沉淀时，第一种离子浓度为多少？

9. 在下列溶液中通入 H_2S 气体至饱和（其 H_2S 溶液浓度为 $0.10mol \cdot L^{-1}$）分别计算下列溶液中残留的 c（Cu^{2+}）。

（1）$0.1mol \cdot L^{-1} CuSO_4$；　　（2）$0.1mol \cdot L^{-1} CuSO_4$ 与 $1.0mol \cdot L^{-1}$ HCl 的混合液。

10. 在含 0.1000g Ba^{2+} 的 100mL 溶液中，加入 50mL $0.010mol \cdot L^{-1}$ H_2SO_4 溶液，溶液中还剩余多少克的 Ba^{2+}？如果沉淀用 100mL 纯水或 100mL $0.010mol \cdot L^{-1}$ H_2SO_4 溶液洗涤，假设洗涤时达到溶解平衡，各损失 $BaSO_4$ 多少克？

11. 为了使 0.2032g $(NH_4)_2SO_4$ 中的 SO_4^{2-} 沉淀完全，需要每升含 63g$BaCl_2 \cdot 2H_2O$ 的溶液多少毫升？

12. 计算下列换算因数：(1) 从 $Mg_2P_2O_7$ 的质量计算 MgO 的质量；(2) 从 $Mg_2P_2O_7$ 的质量计算 P_2O_5 的质量；(3) 从 $(NH_4)_3PO_4 \cdot 12MoO_3$ 的质量计算 P 和 P_2O_5 的质量。

13. 今有纯的 CaO 和 BaO 的混合物 2.212g，转化为混合硫酸盐后重 5.023g。计算原混合物中 CaO 和 BaO 的质量分数。

14. 将 $0.1068mol \cdot L^{-1}$ $AgNO_3$ 溶液 30.00mL 加入含有氯化物试样 0.2173g 的溶液中，然后用 1.24mL $0.1158mol \cdot L^{-1}$ NH_4SCN 溶液滴定过量的 $AgNO_3$。计算试样中氯的质量分数。

15. 称取含有 NaCl 和 NaBr 的试样 0.5776g，用重量分析法测定，得到二者的银盐沉淀为 0.4403g；另取同样质量的试样，用沉淀滴定法测定，消耗 $0.1074mol \cdot L^{-1}$ $AgNO_3$ 溶液 25.25mL。求 NaCl 和 NaBr 的质量分数。

16. 某化学家欲测量一个大木桶的容积，但手边没有能用于测量大体积液体的适当量具，该化学家把 380g NaCl 放入桶中，用水充满水桶，混匀溶液后，取 100mL 所得溶液，以 $0.0747mol \cdot L^{-1}$ $AgNO_3$ 溶液滴定，达终点时用去 32.24mL。该水桶的容积是多少？

第7章 配位平衡与配位滴定法

本章学习要求

掌握配合物的定义、组成、命名和分类；了解价键理论，能判断配合物的杂化类型和空间构型、磁性和稳定性；掌握配位平衡和配位平衡常数的意义及其有关计算，理解配位平衡的移动及与其他平衡的关系；了解螯合物及其特点；了解 EDTA 与金属离子配合物的特点及其稳定性；理解配位滴定的基本原理，配位滴定所允许的最低 pH 和酸效应曲线；了解金属指示剂作用原理及应用；掌握配位滴定的应用。

配位化合物简称配合物，是组成复杂、应用广泛的一类化合物。最早报道的配合物是 1704 年由德国涂料工人迪士巴赫在研制美术涂料时合成的，叫普鲁士蓝 $KFe[Fe(CN)_6]$。19 世纪上半叶，又陆续发现一些重要的配合物，由于当时还不能确定结构，这些物质通常以发现者的名字命名。直到 19 世纪 90 年代，瑞典化学家 Werner 提出了配位理论，才对配合物的结构和某些性质给予了满意的解释，从而奠定了配位化合物的基础。

20 世纪 60 年代以来，配合物的研究发展很快，已形成独立的学科。配位反应已渗透到生物化学、有机化学、分析化学、催化动力学、生命科学等领域中去。在生产实践、分析科学、功能材料和药物制造等方面有重要的实用价值和理论基础。本章从配合物的基本概念出发，介绍其组成、结构、在溶液中的平衡和在滴定分析中的应用。

7.1 配位化合物的组成与命名

7.1.1 配位键

由一个原子单方面提供一对电子与另一个有空轨道的原子（或离子）共用而形成的共价键，称为配位共价键，简称配位键。在配位键中，提供电子对的原子称为电子对的给体；接受电子对的原子称为电子对的受体。配位键通常用“→”表示，箭头指向电子对的受体。

例如，铵离子（NH_4^+）可看作是氨分子（NH_3）与 H^+ 结合形成的。在氨分子中，氮原子的 2p 轨道上有一对没有与其他原子共用的电子，这对电子称为孤对电子，氢离子上具有 1s 空轨道。在氨分子与氢离子作用时，氨分子上的孤对电子进入氢离子的空轨道，与氢共用，这样就形成了配位键。

结构式为 $\left[\begin{array}{c} \mathrm{H} \\ | \\ \mathrm{H—N \rightarrow H} \\ | \\ \mathrm{H} \end{array}\right]^{+}$

在NH_4^+中，虽然1个N ⟶H键和其他3个N—H键的形成过程不同，但一旦形成，这4个氮氢键的性质完全相同。

配位键是一种特殊的共价键，广泛存在于无机化合物中。凡一方有空轨道，另一方有未共用的电子对时，两者就可能形成配位键。

7.1.2　配位化合物的定义

在蓝色的$CuSO_4$溶液中加入过量的氨水，溶液就变成了深蓝色。实验证明，这种深蓝色的化合物是$CuSO_4$和NH_3形成的复杂的分子间化合物$[Cu(NH_3)_4]SO_4$。它在溶液中全部解离成复杂的$[Cu(NH_3)_4]^{2+}$和SO_4^{2-}。

$$[Cu(NH_3)_4]SO_4 = [Cu(NH_3)_4]^{2+} + SO_4^{2-}$$

溶液中$[Cu(NH_3)_4]^{2+}$是大量的，它像弱电解质一样是难解离的。若向此溶液中滴加NaOH溶液，没有蓝色的$Cu(OH)_2$沉淀析出；若滴加Na_2S溶液，有黑色的CuS沉淀析出，这说明溶液中有Cu^{2+}，但浓度很低。NH_3分子中的N原子有未成键的孤对电子，Cu^{2+}的外层具有能接受孤对电子的空轨道，它们以配位键结合形成配位单元$[Cu(NH_3)_4]^{2+}$。同样，$[PtCl_2(NH_3)_2]$是由Pt^{2+}和2个NH_3分子、2个Cl^-以配位键结合成的配位单元。这些由一个简单离子（或原子）与一定数目的阴离子或中性分子以配位键结合而成的具有一定特性的复杂离子或化合物称为配位单元。带电荷的配位单元称为配位离子。根据配位离子所带电荷的不同，可分为配阳离子和配阴离子，如$[Cu(NH_3)_4]^{2+}$、$[Fe(CN)_6]^{4-}$。不带电荷的称为配位分子。含有上述类型配位单元的复杂化合物被称为配位化合物，通常以酸、碱、盐形式存在，也可以电中性的配位分子形式存在，如$[Cu(NH_3)_4]SO_4$、$K_4[Fe(CN)_6]$、$[Fe(CO)_5]$等。配合物和配离子的定义虽有所不同，但在使用上没有严格的区分，习惯上把配离子也称为配合物。

7.1.3　配合物的组成

配合物是由内界和外界组成的。中心原子和配体构成配合物的内界，又称内配位层，是配合物的特征部分，写在方括号内。与配离子带相反电荷的离子组成配合物的外界。配位分子没有外界。配离子和外界离子所带电荷相反，电量相等，故配合物是电中性的。例如，硫酸四氨合铜（Ⅱ）配合物$[Cu(NH_3)_4]SO_4$的组成如图7-1所示。

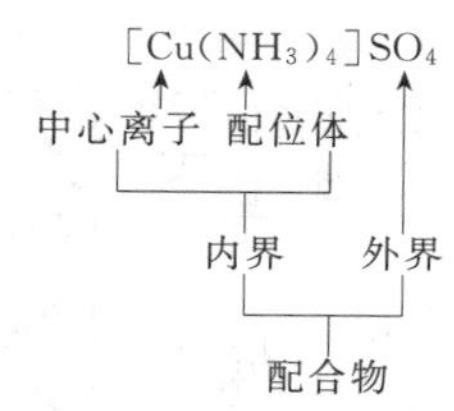

图7-1　硫酸四氨合铜（Ⅱ）配合物的组成

下面介绍配合物的内界组成及其有关的基本概念。

（1）中心原子（或离子）

中心离子或中心原子也称为配合物的形成体，位于配离子（分子）的中心。配合物的形成体一般是带正电荷的过渡金属离子，如Cu^{2+}、Ag^+、Fe^{2+}、Co^{3+}等。另外，电中性的原子或带负电荷的阴离子也可以作为形成体，如$[Ni(CO)_4]$中的Ni是电中性原子，$HCo(CO)_4$和$H_2Fe(CO)_4$中的Co和Fe的氧化数分别为−1和−2。特殊情况下，非金属元素也是较常见的形成体，如$[BF_4]^-$、$[SiF_6]^{2-}$和$[PF_6]^-$中的B^{3+}、Si^{4+}、P^{5+}等。

（2）配位体

与中心离子（或原子）结合的离子或分子称为配位体，简称配体。配体可以是中性分子，如 NH_3、H_2O 等，也可以是阴离子，如 Cl^-、CN^- 等。配体中直接与形成体相结合的原子称为配位原子，如 F^-、OH^-、NH_3、H_2O 等配体中的 F、N、O 原子是配位原子。配位原子主要是非金属 N、O、S、C 和卤素原子。

按配位体中配位原子的多少，配位体可分为单齿配位体和多齿配位体。

单齿配位体：一个配位体里面含有一个配原子，比如：NH_3、H_2O、CN^-、SCN^-、Cl^- 等。

多齿配位体：一个配位体含有两个或两个以上配原子的配体，如

乙二胺，简称 en：$H_2\ddot{N}—CH_2—CH_2—\ddot{N}H_2$

乙二胺四乙酸根离子，简称 EDTA

$$\begin{matrix} ^{-}\ddot{O}OCH_2C & & & & CH_2CO\ddot{O}^{-} \\ & \diagdown & & \diagup & \\ & & \ddot{N}—CH_2CH_2—\ddot{N} & & \\ & \diagup & & \diagdown & \\ ^{-}\ddot{O}OCH_2C & & & & CH_2CO\ddot{O}^{-} \end{matrix}$$

一些常见的配位体列于表 7-1 中。同理，配合物中只含有一个中心原子（离子）的称为单核配合物，含有两个或两个以上中心原子（离子）的称为多核配合物。

表 7-1　常见的配体和配位原子

配体种类	实例	配位原子
含氮配体	NH_3,RNH_2,NO_2^-,NCS^-,C_5H_5N(吡啶)	N
含氧配体	H_2O, ROH,RCOOH,OH^-,ONO^-	O
含碳配体	CO,CN^-	C
含卤素配体	F^-,Cl^-,Br^-,I^-	F,Cl,Br,I
含硫配体	H_2S,RSH,SCN^-	S
双齿配体	$H_2NCH_2CH_2NH_2$(en) 邻二氮菲(phen) $C_2O_4^{2-}$(ox) NH_2CH_2COOH	N N O N、O
三齿配体	二亚乙基三胺(dien)	N
五齿配体	乙二胺三乙酸根离子	N、O
六齿配体	乙二胺四乙酸(EDTA) 18-冠-6(18C6)	N、O O
八齿配体	N～O～(O)～N 穴醚[2.2.2]	N、O

（3）配位数

在配合物中，与中心原子（离子）结合成键的配位原子的数目称为配位数。一般形成体都具有特征的配位数，常见的配位数为 2、4、6，详见表 7-2。

表 7-2　常见金属离子（M^{n+}）的配位数（n）

M^+	n	M^{2+}	n	M^{3+}	n	M^{4+}	n
		Cu^{2+}	4；6	Fe^{3+}	6		
		Zn^{2+}	4；6	Cr^{3+}	6		
Cu^+	2;4	Cd^{2+}	4；6	Co^{3+}	6		
Ag^+	2	Pt^{2+}	4	Sc^{3+}	6	Pt^{4+}	6
Au^+	2;4	Hg^{2+}	4	Au^{3+}	4		
		Ni^{2+}	4；6	Al^{3+}	4；6		
		Co^{2+}	4；6				

在单齿配体形成的配合物中，有

中心离子的配位数＝单齿配体个数＝配位原子的个数

如$[Co(NH_3)_6]Cl_3$中Co^{3+}的配位数即为NH_3分子的个数，故配位数为6；又如$K_4[Fe(CN)_6]$中有6个C原子与Fe^{2+}成键，故Fe^{2+}的配位数是6。

在多齿配体形成的配合物中，有

中心离子的配位数＝配体个数×每个配体中配位原子的个数

如$[Cu(en)_2](OH)_2$中配体的个数是2，每个en中有两个配位原子，因此Cu^{2+}的配位数为4而不是2。

若配位体有两种（或两种以上），则配位数是配位原子数之和，如$[Pt(NO_2)_2(NH_3)_4]Cl_2$中形成体Pt^{4+}的配位数为6。

配位数并不是固定不变的，中心离子（原子）配位数最常见的是2、4、6。中心离子（原子）配位数的大小，主要取决于中心离子（原子）的性质［如中心离子（原子）价电子层空轨道数等］和配位体的性质（如体积、电荷以及它们之间的相互作用等）。此外，还和配合物形成时的条件，特别是浓度和温度有关。

中心离子电荷越多，半径越大，则配位数越大。因为中心离子电荷越多，吸引配体的能力越强，配位数就越大。如$[PtCl_4]^{2-}$中Pt^{2+}的配位数为4，而$[PtCl_6]^{2-}$中Pt^{4+}的配位数为6。另外，中心离子半径越大，它周围容纳配位体的空间就越多，配位数也就越大。如$[AlF_6]^{3-}$中的Al^{3+}的半径为50pm，配位数为6，而带相同电荷的$[BF_4]^-$中的B^{3+}的半径为20pm，配位数为4。

配体电荷越少，半径越小，则中心离子的配位数越大。当配体电荷减少时，配体之间的排斥力也减小，它们共存于中心离子周围的可能性增加，从而使配体数增加。如中性水分子可与Zn^{2+}形成$[Zn(H_2O)_6]^{2+}$，而OH^-只能形成$[Zn(OH)_4]^{2-}$。配体的半径越小，在半径相同或相近的中心离子周围就能容纳更多的配体，从而使配位数增加，如半径较小的F^-，可与Al^{3+}形成$[AlF_6]^{3-}$，而半径较大的Cl^-、Br^-只能形成$[AlCl_4]^-$、$[AlBr_4]^-$。另一方面，配体负电荷增加，虽能增强和中心原子的引力，但同时配体之间的斥力也随之增加，总的结果是配位数减小。例如，$[SiF_6]^{2-}$和$[SiO_4]^{2-}$，$[PF_6]^-$和$[PO_4]^{3-}$等。

（4）配位单元（或配离子）的电荷

配离子的电荷数等于中心离子和配位体总电荷的代数和。例如在$[Cu(NH_3)_4]^{2+}$中，由于配位体NH_3是中性分子，所以配离子的电荷数就等于中心离子的电荷数，为＋2。而

在 $[HgI_4]^{2-}$ 中，I 是 −1 价的，所以配离子的电荷数为 $+2+4\times(-1)=-2$。由于配合物作为整体是中性的，因此，外界离子的电荷总数和配离子的电荷总数相等，而符号相反，所以由外界离子的电荷也可以推断出配离子的电荷数。

7.1.4 配合物的化学式和命名

（1）配合物的化学式

书写配合物的化学式应该遵循以下两个原则。

① 含有配离子的配合物，其化学式中阳离子在前，阴离子在后。

② 配离子或分子的化学式中，应先列出形成体的元素符号，再依次列出阴离子和中性配体；无机配体在前，有机配体在后，然后将配离子或分子的化学式置于方括号[ ]中。

（2）配合物的命名

配合物的命名与一般无机化合物的命名原则相同。命名时阴离子在前，阳离子在后。若为配阳离子化合物，则在外界阴离子和配离子之间用“化”或“酸”字连接，称为某化某或某酸某。若为配阴离子化合物，则在配离子和外界阳离子之间用“酸”字连接，称为某酸某。若外界阳离子为氢离子，则在配阴离子之后缀以“酸”字，称为某酸。

配合物的命名关键在于配离子的命名，配离子的命名按下列原则进行。

配合物命名的难点在于配合物的内界。

① 配合物内界命名顺序　配位数（用倍数词头一、二、三等汉字表示）——配体名称——缀字“合”——中心离子名称（用加括号的罗马数字Ⅰ、Ⅱ、Ⅲ、Ⅳ…表示中心离子的化合价，没有外界的配合物，中心离子的化合价可不必标明）。例如：

$[Ag(NH_3)_2]^+$　　二氨合银（Ⅰ）配离子

$[Co(NH_3)_6]^{3+}$　　六氨合钴（Ⅲ）配离子

$[PtCl_6]^{2-}$　　六氨合铂（Ⅳ）配离子

$[Ni(CO)_4]$　　四羰基合铂

$[PtCl_4(NH_3)_2]$　　四氯·二氨合铂

② 配位体排列顺序　如果在同一配合物中的配体不止一种时，一般先阴离子后中性分子；阴离子中，先简单例子后复杂离子、有机酸根离子；中性分子中，先氨后水再有机分子。不同配体之间用圆点“·”分开。例如：

$[PtCl_3NH_3]^-$　　三氯·一氨合铂（Ⅱ）配离子

$[CoCl(SCN)(en)_2]^+$　　一氯·一硫氰酸根·二（乙二胺）合钴（Ⅲ）配离子

$[Co(NH_3)_5H_2O]^{3+}$　　五氨·一水合钴（Ⅲ）配离子

此外，某些常见的配合物，除按系统命名外，还有习惯名称或俗名。例如，$[Cu(NH_3)_4]^{2+}$称铜氨配离子，$[Ag(NH_3)_2]^+$称银氨配离子，$K_3[Fe(CN)_6]$称铁氰化钾，$K_4[Fe(CN)_6]$称亚铁氰化钾，$H_2[SiF_6]$称氟硅酸，$K_3[Fe(CN)_6]$称赤血盐，$K_4[Fe(CN)_6]$称黄血盐。表 7-3 列举了一些配合物命名的实例。

表 7-3　一些配合物的化学式和系统命名实例

类别	化学式	系统命名
配位酸	$H_2[PtCl_6]$ $H_2[SiF_6]$	六氯合铂(Ⅳ)酸 六氟合硅(Ⅳ)酸

续表

类别	化学式	系统命名
配位碱	[$Ag(NH_3)_2$]OH [$Cu(NH_3)_4$]$(OH)_2$ [$Cu(en)_2$]$(OH)_2$	氢氧化二氨合银(Ⅰ) 氢氧化四氨合铜(Ⅱ) 氢氧化二乙二胺合铜(Ⅱ)
配位盐	[$Cu(NH_3)_4$]SO_4 K_3[$Fe(CN)_6$] [$Pt(NO_2)_2(NH_3)_4$]Cl_2 [$Co(NH_3)_5H_2O$]Cl_3 [$NiCl_2(NH_3)_4$]Cl [$PtCl(NO_2)(NH_3)_4$]CO_3 [$Cu(NH_3)_4$][$PtCl_4$] Na_3[$Co(NCS)_3(SCN)_3$]	硫酸四氨合铜(Ⅱ) 六氰合铁(Ⅲ)酸钾 二氯化二硝基·四氨合铂(Ⅳ) 三氯化五氨·一水合钴(Ⅲ) 氯化二氯·四氨合镍(Ⅱ) 碳酸一氯·一硝基·四氨合铂(Ⅳ) 四氯合铂(Ⅱ)酸四氨合铜(Ⅱ) 三异硫氰根·三硫氰根合钴(Ⅲ)酸钠
中性分子	[$Fe(CO)_5$] [$Ni(CO)_4$] [$CoCl(OH)_2(NH_3)_3$]	五羰基合铁 四羰基合镍 一氯·二羟基·三氨合钴(Ⅲ)

7.2 配合物的价键理论

配合物中的化学键主要是指配合物内中心离子（或原子）M 与配体 L 之间的化学键，中心离子（或原子）和配体之间通过什么样的作用力结合在一起？这种结合力的本质是什么？为什么配离子具有一定的空间构型而稳定性又各不相同？19 世纪末，维尔纳（Werner A）曾试图回答这些问题，但没有成功。直到 20 世纪，在近代原子和分子结构理论建立以后，用现代的价键理论以及晶体场理论、配位场理论和分子轨道理论，才较好地阐明了配合物中化学键的本质。本节主要讨论价键理论。

7.2.1 价键理论的基本要点

1931 年，美国化学家鲍林在前人工作的基础上，将杂化轨道理论应用于研究配合物，较好地说明了配合物的空间构型和某些性质，逐渐形成了现代价键理论，其基本要点如下。

① 在配合物中，中心原子与配体通过配位键相结合。

② 形成配合物的中心离子或原子，其价层必须有空轨道。在中心离子与配体的配位原子成键过程中，中心原子所提供的空轨道首先进行杂化，形成数目相等、能量相同、具有一定空间伸展方向的杂化轨道。

③ 作为配体的离子或分子，必须含有配位原子，这些配位原子具有孤对电子。

④ 中心原子的杂化轨道与配位原子孤对电子所在的轨道在键轴方向重叠成键。中心离子与配体的成键过程，是中心离子提供一组以一定方式进行杂化了的等价空轨道。配体中的配位原子提供了孤对电子，并进入这组杂化轨道之中，由此形成的中心离子与配位原子之间的配位共价键。

⑤ 中心原子的空轨道杂化类型不同，成键后所生成的配合物的空间构型也就各不相同。

7.2.2 配合物的空间构型

根据价键理论，中心离子轨道的杂化类型因配位数而异。下面将通过一些示例来说明价键理论在配合物中的实际应用。

(1) 配位数为 2 的中心离（原）子的杂化类型。

可用价键理论解释[$Ag(NH_3)_2$]$^+$配离子的形成和空间构型。

由 Ag^+ 的核外电子排布可知，Ag^+ 的价层电子构型为 $4d^{10}$，其能级相近的价层 5s 和 5p 轨道是空的。

Ag^+ 　$4d^{10}$　5s　5p

在 Ag^+ 和 NH_3 形成$[Ag(NH_3)_2]^+$配离子的过程中，Ag^+ 中 5s 和 1 个 5p 空轨道经杂化，形成 2 个等价的 sp 杂化轨道，用来接受 NH_3 分子中配原子 N 提供的 2 对孤对电子而成 2 个配位键。所以$[Ag(NH_3)_2]^+$配离子的价电子分布如下（虚线内的杂化轨道中的共用电子对由配位原子提供）。

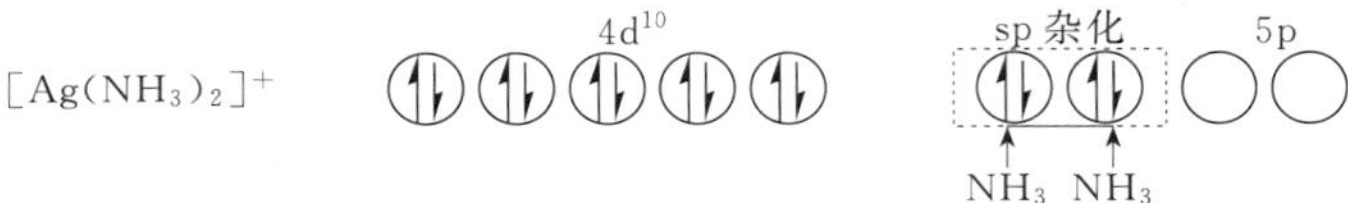

由于形成体 Ag^+ 的 sp 杂化轨道为直线形取向，故 $[Ag(NH_3)_2]^+$ 配离子空间构型呈直线形。

（2）配位数为 4 的中心离子的杂化类型

可用价键理论解释 $[Ni(NH_3)_4]^{2+}$ 和 $[Ni(CN)_4]^{2-}$ 配离子的形成和空间构型。

由 Ni^{2+} 的核外电子排布可知，Ni^{2+} 的价层电子构型为 $3d^8$。

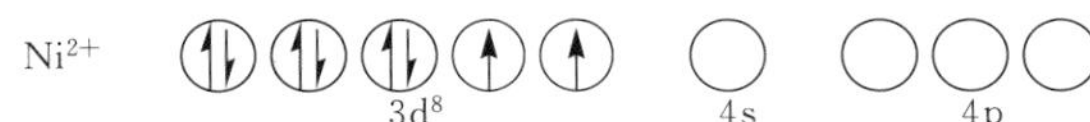

与 3d 能级相近的 4s 和 4p 轨道是空的。在 Ni^{2+} 和 NH_3 形成 $[Ni(NH_3)_4]^{2+}$ 配离子的过程中，Ni^{2+} 的 1 个 4s 和 3 个 4p 空轨道进行杂化，形成了 4 个等价的 sp^3 杂化轨道，用来接受 4 个配体 NH_3 分子中配原子 N 提供的 4 对孤对电子，从而形成 4 个配位键。

$[Ni(NH_3)_4]^{2+}$　SP^3 杂化

因为 sp^3 杂化轨道呈空间正四面体构型，所以 $[Ni(NH_3)_4]^{2+}$ 配离子的空间构型也呈正四面体，Ni^{2+} 位于正四面体的体心，而 4 个配体 NH_3 分子中的 N 原子占据了正四面体的 4 个顶角。

在 Ni^{2+} 和 4 个 CN^- 形成 $[Ni(CN)_4]^{2-}$ 配离子的过程中，在 CN^- 的作用下，Ni^{2+} 中 3d 电子的排列发生了改变，原有的 2 个成单的电子压缩成对，8 个电子挤入 4 个 3d 轨道中，空出的 1 个 3d 轨道，与 1 个 4s 轨道和 2 个 4p 轨道杂化，组成 4 个等价的 dsp^2 杂化轨道，接受分别来自 4 个配体 CN^- 中 C 原子的孤对电子形成 4 个配位键。

dsp^2 杂化轨道的空间取向为平面正方形，故 $[Ni(CN)_4]^{2-}$ 配离子的空间构型也呈平面正方形，Ni^{2+} 位于平面正方形的中心，4 个 CN^- 配体中的 C 原子占据了平面正方形的 4 个顶角。

由此可见，配位数为 4 的配离子，中心离子可形成 sp^3 和 dsp^2 两种杂化类型。

（3）配位数为 6 的中心离子的杂化类型

可用价键理论解释 $[FeF_6]^{3-}$ 和 $[Fe(CN)_6]^{3-}$ 配离子的形成和空间构型。

Fe^{3+} 的价层电子构型为 $3d^5$。

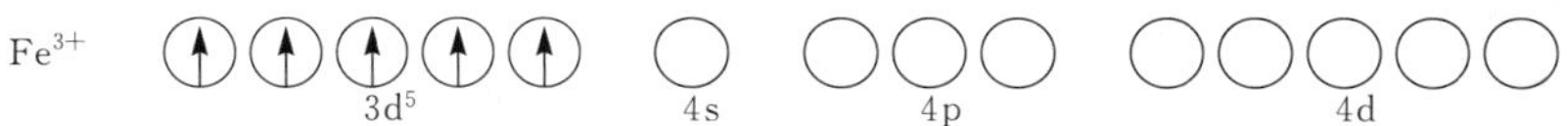

在 Fe^{3+} 和 6 个 F^- 形成 $[FeF_6]^{3-}$ 配离子的过程中，Fe^{3+} 的 1 个 4s 轨道，3 个 4p 轨道和 2 个 4d 轨道经杂化形成 6 个等价的 sp^3d^2 杂化轨道，分别接受 6 个配体 F^- 提供的 6 对孤对电子，形成 6 个配位键。

sp^3d^2 杂化

$[FeF_6]^{3-}$

sp^3d^2 杂化轨道在空间呈八面体构型，故 $[FeF_6]^{3-}$ 配离子的空间构型呈正八面体，Fe^{3+} 位于八面体的体心，6 个配体 F^- 占据正八面体的 6 个顶角。

在 Fe^{3+} 和 6 个 CN^- 形成 $[Fe(CN)_6]^{3-}$ 配离子的过程中，在 CN^- 的作用下，Fe^{3+} 中的 5 个 d 电子重排，挤入 3 个 3d 轨道，空出了 2 个 3d 轨道。这 2 个 3d 与 1 个 4s 轨道和 3 个 4p 轨道共同杂化，形成 6 个等价的 d^2sp^3 杂化轨道，分别接受 6 个配体 CN^- 中 C 原子中的孤对电子形成 6 个配位键。

d^2sp^3 杂化

$[Fe(CN)_6]^{3-}$

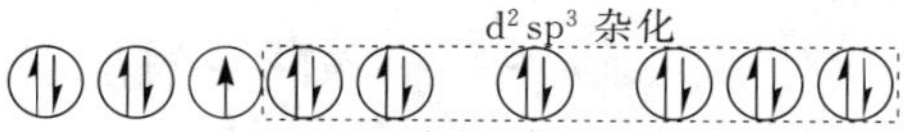

d^2sp^3 杂化轨道也是空间正八面体结构，所以 $[Fe(CN)_6]^{3-}$ 配离子的空间构型也呈正八面体。

由此可见，在配位数 6 的配离子中，中心离子有两种杂化类型，即 sp^3d^2 和 d^2sp^3 杂化。

综上所述，配合物的空间构型由中心离子的杂化类型决定。中心离子的杂化类型与配位数有关，配位数不同，中心离子的杂化类型就不同，即使配位数相同，也可因中心离子和配体的种类和性质不同，使中心离子的杂化类型不同，故配合物的空间构型也不同。表 7-4 列有配合物的空间构型。

表 7-4　配合物的空间构型

配位数	杂化类型	空间构型	实例
2	sp	直线形 	$[Cu(NH_3)_2]^+$、$[Ag(NH_3)_2]^+$、$[Ag(CN)_2]^-$、$[CuCl_2]^-$
3	sp^2	平面三角形 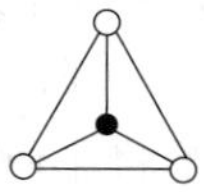	$[CuCl_3]^{2-}$、$[HgI_3]^-$
4	sp^3	正四面体 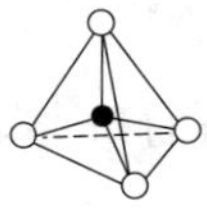	$[Ni(NH_3)_4]^{2+}$、$[ZnCl_4]^{2-}$、$[BF_4]^-$、$[Cd(NH_3)_4]^{2+}$、$Ni(CO)_4$
	dsp^2	平面正方形 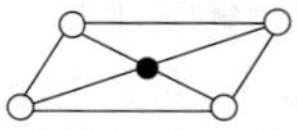	$[Ni(CN)_4]^{2-}$、$[Pt(NH_3)_2Cl_2]$、$[PdCl_4]^{2-}$、$[Cu(NH_3)_4]^{2+}$、$[AuF_4]^-$
5	dsp^3	三角双锥 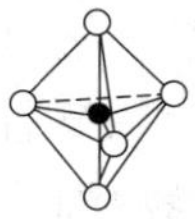	$[Fe(CO)_5]$、$[Mn(CO)_5]$、$[Ni(CN)_5]^{3-}$、$[Co(CN)_5]^{3-}$

续表

配位数	杂化类型	空间构型	实例
6	sp^3d^2	正八面体	$[Fe(H_2O)_6]^{3+}$、$[FeF_6]^{3-}$、$[Mn(H_2O)_6]^{2+}$、$[CoF_6]^{3-}$
	d^2sp^3		$[Fe(CN)_6]^{3-}$、$[Co(NH_3)_6]^{3+}$、$[Cr(NH_3)_6]^{3+}$、$[Fe(NH_3)_6]^{3+}$、$[PtCl_6]^{2-}$

7.2.3 外轨型和内轨型配合物

中心离子杂化轨道类型不仅决定配合物的几何构型，而且还决定其配位键的类型。

如果中心离子仅以最外层轨道（ns、np、nd）杂化后与配原子成键，所成的配键称为外轨配键，对应的配合物称为外轨型配合物，如$[Cu(NH_3)_2]^+$、$[Ag(NH_3)_2]^+$、$[Ag(CN)_2]^-$、$[CuCl_3]^{2-}$、$[Ni(NH_3)_4]^{2+}$、$[ZnCl_4]^{2-}$、$[BF_4]^-$、$[Cd(NH_3)_4]^{2+}$等。

中心离子以部分次外层[如($n-1$)d]杂化后与配原子成键，所成的配键称为内轨配键，对应的配合物称为内轨型配合物，如$[Ni(CN)_4]^{2-}$、$[Pt(NH_3)_2Cl_2]$、$[Co(NH_3)_6]^{3+}$、$[Cu(NH_3)_4]^{2+}$等。

配合物属于外轨型还是内轨型，主要取决于中心离子的电子构型、离子所带的电荷以及配原子电负性的大小。

① 中心离子的电子构型　具有 d^{10} 构型的离子（如 Zn^{2+}、Cd^{2+}、Hg^{2+} 等离子），其（$n-1$）d 轨道都已填满 10 个电子，因而只能利用外层轨道形成外轨型配合物；具有 d^1、d^2、d^3 构型的离子（如 Cr^{3+}），本身就有空的 d 轨道，所以形成内轨型配合物；具有 d^8 构型的离子（如 Ni^{2+}、Pt^{2+}、Pd^{2+} 等），在大多数情况下形成内轨型配合物。具有 d^4～d^9 构型的离子（如 Fe^{2+}、Fe^{3+}、Co^{3+}、Ni^{2+}、Cu^{2+} 等），它们有 4～9 个 d 电子，既可以生成内轨型配合物，也可以形成外轨型配合物。

② 中心离子的电荷数　中心离子的电荷数增多，有利于形成内轨型配合物。因为中心离子的电荷较多时，其对配原子的孤对电子引力增强，有利于其内层 d 轨道参与成键。如 $[Co(NH_3)_6]^{2+}$ 为外轨型配合物，而$[Co(NH_3)_6]^{3+}$ 为内轨型配合物。

③ 配体的种类　如配体的电负性较强（如 F^-），则较难给出孤对电子，对中心离子 d 电子分布影响较小，易形成外轨型配合物（如 $[FeF_6]^{3-}$ 等）。若配位原子的电负性较弱（如 CN^-），则较易给出孤对电子，孤对电子将影响中心离子的 d 电子排布，使中心离子空出内层轨道，形成内轨型配合物（如$[Fe(CN)_6]^{3-}$ 等）。而对 NH_3、H_2O 等配体，内、外轨型配合物均可形成。

可通过磁性测定和 X 射线衍射对晶体结构的研究等手段确定某一配合物究竟是内轨型还是外轨型。

物质的磁性与组成物质的原子、分子或者离子中的电子的自旋运动有关。如果物质中正自旋电子数和反自旋电子数相等，即电子均成对，电子自旋所产生的磁效应相互抵消，该物质就表现为反磁性。而当物质中正、反自旋电子数不等时，即有成单电子，总磁效应不能相互抵消，整个原子或者分子就具有顺磁性。还有一类物质在外磁场作用下，磁性剧烈增强，当除去外磁场后物质仍保持磁性的称为铁磁性物质。

物质的磁性强弱（通常用磁矩 μ 表示）与物质内部的单电子数多少有关。根据磁学理论，μ 与单电子数 n 之间的近似关系如下：

$$\mu=\sqrt{n(n+2)} \tag{7-1}$$

式中，n 为单电子数，磁矩（μ）的单位是玻尔磁子（B. M.）。若计算得 $\mu=0$，则为反磁性物质；若 $\mu>0$ 则为顺磁性物质。

根据式(7-1) 估算的磁矩列于表 7-5。

表 7-5 根据单电子数估算的磁矩

单电子数 n	0	1	2	3	4	5
μ/ B. M.	0	1.73	2.83	3.87	4.90	5.92

外轨型配合物的特点是：配合前后中心离子的 d 电子分布未发生改变，单电子数不变，物质的磁性不变。形成外轨型配合物时，中心离子一般提供相同主量子数的不同轨道相互杂化，如 ns、np、nd 中若干轨道杂化形成 sp、sp^2、sp^3、sp^3d^2 等杂化轨道，与配体形成配位键，这种配位键离子性较强，共价性较弱，稳定性较内轨型配合物差。

内轨型配合物的特点是：中心离子一般采用不同主量子数的轨道相互杂化，如$(n-1)$d轨道可与 ns np 轨道杂化形成 dsp^2、dsp^3、d^2sp^3 等杂化轨道与配体成键。由于内轨型配合物采用内层轨道成键，键的共价性较强，稳定性较好，在水溶液中，一般较难解离为简单离子。对于 d 电子数目大于等于 4 的中心离子，在形成内轨型配合物时，中心离子的 d 电子排布会发生改变，即进行电子归并，单电子数目将减少（有时甚至为零），导致物质的磁性减小。

由于价键理论简单明了，又能解释一些问题，如它可以解释配离子的几何构型，形成体的配位数以及配合物的某些化学性质和磁性，所以它有一定的用途。但是这个理论也有缺陷，它忽略了配体对形成体的作用。而且到目前为止还不能定量地说明配合物的性质，如无法定量地说明过渡金属配离子的稳定性随中心离子的 d 电子数变化而变化的事实；也不能解释配离子的吸收光谱和特征颜色(如$[Ti(H_2O)_6]^{3+}$ 为何显紫红色)。此外，价键理论根据磁矩虽然可区分中心离子 $d^4\sim d^7$ 构型的八面体配合物属内轨型还是外轨型，但对具有 d^1、d^2、d^3 和 d^9 构型的中心离子所形成的配合物，因未成对电子数无论在内轨型还是外轨型配合物中均无差别，只根据磁矩仍无法区别。因此晶体场理论、配位键理论和分子轨道理论等理论相应出现，但是本节不对这些理论一一进行介绍。

7.3 配位平衡

7.3.1 配合物的平衡常数

(1) 稳定常数（$K_f^\ominus$）和不稳定常数（$K_d^\ominus$）

在水溶液中，配离子是以比较稳定的结构单元存在的，但是仍然有一定的解离现象。如$[Cu(NH_3)_4]SO_4\cdot H_2O$ 固体溶于水中时，若将少量 NaOH 溶液加入溶液中，这时没有 $Cu(OH)_2$沉淀生成，这似乎说明溶液中没有 Cu^{2+} 或者可以认为 Cu^{2+} 量不足以和所加的 OH^- 生成沉淀。但若加入 Na_2S 溶液，则可得到黑色 CuS 沉淀，显然在溶液中存在着少量游离的 Cu^{2+}。这就说明在溶液中不仅有 Cu^{2+} 与 NH_3 分子的配位反应，同时还存在着配离子$[Cu(NH_3)_4]^{2+}$ 的解离反应，这两种反应最终会建立平衡。

$$Cu^{2+}+4NH_3 \rightleftharpoons [Cu(NH_3)_4]^{2+}$$

这种平衡称为配离子的配位平衡。根据化学平衡的原理，其平衡常数表达式为

第7章 配位平衡与配位滴定法

$$K_f^{\ominus}=\frac{c'\{[Cu(NH_3)_4]^{2+}\}}{c'(Cu^{2+})[c'(NH_3)]^4} \quad (7\text{-}2)$$

式中，$K_f^{\ominus}$ 为配合物的稳定常数。$K_f^{\ominus}$ 值越大，配离子越稳定，故配离子的稳定常数是配离子的一种特征常数。

上述平衡反应若是向左进行，则配离子$[Cu(NH_3)_4]^{2+}$在水中的解离平衡为

$$[Cu(NH_3)_4]^{2+} \rightleftharpoons Cu^{2+} + 4NH_3$$

其平衡常数表达式为

$$K_d^{\ominus}=\frac{c'(Cu^{2+})[c'(NH_3)]^4}{c'\{[Cu(NH_3)_4^{2+}]\}} \quad (7\text{-}3)$$

式中，$K_d^{\ominus}$ 为配合物的不稳定常数或解离常数。$K_d^{\ominus}$ 值越大，配离子在水中的解离程度越大，即越不稳定。很明显，稳定常数和不稳定常数之间是倒数关系。

$$K_f^{\ominus}=\frac{1}{K_d^{\ominus}} \quad (7\text{-}4)$$

(2) 逐级稳定常数和累积稳定常数

配离子的形成是分步进行的，每一步都有稳定常数，称为逐级稳定常数 $K_{f,n}^{\ominus}$。以$[Cu(NH_3)_4]^{2+}$的生成过程为例。

$$Cu^{2+} + NH_3 \rightleftharpoons [Cu(NH_3)]^{2+}$$

第一级逐级稳定常数为 $K_{f1}^{\ominus}=\dfrac{c'\{[Cu(NH_3)]^{2+}\}}{c'(Cu^{2+})c'(NH_3)}$

$$[Cu(NH_3)]^{2+} + NH_3 \rightleftharpoons [Cu(NH_3)_2]^{2+}$$

第二级逐级稳定常数为 $K_{f2}^{\ominus}=\dfrac{c'\{[Cu(NH_3)_2]^{2+}\}}{c'\{[Cu(NH_3)]^{2+}\}c'(NH_3)}$

$$[Cu(NH_3)_2]^{2+} + NH_3 \rightleftharpoons [Cu(NH_3)_3]^{2+}$$

第三级逐级稳定常数为 $K_{f3}^{\ominus}=\dfrac{c'\{[Cu(NH_3)_3]^{2+}\}}{c'\{[Cu(NH_3)_2]^{2+}\}c'(NH_3)}$

$$[Cu(NH_3)_3]^{2+} + NH_3 \rightleftharpoons [Cu(NH_3)_4]^{2+}$$

第四级逐级稳定常数为 $K_{f4}^{\ominus}=\dfrac{c'\{[Cu(NH_3)_4]^{2+}\}}{c'\{[Cu(NH_3)_3]^{2+}\}c'(NH_3)}$

显然各级逐级常数相乘等于总反应，则 $Cu^{2+} + 4NH_3 \rightleftharpoons [Cu(NH_3)_4]^{2+}$ 的稳定常数为

$$K_{f1}^{\ominus}K_{f2}^{\ominus}K_{f3}^{\ominus}K_{f4}^{\ominus}=\frac{c'\{[Cu(NH_3)_4]^{2+}\}}{c'(Cu^{2+})c'^4(NH_3)}=K_f^{\ominus}$$

推广到 ML_n 配离子，其逐级稳定常数与总稳定常数之间的关系也是如此。

将各逐级稳定常数的乘积称为各级累积稳定常数，用 β_i 表示。

$$\beta_1^{\ominus}=K_{f1}^{\ominus}=\frac{c'(ML)}{c'(M)c'(L)}$$

$$\beta_2^{\ominus}=K_{f1}^{\ominus}K_{f2}^{\ominus}=\frac{c'(ML_2)}{c'(M)c'^2(L)}$$

$$\beta_n^{\ominus}=K_{f1}^{\ominus}K_{f2}^{\ominus}\cdots K_{fn}^{\ominus}=\frac{c'(ML_n)}{c'(M)c^n(L)} \quad (7\text{-}5)$$

可见最后一级累积稳定常数 β_n 就是配合物的总稳定常数。利用配合物的稳定常数，可计算配位平衡中有关离子的浓度。配离子的形成是逐级的，且常常是逐级稳定常数之间差别不大，因此在计算离子浓度时需考虑各级配离子的存在。在实际中，通常加入的配位剂是过量的，因此金属离子常常处于最高配位数，其他配位数的离子在有关计算中可以忽略。

【例 7-1】 比较 $0.10mol\cdot L^{-1}[Ag(NH_3)_2]^+$ 溶液含有 $0.1mol\cdot L^{-1}$ 的氨水和 $0.10mol\cdot L^{-1}[Ag(CN)_2]^-$ 溶液中含有 $0.10\ mol\cdot L^{-1}$ 的 CN^- 时，溶液中 Ag^+ 的浓度。

解 （1）设在 $0.1mol\cdot L^{-1}NH_3$ 存在下，Ag^+ 的浓度为 $x\ mol\cdot L^{-1}$，则

$$Ag^+ + 2NH_3 \rightleftharpoons [Ag(NH_3)_2]^+$$

起始浓度/$mol\cdot L^{-1}$	0	0.1	0.1
平衡浓度/$mol\cdot L^{-1}$	x	$0.1+2x$	$0.1-x$

由于 $c(Ag^+)$ 较小，所以 $(0.1-x)\ mol\cdot L^{-1}\approx 0.1mol\cdot L^{-1}$，$0.1+2x\approx 0.1mol\cdot L^{-1}$，将平衡浓度代入稳定常数表达式得

$$K_f^\ominus=\frac{c'\{[Ag(NH_3)_2]^+\}}{c'(Ag^+)[c'(NH_3)]^2}=\frac{0.1}{x\times 0.1^2}=10^{7.40}=2.51\times 10^7, x=3.98\times 10^{-7}(mol\cdot L^{-1})$$

（2）设在 $0.1mol\cdot L^{-1}\ CN^-$ 存在下，Ag^+ 的浓度为 $y\ mol\cdot L^{-1}$，则

$$Ag^+ + 2CN^- \rightleftharpoons [Ag(CN)_2]^-$$

起始浓度/$mol\cdot L^{-1}$	0	0.1	0.1
平衡浓度/$mol\cdot L^{-1}$	y	$0.1+2y$	$0.1-y$

由于 $c(Ag^+)$ 较小，所以 $(0.1-y)mol\cdot L^{-1}\approx 0.1mol\cdot L^{-1}$，$0.1+2y\approx 0.1mol\cdot L^{-1}$，将平衡浓度代入稳定常数表达式得

$$K_f^\ominus=\frac{c'\{[Ag(CN)_2]^-\}}{c'(Ag^+)[c'(CN^-)]^2}=\frac{0.1}{y\times 0.1^2}=10^{21.1}=1.26\times 10^{21}, y=7.94\times 10^{-21}(mol\cdot L^{-1})$$

7.3.2 配位平衡的移动

与其他化学平衡一样，配位平衡也是一种动态平衡，当平衡体系的条件（如浓度、酸度等）发生改变，平衡就会发生移动，如向存在下述平衡的溶液中加入某种试剂，使金属离子 M^{n+} 生成难溶化合物，可使平衡向左移动。改变溶液的酸度使配位体 L^- 生成难解离的弱酸，同样也可以使平衡向左移动。此外，如加入某种试剂能与 M^{n+} 生成更稳定的配离子时，也可以改变上述平衡，使 $[MA_x]^{(n-x)+}$ 遭到破坏。

$$M^{n+} + xA^- \rightleftharpoons [MA_x]^{(n-x)+}$$

由此可见，配位平衡只是一种相对的平衡状态，溶液的 pH 变化、另一种配位剂或金属离子的加入，氧化剂或还原剂的存在都对配位平衡有影响，下面分别讨论。

（1）溶液 pH 的影响

酸度对配位反应的影响是多方面的，既可以对配位剂 L 有影响，也可以对金属离子有影响。常见的配位剂 NH_3 和 CN^-、F^- 等都可以认为是碱，因此可与 H^+ 结合而生成相应的共轭酸，反应的程度决定于配位体碱性的强弱，碱性越强就越易与 H^+ 结合。当溶液中的 pH 发生变化时，L 会与 H^+ 结合生成相应的弱酸分子从而降低 L 的浓度，使配位平衡向解离的方向移动，降低了配离子的稳定性。

如在酸性介质中，F^- 能与 Fe^{3+} 生成 $[FeF_6]^{3-}$ 配离子。但当酸度过大 $[c(H^+)>0.5mol\cdot L^{-1}]$ 时，由于 H^+ 与 F^- 结合生成了 HF 分子，降低了溶液中 F^- 浓度，使

$[FeF_6]^{3-}$配离子大部分解离成Fe^{3+}，因而被破坏，反应式如下。

$$Fe^{3+} + 6F^- \rightleftharpoons [FeF_6]^{3-}$$
$$+$$
$$6H^+ \rightleftharpoons 6HF$$

上式表明，酸度增大会引起配位体浓度下降，导致配合物的稳定性降低。这种现象通常称为配位体的酸效应。

总反应为

$$[FeF_6]^{3-} + 6H^+ \rightleftharpoons Fe^{3+} + 6HF$$

$$K^{\ominus} = \frac{c'(Fe^{3+})[c'(HF)]^6}{c'\{[FeF_6]^{3-}\}[c'(H^+)]^6} = \frac{c'(Fe^{3+})[c'(HF)]^6}{c\{[FeF_6]^{3-}\}[c'(H^+)]^6} \times \frac{[c'(F^-)]^6}{[c'(F^-)]^6}$$
$$= \frac{1}{K_f^{\ominus}\{[FeF_6]^{3-}\}[K_a^{\ominus}(HF)]^6}$$

显然，pH对配位反应的影响程度与配离子的稳定常数有关，与配位剂L生成的弱酸的强度也有关。

在配位反应中，通常是过渡金属作为配离子的中心离子。而对大多数过渡元素的金属离子，尤其在高氧化态时，都有显著的水解作用。如$[CuCl_4]^{2-}$配离子，如果酸度降低即pH较大时，Cu^{2+}会发生水解。

$$[CuCl_4]^{2-} \rightleftharpoons Cu^{2+} + 4Cl^-$$
$$+$$
$$H_2O \rightleftharpoons Cu(OH)^+ + H^+$$
$$+$$
$$H_2O \rightleftharpoons Cu(OH)_2 + H^+$$

随着水解反应的进行，溶液中游离Cu^{2+}浓度降低，使配位平衡朝着解离的方向移动，导致配合物的稳定性降低，这种现象通常称为金属离子的水解效应。当溶液中pH大于8.5时，配离子$[CuCl_4]^{2-}$完全解离。

因此，在配位反应中，当溶液的pH变化时，既要考虑对配位体的影响（酸效应），又要考虑对金属离子的影响（水解效应），但通常以酸效应为主。

（2）配位平衡与沉淀反应

沉淀反应与配位平衡的关系，可看成是沉淀剂和配位剂共同争夺中心离子的过程。配合物的稳定常数越大，则沉淀越容易被配位反应溶解。

例如，用浓氨水可将氯化银溶解，这是由于沉淀物中的金属离子与所加的配位剂形成了稳定的配合物，导致沉淀的溶解。其过程为

$$AgCl(s) \rightleftharpoons Ag^+ + Cl^-$$
$$+$$
$$2NH_3 \rightleftharpoons [Ag(NH_3)_2]^+$$

即 $AgCl(s) + 2NH_3 \rightleftharpoons [Ag(NH_3)_2]^+ + Cl^-$

该反应的平衡常数为

$$K^{\ominus} = \frac{c'\{[Ag(NH_3)_2]^+\}c'(Cl^-)}{[c'(NH_3)]^2} = \frac{c'\{[Ag(NH_3)_2]^+\}c'(Cl^-)c'(Ag^+)}{[c'(NH_3)]^2 c'(Ag^+)}$$
$$= K_f^{\ominus}\{[Ag(NH_3)_2]^+\}K_{sp}^{\ominus}(AgCl)$$

同样，在配合物溶液中加入某种沉淀剂，它可与该配合物的中心离子生成难溶化合

物，该沉淀剂或多或少地导致配离子的破坏。例如，在 $[Cu(NH_3)_4]^{2+}$ 溶液中加入 Na_2S 溶液，就有 CuS 沉淀生成，配离子被破坏，其过程可表示为

$$[Cu(NH_3)_4]^{2+} \rightleftharpoons Cu^{2+} + 4NH_3$$
$$+$$
$$S^{2-} \rightleftharpoons CuS\downarrow$$

总反应为：$[Cu(NH_3)_4]^{2+} + S^{2-} \rightleftharpoons CuS\downarrow + 4NH_3$

$$K^{\ominus} = \frac{[c'(NH_3)]^4}{c'\{[Cu(NH_3)_4]^{2+}\}c'(S^{2-})} = \frac{[c'(NH_3)]^4}{c'\{[Cu(NH_3)_4]^{2+}\}c'(S^{2-})} \times \frac{c'(Cu^{2+})}{c'(Cu^{2+})}$$
$$= \frac{1}{K_f^{\ominus}\{[Cu(NH_3)_4^{2+}]\}K_{sp}^{\ominus}(CuS)}$$

由上述两个平衡常数表达式可以看出，沉淀能否被溶解或配合物能否被破坏，主要取决于沉淀物的 $K_{sp}^{\ominus}$ 和配合物 $K_f^{\ominus}$ 的值。而能否实现还取决于所加的配位剂和沉淀剂的用量。

【例 7-2】 计算完全溶解 0.01mol 的 AgCl 和完全溶解 0.01mol 的 AgBr，至少需要 1L 多少浓度的氨水？（已知 AgCl 的 $K_{sp}^{\ominus}=1.8\times10^{-10}$，AgBr 的 $K_{sp}^{\ominus}=5.2\times10^{-13}$，$[Ag(NH_3)_2]^+$ 的 $K_f^{\ominus}=2.51\times10^7$）

解 假定 AgCl 溶解全部转化为 $[Ag(NH_3)_2]^+$，则氨一定是过量的。因此可忽略 $[Ag(NH_3)_2]^+$ 的解离产生的 NH_3，所以平衡时 $[Ag(NH_3)_2]^+$ 的浓度为 $0.01mol\cdot L^{-1}$，Cl^- 的浓度为 $0.01mol\cdot L^{-1}$，反应为

$$AgCl + 2NH_3 \rightleftharpoons [Ag(NH_3)_2]^+ + Cl^-$$

$$K^{\ominus} = \frac{c'\{[Ag(NH_3)_2]^+\}c'(Cl^-)}{[c'(NH_3)]^2} = \frac{c'\{[Ag(NH_3)_2]^+\}c'(Cl^-)}{[c'(NH_3)]^2} \times \frac{c'(Ag^+)}{c'(Ag^+)}$$
$$= K_f^{\ominus}\{[Ag(NH_3)_2]^+\}K_{sp}^{\ominus}(AgCl) = 2.51\times10^7\times1.8\times10^{-10}$$
$$= 4.52\times10^{-3}$$

$$c'(NH_3) = \sqrt{\frac{c'\{[Ag(NH_3)_2]^+\}c'(Cl^-)}{4.52\times10^{-3}}} = \sqrt{\frac{0.01\times0.01}{4.52\times10^{-3}}} = 0.15$$

即 $c(NH_3)=0.15mol\cdot L^{-1}$

在溶解的过程中与 AgCl 反应需要消耗氨水的浓度为 $2\times0.01=0.02mol\cdot L^{-1}$，所以氨水的最初浓度为：$0.15mol\cdot L^{-1}+0.02mol\cdot L^{-1}=0.17mol\cdot L^{-1}$。

同理，完全溶解 0.01mol 的 AgBr，反应为

$$AgBr + 2NH_3 \rightleftharpoons [Ag(NH_3)_2]^+ + Br^-$$

$$K^{\ominus} = \frac{c'\{[Ag(NH_3)_2]^+\}c'(Br^-)}{[c'(NH_3)]^2} = \frac{c'\{[Ag(NH_3)_2]^+\}c'(Br^-)}{[c'(NH_3)]^2} \times \frac{c'(Ag^+)}{c'(Ag^+)}$$
$$= K_f^{\ominus}\{[Ag(NH_3)_2]^+\}\times K_{sp}^{\ominus}(AgBr) = 2.51\times10^7\times5.2\times10^{-13}$$
$$= 1.31\times10^{-5}$$

$$c'(NH_3) = \sqrt{\frac{c'\{[Ag(NH_3)_2]^+\}c'(Br^-)}{1.31\times10^{-5}}} = \sqrt{\frac{0.01\times0.01}{1.31\times10^{-5}}} = 2.76$$

即 $c(NH_3)=2.76mol\cdot L^{-1}$

所以溶解 0.01mol 的 AgBr 需要的氨水的浓度是 $2.76mol\cdot L^{-1}+0.02mol\cdot L^{-1}=2.78mol\cdot L^{-1}$。

从例 7-2 可以看出，同样是 0.01mol 的固体，由于两者的 $K_{sp}^{\ominus}$ 相差较大，导致溶解需要的氨水的浓度有很大的差别。

【例 7-3】 向 0.1mol·L^{-1} 的 $[Ag(CN)_2]^-$ 配离子溶液（含有 0.10 mol·L^{-1} 的 CN^-）中加入 KI 固体，假设 I^- 的最初浓度为 0.1 mol·L^{-1}，有无 AgI 沉淀生成？（已知 $[Ag(CN)_2]^-$ 的 $K_f^{\ominus}=1.26\times10^{21}$，AgI 的 $K_{sp}^{\ominus}=8.3\times10^{-17}$）

解 设 $[Ag(CN)_2]^-$ 配离子解离所生成的 $c(Ag^+)=x$ mol·L^{-1}。

$$Ag^+ + 2CN^- \rightleftharpoons [Ag(CN)_2]^-$$

初始浓度/mol·L^{-1}　0　0.10　0.10

平衡浓度/mol·L^{-1}　x　$2x+0.10$　$0.10-x$

$[Ag(CN)_2]^-$ 解离度较小，故 $0.10-x\approx0.1$，代入 $K_f^{\ominus}$ 表达式得

$$K_f^{\ominus}\{[Ag(CN)_2]^-\}=\frac{c'\{[Ag(CN)_2]^-\}}{[c'(CN^-)]^2c'(Ag^+)}=\frac{0.10}{x(0.10)^2}=1.26\times10^{21}$$

解得　$x=7.9\times10^{-21}$，即 $c(Ag^+)=7.9\times10^{-21}$ mol·L^{-1}

$c'(Ag^+)c'(I^-)=7.9\times10^{-21}\times0.1=7.9\times10^{-22}<K_{sp}^{\ominus}(AgI)=8.3\times10^{-17}$，因此，向 0.1mol·L^{-1} 的 $[Ag(CN)_2]^-$ 配离子溶液（含有 0.10 mol·L^{-1} 的 CN^-）中加入 KI 固体，没有 AgI 沉淀产生。

(3) 配位平衡与氧化还原反应

配位平衡对氧化还原反应的影响主要是因为在氧化还原电对中，加入一定的配位剂后，由于氧化型离子或还原型离子与配位剂发生反应生成相应的配离子，从而减小了相应离子的浓度，使电对的电极电势发生变化。例如，金属 Cu 能从 $Hg(NO_3)_2$ 溶液中置换出 Hg 却不能从 $[Hg(CN)_4]^{2-}$ 溶液中置换出 Hg，就是因为在 $[Hg(CN)_4]^{2-}$ 溶液中，由于 $[Hg(CN)_4]^{2-}$ 的稳定常数很大，游离的 Hg^{2+} 浓度很小，降低了 Hg^{2+}/Hg 电对的电极电势，使 Hg^{2+} 氧化能力降低。

$$Hg^{2+}+2e^- \rightleftharpoons Hg \qquad \varphi^{\ominus}(Hg^{2+}/Hg)=0.851V$$

$$[Hg(CN)_4]^{2-}+2e^- \rightleftharpoons Hg+4CN^- \qquad \varphi^{\ominus}[Hg(CN)_4]^{2-}/Hg=-0.374V$$

可见，氧化型离子生成配离子后，使电对的电极电势降低了。

(4) 配位平衡之间的转化

在配位反应中，一种配离子可以转化成更稳定的配离子，即平衡向生成更难解离的配离子方向移动。两种配离子的稳定常数相差越大，则转化反应越容易发生。

如 $[HgCl_4]^{2-}$ 与 I^- 反应生成 $[HgI_4]^{2-}$，$[Fe(NCS)_6]^{3-}$ 与 F^- 反应生成 $[FeF_6]^{3-}$，其反应式如下。

$$[HgCl_4]^{2-}+4I^- \rightleftharpoons [HgI_4]^{2-}+4Cl^-$$

$$[Fe(NCS)_6]^{3-}+6F^- \rightleftharpoons [FeF_6]^{3-}+6SCN^-$$

血红色　　　　　　无色

这是由于，$K_f^{\ominus}\{[HgI_4]^{2-}\}>K_f^{\ominus}\{[HgCl_4]^{2-}\}$；$K_f^{\ominus}\{[FeF_6]^{3-}\}>K_f^{\ominus}\{[Fe(NCS)_6]^{3-}\}$ 之故。

【例 7-4】 计算反应 $[Ag(NH_3)_2]^+ + 2CN^- \rightleftharpoons [Ag(CN)_2]^- + 2NH_3$ 的平衡常数，并判断配位反应进行的方向。

解 查附录 6 可得：$K_f^{\ominus}[Ag(NH_3)_2]^+=2.51\times10^7$，$K_f^{\ominus}[Ag(CN)_2]^-=1.26\times10^{21}$

$$K^{\ominus}=\frac{c'\{[Ag(CN)_2]^-\}[c'(NH_3)]^2}{c'\{[Ag(NH_3)_2]^+\}[c'(CN^-)]^2}=\frac{c'\{[Ag(CN)_2]^-\}[c'(NH_3)]^2}{c'\{[Ag(NH_3)_2]^+\}[c(CN^-)]^2}\times\frac{c'(Ag^+)}{c'(Ag^+)}$$

$$=\frac{K_f^{\ominus}\{[Ag(CN)_2]^-\}}{K_f^{\ominus}\{[Ag(NH_3)_2]^+\}}=\frac{1.26\times10^{21}}{2.51\times10^{7}}=5.02\times10^{13}$$

反应朝生成 $[Ag(CN)_2]^-$ 的方向进行。

通过以上讨论我们可以知道，形成配合物后，物质的溶解性、酸碱性、氧化还原性、颜色等都会发生改变。在溶液中，配位解离平衡常与沉淀溶解平衡、酸碱平衡、氧化还原平衡等发生相互竞争。利用这些关系，使各平衡相互转化，可以实现配合物的生成或破坏，以达到科学实验或生产实践的需要。

7.4 螯合物

7.4.1 螯合物

中心离子和多齿配体结合而成具有环状结构的配合物，如 $[Cu(en)_2]^{2+}$ 中乙二胺（en）是双齿配体，乙二胺中的两个 N 原子与 Cu^{2+} 结合，好像螃蟹的双螯钳住形成体，所以称螯合物，亦称内配合物。含有多齿配体、并能和中心离子形成螯合物的配位剂称螯合剂。螯合剂多为含有 N、P、O、S 等配位原子的有机化合物，如乙二胺（en）、乙二胺四乙酸（或其二钠盐）（EDTA）、丁二酮肟（DMG）、邻二氮菲（phen）等。螯合剂中必须含有两个或两个以上配位原子，且处于适当位置，易形成五元或六元环，配位原子可相同也可不同。如 Cu^{2+} 与乙二胺形成的螯合物中有两个五元环（如图 7-2 所示）。

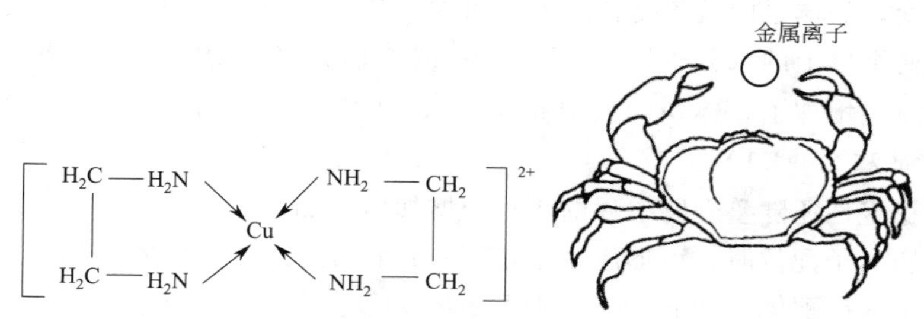

图 7-2 二乙二胺合铜（Ⅱ）离子

螯合剂多为含有 N、P、O、S 等配位原子的有机化合物，如乙二胺四乙酸（或其二钠盐）（EDTA）、乙二胺（en）、丁二酮肟（DMG）、邻二氮菲（phen）、氨基乙酸、氨二乙酸等。最为常用的是 EDTA，因为它的螯合能力非常强。在溶液中，它能够和绝大多数金属离子形成螯合物，甚至能够和很难形成配合物的、半径较大的碱土金属离子（比如 Ca^{2+}）形成相当稳定的螯合物（如图 7-3 所示）。

螯合物的组成一般用螯合比来表示，也就是中心离子与螯合剂分子（或离子）数目之比。例如，$[Cu(en)_2]^{2+}$ 的螯合比是 1∶2，$[Co(NH_2CH_2COO)_3]$ 的螯合比是 1∶3，EDTA 与金属离子 M^{n+} 所形成螯合物 MY^{n-4} 的螯合比通常为 1∶1。

7.4.2 螯合物的稳定性

螯合物具有环状结构，与简单配合物相比具有特殊的稳定性，即在水溶液中难以解

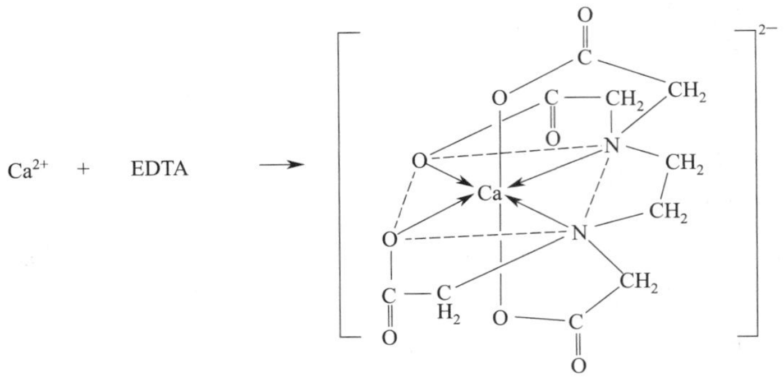

图 7-3　EDTA 与 Ca^{2+} 生成的螯合物的立体结构

离。如 $[Cu(en)_2]^{2+}$ 要比 $[Cu(NH_3)_4]^{2+}$ 稳定得多，这是因为在 $[Cu(en)_2]^{2+}$ 中有 2 个五元环，而 $[Cu(NH_3)_4]^{2+}$ 中不存在环，这种由于螯环的形成而使螯合物稳定性增加的作用，称为螯合效应。为什么螯合配离子比非螯合配离子稳定呢？由于多齿配位体与金属离子形成螯合物时，由于形成了螯环。这种螯合效应主要是因为反应前后体系的熵值发生了变化。

例如，在下列的反应中，有

$$[Ni(H_2O)_6]^{2+} + 6NH_3 \rightleftharpoons [Ni(NH_3)_6]^{2+} + 6H_2O \tag{1}$$

$$[Ni(H_2O)_6]^{2+} + 3en \rightleftharpoons [Ni(en)_3]^{2+} + 6H_2O \tag{2}$$

金属离子在水溶液中都为水合离子，在一般配合物的形成中，每个配位体只取代一个水分子，因此在反应（1）中，6 个 NH_3 取代了 6 个水分子，反应前后可自由运动的独立粒子的总数不变，故体系的熵值变化不大。而发生螯合反应（2）时，每个螯合剂分子或离子可以取代两个以上的水分子。如 Ni^{2+} 与乙二胺形成螯合物时，反应前后溶液中可自由运动的粒子总数增加了，体系的熵值相应增大。$[Ni(NH_3)_6]^{2+}$ 和 $[Ni(en)_3]^{2+}$ 的 $K_f^{\ominus}$ 分别为 3.1×10^8 和 3.9×10^{18}。

螯合物的稳定性还随螯合物中环的数目的增加而增加。一般地说，1 个二齿配体（如乙二胺）与金属离子配位时，可形成 1 个螯环；1 个四齿配体（如氨三乙酸）则可形成 3 个螯环；而 1 个六齿配体（如 EDTA）则可形成 5 个螯环。要使螯合物完全解离为金属离子和配体，对于二齿配体所形成的螯合物，需要破坏 2 个键，对于三齿配体则需要破坏 3 个键。所以螯合物的环数越多则越稳定。

7.4.3　螯合物的应用

许多螯合物具有特征的颜色，常用于金属离子定性分析、比色分析等。如利用丁二酮肟与 Ni^{2+} 形成鲜红色的二丁二酮肟合镍（Ⅱ）沉淀来鉴定 Ni^{2+}。

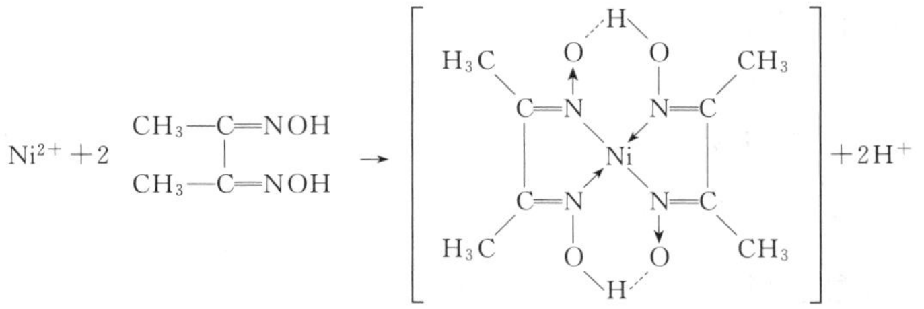

Fe^{2+} 与邻二氮菲反应生成橙红色配合物，用于光度法测定微量铁的含量。

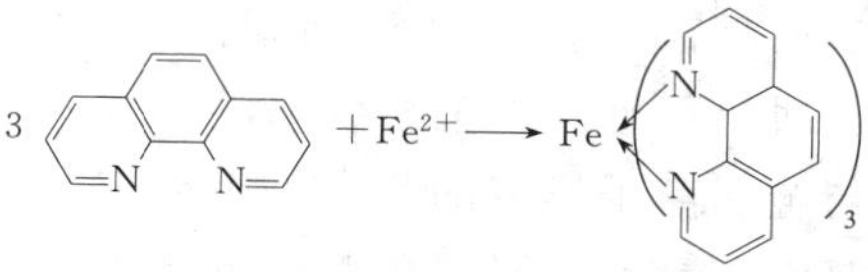

$$3\ \text{(N, N)} + Fe^{2+} \longrightarrow Fe\left(\text{N, N}\right)_3$$

由于螯合物一般具有特征的颜色，绝大多数不溶于水，而溶于有机溶剂。利用这些特点，可达到对某些金属离子进行鉴定、定量测定以及分离的目的。

另外，螯合物在自然界存在得比较广泛，并且对生命现象有着重要的作用。例如，血红素就是一种含铁的螯合物，它在人体内起着送氧的作用。

维生素 B_{12} 是含钴的螯合物，对恶性贫血有防治作用。胰岛素是含锌的螯合物，对调节体内的物质代谢（尤其是糖类代谢）有重要作用。有些螯合剂可用作重金属（Pb^{2+}，Pt^{2+}，Cd^{2+}，Hg^{2+}）中毒的解毒剂，如二巯基丙醇或 EDTA 二钠盐等可治疗金属中毒。因为它们能和有毒金属离子形成稳定的螯合物，水溶性螯合物可以从肾脏排出。

有些药物本身就是螯合物，如有些用于治疗疾病的某些金属离子，因其毒性、刺激性、难吸收性等而不适合临床应用，可将它们变成螯合物后就可以降低其毒性和刺激性，帮助吸收。

在生化检验、药物分析、环境监测等方面也经常用到螯合物。

7.5 EDTA 的性质

7.5.1 EDTA 的解离平衡

在实际应用中，一方面大多数的无机配合物的稳定性不够高，且存在逐级配位现象，各级稳定常数相差较小，故在溶液中往往存在多种配位数的配合物，很难定量计算；另一方面有些反应找不到合适的指示剂，难以判断终点，所以在配位滴定中应用较少。许多有机配位剂，由于有机配位剂中常含有两个以上的配位原子，能与被测金属离子形成稳定的而且组成一定的螯合物，因此在分析化学中得到广泛的应用。目前使用最多的是氨羧配位剂，这是一类以氨基二乙酸基团［$-N(CH_2COOH)_2$］为基体的有机化合物，其分子中含有氨氮和羧氧两种配位能力很强的配位原子，可以和许多金属离子形成环状的螯合物。在配位滴定中应用的氨羧配位剂有很多种，其中最常用的是乙二胺四乙酸根简称 EDTA，其结构式为

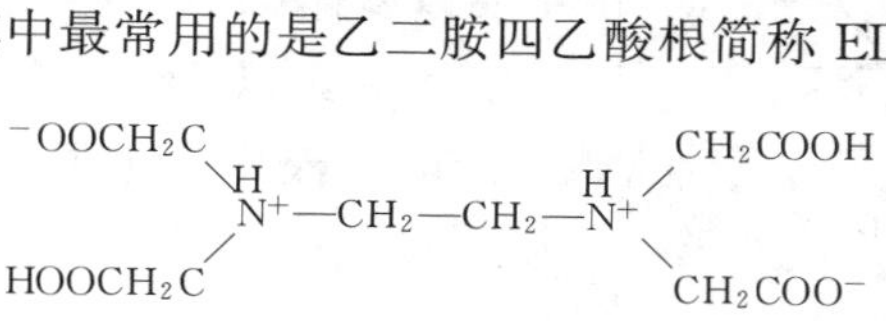

$$\begin{array}{ccc} {}^{-}OOCH_2C & & CH_2COOH \\ & \overset{H}{N^{+}}-CH_2-CH_2-\overset{H}{N^{+}} & \\ HOOCH_2C & & CH_2COO^{-} \end{array}$$

（1）EDTA 的性质

EDTA 是一个四元酸，通常用 H_4Y 表示，两个羧基上的 H^+ 转移到氨基氮上，形成双偶极离子。当溶液的酸度较大时，两个羧酸根可以再接受两个 H^+。这时的 EDTA 就相当于六元酸，用 H_6Y^{2+} 表示。EDTA 在水中的溶解度很小（0.02g·(100mL 水)$^{-1}$，22℃），故常用溶解度较大的二钠盐[$Na_2H_2Y \cdot 2H_2O$，11.1g·(100mL 水)$^{-1}$，22℃]作为配位滴定的滴定剂。

EDTA 在配位滴定中有广泛的应用，主要是基于它有以下几个特点：

① 普遍性　由于在 EDTA 分子中存在 6 个配位原子，几乎能与所有的金属离子形成稳定的螯合物。

② 组成恒定　在与大多数金属离子形成螯合物时，金属离子与 EDTA 以 1∶1 配位。

③ 可溶性　EDTA 与金属离子形成的螯合物易溶于水。

④ 稳定性高　EDTA 与金属离子形成的螯合物很稳定，稳定常数都较大。

⑤ 配合物的颜色　与无色金属离子形成的配合物也是无色的；而与有色金属离子形成配合物的颜色一般加深。

(2) EDTA 的解离平衡

在酸度很高的水溶液中，EDTA 有 6 级解离平衡。

$$H_6Y^{2+} \rightleftharpoons H^+ + H_5Y^+ \qquad K_{a1}^{\ominus}=\frac{c'(H^+)c'(H_5Y^+)}{c'(H_6Y^{2+})}=10^{-0.9}$$

$$H_5Y^+ \rightleftharpoons H^+ + H_4Y \qquad K_{a2}^{\ominus}=\frac{c'(H^+)c'(H_4Y)}{c'(H_5Y^+)}=10^{-1.6}$$

$$H_4Y \rightleftharpoons H^+ + H_3Y^- \qquad K_{a3}^{\ominus}=\frac{c'(H^+)c'(H_3Y^-)}{c'(H_4Y)}=10^{-2.0}$$

$$H_3Y^- \rightleftharpoons H^+ + H_2Y^{2-} \qquad K_{a4}^{\ominus}=\frac{c'(H^+)c'(H_2Y^{2-})}{c'(H_3Y^-)}=10^{-2.67}$$

$$H_2Y^{2-} \rightleftharpoons H^+ + HY^{3-} \qquad K_{a5}^{\ominus}=\frac{c'(H^+)c'(HY^{3-})}{c'(H_2Y^{2-})}=10^{-6.16}$$

$$HY^{3-} \rightleftharpoons H^+ + Y^{4-} \qquad K_{a6}^{\ominus}=\frac{c'(H^+)c'(Y^{4-})}{c'(HY^{3-})}=10^{-10.26}$$

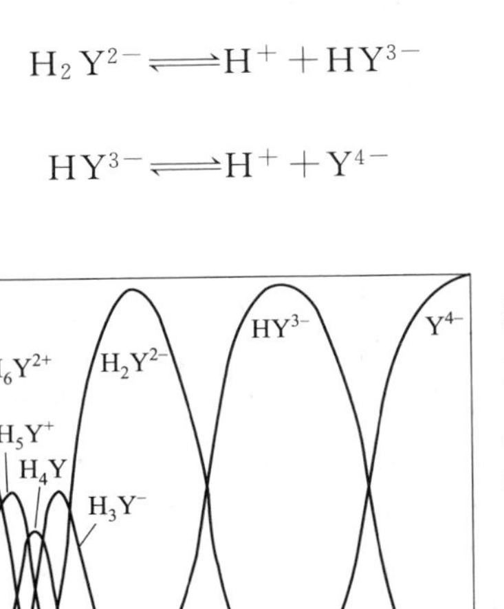

图 7-4　EDTA 各种型体的分布系数与溶液 pH 的关系

从以上解离方程式可以看出，EDTA 在水溶液中存在着 H_6Y^{2+}、H_5Y^+、H_4Y、H_3Y^-、H_2Y^{2-}、HY^{3-} 和 Y^{4-} 7 种型体，各种型体的浓度随溶液中 pH 的变化而变化。它们的分布系数与溶液 pH 的关系如图 7-4 所示。由图 7-4 可见，在 pH<0.90 的强酸性溶液中，EDTA 主要以 H_6Y^{2+} 型体存在，在 pH 为 0.97～1.60 的溶液中，主要以型体 H_5Y^+ 存在；在 pH 为 1.60～2.00 溶液中，主要以 H_4Y 型体存在，在 pH 为 2.00～2.67 的溶液中，主要以 H_3Y^- 型体存在，在 pH 为 2.67～6.16 的溶液中，主要以 H_2Y^{2-} 型体存在，在 pH 为 6.16～10.26 的溶液中，主要以 HY^{3-} 型体存在，在 pH≥12 的溶液中，才主要以 Y^{4-} 型体存在。

溶液的酸度便成为影响金属离子与 EDTA 配合物稳定性的一个极为重要的因素。

7.5.2 影响 EDTA 配合物稳定性的主要因素

以 EDTA 作为滴定剂，在测定金属离子的反应中，由于大多数金属离子与其生成的配合物具有较大的稳定常数，因此反应可以定量完成。但在实际反应中，不同的滴定条件下，除了被测金属离子与 EDTA 的主反应外，还存在许多副反应，使形成的配合物不稳定，它们之间的平衡关系可用下式表示。

主反应 $\quad M + Y \rightleftharpoons MY$

$OH^- \swarrow \searrow L \quad H^+ \swarrow \searrow N \quad H^+ \swarrow \searrow OH^-$

副反应 $\quad M(OH) \quad ML \quad HY \quad NY \quad MHY \quad MOHY$

$\vdots \quad \vdots \quad \vdots$

$M(OH)_n \quad ML_n \quad H_6Y$

在一般情况下，如果体系中没有干扰离子，且没有其他配位剂，则影响主反应的因素主要是EDTA的酸效应及金属离子的水解；若存在其他配位剂，则除了考虑金属离子的水解，还应考虑金属离子的辅助配位效应。下面一一讨论。

（1）EDTA的副反应

① EDTA的酸效应及酸效应系数 $\alpha_{Y(H)}$ 在EDTA的多种形态中，只有 Y^{4-} 可以与金属离子进行配位。由EDTA各种型体的分布系数与溶液pH的关系图可知，随着酸度的增加，Y^{4-} 的分布系数减小。这种由于 H^+ 的存在使EDTA参加主反应的能力下降的现象称为酸效应。

酸效应的大小用酸效应系数 $\alpha_{Y(H)}$（表7-6）来衡量，它是指未参加配位反应的EDTA各种存在型体的总浓度 $c(Y')$ 与能直接参与主反应的 Y^{4-} 的平衡浓度 $c(Y^{4-})$ 之比，即酸效应系数只与溶液的酸度有关，溶液的酸度越高，$\alpha_{Y(H)}$ 就越大，Y^{4-} 的浓度越小。

$$\alpha_{Y(H)}=\frac{c(Y')}{c(Y^{4-})}=\frac{c(Y^{4-})+c(HY^{3-})+c(H_2Y^{2-})+\cdots+c(H_6Y^{2+})}{c(Y^{4-})}$$

$$=1+\frac{c(HY^{3-})}{c(Y^{4-})}+\frac{c(H_2Y^{3-})}{c(Y^{4-})}+\cdots+\frac{c(H_6Y^{2+})}{c(Y^{4-})} \qquad (7\text{-}6)$$

$$=1+\frac{c(H^+)}{K^{\ominus}_{a6}}+\frac{c(H^+)^2}{K^{\ominus}_{a6}K^{\ominus}_{a5}}+\cdots+\frac{c(H^+)^6}{K^{\ominus}_{a6}K^{\ominus}_{a5}\cdots K^{\ominus}_{a1}}$$

表7-6 EDTA在不同pH条件时的酸效应系数

pH	$\lg\alpha_{Y(H)}$	pH	$\lg\alpha_{Y(H)}$	pH	$\lg\alpha_{Y(H)}$	pH	$\lg\alpha_{Y(H)}$
0.0	23.64	3.8	8.85	7.4	2.88	11.0	0.07
0.4	21.32	4.0	8.44	7.8	2.47	11.5	0.02
0.8	19.08	4.4	7.64	8.0	2.27	11.6	0.02
1.0	18.01	4.8	6.84	8.4	1.87	11.7	0.02
1.4	16.02	5.0	6.45	8.8	1.48	11.8	0.01
1.8	14.27	5.4	5.69	9.0	1.28	11.9	0.01
2.0	13.51	5.8	4.98	9.4	0.92	12.0	0.01
2.4	12.19	6.0	4.65	9.8	0.59	12.1	0.01
2.8	11.09	6.4	4.06	10.0	0.45	12.2	0.005
3.0	10.60	6.8	3.55	10.4	0.24	13.0	0.0008
3.4	9.70	7.0	3.32	10.8	0.11	13.9	0.0001

② 共存离子效应及共存离子效应系数 $\alpha_{Y(N)}$ 其他金属离子N与EDTA的反应对主反应的影响称为共存离子的影响，其程度用共存离子效应系数 $\alpha_{Y(N)}$ 表示。

$$\alpha_{Y(N)}=\frac{c(Y')}{c(Y)}=\frac{c(Y)+c(NY)}{c(Y)} \qquad (7\text{-}7)$$

考虑酸效应和共存离子效应，EDTA的总的副反应系数为 α_Y，则

$$\alpha_Y=\frac{c(Y')}{c(Y)}=\frac{[c(Y)+c(HY)+c(H_2Y)+\cdots+c(H_6Y)+c(NY)]}{c(Y)}$$

即 $$\alpha_{Y}=\alpha_{Y(H)}+\alpha_{Y(N)}-1 \tag{7-8}$$

(2) 金属离子的副反应及副反应系数 α_{M}

① 金属离子的辅助配位效应及配位效应系数 $\alpha_{M(L)}$　如果滴定体系中存在其他的配位剂 (L)，由于其他配位剂 L 与金属离子的配位反应而使金属离子参加主反应能力降低，这种现象叫金属离子的辅助配位效应。辅助配位效应的大小用配位效应系数 α_{M}(L) 来表示，它是指未与滴定剂 Y^{4-} 配位的金属离子 M 的各种存在型体的总浓度 $c(M')$ 与游离金属离子浓度 $c(M)$ 之比，即

$$\begin{aligned}\alpha_{M(L)}&=\frac{c(M')}{c(M)}\\&=\frac{c(M)+c(ML_1)+c(ML_2)+\cdots+c(ML_n)}{c(M)}\\&=1+\frac{c(ML_1)}{c(M)}+\frac{c(ML_2)}{c(M)}+\cdots+\frac{c(ML_n)}{c(M)}\\&=1+c(L)\beta_1+c^2(L)\beta_2+\cdots+c^n(L)\beta_n\end{aligned} \tag{7-9}$$

② 金属离子的羟合效应系数　当不存在其他配位剂时，在低酸度的情况下，OH^- 也可以看作一种配位剂，能和金属离子形成一系列羟基配合物，使金属离子参加主反应能力降低，这种现象叫金属离子的羟合配位效应，其大小用羟合效应系数 $\alpha_{M(OH)}$ 表示，则

$$\begin{aligned}\alpha_{M(OH)}&=\frac{c(M')}{c(M)}\\&=\frac{c(M)+c\{M(OH)_1\}+c\{M(OH)_2\}+\cdots+c\{M(OH)_n\}}{c(M)}\\&=1+c(OH)\beta_1+c^2(OH)\beta_2+\cdots+c^n(OH)\beta_n\end{aligned} \tag{7-10}$$

一些金属离子在不同 pH 的 $\lg\alpha_{M(OH)}$ 值见表 7-7。

表 7-7　一些金属离子在不同的 pH 的 $\lg\alpha_{M(OH)}$ 值

金属离子	离子强度	pH													
		1	2	3	4	5	6	7	8	9	10	11	12	13	14
Al^{3+}	2					0.4	1.3	5.3	9.3	13.3	17.3	21.3	25.3	29.3	33.3
Bi^{3+}	3	0.1	0.5	1.4	2.4	3.4	4.4	5.4							
Ca^{2+}	0.1													0.3	1.0
Cd^{2+}	3									0.1	0.5	2.0	4.5	8.1	12.0
Co^{2+}	0.1								0.1	0.4	1.1	2.2	4.2	7.2	10.2
Cu^{2+}	0.1								0.2	0.8	1.7	2.7	3.7	4.7	5.7
Fe^{2+}	1									0.1	0.6	1.5	2.5	3.5	4.5
Fe^{3+}	3			0.4	1.8	3.7	5.7	7.7	9.7	11.7	13.7	15.7	17.7	19.7	21.7
Hg^{2+}	0.1			0.5	1.9	3.9	5.9	7.9	9.9	11.9	13.9	15.9	17.9	19.9	21.9
La^{3+}	3										0.3	1.0	1.9	2.9	3.9
Mg^{2+}	0.1											0.1	0.5	1.3	2.3
Mn^{2+}	0.1										0.1	0.5	1.4	2.4	3.4
Ni^{2+}	0.1									0.1	0.7	1.6			
Pb^{2+}	0.1							0.1	0.5	1.4	2.7	4.7	7.4	10.4	13.4
Th^{4+}	1				0.2	0.8	1.7	2.7	3.7	4.7	5.7	6.7	7.7	8.7	9.7
Zn^{2+}	0.1									0.2	2.4	5.4	8.5	11.8	15.5

显然，$\alpha_{M(OH)}$ 与溶液的 pH 有关，pH 越大，金属离子发生水解的程度越大，越不利于主反应的进行。

综合以上两种情况，金属离子总的副反应系数可表示为

$$\alpha_M = \alpha_{M(L)} + \alpha_{M(OH)} - 1 \tag{7-11}$$

7.5.3 EDTA 配合物的条件稳定常数

EDTA 与金属离子形成配离子的稳定性用绝对稳定常数来衡量。但在实际反应中，由于 EDTA 或金属离子可能存在一定的副反应，所以配合物的平衡常数 $K_f^{\ominus}(MY)$ 不能真实反映主反应进行的程度。应该用未与滴定剂 Y^{4-} 配位的金属离子 M 的各种存在型体的总浓度 $c(M')$ 来代替 $c(M)$，用未参与配位反应的 EDTA 各种存在型体的总浓度 $c(Y')$ 代替 $c(Y)$，这样配合物的稳定性可表示为

$$K_f^{\ominus\prime}(MY) = \frac{c(MY)}{c(M')c(Y')} = \frac{c(MY)}{\alpha_M c(M)\alpha_Y c(Y)} = \frac{K_f^{\ominus}(MY)}{\alpha_M \alpha_Y} \tag{7-12}$$

即

$$\lg K_f^{\ominus\prime}(MY) = \lg K_f^{\ominus}(MY) - \lg\alpha_M - \lg\alpha_Y \tag{7-13}$$

$K_f^{\ominus\prime}(MY)$ 称为配合物的条件稳定常数，它反映了实际反应中配合物的稳定性。

【例 7-5】 计算在 pH=1.0 和 pH=5.0 时，PbY 的条件稳定常数。

解 已知 $\lg K_f^{\ominus}(PbY) = 18.04$

查表 7-6 可知，pH=1.0 时，$\lg\alpha_{Y(H)} = 18.01$，

所以 $\lg K_f^{\ominus\prime}(PbY) = \lg K_f^{\ominus}(PbY) - \lg\alpha_{Y(H)} = 18.04 - 18.01 = 0.03$

pH=5.0 时，$\lg\alpha_{Y(H)} = 6.45$，

所以 $\lg K_f^{\ominus\prime}(PbY) = \lg K_f^{\ominus}(PbY) - \lg\alpha_{Y(H)} = 18.04 - 6.45 = 11.59$

【例 7-6】 计算 pH=11.0，氨浓度为 $0.10\text{mol}\cdot L^{-1}$ 时 ZnY 的条件稳定常数。若溶液中 Zn^{2+} 的总浓度为 $0.02\text{mol}\cdot L^{-1}$，计算游离的 Zn^{2+} 的浓度。

解 查附录 6 可知，Zn^{2+} 和 NH_3 形成各级配离子的稳定常数 $\beta_1 \sim \beta_4$ 分别为 $10^{2.27}$、$10^{4.61}$、$10^{7.01}$、$10^{9.06}$。所以 Zn^{2+} 的副反应系数为

$$\begin{aligned}\alpha_{Zn(NH_3)} &= 1 + c(NH_3)\beta_1 + c^2(NH_3)\beta_2 + c^3(NH_3)\beta_3 + c^4(NH_3)\beta_4 \\ &= 1 + 10^{-1}\times10^{2.27} + 10^{-2}\times10^{4.61} + 10^{-3}\times10^{7.01} + 10^{-4}\times10^{9.06} \approx 10^{5.1}\end{aligned}$$

当 pH=11.0 时，Zn^{2+} 有羟合效应 $\alpha_{Zn(OH)} = 10^{5.4}$

所以 $\alpha_{Zn} = 10^{5.1} + 10^{5.4} - 1 \approx 10^{5.4}$

$\lg K_f^{\ominus\prime}(ZnY) = \lg K_f^{\ominus}(ZnY) - \lg\alpha_{(Zn)} - \lg\alpha_{Y(H)} = 16.50 - 5.4 - 0.07 = 11.03$

游离的 Zn^{2+} 的浓度：$c(Zn^{2+}) = \dfrac{c_{Zn^{2+}}}{\alpha_{Zn^{2+}}} = \dfrac{0.02}{10^{5.4}} = 7.97\times10^{-8}$ （$\text{mol}\cdot L^{-1}$）

7.6 金属指示剂

确定配位滴定终点常用指示剂法，配位滴定法中使用的指示剂称为金属指示剂。

7.6.1 金属指示剂的变色原理

金属指示剂是一种能与金属离子形成有色配合物的一类有机配位剂，与金属离子形成的配合物与其本身颜色有显著不同，从而指示溶液中金属离子的浓度变化，确定滴定的终

点。若以 In 表示金属指示剂，以 M 表示被滴定金属离子，In 和 M 可形成 MIn（为方便书写略去了电荷），In 和 MIn 有不同的颜色。

$$M + In(\text{甲色}) \rightleftharpoons MIn(\text{乙色})$$

金属指示剂 In 与金属离子 M 先形成 MIn，到临近滴定终点时，游离的 M 已经很低，EDTA 进而夺取 MIn 中的 M，使 In 游离出来，滴定系统的颜色转为 In 的颜色，从而指示滴定终点。

$$MIn(\text{乙色}) + Y \rightleftharpoons MY + In(\text{甲色})$$

下面以铬黑 T 在滴定反应中的颜色变化来说明金属指示剂的变色原理。

铬黑 T 是弱酸性偶氮染料，其化学名称是 1-(1-羟基-2-萘偶氮)-6-硝基-2-萘酚-4-磺酸钠。铬黑 T 的钠盐为黑褐色粉末，带有金属光泽。在不同的 pH 溶液中存在不同的解离平衡。当 pH<6.0 时，指示剂显红色，而它与金属离子所形成的配合物也是红色，终点无法判断；在 pH 为 7.0～11.0 的溶液里指示剂显蓝色，与红色有极明显的色差，所以用铬黑 T 作指示剂应控制 pH 在此范围内；当 pH>12.0 时，则显橙色，与红色的色差也不够明显。实验证明，以铬黑 T 作指示剂，用 EDTA 进行直接滴定时 pH 在 9.0～10.5 最合适。

$$\underset{\substack{(\text{红色})\\ pH<6.0}}{H_2In^-} \underset{+H^+}{\overset{-H^+}{\rightleftharpoons}} \underset{\substack{(\text{蓝色})\\ pH\ 7.0\sim11.0}}{HIn} \underset{+H^+}{\overset{-H^+}{\rightleftharpoons}} \underset{\substack{(\text{橙色})\\ pH>12.0}}{In^{3-}}$$

铬黑 T 可作 Zn^{2+}、Cd^{2+}、Mg^{2+}、Hg^{2+} 等离子的指示剂，它与金属离子以 1∶1 配位。例如，以铬黑 T 为指示剂用 EDTA 滴定 Mg^{2+}（pH＝10.0 时），滴定前溶液显酒红色。

$$Mg^{2+} + \underset{(\text{蓝色})}{HIn^{2-}} \rightleftharpoons \underset{(\text{酒红色})}{MgIn^-} + H^+$$

滴定开始后，Y^{4-} 先与游离的 Mg^{2+} 配位。

$$Mg^{2+} + HY^{3-} \rightleftharpoons MgY^{2-} + H^+$$

在滴定终点前，溶液中一直显示 $MgIn^-$ 的酒红色，直到化学计量点时，Y^{4-} 夺取 $MgIn^-$ 中的 Mg^{2+}，由 $MgIn^-$ 的红色转变为 HIn^{2-} 的蓝色。

$$\underset{(\text{酒红色})}{MgIn^-} + HY^{3-} \rightleftharpoons MgY^{2-} + \underset{(\text{蓝色})}{HIn^{2-}}$$

在整个滴定过程中，颜色变化为酒红色→紫色→蓝色。

因铬黑 T 水溶液不稳定，很易聚合，一般与固体 NaCl 以 1∶100 比例相混，配成固体混合物使用，也可配成三乙醇胺溶液使用。

常见的金属指示剂除铬黑 T 外，还有钙指示剂（简称钙红，NN），其化学名称为 2-羟基-1-(2-羟基-4-磺酸-1-萘偶氮基)-3-萘甲酸。钙指示剂是配位滴定中滴定钙的专属指示剂，在 pH＝12.0～13.0 时测钙（Ca^{2+}），终点为蓝色，变色很敏锐，灵敏度极高，如系统中有微量 Mg^{2+} 存在，则滴定终点变色更敏锐，且不影响结果的准确度。纯钙指示剂是黑色粉末，很稳定，但它的水溶液和乙醇溶液都不稳定，故用固体 NN 与 NaCl 按 1∶100 或 1∶200 的比例混匀、研细后使用。

7.6.2 金属指示剂应具备的条件

要准确地指示配位滴定的滴定终点，作为金属指示剂应该具备以下条件。

① 金属离子与指示剂形成配合物的颜色与指示剂的颜色有明显的区别，这样终点变化才明显，便于眼睛观察。

② 金属离子与指示剂生成的配合物的稳定性要适当。既要有足够的稳定性（$\lg K_f^{\ominus}{}'(MIn)\geqslant 5$），又要比 MY 的稳定性要小。如果稳定性过低，将导致滴定终点提前，且变色范围变宽，颜色变化不敏锐；如果稳定性过高，将导致终点拖后，甚至使 EDTA 无法夺取 MIn 中的 M，使得滴定到达化学计量点时也不发生颜色突变，无法确定终点。实践证明，两者的稳定常数之差在 100 倍左右为宜，即 $\lg K_f^{\ominus}{}'(MY)-\lg K_f^{\ominus}{}'(MIn)\geqslant 2$。

③ 指示剂与金属离子的显色反应要灵敏、迅速，有一定的选择性。在一定条件下，只对某一种（或某几种）离子发生显色反应。

④ 金属指示剂应易溶于水，物理和化学性质比较稳定，便于贮藏和使用。

7.6.3 金属指示剂的选择

金属指示剂的选择和酸碱滴定中指示剂的选择原则一样，即要求所选用的指示剂能在滴定“突跃”的 ΔpM 范围之内发生颜色变化，并且指示剂变色点的 pM 值应尽量与滴定计量点时的 pM 值相等或接近，以免发生较大的滴定误差。

7.6.4 金属指示剂在使用中应注意的问题

（1）指示剂的封闭

金属指示剂在化学计量点时能从 MIn 配合物中释放出来，从而显示与 MIn 配合物不同的颜色来指示终点。在实际滴定中，如果 MIn 配合物的稳定性大于 MY 的稳定性，或存在其他干扰离子，且干扰离子 N 与 In 形成的配合物稳定性大于 MY 的稳定性，则在化学计量点时，Y 就不能夺取 MIn 中的 M，因而一直显示 MIn 的颜色，这种现象称为指示剂的封闭。

指示剂封闭现象通常采用加入掩蔽剂或分离干扰离子的方法消除。例如在 pH＝10.0 时以铬黑 T 为指示剂滴定 Ca^{2+}、Mg^{2+} 总量时，Al^{3+}、Fe^{3+}、Cu^{2+}、Co^{2+}、Ni^{2+} 会封闭铬黑 T，使终点无法确定。这时就必须将它们分离或加入少量三乙醇胺（掩蔽 Al^{3+}、Fe^{3+}）和 KCN（掩蔽 Cu^{2+}、Co^{2+}、Ni^{2+}）以消除干扰。

（2）指示剂的僵化现象

在化学计量点附近，由于 Y 夺取 MIn 中的 M 非常缓慢，因而指示剂的变色非常缓慢，导致终点拖长，这种现象称为指示剂的僵化。指示剂的僵化是由于有些指示剂本身或金属离子与指示剂形成的配合物在水中的溶解度太小，解决办法是加入有机溶剂或加热以增大其溶解度，从而加快反应速率，使终点变色明显。

（3）指示剂的氧化变质现象

金属指示剂大多为含有双键的有色化合物，易被日光、氧化剂和空气所氧化，在水溶液中多不稳定，日久会变质。如铬黑 T 在 Mn(Ⅳ)、Ce(Ⅳ) 存在下，会很快被分解褪色。为了克服这一缺点，常配成固体混合物，加入还原性物质如抗坏血酸、羟胺等，或临用时配制。

7.7 配位滴定法

以形成配合物反应为基础的滴定称为配位滴定法。配位滴定法常用来测定多种金属离子或间接测定其他离子。用于配位滴定的反应必须符合完全、定量、快速和有适当指示剂来指示终点等要求。因此配位滴定要求在一定的反应条件下，形成的配合物要相当稳定，配位数必须固定，即只形成一种配位数的配合物。

7.7.1 配位滴定曲线

在酸碱滴定反应中，化学计量点附近溶液中 pH 会发生突变。而在配位滴定中，随着滴定剂 EDTA 的不断加入，在化学计量点附近，溶液中金属离子 M 的浓度发生急剧变化。如果以 pM 为纵坐标，以加入标准溶液 EDTA 的量 $c(Y)$ 为横坐标作图，则可得到与酸碱滴定曲线相类似的配位滴定曲线。

现以 EDTA 溶液滴定 Ca^{2+} 溶液为例，讨论滴定过程中金属离子浓度的变化情况。已知 $c(Ca^{2+})=0.01000mol\cdot L^{-1}$，$V(Ca^{2+})=20.00mL$，$c(Y)=0.01000mol\cdot L^{-1}$，pH=10.0，体系中不存在其他的配位剂。

查附录 7 及表 7-6 可知，$\lg K_f^{\ominus}(CaY)=10.69$，$\lg\alpha_{Y(H)}=0.45$

所以，$\lg K_f^{\ominus\prime}(CaY)=\lg K_f^{\ominus}(CaY)-\lg\alpha_{Y(H)}=10.69-0.45=10.24$

即 $K_f^{\ominus\prime}(CaY)=1.74\times10^{10}$

(1) 滴定前

$$c(Ca^{2+})=0.01000mol\cdot L^{-1}, pCa=2.0$$

(2) 滴定开始至化学计量点前

近似地以剩余 Ca^{2+} 浓度来计算 pCa。

加入 EDTA 标准溶液 18.00mL（即被滴定 90.00%）时，有

$$c(Ca^{2+})=0.01000\times\frac{2.00}{20.00+18.00}=5.3\times10^{-4}(mol\cdot L^{-1})$$

$$pCa=3.3$$

加入 EDTA 标准溶液 19.98mL（即被滴定 99.9%）时，有

$$c(Ca^{2+})=0.01000\times\frac{20.00-19.98}{20.00+19.98}=5.00\times10^{-6}(mol\cdot L^{-1})$$

$$pCa=5.3$$

(3) 化学计量点时

由于 CaY 配合物比较稳定，所以在化学计量点时，Ca^{2+} 与加入的标准溶液几乎全部配位成 CaY 配合物。即

$$c(CaY)=0.01000\times\frac{20.00}{20.00+20.00}=5.0\times10^{-3}(mol\cdot L^{-1})$$

化学计量点时 $c(Ca^{2+})=c(Y)$，所以

$$K_f^{\ominus\prime}(CaY)=\frac{c(CaY)}{c(Ca)c(Y)}=\frac{c(CaY)}{c^2(Ca^{2+})}$$

$$c(Ca^{2+})=\sqrt{\frac{c(CaY)}{K_f^{\ominus\prime}(CaY)}}=\sqrt{\frac{0.005000}{1.74\times10^{10}}}=5.4\times10^{-7}(mol\cdot L^{-1})$$

$$pCa=6.27$$

(4) 化学计量点后

当加入的滴定剂为 22.02mL 时，EDTA 过量 0.02 mL，其浓度为

$$c(Y)=0.01000\times\frac{20.02-20.00}{20.02+20.00}=5.00\times10^{-6}(mol\cdot L^{-1})$$

同时，可近似认为 $c(\mathrm{CaY})=5.0\times10^{-3}\mathrm{mol\cdot L^{-1}}$

所以，$c(\mathrm{Ca^{2+}})=\dfrac{c(\mathrm{CaY})}{K_f^{\ominus\prime}(\mathrm{CaY})c(\mathrm{Y})}=\dfrac{5.0\times10^{-3}}{1.74\times10^{10}\times5.0\times10^{-6}}=5.7\times10^{-8}(\mathrm{mol\cdot L^{-1}})$

$$\mathrm{pCa}=7.24$$

从图 7-5 可知，在不同的 pH 条件下得到不同的曲线，反映了 EDTA 酸效应对 pM 的影响。如此逐一计算，以 pCa 为纵坐标，加入 EDTA 标准溶液的百分数（或体积）为横坐标作图，即得到用 EDTA 标准溶液滴定 Ca^{2+} 的滴定曲线。同理得到不同 pH 条件下的滴定曲线，如图 7-5 所示。在化学计量点前的 Ca^{2+} 浓度与酸效应无关，因此多条曲线重合在一起。化学计量点和化学计量点后均以条件稳定常数为依据，不同的曲线源于不同 pH 条件下的 $K_f^{\ominus\prime}(\mathrm{MY})$。条件一定时，MY 配合物的条件稳定常数越大，滴定曲线上的突跃范围也越大（见图 7-6）。

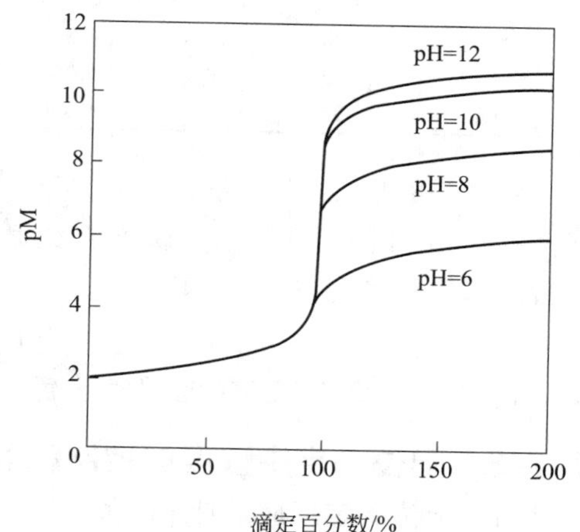

图 7-5　EDTA 滴定 Ca^{2+} 的滴定曲线

决定 $\lg K^{\ominus\prime}(\mathrm{MY})$ 大小的因素，首先是其绝对稳定常数 $\lg K^{\ominus}(\mathrm{MY})$，其次是溶液的酸度，其他配位剂的配位作用等也有很大影响。酸效应、配位效应越大，则 $\lg K_f^{\ominus\prime}(\mathrm{MY})$ 值就越小。最后还应指出一点，金属离子的起始浓度大小对滴定突跃也有影响，这和酸碱滴定中酸（碱）浓度影响突跃范围相似。金属离子起始浓度越小，滴定曲线的起点越高，因而其突跃部分就越短（见图 7-7），从而使滴定突跃变小。

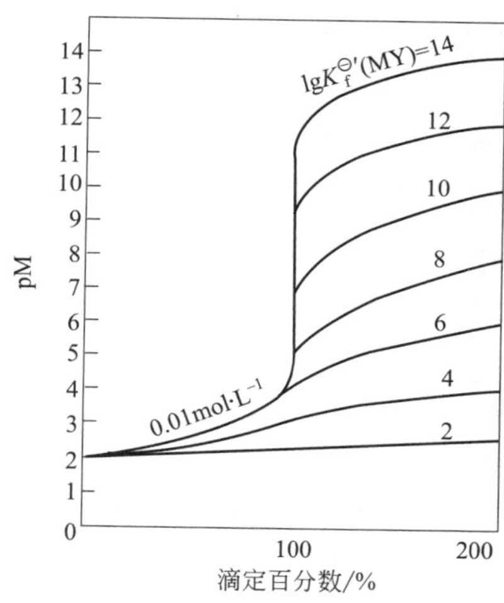

图 7-6　$\lg K_f^{\ominus\prime}(\mathrm{MY})$ 对滴定曲线的影响

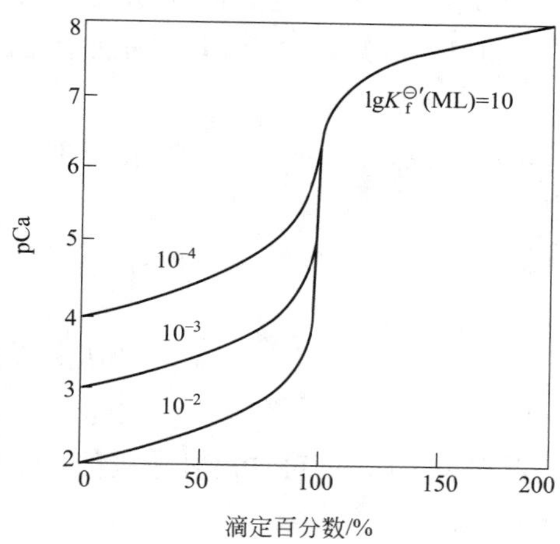

图 7-7　金属离子浓度对滴定曲线图的影响

7.7.2　准确滴定某一金属的条件

滴定分析中，采用目视法观察指示剂变色来确定滴定终点，若要满足滴定误差≤0.1%，在计量点前后必须有≥0.3pM 单位的变化。用 EDTA 滴定金属离子 M 时，不同 $K_f^{\ominus\prime}(\mathrm{MY})$ 的滴定系统计量点前后的 pM 值变化，如表 7-8 所示。

表 7-8　EDTA 滴定金属离子 M 时计量点附近 pM 值的变化

$K_f^{\ominus}{}'(MY)$	0.1000mol/L 待测溶液				0.01000mol/L 待测溶液			
	−0.1% pM	计量点 pM	+0.1% pM	突跃 ΔpM	−0.1% pM	计量点 pM	+0.1% pM	突跃 ΔpM
10^4	2.655	2.660	2.665	0.010	3.180	3.181	3.183	0.005
10^5	3.138	3.154	3.169	0.031	3.655	3.660	3.665	0.016
10^6	3.603	3.651	3.700	0.097	4.138	4.154	4.190	0.031
10^7	4.000	4.151	4.301	0.301	4.603	4.651	4.700	0.697
10^8	4.232	4.615	5.069	0.837	5.000	5.151	5.301	0.301
10^9	4.292	5.151	6.008	1.716	6.232	6.615	6.067	0.837

由表 7-8 可见，只有满足 $\lg c'(M)K_f^{\ominus}{}'(MY)\geqslant 6$ 或 $c'(M)\ K_f^{\ominus}{}'(MY)\geqslant 10^6$ 时，才能保证有 0.3pM 的突跃。当金属离子浓度 $c(M)=0.01mol\cdot L^{-1}$时，此配合物的条件稳定常数必须等于或大于 10^8，即

$$\lg K_f^{\ominus}{}'(MY)\geqslant 8 \tag{7-14}$$

式(7-14) 就是 EDTA 准确直接滴定单一金属离子的条件。

7.7.3　配位滴定中酸度的控制和酸效应曲线

(1) 配位滴定反应最低 pH 值

EDTA 参与配位反应的主要型体 Y^{4-} 的浓度随溶液中酸度的不同有很大的影响。即酸度对配位滴定的影响非常大。根据 $\lg K_f^{\ominus}{}'(MY)=\lg K_f^{\ominus}(MY)-\lg\alpha_{Y(H)}$ (只考虑酸效应) 和准确滴定的条件 $\lg K_f^{\ominus}{}'(MY)\geqslant 8$，所以当用 EDTA 滴定不同的金属离子时，对稳定性高的配合物，溶液酸度稍高一点也能准确地进行滴定，但对稳定性稍差的配合物，酸度若高于某一数值时，就不能准确地滴定。因此，滴定不同的金属离子，有不同的最高酸度（最低 pH），小于这一最低 pH，就不能进行准确滴定。

由例 7-6 可知，对于 Pb^{2+} 的滴定，当pH=1.0 时，$\lg K_f^{\ominus}{}'(PbY)=0.03<8$，

pH=5.0 时，$\lg K_f^{\ominus}{}'(PbY)=11.56>8$

也就是说，pH=1.0 时不能用 EDTA 准确滴定 Pb^{2+}，而在 pH=5.0 时可以准确滴定。

所以由 $\lg K_f^{\ominus}{}'(MY)=\lg K_f^{\ominus}(MY)-\lg\alpha_{Y(H)}$ 和 $\lg K_f^{\ominus}{}'(MY)\geqslant 8$ 得各种金属离子的 $\lg\alpha_{Y(H)}$ 值。

$$\lg K_f^{\ominus}(MY)-\lg\alpha_{Y(H)}\geqslant 8$$

即

$$\lg\alpha_{Y(H)}\leqslant\lg K_f^{\ominus}(MY)-8 \tag{7-15}$$

再查表 7-6，即可查出其相应的 pH 值，这个 pH 值即为滴定某一金属离子所允许的最低 pH 值。

(2) EDTA 酸效应曲线

若以不同的 $\lg K_f^{\ominus}(MY)$ 值对相应的最低 pH 值作图，就得到酸效应曲线，见图 7-8。酸效应曲线的作用：①从曲线上可以找出，单独滴定某一金属离子所需的最低 pH。例如滴定 Fe^{3+}，pH 必须大于 1.3，滴定 Zn^{2+}，pH 必须大于 4.0。②判断滴定时，金属离子之间是否存在干扰以及干扰的程度，从而可以利用控制酸度，达到分别滴定或连续滴定的目的。

在通常情况下，EDTA 可以不同的型体存在于溶液中，因此配位滴定时会不断释放出 H^+。例如

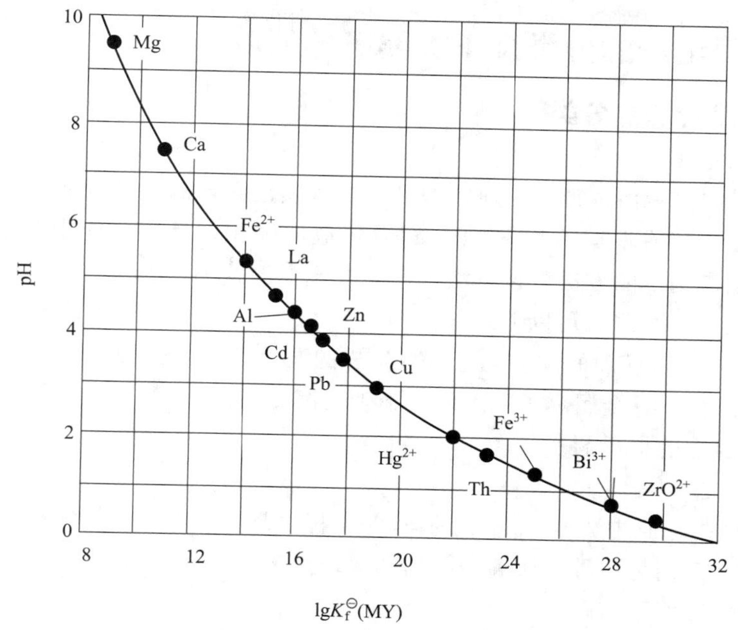

图 7-8　EDTA 的酸效应曲线

$$M^{2+} + H_2Y^{2-} \rlap{=}{=}\!= MY^{2-} + 2H^+$$

这就使溶液酸度不断增高，从而降低 $K_f^{\ominus}(MY)$ 值，影响到反应的完全程度。因此，配位滴定中常加入缓冲溶液控制溶液的酸度。例如，用 EDTA 滴定 Ca^{2+}、Mg^{2+} 时就要加入 pH 为 10.0 的 NH_3-NH_4^+ 缓冲溶液。

（3）配位滴定反应最高 pH 值

酸效应曲线可以确定滴定某一金属离子时的最低 pH，但在实际分析工作中所采用的 pH 要比最低 pH 稍大一些，因为这样可使配位反应进行得更完全。不过，并不是 pH 越大越好，因为过浓的 OH^- 会导致金属离子水解或生成羟基配位化合物，同时还可能导致原先不发生干扰的离子因滴定条件的改变而转变为干扰离子。因此，要准确滴定金属离子，不但要有最低 pH，也应有最高 pH。最高 pH 的确定在只考虑酸效应的配位滴定系统中，仅由 M 水解的 pH 决定，可借助于该金属离子 $M(OH)_n$ 的溶度积求算。

【例 7-7】 在一定条件下，用 0.0100 mol L^{-1}EDTA 滴定 0.0100 Cu^{2+} 溶液，计算准确滴定的最低 pH 和最高 pH。

解　（1）最低 pH：pH＝3.0（由酸效应曲线查得）

（2）最高 pH：查附录 5 得 $K_{sp}^{\ominus}[Cu(OH)_2]=2.2\times10^{-20}$，故

$$c'(OH^-)=\sqrt{\frac{K_{sp}^{\ominus}[Cu(OH)_2]}{c'}}=\sqrt{\frac{2.2\times10^{-20}}{0.01000}}=1.5\times10^{-9}$$

$$c(OH^-)=1.5\times10^{-9}\,mol\cdot L^{-1}$$

$$pH=5.2$$

由计算得知：该条件下，用 EDTA 滴定 Cu^{2+} 的 pH 范围为 3.0～5.2。实际工作中，常用缓冲溶液来调节滴定系统的 pH，使滴定系统的 pH 基本保持不变，从而消除滴定过程中因 pH 改变而带来的滴定误差，保证滴定的准确进行。

7.8 配位滴定法的分类及干扰离子的消除

7.8.1 配位滴定法的分类

（1）直接滴定法

这种方法是将分析溶液调节至所需酸度，加入其他必要的辅助试剂及指示剂，直接用EDTA进行滴定，然后根据消耗EDTA标准溶液的体积，计算试样中被测组分的含量。这是配位滴定中最基本的方法，该方法迅速、方便，误差小。

直接滴定法应用时需满足以下条件。

① 金属离子与EDTA的反应迅速，且生成的配合物 $\lg K_f^{\ominus\prime}(MY) \geqslant 8$。

② 在滴定条件下，金属离子不水解，不生成沉淀。

③ 滴定有合适的指示剂。

（2）返滴定法

这种方法是在试液中先加入过量的EDTA标准溶液，使待测离子完全与EDTA反应，过量的EDTA用另一种金属离子的标准溶液滴定。

该方法适用于以下情况。

① 被测离子与EDTA反应缓慢。

② 被测离子在滴定的pH下会发生水解。

③ 被测离子对指示剂有封闭作用，又找不到合适的指示剂时。

另外，应用该方法时需注意，在用另一种金属离子的标准溶液滴定过量的EDTA时，生成的配离子稳定性不能大于EDTA与被测离子形成的配离子的稳定性，否则会发生配离子的转化而置换出待测金属离子。

例如，用EDTA滴定 Al^{3+} 时，由于存在以下问题：① Al^{3+} 与 Y^{4-} 配位缓慢；②在酸度较低时，Al^{3+} 发生水解，使之与EDTA配位更慢；③ Al^{3+} 又封闭指示剂，因此不能用直接法滴定。

返滴法测定 Al^{3+} 时，先将过量的EDTA标准溶液加到酸性 Al^{3+} 溶液中，调节pH=3.5，煮沸溶液。此时酸度较高，又有过量EDTA存在，Al^{3+} 不会水解，煮沸又加速 Al^{3+} 与 Y^{4-} 的配位反应。然后冷却溶液，并调节pH为5.0～6.0，以保证配位反应定量进行。再加入二甲酚橙指示剂。过量的EDTA用 Zn^{2+} 标准溶液进行返滴定至终点。从标准溶液消耗的净值，求出被测离子的含量。

（3）置换滴定法

这种方法适用于测定一些与EDTA生成配合物不稳定的金属离子含量的测定，也适用于混合离子中某一金属离子的含量测定。

例如，Ag^+ 与 Y^{4-} 的配合物稳定性较小，不能用EDTA直接滴定 Ag^+。

方法：加过量的 $[Ni(CN)_4]^{2-}$ 于含 Ag^+ 的试液中，则发生如下置换反应。

$$2Ag^+ + [Ni(CN)_4]^{2-} \rightleftharpoons 2[Ag(CN)_2]^- + Ni^{2+}$$

此反应进行得很完全，置换出的 Ni^{2+} 可用EDTA滴定。

又例如，测定锡青铜中（含Sn、Cu、Zn、Pb）Sn的含量。

方法：将试样溶解后，加入过量的EDTA标准溶液，使所有的金属离子与EDTA完全反应。过量的EDTA在pH=5.0～6.0时，以二甲酚橙为指示剂，用 Zn^{2+} 标准溶液进行滴定。然后在溶液中加 NH_4F，此时 F^- 有选择置换出 SnY 中的 EDTA，再用 Zn^{2+} 标准溶液滴定置换出的 EDTA，即可求得 Sn 的含量。

（4）间接滴定法

这种方法是在待测液中加入一定量过量沉淀剂，使待测离子生成沉淀，过量的沉淀用 EDTA 来滴定。该方法适用于测定一些不能与 EDTA 形成稳定配离子甚至不能生成配离子的金属离子和非金属离子。

例如，PO_4^{3-} 中 P 的测定。

方法：在试液中加入一定量过量的 $Bi(NO_3)_3$，使之生成 $BiPO_4$ 沉淀，剩余的 Bi^{3+} 用 EDTA 标准溶液滴定，由 EDTA 的量计算出过量的 Bi^{3+}，进而计算出与 Bi^{3+} 反应的 PO_4^{3-} 的量。

7.8.2 滴定干扰的消除

EDTA 具有相当强的配位能力，能与大多数金属离子生成稳定的配合物。如果溶液中存在着多种金属离子，而要用 EDTA 溶液滴定其中的一种离子，其他离子的存在往往干扰比较大。在许多情况下，干扰可通过以下几种方法加以消除。

（1）选择合适的酸度

用 EDTA 的标准溶液滴定金属离子时，与溶液的酸度有很大的关系。每种金属离子能准确滴定都有其最低酸度。当待测液中含有两种以上金属离子时，若每种离子与 EDTA 生成的配合物绝对稳定常数相差足够大，则只需要通过控制溶液的酸度，就能选择滴定其中某一离子，而另外的离子不会产生干扰。一般两种离子的 $\lg K_f^{\ominus}(MY)$ 相差 6 以上，就可以用控制酸度的方法来达到选择性测定某一离子的目的。

（2）使用掩蔽的方法

当混合离子体系中，不满足 $\lg K_f^{\ominus}(MY)$ 相差 6 以上，则不能用控制酸度的方法直接滴定其中一种离子。必须采取掩蔽或分离干扰离子后再进行滴定。按照所用反应类型不同，可分为以下几种。

① 配位掩蔽法　利用掩蔽剂与干扰离子形成稳定配合物来降低干扰离子的浓度进而消除干扰的方法称为配位掩蔽法。这是用得最广泛的方法，如用 EDTA 测定水中的 Ca^{2+}、Mg^{2+} 时，Fe^{3+}、Al^{3+} 等离子的存在对测定有干扰，可加入三乙醇胺作为掩蔽剂，使 Fe^{3+}、Al^{3+} 与掩蔽剂生成配合物。此配合物比它们与 Y^{4-} 的配合物还要稳定，这样就可消除它们对 Ca^{2+}、Mg^{2+} 测定的干扰。

② 氧化还原掩蔽法　利用氧化还原反应，来改变干扰离子的价态来降低干扰离子的浓度，以消除干扰的方法称为氧化还原掩蔽法。例如，用 EDTA 滴定 Zr^{4+}、Fe^{3+} 中的 Zr^{4+} 时，Fe^{3+} 对测定有干扰。加入抗坏血酸将 Fe^{3+} 还原成 Fe^{2+}，就可以消除 Fe^{3+} 干扰，因为 $\lg K_f^{\ominus}(FeY)=25.1$，$\lg K_f^{\ominus}(ZrY)=29.9$，$\lg K_f^{\ominus}(FeY)=14.33$。

③ 沉淀掩蔽法　利用沉淀反应降低干扰离子浓度，以消除干扰的方法称为沉淀掩蔽法。例如，在 Ca^{2+}、Mg^{2+} 共存的溶液中，加入 NaOH，使溶液的 $pH>12.0$。此时 Mg^{2+} 形成 $Mg(OH)_2$ 沉淀，而不干扰 Ca^{2+} 的滴定。使用沉淀掩蔽法时，生成的沉淀溶解度要小，反应要完全；生成的沉淀应无色或浅色，最好是晶型沉淀，吸附作用小，否则会由于颜色深、表面积大吸附被测离子而影响测定的准确度。

（3）预先分离干扰离子

当前面两种方法不能使用时，需要将干扰离子预先分离。例如，磷矿物中一般含有 Al^{3+}、Fe^{3+}、Mg^{2+}、Ca^{2+}、PO_4^{3-} 及 F^-。F^- 能与 Al^{3+} 生成配合物，会严重干扰 Al^{3+}、Ca^{2+} 的测定，在酸度较低时又能与 Ca^{2+} 生成 CaF_2 沉淀。通常在酸化和加热条件下使 F^- 生成 HF 挥发而消除干扰。

(4) 解蔽法

当所掩蔽的离子不是干扰离子而是需要测定其含量的离子时，则在测定完其他离子含量后需要将其释放出来，再用标准溶液测定其含量。所谓解蔽就是指通过加入某种试剂使被掩蔽离子重新释放出来的过程。例如，Zn^{2+}、Mg^{2+} 共存时，可在 pH=10.0 的缓冲溶液中加入氰化钾，使 Zn^{2+} 形成 $[Zn(CN)_4]^{2-}$ 配离子而被掩蔽。先用 EDTA 单独滴定 Mg^{2+}，然后在滴定 Mg^{2+} 溶液过程中加入甲醛溶液，以破坏 $[Zn(CN)_4]^{2-}$ 配离子，使 Zn^{2+} 释放出来而解蔽。其反应如下。

$$[Zn(CN)_4]^{2-}+4HCHO+4H_2O \longrightarrow Zn^{2+}+4HOCH_2CN+4OH^-$$

反应中释放出来的 Zn^{2+}，可用 EDTA 继续滴定。这里 KCN 是 Zn^{2+} 的掩蔽剂，HCHO 是一种解蔽剂。

7.9 配位滴定的应用

7.9.1 EDTA 标准溶液的配制和标定

(1) 标准溶液的配制

常用 EDTA 标准溶液的浓度为 0.01～0.05mol·L^{-1}，一般用 EDTA 的二钠盐 $Na_2H_2Y \cdot 2H_2O$ 配制，其摩尔质量为 372.24g·mol^{-1}。若直接配制，必须将 EDTA 在 80℃下干燥过夜或在 120℃下烘干至恒重（试剂中含有约 0.3%的吸附水）才能准确称量后配制。由于蒸馏水中常含有杂质（Ca^{2+}、Mg^{2+}、Pb^{2+}、Sn^{2+} 等），所以，EDTA 标准溶液的配制大都采用标定的方法，即先配制成近似浓度的溶液，然后用基准物质标定。

例如 0.01mol·L^{-1} EDTA 标准溶液的配制：称取分析纯的 EDTA 二钠盐 1.9 g，溶于 200 mL 温水中，必要时过滤，冷却后用蒸馏水稀释至 500mL，摇匀，保存在试剂瓶内备用。

(2) 标准溶液的标定

标定 EDTA 的基准物质很多，如金属锌、铜、ZnO、$CaCO_3$ 及 $MgSO_4 \cdot 7H_2O$ 等。金属锌的纯度高而且稳定，Zn^{2+} 及 ZnY 均无色，既能在 pH=5.0～6.0 时以二甲酚橙为指示剂来标定，又可在 pH=10.0 的氨性溶液中以铬黑 T 为指示剂来标定，终点均很敏锐，所以实验室中多采用金属锌为基准物。

一般标定条件尽可能与测定条件一致，以免引起系统误差，若能用待测元素的纯金属或化合物作基准物，则可减小系统误差。

金属锌的表面有一层氧化物，可用稀 HCl 洗涤 2～3 次，然后用蒸馏水洗净，再用丙酮漂洗 1～2 次，沥干后于 110℃烘干 5min 备用。

EDTA 标准溶液最好贮存在聚乙烯或硬质玻璃瓶中。若在软装玻璃瓶中存放，玻璃瓶中的 Ca^{2+} 会被 EDTA 溶解（形成 CaY），从而使 EDTA 的浓度不断降低。通常较长时间保存的 EDTA 标准溶液，使用前应再标定。

7.9.2 应用实例

（1）水的总硬度测定

测定水的总硬度，就是测定水中钙、镁的总量，然后换算为相应的硬度单位。我国规定每升水含 10mg CaO 为 1°。

取适量水样加 NH_3-NH_4Cl 缓冲液，调节溶液的 pH=10.0，以铬黑 T 为指示剂，用 EDTA 滴定至溶液由酒红色变为纯蓝色即为终点。记下 EDTA 消耗的体积（mL），计算水的总硬度。

$$\text{总硬度}(°)=\frac{c(\text{EDTA})V(\text{EDTA})M(\text{CaO})}{10\times V_{\text{水}}}\times 1000$$

水中 Fe^{3+}、Al^{3+}、Cu^{2+}、Pb^{2+}、Mn^{2+} 等离子量较大时，对测定有干扰。应加掩蔽剂，Fe^{3+}、Al^{3+} 用三乙醇胺，Cu^{2+}、Pb^{2+} 等可用 KCN 或 Na_2S 等掩蔽。

（2）Sn^{4+} 的测定

测定 Sn^{4+} 时，可于试液中加入过量的 EDTA，将可能存在的 Pb^{2+}、Zn^{2+}、Cd^{2+}、Bi^{3+} 等一起与 EDTA 配位。然后用 Zn^{2+} 标准溶液滴定，除去过量的 EDTA，滴定完成后，加入 NH_4F 选择性地将 SnY 中的 EDTA 释放出来，再用 Zn^{2+} 标准溶液滴定释放出来的 EDTA 即可求得 Sn^{4+} 的含量。

也可以让待测金属离子置换出另一配合物中的金属离子，然后用 EDTA 滴定。

（3）钠盐的测定

先将 Na^+ 沉淀为醋酸铀酰锌钠[$NaAc\cdot Zn(Ac)_2\cdot 3UO_2(Ac)_2\cdot 9H_2O$]，分离出沉淀，洗净并将其溶解，然后用 EDTA 滴定 Zn^{2+}，从而求出试样中 Na^+ 的含量。

（4）SO_4^{2-} 的测定

先向 SO_4^{2-} 试液中加入一定量过量的标准 Ba^{2+} 溶液，使之生成 $BaSO_4$ 沉淀，分离沉淀。取一定量的溶液，用 EDTA 标准溶液滴定剩余 Ba^{2+}，间接求出 SO_4^{2-} 的含量。

（5）铝盐的测定

由于 Al^{3+} 与 EDTA 的配位速率较慢，对二甲酚橙指示剂有封闭作用，还会与 OH^- 形成多羟基配合物，不能用 EDTA 直接滴定。常采用返滴定法测定铝的含量。即将一定量的氢氧化铝凝胶溶解，加 HAc-NaAc 缓冲液调至 pH=5.0，加入过量的 EDTA 标准溶液，加二甲酚橙作指示剂，以锌标准溶液滴定至溶液由黄色变为淡紫红色，即为终点。

知识拓展

配合物在生化、医药中的应用

配合物在自然界普遍存在，而且在科学研究及生产领域中有着广泛而重要的应用。配合物与生物化学、药物化学的关系非常密切，下面举例简要说明。

生物体中具有多种生物配体，蛋白质、聚核苷酸及糖类是三类主要的生物配体。

金属离子能和蛋白质分子中某些肽键的羰基和亚氨基，氨基酸残基上的羟基和氨基等供电子基团配位，从而稳定或改变蛋白质的多级结构，使有关基团有一定的取向和环境，形成具有特定生物功能的配合物——金属蛋白和金属酶，其中金属离子往往是它们活性中心的重要组成部分。例如，具有生物解毒作用的金属硫蛋白，具有生物矿化作用的钙结合蛋白，细胞调节的钙调蛋白，内稳态调控的铁传递蛋白等，都是生物大分子活性化合物。又如，人体中的酶有50%～70%是由金属元素参与的复杂配合物，与各类酶结合的生物

金属主要有 Fe^{2+}(Fe^{3+})、Co^{2+}、Mn^{2+}、Cu^{2+}(Cu^{+})、Zn^{2+}、Mg^{2+}、Ca^{2+} 等。

卟啉也是重要的生物配体，它与铁、镁等金属离子配位生成重要的蛋白（血红蛋白、肌红蛋白）、酶（含血红素的酶）和金属蛋白（叶绿素、血红素）等。维生素分子中亦含有配位基团，如含钴的维生素 B_{12}。

从 20 世纪 60 年代后期以来，研究用金属配合物治疗恶性肿瘤成为人们关注的重要课题。如前面提到的顺铂配合物已经广泛应用于临床治疗。但由于顺铂药物对人体肾脏等有较强的毒性，所以人们又在不断研制新的抗癌药物。现已发现，铂的 4-羧基邻苯二甲酸基-1,2-二氨基环己烷配合物及 5-磺基水杨酸基（1,2-二氨基环己烷）配合物等对治疗癌症也显示出良好的效果。其他铂族金属如铑、钯的配合物也具有较好的抗肿瘤性质。另外含铁和钛的配合物对癌扩散有抑制作用，如茂铁配合物可抑制 70%～80% 结肠和直肠肿瘤的生长，对肺癌扩散呈强抑制性，茂钛二氯化物配合物及其衍生物可以抑制胸腺癌和肺癌的生长。其他一些金属的配合物，如铜、银、金与二膦的配合物也表现了抗癌性质。

某些金属元素进入生物体后，可以改变生物大分子活性部位的构象，或者妨碍生物大分子的重要生物功能，或者取代生物大分子中的必需元素，致使生物体中毒，用配位试剂（多数为螯合剂）作为解毒剂，通过与有害金属离子生成稳定的配合物，可以将有害金属从生物体中排出。

摘自：韩忠宵编著．无机及分析化学．第 3 版．北京：化学工业出版社，2014.

思考题与习题

1. 无水 $CrCl_3$ 和氨作用能形成两种配合物 A 和 B，组成分别为 $CrCl_3 \cdot 6NH_3$ 和 $CrCl_3 \cdot 5NH_3$。加入 $AgNO_3$，A 溶液中几乎全部的氯沉淀为 AgCl，而 B 溶液中只有 2/3 的氯沉淀出来。加入 NaOH 并加热，两种溶液均无氨味。试写出这两种配合物的化学式并命名。

2. 指出下列配合物的中心离子、配体、配位数、配离子电荷数和配合物名称。

$K_2[HgI_4]$，$[CrCl_2(H_2O)_4]Cl$，$[Co(NH_3)_2(en)_2](NO_3)_2$，$Fe_3[Fe(CN)_6]_2$，$K[Co(NO_2)_4(NH_3)_2]$，$Fe(CO)_5$。

3. 试用价键理论说明下列配离子的类型、空间构型和磁性。

(1) $[CoF_6]^{3-}$ 和 $[Co(CN)_6]^{3-}$；(2) $[Ni(NH_3)_4]^{2+}$ 和 $[Ni(CN)_4]^{2-}$。

4. 将 $0.10mol \cdot L^{-1}$ $ZnCl_2$ 溶液与 $1.0mol \cdot L^{-1}$ NH_3 溶液等体积混合，求此溶液中 $[Zn(NH_3)_4]^{2+}$ 和 Zn^{2+} 的浓度。

5. 在 100mL $0.05mol \cdot L^{-1}$ $[Ag(NH_3)_2]^{+}$ 溶液中加入 1mL $1mol \cdot L^{-1}$ NaCl 溶液，溶液中 NH_3 的浓度至少需多大才能阻止 AgCl 沉淀生成？

6. 计算 AgCl 在 $0.1mol \cdot L^{-1}$ 氨水中的溶解度。

7. 在 100mL $0.15mol \cdot L^{-1}$ $[Ag(CN)_2]^{-}$ 溶液中加入 50mL $0.1mol \cdot L^{-1}$ KI 溶液，是否有 AgI 沉淀生成？在上述溶液中再加入 50mL $0.2mol \cdot L^{-1}$ KCN 溶液，又是否会产生 AgI 沉淀？

8. 0.08mol $AgNO_3$ 溶解在 1L $Na_2S_2O_3$ 溶液中形成 $[Ag(S_2O_3)_2]^{3-}$，过量的 $Na_2S_2O_3$ 浓度为 $0.2mol \cdot L^{-1}$。欲得到卤化银沉淀，所需 I^{-} 和 Cl^{-} 的浓度各为多少？能否得到 AgI、AgCl 沉淀？

9. 50mL 0.1mol·L^{-1} $AgNO_3$ 溶液与等量的 6mol·L^{-1} 氨水混合后，向此溶液中加入 0.119g KBr 固体，有无 AgBr 沉淀析出？如欲阻止 AgBr 析出，原混合溶液中氨的初始浓度至少应为多少？

10. 将含有 0.2mol·L^{-1} NH_3 和 1.0mol·L^{-1} NH_4^+ 的缓冲溶液与 0.02mol·L^{-1} $[Cu(NH_3)_4]^{2+}$ 溶液等体积混合，有无 $Cu(OH)_2$ 沉淀生成？［已知 $Cu(OH)_2$ 的 $K_{sp}^{\ominus}=2.2\times10^{-20}$］

11. 下列化合物中，哪些可作为有效的螯合剂？

(1) HO—OH；(2) $H_2N—(CH_2)_3—NH_2$；(3) $(CH_3)_2N—NH_2$；

(4) $H_3C—CH(COOH)—OH$；(5) 2,2′-联吡啶（结构式）；(6) $H_2N(CH_2)_4COOH$。

12. 计算 pH＝7.0 时 EDTA 的酸效应系数 $\alpha_{Y(H)}$，此时 Y^{4-} 占 EDTA 总浓度的百分数是多少？

13. 在 0.01mol·L^{-1} Zn^{2+} 溶液中，用浓的 NaOH 溶液和氨水调节 pH 至 12.0，且使氨浓度为 0.01mol·L^{-1}（不考虑溶液体积的变化），此时游离 Zn^{2+} 的浓度为多少？

14. pH＝6.0 的溶液中含有 0.1mol·L^{-1} 的游离酒石酸根（Tart），计算此时的 $\lg K_f^{\ominus}{}'(cdy^{2-})$。若 Cd^{2+} 的浓度为 0.01mol·L^{-1}，能否用 EDTA 标准溶液准确滴定？（已知 Cd^{2+}-Tart 的 $\lg\beta_1^{\ominus}=2.8$）

15. pH＝4.0 时，能否用 EDTA 准确滴定 0.01mol·L^{-1} Fe^{2+}？pH＝6.0，8.0 时如何？

16. 若配制 EDTA 溶液的水中含有 Ca^{2+}、Mg^{2+}，在 pH＝5～6 时，以二甲酚橙作指示剂，用 Zn^{2+} 标定该 EDTA 溶液，其标定结果是偏高还是偏低？若以此 EDTA 溶液测定 Ca^{2+}、Mg^{2+}，所得结果又如何？

17. 含 0.01mol·L^{-1} Pb^{2+}、0.01mol·L^{-1} Ca^{2+} 的溶液中，能否用 0.01mol·L^{-1} EDTA 准确滴定 Pb^{2+}？若可以，应在什么 pH 下滴定而 Ca^{2+} 不干扰？

18. 在 25.00mL 含 Ni^{2+}、Zn^{2+} 的溶液中加入 50.00mL 0.01500mol·L^{-1} EDTA 溶液，用 0.01000mol·L^{-1} Mg^{2+} 返滴定过量的 EDTA，用去 17.52mL，然后加入二巯基丙醇解蔽 Zn^{2+}，释放出 EDTA，再用去 22.00mL Mg^{2+} 溶液滴定。计算原试液中 Ni^{2+}、Zn^{2+} 的浓度。

19. 间接法测定 SO_4^{2-} 时，称取 3.000g 试样溶解后，稀释至 250.00mL。在 25.00mL 试液中加入 25.00mL 0.05000mol·L^{-1} $BaCl_2$ 溶液，过滤 $BaSO_4$ 沉淀后，滴定剩余 Ba^{2+} 用去 29.15mL 0.02002mol·L^{-1} EDTA。试计算 SO_4^{2-} 的质量分数。

20. 称取硫酸镁样品 0.2500g，以适当方式溶解后，以 0.02115mol·L^{-1} EDTA 标准溶液滴定，用去 24.90mL，计算 EDTA 溶液对 $MgSO_4\cdot7H_2O$ 的滴定度及样品中 $MgSO_4$ 的质量分数。

21. 在 $AgNO_3$ 的氨溶液中，1/2 的 Ag^+ 形成了配离子 $[Ag(NH_3)_2]^+$，游离氨的浓度为 2×10^{-4}mol·L^{-1}。求 $[Ag(NH_3)_2]^+$ 的稳定常数。

22. 当 $S_2O_3^{2-}$ 的平衡浓度为多大时，溶液中 99％ Ag^+ 转变为 $[Ag(S_2O_3)_2]^{3-}$？

23. 如果在 0.10mol·L^{-1} $K[Ag(CN)_2]$ 溶液中加入 KCN 固体，使 CN^- 的浓度为 0.10mol·L^{-1}，然后再加入：(1) KI 固体，使 I^- 的浓度为 0.10mol·L^{-1}；(2) NaS 固

体，使 S^{2-} 浓度为 0.10mol·L^{-1}，是否都产生沉淀？

24. 考虑酸效应和 OH^- 的配位效应，分别计算 pH 为 5.0 和 10.0 时的 $\lg K_f^{\ominus\prime}(PbY)$ 值，已知 $Pb(OH)_2$ 的 $\lg\beta_1=6.2$，$\lg\beta_2=10.3$。

25. 考虑酸效应和 NH_3 的配位效应，计算在含有 0.05mol·L^{-1} 氨和 0.1mol·L^{-1} NH_4Cl 的缓冲溶液中的 $\lg K_f^{\ominus\prime}(CuY)$ 值。

26. 只考虑酸效应，在 pH=5.0 时，用 EDTA 分别滴定 50mL 0.0100mol·L^{-1} 的（1）Fe^{3+}；（2）Mg^{2+}；（3）Pb^{2+}。计算计量点时的 pM 值（化学计量点时滴定系统的体积按 100mL 计算）。

27. 在 pH 为（1）4.00；（2）5.00；（3）6.00；（4）8.00 的四种溶液中各加入 5.00mmol 的 EDTA 和 5.00mmol 的 Ca^{2+}，总体积都是 100mL，只考虑酸效应，分别计算 $c(Ca^{2+})$、$c(CaY)$ 的值。

28. 在 pH=10.0 的氨缓冲溶液中，滴定 100mL 含 Ca^{2+}，Mg^{2+} 的水样，消耗 0.01016mol·L^{-1} EDTA 15.28 mL，另取水样 100mL，用 NaOH 处理，使 Mg^{2+} 生成 $Mg(OH)_2$ 沉淀，此后在 pH=8.0 时以相同浓度的 EDTA 溶液滴定 Ca^{2+}，消耗 EDTA 溶液 10.43mL。计算该水样中 $CaCO_3$ 和 $MgCO_3$ 的含量（用 mg·L^{-1}表示）。

29. 称取铝矿试样 0.2500g，制备成试液后加入 0.025000mol·L^{-1} EDTA 溶液 50.00mL，在适当的条件下配位形成配合物后，调滴定系统 pH 为 5.0～6.0，以二甲酚橙为指示剂，用 0.01000mol·L^{-1} $Zn(Ac)_2$ 溶液 43.00mL 滴定至红色，计算该试样中铝的质量分数。

30. 某试剂厂生产的 $ZnCl_2$，作样品分析时，先称取样品 0.2500g，制备成试液后，控制 Zn 溶液的酸度为 pH=6.0，选用二甲酚橙作指示剂，用 0.1024mol·L^{-1} EDTA 标准溶液滴定溶液中的 Zn^{2+}，消耗 17.90mL，求样品中 $ZnCl_2$ 的质量分数。

第8章 氧化还原平衡和氧化还原滴定法

本章学习要求

掌握氧化数、氧化还原反应、氧化反应、还原反应、氧化剂、还原剂、氧化态、还原态、电对、电极电势和标准电极电势等基本概念；掌握能斯特方程式，了解浓度和酸度对电极电势的影响，计算浓度或气体分压和酸度改变时的电极电势，掌握电极电势的应用，利用电极电势比较氧化剂或还原剂相对强弱，判断氧化还原反应方向，确定氧化还原反应的程度；熟悉氧化还原滴定法的特点及其主要方法，了解氧化还原滴定法中的指示剂；掌握氧化还原滴定法的计算以及了解氧化还原滴定法的应用。

氧化还原反应是自然界普遍存在的一类化学反应，它不仅在工农业生产和日常生活中具有重要意义，而且对生命过程具有重要的作用。氧化还原反应与我们的衣、食、住、行及工农业生产、科学研究都密切相关。据不完全统计，化工生产中约50%以上的反应都涉及氧化还原反应。实际上，整个化学的发展就是从氧化还原反应开始的。

氧化还原滴定法是以氧化还原反应为基础的滴定分析方法。利用氧化还原滴定法可以直接或间接地测定许多具有氧化性或还原性的物质，某些非变价元素（如 Ca^{2+}、Sr^{2+}、Ba^{2+} 等）也可以用氧化还原滴定法间接测定。氧化还原反应是电子转移的反应，比较复杂，电子转移往往分步进行，反应速率比较小，也可能因不同的反应条件而产生副反应或生成不同的产物。因此，在氧化还原滴定中，必须创造和控制适当的反应条件，加大反应速率，防止副反应发生，以利于分析反应的定量进行。

8.1 氧化还原反应的基本概念

8.1.1 氧化数

1970 年，国际纯粹和应用化学联合会较严格地定义了氧化数的概念。

氧化数是指某元素一个原子的表观电荷数，这个电荷数是假设把每一个化学键中的电子指定给电负性更大的原子而求得的。

在离子化合物中，元素的氧化数等于其离子实际所带的电荷数。对于共价化合物，元素的氧化数是假设把化合物中的成键电子都指定归于电负性更大的原子而求得，这时氧化数是元素的形式电荷，它按一定规则得到，不仅可以有正值、负值、零，还可以有分数。

确定氧化数一般有如下的经验规则：

① 在单质中元素的氧化数为零；

② 氢在化合物中的氧化数一般为+1，仅在与活泼金属生成的离子型氢化物（如 NaH、CaH_2）中为−1；

③ 氧在化合物中的氧化数一般为−2，在过氧化物（如 H_2O_2、Na_2O_2 等）中为−1，在超氧化物（如 KO_2）中为−1/2，在 OF_2 中为+2，在 O_2F_2 中为+1；

④ 碱金属和碱土金属在化合物中的氧化数分别为+1 和+2，氟的氧化数总是为−1；

⑤ 在中性分子中各元素氧化数的代数和等于零；在单原子离子中，元素的氧化数等于该离子所带的电荷数；在多原子离子中各元素氧化数的代数和等于该离子所带电荷数，如

H_5IO_6	I 的氧化数为	+7
$S_2O_3^{2-}$	S 的氧化数为	+2
$S_4O_6^{2-}$	S 的氧化数为	+2.5
Fe_3O_4	Fe 的氧化数为	+8/3

⑥ 有机化合物中碳原子的氧化数计算规则：

a. 碳原子与碳原子相连，无论是单键还是重键，碳原子的氧化数为 0；

b. 碳原子与氢原子相连接算作−1；

c. 有机化合物中所含 O，N，S，X 等杂原子，它们的电负性都比碳原子大，碳原子以单键、双键或三键与杂原子联结，碳原子的氧化数算作+1，+2 或+3。

【例 8-1】 计算 $Na_2S_2O_3$、Fe_3O_4 中硫和铁的氧化数。

解 设 S 在 $Na_2S_2O_3$ 中的氧化数为 x，$2\times(+1)+2x+3\times(-2)=0, x=+2$；

设 Fe 在 Fe_3O_4 中的氧化数为 x，$3x+4\times(-2)=0, x=+8/3$。

8.1.2 氧化还原反应

根据氧化数的概念，在一个反应中，氧化数升高的过程称为氧化，氧化数降低的过程称为还原，反应中氧化过程和还原过程同时发生。在化学反应过程中，元素的原子或离子在反应前后氧化数发生变化，或者说有电子得失或电子转移的一类反应称为氧化还原反应。

在氧化还原反应中，若一种反应物组成元素的氧化数升高（氧化），则必有另一种反应物的组成元素氧化数降低（还原）。氧化数升高的物质称为还原剂，还原剂使另一种物质还原，本身被氧化，它的反应产物称为氧化产物。氧化数降低的物质称为氧化剂，氧化剂使另一种物质氧化，本身被还原，它的反应产物称为还原产物。

8.2 氧化还原反应方程式的配平

氧化还原反应往往比较复杂，参加反应的物质也比较多，配平氧化还原方程式的常用方法有两种：氧化数法和离子-电子法。氧化数法比较简便，人们乐于选用；离子电子法却能更清楚地反映水溶液中氧化还原反应的本质。无论采取什么方法，配平时均要遵循下列原则：

① 反应过程中氧化剂得到的电子数必须等于还原剂失去的电子数，即氧化剂的氧化

数降低总数必等于还原剂的氧化数升高总数；

② 反应前后各元素的原子总数相等。

8.2.1 氧化数法

反应中氧化剂元素氧化数的降低值等于还原剂元素氧化数的增加值，或反应中得失电子的总数相等。

用氧化数法配平氧化还原反应方程式的具体步骤如下。

① 写出基本反应式，即写出反应物和它们的主要产物。例如，HClO 和 Br_2 的反应如下。

$$HClO + Br_2 \longrightarrow HBrO_3 + HCl$$

② 计算氧化剂中原子氧化数的降低值及还原剂中原子氧化数的升高值，并根据氧化数降低总值和升高总值必须相等的原则，按最小公倍数法则使得失电子数相等，找出氧化剂和还原剂前面的系数。

$$\begin{array}{lll} \text{Cl}: +1 \rightarrow -1 & \text{氧化值降低}\ 2 & \times 5 \\ 2\text{Br}: 2(0 \rightarrow +5) & \text{氧化数升高}\ 10 & \times 1 \end{array}$$

$$5HClO + Br_2 \longrightarrow HBrO_3 + 5HCl$$

③ 配平除氢和氧元素外各种元素的原子数（先配平氧化数有变化元素的原子数，后配平氧化数没有变化元素的原子数）。

$$5HClO + Br_2 \longrightarrow 2HBrO_3 + 5HCl$$

④ 配平氢元素，并找出参加反应（或生成）的水的分子数。

$$5HClO + Br_2 + H_2O \longrightarrow 2HBrO_3 + 5HCl$$

⑤ 然后核对氧，确定该方程式是否配平。

$$5HClO + Br_2 + H_2O \longrightarrow 2HBrO_3 + 5HCl$$

⑥ 检查方程式两边是否质量平衡、电荷平衡。将箭头改为等号，得到平衡的化学反应方程式。

$$5HClO + Br_2 + H_2O = 2HBrO_3 + 5HCl$$

【例 8-2】 配平下列反应方程式。

$$Cu_2S + HNO_3 \longrightarrow Cu(NO_3)_2 + H_2SO_4 + NO$$

解

$$\left.\begin{array}{ll} 2\text{Cu}: 2(+1 \rightarrow +2) & \text{氧化数升高}\ 2 \\ \text{S}: \ -2 \rightarrow +6 & \text{氧化数升高}\ 8 \end{array}\right\} \text{总共升高}\ 10 \times 3$$

$$\text{N}: +5 \rightarrow +2 \quad \text{氧化数降低}\ 3 \times 10$$

$$3Cu_2S + 10HNO_3 \longrightarrow 6Cu(NO_3)_2 + 3H_2SO_4 + 10NO$$

上面方程式中元素 Cu 和 S 的原子数都已配平，对于 N 原子，发现生成 6 个 $Cu(NO_3)_2$，还需消耗 12 个 HNO_3，于是 HNO_3 的系数变为 22。

$$3Cu_2S + 22HNO_3 = 6Cu(NO_3)_2 + 3H_2SO_4 + 10NO$$

配平 H，找出 H_2O 的分子数。

$$3Cu_2S + 22HNO_3 = 6Cu(NO_3)_2 + 3H_2SO_4 + 10NO + 8H_2O$$

最后核对方程式两边氧原子数，可知方程式确已配平。

8.2.2 离子-电子法

离子-电子法根据氧化还原反应中氧化剂和还原剂得失的电子总数相等，反应前后各元素的原子总数相等的原则配平方程式。其配平的一般步骤如下：

① 根据实验事实或反应规律写出未配平的离子反应方程式。

② 将未配平的离子反应方程式分解成两个半反应，并分别加以配平，使原子数和电荷数相等。

这一步的关键是原子数的平衡，而原子数平衡的关键又在 O 原子数的平衡。配平半反应时，在已使氧化数有变化的元素的原子数相等后，如果 O 原子数不同，可以根据介质的酸碱性，分别在半反应方程式中加 H^+、OH^- 或 H_2O，利用水的解离平衡使反应式两边的 O 原子数目相等。不同介质条件下配平氧原子的经验规则见表 8-1。

表 8-1 配平氧原子的经验规则

介质条件	比较方程式两边 O 原子数	配平时左边应加入物质	生成物
酸性	左边多 n 个 O	$2n$ 个 H^+	n 个 H_2O
	左边少 n 个 O	n 个 H_2O	$2n$ 个 H^+
中性或碱性	左边多 n 个 O	n 个 H_2O	$2n$ 个 OH^-
	左边少 n 个 O	$2n$ 个 OH^-	n 个 H_2O

至于 H 原子数的平衡比较简单。如果是酸性介质，哪一边 H 原子数少，就在哪一边添加上相同数目的 H^+；如果是中性或碱性介质，哪一边 H 原子数多，就在哪一边添上相同数目的 OH^-，然后在另一边加上相同数目的 H_2O 来平衡。

H、O 元素配平时需注意：酸性介质中不能出现 OH^-，碱性介质中不能出现 H^+。

③ 根据得失电子数相等的原则，以适当系数分别乘以两个半反应，然后相加就得到一个配平的离子反应方程式。

④ 如果要写出分子反应方程式，可以根据实际参与反应的物质，添加合适的阳离子或阴离子，必要时还可引入不参与反应并尽量不新增元素的酸或碱，将离子反应式改为分子反应式。

【例 8-3】 用离子-电子法配平下列反应方程式。

$$KMnO_4 + K_2SO_3 \xrightarrow{\text{酸性溶液中}} MnSO_4 + K_2SO_4$$

解 (1) 写出氧化还原反应的离子反应式。

$$MnO_4^- + SO_3^{2-} \longrightarrow SO_4^{2-} + Mn^{2+}$$

(2) 把总反应式分解为两个半反应，即

还原半反应 $MnO_4^- + 5e^- \longrightarrow Mn^{2+}$

氧化半反应 $SO_3^{2-} - 2e^- \longrightarrow SO_4^{2-}$

(3) 分别配平两个半反应式中的 H 和 O。

还原半反应 $MnO_4^- + 8H^+ + 5e^- \rightleftharpoons Mn^{2+} + 4H_2O$ ①

氧化半反应 $SO_3^{2-} + H_2O \rightleftharpoons SO_4^{2-} + 2H^+ + 2e^-$ ②

(4) 根据“氧化剂得电子总数等于还原剂失电子总数”原则，在两个半反应前面乘以适当的系数相加并约化。

①×2 $2MnO_4^- + 16H^+ + 10e^- \rightleftharpoons 2Mn^{2+} + 8H_2O$

$$
\begin{array}{l}
+)\quad ②\times 5\quad 5SO_3^{2-}+5H_2O \rightleftharpoons 5SO_4^{2-}+10H^{+}+10e^{-} \\
\hline
2MnO_4^{-}+5SO_3{}^{2-}+6H^{+} \longrightarrow 2Mn^{2+}+5SO_4^{2-}+3H_2O
\end{array}
$$

(5) 检查质量平衡及电荷平衡，然后将离子反应式改写为分子反应式，将箭头改为等号。

$$2KMnO_4+5K_2SO_3+3H_2SO_4 = 2MnSO_4+6K_2SO_4+3H_2O$$

8.3 原电池与电极电势

8.3.1 原电池和氧化还原反应

一切氧化还原反应均为电子从还原剂转移到氧化剂的过程。如将金属锌片置于$CuSO_4$溶液中，就可看到锌片上开始形成浅棕色的海绵状薄层，同时$CuSO_4$溶液的蓝色开始消失。这是由于发生了如下的氧化还原反应。

$$Zn(s)+Cu^{2+}(aq) = Zn^{2+}(aq)+Cu(s)$$

上述反应显然发生了电子从 Zn 转移到 Cu^{2+} 的过程，然而电子的转移没有形成有秩序的电子流，反应的化学能不能变成电能。如果设计一个装置，使 Zn 不直接把电子给予 Cu^{2+}，而是让电子经过一段导线有秩序地转移给 Cu^{2+}，这样，电子沿导线按一定方向移动，就可以获得电流，如图 8-1 所示。

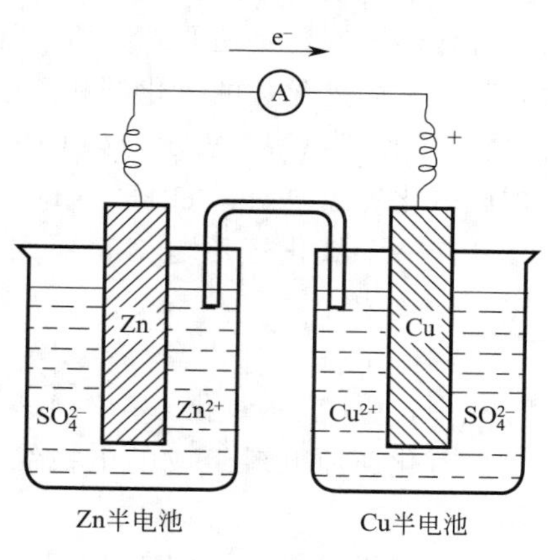

图 8-1 铜锌原电池

两个烧杯中分别盛有$ZnSO_4$溶液和$CuSO_4$溶液，在$ZnSO_4$溶液中插入 Zn 片，在$CuSO_4$溶液插入 Cu 片，两个烧杯的溶液以盐桥相连。盐桥中装有饱和 KCl 溶液和琼脂制成的胶冻，胶冻的作用是防止管中溶液流出，而溶液中的正、负离子又可以在管内定向迁移。用金属导线将两金属片、负载及安培计串联起来，则安培计的指针发生偏移，说明回路中有了电流。

铜-锌原电池之所以能够产生电流，主要是由于 Zn 比 Cu 活泼，Zn 易放出电子成为 Zn^{2+} 而进入溶液。

$$Zn \longrightarrow Zn^{2+}+2e^{-}$$

电子沿金属导线移向 Cu 片，溶液中的 Cu^{2+} 在铜片上接受电子变成金属铜而沉积下来。

$$Cu^{2+}+2e^{-} \longrightarrow Cu$$

电子经由导线由 Zn 片流向 Cu 片而形成了电流。

将上述两个反应式相加，则得到 Cu-Zn 原电池的电池反应。

$$Zn+Cu^{2+} \longrightarrow Zn^{2+}+Cu$$

这个反应与锌置换铜所发生的氧化还原反应完全一样。所不同的是，在原电池中氧化剂与还原剂互不接触，氧化反应与还原反应分开进行，电子沿着金属导线定向转移，使化学能变成电能和热能。在锌置换铜的氧化还原反应中，氧化剂与还原剂互相接触，直接进行了电子的转移，因此化学能只能转变成热能。

这种能使化学能转变为电能的装置称为原电池。在原电池中，电子流出的电极为负极（如 Zn 电极），在该电极发生氧化反应；电子流入的电极为正极（如 Cu 电极），在该电极发生还原反应。若原电池由两种金属电极构成，通常较活泼的金属是负极，另一金属是正极，负极金属由于失去电子成为离子进入溶液中逐渐溶解。

盐桥的作用有两个：一是它可以消除因溶液直接接触而形成的液体接界电势；二是它可使由它连接的两溶液保持电中性，从而使电池反应得以顺利进行。

8.3.2 电极、电对和原电池符号

在原电池中，电子总是由负极流向正极。与规定的电流方向（由正极流向负极）恰好相反。例如，在 Cu-Zn 原电池中有如下反应。

负极——锌电极　　$Zn - 2e^- \longrightarrow Zn^{2+}$　　氧化反应

正极——铜电极　　$Cu^{2+} + 2e^- \longrightarrow Cu$　　还原反应

电池反应　　$Zn + Cu^{2+} = Zn^{2+} + Cu$　　氧化还原反应

每一个半电池反应都是由同一种元素的不同氧化态的两种物质构成。处于低氧化态的物质可作还原剂，是还原态物质，处于高氧化态的物质可作氧化剂，是氧化态物质。由同种元素的不同氧化数的氧化型和还原型所构成的电对称为氧化还原电对。氧化还原电对常用“氧化型/还原型”表示，如 Cu^{2+}/Cu、Zn^{2+}/Zn。非金属单质及其相应的离子，也可以构成氧化还原电对，如 H^+/H_2、O_2/OH^- 等。

任何一个氧化还原电对，原则上都可以组成电极，电极反应通常以还原反应形式表示。

$$Ox + ne^- = Red$$

式中，Ox 表示氧化态；Red 表示还原态；n 表示相互转化时得失电子数。

由氧化还原电对组成的电极结构可用电极符号表示，其间的相界面用实垂线“|”表示。

书写电极符号时，应注意以下几点。

① 若氧化还原电对中无金属导体时，应插入惰性电极（能导电而不参与电极反应）作电极，如 Pt、石墨；

② 氧化还原电对中的气体、固体或纯液体应写在导体旁边，且其间的相界面不可略去不写；

③ 参与电极反应的其他物质也应写入电极符号中。

常见的几种类型的电极及电极符号实例如下。

氧化还原电对	Cu^{2+}/Cu	H^+/H_2	Hg_2Cl_2/Hg	MnO_4^-/Mn^{2+}
电极符号	$Cu \mid Cu^{2+}(c)$	$Pt \mid H_2(p) \mid H^+(c)$	$Hg \mid Hg_2Cl_2 \mid Cl^-(c)$	$Pt \mid Mn^{2+}(c_1), MnO_4^-(c_2), H^+(c_3)$
电极类型	第一类电极		第二类电极	氧化还原电极

两种不同的电极和盐桥组合起来，即构成原电池，其中每一个电极也称半电池。为了书面表达方便，原电池装置可以用下列电池符号表示。

(−)还原剂组成的电极‖氧化剂组成的电极(+)

双垂线“‖”表示盐桥，习惯上负极写在左侧，正极写在右侧，按接触顺序依次书写。如有必要，还须注明各物质的聚集状态及压力或浓度条件。

如铜-锌原电池可表示为

$$(-)Zn\,|\,ZnSO_4(c_1)\,\|\,CuSO_4(c_2)\,|\,Cu(+)$$

任何一个自发的氧化还原反应都可以将其设计成原电池。首先将氧化还原反应分解为两个半反应，并确定正、负极，氧化剂电对作正极，还原剂电对作负极，然后写出原电池的符号。

【例 8-4】 将下列反应设计成原电池，并写出其原电池符号。

(1) $H_2(g)+2AgCl(s) \rightleftharpoons 2Ag(s)+2Cl^-(aq)+2H^+(aq)$

(2) $Cr_2O_7^{2-}(aq)+14H^+(aq)+6Fe^{2+}(aq) \rightleftharpoons 6Fe^{3+}(aq)+2Cr^{3+}(aq)+7H_2O$

解 (1)正极 $2AgCl(s)+2e^- = 2Ag(s)+2Cl^-(aq)$

负极 $H_2(g)-2e^- = 2H^+(aq)$

原电池符号 $(-)Pt\,|\,H_2(p)\,|\,H^+(c_1)\,\|\,Cl^-(c_2)\,|\,AgCl(s)\,|\,Ag(+)$

(2)正极 $Cr_2O_7^{2-}(aq)+14H^+(aq)+6e^- = 2Cr^{3+}(aq)+7H_2O$

负极 $Fe^{2+}-e^- = Fe^{3+}$

原电池符号 $(-)Pt\,|\,Fe^{2+}(c_1),Fe^{3+}(c_2)\,\|\,Cr_2O_7^{2-}(c_3),Cr^{3+}(c_4),H^+(c_5)\,|\,Pt(+)$

8.3.3 电极电势

(1) 电极电势的产生

在铜-锌原电池中，将两个电极用导线连接后就有电流产生，可见两电极之间存在着电势差，即构成原电池的两个电极的电势不等。早在 1889 年德国化学家能斯特(H. W. Nernst) 提出了一个双电层理论，并用此理论定性地解释了电极电势产生的原因。下面以金属及其盐溶液组成的电极为例说明电极电势的产生。

金属晶体是由金属原子、金属离子和自由电子组成。当把金属插入其盐溶液中，会同时出现两种相反的过程。一方面金属晶格中金属离子受极性水分子的吸引而形成水合离子进入溶液；另一方面金属表面的自由电子会吸引溶液中的金属离子使其沉积到金属表面。这两个过程可表示如下。

$$M(s) \underset{\text{沉积}}{\overset{\text{溶解}}{\rightleftharpoons}} M^{n+}(aq)+ne^-$$

当溶解速率与沉积速率相等时，就达到动态平衡。一般地说，在溶解和沉积过程中，由金属表面进入溶液中的金属离子总数与从溶液中沉积到金属表面的金属离子总数并不相等，这样在金属与溶液间就由于电荷不均等而产生了电势差，此电势差的大小和符号主要取决于金属的种类和溶液中金属离子的浓度以及温度。金属越活泼，溶液中金属离子的浓度越小，就会使溶解的金属离子总数超过沉积的金属离子总数，从而使金属带负电，溶液带正电[见图 8-2(a)]；反之，若金属越不活泼，溶液中金属离子的浓度越大，越易形成金属带正电，溶液带负电的情况[见图 8-2(b)]。

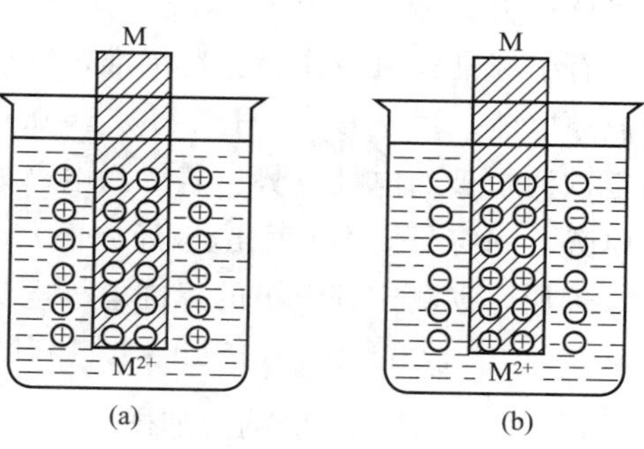

图 8-2 电极电势的产生

这种产生在金属和它的盐溶液之间的电势称为金属的电极电势。不同金属的电极电势不同，将两种电极连接后，加上盐桥，必然会有电子从低电势向高电势流动，也就产生了电流，这也就是普通原电池的工作原理。

(2) 原电池的电动势与电极电势

原电池的电动势是电池中各个相界面上电势差的代数和。这些界面电势差主要有电极-溶液界面电势，即绝对电势，还有不同金属间的接触电势以及两种溶液间的液体接界电势。通常液体接界电势可用盐桥使其降至最小，以致可以忽略不计。接触电势一般也很小，常不加考虑。

目前还无法由实验测定单个电极的绝对电势，但可用电势差计测定电池的电动势，并规定电动势 E 等于两个电极电势的相对差值，即

$$E=\varphi(+)-\varphi(-) \tag{8-1}$$

(3) 电极电势的确定和标准电极电势

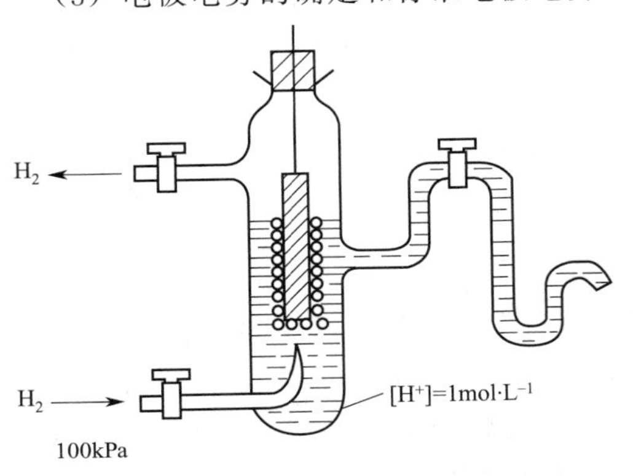

图 8-3　标准氢电极示意图

因为用电势差计直接测出的是电池两极的电势差，而不是单个电极的电势。实际上，人们并不关心单个电极的绝对电极电势的大小，而更关心的是不同电极的电势相对大小。为了比较不同电极的电极电势之间的相对大小，人们通常采用一个标准电极，并将其电极电势人为规定为零，然后将任一电极与标准电极组成原电池，测定电动势，这样就可确定该电极的电极电势的相对值。

按 IUPAC 规定，采用标准氢电极为标准电极，并将其电极电势定义为零。所谓标准氢电极如图 8-3 所示，是把镀有一层铂黑的铂片浸入 H^+ 浓度（严格地说应为活度）为$1mol \cdot L^{-1}$的溶液中，在 298K 时，通入压力为 100kPa 的纯氢气让铂黑吸附并维持饱和状态，这样的电极作为标准氢电极。可用符号表示为

$$H^+(1mol \cdot L^{-1})\,|\,H_2(100kPa)\,|\,Pt,\varphi^{\ominus}(H^+/H_2)=0.0000V$$

φ 右上角的“$\ominus$”表示组成电极的各物质均处于标准态，即溶液浓度为 $1mol \cdot L^{-1}$，或气体压力为标准压力 100kPa。

有了标准氢电极作为相对标准，欲确定某电极的电极电势，可把该电极与标准氢电极组成原电池，由于 $\varphi^{\ominus}$ (H^+/H_2) $=0.0000V$，这样测量该原电池的电动势（E），即可确定欲测电极的电极电势。若待测电极处于标准态，所测得的电动势称为该电极的标准电极电势，用符号 $\varphi^{\ominus}$（氧化态/还原态）表示。

例如，欲测定锌电极的标准电极电势，则可组成下列原电池。

$$(-)Zn\,|\,Zn^{2+}(1mol \cdot L^{-1})\,||\,H^+(1mol \cdot L^{-1})\,|\,H_2(100kPa)\,|\,Pt(+)$$

$\varphi^{\ominus}$ (Zn^{2+}/Zn) 的测定如图 8-4 所示。测定时，根据电势差计指针的偏转方向，可以知道电流是由氢电极通过导线流向锌电极的（电子由锌电极流向氢电极）。所以锌电极为负极，氢电极为正极。25℃时，测得此原电池电动势为 0.7628V，它等于正极的标准电极电势 $\varphi^{\ominus}(+)$与负极的标准电极电势 $\varphi^{\ominus}(-)$之差，即

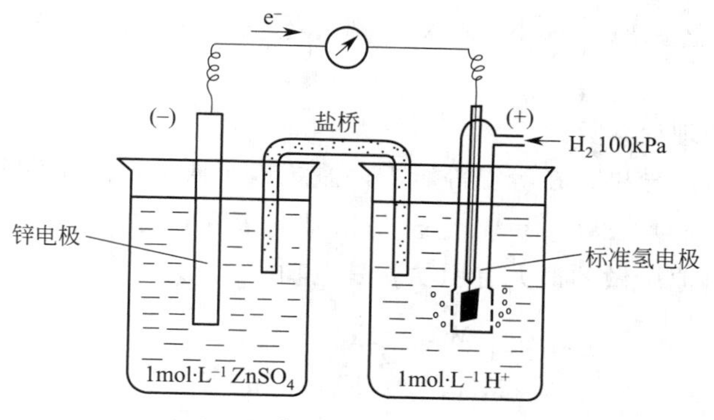

图 8-4　$\varphi^{\ominus}$（Zn^{2+}/Zn）的测定

$$E^{\ominus}=\varphi^{\ominus}(H^{+}/H_{2})-\varphi^{\ominus}(Zn^{2+}/Zn)=0.7628V$$

因为 $\varphi^{\ominus}(H^{+}/H_{2})=0.0000V$

故 $\varphi^{\ominus}(Zn^{2+}/Zn)=-0.7628V$

"—"号表示该电极的 $\varphi^{\ominus}(Zn^{2+}/Zn)$ 小于 $\varphi^{\ominus}(H^{+}/H_{2})$，与标准氢电极组成原电池时，该电极作为负极。

在实际应用中，由于标准氢电极的制备和使用均不方便，所以常以参比电极代替。最常用的参比电极有甘汞电极和氯化银电极等。它们制备简单、使用方便、性能稳定，其中有几种参比电极的标准电极电势已用标准氢电极精确测定，并且已得到公认，所以也称它们为二级标准电极。最常用的参比电极为甘汞电极，其结构见图 8-5。其对应的电极反应为

$$Hg_2Cl_2(s)+2e^{-}\rightleftharpoons 2Hg(l)+2Cl^{-}(aq)$$

甘汞电极的电极电势与 KCl 溶液的浓度和温度有关，其中 KCl 浓度达饱和时的甘汞电极即为饱和甘汞电极是最常用的。298.15K 时饱和甘汞电极的电极电势为 0.2412V。

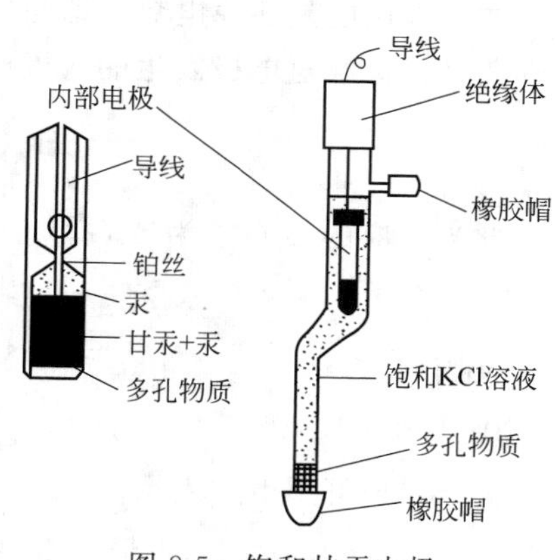

图 8-5　饱和甘汞电极

用类似方法可测得一系列电对的标准电极电势。附录 8 中列出了 298.15K 时一些常见氧化-还原电对的标准电极电势 $\varphi_{A}^{\ominus}$（在酸性溶液中）和 $\varphi_{B}^{\ominus}$（在碱性溶液中）。它们是按电极电势的代数值递增顺序排列的，该表称为标准电极电势表，使用时应注意如下几点。

① 我国采用还原电势，电极反应写成还原反应形式。

$$Ox+ne^{-}=\!=\!=Red$$

② 标准电极电势的数值由物质本性决定，即不具有加和性。

例如

$$Ag^{+}+e^{-}=\!=\!=Ag \qquad \varphi^{\ominus}(Ag^{+}/Ag)=\!=\!=0.7991V$$

$$2Ag^{+}+2e^{-}=\!=\!=2Ag \qquad \varphi^{\ominus}(Ag^{+}/Ag)=\!=\!=0.7991V$$

③ 注意酸碱性介质的区别。

④ $\varphi^{\ominus}$（氧化态/还原态）越大，电对中氧化态的氧化能力越强，还原态的还原能力越弱；$\varphi^{\ominus}$（氧化态/还原态）越小，电对中氧化态的氧化能力越弱，还原态的还原能力越强。

（4）电极电势的理论计算

由热力学原理可以导出，在等温等压下，系统吉布斯函数的减少等于系统所做的最大有用功（非体积功），即 $-\Delta_r G_m = W'_{max}$。如果某一氧化还原反应可以设计成原电池，那么在等温等压下，电池所做的最大有用功就是电功。

$$W_{电} = Eq = EnF$$

则

$$\Delta_r G_m = -Eq = -nFE \tag{8-2}$$

式中，F 为法拉第常数，其值为 96485C·mol^{-1}；n 为电池反应中转移的电子数。

在标准态下

$$\Delta_r G_m^{\ominus} = -nFE^{\ominus} \tag{8-3}$$

式(8-2) 和式(8-3) 的左边是代表热力学的物理量，而右边是代表电化学的重要物理量，所以这两个公式将热力学和电化学有机地联系起来，被称为热力学和电化学的“桥梁公式”。

本书采用的是还原电势，即与标准氢电极组成原电池时，待测电极作正极，标准氢电极作负极。标准氢电极发生的电极反应为

$$H_2(g) - 2e^- \Longrightarrow 2H^+(aq)$$

此半反应的 $\Delta_r G_m^{\ominus}$ 为 $\Delta_r G_m^{\ominus}(-) = -\Delta_f G_m^{\ominus}(H_2) + 2\Delta_f G_m^{\ominus}(H^+, aq) = 0$

则

$$\Delta_r G_m^{\ominus} = \Delta_r G_m^{\ominus}(+) - \Delta_r G_m^{\ominus}(-) = \Delta_r G_m^{\ominus}(+)$$

又因

$$\varphi^{\ominus}(-) = \varphi^{\ominus}(H^+/H_2) = 0.0000V$$

则

$$E^{\ominus} = \varphi^{\ominus}(+) - \varphi^{\ominus}(-) = \varphi^{\ominus}(+)$$

式(8-3) 可用下式表示。

$$\Delta_r G_m^{\ominus}(+) = -nF\varphi^{\ominus}(+) \tag{8-4}$$

或

$$\varphi^{\ominus}(+) = -\frac{\Delta_r G_m^{\ominus}(+)}{nF} \tag{8-5}$$

式(8-5) 中 $\Delta_r G_m^{\ominus}(+)$ 和 $\varphi^{\ominus}(+)$ 分别为待测电极的标准摩尔反应吉布斯函变和标准电极电势。利用此式可由热力学函数求得电极电势。

【例 8-5】 利用热力学函数计算 $\varphi^{\ominus}(Zn^{2+}/Zn)$ 的值。已知 $\Delta_f G_m^{\ominus}(Zn^{2+}, aq) = -147kJ \cdot mol^{-1}$

解 电极反应为 $Zn^{2+}(aq) + 2e^- \Longrightarrow Zn$

$$\Delta_r G_m^{\ominus} = -\Delta_f G_m^{\ominus}(Zn^{2+}, aq) + \Delta_f G_m^{\ominus}(Zn) = -(-147kJ \cdot mol^{-1}) + 0 = 147kJ \cdot mol^{-1}$$

$$\varphi^{\ominus}(Zn^{2+}/Zn) = -\frac{\Delta_r G_m^{\ominus}}{nF} = -\frac{147 \times 10^3 J \cdot mol^{-1}}{2mol \times 96485C \cdot mol^{-1}} = -0.7618V$$

8.4 影响电极电势的因素

8.4.1 能斯特方程

电极反应的电势泛指任意电极的界面电势差，它不仅取决于电极中氧化还原电对的本性，还与温度、浓度或分压以及介质的酸度等因素有关。溶液中的反应一般是在常温下进行，因此温度对电极电势的影响较小，而氧化态和还原态物质的浓度变化及溶液的酸度变化，则是影响电极电势的重要因素。这种影响的关系可用能斯特方程表示，能斯特方程描述了电极电势与浓度、温度之间的关系。

设任意电极的电极反应式

$$a\text{Ox}(\text{氧化态})+ne^- \xlongequal{\quad} b\text{Red}(\text{还原态})$$

其相应的浓度对电极电势影响的通式为

$$\varphi(\text{Ox/Red})=\varphi^{\ominus}(\text{Ox/Red})+\frac{RT}{nF}\ln\frac{\left[\frac{c(\text{Ox})}{c^{\ominus}}\right]^a}{\left[\frac{c(\text{Red})}{c^{\ominus}}\right]^b}$$

或

$$\varphi(\text{Ox/Red})=\varphi^{\ominus}(\text{Ox/Red})+\frac{2.303RT}{nF}\lg\frac{\left[\frac{c(\text{Ox})}{c^{\ominus}}\right]^a}{\left[\frac{c(\text{Red})}{c^{\ominus}}\right]^b}$$

上式也可简化为

$$\varphi(\text{Ox/Red})=\varphi^{\ominus}(\text{Ox/Red})+\frac{2.303RT}{nF}\lg\frac{[c'(\text{Ox})]^a}{[c'(\text{Red})]^b} \tag{8-6}$$

式(8-6) 也可以写成

$$\varphi(\text{Ox/Red})=\varphi^{\ominus}(\text{Ox/Red})-\frac{2.303RT}{nF}\lg\frac{[c'(\text{Red})]^b}{[c'(\text{Ox})]^a} \tag{8-7}$$

式(8-6) 和式(8-7) 都称为能斯特方程，它反映了参加电极反应的各种物质的浓度以及温度对电极电势的影响。

式中，φ 为电对在任意状态时的电极电势；$\varphi^{\ominus}$ 为电对的标准电极电势；R 为摩尔气体常数（$8.314\text{J}\cdot\text{K}^{-1}\cdot\text{mol}^{-1}$）；$T$ 为热力学温度；F 为法拉第常数（$96485\text{C}\cdot\text{mol}^{-1}$）；$n$ 为电极反应中转移的电子数。

298.15K 时，将各常数代入式(8-6)，则得

$$\varphi(\text{Ox/Red})=\varphi^{\ominus}(\text{Ox/Red})+\frac{0.0592\text{V}}{n}\lg\frac{[c'(\text{Ox})]^a}{[c'(\text{Red})]^b} \tag{8-8}$$

使用能斯特方程式时，必须注意以下几点。

① 若电极反应中氧化型或还原型物质的化学计量数不是1，能斯特方程中各物质的浓度项要乘以与化学计量数相同的方次。

② 若电极反应中某物质是固体或液体，则不写入能斯特方程式。如果是气体，则用该气体的分压与标准压力（$p^{\ominus}$）的比值代入能斯特方程。例如

$$Zn^{2+}+2e^- \xlongequal{\quad} Zn$$

$$\varphi(Zn^{2+}/Zn)=\varphi^{\ominus}(Zn^{2+}/Zn)+\frac{0.0592\text{V}}{n}\lg c'(Zn^{2+})$$

$$Cl_2 + 2e^- \longrightarrow 2Cl^-$$

$$\varphi(Cl_2/Cl^-) = \varphi^{\ominus}(Cl_2/Cl^-) + \frac{0.0592V}{2}\lg\frac{p'(Cl_2)}{[c'(Cl^-)]^2}$$

注意相对压力 $p'(Cl_2) = p(Cl_2)/p^{\ominus}$。

③ 若在原电池反应或电极反应中，除氧化态和还原态物质外，还有 H^+ 或 OH^- 参加反应，则这些离子的浓度及其在反应式中的化学计量数也应根据反应式写在能斯特方程式中。例如

$$Cr_2O_7^{2-} + 14H^+ + 6e^- \longrightarrow 2Cr^{3+} + 7H_2O$$

$$\varphi = \varphi^{\ominus}(Cr_2O_7^{2-}/Cr^{3+}) + \frac{0.0592V}{6}\lg\frac{c'(Cr_2O_7^{2-})[c'(H^+)]^{14}}{[c'(Cr^{3+})]^2}$$

能斯特方程同样适用于原电池反应。

$$E = E^{\ominus} + \frac{0.0592V}{n}\lg\frac{1}{Q} = [\varphi^{\ominus}(+) - \varphi^{\ominus}(-)] + \frac{0.0592V}{n}\lg\frac{1}{Q} \tag{8-9}$$

式中，E 为原电池电动势；$E^{\ominus}$ 为标准电池电动势；Q 为原电池反应的反应商。

8.4.2 影响电极电势的因素

从能斯特方程式可看出，当体系的温度一定时，对确定的电对来说，电极电势主要取决于 $c'(Ox)/c'(Red)$ 的大小。$c'(Ox)/c'(Red)$ 越大，电极电势值越高；$c'(Ox)/c'(Red)$ 越小，电极电势值越低。

(1) 电对的氧化型或还原型物质本身浓度变化对电极电势的影响

【例 8-6】 计算 298.15K 下，$c(Zn^{2+}) = 0.100mol \cdot L^{-1}$ 时的 $\varphi(Zn^{2+}/Zn)$ 值。

解 电极反应为 $Zn^{2+} + 2e \longrightarrow Zn$

$$\varphi(Zn^{2+}/Zn) = \varphi^{\ominus}(Zn^{2+}/Zn) + \frac{0.0592V}{2}\lg[c'(Zn^{2+})]$$

$$= -0.7628V + \frac{0.0592V}{2}\lg 0.100 = -0.792V$$

即当 $c(Zn^{2+})$ 减少为 $c^{\ominus}(Zn^{2+})$ 的 1/10 时，$\varphi(Zn^{2+}/Zn)$ 值比 $\varphi^{\ominus}(Zn^{2+}/Zn)$ 减少 0.03V。说明随着 Zn^{2+} 浓度降低至原来的 1/10，电极电势降低了 0.03V，作为还原剂的 Zn 失去电子的能力增强了。这和化学平衡移动的概念相一致，也就是说 Zn^{2+} 浓度降低，促使平衡向左移动。

计算结果表明，降低氧化型物质浓度，电极电势降低，氧化还原电对还原型物质的还原能力增强，氧化型物质的氧化能力减弱；反之，增加氧化型物质浓度，电极电势升高，氧化还原电对氧化型物质的氧化能力增强，还原型物质的还原能力减弱。若增加还原型物质的浓度，电极电势降低，电对中氧化型物质氧化能力减弱，还原型物质的还原能力增强；反之，降低还原型浓度，电极电势升高，氧化还原电对氧化型物质的氧化能力增强，还原型物质的还原能力减弱。因此，可利用各种改变反应物浓度的方法，如生成弱电解质、沉淀、配合物等，控制物质的氧化还原能力，使氧化还原反应向我们希望的方向发生。

(2) 沉淀的生成对电极电势的影响

【例 8-7】 已知 $Ag^+ + e^- \longrightarrow Ag(s)$ 的 $\varphi^{\ominus}(Ag^+/Ag) = +0.7991V$，在此半电池中加入 KCl，若沉淀达到平衡后 $c(Cl^-) = 1.00mol \cdot L^{-1}$，求此时该电对的电极电势。

解 半电池中 $c(Cl^-)=1.00mol \cdot L^{-1}$，此时 $c(Ag^+)$ 为

$$c'(Ag^+)=\frac{K_{sp}^{\ominus}(AgCl)}{c'(Cl^-)}=\frac{1.8\times10^{-10}}{1.00}=1.8\times10^{-10}$$

$$c(Ag^+)=1.8\times10^{-10}mol \cdot L^{-1}$$

代入能斯特方程，得

$$\begin{aligned}\varphi(Ag^+/Ag)&=\varphi^{\ominus}(Ag^+/Ag)+0.0592\lg c(Ag^+)\\&=0.7991V+0.0592V\lg(1.8\times10^{-10})=+0.222V\end{aligned}$$

以上计算所得的电极电势实为 AgCl-Ag 电对的标准电极电势。与 $\varphi^{\ominus}(Ag^+/Ag)$ 相比，由于 AgCl 沉淀的生成，使电极电势降低了 0.577V。

【例 8-8】 在含 Cu^{2+} 和 Cu^+ 溶液中，加入 KI，达到平衡时，$c(I^-)=c(Cu^{2+})=1.0mol \cdot L^{-1}$。已知 $K_{sp}^{\ominus}(CuI)=1.27\times10^{-12}$，计算 298.15K 时的 $\varphi(Cu^{2+}/Cu^+)$ 值。

解 因为 $Cu^{2+}+e^- = Cu^+$ $\varphi^{\ominus}=0.153V$

$Cu^+ + I^- = CuI(s)$，使 Cu^+ 浓度降低，则

$$c'(Cu^+)=\frac{K_{sp}^{\ominus}(CuI)}{c'(I^-)}=\frac{1.27\times10^{-12}}{1.0}=1.27\times10^{-12}$$

$$c(Cu^+)=1.27\times10^{-12}mol \cdot L^{-1}$$

$$\begin{aligned}\varphi(Cu^{2+}/Cu^+)&=\varphi^{\ominus}(Cu^{2+}/Cu^+)+\frac{0.0592V}{1}\lg\frac{c'(Cu^{2+})}{c'(Cu^+)}\\&=0.153V+0.0592V\lg\frac{1}{1.27\times10^{-12}}=0.857V\end{aligned}$$

上例说明，若在溶液中加入能与电对中的氧化型或还原型物质生成沉淀的物质，会明显改变电对的电极电势，影响氧化型的氧化能力和还原型的还原能力。

(3) 配合物的生成对电极电势的影响

在电极中加入配位剂，使其与氧化型物质或还原型物质生成稳定的配合物，溶液中游离的氧化型物质或还原型物质的浓度明显降低，从而使电极电势发生变化。

【例 8-9】 298.15K 时，向标准铜电极中加入氨水，使平衡时 $c(NH_3)=c\{[Cu(NH_3)_4]^{2+}\}=1.0mol \cdot L^{-1}$，求 $\varphi(Cu^{2+}/Cu)$ 值。

解 电极反应 $Cu^{2+}+2e^- = Cu$ $\varphi^{\ominus}(Cu^{2+}/Cu)=0.337V$

加入 NH_3 后

$Cu^{2+}+4NH_3 = [Cu(NH_3)_4]^{2+}$，$K_f^{\ominus}\{[Cu(NH_3)_4]^{2+}\}=3.89\times10^{12}$

当 $c(NH_3)=c[Cu(NH_3)_4]^{2+}=1.0mol \cdot L^{-1}$

$$c'(Cu^{2+})=\frac{1}{K_f^{\ominus}\{[Cu(NH_3)_4]^{2+}\}}$$

$$\begin{aligned}\varphi(Cu^{2+}/Cu)&=\varphi^{\ominus}(Cu^{2+}/Cu)+\frac{0.0592V}{2}\lg[c'(Cu^{2+})]\\&=\varphi^{\ominus}(Cu^{2+}/Cu)+\frac{0.0592V}{2}\lg\frac{1}{K_f^{\ominus}\{[Cu(NH_3)_4]^{2+}\}}\\&=0.337V+\frac{0.0592V}{2}\lg\frac{1}{3.89\times10^{12}}=-0.036V\end{aligned}$$

此时的电极对应另一类新电极，即 $[Cu(NH_3)_4]^{2+}/Cu$ 电极，电极反应为

$$[Cu(NH_3)_4]^{2+}+2e^- \rightleftharpoons Cu+4NH_3$$

由上面的计算过程可知，这类电极的 $\varphi^\ominus$ 值除与原来电极的 $\varphi^\ominus$ 值有关外，还与生成配合物的稳定性有关。当氧化型物质生成配合物时，配合物的稳定性越大，对应电极的 $\varphi^\ominus$ 值越低。当还原型物质生成配合物时，生成配合物的稳定性越大，对应电极的 $\varphi^\ominus$ 值越高。

(4) 酸度对电极电势的影响

由能斯特公式可知，如果 OH^- 或 H^+ 参与了电极反应，则溶液的酸度变化会引起电极电势的变化。

【例 8-10】 已知电极反应

$$NO_3^-+4H^++3e^- = NO+2H_2O,\ \varphi^\ominus(NO_3^-/NO)=0.96V$$

求 pH=7.0，其他物质处于标准态时 $\varphi(NO_3^-/NO)$。

解

$$\varphi(NO_3^-/NO)=\varphi^\ominus(NO_3^-/NO)+\frac{0.0592V}{3}\lg\frac{[c'(NO_3^-)][c'(H^+)]^4}{p'(NO)}$$

$$=0.96V+\frac{0.0592V}{3}\lg[c'(H^+)]^4$$

$$=0.96V+\frac{0.0592V}{3}\lg(1.0\times10^{-7})^4=0.41V$$

说明 NO_3^- 的氧化能力随酸度的降低而降低，所以浓硝酸的氧化能力很强，而中性的硝酸盐（KNO_3）溶液的氧化能力很弱。

8.5 电极电势的应用

因为原电池由两个电极组成，所以可以由电极电势来计算原电池电动势；同时原电池对应于一个氧化还原反应，所以可以由电极电势来判断氧化剂、还原剂的相对强弱和氧化还原反应进行的方向和限度。

8.5.1 判断原电池的正、负极，计算原电池的电动势

原电池中电极电势代数值较大的电对总是作为原电池的正极，而电极电势代数值较小的电对总是作为原电池的负极。原电池的电动势等于正极的电极电势减去负极的电极电势。由 $\varphi^\ominus$ 与能斯特方程式可以求出某一电池的电动势。

【例 8-11】 计算下列原电池在 298 K 时的电动势，并标明正负极，写出电池反应式。

$Cd|Cd^{2+}(0.10mol\cdot L^{-1})\|Sn^{4+}(0.10mol\cdot L^{-1}),Sn^{2+}(0.0010mol\cdot L^{-1})|Pt$

解 由附录 8 查得 $\varphi^\ominus(Cd^{2+}/Cd)=-0.403V$，$\varphi^\ominus(Sn^{4+}/Sn^{2+})=0.154V$

将题中的相关浓度代入能斯特方程，得

$$\varphi(Cd^{2+}/Cd)=-0.403V+\frac{0.0592V}{2}\lg0.1=-0.433V$$

$$\varphi(Sn^{4+}/Sn^{2+})=0.154V+\frac{0.0592V}{2}\lg\frac{0.1}{0.001}=0.213V$$

电极电势高的为正极，故正极反应式为 $Sn^{4+}+2e^- = Sn^{2+}$

电极电势低的为负极，故负极反应式为 $Cd-2e^- = Cd^{2+}$

电池反应式为：$Sn^{4+}+Cd \xlongequal{} Sn^{2+}+Cd^{2+}$

电池电动势 $E=\varphi(+)-\varphi(-)=0.213V-(-0.433V)=0.646V$

【例 8-12】 银能从 HI 溶液中置换出 H_2，反应为

$$2Ag+2I^{-}+2H^{+} \xlongequal{} H_2+2AgI\downarrow$$

(1) 若将该反应组装成原电池，写出原电池符号；

(2) 若 $c(H^{+})=c(I^{-})=0.1mol \cdot L^{-1}$，$p(H_2)=100kPa$，计算两极的电极电势和电池电动势。[已知 $\varphi^{\ominus}(AgI/Ag)=-0.151V$]

解 氧化剂电对 H^{+}/H_2 作正极，还原剂电对 AgI/Ag 作负极。

原电池符号：

$(-)Ag|AgI(s)|I^{-}(0.1mol \cdot L^{-1}) \| H^{+}(0.1mol \cdot L^{-1})|H_2(100kPa)|Pt(+)$

应用能斯特方程计算电极电势时，无论电极发生的是氧化或还原反应，电极反应一般习惯写成还原反应形式。

AgI/Ag 电极的电极反应为 $AgI+e^{-} \xlongequal{} Ag+I^{-}$

$$\varphi(-)=\varphi^{\ominus}(AgI/Ag)+\frac{0.0592}{1}\lg\frac{1}{c'(I^{-})}$$

$$=-0.151V+0.0592V\lg\frac{1}{0.1}=-0.0918V$$

电极 H^{+}/H_2 的电极反应为 $2H^{+}+2e^{-} \xlongequal{} H_2$

$$\varphi(+)=\varphi^{\ominus}(H^{+}/H_2)+\frac{0.0592V}{2}\lg\frac{[c'(H^{+})]^2}{p'(H_2)}$$

$$=0.0000+\frac{0.0592V}{2}\lg\frac{0.1^2}{100/100}=-0.0592V$$

$$E=\varphi(+)-\varphi(-)=-0.0592V-(-0.0918V)=0.0326V$$

8.5.2 判断氧化剂和还原剂的相对强弱

由附录 8 中的标准电极电势的数据可以看出，电极电势的大小反映了氧化还原电对中氧化态物质和还原态物质氧化还原能力的强弱。若氧化还原电对的电极电势代数值越小，则该电对中还原态物质越易失去电子，是较强的还原剂，其对应的氧化态物质越难获得电子，是较弱的氧化剂。反之，若电极电势代数值越大，则该电对中氧化态物质是较强的氧化剂，其对应的还原态物质就是较弱的还原剂。

若是处于非标准态下，由于离子浓度或溶液的酸碱性对电极电势的影响，应用能斯特方程式计算出电极电势值后，再进行比较。

在实际应用中有时需对一个复杂化学系统中的某一（或某些）组分进行选择性的氧化或还原，而要求系统中其他组分不发生氧化还原反应，这就需要根据有关规律，选择合适的氧化剂或还原剂。

【例 8-13】 根据标准电极电势，将下列氧化剂，按氧化能力的大小顺序排列并写出它们在酸性介质中的产物。

$$KMnO_4, K_2Cr_2O_7, CuCl_2, FeCl_3, H_2O_2, I_2, Br_2, F_2, PbO_2$$

解 由附录 8 查得各电对在酸性介质中的电极电势，并按由大至小的顺序排列如下。

$\varphi^{\ominus}(F_2/HF)=3.06V$，$\varphi^{\ominus}(H_2O_2/H_2O)=1.77V$，$\varphi^{\ominus}(MnO_4^{-}/Mn^{2+})=1.51V$

$\varphi^{\ominus}(PbO_2/Pb^{2+})=1.46V$，$\varphi^{\ominus}(Cr_2O_7^{2-}/Cr^{3+})=1.33V$，$\varphi^{\ominus}(Br_2/Br^-)=1.087V$

$\varphi^{\ominus}(Fe^{3+}/Fe^{2+})=0.771V$，$\varphi^{\ominus}(I_2/I^-)=0.535V$，$\varphi^{\ominus}(Cu^{2+}/Cu)=0.337V$

所以在酸性介质中氧化能力的顺序及相应的还原产物分别为

$$F_2>H_2O_2>KMnO_4>PbO_2>K_2Cr_2O_7>Br_2>FeCl_3>I_2>CuCl_2$$

$$HF\quad H_2O\quad Mn^{2+}\quad Pb^{2+}\quad Cr^{3+}\quad Br^-\quad Fe^{2+}\quad I^-\quad Cu$$

【例 8-14】 现有含 Cl^-、Br^-、I^- 三种离子的混合溶液，欲使 I^- 氧化为 I_2，而不使 Cl^-、Br^- 氧化，在常用的氧化剂 $KMnO_4$、$K_2Cr_2O_7$ 和 $Fe_2(SO_4)_3$ 中选用哪一种能合乎要求？

解 由附录 8 查得

$$\varphi^{\ominus}(I_2/I^-)=0.535V,\ \varphi^{\ominus}(Br_2/Br^-)=1.087V,\ \varphi^{\ominus}(Cl_2/Cl^-)=1.36V$$

$$\varphi^{\ominus}(MnO_4^-/Mn^{2+})=1.51V,\ \varphi^{\ominus}(Cr_2O_7^{2-}/Cr^{3+})=1.33V,\ \varphi^{\ominus}(Fe^{3+}/Fe^{2+})=0.771V$$

按电极电势由高至低排序，得

$\varphi^{\ominus}(MnO_4^-/Mn^{2+})>\varphi^{\ominus}(Cl_2/Cl^-)>\varphi^{\ominus}(Cr_2O_7^{2-}/Cr^{3+})>\varphi^{\ominus}(Br_2/Br^-)>\varphi^{\ominus}(Fe^{3+}/Fe^{2+})>\varphi^{\ominus}(I_2/I^-)$

$KMnO_4$溶液能将 I^-、Br^-、Cl^- 氧化成 I_2、Br_2、Cl_2；

$K_2Cr_2O_7$溶液能氧化 Br^-、I^-，而不能氧化 Cl^-；

$Fe_2(SO_4)_3$溶液只能氧化 I^- 成 I_2，而不能氧化 Br^-、Cl^-

故按题意应选用 $Fe_2(SO_4)_3$ 作氧化剂。

如果一个系统中同时存在的几种物质都可以与同一种氧化剂或还原剂发生氧化还原反应时，氧化还原反应的先后顺序取决于参与反应的氧化剂电对和还原剂电对的电极电势的差值。两电对的电极电势差值较大的先反应，差值较小的后反应。即在一定条件下，氧化还原反应首先发生在电极电势差值较大的两个电对之间。

【例 8-15】 在含有 $FeCl_2$ 与 $CuCl_2$ 混合液中加入 Zn 粉，假设起始状态为标准态，问何种离子先被还原，当第二种离子开始被还原析出时，第一种离子是否被还原完全？

解 由附录 8 查得，$\varphi^{\ominus}(Zn^{2+}/Zn)=-0.7628V$，$\varphi^{\ominus}(Fe^{2+}/Fe)=-0.4402V$，$\varphi^{\ominus}(Cu^{2+}/Cu)=+0.337V$。

理论上二者都能被 Zn 还原，但 $\varphi^{\ominus}(Fe^{2+}/Fe)-\varphi^{\ominus}(Zn^{2+}/Zn)=0.323V$；$\varphi^{\ominus}(Cu^{2+}/Cu)-\varphi^{\ominus}(Zn^{2+}/Zn)=1.10V$，

所以 Cu^{2+} 首先被还原析出，随着 Cu 不断析出，$c(Cu^{2+})$不断降低，$\varphi(Cu^{2+}/Cu)$不断减小，当 $\varphi(Cu^{2+}/Cu)$值减小到与 $\varphi^{\ominus}(Fe^{2+}/Fe)$相等时，Cu 与 Fe 同时析出。

即 $\varphi^{\ominus}(Cu^{2+}/Cu)+\dfrac{0.0592V}{2}\lg c'(Cu^{2+})=\varphi^{\ominus}(Fe^{2+}/Fe)$

将相关数据代入，$0.337V+\dfrac{0.0592V}{2}\lg c'(Cu^{2+})=-0.4402V$

解得：$c(Cu^{2+})=5.6\times10^{-27}mol\cdot L^{-1}\ll10^{-5}$

所以，当 Fe^{2+} 开始被还原析出时，Cu^{2+} 已经被还原完全。

8.5.3 判断氧化还原反应的方向

若将一氧化还原反应设计成原电池，氧化剂得电子发生的是还原反应，还原剂失电子发生的是氧化反应，即氧化剂电对作正极，还原剂电对作负极，由式（8-2）得

$$\Delta_r G_m = -nFE = -nF[\varphi(+) - \varphi(-)]$$

可见由氧化剂和还原剂电对的电极电势的相对大小可判断反应方向。其判据如下。

当 $E>0$，即 $\varphi(+)>\varphi(-)$时，$\Delta_r G_m<0$，反应正向进行；

当 $E<0$，即 $\varphi(+)<\varphi(-)$时，$\Delta_r G_m>0$，反应逆向进行；

当 $E=0$，即 $\varphi(+)=\varphi(-)$时，$\Delta_r G_m=0$，反应达平衡。

标准态下的化学反应的方向可直接用标准电池电动势或标准电极电势来判断，否则要先由能斯特方程式计算出给定条件下的电池电动势或电极电势，然后再进行判断。

【例 8-16】 标准状态下，判断反应：$Zn+Fe^{2+} \rightleftharpoons Zn^{2+}+Fe$ 能否正向进行？

解 由附录 8 查得 $\varphi^{\ominus}(Zn^{2+}/Zn)=-0.7628V$，$\varphi^{\ominus}(Fe^{2+}/Fe)=-0.4402V$

由反应知 Fe^{2+}/Fe 为氧化剂电对，Zn^{2+}/Zn 为还原剂电对。

比较两电对的 $\varphi^{\ominus}$ 值，$\varphi^{\ominus}(Fe^{2+}/Fe)>\varphi^{\ominus}(Zn^{2+}/Zn)$，因此上述反应在标准态下能够正向进行。

【例 8-17】 判断反应 $H_3AsO_4+2I^-+2H^+ \rightleftharpoons HAsO_2+I_2+2H_2O$ 在下列条件下的反应方向。

(1) 在标准状态下；

(2) 若溶液的 pH=7.00，其他物质均为标准状态时；

(3) 若 $c(H^+)=6mol \cdot L^{-1}$，其他物质均为标准状态时。

解 由附录 8 得 $\varphi^{\ominus}(H_3AsO_4/HAsO_2)=+0.56V$，$\varphi^{\ominus}(I_2/I^-)=+0.535V$

氧化剂电对的电极反应为 $H_3AsO_4+2H^++2e^- \rightleftharpoons HAsO_2+2H_2O$

还原剂电对的电极反应为 $I_2+2e^- \rightleftharpoons 2I^-$

(1) 因为 $\varphi^{\ominus}(H_3AsO_4/HAsO_2)>\varphi^{\ominus}(I_2/I^-)$，所以在标准状态下，反应向右进行。

(2) pH=7.00，即 $c(H^+)=10^{-7}mol \cdot L^{-1}$时，有

$$\varphi(H_3AsO_4/HAsO_2)=\varphi^{\ominus}(H_3AsO_4/HAsO_2)+\frac{0.0592V}{2}\lg\frac{c'(H_3AsO_4)[c'(H^+)]^2}{c'(HAsO_2)}$$

$$=+0.56V+\frac{0.0592V}{2}\lg\frac{1\times(10^{-7})^2}{1}=+0.146V$$

在 $I_2+2e^- \rightleftharpoons 2I^-$ 电极反应中，无 H^+ 参与，改变溶液酸度不会影响其电对的电极电势。

因为 $\varphi(H_3AsO_4/HAsO_2)<\varphi^{\ominus}(I_2/I^-)$，所以在 pH=7.00 时，反应向左进行。

(3) $c(H^+)=6mol \cdot L^{-1}$时，有

$$\varphi(H_3AsO_4/HAsO_2)=+0.56V+\frac{0.0592V}{2}\lg\frac{1\times6^2}{1}=+0.606V$$

因为 $\varphi(H_3AsO_4/HAsO_2)>\varphi^{\ominus}(I_2/I^-)$，所以当 $c(H^+)=6mol \cdot L^{-1}$时，反应向右进行。

由此得知，在标准状态下可用 $E^{\ominus}$ 直接判断氧化还原反应的方向。但在非标准状态下，必须根据计算实际情况下所得的 E 值，才能正确判断氧化还原反应进行的方向。

8.5.4 判断氧化还原反应的限度

水溶液中的氧化还原反应都是可逆反应，反应进行到一定程度就可以达平衡。设某氧化还原反应的标准平衡常数为 $K^{\ominus}$，由该反应设计的原电池标准电动势为 $E^{\ominus}$。则

$$\Delta_r G_m^{\ominus}=-RT\ln K^{\ominus}=-2.303RT\lg K^{\ominus}$$

又

$$\Delta_r G_m^{\ominus}=-nFE^{\ominus}$$

故
$$\ln K^{\ominus}=\frac{nFE^{\ominus}}{RT} \tag{8-10}$$

或
$$\lg K^{\ominus}=\frac{nFE^{\ominus}}{2.303RT} \tag{8-11}$$

当 $T=298.15\text{K}$ 时，则

$$\lg K^{\ominus}=\frac{nE^{\ominus}}{0.0592} \tag{8-12}$$

式(8-12) 说明由相应原电池的标准电动势可求算标准平衡常数为 $K^{\ominus}$。下图表明了 $K^{\ominus}$、$E^{\ominus}$ 和 $\Delta_r G_m^{\ominus}$ 三者之间的关系。

$$\Delta G^{\ominus} \xrightarrow{\Delta G^{\ominus}=-nFE_{cell}^{\ominus}} E_{cell}^{\ominus} \xrightarrow{E_{cell}^{\ominus}=\frac{RT}{nF}\ln K^{\ominus}} K^{\ominus}$$
$$\Delta G^{\ominus}=-RT\ln K^{\ominus}$$

【例 8-18】 已知反应：$2Ag^{+}+Zn \rightleftharpoons 2Ag+Zn^{2+}$

(1) 开始时 Ag^{+} 和 Zn^{2+} 的浓度分别为 $0.10\text{mol}\cdot\text{L}^{-1}$ 和 $0.30\text{mol}\cdot\text{L}^{-1}$，求 $\varphi(Ag^{+}/Ag)$，$\varphi(Zn^{2+}/Zn)$ 及 E 值；

(2) 计算反应的 $K^{\ominus}$、$E^{\ominus}$ 和 $\Delta_r G_m^{\ominus}$；

(3) 求达平衡时溶液中剩余的 Ag^{+} 浓度。

解 由附录 8 查得 $\varphi^{\ominus}(Ag^{+}/Ag)=0.7991\text{V}$，$\varphi^{\ominus}(Zn^{2+}/Zn)=-0.7628\text{V}$

(1)
$$\varphi(Ag^{+}/Ag)=0.7991\text{V}+0.0592\text{V}\lg 0.10=0.7399\text{V}$$
$$\varphi(Zn^{2+}/Zn)=-0.7628\text{V}+\frac{0.0592\text{V}}{2}\lg 0.30=-0.7783\text{V}$$
$$E=\varphi(Ag^{+}/Ag)-\varphi(Zn^{2+}/Zn)=1.5185\text{V}$$

(2)
$$E^{\ominus}=0.7991\text{V}-(-0.7628\text{V})=1.5619\text{V}$$
$$\lg K^{\ominus}=\frac{2\times 1.5619}{0.0592}=52.77,\qquad K^{\ominus}=5.89\times 10^{52}$$
$$\Delta_r G_m^{\ominus}=-nFE^{\ominus}=-2\times 96485\times 1.5619=-301.4(\text{kJ}\cdot\text{mol}^{-1})$$

(3) 设平衡时浓度为 x mol·L^{-1}，则

	$2Ag^{+}+Zn \rightleftharpoons Ag+Zn^{2+}$	
起始浓度/mol·L^{-1}	0.10	0.30
平衡浓度/mol·L^{-1}	x	$0.30+1/2(0.10-x)\approx 0.35$

$$\frac{0.35}{x^{2}}=5.89\times 10^{52}\qquad x=2.44\times 10^{-27}$$

即平衡时，溶液中剩余的 Ag^{+} 浓度为 $2.44\times 10^{-27}\text{mol}\cdot\text{L}^{-1}$。

8.5.5 测定某些化学平衡常数

沉淀、弱电解质、配合物的生成，会造成溶液中的某些离子浓度降低。若将此离子与它对应的还原态或氧化态组成电对，测定其电极电势，即可计算出溶液中该离子的浓度，从而可进一步算出难溶电解质的溶度积常数、弱酸或弱碱的解离常数、配合物的稳定常数等。

【例 8-19】 已知 $Ag^{+}+e^{-} \rightleftharpoons Ag$ $\qquad \varphi^{\ominus}=0.7991\text{V}$

$AgCl(s)+e^{-} \rightleftharpoons Ag+Cl^{-}$，$\varphi^{\ominus}=0.2224\text{V}$，求 AgCl 的 $K_{sp}^{\ominus}$。

解法一　将以上两电极反应组成原电池，正、负极由电极电势高低确定，则

负极　$$Ag+Cl^- \rightleftharpoons AgCl(s)+e^-$$

正极　$$Ag^+ + e^- \rightleftharpoons Ag$$

总反应式　$$Ag^+ + Cl^- \rightleftharpoons AgCl(s) \qquad K^\ominus=(K_{sp}^\ominus)^{-1}$$

$$\lg(K_{sp}^\ominus)^{-1}=\frac{nE^\ominus}{0.0592}=\frac{1\times[\varphi^\ominus(Ag^+/Ag)-\varphi^\ominus(AgCl/Ag)]}{0.0592}$$

整理得　$$\varphi^\ominus(AgCl/Ag)=\varphi^\ominus(Ag^+/Ag)+\frac{0.0592V}{1}\lg K_{sp}^\ominus$$

$$\lg(K_{sp}^\ominus)^{-1}=\frac{nE^\ominus}{0.0592}=\frac{1\times 0.5767}{0.0592}=9.74$$

解得　$$K_{sp}^\ominus=1.8\times 10^{-10}$$

解法二　$$Ag^+ + e^- \rightleftharpoons Ag$$

$$\varphi(AgCl/Ag)=\varphi(Ag^+/Ag)(\text{插入 } Cl^- \text{ 溶液中})$$

$$=\varphi^\ominus(Ag^+/Ag)+\frac{0.0592V}{1}\lg c'(Ag^+)$$

$$=\varphi^\ominus(Ag^+/Ag)+\frac{0.0592V}{1}\lg\frac{K_{sp}^\ominus}{c'(Cl^-)}$$

$$=\varphi^\ominus(Ag^+/Ag)+\frac{0.0592V}{1}\lg K_{sp}^\ominus+\frac{0.0592V}{1}\lg\frac{1}{c'(Cl^-)}$$

当 $c(Cl^-)=c^\ominus$ 时，AgCl/Ag 电极处于标准态，因此得

$$\varphi^\ominus(AgCl/Ag)=\varphi^\ominus(Ag^+/Ag)+\frac{0.0592V}{1}\lg K_{sp}^\ominus(AgCl)$$

同样方法可推得

$$\varphi^\ominus(AgX/Ag)=\varphi^\ominus(Ag^+/Ag)+\frac{0.0592V}{1}\lg K_{sp}^\ominus(AgX)$$

$$\varphi^\ominus(Ag_2S/Ag)=\varphi^\ominus(Ag^+/Ag)+\frac{0.0592V}{2}\lg K_{sp}^\ominus(Ag_2S)$$

$$\varphi^\ominus(CuS/Cu)=\varphi^\ominus(Cu^{2+}/Cu)+\frac{0.0592V}{2}\lg K_{sp}^\ominus(CuS)$$

8.6　元素电势图及其应用

8.6.1　元素电势图

同一元素的不同氧化态物质的氧化或还原能力是不同的。为了突出表示同一元素不同氧化态物质的氧化、还原能力以及它们相互之间的关系，拉蒂莫尔（W. M. Latimer）建议把同一元素的不同氧化态物质按照从左到右其氧化数降低的顺序排列成以下图式（见图 8-6），并在两种氧化态物质之间的连线上标出对应电对的标准电极电势的数值。

这种表示元素各种氧化态物质之间电极电势变化的关系图称为元素标准电极电势图（简称元素电势图或 Latimer 图），它清楚地表明了同种元素的不同氧化态其氧化、还原能力的相对大小。其中 $\varphi_A^\ominus$ 与 $\varphi_B^\ominus$ 中的右下角 A 与 B 各表示酸性介质和碱性介质。例如，Cu 具有三种氧化数，可以组成三种电对。

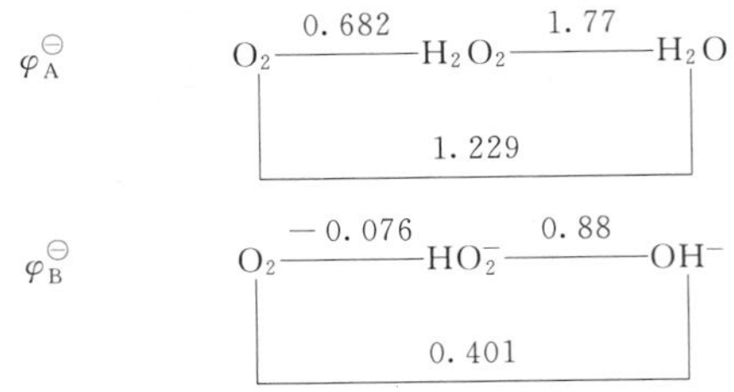

$$\varphi_A^{\ominus} \quad O_2 \xrightarrow{0.682} H_2O_2 \xrightarrow{1.77} H_2O \quad (O_2 \to H_2O: 1.229)$$

$$\varphi_B^{\ominus} \quad O_2 \xrightarrow{-0.076} HO_2^- \xrightarrow{0.88} OH^- \quad (O_2 \to OH^-: 0.401)$$

图 8-6 氧的元素电势图

$$Cu^{2+} + 2e^- \longrightarrow Cu, \varphi^{\ominus}(Cu^{2+}/Cu) = 0.337V$$
$$Cu^{2+} + e^- \longrightarrow Cu^+, \varphi^{\ominus}(Cu^{2+}/Cu^+) = 0.153V$$
$$Cu^+ + e^- \longrightarrow Cu, \varphi^{\ominus}(Cu^+/Cu) = 0.522V$$

如果用元素电势图表示，则为

$$Cu^{2+} \underline{\quad 0.153V \quad} Cu^+ \underline{\quad 0.522V \quad} Cu$$

8.6.2 元素电势图的应用

元素电势图的表达直观、方便，可清楚地看出该元素各氧化态物质的氧化-还原性。它的主要应用如下。

(1) 计算任一组合电对的标准电极电势

设有一种元素的电势图如下：

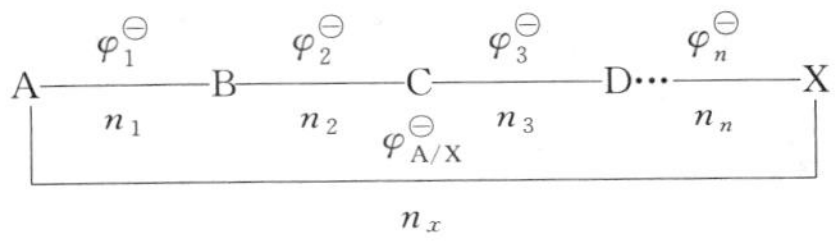

$$A \xrightarrow[n_1]{\varphi_1^{\ominus}} B \xrightarrow[n_2]{\varphi_2^{\ominus}} C \xrightarrow[n_3]{\varphi_3^{\ominus}} D \cdots \xrightarrow[n_n]{\varphi_n^{\ominus}} X \quad (A \to X: \varphi_{A/X}^{\ominus},\ n_x)$$

$$n_x = n_1 + n_2 + n_3 + \cdots + n_n$$

$$\varphi_{A/X}^{\ominus} = \frac{n_1\varphi_1^{\ominus} + n_2\varphi_2^{\ominus} + n_3\varphi_3^{\ominus} + \cdots + n_n\varphi_n^{\ominus}}{n_1 + n_2 + n_3 + \cdots + n_n} \tag{8-13}$$

式中，n_1，n_2，n_3，…分别为相应电对内转移的电子数。

例如酸性溶液中锰元素的元素电势图如下。

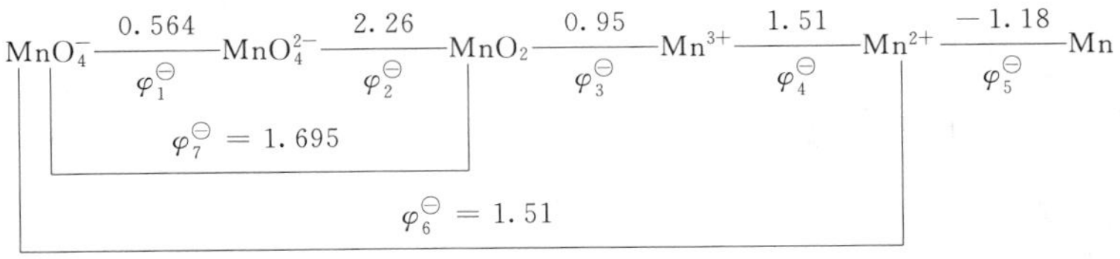

$$MnO_4^- \xrightarrow[\varphi_1^{\ominus}]{0.564} MnO_4^{2-} \xrightarrow[\varphi_2^{\ominus}]{2.26} MnO_2 \xrightarrow[\varphi_3^{\ominus}]{0.95} Mn^{3+} \xrightarrow[\varphi_4^{\ominus}]{1.51} Mn^{2+} \xrightarrow[\varphi_5^{\ominus}]{-1.18} Mn$$

$$(MnO_4^- \to MnO_2: \varphi_7^{\ominus} = 1.695;\quad MnO_4^- \to Mn^{2+}: \varphi_6^{\ominus} = 1.51)$$

从元素的标准电势图可计算任一组合电对的标准电极电势。例如，对于锰元素的 $\varphi_6^{\ominus}$ 和 $\varphi_7^{\ominus}$ 可计算如下。

$$\varphi_6^{\ominus} = \frac{1\times0.564 + 2\times2.26 + 1\times0.95 + 1\times1.51}{1+2+1+1} = 1.51(V)$$

$$\varphi_7^{\ominus} = \frac{1\times0.564 + 2\times2.26}{1+2} = 1.695(V)$$

(2) 判断元素某氧化态能否发生歧化反应

在氧化-还原反应中，有些元素的氧化态可以同时向较高和较低的氧化数转变，这种反应称为歧化反应。根据元素电势图可以判断物质的歧化反应能否发生。

设电势图上某氧化态 B 右边的电极电势为 $\varphi^{\ominus}_{右}$，左边的为 $\varphi^{\ominus}_{左}$，即

$$A \xrightarrow{\varphi^{\ominus}_{左}} B \xrightarrow{\varphi^{\ominus}_{右}} C$$

如果电势图上某物质右边的电极电势大于左边的电极电势，则该物质在水溶液中会发生歧化反应，即：

$\varphi^{\ominus}_{右} > \varphi^{\ominus}_{左}$，歧化反应正向进行，该氧化态物质在溶液中不稳定。歧化反应为 B $\longrightarrow$ A + C。

$\varphi^{\ominus}_{左} > \varphi^{\ominus}_{右}$，歧化反应逆向进行，即在溶液中该氧化态物质不会发生歧化反应，在溶液中能稳定存在。则发生 A + C $\longrightarrow$ B 的逆歧化反应。

【例 8-20】 从实验测得 $\varphi^{\ominus}(Cu^{2+}/Cu) = +0.337V$，$\varphi^{\ominus}(Cu^{+}/Cu) = +0.522V$，试计算 $\varphi^{\ominus}(Cu^{2+}/Cu^{+})$ 的值，并判断歧化反应 $2Cu^{+} \longrightarrow Cu + Cu^{2+}$ 进行的方向。

解 （1）列出铜元素的标准电势图，填上各已知数据

$$Cu^{2+} \xrightarrow{\varphi^{\ominus}_1} Cu^{+} \xrightarrow{\varphi^{\ominus}_2 = +0.522V} Cu \qquad (Cu^{2+} \longrightarrow Cu:\ \varphi^{\ominus}_3 = +0.337V)$$

代入式(8-13) 得

$$\varphi^{\ominus}_3 = \frac{\varphi^{\ominus}_1 + \varphi^{\ominus}_2}{2}$$

代入数据得 $\varphi^{\ominus}_1 = \varphi^{\ominus}(Cu^{2+}/Cu^{+}) = +0.153V$

（2）判断歧化反应进行的方向

$$2Cu^{+} \longrightarrow Cu + Cu^{2+}$$

因为 $\varphi^{\ominus}(Cu^{+}/Cu) = +0.522V$，$\varphi^{\ominus}(Cu^{2+}/Cu^{+}) = +0.153V$，$\varphi^{\ominus}(Cu^{+}/Cu) > \varphi^{\ominus}(Cu^{2+}/Cu^{+})$，所以 Cu^{+} 为较强氧化剂，又为较强还原剂，因此上述歧化反应向右、正向进行。此例说明+1 价铜在溶液中不稳定，可自发转变为 Cu^{2+} 与 Cu。

8.7 氧化还原滴定法

8.7.1 概述

（1）特点和分类

氧化还原滴定法是以氧化还原反应为基础的滴定分析法。氧化还原滴定法应用十分广泛，不仅可以直接测定许多氧化性物质和还原性物质，还可间接测定一些能与氧化剂或还原剂发生定量反应的物质；不仅可以测定无机物质，也可以测定一些有机物。

氧化还原反应是电子转移的反应，反应的过程复杂，副反应多，反应速率慢，条件不易控制。因此，在氧化还原滴定中，必须创造和控制适当的反应条件，加速反应速率，防止副反应发生，以有利于分析反应的定量进行。

在氧化还原滴定中，要使分析反应定量地进行完全，常常用强氧化剂和较强的还原剂作为标准溶液。根据所用标准溶液的不同，氧化还原滴定法可分为高锰酸钾法、重铬酸钾法和碘量法、铈量法、溴酸盐法、钒酸盐法。本章主要介绍最常见的前三种方法。

(2) 条件电极电势

对于氧化还原电对的电极电势，可用能斯特方程式表示为：

$$\mathrm{Ox}+n\mathrm{e}^{-}=\mathrm{Red}$$

$$\varphi=\varphi^{\ominus}+\frac{2.303RT}{nF}\lg\frac{c(\mathrm{Ox})}{c(\mathrm{Red})}$$

然而，由于离子强度的影响，用浓度计算电极电势会产生较大误差，应该用活度即实际浓度代替浓度代入能斯特方程：

$$\varphi=\varphi^{\ominus}+\frac{2.303RT}{nF}\lg\frac{a(\mathrm{Ox})}{a(\mathrm{Red})} \tag{8-14}$$

式(8-14) 中，$a(\mathrm{Ox})$、$a(\mathrm{Red})$ 分别代表氧化型和还原型的活度；n 为半反应中1mol 氧化剂或还原剂的电子转移数。

在实际工作中，通常知道的是溶液中的浓度而不是活度，为简化起见，往往将溶液中的离子强度的影响加以忽略，而以浓度代替活度来进行计算。但当溶液的离子强度较大、氧化型和还原型物质的价态较高时，活度系数受离子强度的影响较大，用浓度代替活度会有较大的偏差，因而离子强度的影响往往不能忽略。并且，在不同的溶液体系中，电对的氧化态和还原态可能会发生副反应，如酸度的影响，沉淀和配合物的形成等，都将引起氧化型和还原型的浓度发生变化。所以代入能斯特方程进行计算的活度为

$$a(\mathrm{Ox})=c(\mathrm{Ox})\gamma(\mathrm{Ox})=\frac{c(\mathrm{Ox}')}{\alpha(\mathrm{Ox})}\gamma(\mathrm{Ox})$$

$$a(\mathrm{Red})=c(\mathrm{Red})\gamma(\mathrm{Red})=\frac{c(\mathrm{Red}')}{\alpha(\mathrm{Red})}\gamma(\mathrm{Red})$$

式中，$c(\mathrm{Ox}')$、$c(\mathrm{Red}')$ 为氧化型、还原型物质的总浓度（又称分析浓度）；$c(\mathrm{Ox})$、$c(\mathrm{Red})$ 为游离态氧化型、还原型物质的浓度；$\gamma(\mathrm{Ox})$、$\gamma(\mathrm{Red})$ 为氧化型和还原型物质的活度系数；$\alpha(\mathrm{Ox})$、$\alpha(\mathrm{Red})$ 分别为氧化型和还原型物质的副反应系数。将上两式代入式(8-14)，得

$$\varphi=\varphi^{\ominus}+\frac{2.303RT}{nF}\lg\frac{\gamma(\mathrm{Ox})\alpha(\mathrm{Red})c(\mathrm{Ox}')}{\gamma(\mathrm{Red})\alpha(\mathrm{Ox})c(\mathrm{Red}')}$$

即

$$\varphi=\varphi^{\ominus}+\frac{2.303RT}{nF}\lg\frac{\gamma(\mathrm{Ox})\alpha(\mathrm{Red})}{\gamma(\mathrm{Red})\alpha(\mathrm{Ox})}+\frac{2.303RT}{nF}\lg\frac{c(\mathrm{Ox}')}{c(\mathrm{Red}')}$$

在一定条件下，活度系数 γ 和副反应系数 α 有定值，因而上式前两项之和为一常数，令

$$\varphi^{\ominus\prime}=\varphi^{\ominus}+\frac{2.303RT}{nF}\lg\frac{\gamma(\mathrm{Ox})\alpha(\mathrm{Red})}{\gamma(\mathrm{Red})\alpha(\mathrm{Ox})} \tag{8-15}$$

$\varphi^{\ominus\prime}$是在一定介质条件下，氧化型物质和还原型物质的分析浓度均为 $1.0\mathrm{mol\cdot L^{-1}}$ 时，校正了各种外界因素影响后的实际电极电势。它是一个随实验条件变化而改变的常数，因而称为条件电极电势，它反映了离子强度和各种副反应对电极电势影响的总结果。当 γ 和 α 一定时，$\varphi^{\ominus\prime}$为一常数。条件电极电势的大小可以说明在各种不同条件下的影响下，电对的实际氧化还原能力。引入条件电极电势后，上述能斯特方程式应表示为

$$\varphi=\varphi^{\ominus\prime}+\frac{2.303RT}{nF}\lg\frac{c(\mathrm{Ox}')}{c(\mathrm{Red}')} \tag{8-16}$$

条件电极电势比用标准电极电势更能正确地判断特定条件下氧化还原反应的方向和完全程度，也更能切合实际地反映氧化剂或还原剂的能力大小。分析化学中引入条件电势之后，只需简单地将氧化型、还原型物质的总浓度代入能斯特方程，处理实际问题比较简单，也比较符合实际情况。

由于在实际工作中，活度系数 γ 和副反应系数 α 不易求得，因此条件电极电势很难从理论上用公式求得，一般人们所使用的条件电极电势数据均为实验测定值。一些电对在不同介质条件下的条件电极电势见附录 9。目前条件电极电势的数据还很不齐全，在解决实际问题时应尽量采用条件电极电势，若缺少相同条件下的条件电极电势时，可采用条件相近的条件电极电势，当无条件电极电势数据时，就只好采用电对的标准电极电势作粗略的近似计算。

(3) 氧化还原反应的条件平衡常数

氧化还原反应

$$a\mathrm{Ox_1}+b\mathrm{Red_2} = c\mathrm{Red_1}+d\mathrm{Ox_2}$$

其标准平衡常数为

$$K^{\ominus}=\frac{c'^{c}(\mathrm{Red_1})c'^{d}(\mathrm{Ox_2})}{c'^{a}(\mathrm{Ox_1})c'^{b}(\mathrm{Red_2})}$$

其中，$K^{\ominus}$ 的大小表示了反应完全趋势的大小，但反应实际完全程度与反应进行的条件如反应物是否发生了副反应等有关。类似于配合物条件稳定常数，氧化还原反应的条件平衡常数 $K^{\ominus}{}'$ 能更好地说明一定条件下反应实际进行的程度，即

$$K^{\ominus}{}'=\frac{c^{c}(\mathrm{Red_1'})c^{d}(\mathrm{Ox_2'})}{c^{a}(\mathrm{Ox_1'})c^{b}(\mathrm{Red_2'})} \tag{8-17}$$

$K^{\ominus}{}'$ 可依式(8-12) 计算。

$$\lg K^{\ominus}{}'=\frac{nFE^{\ominus}{}'}{2.303RT}=\frac{nF[\varphi^{\ominus}{}'(+)-\varphi^{\ominus}{}'(-)]}{2.303RT} \tag{8-18}$$

式中，$\varphi^{\ominus}{}'(+)-\varphi^{\ominus}{}'(-)$ 为两电对条件电极电势差值。显然 $\varphi^{\ominus}{}'(+)-\varphi^{\ominus}{}'(-)$ 的值越大，反应进行得越完全。在氧化还原滴定中，一般可根据两对条件电极电势之差是否大于 0.4V 来判断氧化还原滴定能否进行。氧化还原滴定中，一般用强氧化剂作滴定剂，还可通过控制条件改变电对的条件电极电势以满足这个要求。

8.7.2 氧化还原滴定曲线

在氧化还原滴定中，随着标准溶液的不断加入，氧化剂或还原剂的浓度发生改变，相应电对的电极电势也随之不断改变，可用氧化还原滴定曲线来描述这种变化，借以研究化学计量点前后溶液的电极电势改变情况，对正确选取氧化还原指示剂或采取仪器指示化学滴定终点具有重要的作用。滴定曲线可通过实验的方法测量电极电势绘出，也可采用能斯特方程进行近似的计算，求出相应的电极电势。

现在以 0.1000mol·L^{-1} Ce^{4+} 标准溶液滴定 20.00mL 0.1000mol·L^{-1} $FeSO_4$ 溶液（溶液的酸度为 1mol·L^{-1} H_2SO_4）为例，说明滴定过程中电极电势的计算方法。滴定反应为

$$\mathrm{Ce^{4+}}+\mathrm{Fe^{2+}} \rightleftharpoons \mathrm{Ce^{3+}}+\mathrm{Fe^{3+}}$$

已知 $\varphi^{\ominus}{}'(\mathrm{Fe^{3+}/Fe^{2+}})=0.68\mathrm{V}$，$\varphi^{\ominus}{}'(\mathrm{Ce^{4+}/Ce^{3+}})=1.44\mathrm{V}$，则

$$\lg K^{\ominus}{}'=\frac{\varphi^{\ominus}{}'(+)-\varphi^{\ominus}{}'(-)}{0.0592}=\frac{1.44-0.68}{0.0592}=12.84$$

$K^{\ominus\prime}=6.92\times10^{12}$。$K^{\ominus\prime}$值较大，说明反应进行得很完全。下面将滴定过程分为四个主要阶段，讨论溶液的电极电势变化情况。

（1）滴定开始前

没有滴入 $Ce(SO_4)_2$时，对于 $0.1000mol\cdot L^{-1}$ $FeSO_4$溶液来说，由于空气中氧的氧化作用，其中必有极少量的 Fe^{3+}存在并组成 Fe^{3+}/Fe^{2+}电对，所以溶液的电极电势可用 Fe^{3+}/Fe^{2+}电对表示，假设有 0.1%的 Fe^{2+}被氧化为 Fe^{3+}，则

$$\frac{c'(Fe^{3+})}{c'(Fe^{2+})}=\frac{0.1\%}{99.9\%}\approx\frac{1}{1000}$$

$$\varphi(Fe^{3+}/Fe^{2+})=\varphi^{\ominus\prime}(Fe^{3+}/Fe^{2+})+\frac{0.0592V}{n}\lg\frac{c'(Fe^{3+})}{c'(Fe^{2+})}$$

$$=0.68V+\frac{0.0592V}{1}\lg\frac{1}{1000}=0.50V$$

（2）滴定开始至化学计量点前

滴定开始后，溶液中存在 Fe^{3+}/Fe^{2+} 和 Ce^{4+}/Ce^{3+} 两个电对，每加入一定量的 $Ce(SO_4)_2$标准溶液，两个电对反应后就会建立平衡，并使两个电对的电势相等，即

$$\varphi=\varphi^{\ominus\prime}(Fe^{3+}/Fe^{2+})+\frac{0.0592V}{n}\lg\frac{c'(Fe^{3+})}{c'(Fe^{2+})'}$$

$$=\varphi^{\ominus\prime}(Ce^{4+}/Ce^{3+})+\frac{0.0592V}{n}\lg\frac{c'(Ce^{4+})}{c'(Ce^{3+})}$$

在化学计量点前，由于 $FeSO_4$是过量的，溶液中 Ce^{4+}的浓度很小，计算起来比较麻烦，因此，可用 Fe^{3+}/Fe^{2+}电对来计算 φ 值，同时为了计算简便，可用 Fe^{3+}和 Fe^{2+}的物质的量比来替代$\frac{c'(Fe^{3+})}{c'(Fe^{2+})}$进行计算。设滴入 $Ce(SO_4)_2$标准溶液 VmL($V<20.00$mL)时，有

$$n(Fe^{3+})=0.1000V(mmol)$$

$$n(Fe^{2+})=0.1000\times(20.00-V)(mmol)$$

$$\varphi=0.68V+\frac{0.0592V}{1}\lg\frac{0.1000V}{0.1000\times(20.00-V)}$$

$$=0.68V+0.0592V\lg\frac{V}{20.00-V}$$

将 $V=19.80$mL 和 19.98mL 代入计算可得相应的电极电势值为 0.80V 和 0.86V。

（3）化学计量点时

滴入 $0.1000\ mol\cdot L^{-1}$ Ce^{4+} 溶液 20.00mL 时，反应正好达到化学计量点。此时，Ce^{4+}和 Fe^{2+}均定量地转化为 Ce^{3+}和 Fe^{3+}，所以 Ce^{3+}和 Fe^{3+}的浓度是知道的，但无法确切知道 Ce^{4+}和 Fe^{2+}的浓度，因而不可能根据某一电对计算 φ，而要通过两个电对的浓度关系来计算。

设化学计量点时的电极电势为 φ_{ep}，可分别表示为

$$\varphi_{ep}=\varphi^{\ominus\prime}(Fe^{3+}/Fe^{2+})+0.0592V\lg\frac{c'(Fe^{3+})}{c'(Fe^{2+})}$$

和

$$\varphi_{ep}=\varphi^{\ominus\prime}(Ce^{4+}/Ce^{3+})+0.0592V\lg\frac{c'(Ce^{4+})}{c'(Ce^{3+})}$$

将两式相加得

$$2\varphi_{ep}=\varphi^{\ominus\prime}(Ce^{4+}/Ce^{3+})+\varphi^{\ominus\prime}(Fe^{3+}/Fe^{2+})+0.0592V\lg\frac{c'(Ce^{4+})c'(Fe^{3+})}{c'(Ce^{3+})c'(Fe^{2+})}$$

化学计量点时，加入的 $Ce(SO_4)_2$ 标准溶液正好和溶液中的 $FeSO_4$ 标准溶液完全反应，达到平衡状态，满足 $c'(Ce^{4+})=c'(Fe^{2+})$，$c'(Ce^{3+})=c'(Fe^{3+})$，此时：

$$\lg\frac{c'(Ce^{4+})c'(Fe^{3+})}{c'(Ce^{3+})c'(Fe^{2+})}=0$$

所以 $\varphi_{ep}=\dfrac{\varphi^{\ominus\prime}(Fe^{3+}/Fe^{2+})+\varphi^{\ominus\prime}(Ce^{4+}/Ce^{3+})}{2}=\dfrac{0.68V+1.44V}{2}=1.06V$

对于一般的氧化还原反应

$$n_2Ox_1+n_1Red_2 \rightleftharpoons n_2Red_1+n_1Ox_2$$

同理可以得到化学计量点时的电极电势 φ_{ep} 为

$$\varphi_{ep}=\frac{n_1\varphi^{\ominus\prime}(Ox_1/Red_1)+n_2\varphi^{\ominus\prime}(Ox_2/Red_2)}{n_1+n_2} \tag{8-19}$$

（4）化学计量点后

加入过量的 $Ce(SO_4)_2$ 标准溶液，可用 Ce^{4+}/Ce^{3+} 电对的电极电势表示溶液的电极电势。例如，加入 20.02mL$Ce(SO_4)_2$ 标准溶液时，有

$$\varphi=\varphi^{\ominus\prime}(Ce^{4+}/Ce^{3+})+0.0592V\lg\frac{c(Ce^{4+})}{c(Ce^{3+})}=\varphi^{\ominus\prime}(Ce^{4+}/Ce^{3+})+0.0592V\lg\frac{n(Ce^{4+})}{n(Ce^{3+})}$$

$$=1.44V+0.0592V\lg\frac{(20.02-20.00)\times0.1000}{20.00\times0.1000}=1.26V$$

同理可讨论任意时刻溶液的电极电势与标准溶液加入量的关系，见表 8-2。

表 8-2　0.1000mol·L^{-1} Ce^{4+} 标准溶液滴定 20.00mL 0.1000mol·L^{-1} $FeSO_4$ 溶液

滴入 Ce^{4+} 溶液/mL	Fe^{2+} 被滴定的百分数/%	过量的 Ce^{4+} 百分数/%	溶液的电极电势/V
18.00	90.0		0.74
19.80	99.0		0.80
19.98	99.9		0.86
20.00	100.0		1.06
20.02		0.1	1.26
20.20		1.0	1.32
22.00		10.0	1.38
40.00		100.0	1.44

以 φ 对 V 作图，即可得到用 0.1000mol·L^{-1} Ce^{4+} 标准溶液滴定 20.00mL 0.1000mol·L^{-1} $FeSO_4$溶液滴定曲线，如图 8-7 所示。

通过滴定曲线可以看出：

① 在化学计量点前后±0.1%误差范围内溶液的电极电势由 0.86V 变化到 1.26V，有明显的突跃，这个突跃范围的大小对选择氧化还原滴定指示剂很有帮助。事实上，在化学计量点前后±0.1%相对误差范围内，溶液中 Fe^{2+} 的浓度由 5.0×10^{-5} mol·L^{-1} 降低到 5.0×10^{-12} mol·L^{-1}，说明反应很完全。

② 从计算可知，滴定突跃范围的大小与电对的 $\varphi^{\ominus\prime}$有关，$\Delta\varphi^{\ominus\prime}$越大，则突跃范围越大；反之则小。在 $\Delta\varphi^{\ominus\prime}\geqslant0.20V$ 时，突跃才明显，且在 0.20～0.40V 可用仪器法确定终点；只有在 $\Delta\varphi^{\ominus\prime}\geqslant0.40V$ 时才可用氧化还原指示剂指示终点。

③ 在氧化还原反应的两个半反应中若转移的电子数相等，即 $n_1=n_2$，则化学计量点

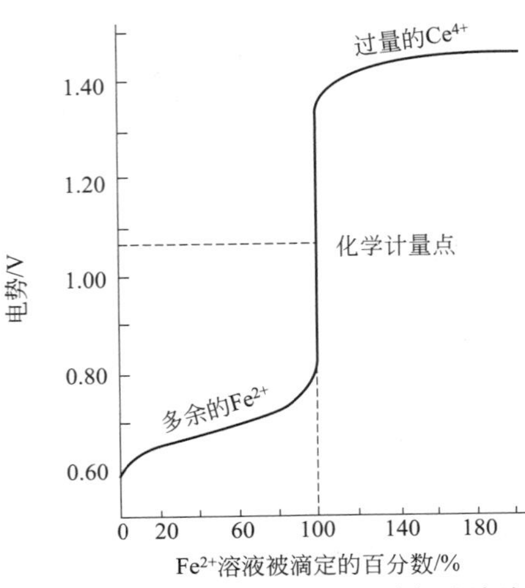

图 8-7　0.1000mol・L^{-1} Ce^{4+}标准溶液滴定 20.00mL 0.1000mol・L^{-1} $FeSO_4$ 溶液滴定曲线

正好在滴定突跃的中间；若 $n_1 \neq n_2$ 的反应，则化学计量点偏向于电子转移数较大的一方。相差越大，化学计量点偏向越多。根据滴定突跃范围选择指示剂时，应该注意化学计量点在滴定突跃中的位置。

8.7.3　氧化还原滴定指示剂

氧化还原滴定法是滴定分析方法的一种，其关键仍然是化学计量点的确定。在氧化还原滴定中，除了用电势法确定终点外，还经常使用一类物质在化学计量点附近的颜色的改变来指示终点，这类物质称为氧化还原滴定指示剂。

（1）氧化还原指示剂

氧化还原指示剂是具有氧化性或还原性的有机化合物，且它们的氧化态和还原态具有不同的颜色，在氧化还原滴定中因参与氧化还原反应而发生颜色变化。如用氧化剂作标准溶液滴定时，应使用还原态指示剂，这样在到达化学计量点时，稍微过量的氧化剂即可将其氧化，使其发生颜色转变以指示滴定终点。

假设用 In(O)和 In(R)表示指示剂的氧化态和还原态，则指示剂在滴定过程中所发生的氧化还原反应可用下式表示。

$$\mathrm{In(O)} + ne^- \rightleftharpoons \mathrm{In(R)}$$

根据能斯特方程，氧化还原指示剂的电极电势与其浓度之间有如下关系为

$$\varphi_{\mathrm{In}} = \varphi_{\mathrm{In}}^{\ominus\prime} + \frac{2.303RT}{nF}\lg\frac{c'[\mathrm{In(O)}]}{c'[\mathrm{In(R)}]}$$

在滴定过程中，指示剂受溶液电势的影响，溶液的氧化还原电对的电势改变时，指示剂的氧化态和还原态的浓度也发生改变，因而溶液的颜色也发生变化。

同酸碱指示剂一样，氧化还原指示剂颜色的改变也存在着一定的变色范围，当 $\frac{c[\mathrm{In(O)}]}{c[\mathrm{In(R)}]} \geqslant 10$ 时，溶液呈现指示剂氧化态 In(O)的颜色，此时

$$\varphi_{\mathrm{In}} \geqslant \varphi_{\mathrm{In}}^{\ominus\prime} + \frac{2.303RT}{nF}\lg 10 = \varphi_{\mathrm{In}}^{\ominus\prime} + \frac{2.303RT}{nF}$$

当 $\frac{c[\mathrm{In(O)}]}{c[\mathrm{In(R)}]} \leqslant \frac{1}{10}$ 时，可清楚地看到指示剂还原态 In(R)的颜色，此时

$$\varphi_{\mathrm{In}} \leqslant \varphi_{\mathrm{In}}^{\ominus\prime} + \frac{2.303RT}{nF}\lg\frac{1}{10} = \varphi_{\mathrm{In}}^{\ominus\prime} - \frac{2.303RT}{nF}$$

所以指示剂的变色的电势范围为

$$\varphi_{\mathrm{In}} = \varphi_{\mathrm{In}}^{\ominus\prime} \pm \frac{2.303RT}{nF} \tag{8-20}$$

当指示剂氧化态的浓度与其还原态的浓度相等时，则 $\varphi_{\mathrm{In}} = \varphi_{\mathrm{In}}^{\ominus\prime}$，这个电势称为指示剂的理论变色点。

实际滴定中，最好能选择在滴定的突跃范围内变色的指示剂。例如，重铬酸钾测定铁

时，常用二苯胺磺酸钠作为指示剂，它的氧化态呈紫红色，还原态呈无色，当滴定到达化学计量点时，稍过量的重铬酸钾就可以使二苯胺磺酸钠由还原态变为氧化态，从而指示滴定终点的到达，其氧化还原反应如下。

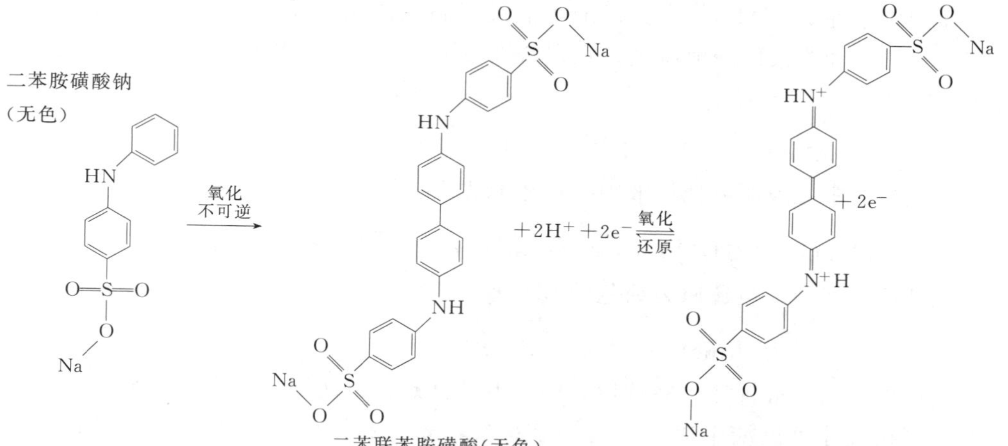

二苯胺磺酸钠（无色）$\xrightarrow[\text{不可逆}]{\text{氧化}}$ 二苯联苯胺磺酸（无色） $\underset{\text{还原}}{\overset{\text{氧化}}{\rightleftharpoons}}$ 二苯胺联苯胺磺酸紫（紫色） $+2H^+ + 2e^-$

表 8-3 列出了常见氧化还原指示剂的 $\varphi_{In}^{\ominus}$ 及颜色变化。

表 8-3　常见氧化还原指示剂的 $\varphi_{In}^{\ominus}$ 及颜色变化

指示剂	氧化态颜色	还原态颜色	$\varphi_{In}^{\ominus}$(pH=0)/V
二苯胺磺酸钠	紫红色	无色	+0.85
邻二氮菲-亚铁	浅蓝色	红色	−1.06
邻氨基苯甲酸	紫红色	无色	+0.89
亚甲基蓝	蓝色	无色	+0.53

（2）自身指示剂

在氧化还原滴定中，利用标准溶液或被滴定物质本身的颜色来确定终点，称为自身指示剂。例如，在高锰酸钾法中就是利用 $KMnO_4$ 作自身指示剂。$KMnO_4$ 溶液呈紫红色，当用 $KMnO_4$ 作为标准溶液来测定无色或浅色物质时，在化学计量点前，由于高锰酸钾是不足量的，故溶液不显 $KMnO_4$ 的颜色，当滴定到达化学计量点时，稍过量的 $KMnO_4$ 就使溶液呈现粉红色，从而指示终点。

（3）专属指示剂

在氧化还原滴定中，有些物质本身不具有氧化还原性质，但它能与氧化剂或还原剂或其产物作用产生特殊颜色以确定反应的终点，这种指示剂称为专属指示剂。例如，可溶性淀粉能与碘在一定条件下生成蓝色配合物。故在碘量法中可以采用淀粉作指示剂，根据溶液中蓝色的出现或消失就可以判断滴定的终点。

8.8　常用的氧化还原滴定方法

根据所用滴定剂的名称，氧化还原滴定法分为：高锰酸钾法、重铬酸钾法、碘量法、溴酸钾法和铈量法等。由于还原剂易被氧化而改变浓度，因此，氧化滴定剂远比还原滴定剂用得多。多种强度不同的滴定剂为选择性滴定提供了有利条件。各种方法都有其特点和应用范围，可根据实际测定情况选用。

8.8.1 高锰酸钾法

(1) 概述

高锰酸钾法是以 $KMnO_4$ 作为标准溶液进行滴定的氧化还原滴定法。$KMnO_4$ 是氧化剂，其氧化能力和溶液的酸度有关。在强酸性溶液中具有强氧化性，与还原性物质作用被还原为 Mn^{2+}。

$$MnO_4^- + 8H^+ + 5e^- \rightleftharpoons Mn^{2+} + 4H_2O, \varphi^{\ominus} = +1.51V$$

在微酸性、中性或弱碱性溶液中，被还原为 MnO_2。

$$MnO_4^- + 2H_2O + 3e^- \rightleftharpoons MnO_2 \downarrow + 4OH^-, \varphi^{\ominus} = +0.588V$$

在强碱性溶液中，被还原为绿色的 MnO_4^{2-}。

$$MnO_4^- + e^- \rightleftharpoons MnO_4^{2-}, \varphi^{\ominus} = +0.564V$$

由此可见，高锰酸钾法可在酸性、中性或碱性条件下测定。由于在微酸性或中性溶液中均有二氧化锰棕色沉淀生成，影响终点观察，故一般只在强酸性溶液中滴定。为防止 Cl^-(具有还原性) 和 NO_3^- (酸性条件下具有氧化性) 的干扰，通常是在 $c(H^+)=1\sim2$ $mol \cdot L^{-1}$ 的硫酸溶液中进行。在特殊情况下用其在碱性溶液中的氧化性测定有机物含量，还原产物为绿色的锰酸钾。

利用 $KMnO_4$ 作氧化剂可直接滴定许多还原性物质，如 Fe^{2+}、$C_2O_4^{2-}$、H_2O_2、As(Ⅲ)、NO_2^- 等；一些氧化性物质可用返滴定法测定，如 MnO_2、$K_2Cr_2O_7$、PbO_2 等；还有一些物质本身不具有氧化还原性，但可以用间接法测定，如 Ca^{2+}、Ag^+、Ba^{2+}、Sr^{2+}、Zn^{2+}、Pb^{2+} 等。

高锰酸钾法的优点是 $KMnO_4$ 氧化能力强，应用广泛，一般不需另加指示剂。缺点是试剂中常含有少量杂质，溶液不够稳定，且能与许多还原性物质发生反应，选择性低，干扰现象严重。

(2) 高锰酸钾标准溶液的配制及标定

市售的 $KMnO_4$ 中含有少量的二氧化锰、硫酸盐、氧化物和其他还原性杂质，配制溶液时，这些杂质以及蒸馏水中带入的杂质均可以将高锰酸钾还原为二氧化锰，高锰酸钾在水溶液中还能发生自动分解反应。

$$4MnO_4^- + 2H_2O \rightleftharpoons 4MnO_2 \downarrow + 3O_2 + 4OH^-$$

另外，$KMnO_4$ 见光受热易发生分解反应。故配制 $KMnO_4$ 标准溶液时只能采用间接法。配制时应采取如下措施：

① 称取稍多于理论计算量的高锰酸钾；

② 将配制好的高锰酸钾溶液煮沸，保持微沸 1h，然后放置 2～3 天，使各种还原性物质全部与 $KMnO_4$ 反应完全；

③ 用微孔玻璃漏斗将溶液中的沉淀过滤除去；

④ 配制好的高锰酸钾溶液应于棕色试剂瓶中在暗处保存，待标定。

标定高锰酸钾标准溶液的基准物质有许多，如 $Na_2C_2O_4$、As_2O_3、$H_2C_2O_4 \cdot 2H_2O$ 和纯铁丝等。其中 $Na_2C_2O_4$ 最为常用，它易于提纯、稳定、无结晶水，在 105～110℃ 烘 2h 即可使用。

在 $1mol \cdot L^{-1} H_2SO_4$溶液中，$MnO_4^-$ 与 $C_2O_4^{2-}$ 的反应为

$$2MnO_4^- + 5C_2O_4^{2-} + 16H^+ = 2Mn^{2+} + 10CO_2\uparrow + 8H_2O$$

为了使反应能够较快地定量进行，应该注意以下反应条件。

① 温度　此反应在室温下进行得较慢，应将溶液加热，但温度高于 90℃ 时，$H_2C_2O_4$会发生分解反应生成 CO_2，故最适宜的温度范围应该是 70～80℃。

② 酸度　为了使反应能够正常地进行，溶液应保持足够的酸度，一般开始滴定时，溶液的酸度应控制在 0.5～1.0mol·L^{-1} H_2SO_4 为宜。酸度过低，会部分被还原成 MnO_2；酸度过高，会促进 $H_2C_2O_4$分解。

③ 滴定速度　由于 MnO_4^- 与 $C_2O_4^{2-}$ 的反应是自动催化反应，即使在 70～80℃的强酸溶液中，MnO_4^- 与 $C_2O_4^{2-}$ 的反应也是比较慢的。因此，在滴定开始时其速度不宜太快，一定要等到加入的第一滴 $KMnO_4$溶液褪色之后，才可加入第二滴 $KMnO_4$溶液，之后由于反应生成了有催化剂作用的 Mn^{2+}，反应速率逐渐加快，滴定速度也可适当加快，但也不能太快，否则加入的 $KMnO_4$就来不及和 $C_2O_4^{2-}$ 反应。接近终点时，由于反应物的浓度降低，滴定速度要逐渐减慢。

④ 滴定终点　滴定以稍过量的 $KMnO_4$在溶液中呈现粉红色并稳定 30s 不褪色即为终点。若时间过长，空气中的还原性物质能使 $KMnO_4$缓慢分解，而使粉红色消失。另外，标定好的 $KMnO_4$溶液在放置一段时间后，若发现有 $MnO(OH)_2$沉淀析出，应重新过滤并标定。

(3) 应用实例

① 直接滴定法测定过氧化氢　在酸性溶液中，H_2O_2能定量地被 $KMnO_4$氧化，其反应为

$$2MnO_4^- + 5H_2O_2 + 6H^+ = 2Mn^{2+} + 5O_2\uparrow + 8H_2O$$

在 H_2SO_4介质中，此反应室温下可顺利进行。滴定开始时反应较慢，随 Mn^{2+} 生成而加速，也可先加入少量 Mn^{2+} 为催化剂。若 H_2O_2中含有有机物，这些有机物大多能与 $KMnO_4$作用，而使测定结果偏高，此时应改用其他氧化还原滴定法进行测定，如碘量法或铈量法等。

② 绿矾的测定　在酸性溶液中，$FeSO_4 \cdot 7H_2O$ 能定量地被 $KMnO_4$氧化，其反应为

$$MnO_4^- + 5Fe^{2+} + 8H^+ = Mn^{2+} + 5Fe^{3+} + 4H_2O$$

测定过程中只能用硫酸控制酸度，不能用盐酸，防止发生诱导反应，同时为了消除产物 Fe^{3+} 的颜色对终点的干扰，可加入适量的磷酸，与 Fe^{3+} 生成无色配离子$[Fe(HPO_4)_2]^-$，便于终点的观察。

③ 返滴定法测定软锰矿中的二氧化锰　测定时，在 MnO_2 中先加入一定量的过量的强还原剂 $Na_2C_2O_4$，并加入一定量的 H_2SO_4，待反应完全后，再用 $KMnO_4$标准溶液来返滴定剩余的 $Na_2C_2O_4$，根据所加的 $Na_2C_2O_4$ 和 $KMnO_4$ 的量可计算样品中 MnO_2 的含量。

$$MnO_2 + C_2O_4^{2-} + 4H^+ = Mn^{2+} + 2CO_2\uparrow + 2H_2O$$

$$2MnO_4^- + 5C_2O_4^{2-} + 16H^+ = 2Mn^{2+} + 10CO_2\uparrow + 8H_2O$$

该法也可用于 PbO_2、钢样中铬的测定。

④ 间接滴定法测定钙　测定时，先用 $C_2O_4^{2-}$ 将 Ca^{2+} 沉淀为 CaC_2O_4，沉淀经过过

滤、洗涤后，用热的稀 H_2SO_4 将其溶解，再用 $KMnO_4$ 标准溶液滴定溶液中的 $C_2O_4^{2-}$，从而间接求得 Ca^{2+} 的含量。凡能与 $C_2O_4^{2-}$ 生成沉淀的离子如 Ag^+、Ba^{2+}、Sr^{2+}、Zn^{2+}、Pb^{2+} 等均能用此方法测定。

【例 8-21】 称取 0.4207g 石灰石样品，将它溶解后沉淀为 CaC_2O_4，沉淀经过滤、洗涤后溶于 H_2SO_4 中，用 $c(KMnO_4)=0.01896mol\cdot L^{-1}$ 的溶液滴定，到终点时需用 43.08mL。求石灰石中钙以 Ca 和 $CaCO_3$ 表示的质量分数。

解 $$2MnO_4^- + 5C_2O_4^{2-} + 16H^+ \longrightarrow 2Mn^{2+} + 10CO_2\uparrow + 8H_2O$$

因为 $$1Ca \approx 1Ca^{2+} \approx 1CaC_2O_4 \approx 1C_2O_4^{2-} \approx 2/5MnO_4^-$$

所以 $$n(Ca)=\frac{5}{2}n(MnO_4^-)$$

$$m(Ca)=\frac{5}{2}c(MnO_4^-)V(MnO_4^-)M(Ca)$$

则被测组分 Ca 的质量分数为

$$w(Ca)=\frac{\frac{5}{2}c(MnO_4^-)V(MnO_4^-)M(Ca)\times 10^{-3}}{m_s}\times 100\%$$

$$=\frac{\frac{5}{2}\times 0.01896\times 43.08\times 40.08\times 10^{-3}}{0.4207}\times 100\%=19.45\%$$

同理被测组分 $CaCO_3$ 的质量分数为

$$w(CaCO_3)=\frac{\frac{5}{2}c(MnO_4^-)\cdot V(MnO_4^-)\cdot M(CaCO_3)\times 10^{-3}}{m_s}\times 100\%$$

$$=\frac{\frac{5}{2}\times 0.01896\times 43.08\times 100.1\times 10^{-3}}{0.4207}\times 100\%=48.59\%$$

⑤ 水中化学耗氧量 COD_{Mn} 的测定　化学耗氧量 COD 是 1L 水中还原性物质（无机的或有机的）在一定条件下被氧化时所消耗的氧含量。通常用 COD_{Mn}(O,mg/L)来表示，它是反映水体被还原性物质污染的主要指标。还原性物质包括有机物、亚硝酸盐、亚铁盐和硫化物等，但多数水受有机物污染较为普遍，因此，化学耗氧量可作为有机物污染程度的指标，目前它已经成为环境监测分析的主要项目之一。

COD_{Mn} 的测定方法是：在酸性条件下，加入过量的 $KMnO_4$，将水样中的某些有机物及还原性物质氧化，反应后在剩余的 $KMnO_4$ 中加入过量的 $Na_2C_2O_4$ 还原，再用 $KMnO_4$ 溶液回滴过量的 $Na_2C_2O_4$，从而计算出水样中所含还原性物质所消耗的 $KMnO_4$，再换算为 COD_{Mn}。测定过程所发生的有关反应如下。

$$4KMnO_4 + 6H_2SO_4 + 5C \longrightarrow 2K_2SO_4 + 4MnSO_4 + 5CO_2 + 6H_2O$$

$$2MnO_4^- + 5C_2O_4^{2-} + 16H^+ \longrightarrow 2Mn^{2+} + 8H_2O + 10CO_2\uparrow$$

$KMnO_4$ 法测定的化学耗氧量 COD_{Mn} 适用于测定地面水，河水等污染不十分严重的水质。

⑥ 一些有机物的测定　氧化有机物的反应在碱性溶液中比在酸性溶液中快，采用加入过量 $KMnO_4$ 并加热的方法可进一步加速反应。如测定甘油时，加入一定量过量的

$KMnO_4$标准溶液到含有试样的 2 mol·L^{-1}NaOH 溶液中，放置片刻，溶液中发生如下反应。

$$14MnO_4^- + H_2OHC-OHCH-H_2COH + 20OH^- = 3CO_3^{2-} + 14MnO_4^{2-} + 14H_2O$$

待溶液中反应完全后将溶液酸化，MnO_4^{2-} 歧化成 MnO_4^- 和 MnO_2，加入过量的 $Na_2C_2O_4$标准溶液还原所有高价锰为 Mn^{2+}。最后再以 $KMnO_4$标准溶液滴定剩余的 $Na_2C_2O_4$。由两次加入的 $KMnO_4$和 $Na_2C_2O_4$的量，计算甘油的质量分数。甲醛、甲酸、酒石酸、柠檬酸、苯酚、葡糖糖等都可按此法测定。

8.8.2 重铬酸钾法

(1) 概述

重铬酸钾法是以 $K_2Cr_2O_7$标准溶液为滴定剂的氧化还原滴定法。重铬酸钾是常用氧化剂之一，在酸性溶液中被还原成 Cr^{3+}。

$$Cr_2O_7^{2-} + 14H^+ + 6e^- \rightleftharpoons 2Cr^{3+} + 7H_2O \qquad \varphi^{\ominus} = +1.33V$$

从半反应式中可以看出，溶液的酸度越高，$Cr_2O_7^{2-}$ 的氧化能力越强，故重铬酸钾法必须在强酸性溶液中进行测定。酸度控制可用硫酸或盐酸，不能用硝酸。利用重铬酸钾法可以测定许多无机物和有机物。

与高锰酸钾法相比，重铬酸钾法有如下优点：

① $K_2Cr_2O_7$易提纯，是基准物质，可用直接法配制标准溶液；

② $K_2Cr_2O_7$溶液非常稳定，可长期保存；

③ $K_2Cr_2O_7$对应电对的标准电极电势比高锰酸钾的电极电势低，可在盐酸溶液中测定铁；

④ 重铬酸钾法滴定需加入氧化还原指示剂，常用指示剂为二苯胺磺酸钠；

⑤ $K_2Cr_2O_7$滴定反应速率快，通常在常温下进行滴定；

⑥ 应用广泛，可直接、间接测定许多物质。

另外，$K_2Cr_2O_7$和 Cr^{3+}都是污染物，使用时应注意废液的处理，以免污染环境。

(2) 应用实例

重铬酸钾法最主要的应用是铁矿石（或钢铁）中全铁的测定，是公认的标准方法。

铁矿石的主要成分是 $Fe_3O_4 \cdot nH_2O$，测定时首先用浓热硫酸将铁矿石溶解，然后用 $SnCl_2$趁热将 Fe^{3+}还原为 Fe^{2+}，过量 $SnCl_2$用 $HgCl_2$氧化，再用水稀释，然后在 1mol·L^{-1} H_2SO_4-H_3PO_4混合介质中以二苯胺磺酸钠作为指示剂，用 $K_2Cr_2O_7$标准溶液滴定至溶液由浅绿色（Cr^{3+}）变为蓝紫色。滴定反应为

$$Cr_2O_7^{2-} + 6Fe^{2+} + 14H^+ \longrightarrow 2Cr^{3+} + 6Fe^{3+} + 7H_2O$$

故

$$w(Fe) = \frac{6c(K_2Cr_2O_7)V(K_2Cr_2O_7)M(Fe)}{m}$$

加入 H_3PO_4的主要作用：一是降低 Fe^{3+}/Fe^{2+}电对的电极电势，使滴定突跃增大。这样二苯胺磺酸钠变色点的电势落在滴定的电势范围之内；二是与黄色的 Fe^{3+}生成无色 $[Fe(HPO_4)_2]^-$配离子，有利于滴定终点的观察。

另外，还可以利用 $K_2Cr_2O_7$ 间接测定多种物质。

① 测定氧化剂　如 NO_3^- 或 ClO_3^- 等被还原的反应速率较慢，可加入过量的 Fe^{2+}标准溶液。

$$NO_3^- + 3Fe^{2+} + 4H^+ \longrightarrow 3Fe^{3+} + NO + 2H_2O$$

待反应完全后，用 $K_2Cr_2O_7$ 标准溶液返滴定剩余的 Fe^{2+}，即求得 NO_3^- 含量。

② 测定还原剂　一些强还原剂如 Ti^{3+} 等极不稳定，易被空气中的氧所氧化。为使测定准确，可将 Ti^{4+} 流经还原柱后，用盛有 Fe^{3+} 溶液的锥形瓶接收，此时发生如下反应。

$$Fe^{3+} + Ti^{3+} \longrightarrow Fe^{2+} + Ti^{4+}$$

置换出来的 Fe^{2+}，再用 $K_2Cr_2O_7$ 标准溶液滴定。

③ 测定污水的化学耗氧量（COD_{Cr}）　$KMnO_4$ 法测定的化学耗氧量（COD_{Mn}）只适用于污染不严重水样测定。若需要测定污染严重的生活污水和工业废水则需要用 $K_2Cr_2O_7$ 法。用 $K_2Cr_2O_7$ 法测定的化学耗氧量用 COD_{Cr}（O，mg・L^{-1}）表示。COD_{Cr} 是衡量污水被污染程度的重要指标。其测定原理是：水样中加入一定量的重铬酸钾标准溶液，在强酸性（H_2SO_4）条件下，以 Ag_2SO_4 为催化剂，加热回流 2h，使得重铬酸钾与有机物还原性物质充分作用。过量的重铬酸钾以邻二氮菲亚铁为指示剂，用硫酸亚铁铵标准溶液返滴定，其滴定反应为

$$Cr_2O_7^{2-} + 6Fe^{2+} + 14H^+ \longrightarrow 2Cr^{3+} + 6Fe^{3+} + 7H_2O$$

由所耗的硫酸亚铁铵标准溶液的量及加入水样中的重铬酸钾标准溶液的量，即可以计算出水样中还原性物质消耗氧的量。

$$COD_{Cr} = \frac{(V_0 - V_1)c(Fe^{2+}) \times 8.000 \times 1000}{V}$$

式中，V_0 为滴定空白时消耗硫酸亚铁铵标准溶液体积，mL；V_1 为滴定水样时消耗硫酸亚铁铵标准溶液体积，mL；V 为水样体积，mL；$c(Fe^{2+})$ 为硫酸亚铁铵标准溶液浓度，mol・L^{-1}；8.000 为氧（$\frac{1}{2}$O）摩尔质量，g・mol^{-1}。

8.8.3 碘量法

（1）概述

碘量法是利用 I_2 的氧化性和 I^- 的还原性进行测定的氧化还原滴定法。这是一种应用比较广泛的分析方法，既可以测定还原性物质，也可以测定氧化性物质，还可以测定一些非氧化还原性物质。

由于固体碘在水中的溶解度很小且易挥发，常将 I_2 溶解在 KI 溶液中，此时它以 I_3^- 配离子形式存在于溶液中，用 I_3^- 滴定时的半反应为。

$$I_3^- + 2e^- \longrightarrow 3I^- \qquad \varphi^{\ominus} = +0.535V$$

为方便起见，I_3^- 一般简写为 I_2。从其电对的标准电极电势值可以看出，I_2 是较弱的氧化剂，I^- 是中等强度的还原剂。

碘量法根据所用的标准溶液的不同，可分为直接碘量法和间接碘量法。

① 直接碘量法　又称碘滴定法。它是以 I_2 溶液为标准溶液，可以测定电极电势较小的还原性物质。如 S^{2-}、Sn^{2+}、$S_2O_3^{2-}$、AsO_3^{3-} 等。

② 间接碘量法　是以 $Na_2S_2O_3$ 为标准溶液，间接测定电极电势比 0.535V 高的氧化性物质。如 $Cr_2O_7^{2-}$、IO_3^-、MnO_4^-、AsO_4^{3-}、NO_2^- 以及 Pb^{2+}、Ba^{2+} 等。测定时，氧化性物质先在一定条件下与过量的 KI 反应，生成定量的 I_2，然后用 $Na_2S_2O_3$ 标准溶液滴定生成的 I_2。

由于碘量法中均涉及 I_2，可利用碘遇淀粉显蓝色的性质，以淀粉作为指示剂。根据蓝色的出现或褪去判断终点。

（2）间接碘量法的反应条件

I_2 和 $S_2O_3^{2-}$ 的反应是间接碘量法中最重要的反应之一，为了获得准确的结果，必须严格控制反应条件。

① 控制溶液的酸度　I_2 和 $S_2O_3^{2-}$ 的反应很迅速、完全，但必须在中性或弱酸性溶液中进行。在酸性溶液中（pH<2.0），硫代硫酸钠会分解，且 I^- 也会被空气中的氧气氧化；在碱性溶液中，硫代硫酸钠会被氧化为硫酸根，使反应不定量，且单质碘也会被氧化为次碘酸根或碘酸根，具体反应如下。

$$S_2O_3^{2-}+2H^+ = S+SO_2+H_2O$$

$$4I^-+O_2+4H^+ = 2I_2+2H_2O$$

$$S_2O_3^{2-}+4I_2+10OH^- = 2SO_4^{2-}+8I^-+5H_2O$$

$$3I_2+6OH^- = IO_3^-+5I^-+3H_2O$$

② 防止 I_2 的挥发和空气中的 O_2 氧化 I^-　碘量法的误差主要来自两个方面：一是 I_2 的挥发；二是在酸性溶液中空气中的 O_2 氧化 I^-。可采取如下措施以减少误差的产生。

防止 I_2 挥发的方法有：在室温下进行，加入过量的 KI，滴定时不能剧烈摇动溶液，使用碘量瓶。

防止空气中的 O_2 氧化 I^- 的方法有：设法消除日光、杂质 Cu^{2+} 及 NO_2^- 对 I^- 被 O_2 氧化的催化作用，并将消除 Cu^{2+} 及 NO_2^- 等干扰离子后的溶液放置于暗处，避免光线直接照射，立即滴定生成的 I_2，且速度可适当加快。

（3）碘与硫代硫酸钠的反应

I_2 与 $S_2O_3^{2-}$ 的反应是碘量法中最重要的反应。酸度控制不当会影响它们的计量关系，造成误差。反应的计量关系是

$$I_2+2S_2O_3^{2-} = 2I^-+S_4O_6^{2-}$$

产物 $S_4O_6^{2-}$ 称为连四硫酸根离子。I_2 与 $S_2O_3^{2-}$ 的物质的量比为 1∶2，滴定碘量法中，氧化剂氧化 I^- 的反应大都在酸度较高的条件下进行，用 $Na_2S_2O_3$ 滴定时易发生如下反应。

$$S_2O_3^{2-}+2H^+ = H_2SO_3+S\downarrow$$

$$I_2+H_2SO_3+H_2O = SO_4^{2-}+4H^++2I^-$$

这时，I_2 与 $S_2O_3^{2-}$ 反应的物质的量比是 1∶1，由此会造成误差。但是由于 I_2 与 $S_2O_3^{2-}$ 的反应较快，只要滴加 $Na_2S_2O_3$ 速度不太快，并充分搅拌不要使 $S_2O_3^{2-}$ 局部过浓，即使酸度高达 3～4mol·L^{-1}，也可以得到满意的结果。相反的滴定，即用 I_2 滴定 $S_2O_3^{2-}$，则不能在酸性溶液中进行。

若溶液 pH 值过高，I_2 会部分歧化生成 HIO 和 IO_3^-，它们将部分地氧化 $S_2O_3^{2-}$ 为 SO_4^{2-}。

$$4I_2+S_2O_3^{2-}+10OH^- = 2SO_4^{2-}+8I^-+5H_2O$$

即部分的 I_2 与 $S_2O_3^{2-}$ 按 4∶1 物质的量比起反应，这也会造成误差。若是用 $S_2O_3^{2-}$ 滴定 I_2，必须 pH<9.0。若是 I_2 滴定 $S_2O_3^{2-}$，pH 值的高限可达 11.0。

(4) 碘量法标准溶液的制备

① 硫代硫酸钠标准溶液的配制与标定　市售的 $Na_2S_2O_3 \cdot 5H_2O$ 容易风化，且含有少量的 S、Na_2SO_3、Na_2SO_4 和其他杂质，同时溶解在溶液中的 CO_2、微生物、空气中的 O_2、光照等均会使 Na_2SO_3 分解，所以只能采用间接法配制其标准溶液。$Na_2S_2O_3$ 溶液不稳定的原因有以下。

a. 被酸分解，即使水中溶解的 CO_2 也能使它发生分解。

$$Na_2S_2O_3 + CO_2 + H_2O \longrightarrow NaHSO_3 + NaHCO_3 + S\downarrow$$

b. 微生物的作用，水中存在的微生物会消耗 $Na_2S_2O_3$ 中的硫，使它变成 Na_2SO_4，这是 $Na_2S_2O_3$ 浓度变化的主要原因。

c. 空气的氧化作用

$$2Na_2S_2O_3 + O_2 \longrightarrow 2Na_2SO_4 + 2S\downarrow$$

因此，在配制时除称取稍多于理论计算量的硫代硫酸钠外，还应采取如下措施：(a) 用新煮沸的冷却的蒸馏水溶解 $Na_2S_2O_3 \cdot 5H_2O$，目的是除去水中溶解的 CO_2 和 O_2，并杀死细菌；(b) 加入少量的碳酸钠（0.02%），使溶液呈弱碱性以抑制细菌的生长；(c) 溶液应贮存于棕色的试剂瓶中，暗处放置，防止光照分解。

需要注意的是，$Na_2S_2O_3$ 溶液不适宜长期保存，在使用过程中应定期标定，若发现有浑浊，则应将沉淀过滤以后再标定，或者弃去重新配制。

标定 $Na_2S_2O_3$ 溶液的基准物质很多，如 I_2、$K_2Cr_2O_7$、KIO_3、$KBrO_3$、纯 Cu 等，除 I_2 外，均是采用间接碘量法。标定时这些物质在酸性条件下与过量的 KI 作用，生成定量 I_2。

$$IO_3^- + 5I^- + 6H^+ \longrightarrow 3I_2 + 3H_2O$$

$$Cr_2O_7^{2-} + 6I^- + 14H^+ \longrightarrow 2Cr^{3+} + 3I_2 + 7H_2O$$

$$2Cu^{2+} + 4I^- \longrightarrow 2CuI\downarrow + I_2$$

析出的 I_2 以淀粉为指示剂，用待标定的 $Na_2S_2O_3$ 溶液滴定，反应为

$$I_2 + 2S_2O_3^{2-} \longrightarrow 2I^- + S_4O_6^{2-}$$

根据一定质量的基准物质消耗 $Na_2S_2O_3$ 的体积可计算出 $Na_2S_2O_3$ 溶液的准确浓度。现以 $K_2Cr_2O_7$ 标定 $Na_2S_2O_3$ 溶液为例说明标定时应注意的问题。

由于 $K_2Cr_2O_7$ 和 KI 的反应速率较慢，为了加速反应，须加入过量的 KI 并提高溶液的酸度，但酸度过高会加快空气中的 O_2 氧化 I^- 的速率，故酸度一般控制在 $0.2\sim0.4mol \cdot L^{-1}$，并将碘量瓶置于暗处放置一段时间，使反应完全。

另外所用的 KI 溶液中不得含有 I_2 或 KIO_3，如发现 KI 溶液呈黄色或将溶液酸化后加淀粉指示剂显蓝色，则事先可用 $Na_2S_2O_3$ 溶液滴定至无色后再使用。

当 $K_2Cr_2O_7$ 和 KI 完全反应后，先用蒸馏水将溶液稀释，再用 $Na_2S_2O_3$ 标准溶液进行滴定。稀释的目的是为了降低酸度并减少空气中的 O_2 对 I^- 的氧化，防止 $Na_2S_2O_3$ 的分解，并能使 Cr^{3+} 的颜色变淡便于终点的观察。

淀粉指示剂应在接近终点时加入，否则碘-淀粉吸附化合物会吸收部分 I_2，致使终点提前且不明显。溶液呈稻草黄色（I_3^- 黄色＋Cr^{3+} 绿色）时，预示已不多，即临近终点，可以加入淀粉指示剂。当滴定至溶液蓝色褪去呈亮绿色时，即为终点。

需要注意的是，若蓝色刚褪去溶液又迅速变蓝，说明 KI 与 $K_2Cr_2O_7$ 的反应不完全，

此时实验应重做；若蓝色褪去5min后溶液又变蓝，这是溶液中的I^-被氧化的结果，对分析结果无影响。

② I_2标准溶液的配制和标定　用升华法制得的纯碘可用直接法配制标准溶液，在一般情况下用间接法。

配制时通常把I_2溶解于浓的KI溶液中，然后将溶液稀释，倾入棕色瓶中置于暗处保存，并避免与橡胶等有机物接触，同时防止I_2见光或受热而使其浓度发生变化。

标定I_2标准溶液用As_2O_3基准物标定，也可用已经标定好的$Na_2S_2O_3$溶液标定。As_2O_3难溶于水，可用NaOH溶解，在碱性溶液中生成AsO_3^{3-}。

$$As_2O_3+6OH^- = 2AsO_3^{3-}+3H_2O$$

将溶液酸化并用$NaHCO_3$调节溶液pH=8，则AsO_3^{3-}与I_2可定量而快速地发生反应。

$$AsO_3^{3-}+I_2+2HCO_3^- = AsO_4^{3-}+2I^-+2CO_2\uparrow+H_2O$$

根据As_2O_3的用量及I_2标准溶液的体积可计算I_2标准溶液的浓度。

（5）应用实例

① 直接碘量法测定维生素C　维生素C（V_C）又称抗坏血酸，其分子（$C_6H_8O_6$）中的烯二醇基具有还原性，能被定量地氧化为二酮基。

$$C_6H_8O_6+I_2 = C_6H_6O_6+2HI$$

$C_6H_8O_6$的还原能力很强，在空气中极易氧化，特别是在碱性条件下更易氧化。滴定时，应加入一定量的醋酸使溶液呈弱酸性。

$$w(V_C)=\frac{c_{I_2}V_{I_2}\times\frac{M(C_6H_8O_6)}{1000}}{m_{样}}\times100\%$$

② 间接碘量法测定胆矾中的铜　碘量法测定铜是基于间接碘量法原理，反应为

$$2Cu^{2+}+4I^- = 2CuI\downarrow+I_2$$

$$I_2+2S_2O_3^{2-} = 2I^-+S_4O_6^{2-}$$

由于CuI沉淀表面会吸附一些I_2，导致结果偏低，为此常加入KSCN，使CuI沉淀转化为溶解度更小的CuSCN。

$$CuI+SCN^- = CuSCN+I^-$$

CuSCN沉淀吸附I_2的倾向较小，因而提高了测定的准确度。KSCN应当在接近终点时加入，否则SCN^-会还原I_2，使测定结果偏低。

另外，铜盐很容易水解，Cu^{2+}和I^-的反应必须在酸性溶液中进行，一般用HAc-NaAc缓冲溶液将溶液的pH控制在3.2～4.0。酸度过低，反应速率太慢，终点延长；酸度过高，则空气中的O_2氧化I^-的速率加快，使结果偏高。

此法也适用于矿石、合金、炉渣中铜的测定。

③ 间接碘量法测定葡萄糖　葡萄糖分子中所含醛基能在碱性条件下用过量的I_2氧化成羧基，其反应过程如下。

$$I_2+2OH^- = IO^-+I^-+H_2O$$

$$CH_2OH(CHOH)_4CHO+IO^-+OH^- = CH_2OH(CHOH)_4COO^-+I^-+H_2O$$

剩余的IO^-在碱性溶液中歧化成IO_3^-和I^-。

$$3IO^- \longrightarrow IO_3^- + 2I^-$$

溶液经酸化后又析出 I_2，反应式为

$$IO_3^- + 5I^- + 6H^+ \longrightarrow 3I_2 + 3H_2O$$

最后以 $Na_2S_2O_3$ 标准溶液滴定析出的 I_2。

还有许多具有氧化还原性质的物质以及其他物质均可以用碘量法进行测定，如硫化物、过氧化物、臭氧、漂白粉中的有效氯、钡盐等。

【例 8-22】 胆矾 0.5050g 溶解后，加入过量 KI 溶液，摇匀，立即用 $0.1000mol \cdot L^{-1}$ $Na_2S_2O_3$ 标准溶液滴定所产生的 I_2，消耗 $Na_2S_2O_3$ 标准溶液 20.00mL。计算胆矾中 $CuSO_4 \cdot 5H_2O(M=250.0g \cdot mol^{-1})$ 的质量分数。

解 $2Cu^{2+} + 4I^- \longrightarrow 2CuI + I_2$ $I_2 + 2S_2O_3^{2-} \longrightarrow 2I^- + S_4O_6^{2-}$

$n(Cu^{2+}) = m_s w(CuSO_4 \cdot 5H_2O)/M(CuSO_4 \cdot 5H_2O) = n(Na_2SO_3) = cV$

$w(CuSO_4 \cdot 5H_2O) = (cV/m_s)M$

$= (0.1000 \times 20.00 \times 10^{-3}/0.5050) \times 250.00 \times 100\% = 99.01\%$

知识拓展

纸电池：绿色能源新兵

纸电池是以纤维纸作为载体的电池，它是由特殊的墨水涂在纸上制成的电池。这里的墨水主要由纳米材料组成。墨水材料紧紧地吸附在纸上，构成了一种新的超级电池或者超级电容器。这种纸电池与传统电池相比在能源贮存和充电寿命周期方面都有良好的表现，它可以剪裁、弯曲、折叠和可塑，对环境友好，而且价格便宜。它是近几年来国外开发的一种新型能源器件。目前全世界仅美国、芬兰、以色列等少数几个国家开发出纸电池。

以色列纸电池公司于 2007 年推出纸电池。它是由电解质、电极和纸构成的。其中电解质和电极为特制液状体，直接印刷在纸上，厚约 0.5mm。该电池可广泛应用于各种智能电池卡、一次性手机等。纸电池生产方法与传统的干电池相似，都是传统的锌-二氧化锰，不同之处在于电介质，压印电介质的是一种特殊的墨水，这种墨水目前是保密的。

芬兰籍华人科学家张霞昌及其团队于 2003 年开始研发纸电池，并获得 60 万欧元资助，经过努力，在 2009 年他与芬兰同事鲍里斯一起创办了“Eufucell”有限公司。他开发生产的纸电池于“2009 中国科技创业计划大赛”（在宁波举办）获得了“创业精英奖”和 100 万元创业基金。

美国加利福尼亚州斯坦福大学华人崔义等科学家 2009 年成功地演示了一种纸电池，并用它点亮了一颗 LED。这种纸电池主要由单壁碳纳米管、镀银纳米线和墨水三种混合物构成。这种纸电池是一种超级电容器，它具有超高效率，几乎为市售锂电池的 10 倍。

新型纸电池的应用领域十分广泛。这种电池可用于智能卡、音乐贺卡、电子标签、电子报纸、射频识别器（RFID）、手机、手提电脑等产品。其潜在价值十分可观。

摘自：http://wenku.baidu.com.

思考题与习题

1. 已知氢的氧化数为＋1，氯为－1，氧的氧化数为－2，钾和钠的氧化数为＋1，确定下列物质中其他元素的氧化数：PH_3，$K_4P_2O_7$，$NaNO_2$，K_2MnO_4，KIO_3，SCl_2，

SO_2，$Na_2S_2O_3$，$Na_2S_4O_6$，CH_4，C_2H_4，C_2H_2。

2. 用氧化数法配平下列方程式。

(1) $Cu + HNO_3 \longrightarrow Cu(NO_3)_2 + NO$

(2) $KClO_3 \longrightarrow KClO_4 + KCl$

(3) $As_2S_3 + HNO_3 \longrightarrow H_3AsO_4 + H_2SO_4 + NO$

3. 用离子电子法配平下列离子（或分子）方程式。

(1) $I^- + H_2O_2 + H^+ \longrightarrow I_2 + H_2O$

(2) $MnO_4^- + H_2O_2 + H^+ \longrightarrow Mn^{2+} + O_2 + H_2O$

(3) $Cr^{3+} + PbO_2 + H_2O \longrightarrow Cr_2O_7^{2-} + Pb^{2+} + H^+$

(4) $KClO_3 + FeSO_4 + H_2SO_4 \longrightarrow KCl + Fe_2(SO_4)_3 + H_2O$

(5) $PbO_2 + Mn(NO_3)_2 + HNO_3 \longrightarrow Pb(NO_3)_2 + HMnO_4 + H_2O$

4. 如将下列氧化还原反应装配成原电池，试以电池符号表示。

(1) $Cl_2(g) + 2I^- = I_2(s) + 2Cl^-$

(2) $MnO_4^- + 5Fe^{2+} + 8H^+ = Mn^{2+} + 5Fe^{3+} + 4H_2O$

5. 下列说法是否正确？

(1) 电池正极所发生的反应是氧化反应；

(2) $\varphi^\ominus$值越大则电对中氧化态物质的氧化能力越强；

(3) $\varphi^\ominus$值越小则电对中还原态物质的还原能力越弱；

(4) 电对中氧化态物质的氧化能力越强则其还原态物质的还原能力越强。

6. 计算 $c(OH^-) = 0.05\ mol \cdot L^{-1}$，$p(O_2) = 1.0 \times 10^3 Pa$ 时，氧电极的电极电势。(已知 $O_2 + 2H_2O + 4e^- = 4OH^-$，$\varphi^\ominus = 0.401\ V$)

7. 从有关电对的电极电势，$\varphi^\ominus(Sn^{2+}/Sn)$、$\varphi^\ominus(Sn^{4+}/Sn^{2+})$ 及 $\varphi^\ominus(O_2/H_2O)$，说明为什么常在 $SnCl_2$ 溶液加入少量纯锡粒以防止 Sn^{2+} 被空气中的氧所氧化？

8. 将下列反应组成原电池 $Sn^{2+} + 2Fe^{3+} = Sn^{4+} + 2Fe^{2+}$

(1) 用符号表示原电池的组成。

(2) 计算 $E^\ominus =$?

(3) 求 $\Delta G^\ominus 298 =$?

(4) 求 $c(Sn^{2+}) = 1.0 \times 10^{-3} mol \cdot L^{-1}$ 时，原电池的 $E =$?

(5) 该原电池在使用一段时间后，电动势变大还是变小？为什么？

9. 下列电池反应中，当 $c(Cu^{2+})$ 为何值时，该原电池电动势为零。

$$Ni(s) + Cu^{2+}(aq) \longrightarrow Ni^{2+}(1.0\ mol \cdot L^{-1}) + Cu(s)$$

10. 当 $pH = 5.00$，$c(MnO_4^-) = c(Cl^-) = c(Mn^{2+}) = 1.00\ mol \cdot L^{-1}$，$p(Cl_2) = 101.325kPa$ 时，能否用下列反应 $2MnO_4^- + 16H^+ + 10Cl^- = 5Cl_2 + 2Mn^{2+} + 8H_2O$ 制备 Cl_2？试通过计算说明。

11. 由镍电极和标准氢电极组成原电池，若 $c(Ni^{2+}) = 0.0100 mol \cdot L^{-1}$ 时，原电池的 $E = 0.288V$，其中 Ni 为负极，计算 $\varphi^\ominus(Ni^{2+}/Ni)$。

12. 判断下列氧化还原反应进行的方向（设离子浓度均为 $1\ mol \cdot L^{-1}$）。

(1) $Sn^{4+} + 2Fe^{2+} = Sn^{2+} + 2Fe^{3+}$

(2) $2Cr^{3+} + 3I_2 + 7H_2O = Cr_2O_7^{2-} + 6I^- + 14H^+$

(3) $Cu+2FeCl_3 = CuCl_2 + 2FeCl_2$

13. 由标准钴电极和标准氯电极组成原电池，测得其电动势为1.63 V，此时钴电极为负极。现已知氯的标准电极电势为+1.36 V，问：

(1) 此电池反应的方向如何？

(2) 钴标准电极的电极电势是多少（不查表）？

(3) 当氯气的压力增大或减小时，电池的电动势将发生怎样的变化？

(4) 当Co^{2+}浓度降低到0.1 mol·L^{-1}时，电池的电动势将如何变化？

14. 从标准电极电势值分析下列反应，应向哪一方向进行？

$$MnO_2 + 4Cl^- + 4H^+ = MnCl_2 + Cl_2\uparrow + 2H_2O$$

实验室中是根据什么原理，采取什么措施使之产生Cl_2气体的？

15. 在铜锌原电池中，当$c(Zn^{2+})=c(Cu^{2+})=1.0$mol·$L^{-1}$时，电池的电动势1.10V。

(1) 计算此反应的$\Delta G^{\ominus}$值；

(2) 从$E^{\ominus}$值和$\Delta G^{\ominus}$值，计算反应的平衡常数。

16. 土壤1.000g，用重量分析法获得Al_2O_3和Fe_2O_3共0.1100 g。将此混合氧化物用酸溶解并使铁还原（$Fe^{3+}+e^- = Fe^{2+}$），以0.01000 mol·L^{-1} $KMnO_4$滴定，用去8.00mL，计算土壤中Fe_2O_3和Al_2O_3的质量分数。

17. 测定尿中含钙量，常将24 h尿样浓缩到较小的体积后，采用$KMnO_4$间接法测定。如果滴定生成的CaC_2O_4需用0.08554 mol·L^{-1} $KMnO_4$溶液27.50mL完成滴定，计算24 h尿样钙含量。

18. 0.1000 g工业CH_3OH在H_2SO_4溶液中与25.00mL、0.01667 mol·L^{-1} $K_2Cr_2O_7$溶液作用。反应完成后，以邻苯氨基甲酸作指示剂，用0.1000 mol·L^{-1} $(NH_4)_2Fe(SO_4)_2$滴定剩余的$K_2Cr_2O_7$，用去10.00mL。求试样中CH_3OH的质量分数［已知$M(CH_3OH)=32.00$］。

19. 从精炼工段取回铜氨液样品后，从中吸取1mL，加入30mL稀H_2SO_4酸化，又加过量KI，稍停，析出的I_2再用0.1000 mol·L^{-1} $Na_2S_2O_3$标准溶液滴定，若用去$Na_2S_2O_3$溶液3.40mL，求铜氨液中高价铜（Cu^{2+}）的浓度（用mol·L^{-1}表示）。

20. 将不纯的碘化钾试样0.5108 g，用0.1940 g $K_2Cr_2O_7$处理后，将溶液煮沸后除析出的碘；然后用过量的纯KI处理，这时析出的碘，需用10.00mL 0.1000 mol·L^{-1} $Na_2S_2O_3$溶液滴定，计算试样中碘化钾的质量分数。

21. 若溶液中$c(MnO_4^-)=c(Mn^{2+})$，当pH分别为3.00和6.00时，MnO_4^-能否氧化Cl^-、Br^-、I^-？

22. 已知，$\varphi^{\ominus}(NO_3^-/NO)=0.96V$，$\varphi^{\ominus}(S/S^{2-})=-0.48V$，$K_{sp}^{\ominus}(HgS)=1.6\times10^{-52}$，通过计算判断下列反应能否发生。

$$3HgS+2NO_3^-(1.0mol\cdot L^{-1})+8H^+(1.0mol\cdot L^{-1}) \rightleftharpoons 3Hg^{2+}(0.1mol\cdot L^{-1})+3S\downarrow+2NO(p)+4H_2O$$

23. 已知$\varphi^{\ominus}(Cu^{2+}/Cu^+)=0.153V$，$\varphi^{\ominus}(I_2/I^-)=0.535V$，$K_{sp}^{\ominus}(CuI)=1.27\times10^{-12}$，设$Cu^{2+}$和$I^-$都为标准浓度，判断反应$2Cu^{2+}+4I^- = 2CuI+I_2$在298K标准条件下能否进行。

24. 已知 $\varphi^{\ominus}(Fe^{3+}/Fe^{2+})=0.771V$，$\varphi^{\ominus}(Cl_2/Cl^-)=1.36V$，当 $c(Cl^-)=0.01mol\cdot L^{-1}$，$c(Fe^{2+})=0.1mol\cdot L^{-1}$时，反应 $Fe^{2+}+\frac{1}{2}Cl_2 = Fe^{3+}+Cl^-$ 向哪个方向进行？

25.298K 时，在 Ag^+/Ag 电极中加入过量 I^-，设达到平衡时 $c(I^-)=0.1mol\cdot L^{-1}$，而另一电极为 Cu^{2+}/Cu，$c(Cu^{2+})=0.01mol\cdot L^{-1}$，将两电极组成原电池，写出原电池符号、电池反应，并求电池反应平衡常数。

26. 已知电池：$Pt|H_2(p^{\ominus})|HAc(1mol\cdot L^{-1}),NaAc(1mol\cdot L^{-1})\|KCl(饱和)|Hg_2Cl_2|Hg$，$\varphi^{\ominus}(Hg_2Cl_2/Hg)=0.24V$，测得此电池的电动势为 0.52V。

(1) 写出电极反应和电池反应；

(2) 计算 $K^{\ominus}(HAc)$。

27. 今有一种不纯的 KI 试样，称取 0.5180g，在 H_2SO_4 溶液中加入纯 $K_2Cr_2O_7$ 0.1940g 处理，再煮沸驱出生成的碘，溶液冷却后，加入过量的 KI，析出的 I_2 用 0.1000 $mol\cdot L^{-1}$的 $Na_2S_2O_3$ 滴定，用去 10.00mL。求 KI 的纯度。

28. 取一定量 $KHC_2O_4\cdot H_2O$ 溶于水中，以酚酞指示，用 0.1003 $mol\cdot L^{-1}$ NaOH 滴定至终点，消耗 20.02mL，将此混合液加 H_2SO_4 至足够酸度，加热，用 $KMnO_4$ 滴定至终点，消耗 33.42mL。求 $KMnO_4$ 的浓度。

29. 漂白粉中“有效氯”可用亚砷酸钠法测定，其反应为

$$Ca(OCl)Cl + Na_3AsO_3 = CaCl_2 + Na_3AsO_4$$

现有含“有效氯”29.00%的试样 0.3000g，用 25.00mL Na_2AsO_3 溶液恰能与之作用，问每 1mL Na_3AsO_3 溶液含多少克砷？又同样质量的试样用碘量法测定，需用 $Na_2S_2O_3$ 标准溶液（1mL 相当于 0.01250g $CuSO_4\cdot 5H_2O$）多少毫升？

30. 计算银电极在 0.01000mol·L^{-1} NaCl 溶液中的电极电势。（已知 $\varphi^{\ominus}(Ag^+/Ag)=0.7991V$，$K_{sp}^{\ominus}(AgCl)=1.8\times10^{-10}$）

31. 用 $K_2Cr_2O_7$ 法测铁矿石中的铁时，试样酸化后，再用 $SnCl_2$ 将 $Fe^{3+}\longrightarrow Fe^{2+}$，最后用 $K_2Cr_2O_7$ 标准溶液滴定 Fe^{2+}，请用标准电势说明这个预先还原的方法是可行的，并计算该反应的平衡常数。（已知 $\varphi^{\ominus}(Fe^{3+}/Fe^{2+})=0.771V$，$\varphi^{\ominus}(Sn^{4+}/Sn^{2+})=0.154V$）

32. 用 $KMnO_4$ 法测某污染物中的铁时，称取试样重 0.5000 g，滴定用去 0.04000 $mol\cdot L^{-1}$ $KMnO_4$ 溶液 35.22mL。因为滴定时不慎超过终点，所以用了 1.23mL 的 $FeSO_4$ 回滴，已知每 1mL 的 $FeSO_4$ 相当于 0.88mL 的 $KMnO_4$。求该污染物中的铁含量。

33. 测定血液中的钙时，常将钙以 CaC_2O_4 的形式完全沉淀，过滤，洗涤，溶于硫酸中，然后用 0.01000 $mol\cdot L^{-1}$ 的 $\frac{1}{5}KMnO_4$ 标准溶液滴定。现将 2.00mL 血液稀释至 50.00mL，取此溶液 20.00mL，进行上述处理，用该 $KMnO_4$ 溶液滴至终点时用去 2.45mL。求血液中钙的浓度。

34. 采用间接碘量法标定 $Na_2S_2O_3$ 溶液时，在 $Cr_2O_7^{2-}$ 标准溶液中加入 KI 溶液，加 HCl，并加盖在暗处放置 5min，为什么？然后加水稀释，再用 $Na_2S_2O_3$ 滴定，这又是为什么？滴至终点溶液很快变为蓝色，为什么？

第9章 电势分析法

本章学习要求

掌握电势分析法的基本原理；了解各类电极的基本结构和反应原理；掌握溶液 pH 的测定方法；掌握直接电势法测定离子浓度的方法和了解电势滴定法确定终点的方法。

9.1 电势分析法概述

电势分析法是电化学分析法的重要分支，是一种在零电流条件下测定电极电势和溶液中某种离子的活度（或浓度）之间的关系来测定被测物质活度（或浓度）的一种电分析化学方法，它以测定电池电动势为基础。电势分析法分为两类：一是通过测量电池电动势，用能斯特方程直接求得（或由仪器表头直接读出）待测离子活度的方法叫直接电势法；二是通过观察滴定过程中电动势的突跃来确定滴定终点的滴定分析称为电势滴定法，该法用电动势突跃代替指示剂确定终点，可用于有色、浑浊溶液的滴定及无合适指示剂时的滴定。

9.1.1 电势分析法的基本原理

直接电势法是通过测量电池的电势差来确定指示电极的电势，然后根据能斯特方程由所测得的电极电势计算被测物质的含量。对于某一氧化还原体系

$$\mathrm{Ox}+n\mathrm{e}^-\rightleftharpoons\mathrm{Red}$$

根据能斯特方程

$$\varphi=\varphi^{\ominus}+\frac{RT}{nF}\ln\frac{a(\mathrm{Ox})}{a(\mathrm{Red})} \tag{9-1}$$

式中，$\varphi^{\ominus}$是标准电极电势；R 为摩尔气体常数；T 为热力学温度；F 为法拉第常量；n 是电极反应中传递的电子数；$a(\mathrm{Ox})$、$a(\mathrm{Red})$为氧化态 Ox，还原态 Red 的活度。

对于金属电极，还原态是纯金属，其活度是常数，定为 1，则上式可以写作

$$\varphi=\varphi^{\ominus}+\frac{RT}{nF}\ln a(\mathrm{M}^{n+}) \tag{9-2}$$

式中，$a(\mathrm{M}^{n+})$为金属离子 M^{n+} 的活度。

由式(9-2) 可见，测定了电极电势，就可以确定离子的活度（在一定条件下确定其浓度），但电极电势的绝对值很难测，所以，在电势分析中，将一支测量电极与一支电极电势恒定的参比电极同时插入待测离子溶液中组成测量电池，在零电流条件下，测量电池的电动势 E 为一定值，则

$$E=\varphi_{右}-\varphi_{左}+\varphi_{j}=\varphi(M^{n+}/M)-\varphi_{参}+\varphi_{j}$$

式中，$\varphi_{参}$为参比电极的电极电势（恒定已知），与待测离子活度无关；φ_{j}为液接电势，在使用盐桥情况下，φ_{j}可减至最小值而忽略，或在实验条件保持恒定的情况下，φ_{j}也可视为常数。因此，将能斯特方程代入上式，合并常数项可得

$$E=\varphi^{\ominus}(M^{n+}/M)+\frac{RT}{nF}\ln a(M^{n+})-\varphi_{参}+\varphi_{j}=k+\frac{2.303RT}{nF}\lg a(M^{n+}) \tag{9-3}$$

式(9-3) 表明，电池电动势与金属离子活（浓）度的对数呈线性关系。测得电池电动势 E，即可求出溶液中待测离子活（浓）度，这就是电势分析法定量的理论基础。

电势滴定法是以测量滴定过程中指示电极的电极电势（或电池电动势）的变化为基础的一类滴定分析方法。滴定过程中，随着滴定剂的加入，发生化学反应，待测离子或与之有关的离子活度（浓度）发生变化，指示电极的电极电势（或电池电动势）也随着发生变化，在化学计量点附近，电势（或电动势）发生突跃，由此确定滴定终点的到达。

9.1.2 电势分析法的特点

电化学分析法始于 19 世纪初，近几十年得到迅速的发展。随着现代电子技术的飞速发展，各种电化学传感器和分析仪器、电子计算机的相互结合，出现了自动化和遥控遥测的新技术，使电化学分析法在流动分析、现场监测等实际应用中发挥日新月异的作用。

电势分析法的基本特点：

① 所用仪器结构简单、造价低廉、使用方便、便于现场测定、适宜在各行各业中作为常规分析的工具。

② 分析速度快、灵敏度高。

③ 选择性好、试样用量少、适用于微量操作。例如，超微型电极可直接刺入生物体内，测定细胞内原生质的组成，进行活体分析。

④ 待测溶液不需要进行复杂处理，可连续测定。

⑤ 可与计算机联用，易于自动控制，可用于工农业生产流程的远程监测和自动控制，适用于环境保护监测等。

9.1.3 指示电极与参比电极

电极种类很多，如玻璃电极、甘汞电极、铂电极、银电极等，根据它们在电势分析中的用途，可分成参比电极和指示电极两大类。

在分析工作中，电极电势随溶液中待测离子活度的变化而改变的电极，称为指示电极。电极电势在一定条件下恒定不变，不随被测试液组成的变化而改变的电极，称为参比电极。

(1) 指示电极

常用的指示电极有以下几种。

① 第一类电极（活性金属电极） 由金属与该金属离子溶液组成。其电极电势与溶液中金属离子浓度的大小有关，故可用于测定该金属离子的浓度。如将 Ag 丝插入 Ag^{+} 溶液中，组成半电池，可表示为 $Ag|Ag^{+}$。

因为第一类电极可以用来测定某些阳离子的浓度，所以称为阳离子指示电极。常用的第一类电极有银、铜、汞、铅、锌等阳离子指示电极。

② 第二类电极（金属/金属难溶盐电极） 由金属、该金属的难溶盐和该金属难溶盐的阴离子溶液组成。其电极电势与溶液中上述阴离子的浓度有关，故可用于阴离子浓度的

测定。常用的有银-氯化银电极、银-溴化银电极、银-硫化银电极等。如银-氯化银电极浸入 Cl^- 溶液中时，则构成半电池，表示为：Ag | AgCl | Cl^-。

因为这种电极可用来测定阴离子的浓度，所以称为阴离子指示电极，这类电极电势值稳定，重现性好。在电势分析中既可用作指示电极，也常用作参比电极。

③ 零类电极（惰性金属电极） 它由一种惰性金属（铂或金）与含有可溶性的氧化态和还原态物质的溶液组成。如：Pt | Fe^{3+}，Fe^{2+}。惰性金属不参与电极反应，仅仅提供交换电子的场所。

④ 离子选择性电极（膜电极） 这类电极是电化学传感器，是一种以电势法测量溶液中某些特定离子活度的指示电极，它的电极电势与溶液中某一特定离子的活度（或浓度）符合能斯特方程。各种离子选择性电极一般都由薄膜（敏感膜）及其支持体、内参比电极（银-氯化银电极）、内参比溶液（待测离子的强电解质和氯化物溶液）等组成。如 pH 玻璃电极就是具有氢离子专属性的典型离子选择性电极。随着科学技术的发展，目前已制成了几十种离子选择性电极。

（2）参比电极

参比电极是测量电动势、计算电极电势的基准，因此要求它的电极电势恒定，在测量中即使有微小电流通过，仍能保持不变。在实际工作中最常用的参比电极是饱和甘汞电极和饱和银-氯化银电极。

9.2 电势分析法的应用

9.2.1 溶液 pH 的测定

电势法测定溶液的 pH 采用的指示电极最常见的是 pH 玻璃电极，参比电极为饱和甘汞电极。

（1）玻璃电极及膜电势的产生

pH 玻璃电极是最早也是最广泛应用的电极，它是电势法测定溶液 pH 的指示电极（图 9-1）。玻璃电极下端是由特殊成分的玻璃吹制而成的球状薄膜，膜的厚度为 30～100 μm。玻璃管内装有 pH 为一定的内参比溶液，通常为 0.1 mol·L^{-1} HCl 溶液，其中插入 Ag-AgCl 电极作为内参比电极。

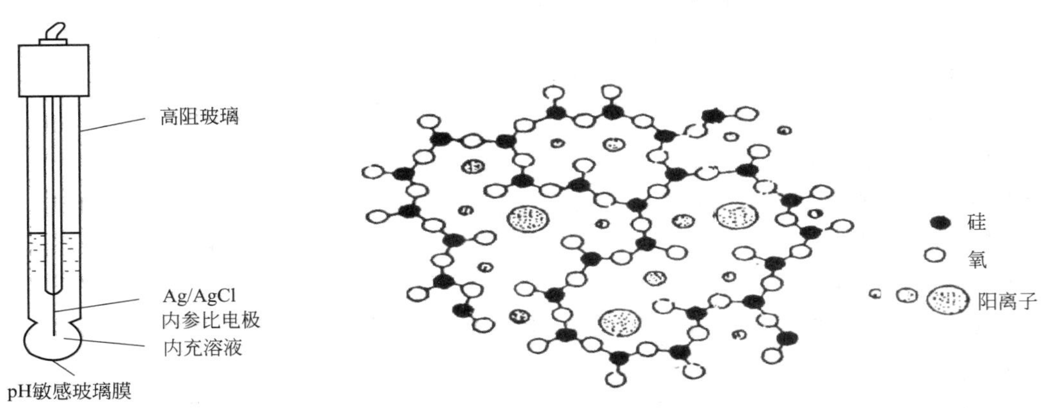

图 9-1 玻璃电极

图 9-2 硅酸盐玻璃的结构

敏感的玻璃膜是电极对 H^+，Na^+，K^+ 等产生电势响应的关键。它的化学组成对电极的性质有很大的影响。石英是纯 SiO_2 结构，它没有可供离子交换的电荷点，所以没有响应离子的功能。当加入 Na_2O 后就成了玻璃，它使部分硅-氧键断裂，生成固定的带负电荷的硅-氧骨架（图 9-2），正离子 Na^+ 就可能在骨架的网络中活动。电荷的传导也由 Na^+ 来担任。当玻璃电极与水溶液接触时，原来骨架中的 Na^+ 与水中 H^+ 发生交换反应，形成水化层（图 9-3）。即

$$G^-Na^+ + H^+ \rightleftharpoons G^-H^+ + Na^+$$

上式中，G 代表玻璃骨架。由图 9-3 可知，在水中浸泡后的玻璃膜由三部分组成，即两个水化层和一个干玻璃层。在水化层中，由于硅氧结构与 H^+ 的键合强度远远大于它与钠离子的强度，在酸性和中性溶液中，水化层表面钠离子点位基本上全被氢离子所占有。在水化层中 H^+ 的扩散速度较快，电阻较小，由水化层到干玻璃层，氢离子的数目渐次减少，钠离子数目相应地增加。在水化层和干玻璃层之间为过渡层，其中 H^+ 在未水化的玻璃中扩散系数很小，其电阻率较高，甚至高于以 Na^+ 为主的干玻璃层约 1000 倍。这里的 Na^+ 被 H^+ 代替后，大大增加了玻璃的阻抗，所以玻璃电极是一种高阻抗电极。

$\varphi_1 \longleftarrow \varphi_M \longrightarrow \varphi_2$

外部试液	水化层	干玻璃层	水化层	内部溶液
$a(H^+)=x$	10^{-4}mm $a(Na^+)$上升 → ← $a(H^+)$上升	0.1mm 抗衡离子 Na^+	10^{-4}mm ← $a(Na^+)$上升 $a(H^+)$上升 →	$a(H^+)$=定值

图 9-3 水化敏感玻璃球膜的分层模式

水化层表面存在着如下的解离平衡。

$$\equiv\!>SiO^-H^+ + H_2O \longrightarrow \equiv\!>SiO^- + H_3O^+$$

符号$\equiv\!>SiO^-$表示SiO^-结合在玻璃骨架上。水化层中的 H^+ 与溶液中的 H^+ 能进行交换。在交换过程中，水化层得到或失去 H^+ 都会影响水化层与溶液界面的电势。这种由 H^+ 的交换，在玻璃膜的内外相界面上形成了双电层结构，产生两个相界电势。在内外两个水化层与干玻璃层之间又形成两个扩散电势。若玻璃膜两侧的水化层性质完全相同，则其内部形成的两个扩散电势大小相等，但符号相反，结果互相抵消。因此，玻璃膜的电势主要决定于内外两个水化层与溶液的相间电势，即 $\varphi_M=\varphi_{外}-\varphi_{内}$。

玻璃电极放入待测溶液，25℃平衡后

$$c(H^+_{溶液})=c(H^+_{硅胶})$$

$$\varphi_{内}=k_1+0.0592\text{V}\lg(a_2/a_2')$$

$$\varphi_{外}=k_2+0.0592\text{V}\lg(a_1/a_1')$$

a_1、a_2分别表示外部试液和电极内参比溶液的 H^+ 活度；a_1'、a_2' 分别表示玻璃膜外、内水合硅胶层表面的 H^+ 活度；k_1、k_2则是由玻璃膜外、内表面性质决定的常数。玻璃膜内、外表面的性质基本相同，则 $k_1=k_2$，$a_1'=a_2'$。

$$\varphi_{膜}=\varphi_{外}-\varphi_{内}=0.0592\text{V}\lg(a_1/a_2)$$

由于内参比溶液中的 H^+ 活度（a_2）是固定的，则

$$\varphi_{膜}=K'+0.0592\text{V}\lg a_1=K'-0.0592\text{V}\,pH_{试液} \quad (9\text{-}4)$$

如果内充液和膜外面的溶液相同时，则 φ_M 应为零。但实际上仍有一个很小的电势存在，称为不对称电势。对于一个给定的玻璃电极，不对称电势会随着时间而缓慢地变化，不对称电势的来源尚待进一步研究，影响它的因素有：制造时玻璃膜内外表面产生的张力不同，外表面经常被机械和化学侵蚀等。它对 pH 测定的影响只能用标准缓冲溶液来进行校正。

(2) 溶液 pH 测定

pH 玻璃电极的电极电势包括膜电势和内参比电极电势，由于内参比电极电势在一定温度下为一常数。用 φ_B 表示 pH 玻璃电极的电极电势，则有

$$\varphi_B = \varphi_M + \varphi(AgCl/Ag)$$

将 φ_M 的表达式代入上式，将常数项合并，得

$$\varphi_B = K_B - \frac{2.303RT}{F}pH_{试液} \tag{9-5}$$

若能直接测定 φ_M、K_B，便可根据式(9-5) 计算 pH。但事实上 φ_M、K_B 都无法单独测定，因此溶液的 pH 测定是通过测量 pH 玻璃电极（作负极）和饱和甘汞电极（SCE）作参比电极（作正极）组成下列原电池：

$$(-)\text{pH 玻璃电极} \mid \text{未知液 } a(H^+) = x \parallel SCE(+)$$

其电池电动势 E 为

$$E = \varphi_{SCE} - \varphi_B + \varphi_j$$

将式 φ_B 的表达式代入，得

$$E = \varphi_{SCE} + \varphi_j - \left(K_B - \frac{2.303RT}{F}pH_{试液}\right)$$

对同一电池来说液接电势 φ_j 为一常数。上式中 φ_{SCE}、K_B 和 φ_j 均为常数，用 K' 表示，则得

$$E = K' + \frac{2.303RT}{F}pH_{试液} \tag{9-6}$$

式中，K' 在一定条件下为一常数，故电池电动势 E 与试液的 pH 之间呈直线关系，其斜率为 $\frac{2.303RT}{F}$，溶液 pH 每改变一个单位，E 要改变 $\frac{2.303RT}{F}$ V。由于 $\frac{2.303RT}{F}$ 值随温度 T 的改变而变化，因此在直读 pH 计上都设有温度补偿旋钮，以便调节斜率与该温度下的 $\frac{2.303RT}{F}$ 值相等。所以，只要测出电池电动势，就可求得试液的 pH，这就是电势法测定 pH 的依据。

K' 常数包括内外参比电极的电极电势、膜内表面相界电势、不对称电势和液接电势等五项。其中后两项难以测量和计算，所以不能直接用式(9-6) 来测定溶液的 pH。因此，在实际测定中都采用两次测量法，即先用已知 pH 标准溶液与电极对组成电池，测得已知 pH 标准溶液的电动势 E_s。然后，用同一电极对插入待测溶液中组成电池，在同一温度下测出待测液的电动势 E_x。分别代入式(9-6) 中，得

$$E_s = K' + \frac{2.303RT}{F}pH_s$$

$$E_x = K' + \frac{2.303RT}{F}pH_x$$

两式相减，消去K'得

$$pH_x = pH_s + \frac{E_x - E_s}{2.303RT/F} \tag{9-7}$$

由两次测量的过程可知，实际所测得溶液 pH 值是以已知 pH 标准溶液为基准相比较而求得的，国际纯化学与应用化学协会（IUPAC）建议将式(9-7) 作为 pH 的定义，通常也称为 pH 的操作定义。测定的准确度首先决定于标准缓冲溶液 pH_s 值的准确度，其次是标准溶液和待测溶液组成的接近程度。后者直接影响到包含液接电势的常数项是否相同。

为了省去上述计算，实现表头直读 pH。在 pH 计上都设有定位旋钮，当电极对插入 pH 标准溶液时，旋转定位旋钮施加一额外电压以消除K'值，使指针正好指在所用标准溶液的 pH。这样，电极对再插入被测溶液时，表头的显示即为被测溶液的 pH。

实践证明，当 pH>9.0 或钠离子浓度较高时，测得的 pH 比实际值偏低，这种现象称为钠差，这是由于在溶胀层和溶液界面之间的离子交换过程中，不但有氢离子参加，碱金属离子也进行交换，使之产生误差；当 pH<1.0 时，测得值比实际值偏高，称为酸差，这是由于在强酸性溶液中，水分子活度减少，而氢离子是由 H_3O^+ 传递的，到达电极表面的氢离子减少，交换的氢离子减少而导致。此外，玻璃电极的玻璃膜必须经过水化，才能对 H^+ 有敏感响应，故 pH 玻璃电极在使用前应该在蒸馏水中浸泡 24 h 以上，使其活化。每次测量后，也应当把它置于蒸馏水中保存，使其系统达到稳定。

9.2.2 其他离子活度(浓度)的测定

（1）几种主要的离子选择性电极

① 晶体膜电极　晶体膜电极的敏感膜系用难溶盐的晶体制成，只在室温下有良好的导电性能，且溶解度小的晶体，如氟化镧、硫化银和卤化银等才能用来制作电极，膜厚约为 1～2 mm。按照膜的组成和制备方法的不同，此类电极可分为单晶（均相）膜和多晶（非均相）膜电极。均相膜电极多有一种或几种化合物均匀混合的晶体组成，而非均相膜电极除晶体电活性物质外，还加入某种惰性材料，如硅橡胶、PVC、聚苯乙烯、石蜡等。

晶体膜电极的作用机制是由于晶格中有空穴，在晶格上的离子可以移入晶格邻近的空穴而导电。对于一定的晶体膜，离子的大小、形状和电荷决定其是否能够进入晶体膜内，故膜电极一般具有较高的离子选择性。因为没有其他离子进入晶格，干扰只来自晶体表面的化学反应。

a. 均相膜电极　这类电极又可分为单晶、多晶和混晶膜电极。下面以氟离子选择性电极为例进行说明。

氟离子选择性电极是目前最成功的单晶膜电极。该电极的敏感膜是掺 EuF_2 的氟化镧单晶膜，单晶膜封在聚四氟乙烯管中，管中充入 0.10 $mol \cdot L^{-1}$ 的 NaCl 和 0.10 $mol \cdot L^{-1}$的 NaF 混合溶液作为内参比溶液，插入 Ag-AgCl 电极作为内参比电极（如图 9-4 所示）。氟化镧单晶对氟离子有高度的选择性，允许体积小、带电荷少的氟离子在其表面进行交换。将电极插入待测离子溶液（F^- 试液）中，待测离子可吸附在膜表面，它与膜上相同的离子交换，并通过扩散进入膜相，膜相中存在的晶格缺陷产生的离子也可扩散进入溶液相。这样，在晶体膜与溶液界面上建立了双电层结构，从而产生膜电势。在 298K 时，其膜电势表达式为

$$\varphi_{膜}=K-0.0592\lg a_{F^-}=K+0.0592pF$$

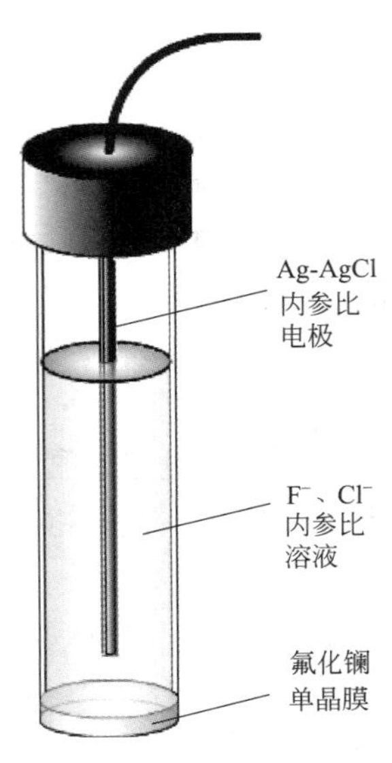

图 9-4　氟离子选择性电极

氟离子选择性电极的电极电势 $\varphi(F^-)$ 为

$$\varphi(F^-)=\varphi(AgCl/Ag)+\varphi_{膜}=K'-0.0592\lg a(F^-) \quad (9\text{-}8)$$

氟离子选择性电极具有较高的选择性，需要在 pH5.0～7.0 时使用，pH 较高时，由于氢氧根离子的半径与氟离子相近，溶液中的 OH^- 与氟化镧晶体膜中的 F^- 交换，使结果偏高；pH 较低时，溶液中的 F^- 生成 HF 或 HF_2^-，使结果偏低。

b. 非均相膜电极　此类电极与均相膜电极的电化学性质完全一样，其敏感膜是由各种电活性物质（如难溶盐、螯合物或缔合物）与惰性基质如硅橡胶、聚乙烯、石蜡等混合制成的。

② 非晶体膜电极　非晶体膜电极根据电活性物质性质的不同，可分为刚性基质电极和流动载体电极。

a. 刚性基质电极　这类电极也称玻璃电极，其敏感膜是由离子交换型的刚性基质玻璃熔融烧制而成的。其中使用最早也是使用最广泛的是 pH 玻璃电极，其构造及相应机理在前面已经讨论。除此以外，钠玻璃电极（pNa 电极）也为较重要的一种。其结构与 pH 玻璃电极相似，选择性主要取决于玻璃组成。对 Na_2O-Al_2O_3-SiO_2 玻璃膜，改变三种组分的相对含量，敏感膜会对一价金属离子具有选择性的响应。表 9-1 列出了几种阳离子玻璃电极的玻璃膜组成及其选择性系数。

表 9-1　几种阳离子玻璃电极的玻璃膜组成

主要响应离子	玻璃膜组成(摩尔分数)/%			选择性系数
	Na_2O	Al_2O_3	SiO_2	
Na^+	11	18	71	$K_{Na^+,K^+}=3.3\times10^{-3}$
K^+	27	5	68	$K_{Na^+,K^+}=5.0\times10^{-2}$
Ag^+	11	18	71	$K_{Ag^+,Na^+}=1.0\times10^{-3}$
Li^+	15	25	60	$K_{Li^+,Na^+}=0.3$

b. 流动载体电极（液膜电极）　流动载体电极又称为液膜电极，与玻璃电极不同，其敏感膜不是固体，而是液体，是溶于有机溶剂的金属配位剂渗透在多孔塑料膜内形成的液态离子交换体。如 Ca^{2+} 选择性电极就属于这类电极。Ca^{2+} 选择性电极的结构如图 9-5 所示，内参比溶液为含 Ca^{2+} 的水溶液。内外管之间装的是 0.1mol·L^{-1} 二癸基磷酸钙（液体离子交换剂）的苯基磷酸二辛酯溶液。其极易扩散进入微孔膜，但不溶于水，故不能进入试液溶液。二癸基磷酸根可以在液膜-试液两相界面间传递钙离子，直至达到平衡。由于 Ca^{2+} 在水相（试液和内参比溶液）中的活度与有机相中的活度差异，在两相之间产生相界电势。液膜两面发生的离子交换反应：

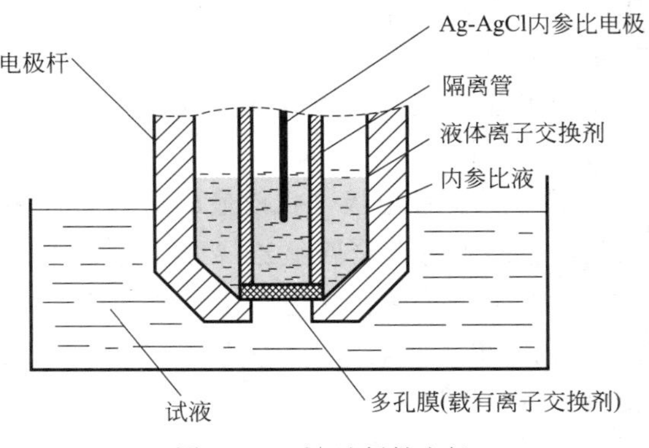

图 9-5　Ca^{2+} 选择性电极

$$[(RO)_2PO_2]_2^- \ Ca^{2+}(有机相) \rightleftharpoons 2[(RO)_2PO_2]^-(有机相) + Ca^{2+}(水相)$$

Ca^{2+}选择性电极适宜的 pH 范围是 5.0～11.0，可测出 10^{-5} mol·L^{-1}的 Ca^{2+}。

其他用于敏感膜的液体很多，如具有 R—S—CH_2COO^-结构的液体离子交换剂，由于含有硫和羧基，可与重金属离子生成五元内环配合物，对 Cu^{2+}、Pd^{2+}等具有良好的选择性；采用带有正电荷的有机液体离子交换剂，如邻二氮菲与二价铁所生成的带正电荷的配合物，可与阴离子 ClO_4^-、NO_3^-等生成缔合物，可制备对阴离子有选择性的电极；中性载体（有机大分子）液膜电极，由于载体具有中空结构，仅与适当离子配合，所以具有很高的选择性，如缬氨霉素（36 个环的环状缩酚酞）对钾离子有很高选择性，其选择性系数 $K_{K^+,Na^+}=3.1\times10^{-3}$；冠醚化合物也可用作为中性载体，是对 K^+具有很高选择性的电极。

（2）测量原理

与玻璃电极类似，各种离子选择电极的膜电势 φ_M是由于横跨敏感膜两侧溶液之间产生的电势差。不同的离子选择电极，其响应机理各有特点，但其膜电势产生的机理是相似的，主要是溶液中的离子与电极敏感膜上的离子发生离子交换作用的结果。各种离子选择电极的膜电势与溶液中响应离子的活度之间遵守能斯特方程，则

$$\varphi_M = K \pm \frac{2.303RT}{nF}\lg a_i \tag{9-9}$$

式中，n 为响应离子的电荷数；K 值与膜性质、内参比电极、内参比液等有关，对给定电极可视为常数。上式用于阳离子取“+”，用于阴离子取“−”。式(9-9) 说明：在一定条件下，离子选择电极的电极电势与溶液中被测离子活度的对数呈直线关系，这就是离子选择电极电势法测定离子活度的基础。

但离子选择电极电势是不能直接测定的，通常也是将离子选择电极（+）与饱和甘汞电极（−）浸入被测溶液中组成原电池 。

假设测定的阴离子为 R^{n-}，则电池的电动势为

$$E = (K - \frac{2.303RT}{nF}\lg a_{R^{n-}}) - \varphi_{SCE}$$

令 $K' = K - \varphi_{SCE}$，则

$$E = K' - \frac{2.303RT}{nF}\lg a_{R^{n-}} \tag{9-10}$$

同理，若测定的为阳离子 M^{n+}，则电池的电动势为

$$E = K' + \frac{2.303RT}{nF}\lg a_{M^{n+}} \tag{9-11}$$

式(9-10)、式(9-11) 表明，通过测量电池的电动势，即可求得被测离子的活度，这就是离子选择性电极测定离子活度的原理。

（3）定量方法

直接电势分析法测定离子活（浓）度时，按分析过程的不同，测量的具体方法有多种，下面介绍常用的几种方法。

① 直接比较法　先测出浓度为 c_s标准溶液的电池电动势 E_s，然后在相同条件下，测得浓度为 c_x 的待测液的电动势 E_x，则在 298K 时，有

$$\Delta E = E_x - E_s = \pm\frac{0.0592}{n}\lg\frac{c_x}{c_s}$$

$$c_x = c_s \times 10^{\pm(n\Delta E/0.0592)} \tag{9-12}$$

为使测定值有较高的准确度，必须使标准溶液和待测试液的测定条件完全一致，其中标准溶液的浓度与待测溶液的浓度与应尽量接近。

② 标准曲线法　这种方法是首先配制一系列含有不同浓度被测离子的标准溶液，其离子强度用总离子强度调节缓冲液（TISAB）调节，用选定的指示电极和参比电极插入以上溶液，测得电动势 E。作 E-lg$c$ 关系曲线图，即标准曲线，在一定范围内它是一条直线。待测溶液进行离子强度调节后，用同一对电极测量它的电动势。从 E-lg$c$ 图上找出与 E_x 相对应的浓度 c_x。由于待测溶液和标准溶液均加入离子强度调节液，调节到总离子强度基本相同，它们的活度系数基本相同，所以测定时可以用浓度代替活度。标准曲线法的优点是操作简便、快速，适用于同时测定大批同类样品分析，并能求出电极的线性范围和实际斜率。

③ 标准加入法　标准加入法又称为添加法或增量法。它是取一定体积（V_x）样品溶液先测其电动势为 E_x，然后加入一小体积 V_s（约为 $0.01V_x$）的待测离子标准溶液（浓度已知为 c_s，约为 $100c_x$），混匀后再测其电动势 E_{x+s}，最后根据能斯特方程算出待测离子的浓度。计算公式如下（298K）。

$$c_x = \frac{c_s V_s}{V_x(10^{\pm n\Delta E/0.0592} - 1)} \tag{9-13}$$

在测定过程中，控制 $\Delta E = E_{x+s} - E_x$ 的数值在 30～40 mV 为宜，在 100mL 试液中一般加入 2～5mL 标准溶液。

标准加入法的优点是：a. 不用离子强度调节液，且能用于离子强度高、变化大、组分复杂试样的分析，并且适应性广、准确度高。b. 不需作标准曲线，仅需一种标准溶液，操作简单快速。c. 在有过量配位剂存在的系统中，本方法可测得离子的总浓度。

随着科学技术的发展，先进仪器的不断问世，使得电势分析法在环境保护、医药卫生、食品、工业生产、农业、地质勘探等许多领域中都有着广泛的应用。用直接电势法可测定的离子有几十种。

9.3 电势滴定法

9.3.1 电势滴定法的原理

电势滴定法是以指示电极、参比电极与试液组成电池，然后加入滴定剂进行滴定，观察滴定过程中指示电极的电极电势的变化。在计量点附近，由于被滴定物质的浓度发生突变，所以指示电极的电势产生突跃，由此即可确定滴定终点。电势滴定法的测量仪器如图 9-6 所示，滴定时用磁力搅拌器搅拌试液以增大反应速率使其尽快达到平衡。

可见，电势滴定法的基本原理与普通的滴定分析法并无本质的差别，其区别主要在于确定终点的方法不同。

9.3.2 电势滴定法终点的确定

在电势滴定法中，终点的确定方法主要有 E-V 曲线法、一阶导数法、二阶导数法和直线法等，下面仅介绍 E-V 曲线法。

以加入滴定剂的体积 V 为横轴，电动势 E 为纵轴作图，即得电势滴定曲线（图 9-7），该曲线也称为 E-V 曲线。曲线的拐点即为滴定终点。确定的办法是：作两条与 E-V 线相切的对横轴夹角为 45°的切线，两切线的等分线与 E-V 线的交点即是滴定终点。

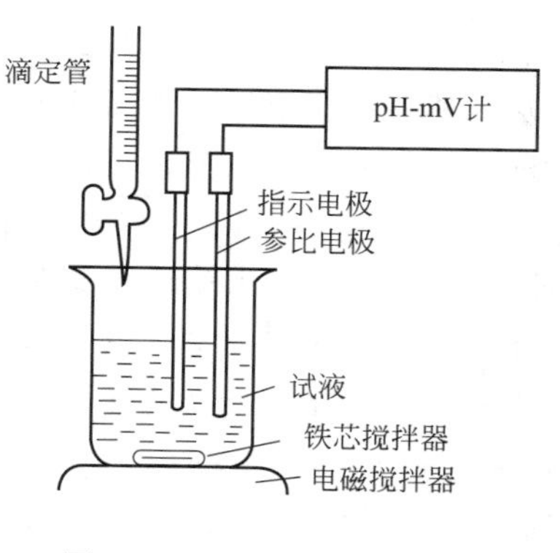

图 9-6 电势滴定仪器装置

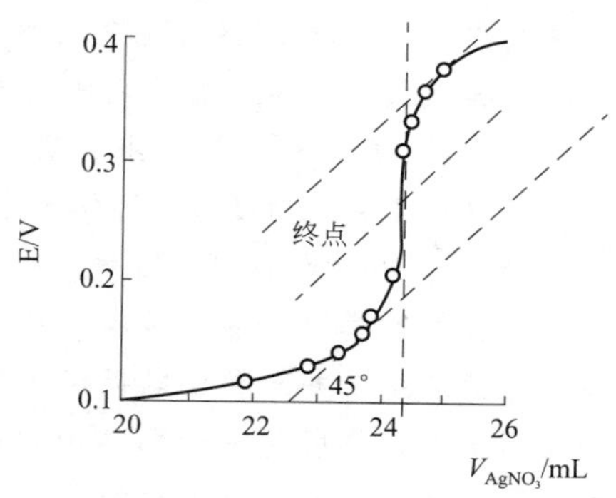

图 9-7 电势滴定曲线

此外，滴定终点尚可根据滴定终点时的电动势值来确定。此时，可以先将从滴定标准试样获得的经验计量点作为确定终点电动势的依据。这也就是自动电势滴定的方法依据之一。

自动电势滴定有两种类型：一种是自动控制滴定终点，当到达终点电势时，即自动关闭滴定装置，并显示滴定剂用量；另一种类型是自动记录滴定曲线，自动运算后显示终点时滴定剂的体积。

9.3.3 电势滴定法的应用

电势滴定的反应类型与普通容量分析完全相同。滴定时，应根据不同的反应选择合适的指示电极。滴定反应类型有下列四种。

① 酸碱反应。可用玻璃电极作指示电极。

② 氧化还原反应。在滴定过程中溶液中氧化态物质和还原态物质的浓度比值发生变化，可采用惰性电极作指示电极，一般用铂电极。

③ 沉淀滴定。根据不同的滴定反应，选择不同的指示电极。例如：用硝酸银滴定卤素离子时，在滴定过程中，卤素离子浓度发生变化，可用银电极来反映。目前，则更多采用相应的卤素离子选择性电极。如以 I^- 选择性电极作指示电极，可用硝酸银连续滴定 Cl^-、Br^-、I^-。

④ 配位滴定。以 EDTA 进行电势滴定时，可采用两种类型的指示电极。一种是应用于个别反应的指示电极，如用 EDTA 滴定 Fe^{3+} 时，可用铂电极（加入 Fe^{2+}）作指示电极；滴定 Ca^{2+} 时，则可用 Ca^{2+} 选择性电极作指示电极。另一种是能够指示多种金属离子浓度的电极，可称为 pM 电极，这是在试液中加入 Cu-EDTA 配合物，然后用 Cu^{2+} 选择性电极作指示电极，当用 EDTA 滴定金属离子时，溶液中游离的 Cu^{2+} 的浓度受游离 EDTA 浓度的制约，所以 Cu^{2+} 选择性电极的电势可以指示溶液中游离 EDTA 的浓度，间接反映被测金属离子浓度的变化。

知识拓展

离子敏感场效应晶体管电极

离子敏感场效应晶体管电极是在金属氧化物-半导体场效应晶体管基础上构成的，它既具有离子选择性电极对敏感离子响应的特性，又保留场效应晶体管的性能，是一种微电子化学敏感器件。

金属氧化物-半导体场效应晶体管由 p 型硅薄片制成，其中有两个高掺杂的 n 区，分别作为源极和漏极，在两个 n 区之间的硅表面上有一层很薄的绝缘层，绝缘层上边为金属栅极，构成金属-氧化物-半导体组合层。在源极和漏极之间施加电压（V_d），电子便从源极流向漏极（产生漏电流 I_d），I_d的大小受栅极和与源极之间电压（V_g）控制，并为 V_g 与 V_d的函数。其结构如图 9-8 所示。将金属氧化物-半导体场效应晶体管的金属栅极用离子选择性电极的敏感膜代替，即成为对相应离子有选择性响应的离子敏感场效应晶体管电极。当它与试液接触并与参比电极组成测量体系时，由于在膜与试液的界面处产生膜电势而叠加在栅压上，将引起离子敏感场效应晶体管电极漏电流 I_d相应改变，I_d与响应离子活度之间具有类似于能斯特方程的关系。应用时，可保持 V_g与 V_d恒定，测量 I_d与待测离子活度之间的关系；也可保持 V_d与 I_d恒定，测量 V_g随待测离子活度之间的关系，此法结果较为准确。离子敏感场效应晶体管电极具有体积小，易于实行微型化和多功能化，适用于自动控制监测和流程分析等特点。

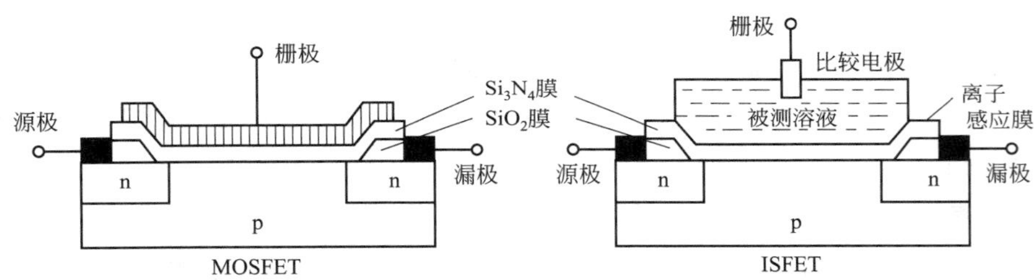

金属-氧化物-半导体场效应晶体管(MOSFET)和
离子敏场效应晶体管(ISFET)的比较

图 9-8　敏感场效应晶体管的结构

思考题与习题

1. 电极电势是否是电极表面与电解质溶液之间的电势差？单个电极的电势能否测量？

2. 电极电势和电池电动势有何不同？

3. 简述一般玻璃电极的构造和作用原理。

4. 下述电池中溶液，pH ＝ 9.18 时，测得电动势为 0.418 V，若换一个未知溶液，测得电动势为 0.312 V，计算未知溶液的 pH。

$$\text{玻璃电极} \mid H^+(a_s \text{ 或 } a_x) \| \text{饱和甘汞电极}$$

5. 将 ClO_4^- 选择性电极插入 50.00mL 某高氯酸盐待测溶液，与饱和甘汞电极（为负极）组成电池，测得电动势为 358.7 mV；加入 1.00mL、0.0500 mol·L^{-1} $NaClO_4$标准溶液后，电动势变成 346.1 mV。求待测溶液中 ClO_4^- 浓度。

6. 当下述电池中的溶液是 pNa 为 4.00 的标准溶液时，测得其电动势为 0.296V：

(－)钠电极｜Na^{+}($a=x$)‖甘汞电极(＋)

当标准溶液由未知液代替时，测得其电动势为 0.2368V。求未知液的 pNa 值。(提示：$2.303RT/F=0.0592$)

7. 将 Ca^{2+} 选择电极和饱和甘汞电极插入 100.00mL 水样中，用直接电势法测势水样中的 Ca^{2+}。25℃时，测得 Ca^{2+} 电极电势为－0.0619V (对 SCE)，加入 0.0731mol·L^{-1} 的 $Ca(NO_3)_2$ 标准溶液 1.00mL，搅拌平衡后，测得 Ca^{2+} 电极电势为－0.0483V (对 SCE)。试计算原水样中的 Ca^{2+} 浓度。

分光光度法

本章学习要求

了解物质颜色与光吸收的关系；了解吸光光度法的基本概念和特点，掌握吸收曲线的特点，了解其应用；掌握朗伯-比尔定律的原理和应用，掌握吸光系数 a 和摩尔吸光系数 ε，了解偏离朗伯-比尔定律的因素；掌握显色反应的特点、显色条件和测量条件的选择；掌握吸光光度法的应用，了解吸光光度法的仪器结构。

在光的照射下，物质对不同波长的光具有选择性吸收，从而呈现出特有的颜色。利用物质对光的选择性吸收，不但可以进行定性分析，还可以进行定量分析。在一定波长下，被测溶液对光的吸收程度与溶液中各组分的浓度之间存在定量关系，可进行该组分的含量测定，这种基于物质对光的选择性吸收而建立起来的分析方法称为吸光光度法。

在吸光光度法中，根据仪器获得单色光方法的不同，可分成光电比色法与分光光度法。应用以滤光片获得单色光的光电比色计，比较有色溶液的颜色深浅，对组分进行含量测定的方法，称为光电比色法；而以棱镜或光栅等为单色器的分光光度计测量溶液对光吸收程度的测定方法，称为分光光度法。根据波长范围的不同，分光光度法分为可见分光光度法、紫外分光光度法和红外分光光度法等。本章主要讨论可见分光光度法。

10.1 物质对光的选择性吸收

10.1.1 电磁波谱

（1）光的基本性质

光是电磁波，具有波粒二象性，即波动性和粒子性。其波动性表现为光按波动形式传播，并能产生折射、反射、衍射和干涉等现象。光的波长 λ、频率 ν 与光速 c 之间的关系为

$$\lambda=\frac{c}{\nu} \tag{10-1}$$

波长 λ 单位常用纳米（nm）或微米（μm），频率 ν 是每秒内的波动次数，单位为 Hz，c 是光在真空中的传播速度（$c=2.997925\times10^8\,\text{m}\cdot\text{s}^{-1}$）。

光子理论认为，光在空间传播时是一束运动的粒子流，即光具有粒子性。每一个光子具有一定的能量，其能量 E 与频率 ν 之间的关系为

$$E=h\nu=h\cdot\frac{c}{\lambda} \tag{10-2}$$

式中，h 为普朗克常量，$h=6.626\times10^{-34}\,\mathrm{J\cdot s}$。

(2) 电磁波谱

光是一种电磁波，不同波长的光具有不同的能量。波长短的光能量大，波长长的光能量小。如将电磁波按波长顺序排列，即得电磁波谱（表 10-1）。

表 10-1 电磁波谱

光谱名称	波长范围	能级跃迁类型	对应的分析方法
X 射线	10^{-1}～10nm	K 和 L 层电子	X 射线光谱法
远紫外	10～200nm	中层电子	真空紫外光度法
近紫外	200～400nm	价电子	紫外光度法
可见光	400～750nm	价电子	比色及可见光度法
近红外	0.75～2.5μm	分子振动	近红外光谱法
中红外	2.5～5.0μm	分子振动	中红外光谱法
远红外	5.0～1000μm	分子转动	远红外光谱法
微 波	0.1～100cm	分子转动	微波光谱法
无线电波	1～1000m	氢核的进动	核磁共振光谱法

10.1.2 光与物质的相互作用

肉眼可感觉到的光称为可见光。可见光是电磁波中一个很小的波段，其波长范围为 400～750nm。具有同一波长的光称为单色光，由不同波长的光组成复合光，如白光（日光、白炽电灯光）是由各种颜色的光按一定强度比例混合而成。

物质的分子、原子通常处于能量较低的稳定状态（基态）。当外界提供光时，物质吸收光能量，由基态（能量较低的能级）跃迁到能量较高的能级（激发态），这种作用称为物质对光的吸收，吸收的能量等于跃迁产生的两种能级之差。

当一束含有各种波长光的复合光照射到某物质或溶液时，物质或溶液就会吸收光提供的能量，并且只有光子的能量与被照射物质的分子或原子的基态和激发态能量之差相等的那部分光，才会被物质或溶液所吸收。物质内部的能级是由其结构和本性决定的，不同物质结构不同，能级分布不同，不同能级之间的能量差也各不相同，吸收的能量也就不同。因此物质对光进行吸收时，只选择吸收能量与其能级差相同的光。物质的这一性质称为物质对光的选择性吸收。

溶液的颜色正是由于溶液中的物质对不同波长光的选择性吸收而产生的。当一束复合光通过某溶液时，某些波长的光被溶液吸收，而另一些波长的光则透过，人眼所看到的溶液的颜色就是这部分透射光的颜色。由于不同的物质所吸收的光不同，透射出溶液的光也不相同，因而不同的溶液呈现的颜色也不相同。透射光与吸收光称为互补光，两种颜色称为互补色。如 $CuSO_4$ 溶液因吸收白光中的黄光而呈现蓝色，$KMnO_4$ 溶液吸收绿光而呈紫红色，而白光通过 NaCl 溶液时，全部透过，NaCl 溶液无色透明。而且吸收光的强度越大，其互补光的颜色越深。表 10-2 中列出了物质颜色与其吸收光颜色之间的关系。如将表中同一横行的两种颜色的光按一定比例混合，就可以得到白光。

表 10-2　物质颜色与吸收光颜色的互补关系

物质的颜色	吸收光颜色	波长/nm
黄绿色	紫色	400～450
黄色	蓝色	450～480
橙色	绿蓝色	480～490
红色	蓝绿色	490～500
紫红色	绿色	500～560
紫色	黄绿色	560～580
蓝色	黄色	580～600
绿蓝色	橙色	600～650
蓝绿色	红色	650～750

10.1.3　吸收曲线

若将不同波长的单色光依次通过某浓度一定的有色溶液，测出相应波长下物质对光的吸光度 A。以波长 λ 为横坐标，吸光度 A 为纵坐标作图即为 A-λ 吸收曲线。图 10-1 是 $KMnO_4$ 溶液的吸收曲线。

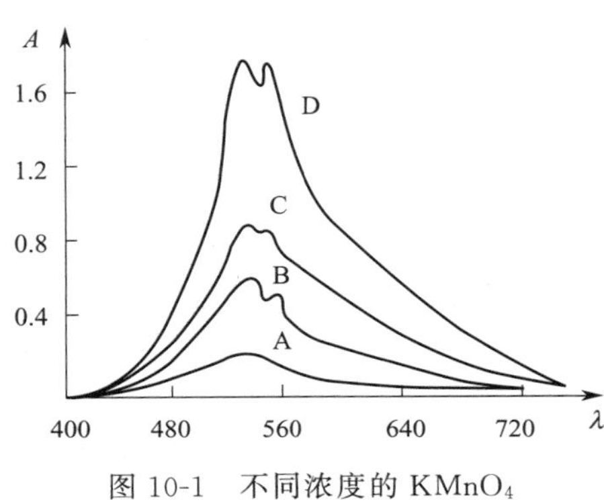

图 10-1　不同浓度的 $KMnO_4$ 溶液的吸收曲线

从吸收曲线可以看出以下。

① $KMnO_4$ 溶液对不同波长的光的吸收具有选择性。对 525nm 的绿光吸收最多，此光的波长称为最大吸收波长，用 λ_{max} 表示，对红光和紫光吸收很少。

② 不同浓度的 $KMnO_4$ 溶液的吸收曲线，形状相似，最大吸收波长 λ_{max} 不变，说明物质的吸收曲线是一种特征曲线。吸收曲线可以提供物质的结构信息，并作为物质定性分析的依据之一。

③ 不同浓度的同一种物质，在某一定波长下吸光度 A 有差异，在 λ_{max} 处吸光度 A 的差异最大。此特性可作为物质定量分析的依据。

④ 在 λ_{max} 处吸光度随浓度变化的幅度最大，吸光度测量的灵敏度最高。这一特性可作为物质定量分析选择入射光波长的依据。

10.1.4　吸光光度法的特点

吸光光度法主要应用于测定试样中微量组分的含量，其特点有以下几个。

① 灵敏度高。这类方法常用于测定试样中 10^{-5}～10^{-6} mol·L^{-1} 的微量组分，因而有较高的灵敏度。

② 准确度高。吸光光度法的相对误差 2%～5%，对于常量组分的测定，其准确度虽不如滴定分析法，但对于微量组分的测定，已完全能满足要求，如采用精密的分光光度计测量，相对误差可减少至 1%～2%。

③ 设备简单、操作简便、快速。与其他各种仪器分析方法比较，可见-紫外分光光度法所用的仪器比较简单、价格便宜，分析操作比较简单，分析速度也较快。

④ 应用广泛。几乎所有的无机物和许多有机化合物都可直接或间接地用分光光度法进行测定。此外，该法还可以用来研究化学反应的机理及溶液的化学平衡等理论。如测定配合物的组成，弱酸、弱碱的解离常数等。由于有机试剂和配位化学的迅速发展及分光光

度计性能的提高，分光光度法已广泛用于生产和科研部门。

10.2 光吸收的基本定律

10.2.1 朗伯-比尔定律

朗伯-比尔（Lambert-Beer）定律是物质对光吸收的基本定律，当一束平行单色光照射到均匀的有色溶液时，光的一部分被吸收，一部分透过，一部分被反射。设入射光强度为 I_0，透射光强度为 I_t，吸收光强度 I_a，反射光强度 I_r，则

$$I_0=I_t+I_a+I_r \tag{10-3}$$

在吸光光度法中采用同质同型的比色皿，反射光强度一致，可以相互抵消。式(10-3)可简化为

$$I_0=I_t+I_a \tag{10-4}$$

在分光光度法中，透射光强度与入射光强度之比称为透光率，用 T 表示。

$$T=\frac{I_t}{I_0}\times 100\% \tag{10-5}$$

而入射光强度的减弱仅与溶液的吸收程度有关。物质对光的吸收程度可以用吸光度 A 来表示，则吸光度 A 和透光率 T 有如下关系。

$$A=-\lg T=\lg\frac{I_0}{I} \tag{10-6}$$

T 值越小，即透光率越小，说明物质对光的吸收越多，A 值越大。当 $I_0=I_t$ 时，$T=100\%$，$A=0$，表明入射光全部透过，吸收为零；而当 $I_t=0$ 时，$T=0$，$A=\infty$，表明入射光全部被吸收，无光透过。因此，透光率的取值范围为 0～100%，对应的吸光度 A 为 ∞～0。

实践证明，溶液对光的吸收程度与该溶液的浓度、液层厚度以及入射光的波长等有关。如果保持入射光波长不变，则溶液对光的吸收程度取决于溶液的浓度和液层厚度。

1760 年朗伯（Lambert）提出了当溶液的浓度一定时，溶液对光的吸收程度与液层厚度成正比；1852 年比尔（Beer）又提出光的吸收程度与吸光物质的浓度成正比。二者结合称朗伯-比尔定律，其数学表达式为

$$A=Kcl \tag{10-7}$$

式中，A 为吸光度；l 为液层厚度（比色皿的厚度）；c 为吸光物质的浓度；K 为比例系数。

式(10-7) 表明：当一束平行的单色光垂直通过某一均匀非散射的吸光溶液时，若液层厚度一定，则其吸光度 A 与溶液的浓度 c 成正比，这就是分光光度法定量分析的理论依据。

10.2.2 吸光系数和摩尔吸光系数

朗伯-比尔定律数学表达式中的常数 K 值随浓度 c 所取单位的不同而不同，有下面两种表示方式。

（1）吸光系数

当浓度 c 的单位为 $g\cdot L^{-1}$，液层厚度 l 用 cm 表示时，常数 K 以 a 表示，称为吸光

系数。单位为 $L \cdot g^{-1} \cdot cm^{-1}$。此时，朗伯-比尔定律表达式为

$$A = acl \quad (10\text{-}8)$$

（2）摩尔吸光系数 ε

当浓度 c 的单位为 $mol \cdot L^{-1}$，液层厚度 l 用 cm 表示时，则 K 用 ε 表示。ε 称为摩尔吸光系数，单位为 $L \cdot mol^{-1} \cdot cm^{-1}$。此时，朗伯-比尔定律表达式为

$$A = \varepsilon cl \quad (10\text{-}9)$$

摩尔吸光系数 ε 是吸光物质在一定波长和溶剂条件下的特征常数，不仅反映吸光物质对光的吸收能力，表征显色反应灵敏度，而且还能反映出用光度法测定该吸光物质的灵敏度。在数值上等于浓度为 $1mol \cdot L^{-1}$、液层厚度为 1.0cm 时该溶液在某一波长下的吸光度。但显然不能直接用 $1mol \cdot L^{-1}$ 这样高浓度的有色溶液去测定摩尔吸光系数，而只能通过计算求得。它与入射光波长、溶液的性质以及温度有关。同一吸光物质在不同波长下的 ε 是不同的，通常所说的某吸光物质的摩尔吸光系数是指该物质在最大吸收波长 λ_{max} 处的摩尔吸光系数 ε_{max}。ε_{max} 值越大，表明该物质的吸光能力越强，用光度法测定该物质的灵敏度越高。一般认为

$\varepsilon < 10^4$	显色反应灵敏度低
$10^4 < \varepsilon < 5 \times 10^4$	属于中等灵敏度
$5 \times 10^4 < \varepsilon < 10^5$	属于高等灵敏度
$\varepsilon > 10^5$	属于超高灵敏度

对于微量组分的测定，一般选择 ε 较大的显色反应，以提高测定的灵敏度。

由于 ε 值与入射光波长有关，表示 ε 时，应注明所用入射光波长。例如，在 550nm 处，Cu-二苯硫腙有色化合物的 ε 值，应以 $\varepsilon(550) = 4.5 \times 10^4\ L \cdot mol^{-1} \cdot cm^{-1}$ 表示。

【例 10-1】 维生素 B_{12}（M=1355.38）的水溶液在 361nm 处有最大吸收。设用纯品配制 100mL 含 2.00mg 的溶液，以 1.0cm 厚的吸收池在 361nm 处测得透光率为 38.6%。求吸光度 A 和 ε。

解 $A = -\lg T = -\lg 0.386 = 0.413$

$$\varepsilon = \frac{A}{cl} = \frac{0.413}{1.0 \times \dfrac{2.0 \times 10^{-3}}{1355.38 \times 100 \times 10^{-3}}} = 2.80 \times 10^5\ (L \cdot mol^{-1} \cdot cm^{-1})$$

如果测定的溶液中存在两种或两种以上吸光物质（a，b，c，…）时，只要共存物彼此间不发生相互作用，则测得的总吸光度是各物质的吸光度之和，即 $A_{总} = A_a + A_b + A_c + \cdots + A_n$，而各组分的吸光度由各自的吸光系数和浓度决定。吸光度的这种加和性是分光光度法测定混合组分的定量依据。

10.2.3 偏离朗伯-比尔定律的因素

根据朗伯-比尔定律，当波长和入射光强度一定时，吸光度 A 与吸光物质的浓度 c 之间是一条通过原点的直线。但在实际工作中，特别是浓度较高时，常出现偏离线性关系的现象，即曲线向上或向下弯曲，产生正偏离或负偏离，如图 10-2 所示。导致偏离的主要因素主要有以下几点。

（1）光学因素

① 单色光不纯所引起的偏离　朗伯-比尔定律只适用于单色光，但事实上真正的单色

光是难以得到的，实际用于测量的都是具有一定谱带宽度的复合光，由于吸光物质对不同波长光的吸收能力不同，就会导致偏离比尔定律。

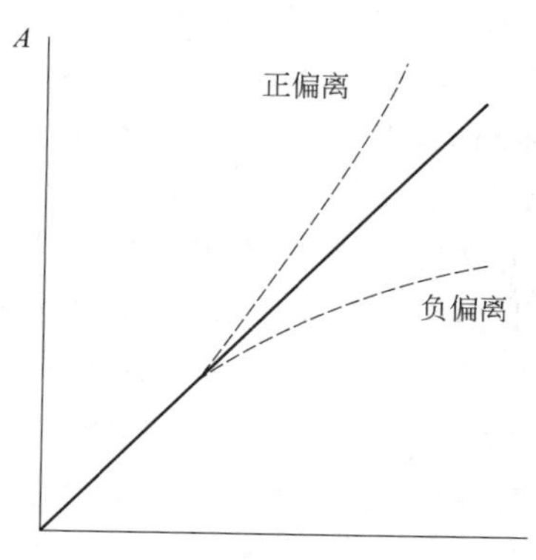

图 10-2 光度分析工作曲线的偏离

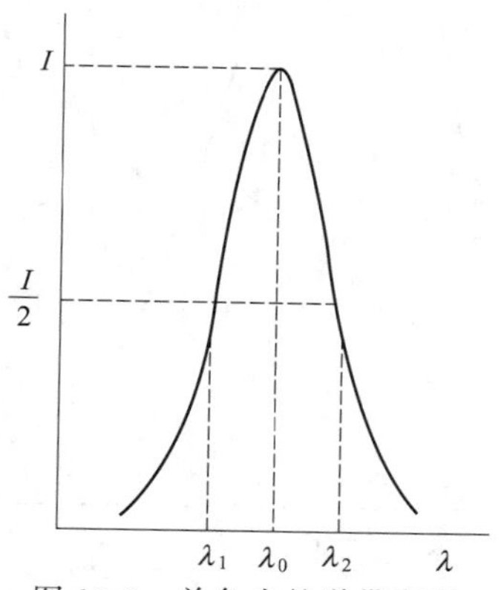

图 10-3 单色光的谱带宽度

光源发出的光经单色器分离后，得到的是包括所需波长在内的一定波长范围的光，这一宽度称为谱带宽度，常用半峰宽表示，见图 10-3。谱带宽度取决于单色器中狭缝宽度和棱镜或光栅的分辨率，从图中看出，谱带宽度越小，单色性越好，但仍然是复合光，仍因为吸光度改变而偏离比尔定律。其实质是物质对不同波长的光有不同的吸光系数导致的。

为了克服非单色光引起的偏离，应尽量设法得到比较窄的入射光谱带，这就需要有比较好的单色器。棱镜和光栅的谱带宽度仅几纳米，对于一般光度分析是足够窄的。此外，还应将入射光波长选择在被测物的最大吸收波长处。这不仅是因为在 λ_{max} 处测定的灵敏度最高，还由于在 λ_{max} 附近的一个小范围内吸收曲线较为平坦，在 λ_{max} 附近各波长的光的 K 值大体相等，因此在 λ_{max} 处由于非单色光引起的偏离要比在其他波长处小得多。

② 杂散光　从单色器得到的单色光中，还有一些不在谱带范围内，与所需波长相隔甚远的光，称为杂散光。它是由于仪器光学系统的缺陷或光学元件受灰尘、霉蚀的影响而引起的。现代仪器杂散光的影响一般可忽略不计，但在透光率很弱的情况下，可能会产生明显的作用。

③ 散射光和反射光　吸光物质对入射光有散射作用，吸收池内外界面之间入射光通过时又有反射作用。散射和反射作用均可使透射光减弱。真溶液散射作用较弱，可用参比溶液补偿。混浊溶液散射作用较强，影响测定，故分光光度法要求待测溶液必须澄清。

④ 非平行光　通过吸收池的光一般都不是真正的平行光，而倾斜光通过吸收池的实际光程将比垂直照射的平行光光程长，吸光度增加，从而影响测量值。

（2）由于溶液本身的化学和物理因素引起的偏离

① 介质不均匀引起的偏离　朗伯-比耳定律要求吸光物质的溶液是均匀的。如果溶液不均匀，例如产生胶体或发生混浊，就会发生工作曲线偏离直线。当入射光通过不均匀溶液时，除了被吸光物质所吸收的那部分光强以外，还将有部分光因散射等而损失，使透光率减小，实测吸光度增加，导致偏离朗伯-比尔定律。故在分光光度法中应避免溶液产生胶体或混浊。

② 化学因素引起的偏离

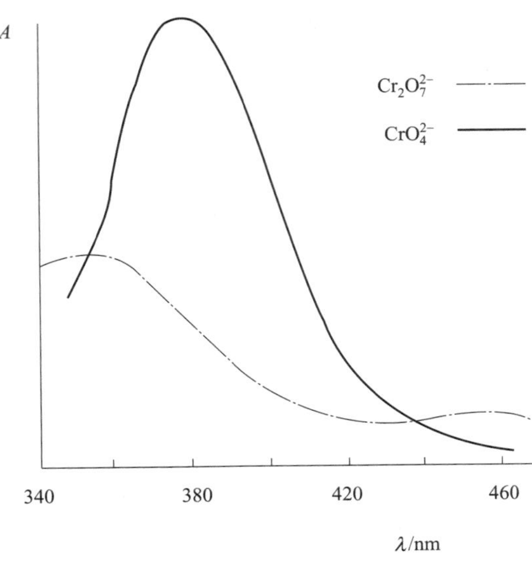

图 10-4　水溶液中 Cr（Ⅵ）两种离子的吸收曲线

a. 溶液浓度过高引起的偏离　朗伯-比耳定律是建立在吸光质点之间没有相互作用的前提下。但当溶液浓度较高时，吸光物质的分子或离子间的平均距离减小，以致每个粒子都可能影响其邻近粒子的电荷分布，这种相互作用直接影响它们的吸光能力，即改变物质的摩尔吸收系数。浓度越高，相互作用越大，偏离朗伯-比尔定律越多。所以朗伯-比尔定律仅适用于稀溶液。

b. 溶液中的化学变化所引起的偏离　溶液中的吸光物质可因浓度的改变而发生解离、缔合、溶剂化及生成配合物等变化，使吸光物质的存在形式发生变化，影响物质对光的吸收能力，从而偏离朗伯-比尔定律。如重铬酸钾在水溶液中有如下解离平衡，两种离子的吸收曲线见图 10-4。

$$Cr_2O_7^{2-} + H_2O \rightleftharpoons 2H^+ + 2CrO_4^{2-}$$

溶液中 $Cr_2O_7^{2-}$ 及 CrO_4^{2-} 的相对浓度，与溶液的稀释程度及酸度有关。一旦条件改变，上述平衡发生移动，由于 CrO_4^{2-} 的 λ_{max} 为 375nm，$Cr_2O_7^{2-}$ 的 λ_{max} 为 350nm，两者的浓度变化，必然会导致偏离朗伯-比尔定律。

10.3　分光光度计

分光光度计的种类、型号繁多，其构造也各不相同，但其基本组成部分都是由光源、单色器（分光系统）、吸收池、检测器、信号显示系统组成（如图 10-5）。其中光源是用来提供各种波长的复合光。复合光经过单色器转变为单色光。待测的吸光物质溶液放在吸收池中，当强度为 I_0 的单色光通过时，一部分光被吸收，剩余的光强为 I 的透射光到达检测器。检测器将接收到的光信号转换成电流，通过指示光电流的大小反映出透射光强度的大小。从图 10-5 中可看到，分光光度计所能直接测量的量并不是吸光度 A，而是与透光强度 I 成正比的电流强度 i。下面对分光光度计的主要部件作简要介绍。

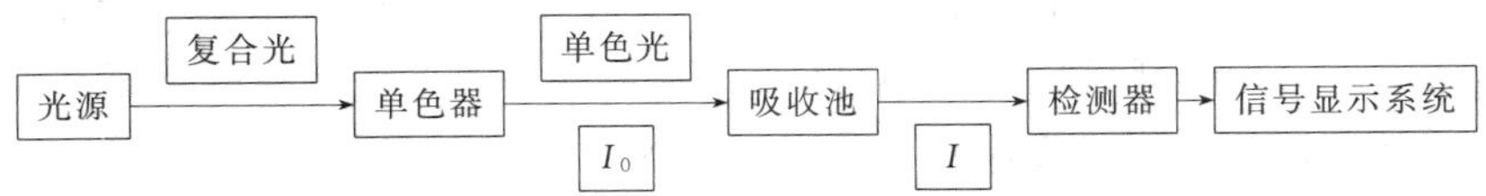

图 10-5　分光光度计的组成

10.3.1　分光光度计的主要部件

（1）光源（或称辐射源）

分光光度计对光源的基本要求：①能够发射连续辐射；②应有足够的辐射强度及良好的稳定性；③光源的使用寿命长，操作方便。紫外区常用的是氢灯和氘灯，氘灯光强度比氢灯大，使用寿命长，更常用，发射 150～400nm 波长的光，适用于 200～400nm 波长范围的紫外分光光度法测定。可见区常用的是钨灯，钨灯发出的复合光波长约在 400～1000nm，覆盖了整个可见光区。为了保持光源发光强度的稳定，要求电源电压十分稳定，因此光源前面装有稳压器。

(2) 分光系统（单色器）

分光系统（单色器）的作用是将光源发出的连续光谱分解为单色光的装置，可以获得纯度高且波长在紫外可见区内任意可调的单色光。主要由入射狭缝、准光器（透镜或凹面反射镜使入射光变成平行光）、色散元件、聚焦元件和出射狭缝等几个部分组成，见图 10-6。其核心部分是色散元件，起分光作用。

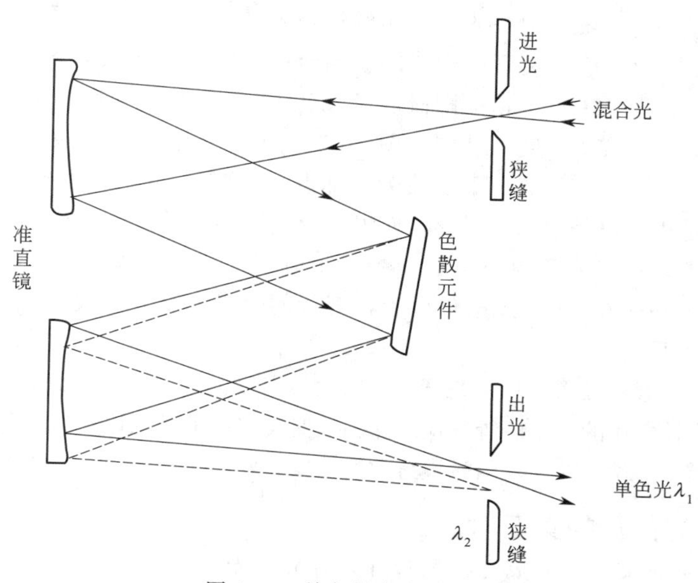

图 10-6　单色器光路示意图

色散元件主要是棱镜和光栅。棱镜是根据光的折射原理而将复合光色散为不同波长的单色光，然后再让所需波长的光通过一个很窄的狭缝照射到吸收池上。由于狭缝的宽度很窄，只有几纳米，故得到的单色光比较纯。光栅是根据光的衍射和干涉原理来达到色散目的。然后也是让所需波长的光经过狭缝照射到吸收池上，所以得到的单色光也比较纯。光栅色散的波长范围比棱镜宽，而且色散均匀。目前广泛应用的是采用激光技术生产的全息光栅。准直镜是以狭缝为焦点的聚光镜，既能将进入单色器的发散光变成平行光，也能将色散后的平行单色光聚焦于出光狭缝。狭缝宽度直接影响单色光的纯度，狭缝过宽，单色光不纯；狭缝太窄，光通量小，灵敏度低。所以测定时狭缝宽度要合适，一般以减少狭缝宽度，试样吸光度不再改变时的宽度为合适宽度。

(3) 吸收池（比色皿）

吸收池又称比色皿，用于盛装试液和参比溶液的容器。它是由无色透明、耐腐蚀、化学性质相同及厚度相等的光学玻璃或石英制成的。比色皿一般为长方形，按其厚度分为 0.5cm、1cm、2cm、3cm 和 5cm（厚度是指比色皿内壁间的距离，实际是液层厚度）。在可见光区测量吸光度时，使用玻璃吸收池或石英吸收池，紫外区则只能使用石英吸收池，因为玻璃吸收池对紫外线有吸收。使用比色皿时应注意保持清洁、透明，避免磨损透光面。

(4) 检测系统（检测器）

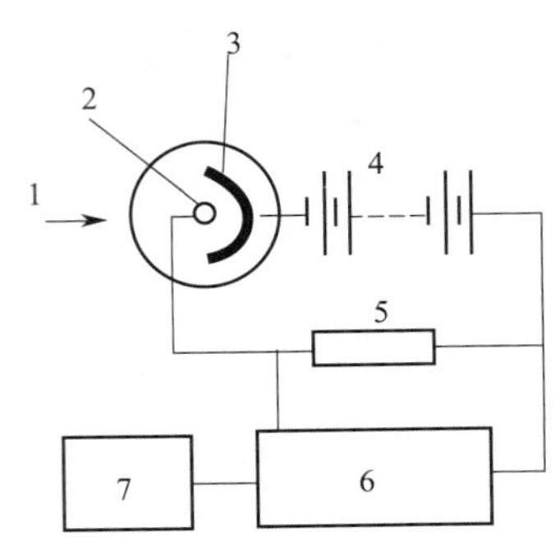

图 10-7　光电管检测器示意图
1—照射光；2—阳极；3—光敏阴极；4—90V 直流电源；5—高电阻；6—直流放大器；7—指示器

检测器是一种光电转换元件，将光信号转变成电信号的装置，且一定条件下，产生的电信号与通过溶液后的光强成正比。常见的检测器有光电池、光电管和光电倍增管、光电二极管阵列检测器等。

光电池主要是硒光电池，只用于低档的可见分光光度计中。

光电管是以一弯成半圆柱且内表面涂上一层光敏材料（碱金属或碱金属氧化物等）的镍片作为阴极，置于圆柱形中心的一金属丝作为阳极，两电极密封于高真空的玻璃或石英管中构成的。当光照到阴极的光敏材料时，阴极发射出电子，被阳极收集而产生光电流，电流的大小决定于光照强度，结构如图 10-7 所示。光电管具有灵敏度高、光敏范围宽、不易疲劳等优点，在紫外-可见分光光度计中应用广泛。

光电倍增管是由光电管改进而成的，管中有若干个称为倍增极的附加电极，可使光激发的电流得以放大，一个光子约产生 10^6～10^7 个电子。它的灵敏度比光电管高 200 多倍，适用波长范围为 160～700nm。光电倍增管在现代的分光光度计中被广泛采用。

（5）信号显示系统

分光光度计中的显示装置的作用是把放大的信号以吸光度 A 或透光率 T 的方式显示或记录下来。分光光度计常用的显示装置有检流计、微安表和数字显示记录仪。现在多数分光光度计配有计算机光谱工作站，对所得信号进行数据采集、处理和显示，并对系统进行自动控制。

10.3.2　分光光度计的类型

一般可分为单光束、双光束和二极管阵列等分光光度计。

（1）单光束分光光度计

单光束分光光度计的光路示意图见图 10-8，光源发出的光经单色器分光后轮流通过参比溶液和试样溶液，测定吸光度。测定时先将参比溶液放入光路中，吸光度调零，然后移动吸收池的拉杆，使试样溶液进入光路，即可测出试样溶液的吸光度。此类分光光度计结构简单，操作方便，但对光源发光强度稳定性有较高的要求；且每次改变测定波长都需要校零，即调参比液透光率为 100%，吸光度为零。

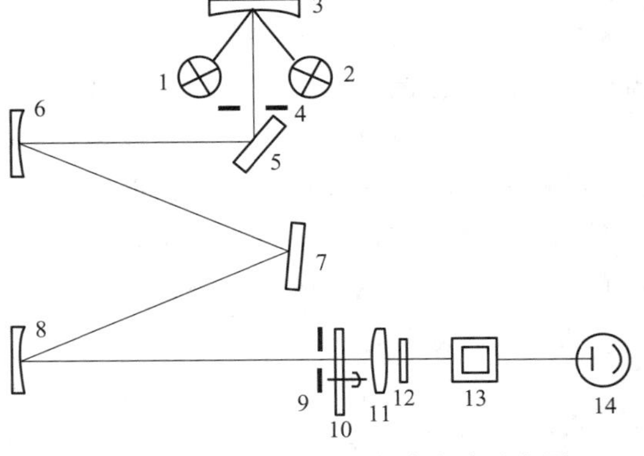

图 10-8　单光束分光光度计光路示意图
1—溴钨灯；2—氘灯；3—凹面镜；4—入射狭缝；5—平面镜；6，8—准直镜；7—光栅；9—出射狭缝；10—调制器；11—聚光镜；12—滤色片；13—吸收池；14—光电倍增管

（2）双光束分光光度计

光源发出的光经单色器分光后，用一个旋转扇形镜将它分成交替的两束光分别通过参比池和试样池，再用一同步旋转扇形镜将两束光交替地投射于光电倍增管，使光电管产生一个交变脉冲信号，经比较放大、显示吸光度、透光率或进行光谱扫描。扇形镜均匀快速旋转，使单色光能在很短时间内交替

通过参比与试样溶液，消除因光源强度不稳所引起的误差。其光路示意图见图 10-9。

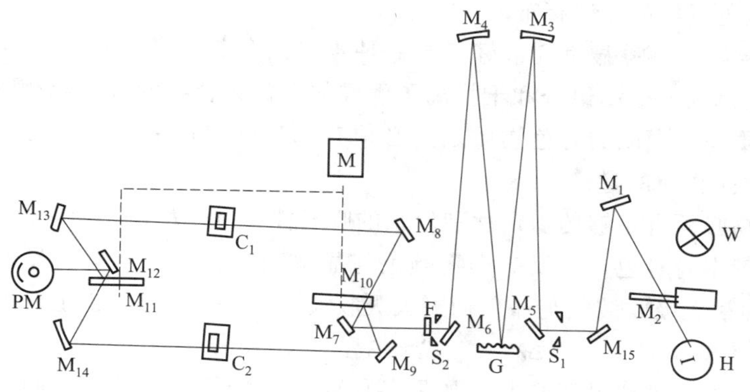

图 10-9 双光束分光光度计示意图

W—钨灯；H—氢灯；M_1、M_3、M_4、M_8、M_9、M_{13}、M_{14}—球面反射镜；M_2—光源切换镜；

M_5、M_6、M_7、M_{12}、M_{15}—平面反射镜；M_{10}、M_{11}—旋转扇形镜；

C_1、C_2—样品池、参比池；F—截止滤光片；PM—光电倍增管

（3）光电二极管阵列分光光度计

属于光学多通道检测器，其光路原理如图 10-10 所示。光电二极管阵列（photodiodearray detector，PDA）是在晶体硅上紧密排列一系列光电二极管检测管，当光透过晶体硅时，二极管输出的电信号强度与光强度成正比。每一个二极管相当于一个单色器的出光狭缝，二极管数目越多，分辨率越高。可在极短时间内获得 190～820nm 范围内的全光光谱。

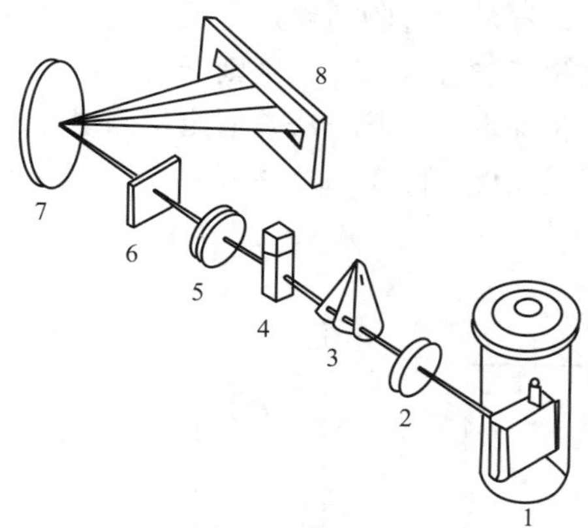

图 10-10 二极管阵列分光光度计光路图

1—光源：钨灯或氘灯；2，5—消色差聚光镜；3—光闸；4—吸收池；

6—入口狭缝；7—全息光栅；8—二极管阵列检测器

10.4 分光光度法分析条件的选择

10.4.1 显色反应及其条件的选择

在分光光度分析中，将待测组分转变为有色化合物的反应称为显色反应。与待测组分形成有色化合物的试剂称为显色剂。显色反应一般有两大类，即配位反应和氧化还原反应，其中多数显色反应是配位反应。在分析工作中，选择合适的显色反应，严格控制显色

反应条件，是提高分析灵敏度、准确度和重现性的前提。

(1) 选择显色反应的一般标准

① 选择性要好。一种显色剂最好只与一种被测组分起显色反应。或者干扰离子容易被消除，或者显色剂与被测组分和干扰离子生成的有色化合物的吸收峰相隔较远。

② 被测物质和所生成的有色物质之间必须有确定的定量关系，才能用反应产物的吸光度准确反映被测物质的量。

③ 反应产物必须有足够的稳定性和较强的吸光能力（ε 为 $10^3 \sim 10^5$）。

④ 如显色剂本身有色，则反应产物颜色与显色剂的颜色必须有明显的差别。一般要求有色化合物的最大吸收波长与显色剂最大吸收波长之差在 60nm 以上，即

$$\Delta\lambda = |\lambda_{最大}^{mR} - \lambda_{最大}^{R}| > 60\text{nm}$$

⑤ 显色反应的条件要易于控制。如果条件要求过于严格，难以控制，测定结果的再现性就差。

(2) 显色反应条件的选择

显色反应的进行是有条件的，只有控制适宜的反应条件才能使显色反应按预期方式进行，才能达到测定的目的，因此显色反应条件的选择是十分重要的。影响显色反应的主要因素为显色剂用量、溶液的酸碱度、显色时间、反应温度等。适宜的反应条件主要是通过实验来确定的。

① 显色剂的用量　显色反应一般可用下式表示。

$$\underset{被测组分}{M} + \underset{显色剂}{R} \rightleftharpoons \underset{有色化合物}{MR}$$

根据化学平衡移动原理，有色化合物的稳定常数越大，加入的显色剂越多，越有利于显色反应的进行。但是显色剂不能过量太多，否则会引起副反应，对测定反而不利。实际工作中显色剂的用量是由实验确定的。其方法是固定待测组分的浓度及其他条件，加入不同量的显色剂，分别测定其吸光度，制 A-c_R关系曲线，一般可得到如图 10-11 所示的三种情形。

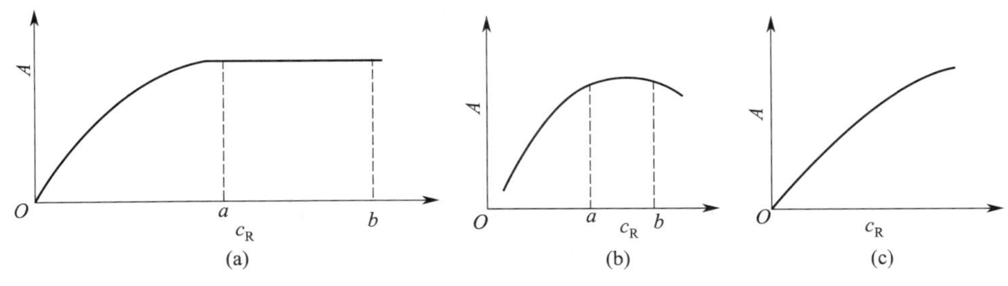

图 10-11　吸光度与显色剂浓度关系图

图 10-11(a) 较常见，随着 c_R的增大，吸光度逐渐增大。当 c_R达到某一数值时，吸光度趋于稳定，出现 ab 平坦部分，这就意味着 c_R已足够，因此可在 ab 之间选择合适的显色剂用量。

图 10-11(b) 与图 10-11(a) 不同的是曲线的平坦区域较窄，只有在 a 到 b 这一段较窄的范围内，吸光度 A 才较稳定。当 c_R继续增大时，吸光度反而下降。例如，硫氰酸盐与钼（V）反应，有如下反应式。

$$[Mo(SCN)_3]^{2+} \rightleftharpoons Mo(SCN)_5 \rightleftharpoons [Mo(SCN)_6]^-$$

浅红　　　　　橙红　　　　　浅红

显色反应测得的是 $Mo(SCN)_5$ 的吸光度，如果 SCN^- 浓度过高，生成浅红色的 $[Mo(SCN)_6]^-$，吸光度反而降低。

图 10-11(c) 与图 10-11(a)、图 10-11(b) 完全不同，当 c_R 增加时，吸光度也不断增加。例如，SCN^- 测定 Fe^{3+}，随着 SCN^- 浓度的增大，生成配位数逐渐增大的配合物 $[Fe(SCN)_n]^{3-n}$，其颜色由橙黄色变为色调逐渐加深的血红色。遇到此情况，必须严格控制显色剂用量，才能得到准确结果。

② 溶液的酸度　酸度对显色反应的影响很大，溶液酸度的变化直接影响显色剂和待测离子的存在型体以及显色反应的完全程度和配合物的稳定性。溶液酸度对显色反应的影响主要表现为如下几个方面。

a. 影响显色剂的平衡浓度和颜色　大多数显色剂是有机弱酸或有机弱碱，酸度变化会影响它们的解离平衡，使得显色剂的存在型体和平衡浓度发生变化。由于与金属离子发生显色反应的往往只是显色剂的某一种型体，因此，酸度会影响显色反应的完全程度；此外，有些显色剂还兼具有酸碱指示剂的性质，也就是说显色剂在不同的酸度条件下具有不同的颜色。例如，1-(2-吡啶偶氮) 间苯二酚，在不同酸度条件下，有不同的颜色的存在型体，当溶液 pH>13.0 时，主要存在的型体显红色；当 pH 在 7.0～12.0 时，主要存在的型体显橙色；当溶液 pH<6.0 时，主要存在的型体显黄色。而金属离子和 1-(2-吡啶偶氮) 间苯二酚作用生成红色或红紫色配合物，所以，如果用 1-(2-吡啶偶氮) 间苯二酚作显色剂，光度法测定只能在酸性或弱碱性条件下进行。

b. 影响被测金属离子的存在状态　多数金属离子很容易水解，在低酸度条件下，它们除了以简单的金属离子存在外，还可能形成各种类型的氢氧基配合物。酸度更低时，甚至还可能进一步水解析出氢氧化物沉淀，从而使得影响显色反应的完全程度。

c. 影响配合物的组成　对于某些生成逐级配合物的显色反应，在不同的酸度条件下，配合物的配合比往往不同，不同配合物的颜色往往也不同。例如，Fe^{3+} 与磺基水杨酸的显色反应，在强酸性环境中，生成配合比为 1∶1 的紫红色配合物；在弱酸性或中性环境中，生成配合比为 1∶2 的橙红色配合物；在强碱性环境中，生成配合比为 1∶3 的黄色配合物。

适宜的显色酸度是通过实验来确定的。具体方法是：被测组分、显色剂和其他试剂的浓度保持不变，改变溶液的酸度，配制成一系列酸度不同的显色溶液，在相同实验条件下，分别测定其吸光度。通常可以得到如图10-12所示的吸光度与 pH 的关系曲线。适宜酸度可在吸光度较大且恒定的平坦区域所对应的 pH 范围中选择。

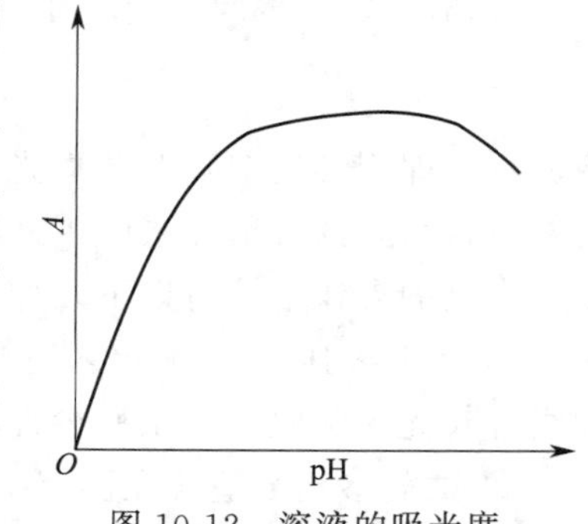

图 10-12　溶液的吸光度与溶液 pH 值的关系曲线

③ 显色时间　时间对显色反应的影响表现在两个方面：一方面它反映了显色反应速率的快慢；另一方面它又反映了显色配合物的稳定性。因此测定时间的选择必须综合考虑这两个方面。对于慢反应等反应达到平衡后再进行测定；而对于不稳定的显色配合物，则应在吸光度下降之前及时测定。当然，对那些反应速率很快，显色配合物又很稳定的体系，测定时间影响很小。

④ 显色反应的温度　多数显色反应的反应速率很快，

室温下即可进行。只有少数显色反应速率较慢，需加热以促使其迅速完成。但温度太高可能使某些显色剂或者生成的有色配合物分解。适宜的温度对显色反应也是很重要的。显色反应的温度也可以通过绘制吸光度-温度的曲线来确定。

10.4.2 吸光度范围的选择

任何光度计都有一定的测量误差，这是由于光源不稳定，实验条件的偶然变动，读数不准确等因素造成的。特别是当试样浓度较大或较小时，这些因素对于试样的测定结果影响较大，因此要选择适宜的吸光度范围，以使测量结果的误差尽量减小。

由 Lambert-Beer 定律导出

$$c=\frac{A}{\varepsilon l}=-\frac{\lg T}{\varepsilon l} \tag{10-10}$$

根据微分朗伯-比尔定律可得

$$0.4343\frac{\Delta T}{T}=-\varepsilon l\Delta c \tag{10-11}$$

将式(10-11) 除以式(10-10)，得浓度测量的相对误差 $\Delta c/c$ 为

$$\frac{\Delta c}{c}=\frac{0.4343\Delta T}{T\lg T} \tag{10-12}$$

式(10-12) 表明，浓度测量的相对误差取决于透光率和透光率测量误差 ΔT 的大小。ΔT 来自仪器的噪声，属测量中的随机误差，一般分光光度计的 ΔT 在 0.2%～1%，以 1%代入式(10-12) 后，以浓度相对误差对透光率作图，即得图 10-13。从图 10-13 中可以看出，溶液的透光率很大或很小时产生的相对误差都很大。只有当透光率为 15%～65%，A 值在 0.2～0.8 时，浓度测量的相对误差较小，是测量的适宜范围。图中曲线最低点为相对误差最小的透光率，即 $A=0.4343$，$T=36.8\%$。在实际工作中没必要寻求这一最小误差点，只要求测量的吸光度在 A 在 0.2～0.8 之内即可。值得指出的是上述推导未考虑 ΔT 的大小变化，实际上 ΔT 的大小与测量的最适宜范围也有直接关系。

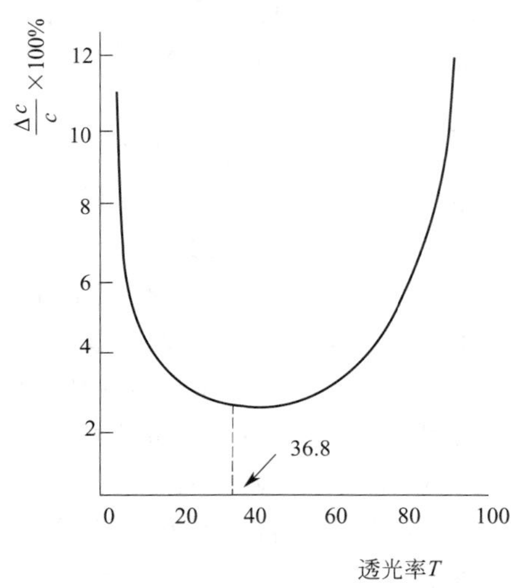

图 10-13 相对误差与透光率

10.4.3 参比溶液的选择

测量样品溶液的吸光度时，一般先用参比溶液调零（即用参比溶液调节透光率为 100%），以消除溶液中其他成分以及吸收池器壁及溶剂对入射光的反射和吸收带来的误差。根据试样溶液的性质，选择合适的参比溶液很重要。常见的参比溶液有以下几种。

① 溶剂参比　在测定入射光波长下，溶液中只有被测组分对光有吸收，显色剂或其他组分对光无吸收，或虽有少许吸收，但在测定误差允许范围内，可用溶剂参比。

② 试剂参比　适合在测定条件下，显色剂或其他试剂、溶剂等对待测组分的测定有干扰的情况。试剂参比是在相同条件下只是不加试样溶液，依次加入各种试剂和溶剂所得

的溶液。这种参比溶液可消除试剂中的组分产生吸收的影响。

③ 试样空白　如果试样基体在测定波长下有吸收，而与显色剂不起显色反应时，可按与显色反应相同的条件处理试样，只是不加显色剂。这种参比溶液适用于试样中有较多的共存组分，加入的显色剂量不大，而显色剂在测定波长无吸收的情况。

10.4.4　干扰及其消除方法

在显色反应中，干扰物质的影响主要有以下几种情况：a. 干扰物质本身有颜色或与显色剂生成有色物质；b. 干扰物质与待测物质或显色剂形成更为稳定的化合物，使显色反应不能进行完全；c. 在测定条件下，干扰物质水解或析出沉淀使溶液混浊，从而使吸光度无法测定。在实际测定中可采用以下几种方法消除干扰。

① 控制酸度　根据配合物的稳定性，利用控制酸度的方法提高反应的选择性。例如，双硫腙能与 Hg^{2+}、Cu^{2+}、Cd^{2+} 等多种金属离子形成有色配合物，但在 0.5mol·L^{-1} 硫酸中，双硫腙只与 Hg^{2+} 形成稳定配合物，而与其他离子不发生反应。

② 选择适当的掩蔽剂　选取适当的掩蔽剂消除干扰是常用的有效方法。选择的原则是掩蔽剂不与待测离子作用，而是与干扰物质形成配合物且其颜色不干扰待测离子的测定。例如，用 CNS^- 测 Co^{2+} 时，可用 F^- 为 Fe^{3+} 的掩蔽剂以消除 Fe^{3+} 对 Co^{2+} 测定的干扰。

③ 选择适当的测定波长　在测定波长下，干扰物质无吸收或吸收小，在测定误差范围内。如测 $KMnO_4$ 时 $K_2Cr_2O_7$ 有干扰，选 545nm 处测定可以避开 $K_2Cr_2O_7$ 的干扰。

④ 采用化学组成相同的参比溶液　尽量使参比溶液的化学成分和物理性质与试样溶液相匹配。

⑤ 分离　以上方法都不适用时，可采用分离的方法（如沉淀、萃取、蒸馏及色谱分离等），先将待测物与干扰物分离后再测定。

10.5　分光光度法的应用

分光光度法的应用十分广泛。不仅用于微量组分的测定，也可用于高含量组分、多组分的测定及有关化学平衡的研究。

10.5.1　单组分的测定

单组分的定量依据是朗伯-比尔定律。试样溶解后，在选定波长下测定试样溶液的吸光度，即可求出试样浓度。通常，测定波长选试样吸收光谱中的最大吸收波长，以提高灵敏度并减少测量误差；溶剂应符合不与试样作用并易溶解试样，且在测定波长处吸收小，不易挥发等条件。常用的定量方法有标准曲线法和标准比较法。

（1）标准曲线法

先配制一系列不同浓度的标准溶液（或称对照品溶液），以不含待测组分的空白溶液作参比，在相同条件下分别测定吸光度，然后以不同浓度为横坐标，测得的吸光度为纵坐标，绘制 A-c 标准曲线（如图 10-14），或根据二者的数值求出回归方程。再在相同条件下测定试样溶液的吸光度 A_x，可以从标准曲线上找出相对应的试样溶液浓度 c_x，即可求出待测物质的浓度或质量分数。

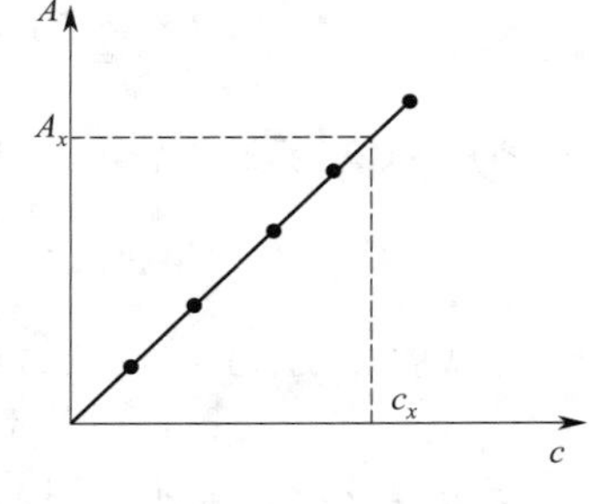

图 10-14　标准曲线

【例 10-2】 磷是重要的生命元素，在农业科学和生物科学研究中常需测定磷。一种常用的方法是将试样消化后用钼蓝法测定。如土壤中的速效磷可用下列方法测定。

解 (1) 绘制标准曲线

量取一系列不同体积的 10 mg·L^{-1} P_2O_5 标准溶液，分别加入 10.00mL 0.50mol·L^{-1} $NaHCO_3$ 溶液，再加入 10.00mL 0.25 mol·L^{-1} H_2SO_4 溶液，除去 CO_2 后加入 10.0～15.0mL 纯水，再分别加入 2.0mL 钼酸铵试剂和 4 滴甘油溶液，稀释至 50.00mL。在λ=690nm 处测其吸光度，结果见表 10-3。

表 10-3 P_2O_5 标准溶液的吸光度

序号	参比	1	2	3	4	5
P_2O_5标准溶液体积/mL	0	1.00	2.00	3.00	4.00	5.00
$c(P_2O_5)$/mg·mL^{-1}	0	0.200	0.400	0.600	0.800	1.00
吸光度 A	0	0.122	0.250	0.362	0.471	0.593

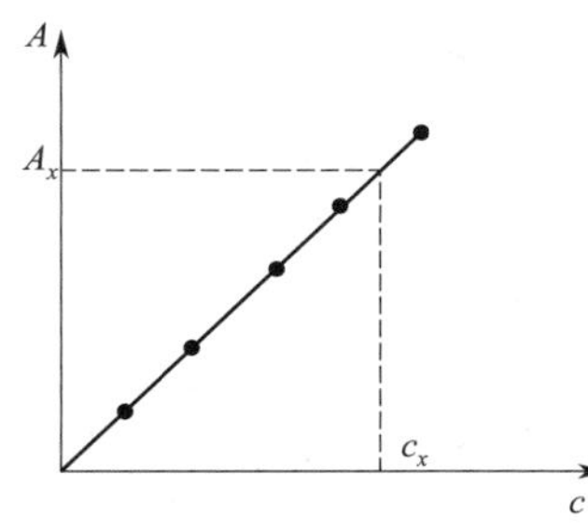

图 10-15 标准曲线

作 A-c 标准曲线，如图 10-15 所示。

(2) 称取 1.00g 土壤试样 1 份，加入 25.00mL 0.50mol·L^{-1} $NaHCO_3$ 溶液提取速效磷，振荡 20min 后各取滤液 2.50mL，同上所述依次加入 H_2SO_4 溶液、纯水、钼酸铵试剂和 $SnCl_2$ 甘油溶液，定容至 50.00mL 的容量瓶中，在 λ=690nm 处测其吸光度 A_x=0.341。

(3) 在 A-c 标准曲线上查得 A_x=0.341 相应的 c_x 为 5.69×10^{-4}mg·mL^{-1}。

$w(P_2O_5)=c_xV\times10/m=5.69\times10^{-4}\times50.00\times10/1.00=2.85\times10^{-1}$(mg·g^{-1})

所以土壤试样中质量分数为 2.85×10^{-1}mg·g^{-1}。

【例 10-3】 用磺基水杨酸比色法测定微量铁，准确称取 0.2160g 铁铵矾 $NH_4Fe(SO_4)_2\cdot12H_2O$，溶解后，加 1.0mL 盐酸，定容于 500mL 量瓶中配成标准溶液，分别精密移取 2.0mL，4.0mL，6.0mL，8.0mL，10.0mL 于 100mL 量瓶中，用盐酸调 pH 为 2.0 左右，再加相应体积的磺基水杨酸溶液，摇匀后，加邻二氮菲溶液，加水定容。于 512nm 处测得吸光度 A 分别为 0.165，0.318，0.486，0.630 和 0.795。

某含铁试样 5.00mL 稀释至 250mL 后，取此稀释液 2.0mL，与标准线相同条件下显色，测得吸光度 A 为 0.500。求试样中铁的含量（mg·mL^{-1}）。

解 以吸光度 A 为纵坐标，以标准铁溶液体积为横坐标，绘制标准曲线，见图 10-16。

$$c_{标}=\frac{55.847\times0.2160\times1000}{482.178\times500}=0.05(\text{mg}\cdot\text{mL}^{-1})$$

查看标准曲线，A=0.500 时，V=6.27mL，则

$$c_{试样}=\frac{6.27\times0.05\times250}{2\times5}=7.84(\text{mg}\cdot\text{mL}^{-1})$$

另法：以 A 与 V 线性回归，得回归方程

$$A=0.0786V+0.0072(r=0.9998)$$

再将样品吸光度代入回归方程，求得 V，进一步求得试样中铁含量。

标准曲线法是实际分析工作中最常用的一种方法，方法简单易行，并且对仪器的要求

不高。但是测定时应注意：标准溶液一般配5～7份作标准曲线；待测溶液的浓度应在标准曲线的线性范围内；且试样溶液和标准溶液必须在相同条件下测定。

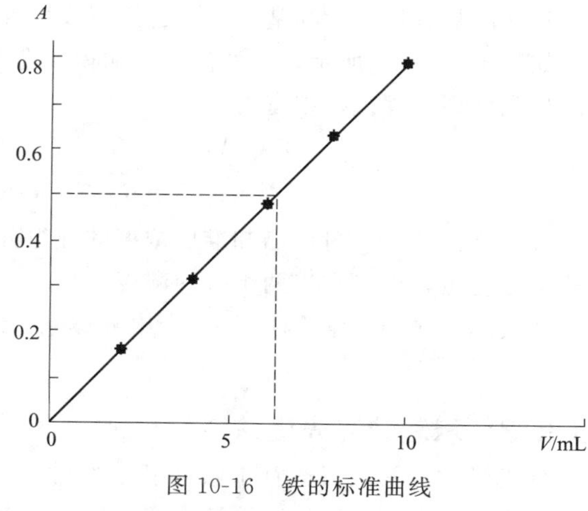

图 10-16　铁的标准曲线

（2）标准比较法

在相同条件下配制标准溶液和试样溶液（浓度应尽可能接近），在选定波长处，分别测其吸光度，根据朗伯-比尔定律

$$A_s=\varepsilon lc_s, A_x=\varepsilon lc_x$$

因标准溶液和试样溶液是同种物质，且在相同条件下测定，l 和 ε 均相等，所以

$$\frac{A_s}{A_x}=\frac{c_s}{c_x}$$

$$c_x=\frac{A_x}{A_s}\times c_s \tag{10-13}$$

10.5.2　多组分定量方法

试样中有两种或两种以上组分共存时，可根据吸收光谱相互重叠的情况分别考虑采用不同的测定方法。常见的两组分共存有以下三种情况，见图10-17。

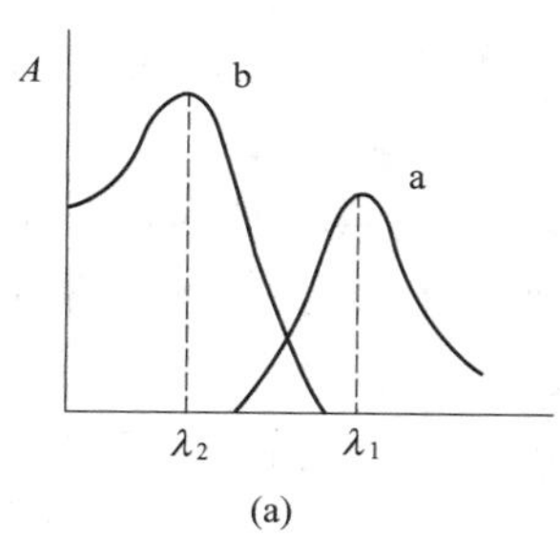

(a)

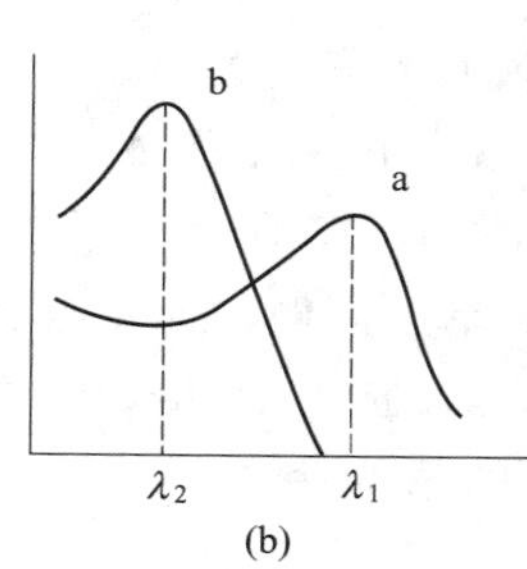

(b)

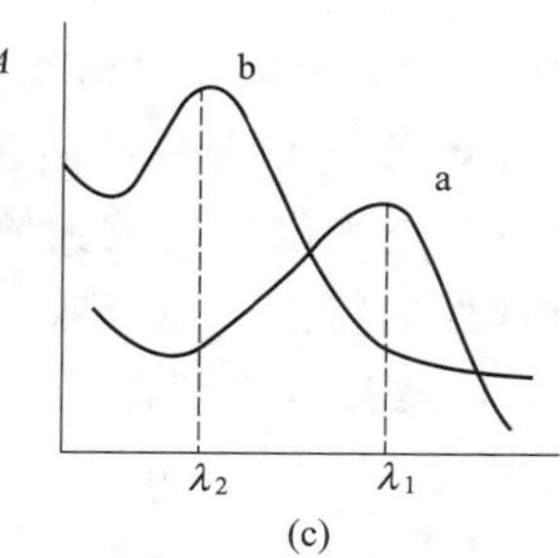

(c)

图 10-17　混合组分吸收光谱三种情况示意图

（1）吸收曲线不重叠

如10-17(a)所示，两组分的吸收峰互不重叠，可按单组分定量方法，分别在 λ_1 处测 a 的浓度，在 λ_2 处测 b 的浓度。

（2）吸收曲线相重叠

如图10-17(b)是两组分部分重叠，先在 λ_1 处测出混合物中 a 的浓度 c_a，再在 λ_2 处测得混合物的吸光度 A_2^{a+b}，根据吸光度的加和性，计算出 b 的浓度 c_b。

因
$$A_2^{a+b}=A_2^a+A_2^b=\varepsilon_2^a c_a l+\varepsilon_2^b c_b l$$

所以
$$c_b=\frac{1}{\varepsilon_2^b l}(A_2^{a+b}-\varepsilon_2^a c_a l)$$

图10-17(c)是各组分的吸收光谱相互重叠，这是实际测定中最常见的情况。通常在

根据吸光度具有加和性的基础上，运用解线性方程组法计算测定结果。

如图 10-17(c) 所示，在两波长处测得混合液的吸光度 A_1^{a+b} 和 A_2^{a+b}，然后根据吸光度的加和性列方程组，则有

$$A_1^{a+b}=A_1^a+A_2^b=\varepsilon_1^a c_a l+\varepsilon_1^b c_b l$$

$$A_2^{a+b}=A_2^a+A_2^b=\varepsilon_2^a c_a l+\varepsilon_2^b c_b l$$

ε_1^a、ε_1^b、ε_2^a、ε_2^b 可由已知准确浓度的纯组分 a 和纯组分 b 在 λ_{max}^a、λ_{max}^b 处测得，代入上式解方程组，即可求出两组分的浓度。

在实际工作中，常限于 2～3 个组分体系，对于更复杂的多组分体系，可用计算机处理测定结果。

10.5.3 示差分光光度法

分光光度法一般仅适宜于微量组分的测定，当待测组分浓度过高时，测定误差较大，为了克服这一点，改用标准溶液代替空白溶液来调节仪器的 100%透光率，以提高方法的准确度，这种方法称为示差分光光度法，简称示差法。

示差分光光度法是采用浓度比试液稍低的标准溶液代替空白溶液作参比液调 $T\%$ 为 100，然后测量其他标准溶液及试液的吸光度，设作为参比液的标准溶液浓度为 c_s，待测试样浓度为 c_x，而且 $c_x>c_s$，当用空白溶液作参比液时有

$$A_x=\varepsilon l c_x$$

$$A_s=\varepsilon l c_s$$

两式相减得

$$A=\Delta A=A_x-A_s=\varepsilon l(c_x-c_s)=\varepsilon l\Delta c \tag{10-14}$$

式(10-14) 表明：试液与参比液吸光度的差值 ΔA 和两溶液的浓度差 Δc 成正比。以 ΔA 对 Δc 作图得示差标准曲线，由试样的 ΔA 得 Δc，则 $c_x=c_s+\Delta c$。

示差分光光度标尺放大原理如图 10-18 所示。示差分光光度法具有提高测量的精确性和再现性的特点。以高吸光度示差法为例，如果参比溶液透光率为 10%，现在调节至 100%，意味着将仪器的透射率标尺扩大 10 倍，试样的透光率为 6%时，用示差法测量透光率就为 60%，试样与参比的透光率差由 4%变为 40%，从而提高了测量的精确度。

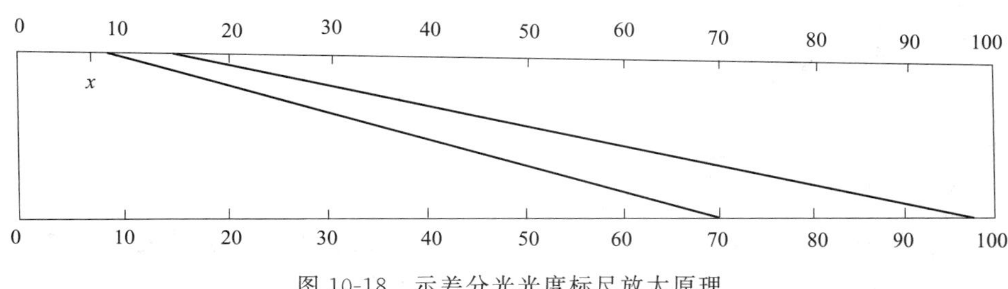

图 10-18 示差分光光度标尺放大原理

知识拓展

吸光光度法在食品分析中的应用

吸光光度法在食品分析中的应用相当广泛，是一种简单、可靠的分析方法。特别是近

年来与生物免疫技术相结合，使吸光光度法得到了更大的发展。以酶联免疫法测定食品中的氯霉素含量为例说明这种方法的应用。

氯霉素是一种广谱抗菌药，由于它具有极好的抗菌作用和药物代谢动力学特性而被广泛用于动物生产。由于它具有引起人类血液中毒的副作用，特别是氯霉素作为治疗药物可导致再生障碍性贫血时的有效剂量关系还没有建立，这就导致了食用动物饲养过程禁止使用氯霉素。因此，需要高灵敏度的方法对动物源性食品中的氯霉素进行检测。酶联免疫法测定食品中氯霉素含量的原理如图 10-19 所示。酶联免疫法是利用免疫学抗原抗体特异性结合和酶的高效催化作用，通过化学方法将植物辣根过氧化物酶（HRP）与氯霉素结合，形成酶偶联氯霉素。将固相载体上已包被的抗体（羊抗兔 IgG 抗体）与特异性的兔抗氯霉素抗体结合，没有结合的酶偶联氯霉素被洗去，再向相应孔中加入过氧化氢和邻苯二胺，作用一定时间后，结合后的酶偶联氯霉素将无色的邻苯二胺转化为蓝色的产物，加入终止液后颜色由蓝变黄，用分光光度计在波长 450 nm 处进行检测，吸光值与试样中氯霉素含量成反比。

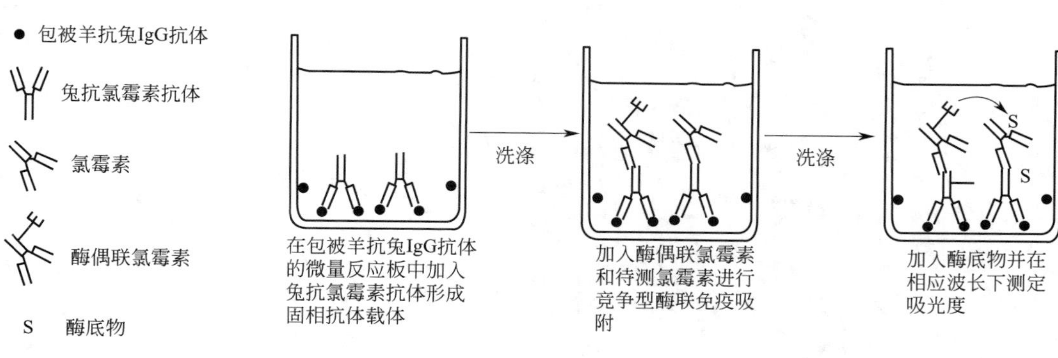

图 10-19 竞争型酶联免疫法测定氯霉素含量示意图

利用酶联免疫法测定农产品和水产品等动物源性食品中氯霉素的含量已经得到认可的行业标准，在这些领域的产品分析和质量监测中发挥着巨大的作用。

思考题与习题

1. 朗伯-比尔定律的物理意义是什么？

2. 摩尔吸光系数 ε 的物理意义是什么？它与哪些因素有关？

3. 某植物样品 1.00g，将其中的锰氧化成高锰酸盐后准确配制成 250.0mL，测得其吸光度为 0.400，同一条件下，$1.00\times10^{-6}\text{mol}\cdot\text{L}^{-1}$ 高锰酸钾的溶液吸光度为 0.550。计算该样品中锰的质量分数。[$M(\text{Mn})=55.00\text{g}\cdot\text{mol}^{-1}$]

4. 浓度为 $4\mu\text{g}\cdot\text{mL}^{-1}$ 的 Fe^{3+} 标准溶液的吸光度为 0.800，在同样的条件下测得某样品溶液的吸光度为 0.200。求该样品溶液中 Fe^{3+} 的含量。

5. 含有同一有色物质的甲、乙两个不同浓度的溶液用同一比色皿，测得在某波长下的 T 分别为甲 65%，乙 42%，它们的 A 值分别等于多少？若甲的浓度为 $6.5\times10^{-4}\text{mol}\cdot\text{L}^{-1}$，则乙的浓度为多少？

6. 已知 $6\mu g \cdot mL^{-1}$ Fe^{3+} 标准溶液的 $T=60\%$。在同一条件下，测得试样溶液的 $T=80\%$。求试样 Fe^{3+} 的含量（$\mu g \cdot mL^{-1}$）。

7. 采用邻二氮菲法测定铁。称取试样 0.5585g，经处理后加入显色剂，定容为 50.00mL，用厚度为 1cm 的比色皿在 $\lambda_{max}=510nm$ 处测得吸光度 $A=0.400$。

试计算该样品中铁的含量。如果把溶液稀释一倍，透光率是多少？

（$\varepsilon_{510}=1.0\times10^4 L \cdot mol^{-1} \cdot cm^{-1}$，　Fe 原子量为 55.85）

第11章 元素选述

本章学习要求

了解 s、p、d 和 ds 区各区元素的通性，并针对各区元素的特性，掌握各区元素的主要区别及其原因；掌握氢及其化合物的性质，掌握碱金属和碱土金属各种性质的变化规律；掌握 B、C、N、O、X 族元素的多价态性及其不同价态对化合物性质的影响；掌握 Cr、Mn、Fe 各种化合物的氧化还原性、颜色和电势图，并了解颜色变化规律性；掌握铜、汞的电势图及其应用，熟悉对 Cd、Hg 等有毒有害物质的处理方法。

11.1 s 区元素

11.1.1 氢

氢（H）是一个非常独特的元素，氢原子是最简单的一个原子，而氢分子（H_2）是最简单的一种共价分子，其中的电子体系也最简单。这让氢原子和氢分子成为了构建近代量子理论中原子结构和共价分子结构理论的物质基础。同时，氢有同位素氘（D）和氚（T），它们之间的原子质量成倍相差，这是其他元素并不具备的。这使得氢同位素在同位素的物理学和化学中占有独特的地位。

（1）单质氢

氢原子序数为 1，在元素周期表中位于第一位。氢的原子量为 1.00794，是已知的最轻的元素，同时也是宇宙含量最多的元素，大约占宇宙质量 75%。但是在地球上和地球大气中只存在极稀少的游离状态氢。在地壳里，按质量计算，氢只占总量的 1%，而如果按原子百分数计算则有 17%。

氢气有许多实验室制备方法，大致分为：溶剂和质子的还原反应（金属同水和酸的作用，碳同水蒸气的作用等）；氢化物或配位氢化物的氧化反应；含氢化合物的分解反应（如烃类和水的分解）三大类。

① 氢的物理性质　氢气是一种无色、无味、无嗅的气体，在通常状况下密度为 $0.08988g \cdot L^{-1}$。氢气在常见溶剂中溶解度很低，典型的溶解度数据（25℃）如下。

溶剂	溶解度/mL（氢气）·L(溶剂)$^{-1}$
水	19.9
乙醇	89.4
丙酮	76.4

苯 75.6

② 氢的化学性质

a. 与卤素反应

$$H_2+Cl_2 \xlongequal{\text{光照或点燃}} 2HCl$$

$$H_2+F_2 \xlongequal{\text{低温,暗处}} 2HF$$

$$H_2+I_2 \xrightleftharpoons{\text{高温}} 2HI$$

$$H_2+Br_2 \xrightleftharpoons{\text{光照或点燃}} 2HBr$$

b. 与氧反应

$2H_2+O_2 = 2H_2O$ 温度可达到 3272K，可切焊金属。

c. 与金属氧化物、卤化物反应

$$CuO+H_2 \xlongequal{\text{加热}} Cu+H_2O$$

$$Fe_3O_4+4H_2 \xlongequal{\text{加热}} 3Fe+4H_2O$$

$$WO_3+3H_2 \xlongequal{\text{加热}} W+3H_2O$$

$$TiCl_4+2H_2 \xlongequal{\text{加热}} 4HCl+Ti$$

d. 与 CO、不饱和烃反应

$$CH_2CH_2+H_2 = CH_3CH_3$$

e. 与活泼金属反应（制离子型氢化物）

$$2Na+H_2 = 2NaH$$

（2）氢化物

氢化物可以按照相结合元素在周期系中的位置以及氢化物在物理性质和化学性质的差异划分为四类。

① 离子型氢化物　它们是类盐型化合物，熔点较高，稳定性较高，生成热较高。所有的离子型氢化物都是通过金属同氢的直接化合反应来制备的，合成的温度在 300～700℃范围内。所有的离子型氢化物都是白色或无色晶体，同时所有的离子型氢化物的密度都比相应金属的密度大。

最有实用价值的离子型氢化物是 LiH、NaH 和 CaH_2，其中最稳定的是氢化钙。它用于产生氢气、作为干燥剂和在工业中用于制备硼、钛、钒和其他单质的还原反应。它使用时操作方便，产生的副产物都能容易除去。

氢化锂有许多重要用途，常用于无机和有机的还原反应中，可以用它来制备许多共价型的二元氢化物，也可以作为制备氢化铝锂的原料。

氢化钠用途更广，它价格便宜，同时它是较为温和的还原剂，能作为钢铁的脱锈剂。

② 共价型氢化物　它们一般是气体、液体或固态聚合物，在结构上属于共用价电子对型的化合物，如 AsH_3。

③ 过渡金属氢化物　元素周期系中ⅢB、ⅤB、ⅥB、ⅦB、ⅧB 族金属以及它们的合金同氢生成的一类氢化物。如氢化钛 TiH_2 具有较高的化学稳定性，对空气、水和多种酸呈惰性。氢化钛在电真空工艺中用作吸气剂，在制造泡沫金属时用作氢源。也应用于金属-陶瓷封接中和粉末冶金中作为钛源。

氢化锆在工业上用于烟火、溶剂和引燃剂，在核反应堆中用为减速剂，在真空电子管工业中用作吸气剂。

④ 配位氢化物　Schlessinger 反应

$$4LiH + AlCl_3 \longrightarrow LiAlH_4 + 3LiCl$$

氢化铝锂是一种白色晶状固体，在室温和干燥空气中相对稳定。长时间放置会发生分解作用而变成灰色。固态 $LiAlH_4$ 在常压下加热到 100℃就会开始分解。它是一种很活泼的化学试剂，可以用它来制备多种金属和非金属氢化物、配位金属氢化物和有机化合物。

氢化铝钠是一种白色晶状固体，密度为 $1.2g \cdot cm^{-3}$，在 180℃时分解，在室温和干燥空气中是稳定的，不溶于乙醚，但易溶于四氢呋喃和乙二醇二甲醚中。

11.1.2　碱金属和碱土金属

s 区元素包括周期表第ⅠA 族和第ⅡA 族元素，即碱金属（锂、钠、钾、铷、铯、钫）、碱土金属（铍、镁、钙、锶、钡、镭）。它们的基本性质见图 11-1。

锂	lithium	Li	铍	beryllium	Be
钠	sodium	Na	镁	magnesium	Mg
钾	potassium	K	钙	calcium	Ca
铷	rubidium	Rb	锶	strontium	Sr
铯	caesium	Cs	钡	barium	Ba
钫	francium	Fr	镭	radium	Ra

（纵向↓）原子半径增大；金属性、还原性增强；电离能、电负性减小

（横向→）原子半径减小；金属性、还原性减弱；电离能、电负性增大

图 11-1　碱金属和碱土金属基本性质

（1）碱金属及碱土金属单质

① 物理性质　碱金属和碱土金属都是具有金属光泽的银白色（铍为灰色）金属，它们的物理性质的主要特点是：轻，软，低熔点；都是轻金属。碱金属的密度小，它们的原子半径比较大。碱金属和碱土金属的硬度很小，除铍、镁外，它们的硬度都小于 2。碱金属和钙、锶、钡可以用刀子切割。碱金属原子半价较大，又只有一个价电子，所形成的金属键很弱，它们的熔点、沸点都较低。铯的熔点比人的体温还低。碱土金属原子半径比相应的碱金属小，具有 2 个价电子，所形成的金属键比碱金属的强，故它们的熔点、沸点比碱金属高。在碱金属、碱土金属的晶体中有活动性较强的自由电子，因而它们具有良好的导电性和导热性。钠的导电性比铜、铝还好。

② 化学性质　碱金属和碱土金属是化学活泼性很强或较强的金属元素。它们能直接或间接与电负性较大的非金属元素形成相应的化合物。

a. 单质在空气中燃烧，形成相应的氧化物

Li_2O	Na_2O_2	KO_2	RbO_2	CsO_2
BeO	MgO	CaO	SrO	BaO

b. 与水作用　$2M + 2H_2O = 2MOH + H_2(g)$

c. 与液氨作用　$2M(s)+2NH_3(l) \longrightarrow 2M^+ + 2NH_2^- + H_2(g)$

d. 焰色反应　碱金属和碱土金属在无色的火焰中灼烧，其火焰有特征的焰色，称为焰色反应。锂为深红色，钠为黄色，钾为紫色，铷为红紫色，铯为蓝色，钙为橙红色。

(2) 碱金属及碱土金属的化合物

① 氧化物　碱金属和碱土金属与氧能形成多种类型的二元化合物（正常氧化物 O^{2-}、过氧化物 O_2^{2-}、超氧化物 O_2^-）。碱金属氧化物的颜色、熔点和标准摩尔生成焓见表 11-1。

表 11-1　碱金属氧化物的性质

氧化物	Li_2O	Na_2O	K_2O	Rb_2O	Cs_2O
颜色	白	白	淡黄	亮黄	橙红
熔点/℃	1570	920	350(分解)	400(分解)	490
$\Delta_f H_m^{\ominus}/kJ \cdot mol^{-1}$	−597.9	−414.22	−361.5	−339	−345.77

a. 正常氧化物　锂和所有碱土金属在空气中燃烧时生成正常的氧化物 Li_2O 和 MO。其他金属的正常氧化物则是用金属与它们的过氧化物或硝酸盐作用得到的。碱土金属的碳酸盐、硝酸盐等热分解也能得到氧化物 MO。

碱金属氧化物与水化合生成碱性氢氧化物 MOH。其中 Li_2O 反应缓慢，而 Rb_2O 和 Cs_2O 遇水剧烈反应甚至爆炸。

碱土金属的氧化物都是难溶于水的白色粉末，熔点较高，硬度也很大。BeO 和 MgO 可作为耐高温材料和高温陶瓷。生石灰（CaO）是重要的建筑材料。

b. 过氧化物　过氧化钠是最常见的碱金属过氧化物。由于过氧化钠与二氧化碳反应会生成氧气，因此过氧化钠可作为供氧剂和二氧化碳吸收剂。同时，由于过氧化钠的强氧化性，在工业生产中常用作漂白剂。

c. 超氧化物　除锂、铍、镁之外，其他的碱金属和碱土金属都能形成超氧化物。其中钾、铷、铯在空气中燃烧能直接生成超氧化物 MO_2。超氧化物具有较强的氧化性，能与水反应生成过氧化氢。KO_2 常用于急救器和消防队员的空气背包中，起到除湿、除 CO_2 和供氧的作用。

② 氢氧化物　碱金属和碱土金属的氢氧化物都是白色固体，它们在空气中易吸水而潮解，因此被广泛应用为干燥剂。

碱金属和碱土金属的氢氧化物中，除 $Be(OH)_2$ 为两性氢氧化物之外，其他的氢氧化物都为中强碱或强碱。其碱性的递变次序如下

LiOH	<	NaOH	<	KOH	<	RbOH	<	CsOH
中强碱		强碱		强碱		强碱		强碱

$Be(OH)_2$	<	$Mg(OH)_2$	<	$Ca(OH)_2$	<	$Sr(OH)_2$	<	$Ba(OH)_2$
两性		中强碱		强碱		强碱		强碱

在碱金属氢氧化物中最重要的是氢氧化钠，NaOH 俗称烧碱，是重要的化工原料。碱土金属氢氧化物中最重要的是氢氧化钙，俗称熟石灰或消石灰。

③ 盐类　碱金属和碱土金属常见的盐类有卤化盐、硝酸盐、硫酸盐、碳酸盐等。碱金属和碱土金属的盐大多为离子晶体，熔点、沸点较高。碱金属和碱土金属的盐类大多易溶于水，具有较强的热稳定性。

氯化钠（NaCl）是钠最重要的化合物之一，也是钠的最主要的矿物资源。主要来源于海盐、岩盐和井盐。氯化钠除了供食用外也是重要的化工原料；氯化钾（KCl）可用来

制作火药，大量的 KCl 和 K_2SO_4 用作肥料；无水氯化钙则可用来做干燥剂；氯化钡（$BaCl_2$）有毒，可用作灭鼠药，实验室常用来检验 SO_4^{2-}；氟化钙（CaF_2）（又称为萤石）在工业中常用作助熔剂，也用作制作光学玻璃和陶瓷等。

十水硫酸钠（$Na_2SO_4 \cdot 10H_2O$）俗称芒硝，具有很大的熔化热，可作为储热材料的主要成分；无水硫酸钠（Na_2SO_4）俗称元明粉，大量用于玻璃、造纸、陶瓷等工业中；硫酸镁（$MgSO_4 \cdot 7H_2O$）为白色晶体，用于造纸、纺织、肥皂、陶瓷和涂料工业；硫酸钡（$BaSO_4$）俗称重晶石，是制备其他钡类化合物的原料，同时也是唯一无毒钡盐，在医学上用于肠胃 X 射线透视造影，也可以做白色涂料，被大量用作钻井泥浆的加重剂，以防止井喷。

碳酸钠俗称纯碱或苏打，是最基本的化工原料之一。碳酸氢钠俗称小苏打，是发酵粉的主要成分。碳酸锂可用于治疗狂躁型抑郁症。

11.2 p 区元素

周期表中第ⅢA 族到第ⅧA 族元素组成了 p 区元素，也可以说是 p 区元素包括了除氢之外的所有非金属元素和部分金属元素。p 区元素的原子半价在同一族中自上而下逐渐增大，它们获得电子能力逐渐减弱，非金属性逐渐减弱，金属性逐渐增强。同一族的第一个元素的原子半价最小，电负性最大，获得电子能力最强。

p 区元素的性质有如下四个特征：第二周期元素有反常性质；第四周期元素表现出异样性；各族第四、第五、第六周期三种元素缓慢递变；各族第五、第六周期两种元素性质有些相似。

11.2.1 硼族元素

周期表中第ⅢA 族元素有硼（B）、铝（Al）、镓（Ga）、铟（In）、铊（Tl）五种元素，它们又被称为硼族元素。铝在地壳中其丰度排第三，仅次于氧和硅，在金属元素中其丰度为第一。

硼族元素原子的电子构型为 ns^2np^1，因此它们一般形成氧化数为 +3 的化合物。在硼族元素化合物中形成共价键的趋势自上而下依次减弱。硼族元素原子的价电子轨道（ns 和 np）数为 4，而其价电子只有 3 个，这种价电子数小于价键轨道数的原子称为缺电子原子，它们所形成的化合物有些是缺电子化合物。

（1）硼族元素的单质

硼在自然界中不以单质存在，主要是以含氧化合物的形式存在，如硼砂（$Na_2B_4O_7 \cdot 10H_2O$），方硼石（$2Mg_3B_2O_5 \cdot MgCl_2$），硼镁矿（$Mg_2B_2O_5 \cdot H_2O$）等，还有少量的硼酸。

铝在自然界中分布很广，主要以铝矾土矿（$Al_2O_3 \cdot xH_2O$）形式存在。铝矾土矿是提取金属铝的主要原料。

镓、铟、铊在自然界没有单独的矿物，而是以杂质的形式分散在其他矿物中。

① 物理性质　单质硼有无定形硼和晶型硼等多种同素异形体，无定形硼为棕色粉末，晶型硼为黑灰色。硼的熔点、沸点都很高。工业上一般采取浓碱溶液分解硼镁矿的方法制取单质硼。

铝是银白色的有光泽的金属，具有良好的导电性和延展性。工业上提取铝是以铝矾土矿为原料的。

镓、铟、铊都是软金属，熔点都较低。

② 化学性质　晶型硼性质稳定，不与硫酸、烧碱、氧、硝酸等作用。无定形硼则比较活泼，能与熔融的 NaOH 反应。

金属铝的活泼性较强，在空气中会与氧发生反应形成一层致密的氧化膜，从而使铝的活性大为降低，不能与空气或水进一步作用。

硼和铝都是亲氧元素，它们与氧的结合力极强，硼能把铜、锡、铅、锑、铁和钴的氧化物还原成金属单质。铝能将大多数金属氧化物还原为单质。当把某些金属氧化物和铝粉的混合物灼烧时，铝能还原金属氧化物得到相应的金属单质，并放出大量的热。这类反应能达到很高的温度，用于制备许多难熔金属单质，称为铝热法。所用的"铝热剂"是由铝和四氧化三铁（Fe_3O_4）的细粉组成的，温度可高达 3000℃。

硼能作为核反应堆的中子吸收剂使用，也常作为原料来制备一些特殊的硼化合物。

铝是一种很重要的金属材料，纯铝被广泛用来作导线、结构材料和日用器皿。铝合金质轻而坚硬，被大量用于飞机制造和其他构件上。

镓、铟、铊能用于生产新型半导体材料。

(2) 硼族元素的化合物

硼的化合物有 4 种类型：硼与电负性比它大的元素形成共价型化合物，如 BF_3 和 BCl_3 等；硼通过配位键形成配位化合物，如 $[BF_4]^-$ 等；硼与氢形成含氢桥的缺电子化合物，如 B_2H_5 和 B_4H_{10} 等；硼与活泼金属形成氧化数为 -3 的化合物，如 Mg_3B_2 等。

硼与氢能形成一系列的共价氢化物，如 B_2H_6、B_4H_{10}、B_5H_9 和 B_6H_{10} 等。这类化合物的性质与烷烃相似，因此又被称为硼烷。其中最简单的硼烷是乙硼烷（B_2H_6）。简单的硼烷都是无色、有难闻臭味的毒性气体。

硼砂（四硼酸钠）是白色坚硬晶体，硼酸是六角形晶体或有珠光的白色鳞状物，三氧化二硼是无色透明的玻璃状物，氮化硼是白色的粉末。

硼烷并不能由硼和氢直接化合，制取硼烷都是采用间接方法制备的。用 LiH、NaH 或者 $NaBH_4$ 与卤化硼反应制取 B_2H_6 如下。

$$6LiH(s)+8BF_3(g) = 6LiBF_4(g)+B_2H_6$$

$$3NaBH_4(s)+4BF_3(g) = 3NaBF_4(s)+2B_2H_6(g)$$

硼酸受热脱水后得到三氧化二硼 B_2O_3。

$$H_3BO_3 \xlongequal{150℃} HBO_2+H_2O$$

$$2HBO_2 \xlongequal{300℃} B_2O_3+H_2O$$

B_2O_3 是白色固体，熔点为 450℃。它与水反应可生成偏硼酸和硼酸，也能被碱金属以及镁和铝还原成单质硼。同时它能与某些金属氧化物反应，形成具有特征颜色的玻璃状偏硼酸盐，可以作为 X 射线管的窗口材料。

硼酸包括原硼酸 H_3BO_3、偏硼酸 HBO_2 和多硼酸 $xB_2O_3 \cdot yH_2O$。原硼酸又简称为硼酸。硼酸微溶于冷水，但在热水中溶解度较大。硼酸是典型的 Lewis 酸。硼酸能和单元醇反应生成硼酸酯，硼酸酯可挥发且易燃，燃烧时火焰呈绿色，这特性可以帮助鉴定是否有硼酸酯的存在。硼酸晶体呈鳞片状，可以做润滑剂使用。

硼酸盐有偏硼酸盐、原硼酸盐和多硼酸盐等多种，最重要的硼酸是四硼酸钠，俗称硼砂（$Na_2B_4O_7 \cdot 10H_2O$），熔融的硼砂可以溶解多种金属氧化物，形成偏硼酸的复盐，不同金属的偏硼酸复盐有各自不同的特征颜色，如 Co 的偏硼酸复盐呈蓝色，而 Li 则是棕色。这一特性可以鉴定某些金属离子。

卤素能与硼形成硼的卤化物，即 BX_3。BX_3 可用卤素单质与硼在加热的条件下直接化合生成。如

$$2B(无定形)+3Cl_2 \xlongequal{300℃} 2BCl_3$$

BF_3 和 BCl_3 是许多有机反应的催化剂，常用于有机硼化物的合成和硼氢化合物的制备。

铝位于周期系中典型金属元素和非金属元素的交界区，它是典型的两性元素。铝单质和铝的氧化物既能溶于酸形成相应的铝盐，又能溶于碱形成相应的铝酸盐。铝的化合物既有共价型的，也有离子型的。铝的共价型化合物熔点低，易挥发，能溶于有机溶剂中；铝的离子型化合物熔点高，不溶于有机溶剂。

氧化铝 Al_2O_3 有多种晶型，其中最为重要的是 α-Al_2O_3 和 β-Al_2O_3。在自然界中以结晶状态形式存在的 α-Al_2O_3 称为刚玉，它的熔点高，硬度仅次于金刚石。金属铝在氧气中燃烧或灼烧 $Al(OH)_3$、$Al(NO_3)_3$、$Al_2(SO_4)_3$ 都能够得到它。β-Al_2O_3 则是在450℃左右加热氢氧化铝或铝铵矾 $(NH_4)_2SO_4 \cdot Al_2(SO_4)_3 \cdot 24H_2O$ 使其分解得到的。α-Al_2O_3 化学性质不活泼，只溶于熔融的碱；而 β-Al_2O_3 则很活泼，可溶于稀酸，也能溶于碱，常用作吸附剂和催化剂载体。

氢氧化铝是两性氢氧化物，既可溶于酸生成 Al^{3+}，也可溶于碱生成 $[Al(OH)_4]^-$。氢氧化铝是一种优良的阻燃剂。

铝能形成卤化铝 AlX_3，其中除 AlF_3 是离子型化合物，其他均为共价型化合物。并且也只有 AlF_3 为白色难溶固体，而其他的 AlX_3 均易溶于水。

无水氯化铝是在氯气或氯化氢气流中加热金属铝制备而成的，并不能在水溶液中制得无水氯化铝。无水氯化铝常温下为无色晶体，易挥发，能溶于有机溶剂，易发生水解反应。

铝的含氧酸盐有硫酸铝、氯酸铝、高氯酸铝和硝酸铝等。硫酸铝和硝酸铝是离子型化合物，都易溶于水，硫酸铝和明矾都可以用在造纸业上做胶料。明矾可以净水，可以在印染业做媒染剂。硫酸铝更是泡沫灭火器的一个主要成分。

11.2.2 碳族元素

周期表中第ⅣA族元素包括碳（C）、硅（Si）、锗（Ge）、锡（Sn）、铅（Pb）五种元素，它们又称为碳族元素。碳和硅在自然界中分布很广，硅更是在地壳中的含量仅次于氧，其丰度为第二位。锡和铅矿藏富集，易提炼。

碳族元素的价层电子构型为 ns^2np^2，它们能生成氧化值为+4和+2的化合物，碳甚至能生成氧化数为−4的化合物。

（1）碳族元素的单质

单质碳在自然界中以金刚石和石墨存在，而以化合物形式存在的碳包括煤、石油、天然气、碳酸盐和二氧化碳等。

金刚石和石墨是碳的同素异形体。石墨是层状晶体，质软，有金属光泽，可导电。常

用来制造电极，石墨坩埚，铅笔芯和润滑剂等。金刚石在工业上用作钻头、刀具以及精密轴承等。

硅是构成各种矿物的重要元素。硅有晶型和无定形两种。晶体硅的熔点、沸点较高，性质较硬。

锗是灰白色金属，性质较硬。高纯度的硅和锗是良好的半导体材料，在电子工业中用来制造各种半导体元件。

锡有三种同素异形体，即灰锡（α-锡）、白锡（β-锡）和脆锡。它们直接的相互转变关系如下。

$$灰锡 \xrightleftharpoons{13.2℃} 白锡 \xrightleftharpoons{161℃} 脆锡$$

白锡为银白色，质软，有延展性。在低温下，白锡会更容易转变为粉末状的灰锡，因此长期在低温下锡制品会自行毁坏，这种现象称为锡疫。

锡最重要的矿石是锡石，其主要成分是 SnO_2。从锡石中制备单质锡一般用碳还原法。

$$SnO_2 + 2C = Sn + 2CO$$

铅是质地柔软的重金属，能挡住 X 射线。锡和铅熔点都较低，可用于制作合金。而且，铅可以做电缆的包皮，电站一级核反应堆的防护屏等。铅主要以硫化物和碳酸盐的形式存在，如方铅矿（PbS）、白铅矿（$PbCO_3$）等。从方铅矿中制备单质铅是先将矿石灼烧转化为氧化物，然后用碳还原法。

$$2PbS + 3O_2 = 2PbO + 2SO_2$$

$$PbO + C = Pb + CO$$

（2）碳族元素的化合物

① 碳的化合物　一氧化碳（CO）是无色、无臭、有毒的气体，微溶于水。实验室可以用浓硫酸从 HCOOH 中脱水制备少量的 CO。碳在氧气不充分的条件下燃烧生成 CO。CO 具有较强的还原性，可以作为还原剂被氧化为 CO_2，也可以与其他非金属反应，用于有机合成。CO 是重要的化工原料和燃料。

CO_2 是无色、无臭气体，易被液化。固体状的 CO_2 被称为“干冰”。工业上 CO_2 用于生产碳酸钠、碳酸氢钠、碳酸氢铵和尿素等化工产品，也用作低温冷冻剂、灭火剂，还有饮料生产中。但镁会与 CO_2 反应，故镁燃烧时不能用 CO_2 扑灭。

碳酸（H_2CO_3）为二元弱酸，其水溶液解离平衡为

$$H_2CO_3 \rightleftharpoons H^+ + HCO_3^-$$

$$HCO_3^- \rightleftharpoons H^+ + CO_3^{2-}$$

碳酸盐分为正盐（碳酸盐）和酸式盐（碳酸氢盐）。难溶的碳酸盐，通常其相应的酸式盐溶解度大；而易溶的碳酸盐，其相应的酸式盐的溶解度则较小。碳酸盐的热稳定性较差，碳酸氢盐受热分解为其相应的碳酸盐、水和二氧化碳，而大多数的碳酸盐在加热时会分解为金属氧化物和二氧化碳。

碳的卤化物 CX_4 中，四氯化碳是无色液体，有微弱的特殊气味，不溶于水，不能燃烧，可用作灭火剂。四氟化碳是气体，四溴化碳和四碘化碳是固体。

② 硅的化合物　硅石 SiO_2 有晶体和无定形两种形态。石英是天然的二氧化硅晶体，纯净的石英又叫水晶，其质地坚硬，脆性，为无色透明的固体。石英玻璃是无定形二氧化

硅，使石英在1600℃熔化成黏稠液体，然后急速冷却即可形成石英玻璃。石英玻璃能高度透过可见光和紫外光，膨胀系数小，能经受温度的剧变，常被用来制造紫外灯和光学仪器。

二氧化硅为酸性氧化物，能与热的浓碱溶液反应生成硅酸盐，也能与某些碱性氧化物或某些含氧酸盐发生反应生成相应的硅酸盐。

硅酸（H_2SiO_3）酸性弱，比碳酸还弱，用硅酸钠与盐酸作用可制得硅酸。

$$Na_2SiO_3 + 2HCl \longrightarrow H_2SiO_3 + 2NaCl$$

从凝胶状硅酸中除去大部分水，可得到白色、稍透明的固体，工业上称为硅胶。硅胶吸附能力很强，可吸附各种气体和水蒸气，常用作干燥剂或催化剂的载体。

硅酸盐按溶解性分为可溶性和不溶性两大类。硅酸钠的水溶液称为水玻璃。天然的硅酸盐都是不溶性的。常见的天然硅酸盐的化学式如下。

正长石　$K_2O \cdot Al_2O_3 \cdot 6SiO_2$

白云母　$K_2O \cdot 3Al_2O_3 \cdot 6SiO_2 \cdot 2H_2O$

高岭土　$Al_2O_3 \cdot 2SiO_2 \cdot 2H_2O$

石　棉　$CaO \cdot 3MgO \cdot 4SiO_2$

滑　石　$3MgO \cdot 4SiO_2 \cdot H_2O$

泡沸石　$Na_2O \cdot Al_2O_3 \cdot 2SiO_2 \cdot nH_2O$

硅的卤化物 SiX_4 都是无色的，常温下 SiF_4 为气体，$SiCl_4$ 和 $SiBr_4$ 是液体，SiI_4 为固体。四氯化硅是无色有刺激性气味的气体，在水中剧烈水解。四氟化硅会与氟化氢反应生成氟硅酸。四氯化硅常温下为无色有刺鼻气味的液体，易水解，可制作烟雾。

硅能与氢形成一系列的氢化物，硅的氢化物又叫硅烷。SiH_4 是最简单的硅烷，为无色无臭气体，高级硅烷为无色液体。硅烷都是共价型化合物，能溶于有机溶剂。硅烷化学性质活泼，在空气中会自燃生成二氧化硅和水，同时，硅烷有较强的还原性，可将高锰酸钾还原为二氧化锰。

③ 锡、铅化合物　在高温下用碳还原 SnO_2 可得到 Sn。Sn 在工业中常用作制取其他锡化合物的原料。如，Sn 与 HCl 作用可得到 $SnCl_2$。铅的化合物也大部分由 Pb 为原料制取。

锡和铅都能形成氧化数为+2和+4的氧化物及相应的氢氧化物。铅在空气中加热生成橙黄色的氧化铅（PbO）。PbO 在碱性溶液中被强氧化剂氧化可生成氧化高铅（PbO_2）。它是一种强氧化剂。PbO_2 加热可分解为鲜红色的四氧化三铅（Pb_3O_4）和氧气。四氧化三铅俗称铅丹，其化学性质稳定。Pb_2O_3 为橙色，被视为 PbO 和 PbO_2 的复合氧化物。

$Pb(OH)_2$ 和 $Sn(OH)_2$ 为白色固体，加热 $Pb(OH)_2$ 和 $Sn(OH)_2$ 可分别得到 SnO 和 PbO。$Sn(OH)_2$ 为两性氢氧化物，既可溶于酸生成 Sn^{2+}，也可溶于过量的 NaOH 溶液生成 $[Sn(OH)_4]^{2-}$。而 $Pb(OH)_2$ 溶于硝酸或醋酸可生成可溶性的铅盐溶液，也能溶于过量的 NaOH 生成 $[Pb(OH)_3]^-$。

$SnCl_2$ 是重要的还原剂，可以与 $HgCl_2$ 反应。

$$2HgCl_2 + SnCl_2 = Hg_2Cl_2 + SnCl_4$$

$$Hg_2Cl_2 + SnCl_2 = 2Hg + SnCl_4$$

上述反应可以用来鉴定 Sn^{2+}，也可用来鉴定 Hg(Ⅱ) 盐。

锡、铅的硫化物有 SnS、SnS_2、PbS。SnS 为棕色固体，PbS 为黑色固体，SnS_2 为黄色固体。它们均不溶于水和稀酸，但 SnS_2 能与碱反应，生成硫代锡酸盐和锡酸盐，而 SnS 和 PbS 则不溶于碱。

11.2.3 氮族元素

周期表中第ⅤA 族元素有氮（N）、磷（P）、砷（As）、锑（Te）、铋（Bi）五种元素，它们又被称为氮族元素。氮族元素中，磷在地壳中含量较多，氮主要以单质存在于大气中，约占空气体积的 78%。

氮族元素的价层电子构型为 ns^2np^3，电负性不是很大。它们与电负性较大的元素结合时，只能形成氧化数为＋3 和＋5 的化合物。氮族元素的化合物主要为共价型。

（1）氮族元素的单质

氮族元素中，氮和磷是构成动植物组织基本的、必要的元素。

氮气为无色、无臭、无味气体，微溶于水，常温下化学性质极不活泼，加热时与活泼金属 Li、Ca、Mg 等反应，生成离子型化合物。

磷在自然界中没有单质的存在，这是因为它极易被氧化。磷主要是以磷酸盐的形式分布在地壳中，如磷酸钙 $Ca_3(PO_4)_2$，氟磷灰石 $3Ca_3(PO_4)_2 \cdot CaF_2$。磷的同素异形体有黑磷、白磷和红磷三种，它们之间转化关系如下。

$$\text{黑磷} \xrightarrow{\text{高温高压}} \text{白磷} \xrightarrow{\text{隔绝空气 400℃}} \text{红磷}$$

（2）氮族元素的化合物

① 氮的化合物　氮的氢化物氨（NH_3）为 sp^3 杂化类型，分子构型为三角锥形。氨是具有特殊刺激性气味的无色气体，其易溶于水，易形成一元弱碱，具有强还原性。氨的化学性质活泼，能与许多物质发生反应，如氨与氢气的加成反应，与钠的取代反应。实验室制备氨一般用铵盐和强碱共热来制取，工业上目前则主要采用合成的方法制氨。

联氨（N_2H_4）也称作肼，类似于两个 NH_3 各脱去一个氢原子结合起来的产物，为无色液体，凝固点 1.4℃，沸点则为 113.5℃，是一种强还原剂。

铵盐一般为无色晶体，绝大多数易溶于水，热稳定性差，受热容易分解。因此在制备、贮存、运输，以及使用硝酸铵、亚硝酸铵等的时候要格外小心，防止受热或撞击，导致发生安全事故。铵盐中硝酸铵和硫酸铵最为重要，这两种铵盐大量用于肥料，硝酸铵更能制造炸药。

氮的常见氧化物分为五种：一氧化二氮（N_2O）、一氧化氮（NO）、三氧化二氮（N_2O_3）、二氧化氮（NO_2）、五氧化二氮（N_2O_5）。

一氧化氮为无色气体，在水中溶解度较小，实验室一般用铜与稀硝酸反应制取 NO，工业上则是用氨的铂催化氧化的方法制取。

二氧化氮（NO_2）是红棕色、有特殊臭味、易溶于水、有毒的气体。具有强氧化性。二氧化氮会在冷凝过程中聚合形成无色的四氧化二氮。

氮的含氧酸有亚硝酸和硝酸两种，并有着与其相对应的盐。亚硝酸盐不稳定，只能存在于很稀的冷溶液中。亚硝酸盐是剧毒、致癌物质。硝酸是工业上重要的无机酸之一，纯硝酸为无色液体，俗称的发烟硝酸是指浓度在 86%以上的浓硝酸。硝酸是强酸，除了不活泼的金属和一些稀有金属外，硝酸几乎能与所有的其他金属反应生成相应的硝酸盐。浓硝酸与浓盐酸的混合物（体积比为 1∶3）称为王水，王水能溶解金、铂等金属。硝酸具有强酸性、氧化性和硝化性，被广泛用于制造染料、炸药以及化学药品，是重要的工业原料。

硝酸盐常温下比较稳定，固体的硝酸盐受热时能分解，且在高温时是强氧化剂。硝酸盐中最重要的是硝酸钾、硝酸钠、硝酸铵等几种，其中硝酸钾是制造黑色火药的原料。

② 磷的化合物　磷的氢化物（膦，PH_3），为无色、大蒜臭味的剧毒气体。膦分子的结构与氨分子相似，也是三角锥形。它是一种强还原剂，稳定性较差。而联磷是磷的液态氢化物，其性质极不稳定，易自燃，是一种强还原剂。

磷的常见氧化物有 P_4O_6 和 P_4O_{10} 两种，P_4O_6 是白色易挥发的蜡状晶体，易溶于有机溶剂，而 P_4O_{10} 是白色雪花状晶体，具有极强的吸水性，常用作气体和液体的干燥剂。

磷能形成多种含氧酸，如次磷酸（H_3PO_2）、亚磷酸（H_2PO_3）和磷酸（H_3PO_4）。次磷酸是一种无色晶状固体，易潮解，为一元中强酸。次磷酸盐大部分易溶于水，是强还原剂。亚磷酸是无色晶体，易潮解，易溶于水。亚磷酸受热时发生歧化反应，生成磷酸和膦。亚磷酸和亚磷酸盐都是强还原剂。磷酸为三元中强酸，纯磷酸为无色晶体的高沸点酸。磷酸受热脱水生成焦磷酸、聚磷酸和偏磷酸。磷酸盐中最为重要的是钙盐，可作为化肥使用。

磷的卤化物分为两种 PX_3 和 PX_5，其相应的磷的氧化数为 +3 和 +5。三卤化磷以三氯化磷最为重要，PCl_3 为无色液体，能剧烈水解，生成亚磷酸和氯化氢；五卤化磷为离子晶体，也能水解生成磷酸和相应的卤化氢。

③ 砷、锑、铋的化合物　砷、锑、铋的氢化物 AsH_3、SbH_3、BiH_3 都是无色液体，其分子结构与 NH_3 类似，为三角锥形。它们氢化物的稳定性从上到下逐渐降低，碱性也随之减弱，熔沸点却相反，从上到下逐渐升高。其中 AsH_3 能自燃，也能在缺氧条件下，受热分解为单质砷和氢气，这是马氏试砷法的基本原理。

$$2AsH_3 \xlongequal{\text{加热}} 2As + 3H_2$$

砷、锑、铋与磷相似，都能形成氧化数为 +3 和 +5 的氧化物。砷、锑、铋的单质在空气中燃烧或者焙烧其硫化物能得到 M_2O_3。

三氧化二砷（As_2O_3）俗称砒霜，为白色粉末状的剧毒物。As_2O_3 为两性偏酸的氧化物。三氧化二锑（Sb_2O_3）为白色固体，也是两性氧化物，而三氧化二铋（Bi_2O_3）是极难溶于水的黄色粉末，为碱性氧化物。

砷、锑、铋的氢氧化物有 H_3AsO_3、$Sb(OH)_3$、$Bi(OH)_3$，其中 H_3AsO_3 和 $Sb(OH)_3$ 为两性氢氧化物，而 $Sb(OH)_3$ 和 $Bi(OH)_3$ 是白色的难溶沉淀。它们三个的酸性依次减弱，碱性依次增强。

砷酸盐、锑酸盐和铋酸盐都具有氧化性，且氧化性依次增强。砷酸盐只有在强酸性的溶液中才有明显的氧化性。

Sb^{3+} 和 Bi^{3+} 具有一定的氧化性，可以被强还原剂还原为金属单质。如

$$2Sb^{3+} + 3Sn = 2Sb + 3Sn^{2+}$$

这一反应可以用来鉴定 Sb^{3+}。

而在碱性溶液中，Sn(Ⅱ) 能将 Bi(Ⅲ) 还原为 Bi。

$$2Bi^{3+} + 3[Sn(OH)_4]^{2-} + 6OH^- = 2Bi + 3[Sn(OH)_6]^{2-}$$

利用这一反应可以鉴定Bi^{3+}的存在。

砷、锑、铋都能形成稳定的硫化物，如黄色的As_2S_3和As_2S_5，橙色的Sb_2S_3和Sb_2S_5，黑色Bi_2S_5。砷、锑、铋的硫化物都均不溶于水和稀酸，能与强氧化性酸反应。As_2S_3和Sb_2S_3都具有还原性，能与多硫化物反应生成硫代酸盐。

11.2.4 氧族元素

周期表中第ⅥA族元素有氧（O）、硫（S）、硒（Se）、碲（Te）、钋（Po）五种元素，它们总称为氧族元素。其中，除钋外，其他都是非金属元素。

氧族元素原子的价层电子构型为ns^2np^4，有较强的金属性，随着原子序数的增加，氧族元素的非金属性依次减弱，逐渐显示出金属性。

（1）氧族元素的单质

氧族元素中，氧和硫以单质和化合态存在于自然界中，硒和碲为分散稀有金属。硒有多种同素异形体，如灰硒为链状晶体，红硒为分子晶体。硒是人体必需的微量元素之一。碲为银白色链状晶体，质脆，易成粉末。

氧是地壳中分布最广的元素，其丰度居各元素之首。氧是无色、无臭的气体，其水中溶解度很小。氧气几乎能与所有元素直接化合成相应的氧化物。氧有三种同位素，即^{16}O、^{17}O和^{18}O，^{18}O则常作示踪原子用于化学研究。

臭氧（O_3）是氧气（O_2）的同素异形体。在大气层的最上层有一层臭氧层，它是保护地球生命免受太阳强辐射的天然屏障。臭氧是具有鱼腥味的淡蓝色气体，在$-112℃$时凝聚为深蓝色液体。臭氧非常不稳定，在常温下能缓慢分解。同时臭氧也有着强氧化性，能做杀菌剂。

在自然界中以化合物形式存在的硫分布广泛，主要为硫化物和硫酸盐。而单质硫主要分布在火山附近。硫是细胞的组成元素之一。硫有多种同素异形体，天然硫是黄色固体，也称作正交硫。而正交硫在加热情况下会转化为浅黄色的单斜硫。但是单斜硫也能转变为正交硫，其转变温度为94.5℃。

硫的化学性质活泼，能与许多金属直接化合生成相应的硫化物，也能与氢、氧、碳、卤素（除碘）、磷等作用生成共价化合物。硫还能与具有氧化性的酸反应，也能溶于热的碱液生成硫化物和亚硫酸盐。

硫常用作制造硫酸、黑火药、合成药剂、杀虫剂等。

（2）氧族元素的化合物

① 氧的化合物　过氧化氢（H_2O_2）俗称双氧水，为弱酸。过氧化氢具有较强的氧化性，但也有较弱的还原性，当过氧化氢与强氧化剂作用时，才能被氧化释放出O_2。过氧化氢性质不稳定，光照、受热都会加速其分解速率，故过氧化氢保存在棕色瓶中，置于阴凉处。

② 硫的化合物　硫化氢H_2S是无色、有腐蛋味的剧毒气体，稍溶于水。硫化氢具有较强的还原性。其水溶液称为氢硫酸，是一种很弱的二元酸。氢硫酸能形成硫化物和硫氢化物。

金属硫化物大多数为黑色，但也有一些特殊的颜色，如硫化锌是白色，硫化锰是肉色。在所有金属硫化物中，最容易水解的化合物是三硫化二铬和三硫化二铝，最易溶的是硫化铵和碱金属硫化物。

硫在空气中燃烧生成二氧化硫（SO_2），SO_2为无色有刺激性气味的气体，工业上利用焙烧硫化物矿制取SO_2。SO_2易溶于水，生成不稳定的亚硫酸（H_2SO_3）。

亚硫酸为二元中强酸，H_2SO_3只存在于水溶液中，并未制得游离状态的纯H_2SO_3。亚硫酸和二氧化硫既有氧化性，也有还原性。亚硫酸是较强的还原剂，能还原Cl_2和MnO_2。SO_2可用作漂白剂、洗涤剂、消毒剂、防腐剂等，但还是主要用于生产硫酸和亚硫酸盐。

纯三氧化硫是无色、易挥发的固体，三氧化硫具有较强的氧化性，能氧化KI、HBr和Fe、Zn等金属。三氧化硫也易与水化合生成硫酸，同时放出大量的热。

硫酸是SO_3的水合物，为二元强酸，常温下，其性质稳定。浓硫酸具有很强的吸水性。硫酸与水混合时会放出大量的热，在稀释浓硫酸时必须小心，防止烫伤。因为浓硫酸具有强吸水性，常用来做干燥剂。而且浓硫酸的腐蚀性极强，在使用时必须注意安全。

浓硫酸是一种强氧化剂，加热情况下，能氧化许多金属和非金属。浓硫酸氧化金属并不放出氢气，只有稀硫酸与比氢活泼的金属（如Mg、Zn、Fe等）作用才会放出氢气。冷的浓硫酸能使铁的表面钝化，生成一层致密的保护膜，因此可以用钢罐贮装和运输浓硫酸。

硫代硫酸（$H_2S_2O_3$）性质极不稳定。最重要的硫代硫酸盐是$Na_2S_2O_3 \cdot 5H_2O$，俗称海波或大苏打，为无色透明晶体，易溶于水，其水溶液为弱碱性，遇到酸易分解。硫代硫酸钠具有配位性，可以与Ag^+和Cd^{2+}等形成稳定的配离子，通常用作照相的定影剂以及化工生产的还原剂等。

11.2.5 卤素

周期表中第ⅦA族元素有氟（F）、氯（Cl）、溴（Br）、碘（I）、砹（At）五种元素，它们被称为卤素元素。卤素元素是非金属元素，其中砹为放射性元素。

卤素原子的价层电子构型为ns^2np^5，卤素是其同一周期中原子半径最小、电负性最大的元素。其非金属性是同周期元素中最强的。

（1）卤素单质

卤素元素在自然界中以化合状态存在，大多数都是以卤化物的形式存在。这是因为卤素具有强化学活泼性。

卤素元素的单质都是有独特颜色的，F_2为黄色气体，Cl_2为黄绿色气体，Br_2为棕红色液体，I_2为具有金属光泽的紫黑色固体，常温下会升华为紫色气体。

卤素单质都具有毒性，毒性从氟到碘递减。卤素单质在有机溶剂中的溶解度比在水中的溶解度大得多，根据这一特性，可以利用有机萃取剂将卤素单质从水中萃取出来。

卤素性质活泼，具有强氧化性，能与大多数元素直接化合。氟除了氮、氧和某些稀有气体外，它能与所有金属和非金属直接化合，且反应通常十分剧烈，是最活泼的非金属。氯也能与所有金属和大部分非金属元素直接化合，但反应不如氟剧烈。而溴、碘的活泼性要差些。

卤素的氧化性随着原子半价的增大依次减弱，如

$$F_2 > Cl_2 > Br_2 > I_2$$

卤素与水反应时分为两类，一是卤素置换出水中的氧，二是卤素的歧化反应。

$$2X_2 + 2H_2O = 4X^- + 4H^+ + O_2$$

$$X_2 + H_2O \xlongequal{} X^- + H^+ + HXO$$

氟只参与第一类反应，反应为自发、剧烈的放热反应。而氯、溴的歧化反应的产物受温度的影响。在常温下和低温下，氯气生成次氯酸盐，加热时则生成氯酸盐；溴在低温时生成次溴酸盐，常温和加热情况下则是溴酸盐。而碘不管温度的变化都生成碘酸盐。

氟在自然界中主要以萤石(CaF_2)、冰晶石（Na_3AlF_6)、氟磷酸钙［$3Ca_3(PO_4)_2 \cdot CaF_2$］等矿物存在。氟主要用于制造有机氟化物，如杀虫剂(CCl_3F)、制冷剂（CCl_2F_2)、塑料单体（$CF_2=CF_2$)、灭火剂（CBr_2F_2）等。液态氟用作航天工业中的高能燃料的氧化剂，SF_4是理想的气体绝缘材料。

元素氟是生命必需的微量元素，是体内骨骼正常发育和增加骨骼和牙齿强度不可缺少的成分。但是当氟化物大量进入人体时，会对人体组织产生危害。

制备氟一般采用电解氧化法，即电解熔融氟氢化钾和氟化氢的混合物来制取氟。

阳极 $$2F^- \xlongequal{} F_2 + 2e^-$$

阴极 $$2HF_2^- + 2e^- \xlongequal{} H_2 + 4F^-$$

总反应 $$2KHF_2 \xlongequal{} 2KF + H_2 + F_2$$

氯的氧化性极强，在自然界中主要是以 Na、K、Ca、Mg 的无机盐形式存在于海水中，其中氯化钠的含量最高。

工业上一般用电解饱和食盐水或氯化钠熔融盐来制取氯气：

$$2NaCl + 2H_2O \xlongequal{\text{电解}} H_2 + Cl_2 + 2NaOH$$

$$2NaCl(\text{熔融}) \xlongequal{\text{电解}} 2Na(l) + Cl_2(g)$$

实验室一般用强氧化剂如高锰酸钾、铬酸钾、二氧化锰和盐酸反应制取少量的氯气。

$$2KMnO_4 + 16HCl \xlongequal{\triangle} 2KCl + 2MnCl_2 + 5Cl_2 + 8H_2O$$

氯为重要的化工产品和原料，它广泛应用于合成盐酸、染料、炸药、塑料生产和有机合成。氯可做漂白剂，也能做药剂合成。由于氯气消毒水会生成致癌的卤代氢，因此，改用臭氧、二氧化氯作消毒剂。

溴与氯类似，也主要以钠、镁、钾、钙的无机盐形式存在于海水中。工业上一般采用从海水中制溴。

$$Cl_2 + 2Br^- \xlongequal{} Br_2 + 2Cl^-$$

$$3Br_2 + 3Na_2CO_3 \xlongequal{} 5NaBr + NaBrO_3 + 3CO_2(\text{歧化反应})$$

$$5Br^- + BrO_3^- + 6H^+ \xlongequal{} 3Br_2 + 3H_2O(\text{逆歧化反应})$$

溴广泛应用于医药、农药、感光材料以及各种试剂的合成上。

碘主要存在于海水中。工业上制碘主要是从天然盐卤水中提取碘。

$$Cl_2 + 2I^- \xlongequal{} I_2 + 2Cl^-$$

但氯气不能过量，过量的氯气会将 I_2氧化成 IO_3^-。

$$5Cl_2(\text{过量}) + I_2 + 6H_2O \xlongequal{} 2IO_3^- + 10Cl^- + 12H^+$$

碘主要用来制备药物、食用盐、感光剂和人工降雨的催化剂。碘是人体必需的微量元素之一，人体缺碘会导致甲状腺肿大，甚至引起发育迟缓、生殖系统异常。

(2) 卤素的化合物

常温下卤化氢都是无色、有刺激性臭味的气体。由于氟化氢分子间存在着氢键，这导致氟化氢的熔点、沸点反常地高。卤化氢的热稳定次序为 HF > HCl > HBr > HI。这是由其键能大小来决定的。

氢氟酸没有还原性，但其他氢卤酸都具有还原性。其还原性强弱次序如下：

$$HF < HCl < HBr < HI$$

按着这个顺序，氢卤酸的酸性依次增强，除氢氟酸为弱酸外，其他都是强酸，氢溴酸、氢碘酸的酸性甚至强于高氯酸。

卤化氢以及氢卤酸都是有毒的，其中氢氟酸最大，浓氢氟酸能将皮肤灼伤。制备卤化氢有直接合成法、复分解反应法和水解法三种。

① 直接合成法　氢和卤素直接作用生成卤化氢。

$$X_2 + H_2 = 2HX$$

但由于氟和氢反应过于激烈，不易控制，所以不能采用直接合成法制取氟化氢。而溴和碘与氢反应慢，产率不高，也不采用直接合成法制取溴化氢和碘化氢。

② 复分解反应法　用金属卤化物与酸发生反应制备卤化氢。

$$CaF_2 + H_2SO_4 \xlongequal{500\sim600K} 2HF + CaSO_4$$

$$NaCl + H_2SO_4 \xlongequal{423K} NaHSO_4 + HCl$$

$$NaCl + NaHSO_4 \xlongequal{813\sim873K} Na_2SO_4 + HCl$$

溴化氢和碘化氢不能由浓硫酸与溴化物和碘化物作用的方法制取，这是因为溴化氢和碘化氢会和浓硫酸进一步发生氧化还原反应生成溴和碘。所以，制取溴化氢和碘化氢一般用磷酸与溴化物和碘化物反应的方法。

③ 水解法　采用非金属卤化物水解的方法制取卤化氢。

$$PBr_3 + 3H_2O = H_3PO_3 + 3HBr$$

$$PI_3 + 3H_2O = H_3PO_3 + 3HI$$

盐酸是最重要的强酸之一，是重要的化工生产原料，常用来制备金属氯化物、苯胺和染料等产品。氢氟酸能腐蚀玻璃，所以一般用塑料容器来贮存氢氟酸而不是玻璃瓶。氢氟酸用来刻蚀玻璃或溶解各种硅酸盐。氢氟酸则应用于合成冰晶石、石油烷烃催化剂、制冷剂等方面。

卤素与电负性较小的元素生成的化合物称为卤化物，可分为金属卤化物和非金属卤化物两类。按照卤化物的键型，又可分为离子型卤化物和共价型卤化物。

非金属都能与卤素形成各自相应的共价卤化物。其熔点、沸点按氟、氯、溴、碘的顺序而升高。共价型卤化物一般易水解，产物为两种酸，且其不具有导电性。

所有的金属都能形成卤化物，具有一般的盐类的特征，如熔点和沸点较高，在水溶液中或熔融状态能导电。离子型的卤化物大多易溶于水，其对应的氢氧化物若不是强碱，那么其都容易水解，产物为氢氧化物或碱式盐。

同一周期的卤化物，从左到右，阳离子电荷数增大，离子半径减小，离子型向共价型过渡，熔沸点降低。而同一金属的不同卤化物，随着离子半径的增大，极化率增大，共价性增大，熔沸点也降低。对于同一金属的不同氧化数的卤化物，氧化数越高，其共价性越显著，而熔沸点则相对较低。

不同卤素之间彼此靠共用电子对形成一系列化合物，这类化合物称为卤素互化物

(XX'_n)。其中 X 的电负性小于 X′的电负性，$n=1$、3、5 或 7。卤素互化物中原子以共价键结合，其熔沸点都较低，大多数的卤素互化物都不稳定。卤素互化物主要用来做卤化剂，用于无机制备和有机合成。

除氟只能与氧合成氟化氧之外，其他卤素都能与氧形成氧化物和含氧酸及其盐。这些含氧化物都有较强的氧化性，但卤素的含氧化物大多数不稳定，其中最不稳定的是氧化物，其次是含氧酸，而含氧酸盐相对稳定些。I_2O_3 是最稳定的卤素氧化物，而其他氧化物受到振动或遇到还原剂时会爆炸。

除氟的含氧酸只有次氟酸（HOF）外，氯、溴、碘都能形成四种类型的含氧酸（次卤酸、亚卤酸、卤酸、高卤酸）。

次氟酸（HOF）为白色固体，性质不稳定，易挥发分解为 HF 和 O_2。制取次氟酸是在低温下将氟气缓缓通过细冰表面氧化得到。氯、溴、碘在冷水中歧化可以分别得到次氯酸（HClO）、次溴酸（HBrO）和次碘酸（HIO）。

次卤酸均为弱酸，其酸性按次氯酸、次溴酸、次碘酸的次序而减弱。次卤酸性质不稳定，受热或光照条件下，其分解速率会加快。次卤酸都具有强氧化性，其氧化性按 Cl、Br、I 顺序降低。氯、溴与冷的碱溶液作用能生成次氯酸盐和次溴酸盐，但由于次碘酸盐的稳定性极差，碘与碱溶液反应得不到次碘酸盐。

最为重要的次卤酸及其盐是次氯酸和次氯酸盐。由于其强氧化性和漂白性，常用作漂白剂。漂白粉是次氯酸钙、氯化钙和氢氧化钙的混合物。制备漂白粉的主要反应如下。

$$2Cl_2+3Ca(OH)_2 \xlongequal{} Ca(ClO)_2+CaCl_2 \cdot Ca(OH)_2 \cdot H_2O+H_2O$$

这也可以说是氯的歧化反应。

亚氯酸是目前仅有的亚卤酸。亚氯酸溶液极不稳定，易分解为 ClO_2 和 Cl_2。亚氯酸盐虽然比亚氯酸稳定，但若受热或受到撞击时，亚氯酸盐会立刻发生爆炸，分解为氯酸盐和氧化物。亚氯酸盐的水溶液具有强氧化性，可做漂白剂。

卤酸的酸性按氯、溴、碘的顺序依次减弱。氯酸和溴酸都是强酸，但只能存在于溶液中，而碘酸 HIO_3 为无色斜方晶体。

重要的氯酸盐有氯酸钾和氯酸钠两种，固体氯酸钾是强氧化剂，与各种易燃物混合后受到撞击会引起爆炸着火，因此氯酸钾多用来制造火柴和焰火。氯酸钠多用来制作二氧化氯和高氯酸及其盐，也作除草剂。溴酸盐主要用于测定 As（Ⅲ）和 Sb（Ⅲ）。而碘酸盐则用于分析测定各种不同金属。

高氯酸在无机含氧酸中酸性最强，工业上一般采用电解氧化法生产高氯酸。

阳极：
$$Cl^- +4H_2O \xlongequal{} ClO_4^- +8H^+ +8e^-$$

高氯酸的稀溶液比较稳定，但浓的高氯酸不稳定，受热分解为氯气、氧气和水。

$$4HClO_4 \xlongequal{} 2Cl_2+7O_2+2H_2O$$

酸性增强；氧化能力减弱；热稳定性增强 ↓	热稳定性增强 →		氧化能力减弱；热稳定性增强； ↓
	HClO	MClO	
	$HClO_2$	$MClO_2$	
	$HClO_3$	$MClO_3$	
	$HClO_4$	$MClO_4$	
	← 氧化能力增强		

图 11-2　ClO_x 酸和盐的性质变化规律

高氯酸为强氧化剂，贮存时要远离有机物，防止爆炸。

高溴酸是氧化性最强的高卤酸，呈亮黄色。高碘酸 H_3IO_6 为无色单斜晶体，在真空下加热会转化为偏高碘酸 HIO_4。

高溴酸钾是重要的高溴酸盐，为白色晶体。高碘酸盐一般用电解碘酸盐溶液的方法制取。氯的含氧酸有 4 种，即次氯酸、亚氯酸、氯酸和高氯酸，其之间的一些规律性总结如图 11-2 所示。

11.3 d 区元素

元素周期表中第ⅢB～ⅦB 族元素被称为 d 区元素。d 区元素都是金属元素。d 区元素通常被称为过渡元素或过渡金属。

11.3.1 过渡元素的通性

d 区元素价层电子构型为 $(n-1)d^{1\sim10}ns^{1\sim2}$。d 区元素都是金属，一般质地坚硬，色泽光亮，是良好的导体材料，它们都具有较高的熔点、沸点。d 区元素原子半径从左到右，随着原子序数的增大依次减小；从左到右，同周期元素的金属性依次减弱；其电负性的变化规律也相似：从左到右或从上到下，电负性和电离能逐渐增大。

过渡元素单质的物理特征主要是密度大、硬度大、熔点高、沸点高、导电性和导热性良好。其中硬度最大的金属是铬，密度最大的金属是锇。

过渡元素的单质能与活泼的非金属（如卤素和氧等）直接形成化合物。过渡元素和氢形成金属型氢化物，又称为过渡型氢化物，其组成大多不固定。金属型氢化物一般保留着金属的一些物理性质，如金属光泽、导电性等。

过渡元素的单质具有多种优良的物理和化学性能，因此通常在冶金工业中用来制造各种合金钢或者在化学工业中作催化剂。

过渡元素大多都能形成多种氧化数的化合物，一般来说，过渡元素的高氧化数化合物比其低氧化数化合物的氧化性强。

过渡元素的化合物通常具有一定的颜色，这是区分副族元素化合物与主族元素化合物的一个重要特征。第四周期 d 区元素部分水合离子颜色见表 11-2。

表 11-2 第四周期 d 区元素部分水合离子的颜色

d^0	d^0	d^1	d^2	d^3	d^4	d^5	d^6	d^7	d^8
Sc^{3+}	CrO_4^{2-}/$Cr_2O_7^{2-}$	Ti^{3+}	Ti^{2+}	V^{2+}	Cr^{2+}	Mn^{2+}	Fe^{2+}	Co^{2+}	Ni^{2+}
无色	黄色/红棕色	紫红色	褐色	紫色	蓝色	肉红色	浅绿色	粉红色	绿色
Ti^{4+}	MnO_4^-	MnO_4^{2-}	V^{3+}	Cr^{3+}	Mn^{3+}	Fe^{3+}			
无色	紫红色	墨绿色	绿色	蓝紫色	红色	淡紫色			

11.3.2 铬副族

元素周期表中第ⅥB 族元素有铬（Cr）、钼（Mo）、钨（W）等元素。铬在自然界中主要矿物是铬铁矿 $[Fe(CrO_2)_2]$。钼的主要矿物是辉钼矿（MoS_2）。钨主要矿物则有黑钨矿（$MnFeWO_4$）、白钨矿（$CaWO_4$）。

（1）铬副族的单质

铬、钼、钨都是灰白色金属。它们的熔点和沸点都很高。铬是金属中最硬的。常温下，铬、钼、钨的表面容易形成一层氧化膜，从而降低了它们的活泼性，使得它们在空气或水中都相当稳定。在高温下，铬、钼、钨都能与活泼的非金属反应，与碳、氮、硼都能形成化合物。

铬、钼、钨都是重要的合金元素，主要应用于电镀业和制造合金钢。

(2) 铬副族的化合物

铬能形成氧化数为+6、+5、+4、+3、+2、+1、0、−1、−2 的化合物。其中，Cr(Ⅵ) 有较强的氧化性，Cr(Ⅱ) 有较强的还原性，能从酸中置换出 H_2。

铬的常见氧化数为+6 和+3。Cr(Ⅵ) 的化合物通常由铬铁矿通过碱熔法制得的，即把铬铁矿和碳酸钠混合在空气中煅烧。

$$4Fe(CrO_2)_2+8Na_2CO_3+7O_2 \xlongequal{约\ 1000℃} 8Na_2CrO_4+2Fe_2O_3+8CO_2$$

在 Na_2CrO_4 溶液中加入适量的 H_2SO_4，可以转化为 $Na_2Cr_2O_7$。而 $Na_2Cr_2O_7$ 能与 KCl 或 K_2SO_4 进行复分解反应得到 $K_2Cr_2O_7$。以 $K_2Cr_2O_7$ 为原料可以制取三氧化铬 (CrO_3)、氯化铬酰 (CrO_2Cl_2)、铬钾矾 [$KCr(SO_4)_2\cdot 12H_2O$]、三氯化铬 ($CrCl_3$) 等。

氯化铬酰是深红色易挥发的液体，具有较强的氧化剂，易吸水变为 CrO_3。三氧化铬是铬的重要化合物，呈暗红色，为强酸性共价氧化物，易溶于水，熔点较低，热稳定性差。固体 CrO_3 遇到易燃有机物会立即燃烧还原为三氧化二铬 (Cr_2O_3)。

铬酸 (H_2CrO_4) 和重铬酸 ($H_2Cr_2O_7$) 都是强酸，它们仅存在于稀溶液中。

CrO_4^{2-} 和 $Cr_2O_7^{2-}$ 具有氧化性，且溶液的酸性越强，其氧化性越强；在酸性溶液中，$Cr_2O_7^{2-}$ 能将 Fe^{2+}、SO_3^{2-}、I^- 等氧化。以 Fe^{2+} 为例。

$$Cr_2O_7^{2-}+6Fe^{2+}+14H^+ = 2Cr^{3+}+6Fe^{3+}+7H_2O$$

这一反应常用于鉴定 Fe^{2+} 含量的测定。

铬在空气中燃烧或重铬酸铵热解都能生成绿色的 Cr_2O_3。Cr_2O_3 熔点高、硬度大、微溶于水，用作绿色颜料或研磨剂，也是有机合成的催化剂。

在 Cr(Ⅲ) 盐中加入适量碱，可析出灰蓝色的水合三氧化二铬 $Cr_2O_3\cdot nH_2O$ 胶状沉淀，简写为 $Cr(OH)_3$。

Cr_2O_3 和 $Cr(OH)_3$ 都具有明显的两性，与酸作用可生成相应的铬 (Ⅲ) 盐，与碱作用则生成深绿色的亚铬酸盐。

Cr^{3+} 能与任何可提供电子对的配体形成配位物。另外铬 (Ⅲ) 还能形成桥联多核配位物。

钼和钨都能形成氧化数从+2 到+6 的化合物。其中氧化数为+6 的化合物较稳定。钨 (Ⅵ) 和钼 (Ⅵ) 的化合物中比较重要的是它们的氧化物和含氧酸盐。三氧化钼是白色滑石样粉末，三氧化钨是黄色粉末。钨 (Ⅵ) 和钼 (Ⅵ) 的含氧酸盐中主要是碱金属的盐和铵盐，它们易溶于水，在可溶性的钼酸盐或钨酸盐中，增加酸度，往往形成聚合的酸根离子。钨 (Ⅵ) 和钼 (Ⅵ) 在溶液中还容易被还原剂还原为低氧化数的化合物，如在盐酸酸化的钼酸铵中加入锌或氯化铅，可以使得钼 (Ⅵ) 被还原为 Mo^{3+}。

$$2MoO_4^{2-}+3Zn+16H^+ = 2Mo^{3+}+3Zn^{2+}+8H_2O$$

溶液最初变为蓝色，然后变为绿色，最后变为棕色。如果溶液中有 NCS^- 存在时，会因为形成 $[Mo(NCS)_6]^{3-}$ 而呈红色。这一反应常用来鉴定溶液中是否有钼 (Ⅲ) 存在。

11.3.3 锰副族

元素周期表中第ⅦB族元素有锰（Mn）、锝（Tc）、铼（Re）、铍（Bh）4种元素。锰在地壳中的含量在过渡元素中占第三位，仅次于铁和钛。锰在自然界中主要以软锰矿 $MnO_2 \cdot xH_2O$ 存在。锝和铼是稀有元素。锝和铍是放射性元素。

（1）锰的单质

块状金属锰是银白色的，粉末状的锰呈灰色。常温下，锰能微溶于水。锰能与稀酸作用放出氢气形成 $[Mn(H_2O)_6]^{2+}$。锰也能在氧化剂的条件下与熔融的碱作用生成锰酸盐。在加热情况下，锰能与许多非金属反应，如锰与氧气反应生成 Mn_3O_4，与氟反应生成 MnF_3 与 MnF_4，与其他卤素反应则生成 MnX_2 型卤化物。

（2）锰的化合物

锰原子的价层电子构型为 $3d^5 4s^2$。锰能形成氧化数为 -2 ～ $+7$ 的化合物。一般来说，锰的化合物比较稳定的是 Mn^{7+}、Mn^{6+}、Mn^{4+}、Mn^{2+} 的化合物。其中 Mn^{7+} 化合物中最稳定的是高锰酸盐（如 $KMnO_4$）。Mn^{4+} 化合物以锰酸盐较为稳定，最稳定的是 MnO_2。Mn^{2+} 的化合物在固态或水溶液中都比较稳定。氧化数为 $+1$，0，-1，-2 的锰的化合物大都是羰合物及其衍生物。

在 Mn^{7+} 化合物中最重要的是高锰酸钾（$KMnO_4$）。以锰铁矿制取高锰酸钾为例。

$$3MnO_2 + 6KOH + KClO_3 \xlongequal{} 3K_2MnO_4 + KCl + 3H_2O$$

$$2K_2MnO_4 + Cl_2 \xlongequal{} 2KMnO_4 + 2KCl$$

工业上一般采用电解法由 K_2MnO_4 制取 $KMnO_4$。

$$2MnO_4^{2-} + 2H_2O \xlongequal{\text{电解}} 2MnO_4^- + 2OH^- + H_2$$

高锰酸钾是最重要的氧化剂之一，工业上或实验室常将它作为氧化剂。高锰酸钾受热时会分解为锰酸钾和二氧化锰。

$$2KMnO_4 \xlongequal{200℃\text{以上}} K_2MnO_4 + MnO_2 + O_2$$

$KMnO_4$ 由于在光照条件下会分解，因此一般用棕色瓶盛装 $KMnO_4$ 溶液，且有酸存在的时候，MnO_4^- 会加速分解，因此 MnO_4^- 在酸性溶液中不稳定。

MnO_4^- 溶液是常用的氧化剂之一，在酸性溶液中，MnO_4^- 被还原成 Mn^{2+}；在中性或弱碱性溶液中，MnO_4^- 被还原为 MnO_2；在浓碱溶液中，MnO_4^- 被还原为绿色的 MnO_4^{2-}，并放出氧气。

K_2MnO_4 是常见的 Mn^{6+} 化合物，它在强碱性溶液中以暗绿色的 MnO_4^{2-} 形式存在。锰酸盐在酸性溶液中有强氧化性，但由于它不稳定，会发生歧化反应，故不作氧化剂。

MnO_2 是 Mn^{4+} 重要的化合物，它在酸性溶液中有强氧化性，以二氧化锰为原料能制取锰的低氧化数化合物。

11.3.4 铁系元素

周期表中第ⅧB族元素包括铁（Fe）、钴（Co）、镍（Ni）、钌（Ru）、铑（Rh）、钯（Pd）、锇（Os）、铱（Ir）、铂（Pt）9种元素，铁、钴、镍被称为铁系元素。

铁系元素中，铁分布最广，主要矿石有赤铁矿（Fe_2O_3）、磁铁矿（Fe_3O_4）、黄铁矿（FeS_2）和菱铁矿（$FeCO_3$）等。钴、镍常见矿物为辉钴矿（CoAsS）和镍黄铁矿（NiS・FeS）。

(1) 铁、钴、镍的单质

铁、钴、镍都是银白色金属，有明显的磁性，能被磁体所吸引，通常被称为铁磁性物质。它们可以用来做电磁铁。

铁、钴、镍属于中等活泼金属，都能溶于稀酸，通常形成水合离子 $[M(H_2O)_6]^{2+}$，但钴、镍溶得很慢。冷的浓硫酸能使铁的表面钝化。冷的浓硝酸可使铁、钴、镍变成钝态。但铁与冷的稀硝酸作用生成 Fe^{3+} 和 NH_4^+，铁与热的稀硝酸作用则生成 Fe^{2+} 和 N_2O。

在加热条件下，铁、钴、镍能与许多非金属剧烈反应。铁、钴、镍都不易与碱作用。但铁能被热的浓碱液侵蚀，而钴和镍在碱性溶液中稳定性比铁高，故熔碱时使用镍制坩埚。

铁、钴、镍在冶金工业上用于制造合金。镍常被镀在金属制品上以保护金属不生锈。

(2) 铁、钴、镍的化合物

铁的常见氧化物有红棕色的氧化铁（Fe_2O_3）、黑色的氧化亚铁（FeO）和黑色的四氧化三铁（Fe_3O_4）。它们都不溶于水，FeO 能溶于酸。Fe_3O_4 是 Fe^{2+} 和 Fe^{3+} 的混合物，具有磁性，能被磁铁吸引。

钴、镍的氧化物与铁的氧化物相类似，它们是暗褐色的 $Co_2O_3 \cdot 2H_2O$、灰绿色的 CoO 和绿色的 NiO 等。

向 Fe^{2+} 与 Fe^{3+} 的溶液中加入强碱或氨水时，分别生成 $Fe(OH)_2$ 和 $Fe(OH)_3$ 沉淀。$Fe(OH)_3$ 为红棕色，纯的 $Fe(OH)_2$ 为白色。但一般情况下，$Fe(OH)_2$ 会迅速地被空气中的氧氧化为 $Fe(OH)_3$。其颜色由白色沉淀变为灰绿色沉淀随后变为棕褐色，所以只有在完全清除掉溶液中的氧时才能得到白色的 $Fe(OH)_2$。

在 Co^{2+} 和 Ni^{2+} 的溶液中加入强碱时，分别生成 $Co(OH)_2$ 和 $Ni(OH)_2$ 沉淀。$Co(OH)_2$ 和 $Ni(OH)_2$ 难溶于强碱溶液中。

铁的卤化物以 $FeCl_3$ 应用较广，它是以共价键为主的化合物。$FeCl_3$ 溶在有机溶剂中，长时间光照会还原为 $FeCl_2$，有机溶剂则被氧化或氯化。$FeCl_3 \cdot 6H_2O$ 易潮解，工业上用作净水剂。

钴、镍的主要卤化物为氟化钴（CoF_2）、氯化钴（$CoCl_2$）和氯化镍（$NiCl_2$）等。CoF_2 为淡棕色粉末，与水剧烈反应放出氧气。

氯化钴 $CoCl_2 \cdot 6H_2O$ 在受热脱水过程中伴随有颜色的变化。

$$\underset{\text{粉红色}}{CoCl_2 \cdot 6H_2O} \xrightleftharpoons{52.25℃} \underset{\text{紫红色}}{CoCl_2 \cdot 2H_2O} \xrightleftharpoons{90℃} \underset{\text{蓝紫色}}{CoCl_2 \cdot H_2O} \xrightleftharpoons{120℃} \underset{\text{蓝色}}{CoCl_2}$$

根据氯化钴的这一特性，常用它来显示某种物质的含水情况。

钴、镍的硫酸盐、硝酸盐和氯化物都易溶于水。

在 Fe^{2+} 溶液中加入 KCN 溶液，首先生成白色的氰化亚铁 $Fe(CN)_2$ 沉淀，但 KCN 过量时，$Fe(CN)_2$ 溶解生成 $[Fe(CN)_6]^{4-}$。

在 Fe^{3+} 溶液中加入 $K_4[Fe(CN)_6]$ 溶液，生成蓝色沉淀，称为普鲁士蓝。

$$xFe^{3+} + xK^+ + x[Fe(CN)_6]^{4-} = [KFe(CN)_6Fe]_x(s)$$

在 Fe^{2+} 溶液中加入 $K_3[Fe(CN)_6]$ 溶液，也生成蓝色沉淀，称为滕氏蓝。

$$xFe^{2+} + xK^+ + x[Fe(CN)_6]^{3-} = [KFe(CN)_6Fe]_x(s)$$

这两个反应分别用来鉴定 Fe^{3+} 和 Fe^{2+}。

在含 Co^{2+} 的溶液中加入 KNCS（s）以及丙酮，生成蓝色的 $[Co(NCS)_4]^{2-}$。

$$Co^{2+} + 4NCS^- \xlongequal{丙酮} [Co(NCS)_4]^{2-}$$

利用这一反应可以鉴定 Co^{2+} 的存在。

11.4 ds 区元素

ds 区元素包括铜族元素（铜、银、金）和锌族元素（锌、镉、汞）。这两族元素原子的价电子构型与其他过渡元素有所不同，为 $(n-1)d^{10}ns^{1\sim2}$。由于它们的次外层 d 能级有 10 个电子（全满结构），而最外层的电子构型又和 s 区相同，所以称为 ds 区。

11.4.1 铜族元素

（1）铜族元素通性和单质

ⅠB 族元素包括铜（Cu）、银（Ag）、金（Au）三种元素，通常称为铜族元素。铜族元素原子的价电子构型为 $(n-1)d^{10}ns^1$。最外层与碱金属相似，只有 1 个电子，而次外层却有 18 个电子（碱金属有 8 个电子）。因此与同周期的ⅠA 族元素相比，铜族元素原子作用在最外层电子上的有效核电荷较多，最外层的 s 电子受原子核的吸引比碱金属元素原子要强得多，所以铜族元素的电离能比同周期碱金属元素显著增大，原子半径也显著减小，铜族元素单质都是不活泼的重金属，而相应的碱金属元素的单质都是活泼的轻金属。

自然界的铜、银主要以硫化矿存在，如辉铜矿（Cu_2S），黄铜矿（$CuFeS_2$），孔雀石 $[Cu_2(OH)_2CO_3]$ 等；银有闪银矿（Ag_2S）；金主要以单质形式分散在岩石或沙砾中，我国甘肃、云南、新疆、山东和黑龙江等省都蕴藏着丰富的铜矿和金矿。

铜族元素密度较大，熔点和沸点较高，硬度较小，导电性好，延展性好，尤其是金。1g 金可抽 3km 长的金丝，可压成 $0.1\mu m$ 的金箔（500 张的金箔总厚度比头发的直径还薄些）。金易生成合金，尤其是生成汞齐。铜是宝贵的工业材料，它的导电能力虽然次于银，但比银便宜得多。目前世界上一半以上的铜用在电器、电机和电讯工业上。铜的合金如黄铜（Cu-Zn）、青铜（Cu-Sn）等在精密仪器、航天工业方面都有广泛的应用。

银的导电、传热性居于各种金属之首，用于高级计算器及精密电子仪表中。自 20 世纪 70 年代以来，金在工业上的用途已经超过制造首饰和货币。

铜是许多动植物体内所必需的微量元素之一。铜和银的单质及可溶性化合物都有杀菌能力，银作为杀菌药剂更具奇特功效。

① 与空气的反应　Cu 在常温下不与干燥的空气中的 O_2 反应，加热时生成 CuO。

$$2Cu + O_2(空气) \xlongequal{} 2CuO(黑色)$$

Cu 在常温下与潮湿的空气反应式如下。

$$2Cu + O_2 + H_2O + CO_2 \xlongequal{} Cu(OH)_2 \cdot CuCO_3(铜绿)$$

Au、Ag 加热时也不与空气中的 O_2 反应。银与硫具有较强的亲和作用，和含有 H_2S 的空气接触逐渐变暗。

$$4Ag + 2H_2S + O_2 \xlongequal{} 2Ag_2S(黑色) + 2H_2O$$

② 铜族元素在高温下也不能与氢、氮和碳反应。

③ 与卤素反应情况不同：铜在常温下就有反应，而银较慢，金只在加热时才能反应。

④ 与酸的反应　铜族元素不能从非氧化性稀酸中置换出氢气，铜在加热的条件下能与浓硫酸反应，可以溶于硝酸，银能溶于硝酸，金只能溶于王水。

⑤ 铜、银、金都易形成配合物。湿法冶金（用氰化物从 Ag、Au 的硫化物矿或砂金中提取银和金）就是利用这一性质。例如

$$2Ag_2S+10NaCN+O_2+2H_2O \xlongequal{} 4Na[Ag(CN)_2]+4NaOH+2NaCNS$$

$$2Au+4NaCN+\frac{1}{2}O_2+H_2O \xlongequal{} 2Na[Au(CN)_2]+2NaOH$$

然后加入锌粉，银、金即被置换出来。

$$2Na[Ag(CN)_2]+Zn \xlongequal{} Na_2[Zn(CN)_4]+2Ag$$

$$2Na[Au(CN)_2]+Zn \xlongequal{} Na_2[Zn(CN)_4]+2Au$$

（2）铜的化合物

通常铜有 +1、+2 两种氧化数的化合物。以 Cu(Ⅱ) 化合物最为常见，如氧化铜（CuO）、硫酸铜（$CuSO_4$）等。Cu(Ⅰ) 化合物通常称为亚铜化合物，多存在于矿物中，如氧化亚铜（Cu_2O）、硫化亚铜（Cu_2S）。

下面对 Cu(Ⅰ) 和 Cu(Ⅱ) 两类化合物的性质做一对比。

① Cu(Ⅰ) 化合物　Cu(Ⅰ) 是 Cu 元素的中间价态，它既有氧化性，又有还原性。

a. 氧化亚铜（Cu_2O）　Cu_2O 为暗红色的固体，有毒。它是制造玻璃和搪瓷的红色颜料，还用作船舶底漆（可杀死低级海生动物）及农业上的杀虫剂。Cu_2O 不溶于水，对热稳定，在潮湿空气中缓慢被氧化成 CuO。它具有半导体性质，曾用作整流器的材料。

Cu_2O 的制备有干法和湿法两种方法，干法制备是在密闭容器中煅烧铜粉和 CuO 的混合物，即得暗红色的 Cu_2O。

$$Cu+CuO \xlongequal{800\sim900℃} Cu_2O$$

Cu_2O 的湿法制备是在水溶液中，以硫酸铜为原料，亚硫酸钠为还原剂，陆续加入适量氢氧化钠，反应过程中溶液维持微酸性（pH=5.0），Cu_2O 即按以下反应析出。

$$2CuSO_4+3Na_2SO_3 \xlongequal{} Cu_2O\downarrow+3Na_2SO_4+2SO_2\uparrow$$

Cu_2O 溶于稀硫酸，能立即歧化反应。

$$Cu_2O+H_2SO_4 \xlongequal{} CuSO_4+Cu+H_2O$$

Cu_2O 溶于氨水和氢卤酸时，仍保持 +1 的氧化数，分别形成稳定的无色配合物，例如 $[Cu(NH_3)_2]^+$、$[CuX_2]^-$、$[CuX_3]^{2-}$ 等。

$$Cu_2O+4NH_3\cdot H_2O \xlongequal{} 2[Cu(NH_3)_2]OH+3H_2O$$

可见 Cu^+ 在水溶液中不稳定会发生歧化反应，而 Cu(Ⅰ) 在固相或配位状态下可以稳定存在。

b. 氯化亚铜（CuCl）　CuCl 为白色固体物质，属于共价化合物，其熔融体导电性差。通过测定其蒸气的分子量，证实它的分子式应该是 Cu_2Cl_2，通常将其化学式写为 CuCl。CuCl 是重要的亚铜盐，在有机合成中用作催化剂和还原剂，在石油工业中作为脱硫剂和脱色剂，肥皂、脂肪和油类的凝聚剂，也常用作杀虫剂和防腐剂。它能吸收 CO 而生成氯化羰基亚铜 $Cu_2Cl_2(CO)_2\cdot 2H_2O$，此反应在气相分析中可用于测定混合气体中 CO 的含量，应用颇为广泛。

CuCl 和 Cu_2O 一样，难溶于水，在潮湿空气中迅速被氧化，体现 Cu(Ⅰ) 有还原性，

由白色变成绿色：

$$4CuCl+O_2+4H_2O \longrightarrow CuCl_2\cdot 3CuO\cdot 3H_2O+2HCl$$

Cu(Ⅰ)也有氧化性，如

$$2CuI(白色)+2Hg \longrightarrow Hg_2I_2(黄色)+2Cu$$

将涂有白色 CuI 的纸条挂在室内，若常温下 3h 白色不变，表明空气中汞的含量不超标。

CuCl 能溶于氨水、浓盐酸以及 NaCl、KCl 溶液，并生成相应的配合物。

在 CuCl 的制备过程中，综合应用了配位平衡、氧化还原平衡、沉淀平衡等的基本概念。用 SO_2 还原 $CuSO_4$ 制备 CuCl，主要发生了以下三步反应。

合成（配位反应），硫酸铜与过量的食盐作用。

$$CuSO_4+4NaCl \longrightarrow Na_2[CuCl_4](绿色)+Na_2SO_4$$

还原，将 SO_2 通入上述溶液中，有如下反应。

$$2Na_2[CuCl_4]+SO_2+2H_2O \longrightarrow CuCl\downarrow+NaH[CuCl_3](茶褐色)+2NaCl+2HCl+NaHSO_4$$

将上述溶液加入到大量水中，冲稀分解，让配合物转为沉淀物。

$$NaH[CuCl_3] \longrightarrow NaCl+HCl+CuCl\downarrow(白色)$$

c. 氢氧化亚铜（CuOH） CuOH 为黄色固体，当用 NaOH 处理 CuCl 在盐酸中的冷溶液时，生成黄色的 CuOH。它极不稳定，易脱水变为 Cu_2O。

② Cu(Ⅱ)化合物

a. 氧化铜（CuO） 氧化铜（CuO）为黑色粉末，难溶于水。它是偏碱性氧化物，溶于稀酸。

$$CuO+2H^+ \longrightarrow Cu^{2+}+H_2O$$

由于发生配位反应，CuO 也溶于 NH_4Cl 或 KCN 等溶液。加热分解硝酸铜或碱式碳酸铜都能制得黑色的氧化铜。

$$2Cu(NO_3)_2 \longrightarrow 2CuO+4NO_2\uparrow+O_2\uparrow$$

$$Cu_2(OH)_2CO_3 \xrightarrow{\triangle} 2CuO+CO_2\uparrow+H_2O\uparrow$$

后一反应可以避免 NO_2 对大气的污染，更适合于工业生产。

目前，工业上生产 CuO 常利用废铜料，先制成 $CuSO_4$，再由金属铁还原得到比较纯净的铜粉，铜粉再经过焙烧得 CuO。有关反应式如下。

$$Cu+2H_2SO_4(浓) \xrightarrow{\triangle} CuSO_4+SO_2\uparrow+2H_2O$$

$$CuSO_4+Fe \longrightarrow FeSO_4+Cu$$

$$2Cu+O_2 \xrightarrow{450℃} 2CuO$$

b. 氢氧化铜 $[Cu(OH)_2]$ $Cu(OH)_2$ 为浅蓝色粉末，难溶于水。60～80℃时，逐渐脱水而生成 CuO，颜色随之变暗。$Cu(OH)_2$ 稍有两性，易溶于酸。

$$Cu(OH)_2+H_2SO_4 \longrightarrow CuSO_4+2H_2O$$

只溶于较浓的强碱，生成四羟基合铜（Ⅱ）配离子。

$$Cu(OH)_2+2OH^- \longrightarrow [Cu(OH)_4]^{2-}$$

$Cu(OH)_2$ 也易溶于氨水，生成深蓝色的四氨合铜（Ⅱ）配离子。

$$Cu(OH)_2+4NH_3 \longrightarrow [Cu(NH_3)_4](OH)_2$$

③ 铜（Ⅱ）盐 铜（Ⅱ）盐很多，可溶性的有 $CuSO_4$、$Cu(NO_3)_2$、$CuCl_2$；难溶性

的有 CuS、$Cu_2(OH)_2CO_3$ 等。

a. 硫酸铜（$CuSO_4 \cdot 5H_2O$）　为蓝色结晶，又名胆矾或蓝矾。在空气中慢慢风化，表面上形成白色粉状物。加热至 250℃左右失去全部结晶水成为无水盐。无水 $CuSO_4$ 为白色粉末，不溶于乙醇和乙醚，其吸水性很强，吸水后即显出特征蓝色。可利用这一性质来检验乙醚、乙醇等有机溶剂中的微量水分，并可作干燥剂使用。

硫酸铜有多种用途，如作媒染剂、蓝色染料、船舶油漆、电镀、杀菌及防腐剂。$CuSO_4$ 溶液有较强的杀菌能力，可防止水中藻类生长。它和石灰乳混合制得的“波尔多液”能消灭树木的害虫。$CuSO_4$ 和其他铜盐一样，都是有毒的。

工业用的 $CuSO_4$ 常由废铜在 600～700℃进行焙烧，使其生成 CuO，再在加热下溶于硫酸，即可得到硫酸铜。

$$2Cu + O_2 \xlongequal{600\sim700^\circ C} 2CuO$$

$$CuO + H_2SO_4 \xlongequal{} CuSO_4 + H_2O$$

将所得的粗品用重结晶法提纯。

在水溶液中，$CuSO_4$ 能和许多物质发生反应，如图 11-3 所示。

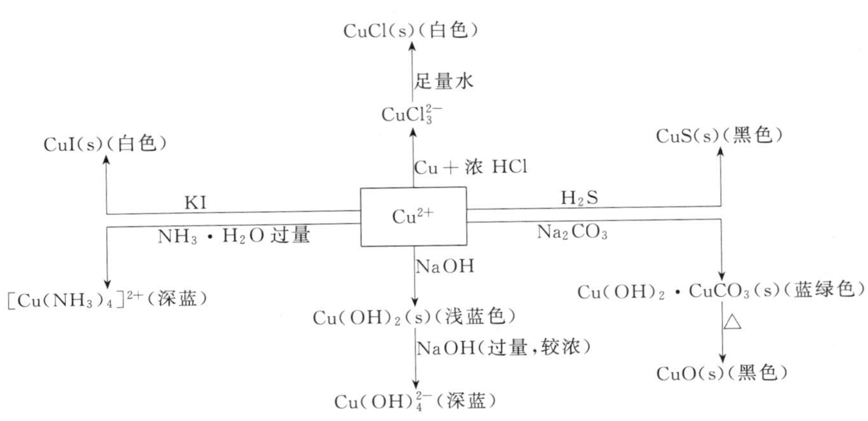

图 11-3　铜化合物相互转化关系图

b. 氯化铜（$CuCl_2 \cdot 2H_2O$）　在卤化铜中较为重要。由氧化铜或硫酸铜与盐酸反应可以得到氯化铜，也可由单质直接合成。

无水氯化铜（$CuCl_2$）为黄棕色固体，X 射线研究证明，它是共价化合物，具有链状的分子结构，与 Cu 原子相连的 4 个 Cl 原子只有对角的 2 个 Cl 原子与 Cu 原子在一个平面。

$CuCl_2$ 不但易溶于水，还易溶于乙醇、丙酮等有机溶剂。

从溶液中结晶出来的氯化铜为 $CuCl_2 \cdot 2H_2O$ 的绿色晶体。$CuCl_2$ 的溶液通常为黄绿色或绿色，这是由于溶液中含有 $[CuCl_4]^{2-}$ 和 $[Cu(H_2O)_4]^{2+}$ 两种配离子的缘故。它们在水溶液中存在下列平衡。

$$[Cu(H_2O)_4]^{2+}(\text{蓝色}) + 4Cl^- \rightleftharpoons [CuCl_4]^{2-}(\text{黄色}) + 4H_2O$$

很稀的溶液呈蓝色，是由于主要以 $[Cu(H_2O)_4]^{2+}$ 配离子存在，在浓盐酸、卤化物溶液中以及很浓的溶液为黄色，是由于主要以$[CuCl_4]^{2-}$存在；在较浓的溶液中 $[Cu(H_2O)_4]^{2+}$和$[CuCl_4]^{2-}$的量相当时便显出绿色。

$CuCl_2 \cdot 2H_2O$在潮湿的空气中易潮解，在干燥的空气中却易风化。对其加热，按下式分解。

$$2CuCl_2 \cdot 2H_2O \xlongequal{\triangle} Cu(OH)_2 \cdot CuCl_2 + 2HCl$$

无水氯化铜分解按下式进行。

$$2CuCl_2 \xlongequal{>500℃} 2CuCl + Cl_2$$

c. 碱式碳酸铜$[Cu_2(OH)_2CO_3]$　碱式碳酸铜又名孔雀石，是一种名贵的矿物宝石。它是铜与空气中的氧气、二氧化碳和水等物质反应生成的，又称铜锈（铜绿）。碱式碳酸铜是有机合成的催化剂、种子处理的杀虫剂、饲料中铜的添加剂，也可用作颜料、烟火、其他铜盐和固体荧光粉激活剂等。

工业上采用可溶性铜盐和可溶性碳酸盐反应来制备$Cu_2(OH)_2CO_3$。为了保证产品的纯度，反应系统中的Cu^{2+}、OH^-和CO_3^{2-}的浓度是有严格要求的，可以通过酸碱平衡、配位平衡和沉淀平衡加以控制。具体地说，生成之初先往NH_4HCO_3溶液中通入氨气。

$$NH_4HCO_3 + NH_3 \xlongequal{} (NH_4)_2CO_3$$

以保持溶液中有足够多的游离NH_3和CO_3^{2-}，慢慢地向该溶液中加入$Cu(NO_3)_2$，由于 $[Cu(NH_3)_4]^{2+}$的生成，溶液呈深蓝色；随着$Cu(NO_3)_2$的增多，其水解使系统的酸性增强，导致 $[Cu(NH_3)_4]^{2+}$的解离，到Cu^{2+}足够多的时候，便析出蓝绿色沉淀。

$$2Cu^{2+} + 2OH^- + CO_3^{2-} \xlongequal{} Cu_2(OH)_2CO_3\downarrow$$

(3) 银的化合物

银通常形成氧化数为+1的化合物。首先对它们的性质作一概述。

① 在常见的银的化合物中，除$AgNO_3$、AgF、$AgClO_4$易溶，Ag_2SO_4微溶外，其他银盐及Ag_2O大都难溶于水，这是银盐的一个重要特点。

② 银的化合物都有不同程度的感光性。例如AgCl、$AgNO_3$、Ag_2SO_4、AgCN等都是白色结晶，见光变成灰黑色或黑色。AgBr、AgI、Ag_2CO_3等为黄色或浅黄结晶，见光也变成灰黑或黑色。故银盐一般都用棕色瓶盛装，并避光存放。

③ 银离子易与许多配体形成配合物。常见的配体有NH_3、CN^-、SCN^-、$S_2O_3^{2-}$等，形成的配合物可溶于水，因此难溶解的银盐（包括Ag_2O）可与上述配体作用而溶解。

下面介绍几种银的重要化合物。

a. 氧化银（Ag_2O）　向可溶性银盐溶液中加入强碱，得到暗褐色Ag_2O沉淀。

$$2Ag^+ + 2OH^- \xlongequal{} Ag_2O\downarrow + H_2O$$

该反应可以认为先生成极不稳定的AgOH，常温下它立即脱水生成Ag_2O。

Ag_2O受热不稳定，加热至300℃即完全分解为Ag和O_2。此外，Ag_2O具有较强的氧化性，与有机物摩擦可引起燃烧，能氧化CO、H_2O_2，本身被还原为单质银。

Ag_2O可溶于硝酸，也可溶于氰化钠或氨水溶液中。

$$Ag_2O + 4CN^- + H_2O \xlongequal{} 2[Ag(CN)_2]^- + 2OH^-$$

$$Ag_2O + 4NH_3 + H_2O \xlongequal{} 2[Ag(NH_3)_2]^+ + 2OH^-$$

$[Ag(NH_3)_2]^+$的溶液在放置过程中，会分解为黑色的易爆物 AgN_3。因此，该溶液不易久置。而且，凡是接触过 $[Ag(NH_3)_2]^+$ 的器皿、用具，用后必须立即清洗干净，以免潜伏安全隐患。

b. 硝酸银 $AgNO_3$　$AgNO_3$是最重要的可溶性银盐，可由单质银与硝酸作用制得。

$$3Ag+4HNO_3(稀) = 3AgNO_3+NO\uparrow+2H_2O$$

$$Ag+2HNO_3(浓) = AgNO_3+NO_2\uparrow+H_2O$$

因为 $AgNO_3$容易制得，所以它是制备其他银的化合物的原料。图 11-4 列出了由 $AgNO_3$制备各种银的化合物的方法。

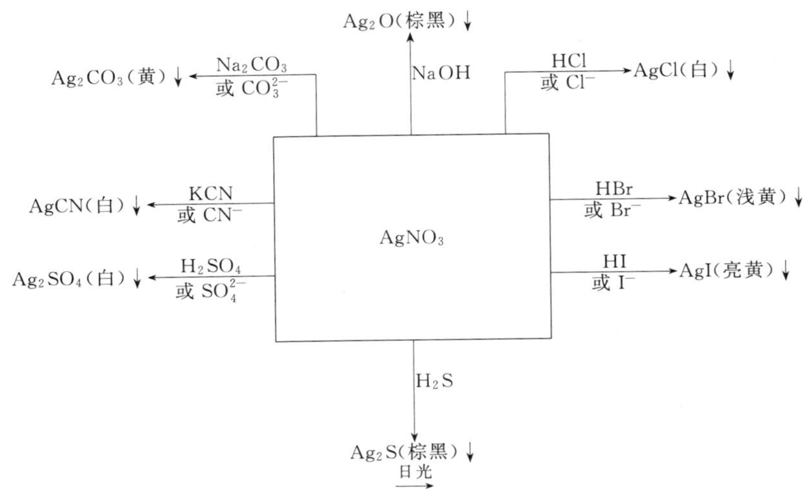

图 11-4　银化合物相互转化关系图

$AgNO_3$在干燥空气中比较稳定，潮湿状态下见光容易分解，并因析出单质银而变黑。

$$2AgNO_3 = 2Ag+2NO_2\uparrow+O^2\uparrow$$

$AgNO_3$具有氧化性，遇到微量有机物即被还原成单质银。实验过程中，皮肤或工作服上不小心沾有 $AgNO_3$后，会逐渐变成黑紫色。含有 $[Ag(NH_3)_2]^+$ 的溶液能把醛或某些糖类氧化，本身被还原为单质银。例如

$$2[Ag(NH_3)_2]^+ + HCHO + 3OH^- \longrightarrow HCOO^- + 2Ag(s) + 4NH_3 + 2H_2O$$

工业上利用这类反应来制镜或在暖水瓶的夹层中镀银。

c. 卤化银　卤化银中只有 AgF 易溶于水，其余的卤化银均难溶于水。难溶卤化银溶解度依 Cl、Br、I 的顺序降低（$K_{sp}^{\ominus}$依次减小），颜色也依此顺序加深。

卤化银光敏性比较强，在光照下分解　$2AgX \xlongequal{日光} 2Ag+X_2$

从 AgF 到 AgI 稳定性依次减弱，分解的趋势增大，因此在制备 AgBr 和 AgI 时常在暗室内进行。基于卤化银的感光性，也可将易于感光变色的卤化银加进玻璃以制造变色眼镜。

11.4.2　锌族元素

(1) 锌族元素的通性和单质

ⅡB 族元素包括锌、镉、汞三种元素，通常称为锌副族元素。锌副族元素原子的价电

子构型为 $(n-1)\ d^{10}ns^2$。它们的化合物都呈+2 的氧化数，对汞而言，还有+1 的氧化数，且常以 Hg_2^{2+} 的形式存在。锌副族元素的水合离子均无色。

汞在室温下可以与硫粉作用，生成 HgS。所以可以把硫粉撒在有汞的地方，防止有毒的汞蒸气进入空气中。若空气中已有汞蒸气，可以把碘升华为气体，使汞蒸气与碘蒸气相遇，生成 HgI_2，以除去空气中的汞蒸气。

常温下，ⅡB 族元素单质都很稳定。加热条件下，Zn、Cd、Hg 均可与 O_2 反应，生成 MO 式氧化物。

$$2Zn+O_2=\!=\!=2ZnO(\text{白色})$$

$$2Cd+O_2=\!=\!=2CdO(\text{褐色})$$

$$2Hg+O_2=\!=\!=2HgO(\text{红色})$$

在潮湿的空气中，Zn 将生成碱式盐。

$$4Zn+2O_2+CO_2+3H_2O=\!=\!=ZnCO_3\cdot 3Zn(OH)_2$$

Zn、Cd 都能与稀盐酸、稀硫酸反应，放出 H_2，Hg 不能。Hg 与氧化性酸反应，生成汞盐。

$$Hg+2H_2SO_4(\text{浓})=\!=\!=HgSO_4+SO_2\uparrow+2H_2O$$

$$Hg+4HNO_3(\text{浓})=\!=\!=Hg(NO_3)_2+2NO_2\uparrow+2H_2O$$

冷硝酸与过量的汞反应生成亚汞。

$$6Hg+8HNO_3=\!=\!=3Hg_2(NO_3)_2+2NO\uparrow+4H_2O$$

Zn 既能与酸反应，也可与碱性溶液反应，是典型的两性元素。Cd、Hg 不和碱反应。

$$Zn+2NaOH+2H_2O=\!=\!=Na_2[Zn(OH)_4]+H_2\uparrow$$

（2）锌和镉的化合物

① 锌和镉的氧化物和氢氧化物

a. 锌和镉的氧化物　ZnO 为白色粉末状固体，CdO 为棕黄色粉末状固体，它们均不溶于水。氧化锌和氧化镉可由金属在空气中燃烧制得，也可由相应的碳酸盐、硝酸盐加热分解而制得。

金属锌氧化法是由金属锌经过加热熔融（熔点 419℃）后，吹入空气。

$$2Zn+O_2=\!=\!=2ZnO$$

碱式碳酸锌加热分解法是由锌盐与 $(NH_4)_2CO_3$ 或 Na_2CO_3 等可溶性碳酸盐合成碱式碳酸锌，然后将其加热分解，即可得到 ZnO。

$$ZnCO_3\cdot 2Zn(OH)_2\cdot 2H_2O\overset{\triangle}{=\!=\!=}3ZnO+CO_2\uparrow+4H_2O\uparrow$$

ZnO 是两性氧化物，既能与酸反应，也能与碱反应。

$$ZnO+2HCl=\!=\!=ZnCl_2+H_2O$$

$$ZnO+2NaOH=\!=\!=Na_2ZnO_2+H_2O$$

$$\text{或 } ZnO+2NaOH+H_2O=\!=\!=Na_2[Zn(OH)_4]$$

b. 锌和镉的氢氧化物　氢氧化锌 $Zn(OH)_2$ 和 $Cd(OH)_2$ 都是难溶于水的白色固体物质。$Zn(OH)_2$ 具有明显的两性，可溶于酸和过量强碱中。

$$Zn(OH)_2+2H^+=\!=\!=Zn^{2+}+2H_2O$$

$$Zn(OH)_2+2OH^-=\!=\!=[Zn(OH)_4]^{2-}$$

这是因为在水溶液中有两种解离方式，与 $Al(OH)_3$、$Cr(OH)_3$ 相似。

$$Zn^{2+}+2OH^- \rightleftharpoons Zn(OH)_2 \xrightleftharpoons{H_2O} 2H^+ + [Zn(OH)_4]^{2-}$$

（碱式解离）　　　　　　　　（酸式解离）

根据平衡移动原理，在酸性溶液中，平衡向左移动。当溶液酸度足够大时，得到锌盐；在碱性溶液中，平衡向右移动。当碱度足够大时，得到锌酸盐。

$Cd(OH)_2$ 呈明显碱性，仅有微弱的酸性，只能稍溶于浓碱液中，生成 $[Cd(OH)_4]^{2-}$。

$Zn(OH)_2$ 和 $Cd(OH)_2$ 都能溶于氨水中，形成配合物。

$$Zn(OH)_2+4NH_3 = [Zn(NH_3)_4]^{2+}+2OH^-$$

$$Cd(OH)_2+4NH_3 = [Cd(NH_3)_4]^{2+}+2OH^-$$

② 锌和镉重要的盐

a. 锌和镉的氯化物　卤化锌 ZnX_2（X=Cl、Br、I）是白色结晶，极易吸潮。可由锌和卤素单质直接合成。

$$Zn+X_2 = ZnX_2$$

$ZnBr_2$、ZnI_2 用于医药和分析试剂。$ZnCl_2$ 因为有很强的吸水性，在有机合成中常用作脱水剂、缩合剂和氧化剂，以及染料工业的媒染剂，也用作石油净化剂和活性炭活化剂。

$ZnCl_2$ 溶于水，由于 Zn^{2+} 水解而呈酸性。

$$Zn^{2+}+2H_2O = Zn(OH)_2+2H^+$$

$ZnCl_2$ 浓溶液中由于形成配位酸，而有显著的酸性。

$$ZnCl_2+H_2O = H[ZnCl_2(OH)]$$

配位酸能溶解金属氧化物，如

$$2H[ZnCl_2(OH)]+FeO = Fe[ZnCl_2(OH)]_2+H_2O$$

所以 $ZnCl_2$ 能用作焊药，清除金属表面的氧化物，便于焊接。

b. 硫酸锌（$ZnSO_4 \cdot 7H_2O$）　$ZnSO_4 \cdot 7H_2O$ 俗称皓矾，是常见的锌盐。大量用于制备锌钡白（商品名“立德粉”），它是由 $ZnSO_4$ 和 BaS 经复分解反应而得。实际上锌钡白是 ZnS 和 $BaSO_4$ 的化合物。

$$Zn^{2+}+SO_4^{2-}+Ba^{2+}+S^{2-} = ZnS \cdot BaSO_4 \downarrow$$

锌钡白遮盖力强、无毒，并且在空气中比较稳定，是优良的白色颜料，所以大量用于涂料、油墨和油漆工业。

c. 锌和镉的硫化物　在可溶性的锌盐和镉盐溶液中，分别通入 H_2S 时，都会有不溶性硫化物析出。

$$Zn^{2+}+H_2S = ZnS\downarrow(\text{白色})+2H^+$$

$$Cd^{2+}+H_2S = CdS\downarrow(\text{黄色})+2H^+$$

从溶液中析出的 CdS 呈黄色，常根据这一反应来鉴别溶液中 Cd^{2+} 的存在。由于 ZnS 的溶度积较大 $[K_{sp}^{\ominus}(ZnS)=1.6\times10^{-24}]$，若溶液的 H^+ 的浓度超过 $0.3mol \cdot L^{-1}$ 时，ZnS 就能溶解。而 CdS 比 ZnS 溶度积小得多，它不溶于稀盐酸，但可溶于较浓的盐酸，如 $6mol \cdot L^{-1}$ 的盐酸。

$$CdS+2H^++4Cl^- = [CdCl_4]^{2-}+H_2S\uparrow$$

d. 锌和镉的配合物　和大多数过渡元素一样，锌和镉都可以形成稳定的配合物。除前面介绍过的 $[MCl_4]^{2-}$、$[M(NH_3)_4]^{2+}$、$[M(OH)_4]^{2-}$ 外，常见的还有 $[MI_4]^{2-}$、$[M(CN)_4]^{2-}$ 等。它们的特征配位数是 4，空间构型是四面体。Cd^{2+} 除与 NH_3 形成配位数为 4 的配合物以外，还存在配位数为 6 的配离子 $[Cd(NH_3)_6]^{2+}$。另外 Zn^{2+} 和 Cd^{2+} 都可以与多齿配体形成螯合物。

(3) 汞的化合物

汞与锌、镉不同，有氧化数为+1 和+2 两类化合物。在汞的化合物里，许多是以共价键结合。氧化数为+1 的化合物称为亚汞化合物，如氯化亚汞（Hg_2Cl_2）、硝酸亚汞 $[Hg_2(NO_3)_2]$ 等。经过 X 射线衍射实验证实，亚汞离子不是 Hg^+，而是 Hg_2^{2+}（两个汞原子之间以共价键结合—Hg—Hg—）。Hg_2Cl_2 的分子结构是 Cl—Hg—Hg—Cl。汞单质和大多数汞的化合物都是有毒的。

① 硫化汞　硫化汞的天然矿物称为辰砂或朱砂，呈朱红色，中药用作安神镇静药。

硫化汞颜色的不同是由于晶型不同，这两种晶型在 386℃时呈平衡状态，410℃以上，黑色型可转变为红色型。

硫化汞 HgS 是最难溶的金属硫化物，它不溶于盐酸及硝酸，但溶于王水生成配离子。

$$3HgS+12Cl^-+2NO_3^-+8H^+ \xlongequal{} 3[HgCl_4]^{2-}+3S\downarrow+2NO\uparrow+4H_2O$$

HgS 也溶于硫化钠溶液，生成 $[HgS_2]^{2-}$。

$$HgS+S^{2-} \xlongequal{} [HgS_2]^{2-}$$

$[HgS_2]^{2-}$ 遇酸将重新析出 HgS 沉淀。

$$[HgS_2]^{2-}+2H^+ \xlongequal{} HgS\downarrow+H_2S\uparrow$$

人工合成的朱砂是由汞与硫直接反应，加热升华而成。

$$Hg+S \xlongequal{\triangle} HgS$$

实验室中，在汞盐溶液中通入硫化氢，得到黑色硫化汞沉淀。

$$Hg^{2+}+H_2S \xlongequal{} HgS\downarrow+2H^+$$

② 氯化汞和氯化亚汞　$HgCl_2$ 为共价型化合物，氯原子以共价键与汞原子结合成直线形分子 Cl—Hg—Cl。$HgCl_2$ 熔点较低（280℃），易升华，因而俗名升汞，中药上把它称为白降丹。$HgCl_2$ 是剧毒物质，误服 0.2～0.4g 就能致命。$HgCl_2$ 易溶于水，其稀溶液有杀菌作用，如 1∶1000 的稀溶液可用作外科手术器械的消毒剂。

$HgCl_2$ 主要用作有机合成的催化剂（如氯乙烯的合成），也用于干电池、染料、农药等。医药上用来作防腐剂、杀菌剂。

$HgCl_2$ 在酸性溶液中是较强的氧化剂，适量的 $SnCl_2$ 可将其还原为难溶于水的白色丝状氯化亚汞（Hg_2Cl_2）沉淀。

$$2HgCl_2+Sn^{2+}+4Cl^- \xlongequal{} Hg_2Cl_2\downarrow(\text{白色})+[SnCl_6]^{2-}$$

如果 $SnCl_2$ 过量，生成的 Hg_2Cl_2 可进一步被 $SnCl_2$ 还原为金属汞。

$$Hg_2Cl_2+Sn^{2+}+4Cl^- \xlongequal{} 2Hg\downarrow(\text{黑色})+[SnCl_6]^{2-}$$

分析化学中利用此反应鉴定 Hg(Ⅱ) 或 Sn(Ⅱ)。

另外，$HgCl_2$ 与 $NH_3 \cdot H_2O$ 反应可生成一种难溶解的白色氨基氯化汞沉淀。

$$HgCl_2+2NH_3 \xlongequal{} Hg(NH_2)Cl\downarrow(\text{白色})+NH_4Cl$$

而在 Hg_2Cl_2 溶液中加入 $NH_3 \cdot H_2O$，不仅有上述白色沉淀，同时还有黑色汞析出。

$$Hg_2Cl_2 + 2NH_3 = Hg(NH_2)Cl\downarrow(白色) + Hg\downarrow(黑色) + NH_4Cl$$

$HgCl_2$可通过在过量的氯气中加热金属汞制得。

$$Hg(l) + Cl_2(g) = HgCl_2(s) \qquad \Delta_r H_m^{\ominus} = -230kJ \cdot mol^{-1}$$

液态汞 Hg(l) 微热后通入 $Cl_2(g)$，伴随化合反应放出大量的热，使 $HgCl_2$升华。反应始终都要保持 $Cl_2(g)$ 过量，以防止 Hg_2Cl_2的生成。也可由氧化汞和盐酸作用，在溶液中制得 $HgCl_2$。

$$HgO + 2HCl = HgCl_2 + H_2O$$

Hg_2Cl_2分子结构也为直线形（Cl—Hg—Hg—Cl），它是白色固体，难溶于水。少量的 Hg_2Cl_2无毒。因为 Hg_2Cl_2味略甜，俗称甘汞，为中药轻粉的主要成分。内服可作缓泻剂，外用治疗慢性溃疡及皮肤病。Hg_2Cl_2也常用于制作甘汞电极。

金属汞与 $HgCl_2$固体一起研磨可制得氯化亚汞 Hg_2Cl_2。

$$HgCl_2 + Hg = Hg_2Cl_2$$

Hg_2Cl_2见光易分解，即

$$Hg_2Cl_2 = HgCl_2 + Hg$$

③ 硝酸汞和硝酸亚汞　$Hg(NO_3)_2$和 $Hg_2(NO_3)_2$都可由金属汞和硝酸 HNO_3反应来制得，主要在于两种原料的比例不同。使用过量的 65%的浓硝酸，在加热条件下，反应制得 $Hg(NO_3)_2$。

$$Hg + 4HNO_3(浓) \xlongequal{\triangle} Hg(NO_3)_2 + 2NO_2\uparrow + 2H_2O$$

使用冷的稀硝酸与过量的汞反应则得到 $Hg_2(NO_3)_2$。

$$6Hg + 4HNO_3(稀) = 3Hg_2(NO_3)_2 + 2NO\uparrow + 4H_2O$$

$Hg(NO_3)_2$也可由 HgO 溶于硝酸 HNO_3制得。

$$HgO + 2HNO_3 = Hg(NO_3)_2 + H_2O$$

从溶液中结晶析出时常带结晶水，$Hg(NO_3)_2$的最常见的水合物是 $Hg(NO_3)_2 \cdot H_2O$。$Hg_2(NO_3)_2$也可由 $Hg(NO_3)_2$溶液与金属汞一起振荡而制得。

$$Hg + Hg(NO_3)_2 = Hg_2(NO_3)_2$$

$Hg(NO_3)_2$在水中强烈水解生成碱式盐沉淀。

$$2Hg(NO_3)_2 + 2H_2O = Hg(OH)_2 \cdot Hg(NO_3)_2\downarrow + 2HNO_3$$

所以配制溶液时，应将它溶于稀硝酸中。

硝酸汞受热分解为红色的氧化汞。

$$2Hg(NO_3)_2 \xlongequal{\triangle} 2HgO + 4NO_2\uparrow + O_2\uparrow$$

从溶液中可结晶出二水合物 $Hg_2(NO_3)_2 \cdot 2H_2O$。$Hg_2(NO_3)_2$也易水解，形成碱式硝酸亚汞。

$$Hg_2(NO_3)_2 + H_2O = Hg_2(OH)(NO_3)\downarrow + HNO_3$$

$Hg_2(NO_3)_2$受热也容易分解，即

$$Hg_2(NO_3)_2 \xlongequal{\triangle} 2HgO + 2NO_2\uparrow$$

④ 汞的配合物　Hg^{2+}易和 Cl^-、Br^-、I^-、CN^-、SCN^-等配体形成稳定的配离子，Hg^{2+}主要形成 2 配位数的直线形配合物和 4 配位数的四面体配合物，例如 $[HgCl_4]^{2-}$、$[Hg(SCN)_4]^{2-}$、$[Hg(CN)_4]^{2-}$等。例如，Hg^{2+}与 I^-反应，生成红色

HgI_2沉淀。

$$Hg^{2+}+2I^- = HgI_2\downarrow \text{（红色）}$$

在过量 I^- 作用下，HgI_2 又溶解生成 $[HgI_4]^{2-}$ 配离子。

$$HgI_2+2I^- = [HgI_4]^{2-}\text{（无色）}$$

Hg_2^{2+} 形成配合物的倾向较小。Hg_2^{2+} 也能与 I^- 反应，生成绿色 Hg_2I_2 沉淀，在过量 I^- 作用下，Hg_2I_2 发生歧化反应，也生成 $[HgI_4]^{2-}$ 配离子。

$$Hg_2^{2+}+2I^- = Hg_2I_2\downarrow \text{（绿色）}$$

$$Hg_2I_2+2I^- = [HgI_4]^{2-}\text{（无色）}+Hg\text{（黑色）}$$

此反应可用于鉴定 Hg（Ⅰ）。

$[HgI_4^{2-}]$ 的碱性溶液称为奈斯勒（Nessler）试剂。如果溶液中有微量的 NH_4^+ 存在，滴加奈斯勒试剂，会立即生成红棕色沉淀，此反应常用来鉴定出微量的 NH_4^+。

$$2[HgI_4]^{2-}+NH_4^++4OH^- = [O\langle^{Hg}_{Hg}\rangle NH_2]I\downarrow+7I^-+3H_2O$$

红棕色沉淀

知识拓展

含镉及含汞废水的处理

1. 含镉废水

镉（Cd^{2+}）进入人体后，首先损害肾脏，并能置换骨骼中的钙（Ca^{2+}）引起骨质疏松、骨质软化，使人感觉骨骼疼痛，故名“骨痛病”，同时还伴有疲倦无力、头痛和头晕等症，并且镉在肾和肝脏中积蓄，造成积累性中毒。因此，含镉废水是世界上危害较大的工业废水之一。采矿、冶炼、电镀、蓄电池、玻璃、油漆、陶瓷、原子反应堆等部门是含镉废水的主要来源。国家规定（GB 8978—1996）含镉废水的排放标准为 $0.1mg\cdot L^{-1}$。

含镉废水可采用以下方法处理。

① 沉淀法　对于一般工业含镉废水，可采用加碱或可溶性硫化物，使 Cd^{2+} 转化为 $Cd(OH)_2$ 或 CdS 沉淀出去。

$$Cd^{2+}+2OH^- = Cd(OH)_2\downarrow$$

$$Cd^{2+}+S^{2-} = CdS\downarrow$$

② 氧化法　氧化法常用于处理氰化镀镉废水。在废水中主要含有 $[Cd(CN)_4]^{2-}$，另外，还有 Cd^{2+} 和 CN^- 等有毒物质，因此在除去 Cd^{2+} 的同时，也要除去 CN^-。以漂白粉作氧化剂加入废水中，使 CN^- 被氧化破坏，Cd^{2+} 被沉淀而除去，其主要反应如下。

漂白粉在溶液中水解，即

$$Ca(ClO)_2+2H_2O = Ca(OH)_2+2HClO$$

HClO 将 CN^- 氧化为 N_2 和 CO_3^{2-}，即

$$CN^-+OCl^- = OCN^-+Cl^-$$

$$2CN^-+5OCl^-+2OH^- = 2CO_3^{2-}+N_2\uparrow+5Cl^-+H_2O$$

Cd^{2+} 转化为沉淀，即

$$Cd^{2+}+2OH^- = Cd(OH)_2\downarrow$$

除上述介绍的两种方法外，还可采用电解法、离子交换法等方法来处理含镉废水。

2. 含汞废水

第11章　元素选述

含汞废水的处理早为世界各国所关注，它是重金属污染中危害最大的工业废水之一。催化合成乙烯、含汞农药、各种汞化合物的制备以及由汞齐电解法制备烧碱等都是含汞废水的来源，对环境和人体健康威胁极大。我国国家标准（GB 8978—1996）规定，汞的排放标准不大于0.050mg·L^{-1}。

含汞废水的处理方法很多，如化学沉淀法、还原法、活性炭吸附法、离子交换法以及微生物法等。这些方法可以根据生产规模，含汞浓度以及汞化合物的类型进行选用。下面简述几种常用的方法。

① 化学沉淀法　用 Na_2S 或 H_2S 为沉淀剂，使汞生成难溶的硫化汞 HgS，这是经典的方法。由于 HgS 的溶解度极小 [$K_{sp}^{\ominus}(HgS)=1.6\times10^{-52}$]，除汞效果很好。但 HgS 易造成二次污染，此乃美中不足。

② 凝聚沉淀法　在废水中加入明矾 [$K_2SO_4\cdot Al_2(SO_4)_3\cdot 2H_2O$] 或 $FeCl_3$、$Fe_2(SO_4)_3$ 等铁盐，利用其水解产物如 $Al(OH)_3$ 或 $Fe(OH)_3$ 胶体，将废水中的汞吸附并一起沉淀除去。

③ 还原法　用铁屑、铜屑、锌、锡等金属将废水中的 Hg^{2+} 还原成 Hg，再进行回收。这些金属离子进入水中不会造成二次污染。此外，还有的用肼、水合肼、醛类等作为还原剂还原废水中的 Hg^{2+}。

④ 离子交换法　让废水流经离子交换树脂，Hg^{2+} 被交换下来。此法操作简便，去汞效果好，得到普遍采用。但安装设备时需要一定的投资。

对于含汞量较高的废水，例如化工厂制备汞化合物后的废水，有时高达500mg·L^{-1}以上，适于采用先沉淀后离子交换的二级处理法。首先用废碱液（Na_2CO_3 或 NaOH）将废水中大量的汞沉淀出来，废水然后进入离子交换柱，既可使汞的含量达到排放标准，又可延长交换柱使用时间。

近年来，环保工作者不断寻求更加安全和经济的方法来处理含镉、汞废水，以减少或消除镉、汞在环境中的积累。含镉、汞废水成分复杂，处理达标要求又非常严格，传统的物理化学法各有优缺点。其缺点表现为处理剂使用量大，反应不易控制，水质差，回收贵金属难等。特别是镉等重金属离子浓度较低时，往往操作费用和材料的成本相对过高。而生物法因能耗少，成本低，效率高，而且容易操作，最重要的是没有二次污染，因此在城市污水和工业污水的处理中得到广泛应用。微生物能去除重金属离子，主要是因为微生物可以把重金属离子吸附到表面，然后通过细胞膜将其运输到体内积累，从而达到去除重金属的效果。

思考题与习题

1. s区元素单质的哪些性质的递变是有规律的，请解释。
2. 试叙述过氧化钠的性质、制备和用途。
3. ⅠA族和ⅡA族元素的性质有哪些相近？有哪些不同？
4. 解释碱土金属碳酸盐的热稳定性变化规律。
5. 硼酸和石墨均为层状晶体，试比较它们结构的异同。
6. 举例说明金属锌和铝化合物的两性，并写出相关的反应方程式。

7. 如何鉴定溶液中离子：Pb^{2+}，Bi^{3+}，Cu^{2+}，Cd^{2+}，Hg^{2+}，$As^{Ⅲ,Ⅴ}$，$Sb^{Ⅲ,Ⅴ}$、$Sn^{Ⅱ,Ⅳ}$？
8. 氮与磷为同族元素，为什么白磷比氮气活泼？
9. 硝酸与金属、非金属反应所得产物受哪些因素影响？
10. 如何由磷酸钙制取磷、五氧化二磷和磷酸？写出相关方程式。
11. 指出重要难溶硫化物的颜色。
12. 试说明氮的主要化学性质，并举例说明，写出相关反应方程式。

附 录

附录 1 基本物理常数表

电子的电荷	$e = 1.6021917\times10^{-19}$ C	Avogadro 常量	$N = 6.022169\times10^{23}$ mol^{-1}
Palnck 常量	$h = 6.626196\times10^{-34}$ J·s	Faraday 常量	$F = 9.648670\times10^{4}$ C·mol^{-1}
光速(真空)	$c = 2.9979250\times10^{8}$ m·s^{-1}	原子质量单位	$U = 1.6605655\times10^{-27}$ kg
Boltzman 常量	$K = 1.380622\times10^{-23}$ J·K^{-1}	电子静止质量	$m_e = 9.109558\times10^{-31}$ kg
摩尔气体常量	$R = 8.31441$ J·mol^{-1}·K^{-1}	Bohr 半径	$r_e = 5.2917715\times10^{-11}$ m

附录 2 单位换算

1 米(m) = 10^2厘米(cm) = 10^3毫米(mm) = 10^6微米(μm) = 10^9纳米(nm)

1 大气压(atm) = 760 托(torr) = 1.01325 巴(Bar) = 101325 帕(Pa)

= 1033.26 厘米水柱(cmH_2O)(4℃) = 760 毫米汞柱(mmHg)(0℃)

1 热化学卡(cal)= 4.1840 焦(J)

0℃ = 273.15 K

1 电子伏特(eV)=23.061kJ·mol^{-1}

1ppm(一百万分之一)=10^{-6}

1ppt(十亿分之一) =10^{-12}

附录 3 一些物质的标准生成焓、标准生成 Gibbs 函数和标准熵（298.15K）

物 质	$\Delta_f H_m^\ominus$/kJ·mol^{-1}	$\Delta_f G_m^\ominus$/kJ·mol^{-1}	$S_m^\ominus$/J·mol^{-1}·K^{-1}
Ag(s)	0	0	42.702
AgBr(s)	−99.50	−95.94	107.11
AgCl(s)	−127.035	−109.721	96.11
AgI(s)	−62.38	−66.32	114.2
$AgNO_3$(s)	−123.14	−32.17	140.72
Ag_2SO_4(s)	−713.4	−615.76	200.0
Al(s)	0	0	28.321
$AlCl_3$(s)	−695.3	−631.18	167.4
Al_2O_3(s,刚玉)	−1669.79	−1576.41	50.986
$Al_2(SO_4)_3$(s)	−3434.98	−3091.93	239.3

续表

物　质	$\Delta_f H_m^{\ominus}$/kJ·mol^{-1}	$\Delta_f G_m^{\ominus}$/kJ·mol^{-1}	$S_m^{\ominus}$/J·mol^{-1}·K^{-1}
Ba(s)	0	0	66.944
$BaCO_3$(s)	−1218.8	−1138.9	112.1
$BaCl_2$(s)	−860.06	−810.9	126
BaO(s)	−558.1	−528.4	70.3
$BaSO_4$(s)	−1465.2	−1353.1	132.2
Br_2(g)	30.71	3.142	245.346
Br_2(l)	0	0	152.3
C(金刚石)	1.8961	2.86604	2.4389
C(石墨)	0	0	5.6940
CO(g)	−110.525	−137.269	197.907
CO_2(g)	−393.514	−394.384	213.639
Ca(s)	0	0	41.63
$CaCO_3$(方解石)	−1206.87	−1128.76	92.88
$CaCl_2$(s)	−795.0	−750.2	113.8
CaO(s)	−635.5	−604.2	39.7
$Ca(OH)_2$(s)	−986.59	−896.76	76.1
$CaSO_4$(s)	−1432.69	−1320.30	106.7
Cl(g)	121.386	105.403	165.088
Cl_2(g)	0	0	222.949
Co(s)	0	0	28.5
Cr(s)	0	0	23.77
$CrCl_2$(s)	−395.64	−356.27	114.6
Cr_2O_3(3)	−1128.4	−1046.8	81.2
Cu(s)	0	0	33.30
CuO(s)	−155.2	−127.2	42.7
$CuSO_4$(s)	−769.86	−661.9	113.4
Cu_2O(s)	−116.69	−142.0	93.89
F_2(g)	0	0	203.3
Fe(s)	0	0	27.15
FeO(s)	−266.5	−256.9	59.4
FeS(s)	−95.06	−97.57	67.4
Fe_2O_3(赤铁矿)	−822.2	−741.0	90.0
Fe_3O_4(磁铁矿)	−1117.1	−1014.2	146.4
H(g)	217.94	203.26	114.60
H_2(g)	0	0	130.587
HBr(g)	−36.23	−53.22	198.24
HCl(g)	−92.31	−95.265	184.80
HNO_3(l)	−173.23	−79.91	155.60
HF(g)	−268.6	−270.7	173.51
HI(g)	25.94	1.30	205.60
H_2O(g)	−241.827	−228.597	188.724
H_2O(l)	−285.838	−237.191	69.940
H_2O(s)	−291.850	−234.08	39.4
H_2S(g)	−20.146	−33.020	205.64
H_2SO_4(l)	−800.8	−687.0	156.86
H_3PO_4(1)	−1271.94	(−1138.0)	201.87
H_3PO_4(s)	−1283.65	−1139.71	176.2
Hg(1)	0	0	77.4
$HgCl_2$(s)	−223.4	−176.6	144.3
Hg_2Cl_2(s)	−264.93	−210.66	195.8
HgO(s. 红色)	−90.71	−58.53	70.3
HgS(s. 红色)	−58.16	−48.83	77.8

续表

物　质	$\Delta_f H_m^{\ominus}$/kJ·mol^{-1}	$\Delta_f G_m^{\ominus}$/kJ·mol^{-1}	$S_m^{\ominus}$/J·mol^{-1}·K^{-1}
I_2(s)	0	0	116.7
I_2(g)	62.250	19.37	260.58
K(s)	0	0	63.6
KBr(s)	−392.17	−379.20	96.44
KCl(s)	−435.868	−408.325	82.68
KI(s)	−327.65	−322.29	104.35
KNO_3(s)	−492.71	−393.13	132.93
KOH(s)	−425.34	−374.2	78.9
Mg(s)	0	0	32.51
$MgCO_3$(s)	−1113.00	−1029	65.7
$MgCl_2$(s)	−641.83	−592.33	89.5
MgO(s)	−601.83	−569.57	26.8
$Mg(OH)_2$(s)	−924.7	−833.75	63.14
Mn(α,s)	0	0	31.76
$MnCl_2$(s)	−482.4	−441.4	117.2
MnO(s)	−384.9	−362.75	59.71
N_2(g)	0	0	191.489
NH_3(g)	−46.19	−16.636	192.50
NH_4Cl-α(s)	−315.38	−203.89	94.6
$(NH_4)_2SO_4$(s)	−1191.85	−900.35	220.29
NO(g)	90.31	86.688	210.618
NO_2(g)	33.853	51.840	240.45
Na(s)	0	0	51.0
NaBr(s)	−359.95	−349.4	91.2
NaCl(s)	−411.002	−384.028	72.38
NaOH(s)	−426.8	−380.7	64.18
Na_2CO_3(s)	−1133.95	−1050.64	136.0
Na_2O(s)	−416.22	−376.6	72.8
Na_2SO_4(s)	−1384.49	−1266.83	149.49
Ni(α,s)	0	0	29.79
NiO(s)	−538.1	−453.1	79
O_2(g)	0	0	205.029
O_3(g)	142.3	163.43	238.78
P(红色)	−18.41	8.4	63.2
Pb(s)	0	0	64.89
$PbCl_2$(s)	−359.20	−313.97	136.4
PbO(s,黄)	−217.86	−188.49	69.5
S(斜方)	0	0	31.88
SO_2(g)	−296.90	−300.37	248.53
SO_3(g)	−395.18	−370.37	256.23
Si(s)	0	0	18.70
SiO_2(石英)	−859.4	−805.0	41.84
Ti(s)	0	0	30.3
TiO_2(金红石)	−912	−852.7	50.25
Zn(s)	0	0	41.63
ZnO(s)	−347.98	−318.19	43.9
ZnS(s)	−202.9	−198.32	57.7
$ZnSO_4$(s)	−978.55	−871.57	124.7
CH_4(g)	−74.848	−50.794	186.19
C_2H_2(g)	−226.731	−209.200	200.83

续表

物　质	$\Delta_f H_m^\ominus$/kJ·mol^{-1}	$\Delta_f G_m^\ominus$/kJ·mol^{-1}	$S_m^\ominus$/J·mol^{-1}·K^{-1}
$C_2H_4(g)$	52.292	68.178	219.45
$C_2H_6(g)$	−84.667	−32.886	229.49
$C_6H_6(g)$	82.93	129.076	269.688
$C_6H_6(l)$	49.036	124.139	173.264
HCHO(g)	−115.9	−110.0	220.1
HCOOH(g)	−362.63	−335.72	246.06
HCOOH(l)	−409.20	−346.0	128.95
$CH_3OH(g)$	−201.17	−161.88	237.7
$CH_3OH(l)$	−238.57	−166.23	126.8
$CH_3CHO(g)$	−166.36	−133.72	265.7
$CH_3COOH(l)$	−487.0	−392.5	159.8
$CH_3COOH(g)$	−436.4	−381.6	293.3
$C_2H_5OH(l)$	−277.63	−174.77	160.7
$C_2H_5OH(g)$	−235.31	−168.6	282.0

附录 4　一些水合离子的标准生成焓、标准生成 Gibbs 函数和标准熵

物　质	$\Delta_f H_m^\ominus$/kJ·mol^{-1}	$\Delta_f G_m^\ominus$/kJ·mol^{-1}	$S_m^\ominus$/J·K^{-1}·mol^{-1}
H^+	0.00	0.00	0.00
Na^+	−239.655	−261.872	60.2
K^+	−251.21	−282.278	102.5
Ag^+	105.90	77.111	73.93
NH_4^+	−132.80	−79.50	112.84
Ba^{2+}	−538.36	−560.7	13
Ca^{2+}	−534.59	−553.04	−55.2
Mg^{2+}	−461.96	−456.01	−118.0
Fe^{2+}	−87.9	−84.94	−113.4
Fe^{3+}	−47.7	10.54	−293.3
Cu^{2+}	64.39	64.98	−100
CO_3^{2-}	−676.26	−528.10	−53.1
Pb^{2+}	−1.63	−24.31	21.3
Mn^{2+}	−218.8	−223.4	−84
Al^{3+}	−524.7	−481.16	−313.4
OH^-	−229.940	−158.78	−10.539
F^-	−329.11	−276.48	−9.6
Cl^-	−167.456	−131.168	55.10
Br^-	−120.92	−102.818	80.71
I^-	−55.94	−51.67	109.37
HS^-	−17.66	12.59	61.1
HCO_3^-	−691.11	−587.06	95
NO_3^-	−206.572	−110.50	146.0
AlO_2^-	−918.8	−823.0	−21
S_2^-	41.8	83.7	22.2
SO_4^{2-}	−907.5	−741.99	17.2
Zn^{2+}	−152.42	−147.210	−106.48

附录 5　难溶化合物溶度积(298.15K)

化合物	$K_{sp}^{\ominus}$	$pK_{sp}^{\ominus}$
卤化物		
AgCl	1.8×10^{-10}	9.75
AgBr	5.2×10^{-13}	12.28
AgI	8.3×10^{-17}	16.08
BaF_2	1.0×10^{-6}	5.98
CaF_2	2.7×10^{-11}	10.57
CuI	1.27×10^{-12}	10.87
Hg_2Cl_2	1.3×10^{-18}	17.88
Hg_2I_2	4.5×10^{-29}	28.35
PbF_2	2.7×10^{-8}	7.57
$PbCl_2$	1.6×10^{-5}	4.79
$PbBr_2$	4.0×10^{-5}	4.41
PbI_2	7.1×10^{-9}	8.15
SrF_2	2.5×10^{-9}	8.61
硫化物		
Ag_2S	6.3×10^{-50}	49.2
As_2S_3	2.1×10^{-22}	21.68
Bi_2S_3	1×10^{-97}	97.0
CdS	8.0×10^{-27}	26.10
CoS(α)	4.0×10^{-21}	20.40
CuS	6.3×10^{-36}	35.20
FeS	6.3×10^{-18}	17.20
Fe_2S_3	1.0×10^{-88}	88.00
Hg_2S	1.0×10^{-47}	47.00
HgS(红)	4×10^{-53}	52.4
HgS(黑)	1.6×10^{-52}	51.80
MnS(晶,绿)	2.5×10^{-13}	12.60
NiS(α)	3.2×10^{-19}	18.5
PbS	1.0×10^{-28}	28.00
SnS	1.0×10^{-25}	25.00
ZnS(α)	1.6×10^{-24}	23.80
ZnS(β)	2.5×10^{-22}	21.60
草酸盐		
BaC_2O_4	1.6×10^{-7}	6.79
$CaC_2O_4\cdot2H_2O$	2.6×10^{-9}	8.4
$MnC_2O_4\cdot2H_2O$	1.1×10^{-15}	14.96
$SrC_2O_4\cdot H_2O$	1.6×10^{-7}	6.80
碳酸盐		
Ag_2CO_3	8.1×10^{-12}	11.09
$BaCO_3$	5.1×10^{-9}	8.29
$CaCO_3$	2.8×10^{-9}	8.54
$FeCO_3$	3.2×10^{-11}	10.50
$MgCO_3$	3.5×10^{-8}	7.46
$PbCO_3$	7.4×10^{-14}	13.13
$SrCO_3$	1.1×10^{-10}	9.96
氢氧化物		
$Al(OH)_3$(无定形)	1.3×10^{-33}	32.9
$Bi(OH)_3$	4.3×10^{-31}	30.37
$Ca(OH)_2$	5.5×10^{-6}	5.26
$Cd(OH)_2$(新沉淀)	2.5×10^{-14}	13.60
$Co(OH)_2$(粉红,新)	1.6×10^{-15}	14.8
$Cr(OH)_3$	6.3×10^{-31}	30.20
$Cu(OH)_2$	2.2×10^{-20}	19.66
$Fe(OH)_2$	8×10^{-16}	15.1
$Fe(OH)_3$	2.64×10^{-39}	38.5
$Hg_2(OH)_2$	2.0×10^{-24}	23.70
$Mg(OH)_2$	5.61×10^{-12}	11.25
$Mn(OH)_2$	1.9×10^{-13}	12.72
$Ni(OH)_2$(新沉淀)	2.0×10^{-15}	14.70
$Pb(OH)_2$	1.2×10^{-15}	14.93
$Sn(OH)_2$	1.4×10^{-28}	27.85
$Sn(OH)_4$	1×10^{-56}	56.0
$Zn(OH)_2$(晶,陈化)	1.2×10^{-17}	16.92
硫酸盐		
Ag_2SO_4	1.4×10^{-5}	4.84
$BaSO_4$	1.1×10^{-10}	9.96
$CaSO_4$	9.1×10^{-6}	5.04
$PbSO_4$	1.6×10^{-8}	7.79
$SrSO_4$	3.2×10^{-7}	6.49
铬酸盐		
Ag_2CrO_4	1.1×10^{-12}	11.95
$Ag_2Cr_2O_7$	2.0×10^{-7}	6.70
$BaCrO_4$	1.2×10^{-10}	9.93
$CaCrO_4$	2.3×10^{-2}	1.64
$PbCrO_4$	2.8×10^{-13}	12.55
$SrCrO_4$	2.2×10^{-5}	4.65
氰化物及硫氰化物		
AgCN	1.2×10^{-16}	15.92
AgSCN	1.0×10^{-12}	12.00
CuCN	3.2×10^{-20}	19.49
$Cu_2(SCN)_2$	4.8×10^{-15}	14.32
$Hg_2(CN)_2$	5×10^{-40}	39.3
砷酸盐		
Ag_3AsO_4	1.0×10^{-22}	22.00
$Ba_3(AsO_4)_2$	8.0×10^{-51}	50.11
$Cu_3(AsO_4)_2$	7.6×10^{-36}	35.12
$Pb_3(AsO_4)_2$	4.0×10^{-36}	35.39
磷酸盐		
Ag_3PO_4	1.4×10^{-16}	15.84
$Ba_3(PO_4)_2$	3×10^{-23}	22.5
$BiPO_4$	1.3×10^{-23}	22.89
$Cd_3(PO_4)_2$	3×10^{-33}	32.6
$Co_3(PO_4)_2$	2×10^{-35}	34.7
$Cu_3(PO_4)_2$	1.3×10^{-37}	36.9
$FePO_4$	1.3×10^{-22}	21.89
$Mg_3(PO_4)_2$	6×10^{-28}	27.2

续表

化合物	$K_{sp}^{\ominus}$	$pK_{sp}^{\ominus}$	化合物	$K_{sp}^{\ominus}$	$pK_{sp}^{\ominus}$
$MgNH_4PO_4$	2.5×10^{-13}	12.60	$Ag_4[Fe(CN)_6]$	1.6×10^{-41}	40.80
$Pb_3(PO_4)_2$	8.0×10^{-43}	42.10	$Cd_2[Fe(CN)_6]$	3.2×10^{-17}	16.49
$Sr_3(PO_4)_2$	4.0×10^{-28}	27.40	$Co_2[Fe(CN)_6]$	1.8×10^{-15}	14.74
$Zn_3(PO_4)_2$	9.0×10^{-33}	32.04	$Cu_2[Fe(CN)_6]$	1.3×10^{-16}	15.89
$BaHPO_4$	1×10^{-7}	7.0	$Fe_4[Fe(CN)_6]_3$	3.3×10^{-41}	40.52
$CaHPO_4$	1×10^{-7}	7.0	$Pb_2[Fe(CN)_6]$	3.5×10^{-15}	14.46
$CoHPO_4$	2×10^{-7}	6.7	$Zn_2[Fe(CN)_6]$	4.0×10^{-16}	15.39
$PbHPO_4$	1.3×10^{-10}	9.9	$Co[Hg(SCN)_4]$	1.5×10^{-6}	5.82
$Ba_2P_2O_7$	3.2×10^{-11}	10.50	$Zn[Hg(SCN)_4]$	2.2×10^{-7}	6.66
$Cu_2P_2O_7$	8.3×10^{-16}	15.08	$K[B(C_6H_5)_4]$	2.2×10^{-8}	7.65
其他			$K_2[PtCl_6]$	1.1×10^{-5}	4.96
$Ag[Ag(CN)_2]$	5.0×10^{-12}	11.3	$Ba_3(AsO_4)_2$	8.0×10^{-51}	50.11
$K_2Na[Co(NO_2)_6]\cdot H_2O$	2.2×10^{-11}	10.66	$Ca[SiF_6]$	8.1×10^{-4}	3.09

附录 6　配合物的稳定常数

1. 常见配离子的稳定常数

配离子	$\lg K_f^{\ominus}$	配离子	$\lg K_f^{\ominus}$
$[Ag(NH_3)_2]^+$	7.40	$[Fe(CN)_6]^{3-}$	43.6
$[Cd(NH_3)_4]^{2+}$	6.92	$[Hg(CN)_4]^{2-}$	41.5
$[Co(NH_3)_6]^{2+}$	5.11	$[Ni(CN)_4]^{2-}$	31.3
$[Co(NH_3)_6]^{3+}$	35.2	$[Zn(CN)_4]^{2-}$	16.7
$[Cu(NH_3)_4]^{2+}$	12.59	$[Cd(OH)_4]^{2-}$	12.0
$[Ni(NH_3)_4]^{2+}$	7.79	$[Cr(OH)_4]^{-}$	18.3
$[Zn(NH_3)_4]^{2+}$	9.06	$[CdI_4]^{2-}$	6.15
$[Ag(CN)_2]^{-}$	21.1	$[Ag(SCN)_2]^{-}$	9.1
$[Au(CN)_2]^{-}$	38.3	$[Ag(S_2O_3)_2]^{2-}$	13.5
$[Cd(CN)_4]^{2-}$	18.9	$[Hg(SCN)_2]$	32.26
$[Cu(CN)_2]^{-}$	24.0	$[AlF_6]^{3-}$	19.7
$[Fe(CN)_6]^{4-}$	35.4	$[FeF_3]$	11.9

2. 配合物的累积稳定常数

金属离子	离子强度	n	$\lg\beta_n$
氨配合物			
Ag^+	0.1	1，2	3.40，7.40
Cd^{2+}	0.1	1，…，6	2.60，4.65，6.04，6.92，6.6，4.9
Co^{2+}	0.1	1，…，6	2.05，3.62，4.61，5.31，5.43，4.75
Cu^{2+}	2	1，…，4	4.13，7.61，10.48，12.59
Ni^{2+}	0.1	1，…，6	2.75，4.95，6.64，7.79，8.50，8.49
Zn^{2+}	0.1	1，…，4	2.27，4.61，7.01，9.06
氟配合物			
Al^{3+}	0.53	1，…，6	6.1，11.15，15.0，17.7，19.4，19.7
Fe^{3+}	0.5	1，2，3	5.2，9.2，11.9
Th^{4+}	0.5	1，2，3	7.7，13.5，18.0
TiO^{2+}	3	1，…，4	5.4，9.8，13.7，17.4
Sn^{4+}	*	6	25
Zr^{4+}	2	1，2，3	8.8，16.1，21.9

续表

金属离子	离子强度	n	$\lg\beta_n$
氯配合物			
Ag^+	0.2	1，…，4	2.9，4.7，5.0，5.9
Hg^{2+}	0.5	1，…，4	6.7，13.2，14.1，15.1
碘配合物			
Cd^{2+}	*	1，…，4	2.4，3.4，5.0，6.15
Hg^{2+}	0.5	1，…，4	12.9，23.8，27.6，29.8
氰配合物			
Ag^+	0～0.3	1，…，4	—，21.1，21.8，20.7
Au^+	*	2	38.3
Cd^{2+}	3	1，…，4	5.5，10.6，15.3，18.9
Cu^+	0	1，…，4	—，24.0，28.6，30.3
Fe^{2+}	0	6	35.4
Fe^{3+}	0	6	43.6
Hg^{2+}	0.1	1，…，4	18.0，34.7，38.5，41.5
Ni^{2+}	0.1	4	31.3
Zn^{2+}	0.1	4	16.7
硫氰酸配合物			
Fe^{3+}	*	1，…，5	2.3，4.2，5.6，6.4，6.4
Hg^{2+}	1	1，…，4	—，16.1，19.0，20.9
硫代硫酸配合物			
Ag^+	0	1，2	8.82，13.5
Hg^{2+}	0	1，2	29.86，32.26
磺基水杨酸配合物			
Al^{3+}	0.1	1，2，3	12.9，22.9，29.0
Fe^{3+}	3	1，2，3	14.4，25.2，32.2
乙酰丙酮配合物			
Al^{3+}	0.1	1，2，3	8.1，15.7，21.2
Cu^{2+}	0.1	1，2	7.8，14.3
Fe^{3+}	0.1	1，2，3	9.3，17.9，25.1
邻二氮菲配合物			
Ag^+	0.1	1，2	5.02，12.07
Cd^{2+}	0.1	1，2，3	6.4，11.6，15.8
Co^{2+}	0.1	1，2，3	7.0，13.7，20.1
Cu^{2+}	0.1	1，2，3	9.1，15.8，21.0
Fe^{2+}	0.1	1，2，3	5.9，11.1，21.3
Hg^{2+}	0.1	1，2，3	—，19.65，23.35
Ni^{2+}	0.1	1，2，3	8.8，17.1，24.8
Zn^{2+}	0.1	1，2，3	6.4，12.15，17.0
乙二胺配合物			
Ag^+	0.1	1，2	4.7，7.7
Cd^{2+}	0.1	1，2	5.47，10.02
Cu^{2+}	0.1	1，2	10.55，19.60
Co^{2+}	0.1	1，2，3	5.89，10.72，13.82
Hg^{2+}	0.1	2	23.42
Ni^{2+}	0.1	1，2，3	7.66，14.06，18.59
Zn^{2+}	0.1	1，2，3	5.71，10.37，12.08

续表

金属离子	离子强度	n	$\lg\beta_n$
柠檬酸配合物			
Al^{3+}	0.5	1	20.0
Cu^{2+}	0.5	1	18
Fe^{3+}	0.5	1	25
Ni^{2+}	0.5	1	14.3
Pb^{2+}	0.5	1	12.3
Zn^{2+}	0.5	1	11.4

* 离子强度不定。

附录 7　金属离子与氨羧螯合剂形成的配合物的稳定常数

$I=0.1\quad t=20\sim25$ ℃

金属离子	EDTA($\lg K_f^\ominus$)	EGTA($\lg K_f^\ominus$)	DCTA($\lg K_f^\ominus$)	DTPA($\lg K_f^\ominus$)	TTHA($\lg K_f^\ominus$)
Ag^{+}	7.3	6.88	—	—	8.67
Al^{3+}	16.1	13.90	17.63	18.60	19.70
Ba^{2+}	7.76	8.41	8.00	8.87	8.22
Bi^{3+}	27.94	—	24.1	35.60	—
Ca^{2+}	10.69	10.97	12.5	10.83	10.06
Ce^{3+}	15.98	—	—	—	—
Cd^{2+}	16.46	15.6	19.2	19.20	19.80
Co^{2+}	16.31	12.30	18.9	19.27	17.10
Cr^{3+}	23.0	—	—	—	—
Cu^{2+}	18.80	17.71	21.30	21.55	19.20
Fe^{2+}	14.33	11.87	18.2	16.50	—
Fe^{3+}	25.1	20.50	29.3	28.00	26.80
Hg^{2+}	21.8	23.20	24.3	26.70	26.80
Mg^{2+}	8.69	5.21	10.30	9.30	8.43
Mn^{2+}	14.04	12.28	16.8	15.60	14.65
Na^{+}	1.66	—	—	—	—
Ni^{2+}	18.67	17.0	19.4	20.32	18.10
Pb^{2+}	18.04	15.5	19.68	18.00	17.10
Sn^{2+}	22.1	—	—	—	—
Sr^{2+}	8.63	6.8	10.0	9.77	9.26
Th^{4+}	23.2	—	23.2	28.78	31.90
Ti^{3+}	21.3	—	—	—	—
TiO^{2+}	17.3	—	—	—	—
U^{4+}	25.5	—	—	7.69	—
Y^{3+}	18.1	—	—	22.13	—
Zn^{2+}	16.50	14.50	18.67	18.40	16.65

注：EDTA：乙二胺四乙酸；

EGTA：乙二醇二乙醚二胺四乙酸；

DCTA：1，2-二氨基环己烷四乙酸；

DTPA：二乙基三胺五乙酸；

TTHA：三乙基四胺六乙酸。

附录 8 标准电极电势表(298.15K)

1. 酸性溶液中

电极反应 (氧化态+电子 ══ 还原态)	$\varphi_A^\ominus$/V	电极反应 (氧化态+电子 ══ 还原态)	$\varphi_A^\ominus$/V
$Li^+ + e^- = Li$	−3.04	$H_3PO_3 + 3H^+ + 3e^- = P + 3H_2O$	−0.49
$Rb^+ + e^- = Rb$	−2.925	$S + 2e^- = S^{2-}$	−0.48
$K^+ + e^- = K$	−2.925	$Fe^{2+} + 2e^- = Fe$	−0.4402
$Cs^+ + e^- = Cs$	−2.923	$Cd^{2+} + 2e^- = Cd$	−0.403
$Ba^{2+} + 2e^- = Ba$	−2.90	$Se + 2H^+ + 2e^- = H_2Se(aq)$	−0.36
$Sr^{2+} + 2e^- = Sr$	−2.89	$PbSO_4 + 2e^- = Pb + SO_4^{2-}$	−0.356
$Ca^{2+} + 2e^- = Ca$	−2.87	$Cd^{2+} + 2e = Cd(Hg)$	−0.351
$Na^+ + e^- = Na$	−2.714	$Ag(CN)_2^- + e^- = Ag + 2CN^-$	−0.31
$La^{3+} + 3e^- = La$	−2.25	$Co^{2+} + 2e^- = Co$	−0.277
$Mg^{2+} + 2e^- = Mg$	−2.37	$PbBr_2 + 2e^- = Pb + 2Br^-$	−0.274
$Ce^{3+} + 3e^- = Ce$	−2.33	$PbCl_2 + 2e^- = Pb + 2Cl^-$	−0.266
$H_2 + 2e^- = 2H^-$	−2.25	$Ni^{2+} + 2e^- = Ni$	−0.23
$Sc^{3+} + 3e^- = Sc$	−2.08	$2SO_4^{2-} + 4H^+ + 2e^- = S_2O_6^{2-} + 2H_2O$	−0.22
$Al^{3+} + 3e^- = Al$	−1.66	$AgI + e^- = Ag + I^-$	−0.151
$Be^{2+} + 2e^- = Be$	−1.85	$Sn^{2+} + 2e^- = Sn$	−0.136
$Ti^{2+} + 2e^- = Ti$	−1.63	$Pb^{2+} + 2e^- = Pb$	−0.126
$V^{2+} + 2e^- = V$	−1.18	$Fe^{3+} + 3e^- = Fe$	−0.036
$Mn^{2+} + 2e^- = Mn$	−1.18	$2H^+ + 2e^- = H_2$	0.0000
$H_3BO_3 + 3H^+ + 3e^- = B + 3H_2O$	−0.87	$P + 3H^+ + 3e^- = PH_3(g)$	0.06
$TiO_2(aq) + 4H^+ + 4e^- = Ti + 2H_2O(g)$	−0.84	$AgBr + e^- = Ag + Br^-$	0.071
$SiO_2 + 4H^+ + 4e^- = Si + 2H_2O(g)$	−0.84	$S_4O_6^{2-} + 2e^- = 2S_2O_3^{2-}$	0.08
$Zn^{2+} + 2e^- = Zn$	−0.7628	$S + 2H^+ + 2e^- = H_2S(aq)$	0.141
$Cr^{2+} + 2e^- = Cr$	−0.74	$Sb_2O_3 + 6H^+ + 6e^- = 2Sb + 3H_2O$	0.152
$Ag_2S + 2e^- = 2Ag + S^{2-}$	−0.69	$Cu^{2+} + e^- = Cu^+$	0.153
$As + 3H^+ + 3e^- = AsH_3(g)$	−0.60	$Sn^{4+} + 2e^- = Sn^{2+}$	0.154
$Sb + 3H^+ + 3e^- = SbH_3(g)$	−0.51	$BiOCl + 2H^+ + 3e^- = Bi + Cl^- + H_2O$	0.16
$H_3PO_3 + 2H^+ + 2e^- = H_3PO_2 + H_2O$	−0.50	$AgCl + e^- = Ag + Cl^-$	0.2224
$2CO_2 + 2H^+ + 2e^- = H_2C_2O_4$	−0.49	$As_2O_3 + 6H^+ + 6e^- = 2As + 3H_2O$	0.234

续表

电极反应 (氧化态+电子══还原态)	$\varphi_A^\ominus$/V	电极反应 (氧化态+电子══还原态)	$\varphi_A^\ominus$/V
$Hg_2Cl_2 + 2e^- = 2Hg + 2Cl^-$	0.2676	$NO_2 + H^+ + e^- = HNO_2$	1.07
$Cu^{2+} + 2e^- = Cu$	0.337	$Br_2(aq) + 2e^- = 2Br^-$	1.087
$(CN)_2 + 2H^+ + 2e^- = 2HCN$	0.37	$ClO_3^- + 2H^+ + e^- = ClO_2 + H_2O$	1.15
$2SO_2(aq) + 2H^+ + 4e^- = S_2O_3^{2-} + H_2O$	0.400	$ClO_4^- + 2H^+ + 2e^- = ClO_3^- + H_2O$	1.19
$Ag_2CrO_4 + 2e^- = 2Ag + CrO_4^{2-}$	0.446	$2IO_3^- + 12H^+ + 10e^- = I_2 + 6H_2O$	1.195
$H_2SO_3 + 4H^+ + 4e^- = S + 3H_2O$	0.45	$MnO_2 + 4H^+ + 2e^- = Mn^{2+} + 2H_2O$	1.208
$Fe(CN)_6^{3-} + e^- = Fe(CN)_6^{4-}$	0.356	$ClO_3^- + 3H^+ + 2e^- = HClO_2 + H_2O$	1.21
$4SO_2(aq) + 4H^+ + 6e^- = S_4O_6^{2-} + 2H_2O$	0.51	$O_2 + 4H^+ + 4e^- = 2H_2O$	1.229
$Cu^+ + e^- = Cu$	0.522	$Cr_2O_7^{2-} + 14H^+ + 6e^- = 2Cr^{3+} + 7H_2O$	1.33
$I_2(s) + 2e^- = 2I^-$	0.535	$Cl_2(g) + 2e^- = 2Cl^-$	1.360
$H_3AsO_4 + 2H^+ + 2e^- = HAsO_2 + 2H_2O$	0.560	$Ce^{4+} + e^- = Ce^{3+}$	1.459
$2HgCl_2 + 2e^- = Hg_2Cl_2 + 2Cl^-$	0.63	$PbO_2 + 4H^+ + 2e^- = Pb^{2+} + 2H_2O$	1.46
$Ag_2SO_4 + 2e^- = 2Ag + SO_4^{2-}$	0.653	$MnO_4^- + 8H^+ + 5e^- = Mn^{2+} + 4H_2O$	1.51
$O_2 + 2H^+ + 2e^- = H_2O_2$	0.682	$2BrO_3^- + 12H^+ + 10e^- = Br_2 + 6H_2O$	1.52
$Fe^{3+} + e^- = Fe^{2+}$	0.771	$2HClO_2 + 6H^+ + 6e^- = Cl_2 + 4H_2O$	1.63
$Ag^+ + e^- = Ag$	0.7991	$PbO_2 + SO_4^{2-} + 4H^+ + 2e^- = PbSO_4 + 2H_2O$	1.685
$NO_3^- + 2H^+ + e^- = NO_2 + H_2O$	0.80	$MnO_4^- + 4H^+ + 3e^- = MnO_2 + 2H_2O$	1.695
$Hg^{2+} + 2e^- = Hg$	0.851	$H_2O_2 + 2H^+ + 2e^- = 2H_2O$	1.77
$NO_3^- + 3H^+ + 2e^- = HNO_2 + H_2O$	0.94	$Co^{3+} + e^- = Co^{2+}$	1.82
$NO_3^- + 4H^+ + 3e^- = NO + 2H_2O$	0.96	$S_2O_8^{2-} + 2e^- = 2SO_4^{2-}$	2.01
$HIO + H^+ + 2e^- = I^- + H_2O$	0.99	$O_3 + 2H^+ + 2e^- = O_2 + H_2O$	2.07
$HNO_2 + H^+ + e^- = NO + H_2O$	0.99	$F_2 + 2e^- = 2F^-$	2.87
$NO_2 + 2H^+ + 2e^- = NO + H_2O$	1.030	$F_2 + 2H^+ + 2e^- = 2HF$	3.06
$Br_2(l) + 2e^- = 2Br^-$	1.0652		

2. 碱性溶液中

电极反应 (氧化态+电子══还原态)	$\varphi_B^\ominus$/V	电极反应 (氧化态+电子══还原态)	$\varphi_B^\ominus$/V
$Ca(OH)_2 + 2e^- = Ca + 2OH^-$	−3.03	$Sr(OH)_2 + 2e^- = Sr + 2OH^-$	−2.88
$La(OH)_3 + 3e^- = La + 3OH^-$	−2.90	$Ba(OH)_2 + 2e^- = Ba + 2OH^-$	−2.81

续表

电极反应 (氧化态+电子══还原态)	$\varphi_B^\ominus$/V	电极反应 (氧化态+电子══还原态)	$\varphi_B^\ominus$/V
$Mg(OH)_2 + 2e^- = Mg + 2OH^-$	−2.69	$NO_2^- + H_2O + e^- = NO + 2OH^-$	−0.46
$H_2AlO_3^- + H_2O + 3e^- = Al + 4OH^-$	−2.35	$Cu_2O + H_2O + 2e^- = 2Cu + 2OH^-$	−0.358
$SiO_3^{2-} + 3H_2O + 4e^- = Si + 6OH^-$	−1.73	$Cu(OH)_2 + 2e^- = Cu + 2OH^-$	−0.224
$HPO_3^{2-} + 2H_2O + 2e^- = H_2PO_2^- + 3OH^-$	−1.65	$CrO_4^{2-} + 4H_2O + 3e^- = Cr(OH)_3 + 5OH^-$	−0.13
$Mn(OH)_2 + 2e^- = Mn + 2OH^-$	−1.55	$2Cu(OH)_2 + 2e^- = Cu_2O + 2OH^- + H_2O$	−0.08
$Cr(OH)_3 + 3e^- = Cr + 3OH^-$	−1.3	$NO_3^- + H_2O + 2e^- = NO_2^- + 2OH^-$	0.01
$Zn(OH)_2 + 2e^- = Zn + 2OH^-$	−1.245	$HgO + H_2O + 2e^- = Hg + 2OH^-$	0.098
$Zn(CN)_4^{2-} + 2e^- = Zn + 4CN^-$	−1.26	$Co(NH_3)_6^{3+} + e^- = Co(NH_3)_6^{2+}$	0.1
$As + 3H_2O + 3e^- = AsH_3 + 3OH^-$	−1.210	$IO_3^- + 3H_2O + 6e^- = I^- + 6OH^-$	0.26
$CrO_2^- + 2H_2O + 3e^- = Cr + 4OH^-$	−1.2	$PbO_2 + H_2O + 2e^- = PbO + 2OH^-$	0.28
$2SO_3^{2-} + 2H_2O + 2e^- = S_2O_4^{2-} + 4OH^-$	−1.12	$ClO_3^- + H_2O + 2e^- = ClO_2^- + 2OH^-$	0.33
$PO_4^{3-} + 2H_2O + 2e^- = HPO_3^{2-} + 3OH^-$	−1.12	$ClO_4^- + H_2O + 2e^- = ClO_3^- + 2OH^-$	0.36
$Sn(OH)_6^{2-} + 2e^- = HSnO_2^- + 3OH^- + H_2O$	−0.96	$Ag(NH_3)_2^+ + e^- = Ag + 2NH_3$	0.373
$SO_4^{2-} + H_2O + 2e^- = SO_3^{2-} + 2OH^-$	−0.93	$O_2 + 2H_2O + 4e^- = 4OH^-$	0.401
P(白) $+ 3H_2O + 3e^- = PH_3(g) + 3OH^-$	−0.89	$IO^- + H_2O + 2e^- = I^- + 2OH^-$	0.49
$2H_2O + 2e^- = H_2 + 2OH^-$	−0.8277	$IO_3^- + 2H_2O + 4e^- = IO^- + 4OH^-$	0.56
$Cd(OH)_2 + 2e^- = Cd + 2OH^-$	−0.809	$MnO_4^- + e^- = MnO_4^{2-}$	0.564
$HSnO_2^- + H_2O + 2e^- = Sn + 3OH^-$	−0.79	$MnO_4^- + 2H_2O + 3e^- = MnO_2 + 4OH^-$	0.588
$Co(OH)_2 + 2e^- = Co + 2OH^-$	−0.73	$ClO_2^- + H_2O + 2e^- = ClO^- + 2OH^-$	0.66
$AsO_4^{3-} + 2H_2O + 2e^- = AsO_2^- + 4OH^-$	−0.71	$BrO_3^- + 3H_2O + 6e^- = Br^- + 6OH^-$	0.61
$AsO_2^- + 2H_2O + 3e^- = As + 4OH^-$	−0.68	$ClO_3^- + 3H_2O + 6e^- = Cl^- + 6OH^-$	0.62
$SO_3^{2-} + 3H_2O + 4e^- = S + 6OH^-$	−0.66	$BrO^- + H_2O + 2e^- = Br^- + 2OH^-$	0.70
$2SO_3^{2-} + 3H_2O + 4e^- = S_2O_3^{2-} + 6OH^-$	−0.58	$ClO^- + H_2O + 2e^- = Cl^- + 2OH^-$	0.89
$Fe(OH)_3 + e^- = Fe(OH)_2 + OH^-$	−0.56	$O_3 + H_2O + 2e^- = O_2 + 2OH^-$	1.24
$S + 2e^- = S^{2-}$	−0.48		

附录 9 一些氧化还原电对的条件电势(298.15K)

电极反应	条件电势/V	介 质
$Ag^{2+} + e^- = Ag^+$	2.00	4mol·L^{-1} $HClO_4$
	1.927	4 mol·L^{-1} HNO_3
Ce(Ⅳ) $+ e^- =$ Ce(Ⅲ)	1.70	1 mol·L^{-1} $HClO_4$
	1.61	1 mol·L^{-1} HNO_3
	1.28	1 mol·L^{-1} HCl
	1.44	0.5 mol·L^{-1} H_2SO_4
Co(Ⅲ) $+ e^- =$ Co(Ⅱ)	1.85	4 mol·L^{-1} $HClO_4$
	1.85	4 mol·L^{-1} HNO_3

续表

电极反应	条件电势/V	介　质
$Cr_2O_7^{2-} + 14H^+ + 6e^- \longequal$ $2Cr^{3+} + 7H_2O$	1.025	$1mol \cdot L^{-1}$ $HClO_4$
	1.15	$4mol \cdot L^{-1}$ H_2SO_4
	1.00	$1mol \cdot L^{-1}$ HCl
	1.05	$2mol \cdot L^{-1}$ HCl
	1.08	$3mol \cdot L^{-1}$ HCl
Fe(Ⅲ) $+ e^- \longequal$ Fe(Ⅱ)	0.73	$1mol \cdot L^{-1}$ $HClO_4$
	0.68	$1mol \cdot L^{-1}$ H_2SO_4
	0.71	$0.5mol \cdot L^{-1}$ HCl
	0.68	$1mol \cdot L^{-1}$ HCl
	0.46	$2mol \cdot L^{-1}$ H_3PO_4
	0.51	$1\ mol \cdot L^{-1}$ HCl-$0.25\ mol \cdot L^{-1}$ H_3PO_4
$I_3^- + 2e^- \longequal 3I^-$	0.545	$1mol \cdot L^{-1}$ H^+
Sn(Ⅳ) $+ 2e^- \longequal$ Sn(Ⅱ)	0.14	$1mol \cdot L^{-1}$ HCl
H_2O	18.02	

附录 10　分子量表

化合物	分子量	化合物	分子量
Ag_2AsO_4	462.52	$Bi(NO_3)_3 \cdot 5H_2O$	485.07
AgBr	187.78	CO	28.01
AgCN	133.84	CO_2	44.01
AgCl	143.32	$CO(NH_2)_2$	60.0556
Ag_2CrO_4	331.73	$CaCO_3$	100.09
AgI	234.77	CaC_2O_4	128.10
$AgNO_3$	169.87	$CaCl_2$	110.99
AgSCN	165.95	$CaCl_2 \cdot 6H_2O$	219.075
$AlCl_3$	133.341	CaO	56.08
$AlCl_3 \cdot 6H_2O$	241.433	$Ca(OH)_2$	74.09
$Al(C_9H_6N)_3$(8-羟基喹啉铝)	459.444	$Ca_3(PO_4)_2$	310.18
$Al(NO_3)_3$	212.996	$CaSO_4$	136.14
$Al(NO_3)_3 \cdot 9H_2O$	375.13	$CaSO_4 \cdot 2H_2O$	172.17
Al_2O_3	101.96	$Ce(NH_4)_2(NO_3)_6 \cdot 2H_2O$	584.25
$Al_2(OH)_3$	78.004	$Ce(NH_4)_4(SO_4)_4 \cdot 2H_2O$	632.55
$Al_2(SO_4)_3$	342.15	$Co(NO_3)_2$	182.94
$Al_2(SO_4)_3 \cdot 18H_2O$	666.43	$Co(NO_2)_2 \cdot 6H_2O$	291.03
As_2O_3	197.84	CoS	91.00
As_2O_5	229.84	$CoSO_4$	154.99
As_2S_3	246.04	$CrCl_3$	158.355
$BaCO_3$	197.34	$CrCl_3 \cdot 6H_2O$	266.45
BaC_2O_4	225.35	Cr_2O_3	151.99
$BaCl_2$	208.24	CuSCN	121.63
$BaCl_2 \cdot 2H_2O$	244.27	CuI	190.45
$BaCrO_4$	253.32	$Cu(NO_3)_2$	187.56
BaO	153.33	$Cu(NO_3)_2 \cdot 3H_2O$	241.60
$Ba(OH)_2$	171.35	$Cu(NO_3)_2 \cdot 6H_2O$	295.65
$BaSO_4$	233.39	CuO	79.54
$Bi(NO_3)_3$	395.00	Cu_2O	143.09

续表

化合物	分子量	化合物	分子量
CuS	95.61	$KBrO_3$	167.01
$CuSO_4$	159.61	KCl	74.56
$CuSO_4 \cdot 5H_2O$	249.69	$KClO_3$	122.55
$FeCl_2$	126.75	$KClO_4$	138.55
$FeCl_3 \cdot 6H_2O$	270.30	K_2CO_3	138.21
$FeNH_4(SO_4)_2 \cdot 12H_2O$	482.20	$K_2Cr_2O_7$	294.19
$Fe(NH_4)_2(SO_4)_2 \cdot 6H_2O$	392.14	K_2CrO_4	194.20
$Fe(NO_3)_3$	241.86	$KFe(SO_4)_2 \cdot 12H_2O$	503.26
$Fe(NO_3)_3 \cdot 6H_2O$	349.95	$K_3[Fe(CN)]_6$	329.25
FeO	71.85	$K_4[Fe(CN)]_6$	368.35
Fe_2O_3	159.69	$KHC_8H_4O_4$(邻苯二甲酸氢钾)	204.22
Fe_3O_4	231.54	$KHC_4H_4O_6$(酒石酸氢钾)	188.18
$Fe(OH)_3$	106.87	$KHC_2O_4 \cdot H_2O$	146.14
FeS	87.913	$KHC_2O_4 \cdot H_2C_2O_4 \cdot 2H_2O$	254.19
$FeSO_4$	151.91	$KHSO_4$	136.17
$FeSO_4 \cdot 7H_2O$	278.02	KI	166.01
H_3AsO_3	125.94	KIO_3	214.00
H_3AsO_4	141.94	$KIO_3 \cdot HIO_3$	389.92
H_3BO_3	61.83	$KMnO_4$	158.04
H_3PO_4	98.00	$KNaC_4H_4O_6 \cdot 4H_2O$(酒石酸盐)	382.22
H_2S	34.08	KNO_2	85.10
H_2SO_3	82.08	KNO_3	101.10
H_2SO_4	98.08	K_2O	92.20
$HgCl_2$	271.50	KOH	56.11
Hg_2Cl_2	472.09	$KSCN$	97.18
HgI_2	454.40	K_2SO_4	174.26
HgS	232.66	$MgCO_3$	84.32
$HgSO_4$	296.65	$MgCl_2$	95.21
Hg_2SO_4	497.24	$MgCl_2 \cdot 6H_2O$	203.30
$Hg_2(NO_3)_2$	525.19	$MgNH_4PO_4$	137.33
$Hg_2(NO_3)_2 \cdot 2H_2O$	561.22	$MgNH_4PO_4 \cdot 6H_2O$	245.41
$Hg(NO_3)_2$	324.60	MgO	40.31
HgO	216.59	$Mg(OH)_2$	58.320
HBr	80.91	$Mg_2P_2O_7$	222.60
HCN	27.02	$MgSO_4 \cdot 7H_2O$	246.48
$HCOOH$	46.0257	$MnCO_3$	114.95
CH_3COOH	60.053	$MnCl_2 \cdot 4H_2O$	197.90
$HC_7H_5O_2$(苯甲酸)	122.12	$Mn(NO_3)_2 \cdot 6H_2O$	287.04
H_2CO_3	62.02	MnO	70.94
$H_2C_2O_4$	90.04	MnO_2	86.94
$H_2C_2O_4 \cdot 2H_2O$	126.07	MnS	87.00
HCl	36.46	$MnSO_4$	151.00
HF	20.01	NH_3	17.03
HI	127.91	$NH_4C_2H_3O_2$(醋酸铵)	77.08
HNO_2	47.01	$(NH_4)_2C_2O_4 \cdot H_2O$	142.11
HNO_3	63.01	NH_4Cl	53.49
H_2O	18.02	NH_4F	37.037
H_2O_2	34.02	$(NH_4)_2HPO_4$	132.05
$KAl(SO_4)_2 \cdot 12H_2O$	474.39	$(NH_4)_3PO_4$	140.02
KBr	119.01	$(NH_4)_6Mo_7O_{24} \cdot 4H_2O$	1235.9

续表

化合物	分子量	化合物	分子量
NH_4CO_3	79.056	$Na_2S_2O_3 \cdot 5H_2O$	248.19
NH_4SCN	76.122	$NiCl_2 \cdot 6H_2O$	237.69
$(NH_4)_2SO_4$	132.14	NiO	74.69
NH_4VO_3	116.98	$Ni(NO_3)_2 \cdot 6H_2O$	290.79
NO	30.006	NiS	90.76
NO_2	45.00	$NiSO_4 \cdot 7H_2O$	280.86
$Na_2B_4O_7 \cdot 10H_2O$	381.37	P_2O_5	141.95
$NaBiO_3$	279.97	$Pb(C_2H_3O_2)_2$(醋酸铅)	325.28
$NaC_2H_3O_2$(醋酸钠)	82.03	$Pb(C_2H_3O_2)_2 \cdot 3H_2O$	379.34
$NaC_2H_3O_2 \cdot 3H_2O$	136.08	$PbCrO_4$	323.18
$NaCN$	49.01	$PbMoO_4$	367.14
Na_2CO_3	105.99	$Pb(NO_3)_2$	331.21
$Na_2CO_3 \cdot 10H_2O$	286.14	PbO	223.19
$Na_2C_2O_4$	134.00	PbO_2	239.19
$NaCl$	58.44	PbS	239.27
$NaHCO_3$	84.01	$PbSO_4$	303.26
NaH_2PO_4	119.98	SO_2	64.06
Na_2HPO_4	141.96	SO_3	80.06
$Na_2HPO_4 \cdot 2H_2O$	177.99	Sb_2O_3	291.50
$Na_2HPO_4 \cdot 12H_2O$	358.14	SiO_2	60.08
$Na_2H_2Y \cdot 2H_2O$	372.26	$SnCl_2 \cdot 2H_2O$	225.65
$NaNO_3$	84.99	SnO_2	150.71
Na_2O	61.98	SnS	150.78
Na_2O_2	77.98	$Sr(NO_3)_2$	211.63
$NaOH$	40.01	$Sr(NO_3)_2 \cdot 4H_2O$	283.69
Na_3PO_4	163.94	$Zn(NO_3)_2 \cdot 6H_2O$	297.49
Na_2S	78.05	ZnO	81.39
$NaSCN$	81.07	$Zn(OH)_2$	99.40
Na_2SO_3	126.04	ZnS	97.43
Na_2SO_4	142.04	$ZnSO_4$	161.45
$Na_2S_2O_3$	158.11	$ZnSO_4 \cdot 7H_2O$	287.56

参 考 文 献

[1] 古国榜等．无机化学．第3版．北京：化学工业出版社，2011.

[2] 俞斌．无机及分析化学．第3版．北京：化学工业出版社，2014.

[3] 陈学泽．无机及分析化学．北京：中国林业出版社，2003.

[4] 周莹．无机化学．长沙：中南大学出版社，2005.

[5] 宁开桂．无机及分析化学．北京：高等教育出版社，1998.

[6] 朱裕贞等．现代基础化学．第2版．北京：化学工业出版社，2004.

[7] 武汉大学，吉林大学等．无机化学．第3版．北京：高等教育出版社，1994.

[8] 大连理工大学无机化学教研室．无机化学．第5版．北京：高等教育出版社，2008.

[9] 天津大学无机化学教研室．无机化学．第3版．北京：高等教育出版社，2002.

[10] 陈吉书等．无机化学．南京：南京大学出版社，2002.

[11] 苏小云等．工科无机化学．第3版．上海：华东理工大学出版社，2004.

[12] 傅献彩．物理化学．第5版．北京：高等教育出版社，2006.

[13] 刘新锦等．无机元素化学．北京：科学出版社，2005.

[14] 孙家跃等．无机材料制造与应用．北京：化学工业出版社，2001.

[15] 关鲁雄等．高等无机化学．北京：化学工业出版社，2004.

[16] 洪茂椿等．21世纪的无机化学．北京：科学出版社，2005.

[17] 戴树桂．环境化学．第2版．北京：高等教育出版社，2006.

[18] 胡常伟等．绿色化学原理和应用．北京：中国石化出版社，2002.

[19] 徐如人等．无机合成与制备化学．北京：高等教育出版社，2001.

[20] 贡长生等．新型功能材料．北京：化学工业出版社，2001.

[21] 陈军等．新能源材料．北京：化学工业出版社，2003.

[22] 杨明华等．新型无机材料．北京：化学工业出版社，2005.

[23] 王佛松等．展望21世纪的化学．北京：化学工业出版社，2000.

[24] ［法］ Lehn J M. 超分子化学——概念和展望．沈兴海等译．北京：北京大学出版社，2002.

[25] 董元彦等．无机及分析化学．第3版．北京：科学出版社，2011.

[26] 冯炎龙．无机及分析化学．江苏：浙江大学出版社，2011.

[27] 刘灿明等．无机及分析化学．第2版．北京：科学出版社，2012.

[28] 胡常伟．大学化学．北京：化学工业出版社，2004.

[29] 胡忠鲠．现代化学基础．第2版．北京：高等教育出版社，2005.

[30] 北京大学《大学基础化学》编写组．大学基础化学．北京：高等教育出版社，2003.

[31] 呼世斌等．无机及分析化学．北京：高等教育出版社，2005.

[32] 傅献彩，大学化学：上册．北京：高等教育出版社，1999.

[33] 潘亚份等．基础化学．北京：清华大学出版社；北京交通大学出版社，2005.

[34] Mahan B M，Myers R J. University Chemistry. 4th edition. Berkeley：Cummings Publishing Company，1987.

[35] 苏秀霞．无机及分析化学．武汉：华中科技大学出版社，2013.

[36] 李发美．分析化学．北京：人民卫生出版社，2011.

[37] 朱明华．仪器分析．北京：高等教育出版社，2006.

[38] 胡育筑．计算药物分析．北京：科学出版社，2006.

[39] 尹华等．仪器分析．北京：人民卫生出版社，2012.

[40] 叶宪曾等．仪器分析教程．北京：北京大学出版社，2007.

[41] 王元兰．无机化学．第2版．北京：化学工业出版社，2011.

[42] 刘玉林等．无机及分析化学．北京：化学工业出版社，2011.

[43] 易洪潮等．无机及分析化学．北京：化学工业出版社，2011.

元素周期表

IUPAC 2013

氧化态(单质的氧化态为0，未列入；常见的为红色) — 以 $^{12}C=12$ 为基准的原子量(注✦的是半衰期最长同位素的原子量)

示例：+2 +3 +4 +5 +6 | 95 Am 镅▲ $5f^77s^2$ 243.06138(2)✦ — 原子序数；元素符号(红色的为放射性元素)；元素名称(注▲的为人造元素)；价层电子构型

s区元素 | p区元素 | d区元素 | ds区元素 | f区元素 | 稀有气体

周期＼族	1 ⅠA	2 ⅡA	3 ⅢB	4 ⅣB	5 ⅤB	6 ⅥB	7 ⅦB	8 ⅧB(Ⅷ)	9 ⅧB(Ⅷ)	10 ⅧB(Ⅷ)	11 ⅠB	12 ⅡB	13 ⅢA	14 ⅣA	15 ⅤA	16 ⅥA	17 ⅦA	18 ⅧA(0)	电子层
1	1 H 氢 $1s^1$ 1.008 −1 +1																	2 He 氦 $1s^2$ 4.002602(2)	K
2	3 Li 锂 $2s^1$ 6.94 +1	4 Be 铍 $2s^2$ 9.0121831(5) +2											5 B 硼 $2s^22p^1$ 10.81 +3	6 C 碳 $2s^22p^2$ 12.011 −4 +2 +4	7 N 氮 $2s^22p^3$ 14.007 −3 −2 −1 +1 +2 +3 +4 +5	8 O 氧 $2s^22p^4$ 15.999 −2 −1	9 F 氟 $2s^22p^5$ 18.998403163(6) −1	10 Ne 氖 $2s^22p^6$ 20.1797(6)	L K
3	11 Na 钠 $3s^1$ 22.98976928(2) −1 +1	12 Mg 镁 $3s^2$ 24.305 +2											13 Al 铝 $3s^23p^1$ 26.9815385(7) +3	14 Si 硅 $3s^23p^2$ 28.085 −4 +2 +4	15 P 磷 $3s^23p^3$ 30.973761998(5) −3 +1 +3 +5	16 S 硫 $3s^23p^4$ 32.06 −2 +2 +4 +6	17 Cl 氯 $3s^23p^5$ 35.45 −1 +1 +3 +5 +7	18 Ar 氩 $3s^23p^6$ 39.948(1)	M L K
4	19 K 钾 $4s^1$ 39.0983(1) −1 +1	20 Ca 钙 $4s^2$ 40.078(4) +2	21 Sc 钪 $3d^14s^2$ 44.955908(5) +3	22 Ti 钛 $3d^24s^2$ 47.867(1) −1 0 +2 +3 +4	23 V 钒 $3d^34s^2$ 50.9415(1) 0 ±1 +2 +3 +4 +5	24 Cr 铬 $3d^54s^1$ 51.9961(6) −3 0 ±1 ±2 +3 +4 +5 +6	25 Mn 锰 $3d^54s^2$ 54.938044(3) −2 0 ±1 +2 ±3 +4 +5 +6 +7	26 Fe 铁 $3d^64s^2$ 55.845(2) −2 0 ±1 +2 +3 +4 +5 +6	27 Co 钴 $3d^74s^2$ 58.933194(4) 0 ±1 +2 +3 +4 +5	28 Ni 镍 $3d^84s^2$ 58.6934(4) 0 +1 +2 +3 +4	29 Cu 铜 $3d^{10}4s^1$ 63.546(3) +1 +2 +3 +4	30 Zn 锌 $3d^{10}4s^2$ 65.38(2) +1 +2	31 Ga 镓 $4s^24p^1$ 69.723(1) +1 +3	32 Ge 锗 $4s^24p^2$ 72.630(8) +2 +4	33 As 砷 $4s^24p^3$ 74.921595(6) −3 +3 +5	34 Se 硒 $4s^24p^4$ 78.971(8) −2 +2 +4 +6	35 Br 溴 $4s^24p^5$ 79.904 −1 +1 +3 +5 +7	36 Kr 氪 $4s^24p^6$ 83.798(2) +2 +4	N M L K
5	37 Rb 铷 $5s^1$ 85.4678(3) −1 +1	38 Sr 锶 $5s^2$ 87.62(1) +2	39 Y 钇 $4d^15s^2$ 88.90584(2) +3	40 Zr 锆 $4d^25s^2$ 91.224(2) +1 +2 +3 +4	41 Nb 铌 $4d^45s^1$ 92.90637(2) 0 ±1 +2 +3 +4 +5	42 Mo 钼 $4d^55s^1$ 95.95(1) 0 ±1 ±2 +3 +4 +5 +6	43 Tc 锝▲ $4d^55s^2$ 97.90721(3)✦ 0 ±1 +2 +3 +4 +5 +6 +7	44 Ru 钌 $4d^75s^1$ 101.07(2) 0 +1 ±2 +3 +4 +5 +6 +7 +8	45 Rh 铑 $4d^85s^1$ 102.90550(2) 0 ±1 +2 +3 +4 +5 +6	46 Pd 钯 $4d^{10}$ 106.42(1) 0 +1 +2 +3 +4	47 Ag 银 $4d^{10}5s^1$ 107.8682(2) +1 +2 +3	48 Cd 镉 $4d^{10}5s^2$ 112.414(4) +1 +2	49 In 铟 $5s^25p^1$ 114.818(1) +1 +3	50 Sn 锡 $5s^25p^2$ 118.710(7) +2 +4	51 Sb 锑 $5s^25p^3$ 121.760(1) −3 +3 +5	52 Te 碲 $5s^25p^4$ 127.60(3) −2 +2 +4 +6	53 I 碘 $5s^25p^5$ 126.90447(3) −1 +1 +3 +5 +7	54 Xe 氙 $5s^25p^6$ 131.293(6) +2 +4 +6 +8	O N M L K
6	55 Cs 铯 $6s^1$ 132.90545196(6) −1 +1	56 Ba 钡 $6s^2$ 137.327(7) +2	57~71 La~Lu 镧系	72 Hf 铪 $5d^26s^2$ 178.49(2) +1 +2 +3 +4	73 Ta 钽 $5d^36s^2$ 180.94788(2) 0 ±1 +2 +3 +4 +5	74 W 钨 $5d^46s^2$ 183.84(1) 0 ±1 ±2 +3 +4 +5 +6	75 Re 铼 $5d^56s^2$ 186.207(1) 0 ±1 +2 +3 +4 +5 +6 +7	76 Os 锇 $5d^66s^2$ 190.23(3) 0 +1 +2 +3 +4 +5 +6 +7 +8	77 Ir 铱 $5d^76s^2$ 192.217(3) 0 ±1 +2 +3 +4 +5 +6	78 Pt 铂 $5d^96s^1$ 195.084(9) 0 +2 +4 +5 +6	79 Au 金 $5d^{10}6s^1$ 196.966569(5) +1 +2 +3 +5	80 Hg 汞 $5d^{10}6s^2$ 200.592(3) +1 +2 +3	81 Tl 铊 $6s^26p^1$ 204.38 +1 +3	82 Pb 铅 $6s^26p^2$ 207.2(1) +2 +4	83 Bi 铋 $6s^26p^3$ 208.98040(1) −3 +3 +5	84 Po 钋 $6s^26p^4$ 208.98243(2)✦ −2 +2 +4 +6	85 At 砹 $6s^26p^5$ 209.98715(5)✦ ±1 +3 +5 +7	86 Rn 氡 $6s^26p^6$ 222.01758(2)✦ +2	P O N M L K
7	87 Fr 钫▲ $7s^1$ 223.01974(2)✦ +1	88 Ra 镭 $7s^2$ 226.02541(2)✦ +2	89~103 Ac~Lr 锕系	104 Rf 𬬻▲ $6d^27s^2$ 267.122(4)✦	105 Db 𬭊▲ $6d^37s^2$ 270.131(4)✦	106 Sg 𬭳▲ $6d^47s^2$ 269.129(3)✦	107 Bh 𬭛▲ $6d^57s^2$ 270.133(2)✦	108 Hs 𬭶▲ $6d^67s^2$ 270.134(2)✦	109 Mt 鿏▲ $6d^77s^2$ 278.156(5)✦	110 Ds 𫟼▲ 281.165(4)✦	111 Rg 𬬭▲ 281.166(6)✦	112 Cn 鿔▲ 285.177(4)✦	113 Nh 鿭▲ 286.182(5)✦	114 Fl 𫓧▲ 289.190(4)✦	115 Mc 镆▲ 289.194(6)✦	116 Lv 𫟷▲ 293.204(4)✦	117 Ts 鿬▲ 293.208(6)✦	118 Og 鿫▲ 294.214(5)✦	Q P O N M L K

★ 镧系	57 La★ 镧 $5d^16s^2$ 138.90547(7) +3	58 Ce 铈 $4f^15d^16s^2$ 140.116(1) +2 +3 +4	59 Pr 镨 $4f^36s^2$ 140.90766(2) +3 +4	60 Nd 钕 $4f^46s^2$ 144.242(3) +2 +3 +4	61 Pm 钷▲ $4f^56s^2$ 144.91276(2)✦ +3	62 Sm 钐 $4f^66s^2$ 150.36(2) +2 +3	63 Eu 铕 $4f^76s^2$ 151.964(1) +2 +3	64 Gd 钆 $4f^75d^16s^2$ 157.25(3) +3	65 Tb 铽 $4f^96s^2$ 158.92535(2) +3 +4	66 Dy 镝 $4f^{10}6s^2$ 162.500(1) +3 +4	67 Ho 钬 $4f^{11}6s^2$ 164.93033(2) +3	68 Er 铒 $4f^{12}6s^2$ 167.259(3) +3	69 Tm 铥 $4f^{13}6s^2$ 168.93422(2) +2 +3	70 Yb 镱 $4f^{14}6s^2$ 173.045(10) +2 +3	71 Lu 镥 $4f^{14}5d^16s^2$ 174.9668(1) +3
★ 锕系	89 Ac★ 锕 $6d^17s^2$ 227.02775(2)✦ +3	90 Th 钍 $6d^27s^2$ 232.0377(4) +3 +4	91 Pa 镤 $5f^26d^17s^2$ 231.03588(2) +3 +4 +5	92 U 铀 $5f^36d^17s^2$ 238.02891(3) +2 +3 +4 +5 +6	93 Np 镎 $5f^46d^17s^2$ 237.04817(2)✦ +3 +4 +5 +6 +7	94 Pu 钚 $5f^67s^2$ 244.06421(4)✦ +3 +4 +5 +6 +7	95 Am 镅▲ $5f^77s^2$ 243.06138(2)✦ +2 +3 +4 +5 +6	96 Cm 锔▲ $5f^76d^17s^2$ 247.07035(3)✦ +3 +4	97 Bk 锫▲ $5f^97s^2$ 247.07031(4)✦ +3 +4	98 Cf 锎▲ $5f^{10}7s^2$ 251.07959(3)✦ +2 +3 +4	99 Es 锿▲ $5f^{11}7s^2$ 252.0830(3)✦ +2 +3	100 Fm 镄▲ $5f^{12}7s^2$ 257.09511(5)✦ +2 +3	101 Md 钔▲ $5f^{13}7s^2$ 258.09843(3)✦ +2 +3	102 No 锘▲ $5f^{14}7s^2$ 259.1010(7)✦ +2 +3	103 Lr 铹▲ $5f^{14}6d^17s^2$ 262.110(2)✦ +3